Igor Dias Jurberg

Synthèse d´Alcynes et Nouvelles Transformations Catalysées par l ´Or(I)

Igor Dias Jurberg

Synthèse d´Alcynes et Nouvelles Transformations Catalysées par l´Or(I)

Presses Académiques Francophones

Impressum / Mentions légales

Bibliografische Information der Deutschen Nationalbibliothek: Die Deutsche Nationalbibliothek verzeichnet diese Publikation in der Deutschen Nationalbibliografie; detaillierte bibliografische Daten sind im Internet über http://dnb.d-nb.de abrufbar.

Alle in diesem Buch genannten Marken und Produktnamen unterliegen warenzeichen-, marken- oder patentrechtlichem Schutz bzw. sind Warenzeichen oder eingetragene Warenzeichen der jeweiligen Inhaber. Die Wiedergabe von Marken, Produktnamen, Gebrauchsnamen, Handelsnamen, Warenbezeichnungen u.s.w. in diesem Werk berechtigt auch ohne besondere Kennzeichnung nicht zu der Annahme, dass solche Namen im Sinne der Warenzeichen- und Markenschutzgesetzgebung als frei zu betrachten wären und daher von jedermann benutzt werden dürften.

Information bibliographique publiée par la Deutsche Nationalbibliothek: La Deutsche Nationalbibliothek inscrit cette publication à la Deutsche Nationalbibliografie; des données bibliographiques détaillées sont disponibles sur internet à l'adresse http://dnb.d-nb.de.

Toutes marques et noms de produits mentionnés dans ce livre demeurent sous la protection des marques, des marques déposées et des brevets, et sont des marques ou des marques déposées de leurs détenteurs respectifs. L'utilisation des marques, noms de produits, noms communs, noms commerciaux, descriptions de produits, etc, même sans qu'ils soient mentionnés de façon particulière dans ce livre ne signifie en aucune façon que ces noms peuvent être utilisés sans restriction à l'égard de la législation pour la protection des marques et des marques déposées et pourraient donc être utilisés par quiconque.

Coverbild / Photo de couverture: www.ingimage.com

Verlag / Editeur:
Presses Académiques Francophones
ist ein Imprint der / est une marque déposée de
OmniScriptum GmbH & Co. KG
Heinrich-Böcking-Str. 6-8, 66121 Saarbrücken, Deutschland / Allemagne
Email: info@presses-academiques.com

Herstellung: siehe letzte Seite /
Impression: voir la dernière page
ISBN: 978-3-8381-4847-2

Zugl. / Agréé par: Paris, École Polytechnique, Thèse de Doctorat, 2010

TABLE DES MATIÈRES

CHAPITRE 4: LES CYCLOISOMÉRISATIONS DE 1,6-ÉNYNES CATALYSÉES À L´OR(I) - UNE RÉFLEXION SUR L´EFFET DU CONTRE ION ET LE CONTRÔLE DES SUBSTITUANTS PLACÉS LOIN DU SITE DE RÉACTION

ANNEXES A & B: LES ACRONYMES ET LES ABRÉVIATIONS & LA PARTIE EXPÉRIMENTALE

REMERCIEMENTS:

Je voudrais exprimer ma plus profonde gratitude au Prof. Dr. Samir Zard, directeur du Département de Chimie de Synthèse Organique (DCSO) de l'École Polytechnique, de m'avoir accueilli comme un membre du DCSO.

Également, je tiens à remercier très chaleureusement mon directeur de thèse, Dr. Fabien Gagosz. J'ai beaucoup apprécié ton dynamisme pendant ces années.

Mes sincères remerciements sont aussi dirigés vers les membres du jury: Prof. Dr. Patrick Pale, Dr. Philippe Belmont, Dr. Gwilherm Evano, Prof. Dr. Samir Zard et Dr. Fabien Gagosz d'avoir accepté de juger mon travail.

Je voudrais remercier l'École Polytechnique et le CNRS (Centre National de Recherche Scientifique) pour le financement de ma thèse et le staff de l'EDX (École Doctorale de l'X): Michel Rosso, Dominique Grésillon, Fabrice Baronnet, Audrey Lemarechal et Dominique Conne pour leur compétence dans toutes les démarches administratives, dont nous, les étudiants en doctorat, sommes si dépendants. Ma reconnaissance spéciale à Audrey Lemarechal : merci pour ta disponibilité, efficience et bonne humeur.

Le staff permanent du DCSO mérite également ma plus grande appréciation: Dr. Béatrice Quiclet-Sire, Dr. Joëlle Prunet, Dr. Jean Pierre Férézou, Lélia Lebon et Brigitte Oisline. Vous êtes les grands responsables pour l'organisation des laboratoires et cela est une tache vraiment importante, qui permet le développement correct de la recherche de tous: merci.

Je voudrais aussi remercier Dr. Xavier L. Le Goff, du laboratoire DCPH de l'École Polytechnique pour les analyses de rayons-X

Je remercie également Dr. Didier Ferroud, mon superviseur pendant mon stage à Sanofi-Aventis. Merci pour ton orientation pendant cette période et ta gentillesse.

Mes plus proches amis du laboratoire 5, du présent et du passé: Andrea K. Buzas, Florin Istrate, Benoît Bolte e Colombe Gronier: vous faites la bonne atmosphère du laboratoire. Je suis vraiment content de vous avoir fait la connaissance. J'espère qu'on puisse rester en contact pour l'avenir et je vous souhaite le mieux pour vos vies et carrières! Andrea, tu es vraiment quelqu'un spécial et j'ai vraiment apprécié le bref moment où nous avons partagé une hotte.

Je voudrais également remercier tous les autres étudiants du DCSO de différents laboratoires, dont j'ai eu moins d'opportunités pour discuter avec, principalement dû à la distance physique entre nous, mais qui méritent ma sincère appréciation: Matthieu Corbet, Laurent Petit, Rama Heng, Guillaume Revol, Fréderic Lebreux, Aurélien Biechy, Daniel Woollaston, Marie-Gabrielle Braun, Mehdi Boumediene, Alice Chevalley, Raphael Grignard, Luis German Lopez-Valdez et Rémi Aouzal.

À mes amis les plus proches et mes post-docs favoris: Diego Gamba-Sanchez, merci pour tout! Tu connais qu'est ce que je pense pour presque tout. Je n'ai pas besoin de l'écrire ici, ne c'est pas? Tu es un très bon ami et j'ai apprécié toutes nos discussions sur la chimie et la vie. Bill Hawkings: tu es une des personnes les plus sympas que j'ai jamais connu! Tu m'as beaucoup aidé en plusieurs aspects: t´as lu ce manuscrit et m´a apporté des conseils très importants dans ma recherche pour un post-doc. J´en suis très reconnaissant. Certainement, on partage beaucoup de points de vue en commun. Tous mes meilleurs vœux à toi, à Jane et votre fils que s´approche. Fernando Portela, Bernhard Kindler, Raphael Oriez, Cong Ma, Nina Toëlle, Michal Michalak, Wioletta Kosnik: j´ai beaucoup profité de votre compagnie, les bières et les cafés qu´on a pris ensemble. J´ai eu un grand plaisir de partager du temps à l´intérieur et à l´extérieur du laboratoire avec vous!

À mes chers camarades brésiliens, avec qui je suis depuis 2004 à l´X, votre compagnie a été géniale pendant toutes ces années. L´horaire du déjeuner avec vous a été toujours un de mes moments favoris dans la journée. Mes remerciement spéciaux s´adressent à: Vitor Sessak, Camilla Barbetta, Ricardo Malaquias, Bruno Moraes, Fabiana Munhoz, Philippe Sung, Aron Teodoro, Júlio César Louzada, Alexandre Oliveira, Tiago Pantaleão, Pedro Peron, Rafael Marini, Murilo Vasconcelos, Pedro Natal, Giovanne Granato, Gustavo G. de Araujo et Renné Araújo.

À mes amis, presque voisins, Fernanda Jourdan et Davi Coelho, merci pour les bons moments passés ensemble!

Également, Isabela G. de Castro: tu sais comment je suis content de t´avoir trouvé à Paris et d´être à ton coté, ne c´est pas ? C´est dommage qu´on n´a pas pu se rencontrer plus tôt!

À ma famille: *Mãe, Pai, Arnon e Irmãos*, merci pour votre soutien pendant toutes ces années. C´est seulement parce que vous êtes restés toujours à mon coté que ce travail a été possible. Vous me manquez, mais vous êtes toujours dans mon cœur! *Saudades!*

CHAPITRE 1: UN APPROCHE ORIGINAL VERS LA SYNTHÈSE D'ALCYNYLAMIDES 3-SUBSTITUÉES ET 1,5-DIHYDROPYRROL-2-ONES

Le travail décrit dans ce chapitre a été développé individuellement sous l'orientation du Dr. Fabien Gagosz et du Prof. Dr. Samir Zard. Il a été rapporté dans le journal *Organic Letters*: Jurberg, I. D.; Gagosz, F.; Zard, S.; *Org. Lett.,* **2010**, 12, 3, 416.

CHAPITRE 1: UN APPROCHE ORIGINAL VERS LA SYNTHÈSE D´ALCYNYLAMIDES 3-SUBSTITUÉES ET 1,5-DIHYDROPYRROL-2-ONES

1.1. INTRODUCTION: La Synthèse des Alcynes

Étant donné que les alcynes sont une des fonctions organiques les plus versatiles dans la chimie organique, dont la participation a été rapportée dans des nombreuses transformations,[1] des nouvelles méthodologies pour les synthétiser représentent toujours un effort très important.

Même s'il y a une énorme variété de routes capables d'amener aux composés acétyléniques, une discussion exhaustive de toutes les méthodes disponibles dans la littérature est hors de portée de cette introduction. En effet, dans cette partie, nous allons mettre l'accent sur quelques méthodes les plus représentatives pour préparer ces molécules, pour ensuite présenter la méthode développée au sein de notre laboratoire, qui est basée sur l'utilisation des isoxazolones.

---

[1] Pour des exemples de réactions d'addition sur des alcynes en employant Au et Pt, voir: (a) références du chapitre 2; en employant le Ru, voir: (b) Trost, B. M.; Ball, Z. T.; *J. Am. Chem. Soc.*, **2001**, 123, 12726; en employant le Zn, voir: (c) Alex, K.; Tillack, A.;

1.1.1 L'Alkylation des Alcynes Terminaux *via* un Déplacement S$_N$2

Les alcynes terminaux (pK$_a$ = 24)[2] peuvent être déprotonés par une base forte, ainsi en générant un anion acétylure que peut déplacer des halogénures d'alkyles primaires *via* un mécanisme S$_N$2 (Schème 1.1).

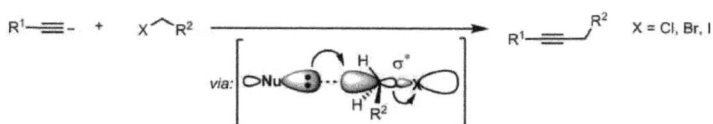

Schème 1.1: Exemple d'une réaction de déplacement S$_N$2 entre un acétylure et un halogénure d'alkyle primaire.

Cette réaction de déplacement permet un petit niveau de variation: on peut réaliser des simples alkylations, pour obtenir des alcynes terminaux ou internes (Schème 1.2).[3] Cette réaction peut être réalisée dans l'ammoniac liquide ou dans un solvant polaire aprotique, tel comme l'HMPT («hexamethylphosphorous triamide», P(NMe$_2$)$_3$). Les bases fortes typiquement employées sont l'amidure de sodium $(pKa_{acide\ conjugué\ (NH_3)}$ = 38) ou le *n*-buthyllithium $(pKa_{acide\ conjugué\ (n-BuH)}$ = 48).

---

[2] Tous les valeurs de pK$_a$ ont été extraits de la table de pKa d'Evans, disponible sur le website: http://evans.harvard.edu/pdf/evans_pKa_table.pdf

[3] "Organometallics in Synthesis – A Manual". Manfred Schlosser (Editor), **2002**, John Wiley & Sons Ltd. West Sussex.

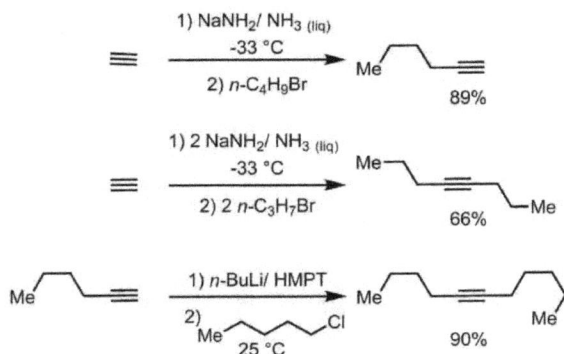

Schème 1.2: Exemples d'application de différentes bases et électrophiles employés dans la synthèse d'alcynes simples.

Cette méthode est utile comme une procédure générale pour la préparation de certains types d'alcynes. C'est aussi une méthode entre un nombre restreint de protocoles pour l'homologation d'une chaîne carbonée, l'autre très connue étant la réaction de couplage croisé, que sera discutée en détail dans la prochaine section.

Une grande limitation de cette méthode vient du fait que les acétylures sont très basiques, ainsi ils peuvent également participer dans des réactions d'élimination (E_2). Pour cette raison, la réaction de S_N2 doit être envisagée principalement pour la synthèse d'alcynes qui utilisent des halogénures primaires et qui ne possèdent pas des branches proches du centre réactif (Schème 1.3).[3]

1) *n*-BuLi, HMPT, 25 °C

2) Br Me Me Me

Me 6 % + (Me + Me 85 %)

1) *n*-BuLi, HMPT, 25 °C

2) Br Me Me Me

Me 32 % + (Me + Me 68 %)

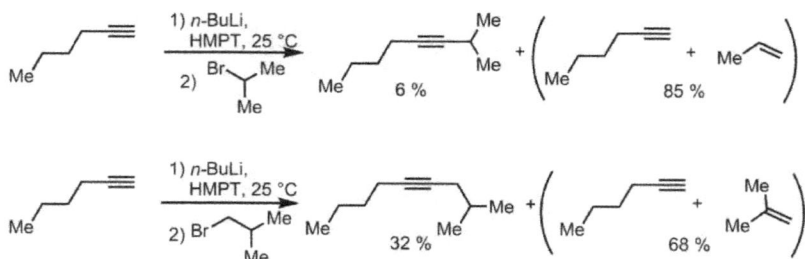

Schème 1.3: Exemples de réactions du type E_2, qui sont favorisées devant la substitution souhaitée.

1.1.2 Les Additions d'Organométalliques et les Couplages Croisés[3]

Bunsen a été le premier chimiste à découvrir le couplage organométallique. Dans la décennie de 1850, il a obtenu le tetraméthyldiarsane à partir de l'oxyde de cacodyle, $[(CH_3)_2As]_2O$, ce qui a ouvert les portes pour les travaux de Wanklin et Frankland dans les dix ans suivants. Dans la décennie de 1910, Reformatzky, Grignard et Schrigin, et dans la décennie de 1920, Schlenk ont été les responsables pour confirmer le pouvoir de l'approche organométallique et à motiver plusieurs chimistes vers ce nouveau domaine en croissance.

Une des plus grandes forces de l'utilisation de métaux est basée sur l'«umpolung»[4] des espèces RX pour les convertir en espèces RM, ainsi en augmentant considérablement leur portée comme des réactifs (Schème 1.4).

---

[4] Cette expression a été crée par G. Wittig mais a été popularisée par D. Seebach. Elle veut dire "inverser les pôles". Pour une révision du sujet, voir: Gröbel, B.-T.; Seebach, D.; *Synthesis*, **1977**, 357.

17

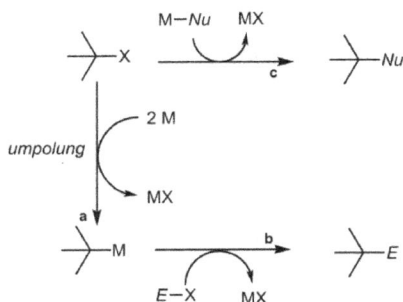

Schème 1.4: La chimie organométallique ouvre l'accès à des nombreuses possibilités à partir de la conversion de composés originalement électrophiles en nucléophiles.

Une brève liste des méthodes associées à la synthèse des alcynes en employant des réactifs organométalliques sera présentée ci-dessous, selon la nature du métal employé.

1.1.2.1 Aluminium

L'utilisation d'organoalanes permet l'addition de Michael de fragments acétyléniques à des α,β-énones.[5] On remarquera que, typiquement, les organocuprates sont les plus fréquemment utilisés dans des additions 1,4. Néanmoins, les cuprates d'acétyléniques ne s'additionnent pas facilement, parce que l'acétylénique se lie très

---

[5] (a) Hooz, J., Layton, R. B., *J. Am. Chem. Soc.*, **1971**, 93, 7320. Pour une application dans la synthèse des prostaglandines, voir: (b) Pappo, R.; Collins, P. W.; *Tetrahedron Lett.*, **1972**, 13, 26, 2627. (c) Collins, P. W.; Dajani, E. Z.; Bruhn, M. S.; Brown, C. H.; Palmer, J. R.; Pappo, R.; *Tetrahedron Lett.*, **1975**, 16, 48, 4217.

fortement au cuivre, ainsi en rendant le transfert subséquent difficile, voir impossible.[6]

Organoalanes peuvent être préparés en déprotonant l'alcyne terminal avec *n*-BuLi pour donner un dérivé lithié et le traiter ensuite avec un chlorure de diethylaluminium (Schème 1.5).

$$R \equiv \quad \xrightarrow[\text{2) Et}_2\text{AlCl}]{\text{1) } n\text{-BuLi}} \quad R \equiv AlEt_2 \quad + \quad LiCl$$

Schème 1.5: La synthèse d'alcynyl alanes à partir de dérivés lithiés intermédiaires.

La mixture contenant l'alane est traitée avec la cétone α,β-insaturée pour fournir, après traitement, la γ,δ-alcynyl cétone (Schème 1.6).[5a] La réaction est restreinte aux cétones qui peuvent adopter la conformation *s-cis*. Les cétones cycliques, où la partie énone se retrouve dans une conformation *s-trans* rigide (telle comme la 2-cyclohexenone) réagissent avec l'alane pour donner le dérivé de carbinol tertiaire issu d'une addition 1,2 et non d'une addition 1,4.

---

[6] Ce fait a conduit à l'utilisation des acétylures en tant que «*dummy ligands*» sur des cuprates, en permettant ainsi le transfert sélectif d'une chaine alkyle dans une addition de Michael. Cependant, des exceptions existent: (a) Bergdahl, M.; Eriksson, M.; Nilsson, M.; Olsson, T.; *J. Org. Chem.*, **1993**, 58, 7238. (b) Knöpfel, T. F.; Carreira, E.; *J. Am. Chem. Soc.*, **2003**, 125, 6054. (c) Knöpfel, T. F.; Zarotti, P.; Ichikawa, T.; Carreira, E. M.; *J. Am. Chem. Soc.*; **2005**, 127, 9682. Pour des exemples d'acétylures comme étant des «*dummy ligands*», voir: (d) Corey, E. J.; Beames, D. J.; *J. Am. Chem. Soc.*, **1972**, 94, 7210.

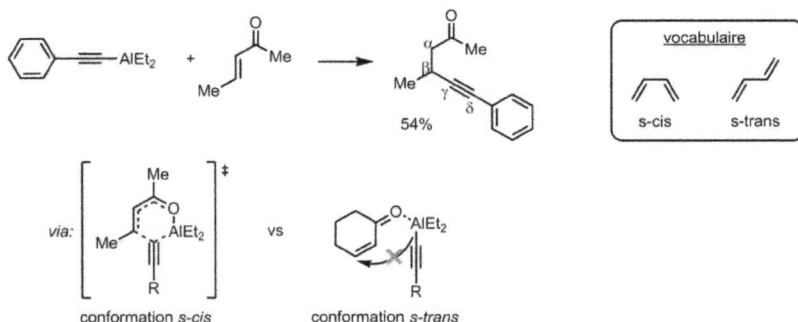

Schème 1.6: Un exemple d'addition conjuguée en utilisant un dérivé d'alane.

Une manière de corriger cette limitation, ainsi en permettant des additions 1,4 sur des formes *s-trans*,[7] est l'addition des catalyseurs de Ni et le DiBAl-H, en plus de l'alane, ce qui est capable d'augmenter considérablement les rendements.

1.1.2.2 Cuivre

1) Tosylates d'Alcynyl(Phenyl)Iodonium[8]

Les groupes d'iodonium produisent des excellents groupes partants, l'iodobenzène neutre, dont la perte permet la réalisation de substitutions nucléophiles au carbone acétylénique (S_NA). Autrement, ces transformations sont reportées comme étant défavorables.

Dans ce contexte, plusieurs nucléophiles ont été rapportés comme étant capables de s'additionner sur

---

[7] (a) Kwak, Y.-S.; Corey, E. J.; *Org. Lett.*; **2004**, 6, 19, 3385. (b) Schwartz, J.; Carr, D. B.; Hanse, R. T.; Dayrit, F. M.; *J. Org. Chem.*, **1980**, 45, 3053. (c) Hansen, R. T.; Carr, D.B.; Schwartz, D. B.; *J. Am. Chem. Soc.*, **1978**, 100, 2244.

[8] Stang, P.; *Angew. Chem. Int. Ed.*, **1992**, 31, 274.

l'alcynyl(phenyl)iodonium **1.1** pour former les alcynes correspondants. Entre eux, les cuprates de Gilman, R_2CuLi,[9] sont un de ces nucléophiles, qui vont former des alcynes terminaux (Schème 1.7).

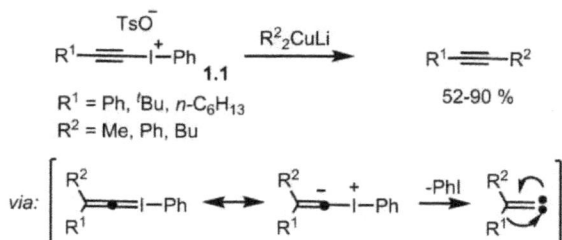

Schème 1.7: Exemples d'addition de cuprates de Gilman sur des dérivés de l'alcynyl(phenyl)iodonium. Dans ce regard, ces espèces servent comme des cations d'alcynyle masqués, $RC{\equiv}C^+$, car ils permettant des réactions d'*umpolung* avec des nucléophiles. Cela est bien à l'opposé de l'utilisation de la méthode plus connue de faire réagir l'anion acétylure $RC{\equiv}C^-$ avec des électrophiles.

2) La Transmétallation avec des Silanes d'Alcynyle[10]

La transmétallation entre un triméthylsilylalcyne et une quantité catalytique de CuCl est une manière simple de générer des réactifs d'alcynylcuivre capables de réaliser des réactions d'acylation avec des chlorures d'acyle. L'utilisation de CuCl a été démontrée comme étant supérieure quand comparée à ses analogues CuBr, CuI ou CuCN, qui ont produit des faibles

---

[9] Kitamura, T.; Tanaka, T.;Taniguchi, H.; Stang, P.; *J. Chem. Soc. Perkins Trans. 1*, **1991**, 11, 2892.

[10] Ito, H.; Arimoto, K.; Sensui, H.; Hosomi, A.; *Tetrahedron Lett.*, **1997**, 38, 22, 3977.

rendements. Le choix du solvant s'est montré important dans l'échange du ligand, où les meilleurs résultats ont été obtenus pour le 1,3-dimethylimidazolidinone (DMI) et le diméthylformamide (DMF)

L'échange du métal est sensible à l'effet stérique associé au groupe lié à l'extrémité de l'alcyne, ce que suggère l'existence d'une complexation π par le CuCl dans le mécanisme de réaction. Les groupes sensibles aux conditions acides, tels comme l'acétate et le *tert*-butyldimethylsilyloxy sont tolérés (Schème 1.8).

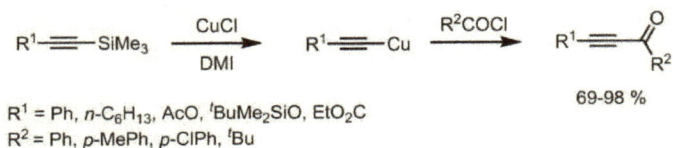

R^1 = Ph, n-C_6H_{13}, AcO, ^{t}BuMe$_2$SiO, EtO$_2$C
R^2 = Ph, p-MePh, p-ClPh, ^{t}Bu

Schème 1.8: Exemple de transmétallation entre alcynylsilanes et CuCl, en étant suivie par des additions nucléophiles sur des chlorures d'acyle.

1.1.2.3 Bore:

Le traitement de 1-alcynyltriorganoborates de lithium avec l'iode produit les alcynes correspondants avec des rendements essentiellement quantitatifs, sur des conditions douces.[11] La réaction est applicable à une bonne variété de borates, qui portent des groups alkyle primaires et secondaires, bien comme des groupes aryles (Schème 1.9).

---

[11] (a) Brown, H. C.; Sinclair, J. A.; Midland M. M.; *J. Am. Chem. Soc.*, **1973**, 95, 3080. (b) Suzuki, A.; Miyaura N.; Abiko, S.; Itoh M.; Midland, M. M.; Sinclair, J. A.; Brown, H. C.; *J. Org. Chem.*, **1986**, 51, 4507.

$$R^1 \!\!\equiv\!\! \xrightarrow{\textit{n}\text{-BuLi}} R^1 \!\!\equiv\!\!-Li$$

$$R^1 \!\!\equiv\!\!-Li \;+\; R^2{}_3B \longrightarrow \overset{+}{Li}\left[R^1 \!\!\equiv\!\!-BR^2{}_3 \right]^{-}$$

$$\overset{+}{Li}\left[R^1 \!\!\equiv\!\!-BR^2{}_3 \right]^{-} \;+\; I_2 \longrightarrow R^1 \!\!\equiv\!\!-R^2 \;+\; R^2{}_2BI \;+\; LiI$$
$$\text{91-100\%}$$

$R^1 = C_4H_9$, $R^2 = \textit{n}$-Bu	$R^1 = Ph$, $R^2 = $ sec-Bu
$R^1 = C_4H_9$, $R^2 = \textit{i}$-Bu	$R^1 = Ph$, $R^2 = Ph$
$R^1 = C_4H_9$, $R^2 = $ sec-Bu	$R^1 = {}^t Bu$, $R^2 = \textit{n}$-Bu
$R^1 = C_4H_9$, $R^2 = $ cyclopentyl	$R^1 = {}^t Bu$, $R^2 = \textit{i}$-Bu
	$R^1 = {}^t Bu$, $R^2 = Ph$

Schème 1.9: La synthèse d'alcynes à partir de dérivés du bore.

Trialkylboranes peuvent être préparés facilement par des étapes successives d'hydroboration. Ensuite, ces boranes réagissent avec des acétylures de lithium pour produire les 1-alcynyltrialkylborates de lithium. Par le traitement avec l'iode, ces composés produisent la migration du groupe alkyle du bore vers l'atome de carbone le plus pauvre en électrons. Cette étape est supposée produire des intermédiaires du type ☐-iodovinylborane. Ces intermédiaires réalisent une étape de déhaloboration pour fournir des alcynes correspondants (Schème 1.10).

$$\overset{+}{Li}\left[R^1 \!\!\equiv\!\!-BR^2{}_3 \right]^{-} \;+\; I_2 \xrightarrow{\;LiI\;} \underset{I \quad\; BR^2{}_2}{\overset{R^1 \quad\; R^2}{>\!\!=\!\!<}} \xrightarrow{\;R^2{}_2BI\;} R^1 \!\!\equiv\!\!-R^2$$

Schème 1.10: β-iodovinylboranes sont les intermédiaires supposés impliqués dans le clivage de complexes d'alcynylborates de lithium par l'iode.

La réaction de B-allenyl-9-boracyclo[3.3.1]nonane (B-allenyl-9-BBN) avec des composés possédant un groupe fonctionnel C=X (X = O ou N), tel comme des aldéhydes, cétones et imines, suivie par l'oxydation de l'intermédiaire avec le peroxyde d'hydrogène dans un milieu basique produit des alcools homopropargyliques et amines correspondantes, avec des bons rendements et sans la formation de l'isomère d'allène dans la plupart des cas; et seulement dans des quantités traces dans les cas des amines (Schème 1.11).[12]

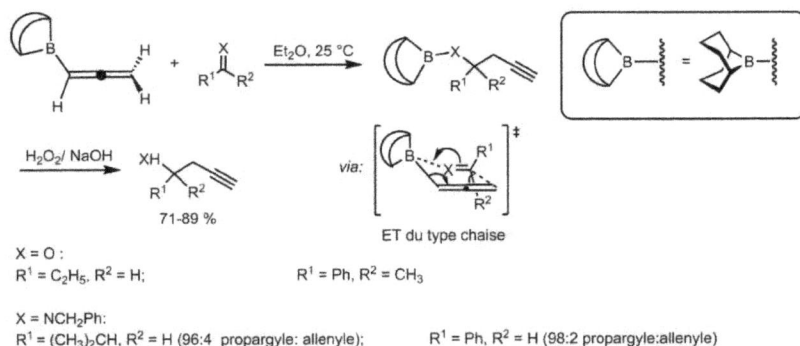

X = O :
R^1 = C$_2$H$_5$, R^2 = H; R^1 = Ph, R^2 = CH$_3$

X = NCH$_2$Ph:
R^1 = (CH$_3$)$_2$CH, R^2 = H (96:4 propargyle: allenyle); R^1 = Ph, R^2 = H (98:2 propargyle:allenyle)

Schème 1.11: Des exemples sélectionnés d'alcools homopropargyliques et des amines dérivées des complexes d'allenylborane.

1.1.2.4 Zinc

1) L'Addition d'Acétylures de Zinc sur des Aldéhydes

Quelques méthodes modernes disponibles dans la littérature exploitent des acétylures de zinc dans des additions nucléophiles à

---

[12] (a) Brown, H. C.; Khire U. R.; Narla, G.; Racherla, U. S.; *Tetrahedron Lett.*, **1993**, 34, 1, 15. (b) Brown, H. C.; Khire U. R.; Narla, G.; Racherla, U. S.; *J. Org. Chem.*, **1995**, 60, 544.

partir de stratégies asymétriques différentes. Deux exemples sont l'utilisation de la (+)-N-methylephedrine **1.2** comme ligand, rapportée par e groupe de Carreira[13] et le système dinucléaire dérivé de la proline rapporté par le groupe de Trost[14] (Schème 1.12).

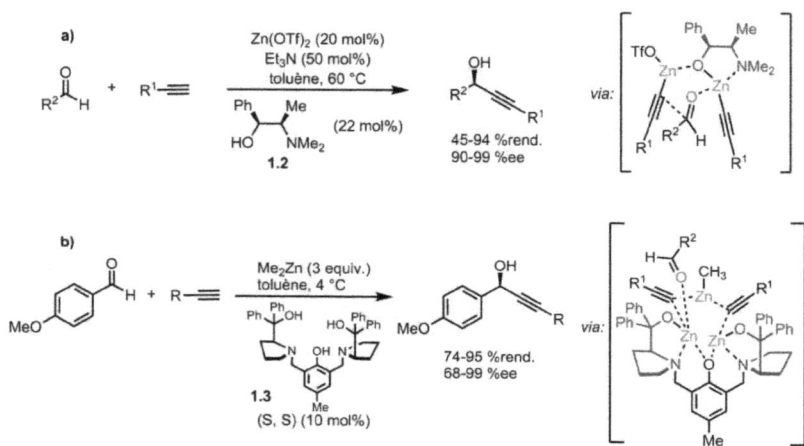

Schème 1.12: Deux exemples d'addition d'acétylures de zinc sur des aldéhydes, **a)** l'approche de Carreira, en utilisant le ligand (+)-N-methylephedrine; **b)** l'approche de Trost, en utilisant un système catalytique dinucléaire de Zinc dérivé de la proline (le terme dinucléaire fait référence à deux atomes de zinc directement complexés au ligand).

---

[13] (a) Frantz, D. E.; Fässler, R.; Carreira E. M.; *J. Am. Chem. Soc.*, **2000**, 122, 1806. (b) Anand, N. K.; Carreira, E. M.; *J. Am. Chem. Soc.*, **2001**, 123, 9687. Pour le mécanisme, voir: (c) Noyori, R.; Kitamura, M.; *Angew. Chem. Int. Ed.*, **1991**, 30, 49.

[14] Trost, B. M.; Weiss, A. H.; von Wangelin, A.; *J. Am. Chem. Soc.*, **2006**, 128, 8.

2) L'Addition Conjuguée d'Acétylures de Zinc

L'addition conjuguée d'espèces organométalliques est une approche normalement bien exploité pour la formation stéreoseléctive des liaisons carbone-carbone. Au-delà de l'emploi des acétylures d'alanes, les acétylures de zinc sont aussi performants pour des additions sur des α,β-énones. Un exemple de telle addition sur un accepteur de Michael dérivé de l'éphédrine **1.4** fournit β-alcynyl acides enantioenrichis dans des bons rendements[15] (Schème 1.13).

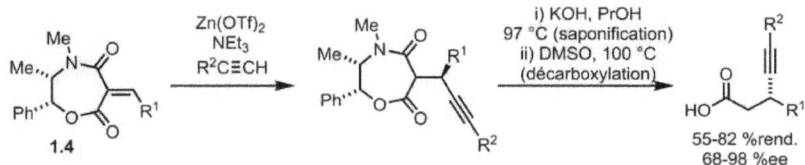

Schème 1.13: Exemple d'une addition conjuguée d'acétylures de zinc en utilisant un accepteur de Michael dérivé de l'éphédrine.

1.1.2.5 Palladium

Le couplage croisé d'halogénures organiques et des espèces organométalliques catalysées par le palladium suis un cycle catalytique canonique de trois étapes: addition oxydante, transmétallation et élimination réductrice. Dans la première étape, Pd^0L_n s'insère dans la liaison R-X pour former des espèces de Pd^{2+} via une addition oxydante, qui est généralement l'étape lente du cycle. Dans l'étape suivante, la transmétallation, un des substituants

---

[15] Knöpfel, T. F.; Boyall, D.; Carreira, E. M.; *Org. Lett.*, **2004**, 6, 13, 2281.

portés par le métal plus électropositif est transféré vers la espèce plus électronégative de palladium, en échangeant un atome d'halogène ou pseudohalogène (X = Cl, Br, I, OTf). L'étape finale est l'élimination réductrice, qui va libérer le produit couplé R^1-R^2 et régénérer la espèce de palladium active, Pd^0L_n (Schème 1.14).

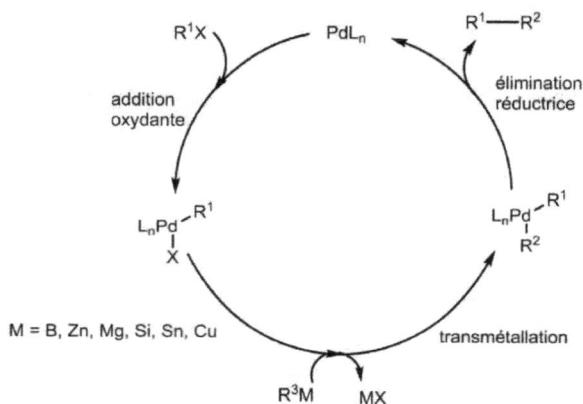

Schème 1.14: Le cycle catalytique canonique pour les réactions de couplage croisé catalysées au palladium.

Des nombreux catalyseurs peuvent être employés. Quelques exemples sont $Pd(PPh_3)_4$, $(Ph_3P)_2PdCl_2$, et $(MeCN)_2PdCl_2$. Selon la nature de l'espèce métallique que fait la transmétallation, le couplage croisé réalisé par le palladium reçoit un nom différent. Entre les agents de transmétallation bien établis, nous pouvons

27

lister:[16] RMgX (Kumada), RZnX (Negishi), RSnX$_3$ (Stille), RSiX$_3$ (Hiyama), R^{1}B(OR^2)$_3$ (Suzuki) et RC≡CCu (Sonogashira).

Les couplages croisés promus par des composés d'organocuivre et d'organobore peuvent être placés sur une position d'importance majeure pour accéder les alcynes; le couplage de Sonogashira, pour des raisons évidentes; le couplage de Suzuki, pour les grands avancements que cette réaction a connu dans les années passées. Pour cet important rôle, ces deux réactions de couplage vont recevoir plus de notre attention dans cette section.

1) Le Couplage Croisé Catalysé par Pd(0)/Cu(0) entre Halogénures d'Aryle/ d'Alcényle et les Alcynes Terminaux (le Couplage de Sonogashira)[17]

Les réactions de couplage entre halogénures d'aryle/ d'alcényle et les alcynes terminaux ont été rapportés par la première fois indépendamment et simultanément en 1975, par trois groupes.[18] Les deux premières méthodes[18a,b] peuvent être vues comme une extension de la réaction de Heck, appliquées aux alcynes terminaux. D'un autre coté, la troisième méthode[18c] peut être vue comme étant une application de la catalyse du palladium à la réaction de Stephens-Castro.[19] En déconsidérant ces détails

[16] Negishi, E. –i.; Anastasia, L.; *Chem. Rev.*, **2003**, 103, 1979.

[17] Review: (a) Chinchilla, R.; Nájera, C.; *Chem. Rev.*, **2007**, 107, 874. (b) Sonogashira, K.; *J. Organomet. Chem.*, **2002**, 653, 46.

[18] (a) Dieck, H. A.; Heck, F. R.; *J. Organomet. Chem.*, **1975**, 93, 259. (b) L. Cassar, *J. Organomet. Chem.*, **1975**, 93, 253. (c) Sonogashira, K.; Tohda, Y., Hagihara, N., *Tetrahedron Lett.*, **1975**, 16, 50, 4467.

[19] Stephens, R. D.; Castro, C. E.; *J. Org. Chem.*, **1963**, 28, 3313.

historiques, nous pouvons nous référer à cette réaction, comme elle est plus connue, la réaction de Sonogashira.

Les alcynes terminaux couplent avec des halogénures d'aryle/ d'alcényle dans la présence d'une quantité catalytique de CuI et une amine secondaire ou tertiaire. Les conditions réactionnelles sont douces et pas très sensibles à l'humidité, ce qui évite la nécessité des solvants ou des réactifs distillés. Les catalyseurs les plus communs sont le $Pd(PPh_3)_4$ et le $PdCl_2(PPh_3)_2$, que sont rapidement transformés en $Pd(PPh_3)_2$ et $[Pd(PPh_3)_2X]^-$, respectivement, les espèces actives du cycle catalytique. Dans des nombreux cas, $Pd(OAc)_2$ ou $(CH_3CN)PdCl_2$ et deux équivalents d'une phosphine tertiaire, L, et un alcyne terminal sont employés pour réduire les complexes de Pd(II) *in situ* pour l'espèce active de Pd^0.

Le mécanisme n'est pas complètement compris, ni le rôle de l'iodure de cuivre(I) dans le cycle catalytique.[3] Cependant, on assume généralement que les dérivés d'alcynylcuivre sont formés et transmétallés avec des espèces RPdX, dérivées de l'addition oxydante entre le catalyseur actif de palladium et l'halogénure d'alcényle/ d'aryle (Schème 1.15).

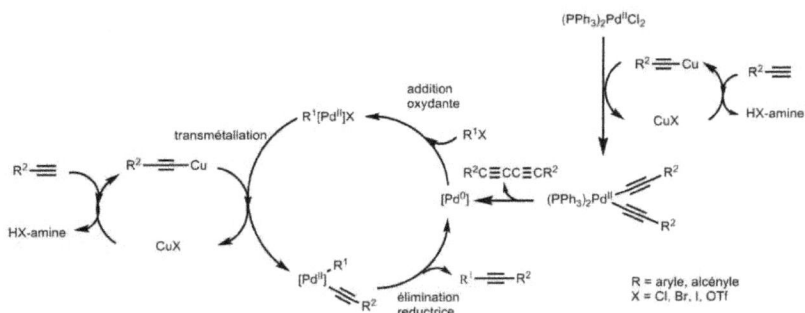

Schème 1.15: Le cycle catalytique généralement accepté pour la réaction de couplage croisé de Sonogashira.

Quelques exemples d'alcynes préparés par le protocole de Sonogashira sont montrés ci-dessous (Schème 1.16).

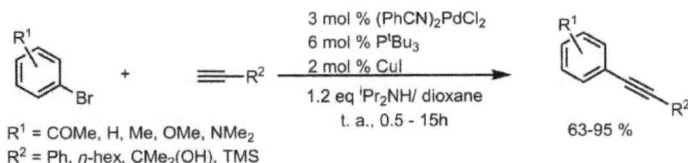

R^1 = COMe, H, Me, OMe, NMe_2
R^2 = Ph, n-hex, $CMe_2(OH)$, TMS

Schème 1.16: Exemples d'application du couplage croisé de Sonogashira.

Des modifications de la méthode originale ont été développées. Quelques exemples sont l'utilisation de Pd/C comme catalyseur,[20] l'utilisation de l'eau comme solvant de réaction,[21] et

[20] (a) De La Rosa, M. A.; Velarde, E.; Guzman A.; *Synth. Comm.*, **1990**, 20, 13, 2059. (b) Cosford, N. D. P.; Bleicher, L.; *Synlett*, **1995**, 1115.

[21] Beletskaya, I. P.; Olstaya, T. P.; Luzikova, E. V.; Sukhomlinova, L. L.; Bumagin, N. A.; *Tetrahedron Lett.*, **1996**,37, 6, 897.

même des systèmes de catalyseurs qui ne nécessitent pas de l'iodure de cuivre(I).[22]

2) Le Couplage Croisé Catalysé par Pd(0) entre Halogénures d'Aryle/ d'Alcényle et Acides Boroniques, Borates et Trifluoroborates (Le Couplage de Suzuki)[23]

La réaction de couplage croisé de Suzuki, ou Suzuki-Miyaura, comment c'est également connue, consiste d'une réaction de couplage croisé entre un halogénure (ou triflate) d'aryle/ d'alcényle et un acide boronique, un boronate ou un trifluoroborates[24] catalysée par le palladium dans la présence d'une base (quelques exemples sont des solutions aqueuses de NaOH, K_3PO_4, Na_2CO_3, ou KF, CsF, etc.). Une excellente compatibilité avec des nombreux groupes fonctionnels est une des caractéristiques les plus remarquables de cette transformation (Schème 1.17).

---

[22] Nguefack, J.-F.; Bolitt V.; Sinou, D.; *Tetrahedron Lett.*, **1996**, 37, 31, 5527.

[23] Reviews: (a) Miyaura, N.; Suzuki, A.; *Chem. Rev.*, **1995**, 95, 2457. (b) Suzuki, A.; *J. Organomet. Chem.*, **1999**, 576, 147. (c) Martin, R.; Buchwald, S.; *Acc. Chem. Res.*, **2008**, 41, 11, 1461.

[24] Reviews: (a) Molander, G. A.; Ellis, N., *Acc. Chem. Res.*, **2007**, 40, 275. (b) Molander, G. A.; Canturk, B.; *Angew. Chem. Int. Ed.*, **2009**, 48, 9240.

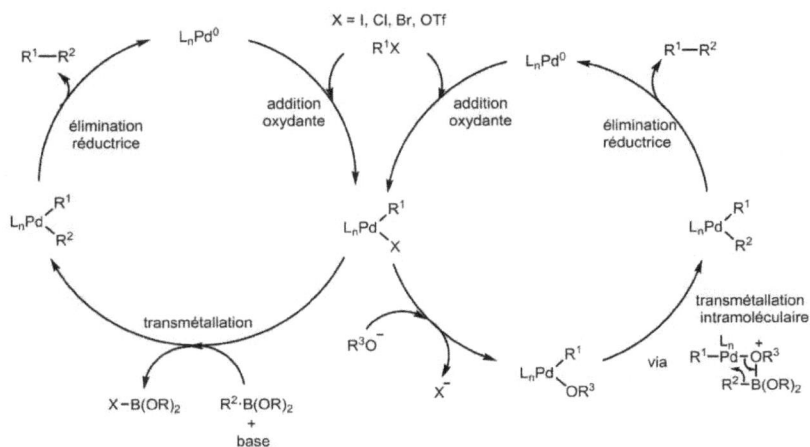

Schème 1.17: Un cycle catalytique typique pour le couplage croisé de Suzuki.

La transmétallation entre Pd et le composé d'organobore (BL_3) ne procède pas facilement. Néanmoins, la nucléophilicité du dérivé d'organobore peut être augmentée dû à la génération d'un complexe «ate» (BL_4^-) de la réaction de l'organobore avec une base.

La réactivité des groupes X employés décroisent dans l'ordre: I > OTf > Br >> Cl. Les halogénures d'aryle et d' 1-alcényle activés par la proximité d'un groupe électroattracteur sont plus réactifs pour l'addition oxydante, que ceux qui portent des groupes électrodonneurs. Ce fait permet l'utilisation des chlorures dans le couplage.

Des nombreux catalyseurs peuvent être employés, mais le catalyseur $Pd(PPh_3)_4$ est probablement le plus commun. $PdCl_2(PPh_3)_2$ et $Pd(OAc)_2$ + PPh_3 ou autres ligands de phosphine sont également efficaces, car sont stables à l'air et peuvent être facilement réduits à des espèces actives de Pd(0).

L'extension de la réaction de Suzuki aux alcynes[25] a été développée à partir de l'observation que B-methoxy-9-BBN et un réactif organométallique polaire du type RM (R = alcynyl, TMSCH$_2$ ou Me) permet l'accès aux complexes borates correspondants. Les complexes «ate» possédant ce groupe R peuvent le transférer aux halogénures d'aryle ou d'alcényle fonctionnalisés, ainsi en fournissant des composés qui ne pouvaient pas être envisagés avant, *via* le couplage croisé traditionnel de Suzuki (Schème 1.18).

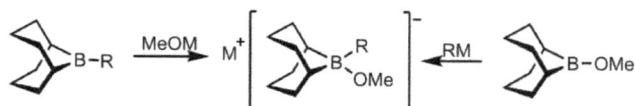

Schème 1.18: Deux approches complémentaires pour préparer un complexe borate, qui peut être employé dans une réaction de Suzuki (R = alcynyl, TMSCH$_2$ ou Me; M = K, Na, Li).

L'emploi des quantités stœchiométriques de B-methoxy-9-BBN n'est même pas nécessaire, car la régénération partielle du borate après l'étape de transmétallation est possible dans la présence des espèces organométalliques R^2—≡—M (Schème 1.19).

---

[25] (a) Soderquist, J. A.; Matos, K.; Rane, A.; Ramos, J.; *Tetrahedron Lett.*, **1995**, 36, 14, 2401. (b) Fürstner, A.; Seidel, G.; *Tetrahedron*, **1995**, 51, 11165.

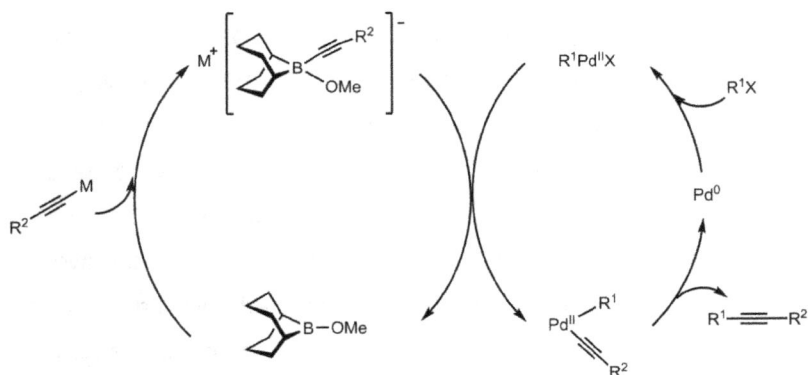

Schème 1.19: Exemple de couplage croisé de Suzuki en utilisant des quantités sous-stœchiométriques de B-methoxy-9-BBN.

Autres réactions en employant des borates ont été développées plus tard, par exemple, en utilisant B(O^{i}Pr)$_3$[26] et B(OMe)$_3$[27] (Schème 1.20).

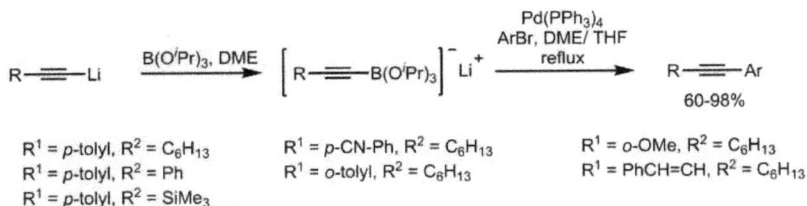

R^1 = p-tolyl, R^2 = C$_6$H$_{13}$ R^1 = p-CN-Ph, R^2 = C$_6$H$_{13}$ R^1 = o-OMe, R^2 = C$_6$H$_{13}$
R^1 = p-tolyl, R^2 = Ph   R^1 = o-tolyl, R^2 = C$_6$H$_{13}$ R^1 = PhCH=CH, R^2 = C$_6$H$_{13}$
R^1 = p-tolyl, R^2 = SiMe$_3$

Schème 1.20: Exemples de couplages croisés de Suzuki pour préparer des alcynes.

---

[26] Castanet, A.-S.; Colobert, F.; Schlama, T.; *Org. Lett.* **2000**, 2, 23, 3559.

[27] Colobert, F.; Castanet, A.-S.; Abillard, O.; *Eur. J. Org. Chem.*, **2005**, 3334.

1.1.3 La Réaction de Corey-Fuchs

La réaction de Corey-Fuchs[28] consiste dans l'homologation d'aldéhydes à des alcynes terminaux, si l'intermédiaire lithié généré réagit avec une source de protons; ou à des alcynes internes, si un électrophile adéquat est additionné. C'est une séquence de deux étapes, où un composé vinylique dibromé peut être isolé comme le premier intermédiaire après le traitement de l'aldéhyde avec la triphenylphosphine et le tetrabromure de carbone. La deuxième étape emploie deux équivalents de *n*-BuLi: le premier équivalent sert pour échanger un des atomes de brome par le lithium; et le deuxième déprotone l'hydrogène vinylique et force l'élimination de *n*-BuH et LiBr. (Cela se passe parce que l'échange métal-halogène est très rapide. Si une base non-lithiée est employée, telle comme DBU (mais il y a d'autres!), le seul événement à se passer est la déprotonation de la dibromo oléfine, qui fournit l'alcyne bromé correspondant (Schème 1.21).[29]

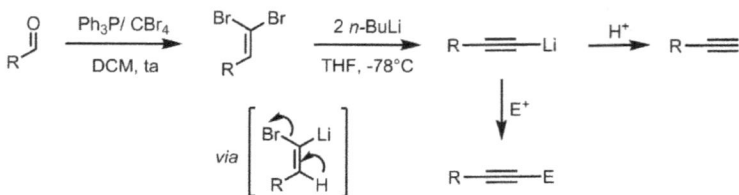

Schème 1.21: La réaction de Corey-Fuchs.

[28] Corey, E. J., Fuchs, P. L.; *Tetrahedron Lett.* **1972**, 13, 36, 3769.

[29] Ratovelomanana, V.; Rollin, Y.; Gébéhenne, C.; Gosmini, C.; Périchon, J.; *Tetrahedron Lett.* **1994**, 35, 4777.

Un problème important de cette réaction est l'utilisation d'une base forte, telle comme le *n*-BuLi, ce qui limite l'exploitation de cette route avec des substrats plus sensibles.

1.1.4 L'Homologation de Seyferth-Gilbert et les Variations de Bestmann et Ohira

Une autre route possible pour accéder aux alcynes est l'utilisation du réactif de Seyferth-Gilbert, le diazocomposé **1.5**.[30] Cette méthode consiste dans la conversion d'aldéhydes et cétones dans les alcynes correspondants, qui auront leurs chaînes augmentées d'un carbone. Cette méthode peut être vue comme une réponse aux fortes conditions basiques employées dans la réaction de Corey-Fuchs: les conditions plus douces dans ce cas vont assurer une plus grande généralité d'application. Le mécanisme de la réaction se suit initialement une oléfination du type Horner-Wadsworth-Emmons et puis évolue par un réarrangement de Fritsch-Buttemberg-Wiechell (Schème 1.22).[31]

---

[30] (a) Seyferth, D.; Marmor, R. S.; Hilbert, P.; *J. Org. Chem.*, **1971**, 36, 10, 1379. (b) Gilbert, J. C.; Weerasooriya, U.; *J. Org. Chem.* **1982**, 47, 1837. (c) Hauske, J. R.; Dorff, P.; Julin, S.; Martinelli, G.; Bussolari, J.; *Tetrahedron Lett.*, **1992**, 33, 3715.
[31] Brown, D. G.; Velthuisen, E. J.; Commeford, J. R.; Brisbois, R. G.; Hoye, T. R.; *J. Org. Chem.* **1996**, 61, 2540.

MeO—P(=O)(OMe)...

$$\text{MeO}-\overset{\displaystyle O}{\underset{\displaystyle MeO}{P}}\overset{H}{\underset{N_2}{}} \quad + \quad \overset{O}{\underset{R^1 \quad R^2}{}} \xrightarrow[ta]{KO^tBu,\ MeOH} \quad R^1\!\!-\!\!\equiv\!\!-R^2$$

1.5

$$\left[\begin{array}{c} \text{MeO} \quad \text{OMe} \\ R^1 \overset{O-P-O-}{\underset{R^2 \quad N_2}{}} \end{array} \right] \rightarrow \left[\begin{array}{c} R^1 \\ R^2 \end{array} C\!=\!N_2 \right] \xrightarrow{-N_2} \left[\begin{array}{c} R^1 \\ R^2 \end{array} C \!:\! \right]$$

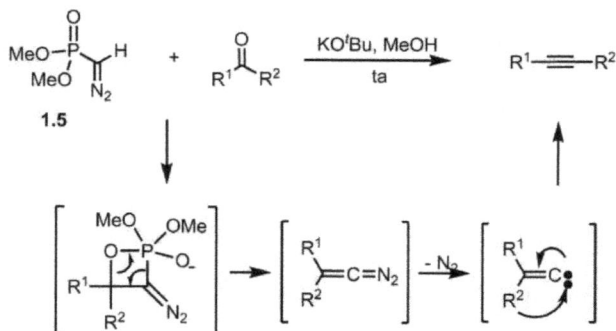

Schème 1.22: La modification de Bestmann-Ohira pour la synthèse d'alcynes.

Même si le réactif de Seyferth-Gilbert est devenu populaire en synthèse,[32] et que l'homologation d'un carbone fonctionne bien, la procédure multi-étapes pour le préparer est laborieuse.[30a] Dans un effort pour éviter cela, Bestmann[33] a exploité le premier exemple rapporté par Ohira[34], en développant une route efficiente pour générer le réactif de Seyfert-Gilbert *in situ* à partir du clivage de la β-cétone du phosphonate présent dans le 1-diazo-2-oxopropylphosphonate (Schème 1.23).

---

[32] Pour des applications dans la synthèse totale, voir: (a) Nerenberg, J. B.; Hung, D. T.; Somers, P. K.; Schreiber, S. L.; *J. Am. Chem. Soc.* **1993**, 115, 12621. (b) Buszec, K. R.; Sato, N.; Jeong, Y.; *J. Am. Chem. Soc.*, **1994**, 116, 5511. (c) Heathcock, C. H.; Clasby, M.; Griffith, D. A.; Henke, B. R. Sharp, M. J.; Synlett., **1995**, 467. (d) Delpech, B.; Lett. R.; *Tetrahedron Lett.* **1989**, 30, 1521. Pour d'autres applications, voir: (e) Gilbert, J. C.; Giamalva, D. H.; Weerasooriya, U. J.; *J. Org. Chem.* **1983**, 48, 5251. (f) Gilbert, J. C.; Giamalva, D. H.; Baze, M. E.; *J. Org. Chem.*, **1985**, 50, 2557. (g) Walborsky, H. M. Topolski, M.; *J. Org. Chem.* **1994**, 59, 6014.

[33] Müller, S.; Liepold B.; Roth, G. J.; Bestmann, H. J.; *Synlett*, **1996**, 521.

[34] Ohira, S.; *Synth. Commun.*; **1989**, 19, 561.

RCHO + Me—C(=O)—C(N$_2$)—P(=O)(OMe)(OMe) $\xrightarrow{\text{K}_2\text{CO}_{3,}\text{ MeOH, ta}}$ R—≡≡

72-97 %

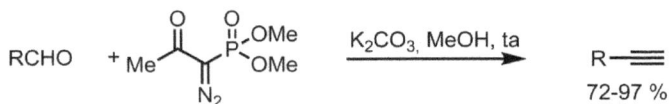

Schème 1.23: Exemples d'alcynes préparés en utilisant la modification de Bestmann-Ohira.

À partir des groupes R montrés au schème ci-dessus, nous pouvons voir qu'un centre chiral en α du carbonyle n'est pas racémisé pendant la réaction. L'avantage significative de ce réactif est qu'il peut être synthétisé à partir des produits commerciaux dimethyl 2-oxopropylphosphonate et le p-toluenosulfonylazide[35] dans une étape (schème n'est pas montrée). Une route «one-pot» pour les mêmes alcynes montrés ci-dessus, au schème 1.23, a été également testée en produisant les mêmes produits que dans une séquence en deux étapes, avec seulement une très petite diminution de rendement, 65-89%.

1.2 ISOXAZOLONES: Propriétés Générales, Synthèse et Réactivité

Même si aujourd'hui il y a des nombreuses méthodologies disponibles dans la littérature pour préparer des alcynes, la continue saga pour des nouvelles méthodologies est un effort constant qui

---

[35] Roth, G. J.; Liepold, B.; Müller, S. G.; Bestmann, H. J.; *Synthesis*, **2004**, 1, 59.

vaut sa poursuite. Dans ce contexte, nous allons présenter l'effort de notre laboratoire pour assembler telles molécules à partir des isoxazolones. Cette présentation sera précédée pour une brève introduction de cet hétérocycle et de sa chimie.

1.2.1 Les Propriétés Générales des Isoxazolones

Les isoxazolones ne sont pas une nouvelle classe d'hétérocycles. Leur réactivité et tautomérie ont été investiguées depuis le début du 20ème siècle[36] et elles ont été employées dans plusieurs études concernant la synthèse d'autres hétérocycles, tels comme les 1,3-oxazin-6-ones,[37] pyrroles,[38] imidazoles,[39] tetrahydropyridines[40] et pyridopyrimidines.[41] En addition, certains dérivés d'isoxazolones ont présenté des activités en humains[42] et

[36] Pour les premiers exemples, voir: a) Kohler, E. P.; Blatt, A. H.; *J. Am. Chem. Soc.*, **1928**, 50, 504. b) Donleavy, J. J.; Gilbert, E. E.; *J. Am. Chem. Soc.*, **1937**, 59, 1072.

[37] (a) Beccalli, E. M.; La Rosa, C.; Marchesini, A.; *J. Org. Chem.*, **1984**, 49, 4287. (b) Beccalli, E. M.; Marchesini, A.; *J. Org. Chem.*; **1987**, 52, 1666. (c) Beccalli, E. M.; Marchesini, A.; *J. Org. Chem.*, **1987**, 52, 3426.

[38] Wentrup, C.; Wollweber, H.-J.; *J. Org. Chem.*, **1985**, 50, 2041.

[39] Beccalli, E. M.; Marchesini, A.; Pilati, T.; *Synthesis*, **1991**, 127.

[40] Risitano, F.; Grassi, G.; Foti, F.; Romeo, R. ; *Synthesis*, **2002**, 1, 116.

[41] Tu, S.; Zhang, J.; Jia, R.; Jiang, B.; Zhang, Y.; Jiang, H.; *Org. Biomol. Chem.*, **2007**, 5, 1450.

[42] (a) Laughlin, S. K.; Clark, M. P.; Djung, J. F.; Golebiowski, A.; Brugel, T. A.; Sabat, M.; Bookland, R. G.; Laufersweiler, M. J.; VanRens, J. C.; Townes, J. A.; De, B.; Hsieh, L. C.; Xu, S. C.; Walter, R. L.; Mekel, M. J.; Janusz, M. J.; *Bioorg. Med. Chem. Lett.*, **2005**, 15, 2399. (b) Laufer, S. A.; Margutti, S.; *J. Med. Chem.*, **2008**, 51, 2580.

antifongique.[43] Deux de ces composés sont présentés ci-dessous (Figure 1.1).

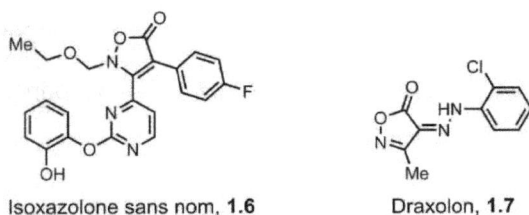

Isoxazolone sans nom, **1.6**   Draxolon, **1.7**

Figure 1.1: Exemples d'une isoxazolone inhibiteur de tumeur facteur alpha de nécrose (TNF-α) **1.6**, et un dérivé d'arylhydrazonoisoxazolone employé comme fongicide, Draxolon, **1.7**.

Les isoxazolones peuvent exister en trois formes tautomériques possibles, qui sont appelées la forme OH **1.8**, la forme CH **1.9** et la forme NH **1.10**. La population de chaque tautomère en solution dépend de la nature des substituants R^1, R^2 et le solvant dont ils sont dissolus. 5-isoxazolones 3- ou 4-substitués ont la tendance d'exister sous la forme CH dans des solvants de baisse polarité, tel comme le CDCl$_3$. La forme NH peut devenir plus ou moins prononcée sur des solvants capables de soutenir des liaisons d'hydrogène, telle comme le (CD$_3$)$_2$CO. Dans des milieux très basiques (pyridine, pipéridine, et NaOH aqueux) la forme OH et la forme ionisée O$^-$ rentrent également dans l'équilibre (Schème 1.24).[38]

---

[43] (a) L. A. Summers, Byrde, R. J. W.; Hislop, E. C.; *Ann. Appl. Biol.*, **1968**, 62, 45. (b) Lehtonen, K.; Summers, L. A.; *Pestic. Sci.*, **1972**, 3, 357.

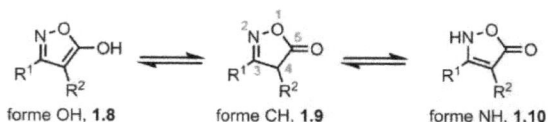

forme OH, **1.8**   forme CH, **1.9**   forme NH, **1.10**

Schème 1.24: Trois formes tautomériques principales sont possibles pour les isoxazolones.

1.2.2 La Synthèse des Isoxazolones

Même si la méthode principale pour la synthèse des isoxazolones implique la condensation de l'hydroxylamine avec des β-cétoesters[44] (Schème 1.25a), d'autres procédures moins fréquemment exploitées, telles comme la cyclo-addition [3+2] d'oxydes de nitrile avec des esters[45] (Schème 1.25b) et le réarrangement catalysé à l'or d'O-propiolyl oxymes[46] existent (Schème 1.25c).

[44] (a) Boulton, A. J.; Katritzky, A. R.; *Tetrahedron*, **1961**, 12, 41. (b) Abignente, E.; de Caprariis, P.; *J. Heterocyclic. Chem.*, **1983**, 20, 1597.

[45] Pour l'utilisation de *n*-BuLi comme base, voir: (a) Dannhardt, G.; Laufer, S.; Obergrusberger, I.; *Synthesis* **1989**, 27, 275. Pour l'utilisation de NaOH(aq.) comme base, voir: Lo Vechio, G.; Lamonica, G.; Cum, G.; *Gazz. Chim. Ital.*, **1963**, 93, 15.

[46] Nakamura, T.; Okamoto, M.; Terada, M.; *Org. Lett.*; **2010**, 12, 11, 2453.

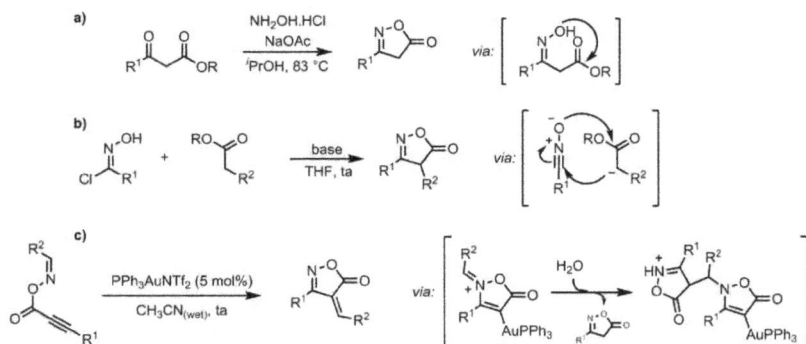

Schème 1.25: Exemples de routes possibles pour des dérivés d'isoxazolones. La méthode exhibée en **a)** est la plus fréquente rapportée dans la littérature.

Le schème 1.25a montre la condensation de l'hydroxylamine avec des β-céto esters, que se passe en général sur le carbone plus électrophile, correspondant au carbonyle de la cétone.[47] Néanmoins, la contamination avec des 3-isoxazolones provenant de la cyclisation de l'acide hydroxamique formé de l'attaque de l'hydroxylamine au groupe ester du β-cétoester peut aussi être présent. C'est même possible, sous un pH contrôlé (proche de 10), de changer la sélectivité vers ces composés, à la place de 5-isoxazolones (n'est pas montré).[48]

Le Schème 1.25b montre l'utilisation d'oxydes de nitrile, dont la synthèse est typiquement réalisée par deux méthodes bien

---

[47] (a) Katritzky, A. R.; Barczynski, P.; Ostercamp, D. L.; Youssaf, T. I.; *J. Org. Chem.*, **1986,** 51, 4037. (b) De Sarlo, *Tetrahedron*, **1967**, 23, 831.

[48] Jacobsen, N.; Kolind-Andersen, H.; Christensen, J.; *Can. J. Chem.*, **1984**, 62, 1940.

établies.[49] La première dérive de la condensation d'un aldéhyde avec une hydroxylamine, suivi par la réaction de NaOX ou NXS (X = Cl, Br, I), ce qui génère un halogénure d'hydroxylaminoyle. Avec le contact avec une base, ce composé est capable de fournir l'oxyde de nitrile *in situ*.[50] La deuxième méthode est la procédure de Mukaiyama, que dérive de la réaction d'un nitroalcane avec phenyl isocyanate et DCC (*N*, *N'*-dicylohexylcarbodiimide) ou un autre agent déshydratant similaire (schème n'est pas montré).[51]

Le schème 1.25c traite d'une méthode récente basée sur la cycloisomérization catalysée à l'or d'oximes d'O-propioloyle. Même si elle n'est pas pratique comme la condensation d'hydroxylamines sur des β-cétoesters, elle est mentionnée ici comme une référence anecdotique à des procédés catalysés à l'or qui seront étudiées plus en détails dans les prochains chapitres de cette thèse.

1.2.3 La Réactivité des Isoxazolones

Une grande richesse de la chimie démontrée par les isoxazolones peut être attribuée au fait que les α-hydrogènes au groupe carbonyle (en C4) possèdent un pK_a de 4-6.[44a] Ce fait est important, parce qu'il permet que les isoxazolones participent comme des nucléophiles dans des nombreuses transformations, telles comme des additions de Michael,[52] des chlorations,[53] des

---

[49] Pour un exemple d'une troisième procédure récemment rapportée dans la littérature en utilisant des acides hydroxamiques O-silylés, anhydride triflique et Et₃N, voir: Carreira, E. M.; Bode, J. W.; Muri, D.; *Org. Lett.*, **2000**, 2, 539.

[50] Larsen, K. E.; Torssell, K. B. G.; *Tetrahedron*, **1984**, 40, 15, 2985.

[51] Mukaiyama, T.; Hoshino, T.; *J. Am. Chem. Soc.*, **1960**, 82, 5339.

[52] Risitano, F.; Grassi, G.; Foti, F.; Romeo, R.; *Synthesis*, **2002**, 1, 116.

condensations de Knoevenagel avec des aldéhydes[54] et des réactions de Mannich[55] (Schème 1.26).

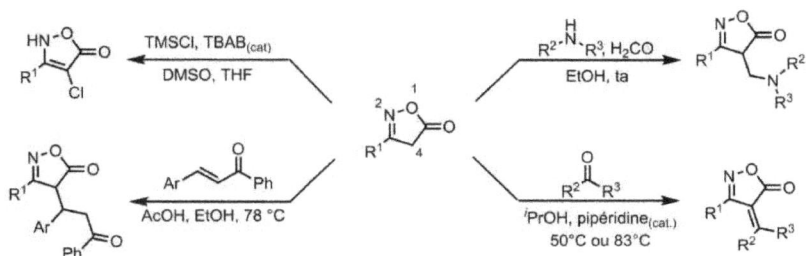

Schème 1.26: Exemples de réactions avec des 5-isoxazolones.

Parmi les réactions montrées ci-dessus, les condensations de Knoevenagel avec des cétones et aldéhydes sont particulièrement intéressantes, parce que les alkylidene isoxazolones formées servent d'accepteurs de Michael pour un grand nombre de nucléophiles. Des exemples de tels nucléophiles sont des hydrures,[56] des réactifs de Grignard,[57] des composés

[53] Huppé, S.; Rezaei, H.; Zard, S. Z.; *Chem. Comm.*, **2001**, 1894.

[54] Boivin, J.; Huppé, S.; Zard, S. Z.; *Tetrahedron Lett.*, **1996**, 37, 48, 8735.

[55] Barbieri, W.; Bernardi, L.; Coda, S.; Colo, V.; Diqual, G.; Palamidessi, G.; *Tetrahedron*, **1967**, 23, 4409.

[56] En employant NaBH$_4$: (a) Beccalli, E. M.; Benincore, T.; Marchesini, A.; *Synthesis*, **1988**, 886. En employant l'ester de Hantzsch: (b): Liu, Z.; Han, B.; Liu, Q.; Zhang, W.; Yang, L.; Liu, Z.-L.; Yu, W.; *Synlett*, **2005**, 10, 1579.

[57] (a) Mustafa, A.; Asker, W.; Harhash, A. H.; Kassab, N. A. L.; *Tetrahedron*, **1963**, 19, 1577. (b) Mustafa, A.; Asker, W.; Harhash, A. H.; Kassab, N. A. L.; *Tetrahedron*, **1964**, 20, 1133. (c) Renard, D.; Rezaei, H.; Zard, S. Z.; *Synlett*, **2002**, 8, 1257.

d'organozinc,[57c] des cyanures,[54] des phosphonates,[58] des composés aromatiques[57a,b] et des isoxazolones[59] (Schème 1.27).

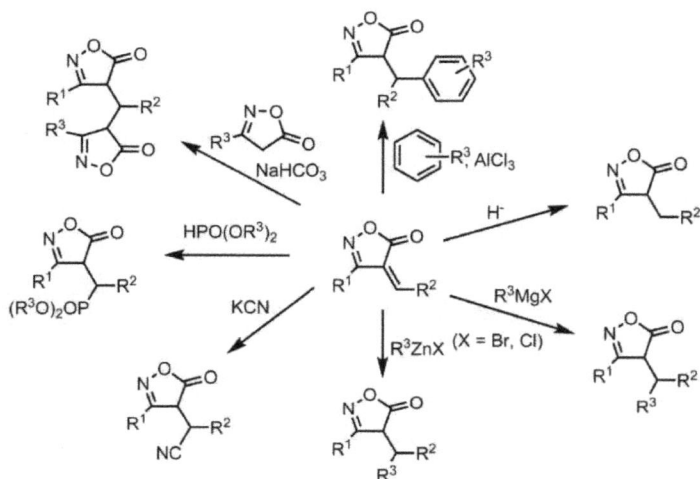

Schème 1.27: Démonstration de la portée de l'addition de nucléophiles sur des alkylidene isoxazolones.

L'addition d'hydrures sur des alkylidene isoxazolones est particulièrement importante dû à l'absence de sélectivité entre la C- et la N-akylation. Par exemple, l'allylation du 3-phenyl-4-methyl-5-isoxazolone dans la présence d'éthoxyde de sodium fournit une mixture 2:1 de produits de NH-alkylation : CH-alkylation (Schème 1.28). Intéressement, dans certains cas, sous hautes températures, il est possible de forcer la migration de la chaîne allyle selon un réarrangement sigmatropique [3,3], ce qui va favoriser le produit

[58] Nishiwaki, T.; Kondo, K.; *J. Chem. Soc., Perkin Transactions I*, **1972**, 90.

[59] Batra, S.; Akhtar, M. S.; Seth, M.; Bhaduri, A. P.; *J. Hetercyclic. Chem.*, **1990**, 27, 337.

CH-alkylé[60] (Schème 1.28). Cependant, en tant qu'une caractéristique générale, l'alkylation directe sur la position 4 de 5-isoxazolones reste jusqu'à aujourd'hui un problème sans solution.

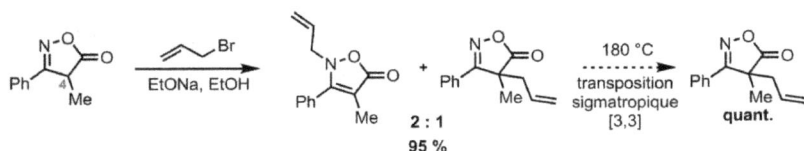

Schème 1.28: Un exemple de la difficulté d'une alkylation directe sélective en C4 de 5-isoxazolones.

C'est intéressant d'observer que l'alkylation de tels composés peut être très joliment encadré dans le paradigme de Curtin-Hammet,[61] où nous avons que pour une réaction possédant un paire de produits de départ ou des réactifs intermédiaires que se convertissent rapidement entre eux, où chacun réagit pour donner un produit différent, le ratio entre eux va être déterminé par la différence entre les énergies libres des états de transition associés (*i.e.* les vitesses de réaction) à chaque transformation, et non pas de la constante d'équilibre de l'interconversion entre les intermédiaires (Schème 1.29).

---

[60] Makisumi, Y.; Sasatani, T.; *Tetrahedron Lett.*, **1969**, 10, 7, 543.

[61] F. Z. Dörwald "Side Reactions in Organic Synthesis: A Guide to Successful Synthesis Design". **2005**, Wiley-VCH, p. 13-15.

$$\underset{\substack{\text{produit}\\\text{NH-alkylé}}}{D} \xleftarrow[k_2]{B} \underset{\substack{\text{tautomère NH}}}{A_1} \underset{}{\overset{K}{\rightleftharpoons}} \underset{\substack{\text{tautomère CH}}}{A_2} \xrightarrow[k_1]{B} \underset{\substack{\text{produit}\\\text{CH-alkylé}}}{C}$$

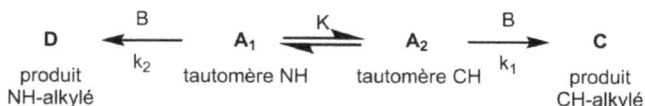

Schème 1.29: L'alkylation d'isoxazolones peut être observée comme un parfait exemple dans le cadre du paradigme de Curtin-Hammet.

1.2.4 L´Utilisation des Isoxazolones comme des Alcynes Masqués: Précédents de la Littérature

1.2.4.1 Pyrolyse-Éclair sous Vide

La décomposition thermique d'alkylidene isoxazolones sous des conditions de pyrolyse-éclair sous vide (PEV) ont été décrites pour fournir des acétylènes, nitriles, CO_2 et vinylidenes.[62] Même si des rendements excellents peuvent être obtenus pour la synthèse de simples acétylènes et que cet approche soit applicable à la synthèse d'aminoacétylènes (Z = R^2NHCH ou R^2R^3NCH),[63] isocyanures (Z = R^2N),[64] isocyanoamines (Z = RNHN)[65] et fulminates organiques (Z = RON),[66] cette procédure est clairement inappropriée pour des substrats plus sensibles, dû aux fortes conditions réactionnelles employées (Schème 1.30).

---

[62] (a) Wentrup, C.; Reichen, W.; *Helv. Chim. Acta.*, **1976**, 59, 2615. (b) Wentrup, C.; Winter, H.-W., *Angew. Chem. Int. Ed.*, **1978**, 17, 609.

[63] Winter, H.-W.; Wentrup, C.; *Angew. Chem. Int. Ed.*, **1980**, 19, 720.

[64] Wentrup, C.; Stutz, U.; Wollweber, H.- J.; *Angew. Chem. Int. Ed.*; **1978**, 17, 688.

[65] (a) Reichen, W.; Wentrup, C.; *Helv. Chim. Acta*, **1976**, 59, 2618. (b) Wentrup, C.; Winter, H.-W., *J. Org. Chem.*, **1981**, 46, 1045.

[66] Wentrup, C.; Gerecht, B.; Laqua, D.; Briehl, H.; Winter, H.-W.; Reisenauer, H. P.; Winnerwisser, M.; *J. Org. Chem.*, **1981**, 46, 1046.

Me

$800\,°C$
10^{-4} Torr
$- CH_3CN$
$- CO_2$

réarrangement de
Fritsch-Buttenberg-Wiechell

Me

95 %

b)

R^1

Z

Δ (FVP)
$- R^1CN$
$- CO_2$

$Z=C\,:$ $\longrightarrow$ produits

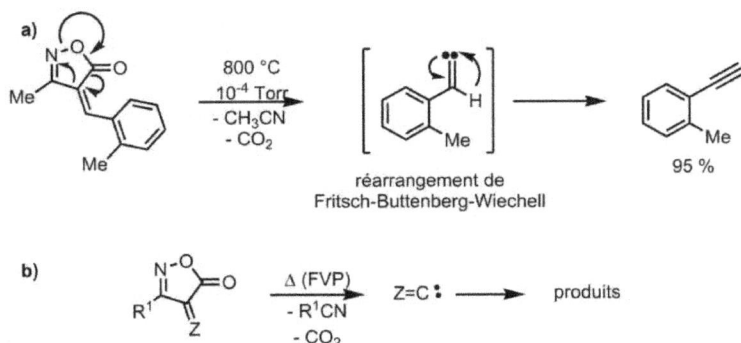

Schème 1.30: a) Un exemple d'une synthèse d'un alcyne simple par pyrolyse-éclair sous vide en employant des alkylidene isoxazolones. b) Par l'application du principe de décomposition d'isoxazolones par PEV, c'est aussi possible d'accéder autres substrats similaires, ainsi en donnant origine à des aminoacetylenes ($Z = R^2R^3NCH$), isocyanures ($Z = R^2N$), isocyanoamines ($Z = R^2NHN$) et fulminates organiques ($Z = RON$).

1.2.4.2 Le Clivage Nitrosant

Fondé sur le travail de pionnier d'Abidi,[67] notre laboratoire a identifié les isoxazolones comme étant des intermédiaires tardifs de cette procédure d'alcynylation.[68] L'optimisation des conditions réactionnelles a révélé l'utilisation de nitrite de sodium et sulfate de

---

[67] (a) Abidi, S. L.; *J. Chem. Soc., Chem. Comm.*, **1985**, 1222. (b) Abidi, S. L.; *Tetrahedron Lett.*, **1986**, 27, 267. (c) Abidi, S. L.; *J. Org. Chem.*, **1986**, 51, 2687.

[68] Zard, S. Z.; *Chem. Comm.*, **2002**, 1555.

fer(II) dans l'acide acétique et l'eau comme le meilleur choix pour cette transformation.[69]

Le nitrite de sodium dans le milieu d'acide acétique aqueux hydrolyse pour produire NO^+, qui peut réagir soit avec la forme CH ou la forme NH des tautomères de l'isoxazolone employée, **1.9** ou **1.10**, respectivement. Cela produira soit le composé C-nitroso **1.11** ou le N-nitroso **1.12** correspondant. Sous les conditions réactionnelles, ces intermédiaires peuvent subir un clivage homolytique pour former le radical persistant oxyde nitrique **1.13** et le radical tertiaire stabilisé par résonance **1.14**. L'oxyde nitrique est un gaz et il peut éventuellement échapper du vase réactionnel, ainsi en forçant que les radicaux restants **1.14** se dimérisent, pour produire **1.15**. Pour éviter cette dimérisation compétitive, le sulfate de fer(II) est additionné au milieu réactionnel. En effet, le $FeSO_4$ réagit dans la présence de $NaNO_2$ et l'acide acétique pour produire l'oxyde nitrique **1.13** *in situ*[69b] (Schème 1.31).

Comme cette réaction fait intervenir des intermédiaires radicalaires, c'est extrêmement important de bien dégazer les solutions employées avant de les utiliser. Sinon, l'oxydation de l'oxyde nitrique **1.13** au radical dioxyde d'azote **1.16** par l'oxygène présent peut fournir des sous-produits, tel comme le **1.17**. De la même manière, le composé N-nitroso **1.18** doit être produit également, mais parce que la liaison N-N est raisonnablement faible (l'énergie de dissociation de *ca.* 60kcal.mol^{-1}, *vs* 105 kcal.mol^{-1} pour

---

[69] (a) Boivin, J.; Elkaim, L.; Ferro, P. G.; Zard, S. Z.; *Tetrahedron Lett.*, **1991**, 32, 39, 5321. (b) Elkaim, L.; *Thèse de Doctorat*, École Polytechnique, **1992**, pp 97-134.

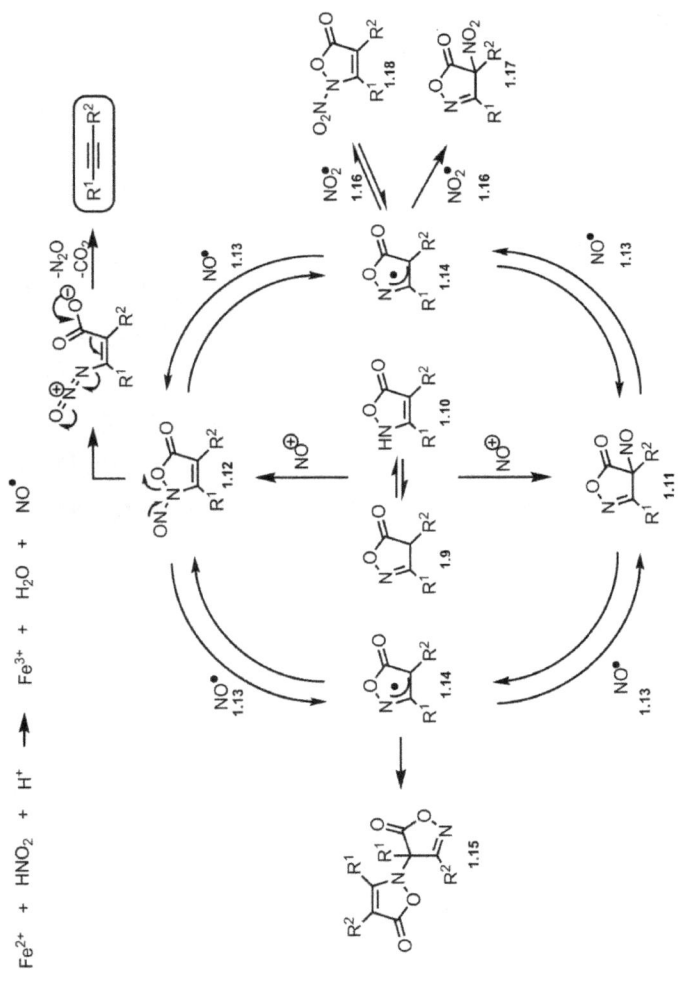

Schème 1.31: Le mécanisme proposé pour le clivage nitrosant des isoxazolones avec la formation évitée de sous-produits possibes.

O-H, 108 kcal.mol^{-1} pour N-H, 105 kcal.mol^{-1} pour C-H)[70] la réaction doit être réversible, dû à la facilité du clivage homolytique[71] (cette considération est également valable pour l'intermédiaire **1.12**).

La formation du composé C-nitroso **1.11** doit être anticipée comme en étant également présente dans le milieu réactionnel, néanmoins l'isolation de tels composés, bien comme de ces dérivés, n'ont jamais été confirmés expérimentalement.
Cela est probablement dû parce que la formation de composés nitroso tertiaires est typiquement réversible.[72]

À partir de ce qui a été discuté, nous pouvons voir que toutes les isoxazolones montrées dans les schèmes **1.26** et **1.27** sont des précurseurs potentielles d'alcynes. Ainsi, sous la lumière de ces découvertes, notre laboratoire a employé différentes stratégies pour une synthèse variée d'alcynes. Quelques exemples extraits de publications antérieures de notre groupe sont montrés ci-dessous[53,54,57c,73] (Schème 1.32).

---

[70] (a) Szwarc, M.; *Proceedings of the royal society of London. Series A, Mathematical and Physical Sciences,* **1949**, 198, 1053, 267. (b) Blanksby, S.; Ellison, G. B.; *Acc. Chem. Res.,* **2003**, 36, 255.

[71] Geiser, G.; Huber, J. R.; *Helv. Chim. Acta.,* **1981**, 64, 989.

[72] *"Nitric Oxide Donors: for pharmaceutical and biological applications."* Éditeurs: Wang, P. G.; Cai, T. B.; Tanigushi, N Wiley-VCH, **2005**, pp. 55-72.

[73] Boivin, J.; Huppé, S.; Zard, S. Z.; *Tetrahedron Lett.,* **1995**, 36, 5737.

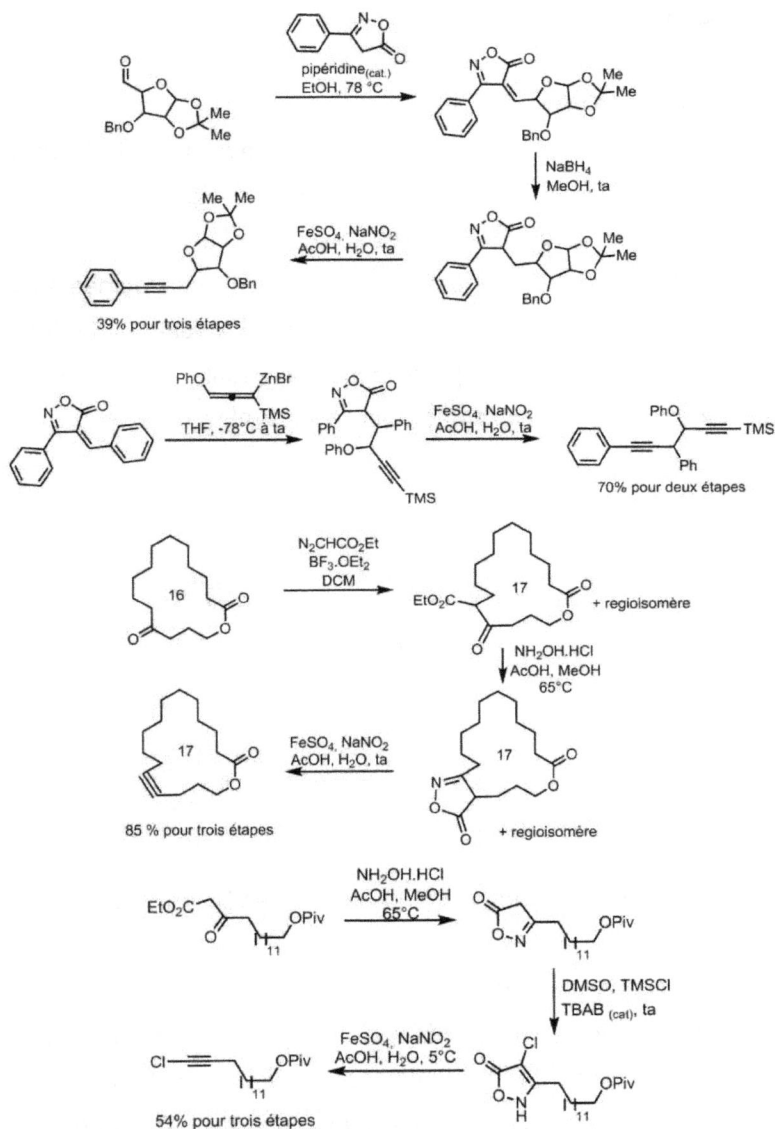

Schème 1.32: Exemples d'alcynes synthétisés dans les travaux antérieurs de notre laboratoire

1.3 RÉSULTATS ET DISCUSSION

1.3.1 L'Idée Initiale

Pendant le travail de cette thèse, nous avons été intéressés sur l'utilisation d'isocyanure **1.20** comme des nucléophiles sur des alkylidene isoxazolones **1.9**. Après l'hydrolyse de l'intermédiaire attendu **1.21,** cet approche permet d'accéder les isoxazolones **1.22**, des composés possédant une chaîne amide voisine à la triple liaison.[74] Un subséquent clivage nitrosant de l'anneau heterocyclique de l'isoxazolone fournit la 3-alcynilamide désirée **1.23** (Schème 1.33).

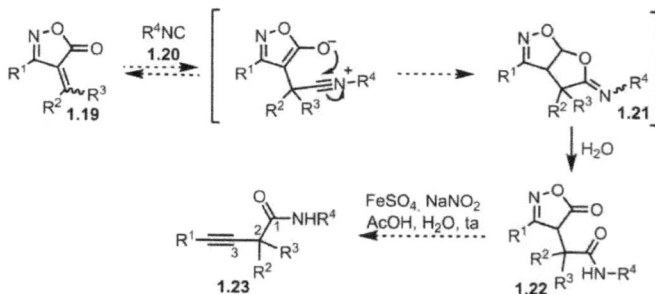

Schème 1.33: Plan synthétique pour obtenir des 3-alcynylamides.

La synthèse d'alkylidene isoxazolones **1.19** a été accomplie par la condensation de Knoevenagel de 5-isoxazolones **1.24** avec des cétones et aldéhydes (schème 1.34). Différents aldéhydes, tels comme le cyclopropylcarboxaldéhyde, le tiophene 2-carboxaldéhyde et le p-tolualdéhyde, bien comme des cétones,

---

[74] Jurberg, I. D.; Gagosz, F.; Zard, S.; *Org. Lett.*, **2010**, 12, 3, 416.

telles comme la cyclopentanone et l'acétone peuvent être condensées avec des isoxazolones portant des groupes phényle, ester, éther ou une chaîne homoallylique.

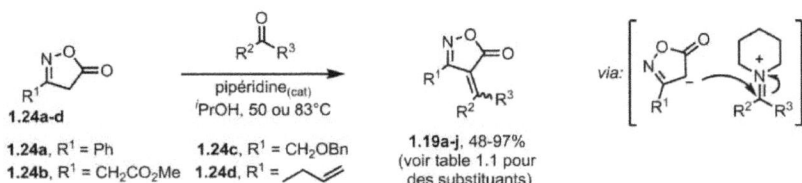

1.24a-d

1.24a, R¹ = Ph   **1.24c**, R¹ = CH₂OBn
1.24b, R¹ = CH₂CO₂Me **1.24d**, R¹ = ⌇

1.19a-j, 48-97%
(voir table 1.1 pour
des substituants)

Schème 1.34: La condensation de Knoevenagel entre isoxazolones et aldéhydes/ cétones.

Pour les isonitriles testés, le composé commercialement disponible *tert*-butyl isocyanure **1.20a** donne les meilleurs résultats. L'addition de l'isocyanoacetate d'éthyle **1.20b** et de l'isocyanure de benzyle **1.20c**, fraîchement préparés, ont démontré une tendance à des rendements significativement moins bons. Les isocyanures ont été préparés en suivant une séquence de deux étapes[75] (Schème 1.35).

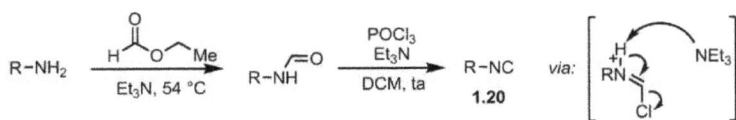

Schème 1.35: La séquence de deux étapes employée pour la synthèse d'isocyanures. Le mécanisme de réaction passe par un chlorure d'iminium, un intermédiaire typique d'autres procédés de

---

[75] Park, W. K. C.; Auer, M.; Jaksche, H.; Wong, C.-H.; *J. Am. Chem. Soc.*, **1996**, 118, 10150.

déshydratation employant le POCl$_3$, telle comme la procédure de Vilsmeyer-Haack.

Tous les intermédiaires alkylidene isoxazolones **1.19a-j**, amides **1.22a-n** et alcynes α-ramifiés **1.23a-n** synthétisés dans ce travail sont indiqués dans la table 1.1

Entrée	Isoxazolone 1.19	Isocyanure 1.20	Amide 1.22	Alcynylamide 1.23
1	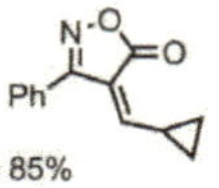 1.19a 85%	^{t}BuNC 1.20a	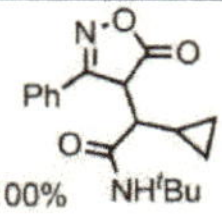 1.22a 100%	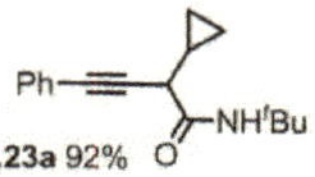 1.23a 92%
2	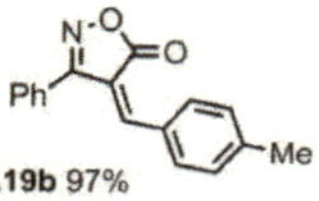 1.19b 97%	1.20a EtO$_2$CCH$_2$NC 1.20b PhCH$_2$NC 1.20c	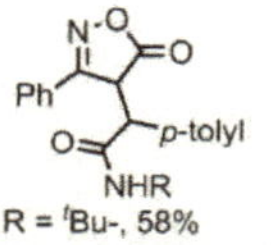 1.22b R = ^{t}Bu-, 58% 1.22c R = EtO$_2$CCH$_2$-, 38% 1.22d R = PhCH$_2$-, 57%	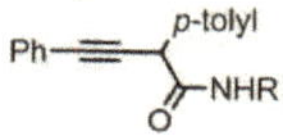 1.23b R = ^{t}Bu-, 87% 1.23c R = EtO$_2$CCH$_2$-, 81% 1.23d R = PhCH$_2$-, 90%
3	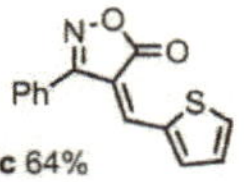 1.19c 64%	1.20a	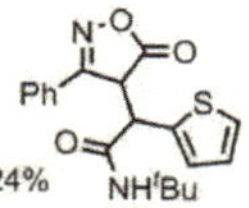 1.22e 24%	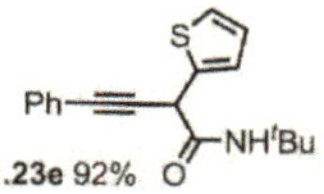 1.23e 92%
4	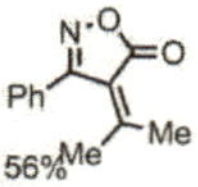 1.19d 56%	1.20a	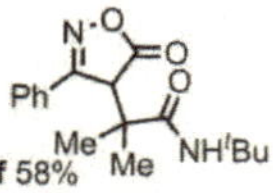 1.22f 58%	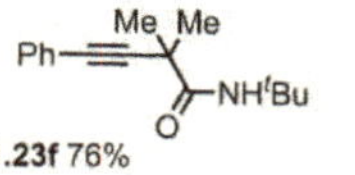 1.23f 76%
5	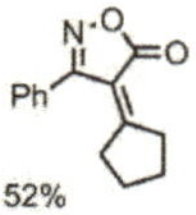 1.19e 52%	1.20a	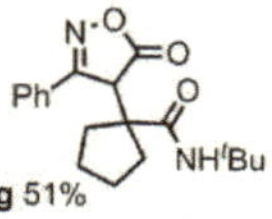 1.22g 51%	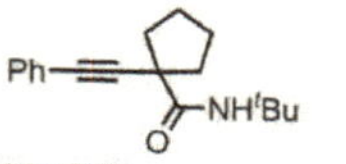 1.23g 71%
6	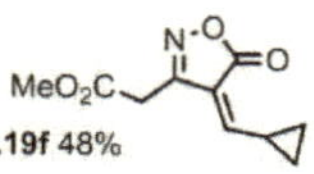 1.19f 48%	1.20a	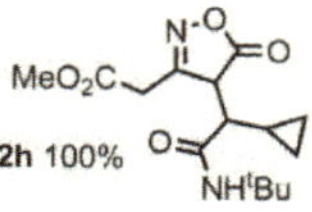 1.22h 100%	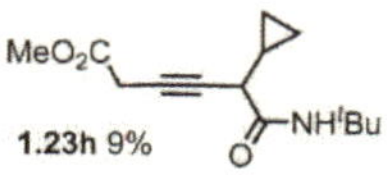 1.23h 9%
7	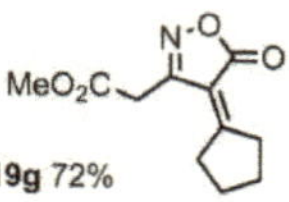 1.19g 72%	1.20a	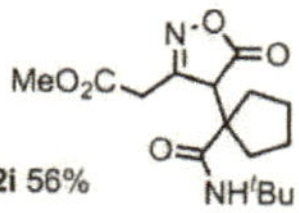 1.22i 56%	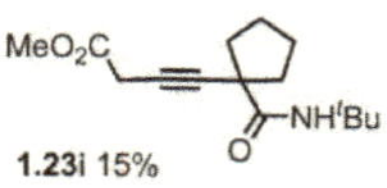 1.23i 15%

Entrée	Isoxazolone 1.19	Isocyanure 1.20	Amide 1.22	Alcynylamide 1.23
8	1.19h 77%	1.20a	1.22j 72%	1.23j 47%
9	1.19i 70%	1.20a 1.20c	1.22k R = ^{t}Bu-, 89% 1.22l R = PhCH$_2$-, 30%	1.23k R = ^{t}Bu-, 94% 1.23l R = PhCH$_2$-, 60%
10	1.19j 61%	1.20a 1.20b	1.22m R = ^{t}Bu-, 60% 1.22n R = EtO$_2$CCH$_2$-, 49%	1.23m R = ^{t}Bu-, 68% 1.23n R = EtO$_2$CCH$_2$-, 70%

Table 1.1: 3-Alcynylamides préparées dans ce travail

En concernant l'étape d'alkylation, nous avons anticipé la possibilité de formation de N-nitrosoamides para la nitrosation du groupe amide sous les conditions réactionnelles.[71,76] Pourtant, cela étais un processus attendu comme réversible,[72] et en effet, sans conséquence pour les rendements des alcynes obtenus. Pour tous les composés testés, les rendements ont été généralement bons, à l'exception des composés **1.23h** et **1.23i**. Possiblement, cela est dû à l'acidité plus forte des hydrogène α au groupe carbonyle. Comme conséquence, un accepteur de Michael très réactif est généré, ce qui ouvre la possibilité pour des nombreuses transformations de dégradation (Schème 1.36).

---

[76] Pour d'autres exemples, voir: (a) Glatzhofer, D. T.; Roy, R. R.; Kossey, K. N.; *Org. Lett.*, **2002**, 4, 14, 2349. (b) Darbeau, R. W.; White, E. H.; *J. Org. Chem.*, **2000**, 65, 1121.

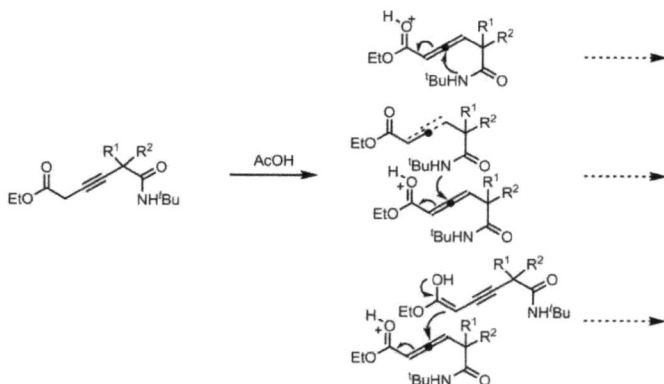

Schème 1.36: Exemples de réactions de dégradation possibles du composé **1.23h** et **1.23i**. Cette route spéculative tient à l'origine une molécule d'allène comme un précurseur commun.

Également, c'est important de noter que tous les alkylidene isoxazolones dérivés de cétones **1.23f, -g** et **–i**, ont fourni des nitrocomposés du type **1.17** comme des sous-produits. Ce fait est mécanistiquement intrigant, parce que les nitrocomposés correspondants aux alkylidene isoxazolones dérivés d'aldéhydes n'ont jamais été observés.

Si l'oxygène est encore présent dans le milieu dans une petite quantité capable d'oxyder l'oxyde nitreux **1.13** au radical nitro **1.16**, ce fait serait attendu pour à peu près toutes les autres expériences, car il est associé à l'inefficience de la méthode de dégazage du solvant. Conséquemment, nous pouvons assumer que le radical formé dans la position α d'un carbone quaternaire dans les intermédiaires du type **1.14** est plus nucléophile que ceux portant une chaîne tertiaire en α (dérivée de la condensation avec des aldéhydes) et que l'empêchement stérique promu par le carbone quaternaire en α ne gêne pas significativement la formation des sous-produits correspondants **1.17f, -g, –i, -m** et **-n** (schème 1.37).

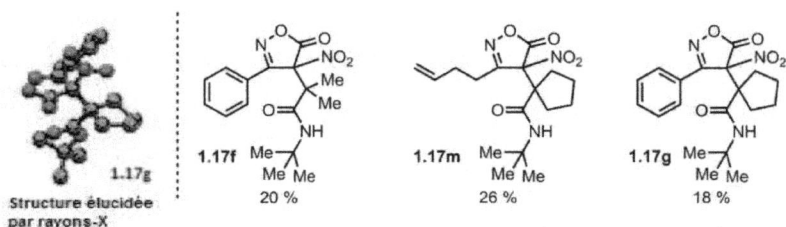

Schème 1.37: Les sous-produits isolés pendant la synthèse des alcynes **1.23f, -m** et **g**.

Une fois que nous avons synthétisé ces alcynylamides **1.23a-n**, nous nous sommes intéressés pour les produits que pourraient être obtenus à partir d'eux en employant la catalyse à l'or.[77] C'est avec une grande déception, que nous avons observé l'inertie de ces substrats devant toutes les conditions réactionnelles essayées. Il n'y eu que du produit de départ récupéré à chaque essai[78] (Schème 1.38).

---

[77] Voir le chapitre 2 de cette thèse pour des références sur la chimie de l'or.

[78] Pour deux exemples de résultats similaires dans des cyclisations assez proches en utilisant de la catalyse à l'or, voir: (a) Bian, M.; Yao, W.; Ding, H.; Ma, C.; *J. Org. Chem.*; **2010**, 75, 269. (b) Fustero, S.; Fernández, B.; Bello, P.; del Pozo, C.; Arimitsu, S.; Hammond, G. B.; *Org. Lett.*, **2007**, 9, 21, 4251.

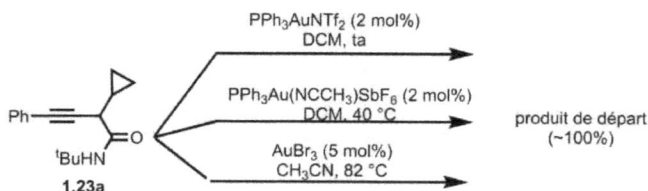

Schème 1.38: Les conditions réactionnelles essayées pour la catalyse à l'or.

Ensuite, nous avons retourné notre attention pour l'utilisation de la *N*-iodosuccinimide (NIS), dont la forte électrophilicité a été déjà exploitée dans des nombreuses opportunités.[79]

Sous des conditions classiques, à savoir **1.23a** avec NIS (1.1 equiv) et acétone à température ambiante, nous avons trouvé une conversion très propre, mais incomplète du substrat **1.23a** au produit d'iodocyclisation **1.25a**, où le brut réactionnel contenait un mélange 1:1 de **1.23a**:**1.25a**, (rendement isolé de **1.25a** de 45%). Dans notre essai subséquent, 2.2 équiv. de NIS ont été employés pour donner **1.25a** comme le seul produit formé, avec un rendement isolé de 72%. Cependant, les signaux de ^{1}H RMN dans la région des aromatiques étaient complètement séparés, ce que suggère un environnement chiral autour de l'anneau phényle. Cette observation n'était pas en accord avec le produit cyclisé attendu **1.26**. L'analyse de la structure cristalline par rayons-X de **1.25a** a révélé en fait

---

[79] Pour quelques exemples de cyclisation, voir: (a) Diaba, F.; Ricou, E.; Bonjoch, J.; *Org. Lett.*; **2007**, 9, 14, 2633. (b) Fischer, D.; Tomeba, H.; Pahadi, M. K.; Patil, N. T.; Yamamoto, Y.; *Angew. Chem. Int. Ed.*, **2007**, 46, 4764. (c) Li, J.; Fu, C.; Chai, G.; Ma, S.; *Adv. Synth. Catal.*, **2008**, 350, 1376.

qu'une molécule d'eau avait été incorporée, sans doute provenant de l'acétone non-anhydre employée (Schème 1.39).

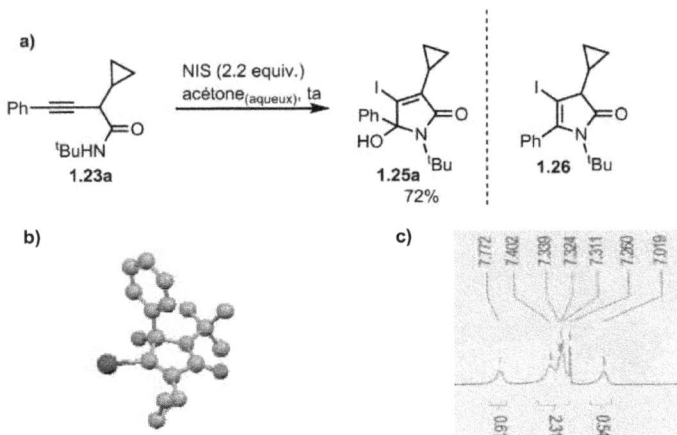

Schème 1.39: **a)** Un exemple de cyclisation promue par le NIS avec la 3-alcynylamide **1.23a**. Le produit obtenu **1.25a**, et le produit initial imaginé **1.26**. **b)** La structure de rayons-X du composé **1.25a** (hydrogènes omis pour des raisons de clarté). **c)** Les signaux de RMN séparés dans la région des aromatiques du composé **1.25a** (les signaux larges sont probablement dû à l'environnement congestionné de la molécule et probablement la raison pour l'intégration imprécise, qui devrait être 1:3:1).

Ensuite, nous avons imaginé qu'autres nucléophiles, tels comme le méthanol et l'alcool allylique, pourraient aussi être employés. Pour rivaliser avec l'eau dissolue dans l'acétone, un large excès d'alcool a été employé (10 équiv.). Dans les cas où l'utilisation d'un alcool qui n'est pas facilement accessible, des efforts d'optimisation additionnels sont nécessaires (comme par exemple de changer le solvant), mais cela n'a pas été essayé. En addition, autres nucléophiles peuvent également se montrer adéquats, mais ils n'ont pas été investigués. Les résultats obtenus sont résumés ci-dessous (Table 1.2).

Entrée	Alcynylamide	Nucléophile	Produit cyclisé
1	1.23a	MeOH	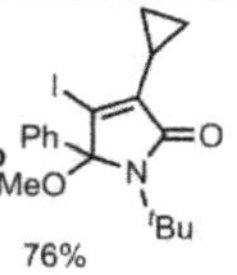 1.25b 76%
2	1.23a	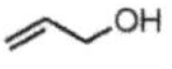 ⌇OH	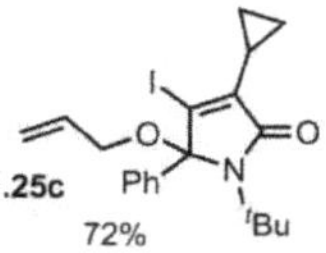 1.25c 72%
3	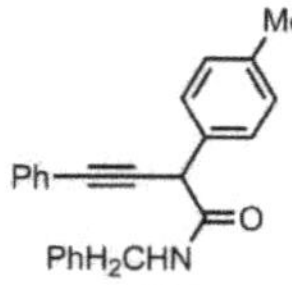 1.23d	H₂O	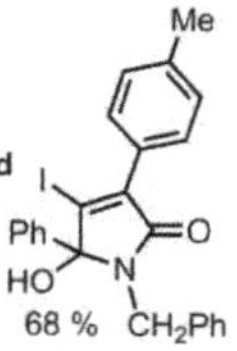 1.25d 68 %
4	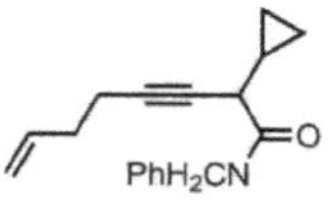 1.23l	MeOH	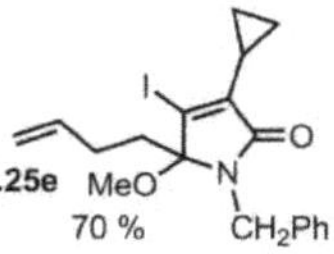 1.25e 70 %

Table 1.2: La synthèse de 1,5-dihydropyrrol-2-ones à partir de 3-alcynylamides, promue par le NIS.

Le mécanisme proposé pour cette cyclisation implique l'activation de l'alcyne en donnant l'iodonium intermédiaire **1.27**, qu'évolue vers la clôture d'anneau, en fournissant le composé **1.26**. Cependant, la réaction ne s'arrête pas à ce point. Comme cela a été mentionné antérieurement, 1 équiv. de NIS produit un mélange 1:1 de **1.23**:**1.25**, ce qui démontre que **1.26** est plus nucléophile que **1.23** devant le NIS. Ainsi, la réaction continue et un deuxième intermédiaire d'iodonium est formé, représenté para la forme mésomérique **1.28**, et il réagit rapidement avec un nucléophile présent dans le milieu, soit l'eau ou un alcool. Après l'élimination de HI, le composé final **1.25** est obtenu (Schème 1.40).

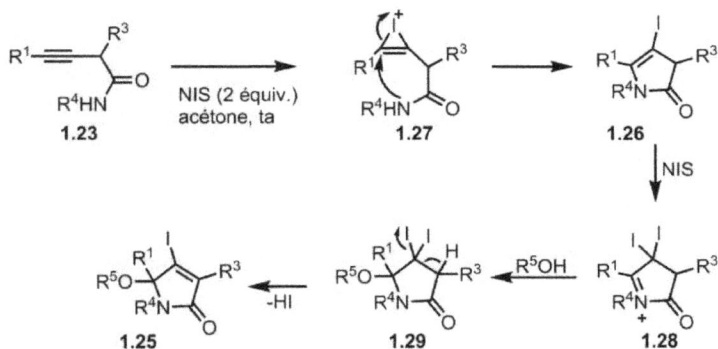

Schème 1.40: Le mécanisme proposé pour la clôture d'anneau promu par le NIS.

Car le NIS est un nucléophile très fort, un mécanisme alternatif pourrait être imaginé avec l'iodination de l'atome d'azote de **1.23**,[80]

---

[80] Pour des exemples d'halogénation de l'hétéroatome en utilisant NBX, (X = Br, I), voir: formation de N-Br (a) Wang, Z.; Zhang, Y.; Fu, H.; Jiang, Y.; Zhao, Y.; *Org. Lett.*, **2008**, 10, 9, 1863. formation d'O-I (b) Castanet, A.-S.; Colobert, F.; Broutin, P. E.; *Tetrahedron Lett.*, **2002**, 43, 5047.

suivi par l'attaque nucléophile de l'alcyne, ce que donnerait également l'intermédiaire **1.26**. Néanmoins, cela paraît improbable parce que les alcynes ont la tendance de se comporter come des électrophiles et non comme des nucléophiles (parce que les deux orbitaux de frontière, LUMO et HOMO, sont relativement baisses). En plus, la formation d'une molécule dihalogénée suivi par la perte de HX (X = halogène), telle comme celle suggérée en **1.29**, a déjà été décrite dans la littérature pour une cyclisation similaire promue par le Pd, qui a été réalisée avec des amides 2,2-difluoropropargyliques, pour donner des 3,3-difluoro-γ-lactams 4,5-disubstitués.[81]

C'est difficile de dire à ce point si la clôture d'anneau par l'azote est sous contrôle cinétique ou thermodynamique (ou les deux). Le contrôle thermodynamique signifie qu'il y a la réversibilité dans l'étape de cyclisation. Également, il faut noter que l'iodolactonisation des amides insaturés peut conduire à la synthèse soit de lactones ou lactames.[82]

La chemoselectivité observée pour la N-cyclisation, sans aucune trace du composé O-cyclisé, est impressionnante. Cette sélectivité peut être possiblement expliquée en utilisant la théorie de HSAB («hard-soft acid base»). Le NH est un nucléophile plus mou, que typiquement réagit préférentiellement avec le complexe plus mou I^+-alcyne. D'un autre coté, l'oxygène du carbonyle de l'amide est un nucléophile plus dur et un complexe plus dur, tel comme M^+-alcyne, doit fournir le composé O-cyclisé.

[81] Arimitsu, S.; Bottom, R. L.; Hammond, G. B.; *J. Fluorine Chem.*, **2008**, 129, 1047.

[82] Review: Robin, S.; Rousseau, G.; *Tetrahedron*, **1998**, 54, 13681.

Dans ce contexte, deux exemples très illustratifs sont la cyclisation par l'azote conduite par l'I_2[83] et la cyclisation par l'oxygène conduite par l'Ag$^+$[84] d'o-(1-alcynyl)benzamides (Schème 1.41).

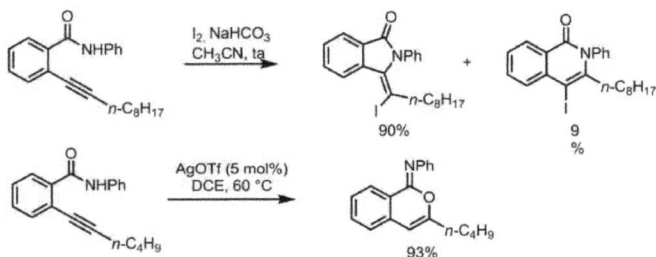

Schème 1.41: o-(1-alcynyl)-amides presque identiques sont capables de produire des produits de cyclisation chemoselectivement différents selon l'électrophile employé pour activer l'alcyne.

En addition, 5-hydroxypyrrol-2(5H)-ones du type **1.30** et leurs dérivés alkylidenepyrrolinones **1.31** exhibent une large portée d'activités biologiques.[85] Par exemple, le composé **1.30a** a été découvert dans l'urine de patients avec porphyrie intermittente aigue et son présence a été liée à des désordres psychiatriques.[85a] Le composé **1.30** (avec R^5 = H, alkyle) peut être déshydraté sur

---

[83] Yao, T.; Larock, R. C.; *J. Org. Chem.*; **2005**, 70, 1432.

[84] Bian, M.; Yao, W.; Ding, H.; Ma, C.; *J. Org. Chem.*, **2010**, 75, 269.

[85](a) Woodridge, T. A.; Lightner, D. A.; *J. Heterocycl. Chem.*, **1977**, 14, 1283. (b) Anselmi, C.; Camparini, A.; Scotton, M.; *J. Heterocyclic Chem.*, **1983**, 20, 687.

l'action d'une base (*e.g.* EtONa)[85b] ou acide (*e.g.* TFA)[86] pour fournir **1.31**. Tels composés, comme **1.31a** par exemple, sont remarquablement efficients en tant que des écrans solaires, leurs absorbance maximale UV, étant dans la portée de composés employés comme des écrans-solaires, de 290-346 nm[85b] (Figure 1.2).

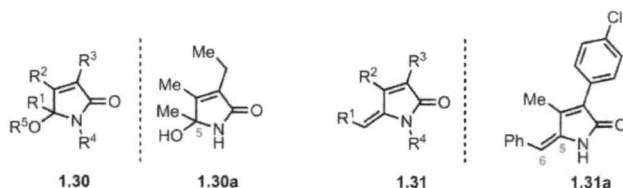

| 1.30 | 1.30a | 1.31 | 1.31a |

Figure 1.2: Exemples de 5-hydroxypyrrol-2(5*H*)-ones **1.30** biologiquement actifs et leurs dérivés d' alkylidenepyrrolinones **1.31**.

Parmi un grand nombre de transformations catalysées par des métaux de transition qui peuvent être menées avec des espèces vinyl-iodées, nous avons choisi de réaliser un couplage de Heck avec la molécule **1.25c** pour générer un troisième cycle, ainsi en démontrant le pouvoir de cette approche pour créer des molécules plus complexes (Schème 1.42).

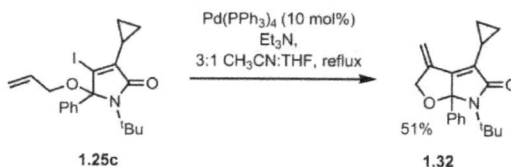

| 1.25c | 1.32 |

Schème 1.42: La réaction intramoléculaire de Heck en employant le composé **1.25c** produit le tricycle **1.32**, via une cyclisation 5-*exo* trig

---

[86] Snider, B. B.; Neubert, B. J.; *J. Org. Chem.*, **2004**, 69, 8952.

1.4 CONCLUSIONS

Les alkylidene isoxazolones sont fréquemment employées dans des additions de Michael en utilisant des nombreux nucléophiles. Dans le travail décrit dans ce chapitre nous avons reporté pour la première fois l'addition d'isocyanures. Le produit d'addition est ensuite hydrolysé pour générer des groupes fonctionnels amide. Le clivage nitrosant des isoxazolones obtenues donne origine à des 3-alcynylamides, qui peuvent être cyclisées dans la présence de NIS pour préparer 1,5-dihydropyrrol-2-ones.

La méthodologie développée ici représente non seulement un nouveau chemin pour obtenir des 3-alcynylamides, mais aussi étendre la portée des nucléophiles qui peuvent s'additionner sur des alkylidene isoxazolones. L'utilisation d'autres nucléophiles peut encore se montrer adéquate.

CHAPITRE 2: UNE INTRODUCTION À LA CATALYSE HOMOGÈNE À L'OR

Ce chapitre est une présentation générale sur la catalyse homogène à l'or, avec une attention spéciale sur l'Au(I). Il n'y a pas de résultats de l'auteur décrits dans ce chapitre.

CHAPITRE 2: UNE INTRODUCTION À LA CATALYSE HOMOGÈNE À L'OR

2.1 La Chimie de l'Or

La chimie de l'or a connu un très grand développement dans les derniers 30 ans. Cela peut être facilement observé si nous considérons l'augmentation du nombre de publications des réactions catalysées à l'or dans les dernières années.[87] En particulier, le scénario initial de la recherche sur la chimie de l'or était largement dominé par des procédés hétérogènes. Néanmoins, aujourd'hui, la chimie homogène de l'or est en train de gagner beaucoup plus d'importance.

Dans cette section, les caractéristiques les plus représentatives exhibées par la réactivité unique et puissante des catalyseurs à l'or seront discutées, avec une attention spéciale sur les réactions homogènes de l'Au(I). Nous n'avons pas l'intention de fournir une discussion exhaustive sur toute la chimie de l'or rapportée dans la littérature,[88] mais plutôt, de présenter tendances, propriétés et réactivités, dont la majorité des transformations homogènes catalysées par ce métal peut être dérivée.

---

[87] Hashmi, A. S. K.; Hutchings, G. H.; *Angew. Chem. Int. Ed.*, **2006**, 45, 7896.

[88] Pour des reviews récents, voir: (a) Fürstner, A.; *Chem. Soc. Rev.*; **2009**, 38, 3208. (b) Gorin, D. J.; Sherry, B. D.; Toste, D.; *Chem. Rev.*, **2008**, 108, 3351. (c) Arcadi, A.; *Chem. Rev.*; **2008**, 108, 3266. (d) Li, Z.; Brouwer, C.; He, C.; *Chem. Rev.*; **2008**, 108, 3239. (e) Gorin, D. J.; Toste, F. D.; *Nature*, **2007**, 446, 395. (f) Fürstner, A.; Davies, P. W.; *Angew. Chem. Int. Ed.*, **2007**, 46, 3410. (g) Hashmi, A. S. K.; *Chem. Rev.*, **2007**, 107, 3180. (h) Pyykkö, P.; *Angew. Chem. Int. Ed.*, **2004**, 43, 4412

2.1.1 Les Catalyseurs à l'Or

Beaucoup d'intérêt a été mis sur la catalyse homogène à l'or dans les derniers ans dû à deux facteurs principaux: 1) la forte π-acidité de Lewis et 2) le pouvoir de l'or pour stabiliser des intermédiaires cationiques. En fait, l'origine de ces propriétés est attribuée aux effets relativistes (voir paragraphe 2.2.4 pour une discussion plus détaillée)

Les composés de l'or existent dans deux états d'oxydation, Au^+ et Au^{3+} (on ne considère pas Au(0)). Les complexes dans ces deux états d'oxydation sont rapportés comme étant carbophiliques, mais Au(III) exhibe une préférence thermodynamique pour la complexation sur des hétéroatomes, qui est plus grande que sur des liaisons carbone-carbone multiples. En effet, cette préférence a été démontrée par Straub,[89] par des calculs théoriques. Il a calculé l'énergie de complexation d'$AuCl_3$ à l'oxygène d'un carbonyle comme étant 5.5 kcal.mol^{-1} plus stable que sur une triple liaison. Yamamoto[90] a comparé les chaleurs de formation de complexes dérivées d'AuCl, $AuCl_3$ et autres acides de Lewis avec des différents composés électrophiles (Table 2.1).

Acide de Lewis	BCl_3	$MgCl_2$	$AlCl_3$	CuCl	$CuCl_2$	AgCl	AuCl	$AuCl_3$	$PtCl_2$
(benzaldéhyde)	18.9	34.5	40.7	37.4	25.4	26.4	33.1	35.9	46.9
(benzaldimine)	42.1	44.2	55.1	51.8	41.2	39.6	53.6	60.3	71.5

[89] Straub, B. F.; *Chem. Commun.*, **2004**, 1726.

[90] Yamamoto, Y.; *J. Org. Chem.*, **2007**, 72, 7817.

Ph-C≡CH	0.9	15.2	19.1	33.1	14.3	22.6	34.7	32.5	49.4
Ph-CH=CH₂	0.4	15.7	19.2	33.6	18.1	24.4	37.5	36.8	53.9
Cy-CHO	17.2	33.1	38.7	36.6	23.9	26.0	32.7	35.1	38.9
Cy-CH=NH	42.6	44.4	55.4	52.2	41.9	40.4	54.3	61.1	72.4
Cy-C≡CH	1.3	18.7	18.4	35.3	16.1	25.2	36.2	30.9	49.5
Cy-CH=CH₂	8.8	25.6	26.4	43.6	25.2	34.7	48.1	43.2	68.8

[a] dans la phase gazeuse, les chaleurs de formation ont été calculées par la soustraction des énergies absolues des composés de départ des énergies absolues des complexes optimisés entre les substrats et les acides de Lewis

Table 2.1: Les chaleurs de formation calculés (B3LYP/SDD, kcal.mol^{-1})[a] de différents substrats électrophiles.

En termes pratiques, l'exemple possiblement le plus expressif rapporté dans la littérature qui démontre une dichotomie entre les espèces d'Au(I) et Au(III) a été décrite par Gevorgyan *et al.*[91] À partir d'une même allenylcétone bromée, en utilisant les mêmes conditions réactionnelles, mais en échangeant le catalyseur à l'or, soit le (Et₃P)AuCl ou AuCl₃, deux régioisomères de bromofurane sont obtenus.

L'explication pour la régiosélectivité observée est dû à la grande différence d'affinités entre les espèces d'or, l'Au(I) pour les liaisons multiples carbone-carbone et l'Au(III) pour l'oxygène du carbonyle.

---

[91] Pour le rapport original, voir: (a) Sromek, A. W., Rubina, M., Gevorgyan, V.; *J. Am. Chem. Soc.*, **2005**, 127, 10500. Pour une étude théorique sur la régiosélectivité, voir: (b) Xia, Y.; Dudnik, A. S.; Gevorgyan, V.; Li, Y.; *J. Am. Chem. Soc.*, **2008**, 130, 6940.

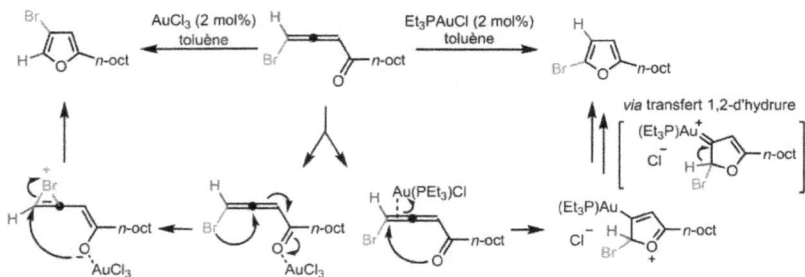

Schème 2.1: En dépendant de la nature du catalyseur d'or employé, des différents régioisomères sont obtenus lors de la cyclo-isomerisation de bromoallenyl cétones. Cela est aussi un des exemples rares dans la littérature où une espèce d'Au(I) neutre, Et₃PAuCl, a exhibé une activité catalytique.

2.1.2 L'Analogie Isolobale d'Au(I)

$(R_3P)Au^+$ est isolobale aux fragments H^+ et LHg^{2+}.[92] Dans une première vue, la relation isolobale entre $(R_3P)Au^+$, LHg^{2+} et H^+ et des parallèles dans leurs réactivités peuvent suggérer que certains métaux peuvent être considérés comme étant des chers équivalents d'un proton, avec un caractère carbophilique augmenté. Cela n'est pas vrai. En effet, c'est un fait connu que des réactions d'additions sur des oléfines et alcynes catalysées par des acides de Brønsted nécessitent des conditions dures et qu'elles permettent des nombreuses réactions secondaires du carbocation intermédiaire

---

[92] Hoffmann, R.; *Angew. Chem. Int. Ed.*, **1982**, 21, 711.

formé (*e.g.* réarrangements de Wagner-Meerwein, réactions d'élimination, d'oligomerisation, etc..).[93]

Le replacement du proton par LHg^{2+} représente une solution typique pour ce problème.[94] LHg^{2+} est un cation large et polarisable, et en étant un tel ion mou, LHg^{2+} possède une grande affinité pour le substrat et permet l'accès à des conditions douces et des rendements élevés pour les produits d'addition souhaités. La préoccupation d'employer des sels de mercure est leur toxicité. Même si plusieurs additions sur des alcynes sont catalytiques en Hg^{2+},[95] les réactions analogues sur des alcènes n'en sont pas, parce que la liaison $C(sp^3)$-Hg formée dans le produit intermédiaire est cinétiquement stable.[96] Ainsi, les réactions d'addition sur les alcènes nécessitent généralement d'une étape de plus pour libérer

---

[93] Cependant, des méthodes réussies existent. Pour des exemples récents, voir: (a) Li, Z.; Zhang, J.; Brouwer, C.; Yang, C-G.; Reich, N. W.; He, C.; *Org. Lett.*, **2006**, 8, 19, 4175. (b) Yanagisawa, A.; Nezu, T.; Mohri, S.-l; *Org Lett.*, **2009**, 11, 22, 5286. (c) Sanz, R.; Miguel, D.; Martínez, A.; Álvarez-Gutiérrez, J. M.; Rodríguez, F.; *Org. Lett.*; **2007**, 9, 10, 2027. (d) González-Rodriguez, C.; Escalante, L.; Varela, L. A.; Castedo, L.; Saá, C.; *Org. Lett.*, **2009**, 11, 7, 1531.

[94] Pour un review sur l'activation de systèmes π avec des différents métaux (également Hg^{2+}), voir: Freeman, F.; *Chem. Rev.*; **1975**, 75, 439.

[95] Pour quelques exemples d'addition sur des alcynes, voir: (a) Imagawa, H.; Iyenaga, T.; Nishizawa, M.; *Org. Lett.*, **2005**, 7, 3, 451. (b) Nishizawa, M.; Yadav, V. K.; Skwarczynski, M.; Takao, H.; Imagawa, H.; Sugihara, T.; *Org. Lett.*; **2003**, 5, 10, 1609. (c) Biswas, G.; Ghorai, S.; Bhattacharjya, A.; *Org. Lett.*, **2006**, 8, 2, 313.

[96] Pour quelques exemples d'addition sur des alcènes, voir: (a) Nishizawa, M.; Takenaka, H.; Hirotsu, K.; Higuchi, T.; Hayashi, Y.; *J. Am. Chem. Soc.*, **1984**, 106, 4290. (b) Nishizawa, M.; Takenaka, H.; Hayashi, Y.; *J. Am. Chem. Soc.*, **1985**, 107, 522. (c) Namba, K.; Yamamoto, H.; Sasaki, I.; Mori, K.; Imagawa, H.; Nishizawa, M.; *Org. Lett.*; **2008**, 10, 9, 1767.

le mercure et, conséquemment, possèdent le grand inconvénient d'être stœchiométrique en sels toxiques de mercure.

D'un autre coté, $(R_3P)Au^+$ est essentiellement non toxique, il possède une affinité élevée pour des liaisons π carbone-carbone et après chaque cycle du catalyseur, il fournit une liaison $C(sp^3/sp^2)$-Au cinétiquement labile, qui peut être clivée sous les conditions réactionnelles.

2.1.3 La Géométrie d'Au(I) et leurs Réactions Énantiosélectives

Les espèces d'Au(I) adoptent majoritairement une géométrie linéaire, bicoordinée (Figure 2.1)[97] et parce qu'elles possèdent un nombre limité de sites de coordination, il est généralement nécessaire de retirer un ligand du complexe d'Au(I) neutre bicoordiné pour que le substrat ait accès à la sphère de coordination du catalyseur.

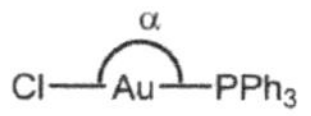

Figure 2.1: Un complexe neutre typique d' Au(I), AuCl(PPh₃), exhibe une structure de rayons-X avec α = 179.6°, d_{Au-P} = 2.235 Å et d_{Au-Cl} = 2.279 Å.[88f] La distance considérablement longue entre Au et Cl indique un affaiblissement important de cette liaison.

---

[97] (a) Carvajal, M. A.; Novoa, J. J.; Alvarez, S.; *J. Am. Chem. Soc.*, **2004**, 126, 1465.

(b) Schwerdtfeger, P.; Hermann, H. L.; Schmidbauer, H.; *Inorg. Chem.*, **2003**, 42, 1334.

C'est intéressant de comparer la structure antérieure d´AuCl(PPh$_3$) à son homologue tricoordinné AuCl(PPh$_3$)$_2$ (Figure 2.2):[98]

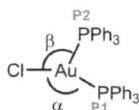

Figure 2.2: La structure de rayons-X de AuCl(PPh$_3$)$_2$ exhibe valeurs α = 115.1°, β = 108.1°, $d_{Au\text{-}P1}$ = 2.230 Å, $d_{Au\text{-}P2}$ = 2.313 Å, $d_{Au\text{-}Cl}$ = 2.526 Å.[88f]

La distance plus grande observée dans la figure 2.3, avec $d_{Au\text{-}P2}$ = 2.313 Å signifie que le troisième ligand PPh$_3$ est seulement faiblement coordiné au centre d'or. Cette évidence supporte une apparente aversion de complexes d'Au(I) pour adopter une quantité supérieure à deux ligands. Cela a été également reconnu dans une étude théorique sur une structure similaire, AuCl(PH$_3$)$_2$, qui est une espèce pratiquement linéaire (α = 178.2°) et possède une deuxième phosphine liée seulement très légèrement.[99] Curieusement, dans ce complexe tricoordinné, la deuxième phosphine dirige son pair électronique vers les atomes d'hydrogène de la première PH$_3$, et non vers le centre d'or. Une conséquence importante probablement dérivée de cette géométrie linéaire est la difficulté des complexes d'Au(I) de participer de procédés énantiosélectifs, parce que le

[98] Khan, M.; Oldham, C.; Tuck, D.G.; *Can. J. Chem.*, **1981**, 59, 2714.

[99] (a) Schwerdtfeger, P.; Hermann, H. L.; Schmidbaur, H.; *Inorg. Chem.*, **2003**, 42, 1334. (b) Bowmaker, G. A.; Schmidbaur, H.; Krüger, S.; Rösch, N.; *Inorg. Chem.*, **1997**, 36, 1754.

ligand chiral sur le métal est diamétralement à l'opposé du substrat. Pour éviter ce problème, une solution intelligente a été proposée par Toste *et al.*[100] basée sur le principe de paires-ioniques.[101] L'approche introduite profite du fait que les catalyseurs à l'or sont positivement chargés. Ainsi, un contre-ion chiral négativement chargé est plus proche du substrat et impose une induction énantiosélective plus efficace dans la transformation étudiée (Figure 2.3).[101c] Cette approche a ouvert également la possibilité d'utiliser un ligand chiral sur l'or, en introduisant un nouveau scénario avec un ligand chiral et un contre-ion chiral (conséquemment, des situations de «match» et «mismatch» sont attendues).

Ce concept a représenté non seulement un fait notable dans la catalyse asymétrique à l'or, mais aussi un principe général qui peut être potentiellement extrapolé à d'autres procédés catalysées par des métaux, tels comme Pd, Rh, Ru, Ir, etc..

---

[100](a) Lalonde, R. L.; Sherry, B. D.; Kang, E. J.; Toste, F. D.; *J. Am. Chem. Soc.*, **2007**, 129, 2452. (b) Hamilton, G. L.; Kang, E. J.; Mba, M.; Toste, F. D., *Science*, **2007**, 317, 496. (c) LaLonde, R. L.; Wang, Z. J.; Mba, M.; Lackner, A. D.; Toste, F. D., *Angew. Chem. Int. Ed.*, **2010**, 49, 598.

[101] Pour quelques exemples et une discussion plus détaillée sur des paires ioniques, voir: (a) Llewellyn, D. B.; Adamsom, D.; Arndtsen, B. A.; *Org. Lett.*, **2000**, 2, 26, 4165. (b) Zuccaccia, D.; Belpassi, L.; Tarantelli, F.; Macchioni, A.; *J. Am. Chem. Soc.*, **2009**, 131, 3170. (c) Hashmi, A. S. K.; *Nature*, **2007**, 449, 292.

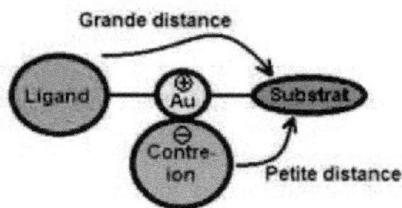

Figure 2.3: Un dessin schématique du concept d'induction énantiosélective dans la catalyse à l'or induite par des paires-ioniques, développée par Toste *et al.*

2.1.4 Les Effets Relativistes

Comme mentionné antérieurement, dans la section 2.2.1, des effets relativistes ont été reconnus comme étant responsables pour les propriétés de l'or et sa réactivité. En effet, Toste *et al.*[88e] et autres avant lui[88h,102] ont identifié des manifestations relativistes importantes sur l'or comme étant la raison pour la contraction des orbitaux *s* et *p*.[103] Cette contraction explique l'énergie augmentée

---

[102] (a) Pykkö, P.; *Chem. Rev.*, **1988**, 88, 563. (b) Pyykkö, P.; *Angew; Chem. Int. Ed.*, **2002**, 41, 3573. (c) Schwartz, H.; *Angew. Chem. Int. Ed.*, **2003**, 42, 4442.

[103] Cela peut être vu comme étant une conséquence de la théorie de la relativité spéciale appliquée au modèle atomique de Bohr, où le rayon de Bohr est donné par $r_n = \frac{n^2 \hbar^2}{Z k_e e^2 m_e}$ et la vitesse d'un électron que circule un nucleus de charge $q = Ze$ est donné par $v_n = \frac{Z k_e e^2}{n \hbar} = \frac{Z \alpha c}{n}$. La valeur n est le nombre quantique principal, $\hbar = \frac{h}{2\pi} = 1.05 x 10^{-34} Js$, est la constante de Planck reduite, Z est le nombre atomique, $k_e = 9 x 10^9 N m^2 C^{-2}$ est la constant de Coulomb, $e = 1.6 x 10^{-19} C$ est la charge de l'électron (en valeur absolue), m_e est la masse de l'électron (égal à $9.11 x 10^{-31} Kg$ pour l'électron en repos), $c = 3 x 10^8 m s^{-1}$ est la vitesse de la lumière et $\alpha = \frac{k_e e^2}{\hbar c} \approx \frac{1}{137}$ est la constante de structure fine. Parce que la relativité spéciale dit que $m = \gamma m_0$, avec m

d'ionisation de l'Au quand comparée à d'autres éléments du groupe 11, Cu et Ag, ou Pt (groupe 10) et Hg (groupe 12). Comme conséquence, les électrons qui occupent les orbitaux plus externes d et f sont plus fortement blindés par les électrons des orbitaux plus internes s et p, et ils sentent une attraction moins effective de la charge positive nucléaire. Cela résulte dans l'expansion des orbitaux d et f. Même si ces effets relativistes ont la tendance d'être présents dans tous les atomes lourds du tableau périodique,[104] des

---

étant la masse relativiste, $\gamma = \dfrac{1}{\sqrt{1-\left(\frac{v}{c}\right)^2}}$ est le terme de Lorentz, et m_0 la masse en repos (non-relativiste), nous pouvons voir que si nous considérons un électron dont la vitesse v_n s'approche de c, alors m_e a la tendance de devenir beaucoup plus grande que m_{0e}, et comme r_n est inversement proportionnel à m_e, cela implique que r_n doit décroitre. Il faut noter que cela se passe pour tous les nombres quantiques $n = 1,2,3,...$ considérés (ce fait démontre la contractions des orbitaux plus proches du noyau, s et p). Les électrons plus loins du noyau, dans les orbitaux d et f, sont écrantés par les électrons à l'intérieur et ne répondent pas à la charge nucléaire de la même manière comme les électrons s et p. Dans d'autres mots, le modèle de Bohr n'est plus valide. Si nous faisons attention maintenant à l'expression de la vitesse de l'électron qu'orbite le noyau, $v_n = \dfrac{Z}{137n}c$, nous pouvons voir que les électrons des atomes plus lourds sont plus proches de la vitesse de la lumière que ceux des atomes plus légers. Encore, plus les électrons sont proches du noyau (valeurs de n petits), plus vite ils voyagent. Il faut noter également que le modèle atomique de Bohr est valide seulement pour des atomes d'hydrogène (un proton et un électron) et des atomes hydrogénoïdes (un noyau positif de charge $+Ze$ et un seul électron), mais son utilisation est justifiée ici pour la manipulation mathématique plus aisée et parce que le modèle de Bohr se comporte bien comme étant une approximation de première ordre de ses développement «modernes» en utilisant de la mécanique quantique (cf. les équations de Schrödinger et de Dirac). Pour une discussion plus détaillée, voir: (a) *Mécanique Quantique.* Basdevan, J.-L.;Dalibard, J.; **2002**, Éditions de l'École Polytechnique. (b) *Introduction à la chimie quantique.* Leforestier, C.; **2005**, Dunod, Paris.

[104] Pyykkö, P.; Desclaux, J. P.; *Acc. Chem. Res.*, **1979**, 12, 276.

calculs théoriques montrent qu'ils sont plus prononcés dans les éléments que possèdent les orbitaux *5d* et *4f* complètement occupés et ainsi, culminent avec un effet maximal sur l'or.[88e,104] En addition, il est important de souligner que, même si tous les orbitaux *s*, *p*, *d* et *f* exhibent dans une certaine extension les effets d'expansion et contraction mentionnés, sous la lumière de la théorie des orbitaux de frontière,[105] une plus grande attention doit être mise sur l'orbital moléculaire occupé de plus grande énergie (HOMO) et l'orbital moléculaire désoccupé de plus baisse énergie (LUMO) de l'or, c'est-à-dire, les orbitaux *5d* et *6s*, respectivement.[102]

La contraction du orbital 6s (LUMO) est responsable pour une stabilisation de cet orbital quand comparé au même orbital sans les effets relativistes. Finalement, cela résulte dans une plus grande acidité de Lewis pour les complexes cationiques d'Au(I). Ce résultat présente une bonne corrélation avec la forte électronégativité de l'or (2.4 pour l'Au, quand comparé à 1.9 pour l'Ag et 1.9 pour le Cu), ce qui peut être vu comme une conséquence de la contraction des orbitaux *6s* et *6p*.[88e] D'un autre coté, l'expansion de l'orbital *5d* (HOMO) est responsable pour la déstabilisation de cet orbital quand comparé au même orbital sans prendre en compte les effets relativistes. Finalement, cela résulte dans un plus grand potentiel pour Au(I) de stabiliser des intermédiaires cationiques.[88e,104]

---

[105] Pour une exposition pédagogique, voir (a) Carey, F. A.; Sundberg, R . J.; *Advanced Organic Chemistry. Part A: structure and mechanism*, Kluwer Academic/ Plenum Publishers, **2000**, 4th edition, Chapitre 1. pp. 23-54. Pour une discussion plus avancée de la littérature, voir (b) Houk, K. N.; *Acc. Chem. Res.*, **1975**, 11, 8, 361. (c) Yan, L.; Evans, J. N. S.; *J. Am. Chem. Soc.*, **1995**, 117, 29, 7756. (d) Ess, D. H.; Houk, K. N.; *J. Am. Chem. Soc.*, **2008**, 130, 31, 10187.

En addition, l'expansion de l'orbital *5d* est aussi impliquée dans la pauvre nucléophilicité observée par les espèces d'or, parce que les électrons dans cet orbital subissent une répulsion électronique plus faible venant des électrons d'orbitaux plus internes *s* et *p*. En conséquence, les électrons de la HOMO de l'or sont plus attachés au noyau et moins disponibles pour réaliser des additions nucléophiles, ce qui est également réfléchi dans l'inertie des espèces d'or en subir des additions oxydantes.[106] Des études théoriques et expérimentales ont montré également que l'élimination réductrice des espèces $R_3LAu(III)$ est aussi défavorable.[107] Ces observations sont consistantes avec la grande réactivité exhibée par les complexes d'Au(I) et d'Au(III), dont l'interconversion entre ces états d'oxydation n'est pas facile.[108].

2.1.5 L'Addition Nucléophile Catalysée à l'Or(I) sur des Liaisons C-C Multiples: les Étapes Élémentaires

Une addition nucléophile sur un alcyne catalysée à l'or peut évoluer ensuite avec la capture d'un électrophile de différentes manières (Schème 2.2).

---

[106] Nakanishi, W.; Yamanaka, M.; Nakamura, E.; *J. Am. Chem. Soc.*, **2003**, 127, 1446.

[107] (a) Komiya, S.; Albright, T. A.; Hoffmann, R.; Kochi, J. K.; *J. Am. Chem. Soc.*; **1976**, 98, 7255. (b) Komiya, S.; Kochi, J. K.; *J. Am. Chem. Soc.*, **1976**, 98, 7599.

[108] Pourtant, cette réactivité est possible: (a) Tamaki, A. ; Kochi, J. K. ; *J. Organometall. Chem.*, **1974**, 64, 411. (b) Zhang, G.; Cui, L.; Wang, Y.; Zhang, L.; *J. Am. Chem. Soc.*; **2010**, 132, 1474.

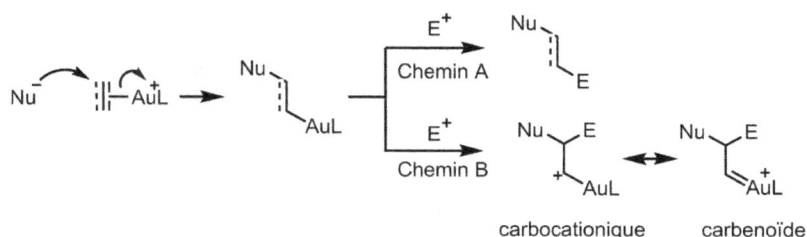

carbocationique   carbenoïde

Schème 2.2: Une vision générale quand on envisage une transformation catalysée à l'or, avec deux possibilités pour capturer un électrophile, soit d'une «manière 1,1» (chemin A), ou d'une «manière 1,2» (chemin B).

2.1.5.1 L'Addition Nucléophile sur des Systèmes π

La première étape dans le schème 2.2 consiste de l'activation d'un système π (alcène, alcyne ou allène) par un abaissement important de la LUMO d'une liaison C-C multiple, une conséquence de la contraction (stabilisation) de l'orbital 6s de l'or. À ce complexe activé suit l'addition nucléophile, qui est généralement acceptée comme en procédant *via* un mécanisme *trans*.[109]

À ce point, c'est important de noter que les complexes Au+-alcyne exhibent fréquemment une réactivité supérieure aux complexes Au+-alcènes vers des nucléophiles. Ce fait est en contraste avec des études réalisées sur les liaisons des complexes Au+-éthylène et Au+-éthyne, qui démontrent une stabilisation de *ca.*

---

[109] Une étude initial concernant l'addition d'alcools sur des alcynes catalysée à l'or a suggéré un mécanisme *cis*: (a) Teles, J. H.; Brode, S.; Chabanas, M.; *Angew. Chem. Int. Ed.*, **1998**, 37, 1415. Pour l'observation d'intermédiaires réactionnels qui supportent fortement un mécanisme d'addition *trans*, voir: (b) Casado, R.; Contel, M.; Laguna, M.; Romero, P.; Sanz, S.; *J. Am. Chem. Soc.*, **2003**, 125, 11925.

10 kcal.mol^{-1} plus grande pour le complexe d´éthylène sur le complexe d'éthyne.[110] La raison pour cette apparente contradiction est le fait que l´alcyne a intrinsèquement la LUMO et la HOMO plus baisses (de *ca.* 12kcal.mol^{-1}) quand comparées à une oléfine correspondante (ainsi en étant naturellement plus électrophile et moins nucléophile). En conséquence, même si un complexe d´or-alcène   est plus stabilisé que le correspondant système or-alcyne, les systèmes or-alcyne sont globalement plus bas en énergie que les systèmes or-alcènes. Une autre manière de décrire cette situation énergétique est de dire que les catalyseurs à l´or ne distinguent pas entre alcènes et alcynes, puisqu´ils sont capables de former des complexes activés avec ces deux fonctions organiques. Néanmoins, les nucléophiles distinguent entre ces deux entités, et ils préfèrent attaquer les complexes or-alcynes (ce qui est probablement un phénomène cinétique à l´origine).

Indépendamment de quel système π est lié au catalyseur métallique, l´activation implique le glissement $\eta^2 \rightarrow \eta^1$ du fragment métallique au long de l´axe du ligand π, ce qui conduit à une électrophilicité augmentée de la liaison C-C multiple. L´addition nucléophile procède dû à la relaxation de symétrie des orbitaux liants, ainsi en permettant le mélange des orbitaux antérieurement orthogonaux, et en facilitant le transfert de charge d´un nucléophile au ligand π, et finalement au centre métallique. C´est possible que

---

[110] (a) Hertwig, R. H.; Koch, W.; Schröder, D.; Schwartz, H.; *J. Phys. Chem.*, **1996**, 100, 12253. (b) Nechaev, M. S.; Rayon, V. M.; Frenking, G.; *J. Phys. Chem. A* **2004**, 108, 3134.

cette distorsion soit déjà présente dans l'étant fondamental du complexe (et non seulement dans l'état de transition).

Le «glissement» du métal a déjà été bien étudié par de calculs théoriques,[111] mais c'est juste récemment que ce déplacement $\eta^2 \to \eta^1$ a été expérimentalement investigué par la coordination du complexe $(PPh_3)Au^+$ à l'alcène **2.1**.[112] Les résultats démontrent la complète régiosélectivité du produit coordinné terminal au système π et la formation simultanée du cation d'imidazolium, selon a été observé par la structure de rayons X de la molécule résultante **2.2** (Schème 2.3). Cette réaction montre qu'une densité de charge importante peut être fournie à la liaison π à partir de la coordination d'un fragment métallique carbophilique approprié.

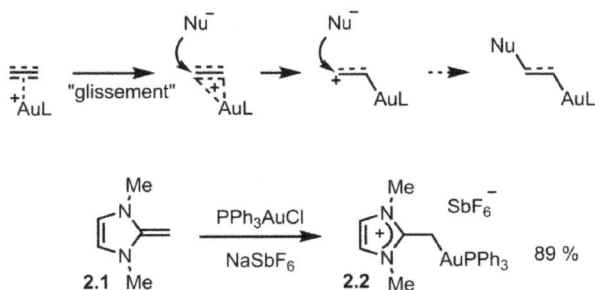

Schème 2.3: Une étude de l'étape élémentaire de complexation d'un catalyseur d'or(I) sur un système π polarisé.[88a]

---

[111] (a) Eisenstein, O.; Hoffmann, R.; *J. Am. Chem. Soc.*, **1981**, 103, 4308. (b) Pour des calculs de dynamique moléculaire, voir: Senn, H. M.; Blöchl, P. E.; Togni, A.; *J. Am. Chem. Soc.*, **2000**, 122, 4098.

[112] Fürstner, A.; Alcarazo, M.; Goddard, R.; Lehmann, C. W.; *Angew. Chem. Int. Ed.*, **2008**, 47, 3210.

2.1.5.2 Chemin A: La Capture d´Intermédiaires d´Or avec des Éléctrophiles d´une «Manière 1,1» et la Proto-Demétallation.

Une fois que l´attaque nucléophile a été réalisé sur le système π, la nouvelle espèce organique d´or obtenue peut évoluer en contact avec un éléctrophile approprié soit via le chemin A, pour fournir un produit de capture d´éléctrophile 1,1, ou via le chemin B, pour fournir un produit de capture d´éléctrophile 1,2 (Schème 2.2).

Dans le cas de capture 1,1, les éléctrophiles les plus communs sont les sources d´halogènes, telle comme Cl, Br, I ou même F.[113] Hashmi *et al.*[113d] ont essayé d´étendre la portée d´éléctrophiles aux énones, mais sans succès. Également, c'est important de noter que d´autres stratégies pour capturer des espèces organiques d´or ont été étudiées avec des sources éléctrophiles de carbone,[114] silice[115] et sulfonyle,[116] ou via un

---

[113] Pour des exemples de capture en employant le NIS, voir: (a) Yu, M.; Zhang, G.; Zhang, L.; *Org. Lett.*, **2007**, 9, 11, 2147. (b): Buzas, A.; Gagosz, F.; *Org. Lett.*, **2006**, 8, 3, 515. Pour l´utilisation d´ I₂ et TsOH, voir: (c) Liu, L.-P.; Xu, B.; Mashuta, M. S.; Hammond, G. B.; *J. Am. Chem. Soc.*, **2008**, 130, 17642. Pour des différentes méthodes en utilisant le NCS, NBS, NIS, TFA, voir: (d) Hashmi, A. S. K.; Ramamurthi, T. D.; Frank Rominger, F.; *J. Organom. Chem.*; **2009**, 694, 592. Pour l utilisation de NIS, NBS, NCS et selectfluor, voir: (e) Schuler, M.; Silva, F.; Bobbio, C.; Tessier, A.; Gouverneur, V.; *Angew. Chem. Int. Ed.*, **2008**, 7927. Pour l´utilisation de Et₃N.HF en tant qu'agent de capture, voir: (f) Akana, J. A.; Bhattacharyya, K. X.; Müller, P.; Sadighi, J. P.; *J. Am. Chem. Soc.*, **2007**, 129, 7736.

[114] (a) Zhang, L.; *J. Am. Chem. Soc.*, **2005**, 127, 16804. (b) Nakamura, I.; Sato, T.; Yamamoto, Y.; *Angew. Chem. Int. Ed.*, **2006**, 45, 4473. (c) Dube, P.; Toste, F. D.; *J. Am. Chem. Soc.*; **2006**, 128, 12062.

[115] Nakamura, I.; Sato, T.; Terada, M.; Yamamoto, Y.; *Org. Lett.*, **2007**, 9, 4081.

couplage croisé catalysé par le Palladium.[117] Un exemple impressionnant est la cascade fournissant une capture finale 1,1 d´un ion iminium, ainsi en produisant une nouvelle liaison C-C (Schème 2.4).

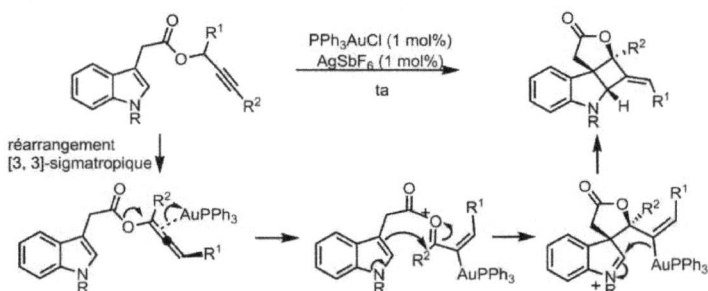

Schème 2.4: Un exemple impressionnant d´une cascade catalysée à l´or, qui est terminée par la «capture 1,1» d´un intermédiaire organique d´or pour fournir une nouvelle liaison C-C.[114a]

Malgré les cas réussis mentionnés antérieurement,[108b,113-117] ce n´est pas facile de capturer les espèces organiques d´or. La difficulté de le faire découle du fort potentiel que ces espèces possèdent pour la proto-deauration. La proto-deauration (ou proto-demétallation en faisant référence à un métal en général) consiste

[116] Nakamura, I.; Yamagishi, U.; Song, D.; Konta, S.; Yamamoto, Y.; *Angew. Chem. Int. Ed.*; **2007**, 46, 2284.

[117] (a) Shi, Y.; Roth, K. E.; Ramgren, S. D.; Blum, S. A.; *J. Am. Chem. Soc.*, **2009**, 131, 18022. (b) Shi, Y.; Ramgren, S. D.; Blum, S. A.; *Organometallics*, **2009**, 28, 1275. (c) Hashmi, A. S. K.; Löthschutz, C.; Döpp, R.; Rudolph, M.; Ramamurthi, T. D.; Rominger, F.; *Angew. Chem. Int. Ed.*, **2009**, 48, 8243. (d) Hashmi, A. S. K.; Döpp, R.; Löthschutz, C.; Rudolph, M.; Riedel, D.; Rominger, F.; *Adv. Synth. Cat.*, **2010**, 352, 1307.

du déplacement du centre métallique d´or par un proton. Cette étape est généralement la clé pour la régénération du catalyseur. D´une manière surprenante, il n´y a pas beaucoup d´évidences expérimentales ou théoriques dans la littérature sur l´étude des basicités relatives des espèces organiques d´or,[118] ni du mécanisme précis de l´étape de proto-deauration. Ce fait est possiblement dû à la nature extrêmement rapide de ce processus.[119] Très récemment, Blum et al.[118] a rapporté une étude sur la basicité des carbones portant l'atome d'or, comme en suivant l´ordre: $sp^3 < sp < sp^2$, selon la réactivité des complexes **2.5 < 2.6 < 2.9 < 2.10** (Table 2.2, **a**). Pourtant, les valeurs de pK_a des acides conjugués suivent l´ordre $sp << sp^2 < sp^3$ (e.g. acetylene $pK_a = 25$, ethylene $pK_a = 44$, méthane $pK_a = 48$). Les basicités exhibées par les espèces de vinyl-or, phényl-or, et alcynyl-or par rapport au méthyl-or suggèrent une interaction stabilisante provenant de la liaison π-C-C dans l´état de transition de l´étape lente de la réaction. En addition, il a été récemment rapporté dans la littérature une corrélation entre l´abilité augmentée d´hyperconjugaison et la vitesse augmentée de proto-demétallation pour des composés du type R_3MPh, avec M = C, Si, Ge, Sn and Pb.[120]

---

[118] Pour un rapport très récent sur le sujet, voir: Roth, K.; Blum, S. A.; *Organometallics*, **2010**, 29, 1712. Les pK_as extraits de cette référence sont différents de ceux montrés au chapitre 1 (p. 1). Cette différence peut être attribuée aux différents groupes fonctionnels présents dans la molécule.

[119] La proto-déauration est plus rapide que l´élimination β d´hydrures: Hashmi, A. S. K.; *Catalysis Today*, **2007**, 122, 211.

[120] Berwin, H. J.; *J. Chem. Soc., Chem. Commun.*, **1972**, 237.

En se basant sur ces observations, un état de transition qu´implique un *overlap* entre liaison σ Au-C et la liaison π a été proposé (Table 2.2, **b**).[121] Cette hyperconjugaison doit stabiliser encore plus la charge cationique présente et générer une vitesse augmentée pour la proto-deauration en **2.9** et **2.10**, par rapport au méthylor **2.5**, qui ne peut pas être stabilisé de la même manière, et par rapport à l´alcynylor **2.6**, qui possède un potentiel réduit pour la stabilisation hyperconjugative dans l´état de transition. En plus, parce que l´alcyne possède une HOMO plus baisse que l´ethylene, l´alcynylor **2.6** est également attendu posséder un système π plus bas que l´alcénylor **2.10**. Ainsi, le système π de l´alcynylor **2.6** serait moins accessible pour la protonation.

a) Vitesses rélatives pour la proto-demétallation de composés organiques d´or

$$R^1-AuPPh_3 \ (3 \text{ equiv.}) + Ph-AuPPh_3 \ (3 \text{ equiv.}) \xrightarrow[\text{CD}_2\text{Cl}_2,\ 23\ °C]{\text{HCl.Et}_2\text{O (1 equiv.)}} R^1-H + PhH$$

Composé	R¹	k_{rel}[a]	Composé	R¹	k_{rel}[a]
2.3		0.015[b]	2.7		0.78
2.4		0.082[c]	2.8	ᵗBu—≡—Au(IPr)	0.81
2.5	CH₃	0.35[d]	2.9	Ph	1.0
2.6	ᵗBu—≡—	0.46	2.10	vinyl	1.5

[a] Ratio de R¹H: PhH en utilisant ¹H RMN. [b] Mésurés par des expériments compétitifs entre **2.3** et **2.4**. [c] Mésuré par des expériments compétitifs entre **2.4** et **2.6**. [d] Mésuré par le ratio entre **2.9** et **2.5**, dû à la volatilité des composés.

[121] (a) Gabelica, V.; Kresge, A. J.; *J. Am. Chem. Soc.*, **1996**, 118, 3838. (b) Kresge, A. J.; Tobin, J. B.; *Angew. Chem. Int. Ed.*, **1993**, 32, 5, 721.

b) État de transition proposé pour la proto-déauration: Le modèle de l'état de transition pour la proto-déauration, qui montre une contribution partielle du système π dans l'événement de protonation

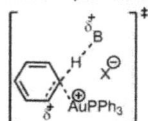

Table 2.2: **a)** Comparaison entre les vitesses de réaction de certains composés organiques d'or sélectionnés **b)** L'état de transition proposé pour l'étape de proto-demétallation concernant les espèces de vinylor et arylor.

Une autre observation importante est le fait que quand on compare la proto-demétallation de complexes d'or en employant un ligand de triphénylphosphine et un ligand du type NHC IPr, ce dernier montre une vitesse augmentée d'un facteur de 1.8 (voir composés **2.6** et **2.8**, Table 2.2), ce que suggère que le ligand NHC peut augmenter la portée des substrats capables de subir des réarrangements catalysés à l'or, qui sont terminés par la proto-demétallation. Inversement, la vitesse plus lente de la proto-demétallation pour des ligands du type phosphine peut être utile, si nous envisageons soumettre ces intermédiaires dans des réactions subséquentes, telles comme des couplages-croisés.[117]

2.1.5.3 Chemin B: la Capture des Intermédiaires d'Or avec des Éléctrophiles d'une «Manière 1,2» et le Débat sur la Nature des Intermédiaires Formés.

La séquence «push-pull» représentée dans le chemin B du schème 2.2 joue un rôle central sur le pouvoir des réactions catalysées à l'or.[88a-h] La raison est qu'une fois bien planifiée, elle permet la formation de jusqu'à deux liaisons C-C ou C-X dans une seule étape (on ne considère pas des réactions en cascade), où X est un hétéroatome, et conséquemment, à l'accès rapide de la complexité moléculaire. Un exemple représentatif de telle séquence «push-pull» est montré ci-dessous (Schème 2.5).[122]

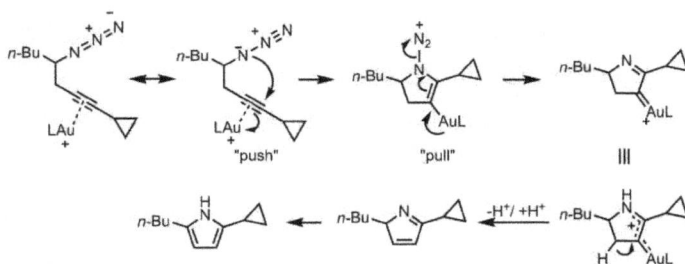

Schème 2.5: Un exemple représentatif de la réactivité «push-pull» des catalyseurs à l'or, dans une réaction acétylénique de Schmidt.

Une condition *sine qua non* pour l'occurrence de cette séquence *push-pull* est que la charge positive dans la position α au

---

[122] Pour un exemple en employant l'or, voir: (a) Gorin, D. J. ; Davis, N. R.; Toste, F. D.; *J. Am. Chem. Soc.*, **2005**, 127, 11260. Une réactivité similaire est trouvée en utilisant le Pt: (b) Hiroya, K.; Matsumoto, S.; Ashikawa, M.; Ogiwara, K.; Sakamoto, T.; *Org. Lett.*, **2006**, 8, 5349.

centre d'or soit assez stabilisée. L'intermédiaire résultant peut être décrit soit comme une forme cationique ou une espèce carbenoïde. À ce point précis, c'est là où il y a beaucoup de débat sur la vrai nature de ces espèces. Parmi des nombreux exemples dans la littérature,[123] deux cas très représentatifs ont été rapportés par le groupe de Fürstner. Le premier exemple démontre la nature cationique très élevée des intermédiaires impliqués dans des procédés de cycloisomérisation.[124] En effet, quand une ényne du type **2.11** portant un substituent R = H est soumise à la catalyse à l'or, il n'y a pas de régiosélectivité marquée et la réaction procède avec un rendement faible (30%, avec un mélange 2:1 de régioisomères). Quand un groupe méthyle est introduit sur la double liaison (R = Me), l'efficacité et la sélectivité de la réaction sont augmentés d'une façon importante (80% d'un seul régioisomère, Schème 2.6), Ces résultats sont difficiles à expliquer en utilisant un intermédiaire à l'or de carbène, tel comme **2.12**, mais peut être très joliment dérivé d'un intermédiaire cationique très organisé et hautement délocalisé (ou un état de transition), tel comme **2.13**.

---

[123] Pour quelques exemples qui suggèrent l'intervention d'espèces hautement chargées, proches de cations, voir: (a) Jiménez-Nuñez, E.; Claverie, C. K.; Bour, C.; Cardens, C. G.; Echavarren, A. M.; *Angew. Chem. Int. Ed.*, **2008**, 47, 7892. (b) Zou, Y.; Garayalde, D.; Wang, Q.; Nevado, C.; Goeke, A.; *Angew. Chem. Int. Ed.*, **2008**, 47, 10110. (c) Böhringer, S.; Gagosz, F.; *Adv. Synth. Catal.*, **2008**, 350, 2617.
[124] Fürstner, A.; Morency, L.; *Angew. Chem. Int. Ed.*; **2008**, 47, 5030.

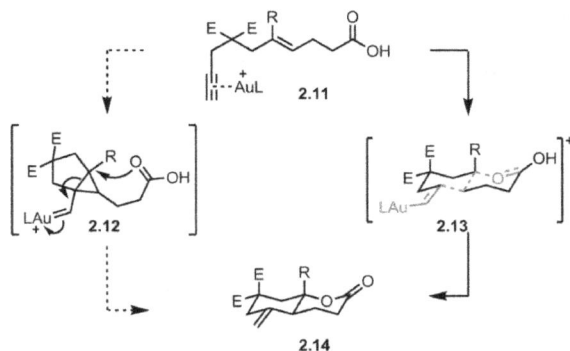

Schème 2.6: Une cascade de cyclo-isomérisation catalysée par l'Au(I). Conditions réactionnelles: PPh_3PAuCl (5 mol%), $AgSbF_6$ (5 mol%), CH_2Cl_2, température ambiante. E = CO_2Me. La réaction est régiosélective pour R = Me, mais pas sélective pour R = H. Ce résultat peut être rationalisé en s'appuyant sur un processus plus ou moins concerté que suit la même logique des réactions de cyclisation de polyènes (cf. le «postulat de Stork-Eschenmoser».[125]

Un deuxième résultat intéressant, aussi provenant du groupe de Fürstner, a été révélé à partir d'un essai pour observer un complexe de carbène d'or, mais qui a inversement résulté dans la formation de l'autre forme mésomérique de l'intermédiaire attendu, une espèce hautement cationique (Schème 2.7).[126]

Cette conclusion a été basée sur les observations de RMN suivantes: deux groupes -OCH_2- du cétal de la structure 2.6 donne origine à un seul signal dans les deux spectra de RMN, ^{1}H et ^{13}C, ce

[125] (a) Stork, G.; Burgstahler, A. W.; J. Am. Chem. Soc., 1955, 77, 5068. (b) Stadler, P. A.; Eschenmoser, A.; Shinz, H.; Stork, G.; Helv. Chim. Acta, 1957, 40, 2191.
[126] Seidel, G.; Mynott, R.; Fürstner, A.; Angew. Chem. Int. Ed.; 2009, 48, 2510.

qui suggère qu'il y a une rotation rapide autour de la liaison C_2-C_3 dans l'échelle de temps de la RMN, même à -78°C. Cette découverte est incompatible avec la supposition de l'intermédiaire carbénique d'or **2.17**, mais elle est consistante avec la présence d'un cation d'oxocarbenium du type **2.16** (Schème 2.7). En plus, l'analyse des constantes de couplage pertinentes, révèle un caractère de oléfine Z de la liaison C_1-C_2, $J_{H_1-H_2} = 13.9 Hz$. Si la température est soigneusement montée, la solution change de couleur graduellement de jaune à rouge foncé. La spectroscopie de RMN révèle que (Z)-**2.16** réarrange au long de plusieurs heures pour un nouveau composé, qui montre une constante de couplage distincte $J_{H_1-H_2} = 19.1 Hz$ de l'isomère E correspondant (E)-**2.18**. Même dans des solutions dans lesquelles les deux espèces d'or sont présentes, leurs signaux de RMN ne sont pas fortement élargis pour l'échange mutuel, ce qui confirme la barrière élevée d'interconversion.

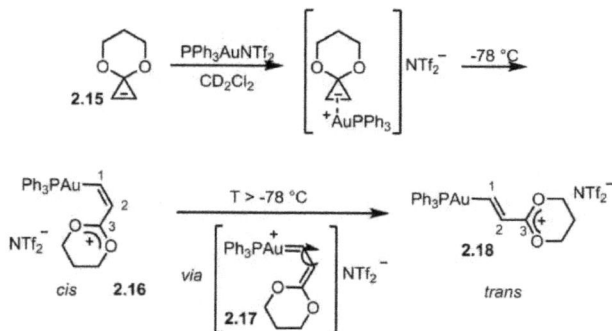

Schème 2.7: L'essai de générer un carbène d'or par le réarrangement du cyclopropène **2.15** a produit seulement l'espèce cationique de vinylor **2.16**.[126]

Comme une conséquence de ces études, Fürstner a argumenté que même si l'intervention des espèces carbèniques ne peuvent pas être exclues du scénario de la réactivité de l'or, des fortes évidences ont été cumulées pour appuyer la vision que les procédés catalysés à l'or sont de la même catégorie générale que les réactions de Friedel-Crafts, du type Prins et des réarrangements cationiques. Ainsi, toute revendication pour l'intervention des intermédiaires d'or carbèniques doit être soigneusement mesurée contre le comportement cationique illustré ci-dessus.

D'un autre coté, des calculs additionnels performés par le groupe de Toste sur des cyclopropenes du type **2.15** et autres composés,[127] appuient l'idée que même si le complexe **2.18** (**Au$_O$^{PPh}**), était essentiellement cationique, d'autre complexes vinyliques analogues, qui ne possèdent pas d'atome d'oxygène stabilisant, tel comme le **Au$_{Me}$^{PMe}**, sont mieux décrits comme étant proches de carbènes (la notation **Au$_X$^{L}** se réfère au complexe d'or avec le ligand L et un substituant X sur C^3 par rapport à l'atome d'or, Figure 2.4). Pour tester cette hypothèse expérimentalement, les deux complexes ont été soumis à des protocoles de cyclopropanation. Comme résultat, tous les essais de cyclopropanation d'intermédiaires à partir de réactions catalysées à l'or en employant des cyclopropènes du type **2.15**, comme précurseurs de **Au$_O$^{PMe}**, ont échoué (Figure 2.4a). Cependant, la réaction catalysée à l'or du cyclopropène **2.19** (qu'on assume se décomposer vers un intermédiaire similaire à **Au$_{Me}$^{PMe}**) avec *cis-*

---

[127] Benitez, D.; Shapiro, N. D.; Tkatchouk, E.; Wang, Y.; Goddard III, W. A.; Toste, F. D.; *Nature Chem.*, **2009**, 1, 482.

stilbene (**2.20**) a fourni le produit d´une cyclopropanation stereospécifique sur l´oléfine (Figure 2.4b).

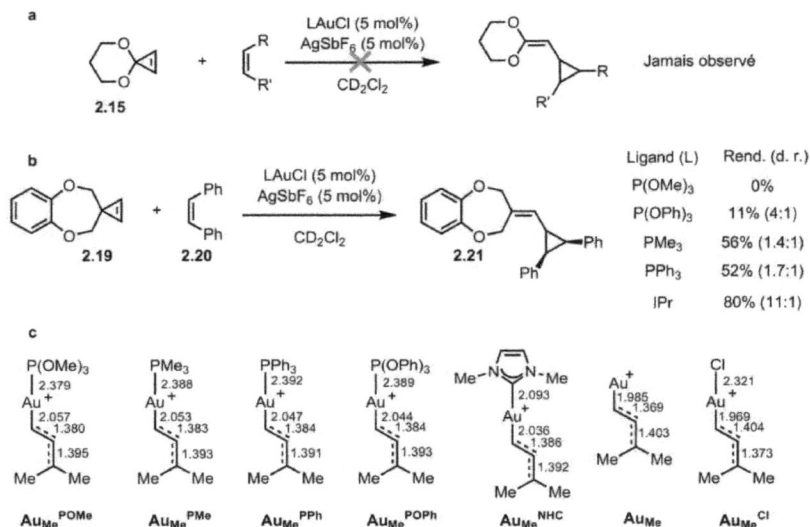

Figure 2.4: Une comparaison expérimentale et théorique pour la réactivité de carbène de différents ligands sur l´or. Les réactivités proches des **(a)** carbènes testées et **(b)** observées, en démontrant l´impact du ligand sur le rendement du produit de cyclopropanation. **(c)** Les distances de liaison dans les complexes Au_{Me}^{L}.[127]

La différence d´efficacité observée pour la réaction de cyclopropanation, qui dépend fortement du ligand employé sur l´or, peut être expliquée en termes de propriétés de σ-donneur et π-accepteur. Parce que les complexes d´Au(I) possèdent seulement un orbital de valence (*6s*), en résulte du principe d´exclusion de Pauli,[127] que pour des ligands σ-donneurs plus fortes sur l´or, l´ordre de liaison LAu-C^1 sera plus petite (c'est-à-dire que cette liaison Au-C^1 est allongée). Cela est en accord avec la vision de la figure 2.7c, quand nous comparons les distances de liaison Au-C^1 entre les différents ligands de phosphines et phosphites (des forts σ-donneurs et π-accepteurs) et **Au$_{Me}$**. En plus, le centre métallique est capable de former deux liaisons π à partir de la donation des orbitaux d-pleins perpendiculaires à des orbitaux π-accepteurs vides, localisés sur le ligand et C^1. Même si ces deux liaisons ne sont pas mutuellement exclusives, elles compétent pour la densité électronique de l'or (Figure 2.5). Comme une conséquence, des ligands fortement π-acides diminuent la retro-donation au substrat, ce qui résulte dans des liaisons Au-C^1 plus longues (2.057 Å for **Au$_{Me}$^{POMe}**)

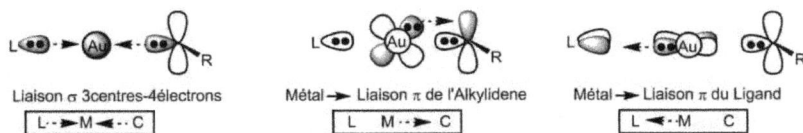

Liaison σ 3centres-4électrons   Métal → Liaison π de l'Alkylidene   Métal → Liaison π du Ligand

L·►M◄··C   L   M··►C   L◄·M   C

Figure 2.5: Les interactions liantes de L-Au-C^1 peuvent être partitionnées en trois composantes. La première est responsable pour les interactions σ (l'orbital $6s$ de l'or, LUMO), et les autres deux, dont impliquent deux orbitaux $5d$ pleins perpendiculaires (HOMO) de l'or, sont responsables pour les interactions π.[127]

Ce scénario de liaison explique les résultats observés pour la réaction de cyclopropanation mentionnée plus tôt. Les ligands que sont des bons π–accepteurs ont la tendance de favoriser un comportement carbocationique, parce qu'ils diminuent la π-donation Au → C^1. En accord avec ce raisonnement, il y a été trouvé que des forts ligands π-acides de phosphites fournissent seulement de quantités traces du produit souhaité et beaucoup de polymérisation. D'un autre coté, des ligands qui augmentent la π-donation Au → C^1 sont attendus comme étant responsables pour la réduction de la réactivité carbocationique, tandis que les ligands qui diminuent la σ-donation C^1 → Au doivent augmenter la réactivité de carbène. Cela a été exactement ce qui a été trouvé pour le ligand hétérocyclique IPr (1,3-bis(2,6-diisopropylphenyl)imidazol-2-ylidene), qui joue un rôle sur ces deux paramètres (il est fortement σ-donneur et seulement faible π-acide). Comme conséquence, IPrAu$^+$ a donné le produit de cyclopropanation stéreospecifique avec le mieux rendement parmi tous les ligands testés (rendement 80%, 11:1 cis:trans).

A partir de ces études, Toste a argumenté que les carbènes coordinés d'or(I) sont mieux décrits par un continuum qui va d'un carbène singlet stabilisé par le métal jusqu'à un carbocation coordinné au métal, dont la position d'un certain complexe d'or dans ce continuum va être largement dépendante des substituants du carbène et du ligand.

Finalement, il est possible que quelqu'un dise que ces deux formes mésomères ne sont que des extrêmes canoniques d'un même intermédiaire, ce qui rend toute la discussion antérieure inutile. Néanmoins, comme nous avons brièvement souligné ici, une quantité importante d'informations expérimentales et théoriques suggèrent que ces formes mésomériques contribuent avec des différents poids au caractère actuel de la espèce Au^+, ce qui confère l'importance de distinguer parmi les deux (Figure 2.6).

Figure 2.6: Différents profils de réaction sont accédés par la catalyse à l'or, qui peuvent être expliqués soit à partir de la forme cationique (à gauche) ou la forme carbènique (à droite). La vraie nature de ces intermédiaires est encore source de débat et d'autres études doivent encore être menés pour mettre de la lumière sur ce sujet.

2.1.5.4 Le Modèle de Dewar-Chatt-Duncanson

Un complexe d'un métal de transition avec un ligand π, tel comme un alcène ou alcyne est généralement décrit par le modèle de Dewar-Chatt-Ducanson (DCD).[128] D'une manière générale, ce modèle dit qu'une liaison σ est faite par la superposition de l'orbital π du ligand (alcyne ou alcène) avec l'orbital d vide de géométrie adéquate du

[128] Dewar, M. J. S.; *Bull. Soc. Chim. Fr.*, **1951**, 18, C71. (b) Chatt, J.; Duncanson, L. A.; *J. Chem. Soc.*, **1953**, 2939.

métal. Inversement, une liaison π est dérivée de l'interaction d'un orbital *d* plein du métal avec l'orbital π* anti-liant du ligand (retro-donation).

Comme cela a été détaillé par A. Fürstner et P. W. Davies,[88f] il y a 4 orbitaux du type *d* de géométrie adéquate pour interagir avec un alcyne, un ligand π (Figure 2.7).

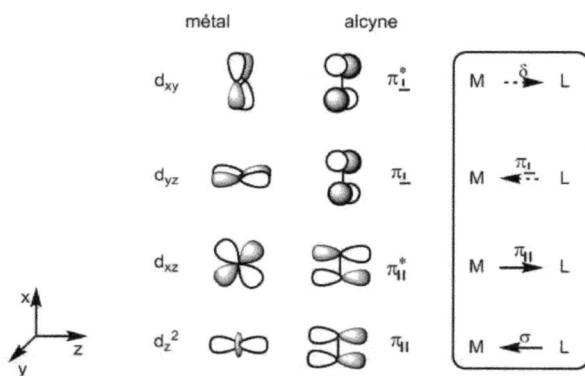

Figure 2.7: En considérant les interactions possibles entre orbitaux *d* du métal et orbitaux π d'un ligand alcyne, le modèle est appliqué à complexes d^{10}-Au et d^8-Pt.

Les interactions les plus fortes sont celles venant de la donationM (d_{z^2}) ← L $(\pi_{\parallel})$ et de la retro-donation M (d_{xz}) → L $(\pi_{\parallel}^*)$, qui sont dérivées d'un meilleur *overlap* entre orbitaux parallèles (les orbitaux dessinés dans le plan du papier). Les interactions plus faibles dérivées d'un *overlap* plus pauvre entre orbitaux viennent de la donation M (d_{yz}) ← L $(\pi_{\perp})$ et la retro-donation M (d_{xy}) → L $(\pi_{\perp}^*)$ (ici, les signaux ∥ et ⊥ représentent des orbitaux dessinés parallèles et perpendiculaires au plan du papier, respectivement).

Les contributions individuelles de chaque interaction orbitalaire a été calculée en employant de méthodes poussées de calculs computationnels. Par exemple, dans le complexe dérivé de l'interaction entre or(I) et l'éthyne, [Au$^+$(C$_2$H$_2$)], il y a été trouvé que la liaison Au-alcyne est décrite par *ca.* 65% d'une interaction σ, *ca.* 27% de la retro-donation $\pi_{\parallel}$ sur le plan, *ca.* 7% pour l'interaction orthogonale $\pi_{\perp}$, et *ca.* 1% pour l'interaction δ.[110] Sous la lumière de ces résultats, nous pouvons conclure que les alcynes (mais cela est également vrai pour les oléfines) sont des fortes σ-donneurs à deux électrons, mais des faibles π-accepteurs vers l'Au(I) (bien comme pour le Pt(II)). Même si la retro-donation est produite dans une certaine extension, et ne doit pas être négligée,[88f] la comparaison avec le complexe analogue de Cu-éthyne montre que la π-retro-donation est beaucoup plus importante pour le cuivre que pour l'or. Comme une conclusion générale, l'or ne peut pas être considéré comme participant significativement dans des liaisons du type de Dewar-Chatt -Ducanson.[88e]

En contraste avec cette situation énergétique des ligands π, nous avons les orbitaux non-liants p. Comme ils sont plus bas en énergie que les orbitaux π* des alcènes et alcynes, ils sont généralement plus adéquats à la superposition avec les orbitaux *5d* pleins de l'or. Ces orbitaux non-liants p sont typiquement trouvés dans des intermédiaires cationiques (Figure 2.8).

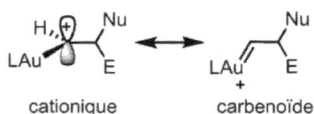

cationique   carbenoïde

Figure 2.8: Les orbitaux p non-liants sont plus bas en énergie que les orbitaux π* des ligands π, et ainsi, ils sont plus adéquats pour la retro-donation de l´or. Dans des complexes où une forte retro-donation est présente, la forme mésomérique carbénoïde doit mieux décrire la nature de cet intermédiaire.

2.1.6 Considérations sur la Nature des Espèces de Vinyl-or

Postérieurement à l´attaque nucléophile sur un alcène ou alcyne, une espèce de vinylor doit être formée. Ensuite, elle va évoluer pour capturer un électrophile soit d´une «manière 1,1», ou d´une «manière 1,2», selon nous avons discuté dans les paragraphes 2.1.5.2 et 2.1.5.3, respectivement. Malgré la concordance avec notre intuition et l´observation de la structure du produit observé, les intermédiaires dessinés représentent une vision simplifiée du mécanisme global.

En effet, Gagné et al.[129,130] a rapporté sur l´existence d´un complexe avec deux atomes d'or interliés **2.23** qui a été impliqué dans la réaction de Friedel-Crafts intramoléculaire sur un allène, catalysée par PPh₃AuNTf₂. Ce nouveau intermédiaire observé, qui est supposé impliquer l´anion vinylique dans une structure de pont à

---

[129] Weber, D.; Tarselli, M.A.; Gagné, M. R.; *Angew. Chem. Int. Ed.*, **2009**, 48, 5733.

[130] See also: Tarselli, M. A.; Gagné, M. R.; *J. Org. Chem.*, **2008**, 73, 2439.

trois centres-deux électrons, et qui est encore stabilisé par une interaction Au-Au (bien établie, vaut de 5-10 kcal.mol^{-1})[131] doit être la responsable pour la plus grande stabilité et la plus grande déficience en électrons de l'intermédiaire volumineux avec deux atomes d'or **2.23** vers l'acide, quand comparé à l'espèce d'or vinylique plus simple **2.22** (Schème 2.8).

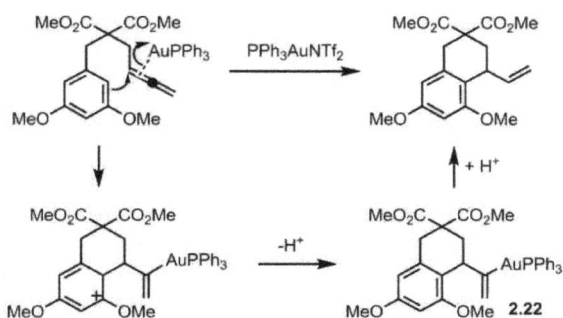

Schème 2.8: La réaction de Friedel-Crafts sur un allène activé par un complexe de PPh$_3$Au$^+$ en employant un mécanisme simplifié, qui est généralement accepté.[129,130]

Même si ce n'est pas clair si **2.23** opère à l' «intérieur» ou «extérieur» du cycle catalytique dans des vraies conditions catalytiques, ou si **2.23** est directement proto-demétallé à la place de **2.22**; le résultat ci-dessus indique que **2.22** et **2.23** sont tous les deux, des intermédiaires viables dans l'hydroarylation intramoléculaire d'allènes. Ainsi, une structure additionnelle, correspondante à **2.23** doit être additionnée au mécanisme du schème 2.8 précédent pour que nous soyons rigoureux. Cela veut

---

[131] Schmidbauer, H.; *Chem. Soc. Rev.*, **1995**, 24, 391.

dire que le mécanisme impliqué dans le processus d'hydroarylation, bien comme il suggère pour d'autres transformations catalysées à l'or, est plus complexe de ce qui nous aurions pu initialement «naïvement» penser (Schème 2.9).

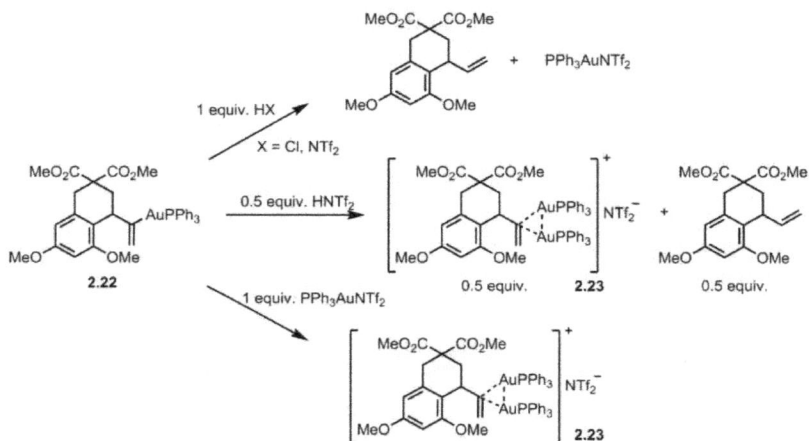

Schème 2.9: Une étude sur la réactivité de l'intermédiaire **2.22**.[129,130]

CHAPITRE 3: LA SYNTHÈSE D'OXAZOLONES FUNCTIONALISÉES À PARTIR D'UNE SÉQUENCE DE TRANSFORMATIONS CATALYSÉES AU Cu(II) ET À L'Au(I)

Ce travail a été développé avec les contributions des Dr. Florin M. Istrate, Dr. Andrea K. Buzas et M. Yann Odabachian, sous l'orientation du Dr. Fabien Gagosz. Une lecture complémentaire peut être trouvée dans les thèses antérieures sur ce sujet.[132]

Dans la préoccupation de réaliser une exposition claire et complète du thème, toutes les expériences réalisées dans ce projet sont présentées ici. Néanmoins, les expériences réalisées par l'auteur de cette thèse sont marqués avec une étoile rouge (*).

Une partie des résultats exhibés dans ce chapitre a été publiée dans le journal Organic Letters: Istrate, F.; Buzas, A. K.; Jurberg, I. D.; Odabachian, Y.; Gagosz, F.; *Org. Lett.*, **2008**, 10, 5, 925.

---

[132] (a) Istrate, F. M.; *PhD Thèse de Doctorat École Polytechnique*, **2009**, Chapitre 4, pp. 91-112. (b) Buzas, A. K.; *Thèse de Doctorat École Polytechnique*, **2009**, Chapitre 4, pp. 116-148.

CHAPITRE 3: LA SYNTHÈSE D'OXAZOLONES FUNCTIONALISÉES À PARTIR D'UNE SÉQUENCE DE TRANSFORMATIONS CATALYSÉES AU Cu(II) ET À L'Au(I)

3.1 INTRODUCTION

3.1.1 L'Importance des 4-Oxazol-2-ones

Les 4-oxazol-2-ones sont une classe importante d'hétérocycles, dont l'importance biologique a été reconnue dans les dernières années. Par exemple, des dérivés de la combretoxazolone, tel comme **3.1**, ont été rapportés comme en exhibant des propriétés cytotoxiques et anti-tumorales;[133] 3-aryl-5-tert-butyl-4-oxazolon-2-ones 4-substituées, tel comme **3.2**, ont été décrites comme étant des herbicides puissants;[134] 3,4-diaryloxazolones, tel comme **3.3**, sont des agents anti-inflammatoires;[135] et le composé **3.4** a été décrit en ayant des propriétés anti-microbiologiques[136] (Figure 3.1).

[133] Nam, N. –H.; Kim, Y.; You, Y.-J.; Hong, D.-H.; Kim, H.-M.; Ahn, B.-Z.; *Bioorg. Med. Chem. Lett.*, **2001**, 11, 3073.

[134] Kudo, N.; Tanigushi, M.; Furuta, S.; Sato, K.; Endo, T.; Honma, T.; *J. Agric. Food Chem.*, **1998**, 46, 5305.

[135] Puig, C.; Crespo, M. I. ; Godessart, N.; Feixas, J.; Ibarzo, J.; Jimenez, J. –M.; Soca, L.; Cardelus, I.; Heredia, A.; Miralpeix, M.; Puig, J.; Beleta, J.; Huerta, J. M.; Lopez, M.; Segarra, V.; Ryder, H.; Palacios, J. M.; *J. Med. Chem.*, **2000**, 43, 214.

[136] Rodrigues Pereira, E.; Sancelme, M.; Voldoire, A.; Prudhomme, M.; *Bioorg. Med. Chem. Lett.*, **1997**, 7, 2503.

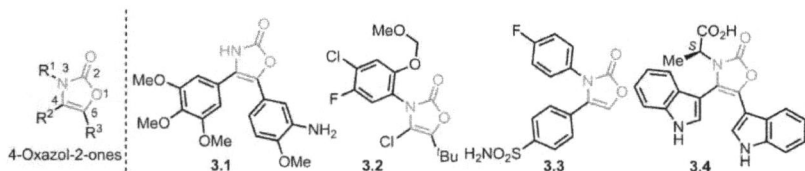

Figure 3.1: Exemples de 4-oxazol-2-ones biologiquement actifs.

3.1.2 La Synthèse de 4-Oxazol-2-ones

Les 4-Oxazol-2-ones peuvent être synthétisées selon un grand nombre de protocoles. Heureusement, la plupart des stratégies pour assembler telles molécules peuvent être réduites à quelques intermédiaires communs. Certaines de ces méthodes, qui peuvent être considérées de grande généralité, seront brièvement discutées ensuite.

Les oxazolones peuvent être accédées à partir de (N-aryl-N-hydroxy)-acetylamides *via* un réarrangement induit thermiquement[137] ou photochimiquement,[138] ou à partir du traitement avec triethylamine et le chlorure de *p*-nitrobenzenesulfonyle.[139] En plus, des (N-aryl-N-hydroxy)-acetylamides mesylées sous des conditions basiques et sonication[140] peuvent également se réarranger pour donner les 4-oxazol-2-ones correspondantes (Schème 3.1).

---

[137] Gagneux, A.R.; Goschke, R.; *Tetrahedron Lett.*, **1966**, 7, 45, 5451.

[138] (a) Nakagawa, M.; Nakamura, T.; Tomita, K.; *Agric. Biol. Chem*, **1974**, 38, 2205. (b) Göth, H.; Gagneux, A. R.; Eugster, C. H.; Schmid, H.; *Helv. Chim. Acta*, **1967**, 50, 19, 137. Pour le même réarrangement d'un produit similaire, voir: (c) Rokach, J.; Hamel, P.; *J. Chem. Soc., Chem. Comm.*, **1979**, 786.

[139] Sato, K. ; Kinoto, T.; Sugai, S.; *Chem. Pharm. Bull.*, **1986**, 34, 4, 1553.

[140] Hoffman, R. V.; Reddy, M. M.; Cervantes-Lee, F.; *J. Org. Chem.*, **2000**, 65, 2591.

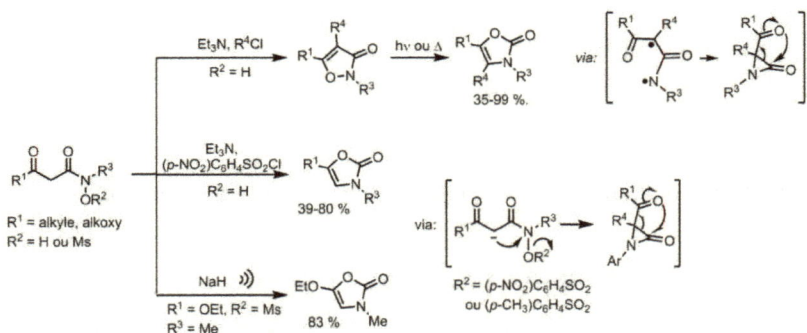

Schème 3.1: Quelques exemples pour la préparation d´oxazolones à partir de dérivés de (*N*-aryl-*N*-hydroxy)-acetylamides.

Autres méthodes directes pour assembler le noyau d´oxazolone consiste du traitement d´α-hydroxy cétones avec des isocyanates,[133,134] α-aminocétones avec une base et phosgène[141], et à partir de l´échange N-/O- dans les carbonates cycliques[142] (Schème 3.2).

[141] Hamad, M. O.; Kiptoo P. K.; Stinchcomb, A. L.; Crooks, P.; *Bioorg. Med. Chem.*, **2006**, 14, 20, 7051.

[142] (a) Shehan, J. C.; Guziec, F. S.; *J. Am. Chem. Soc.*, **1972**, 94, 6561. (b) Shehan, J. C.; Guziec, F. S.; *J. Org. Chem.*; **1973**, 38, 3034. (c) Kanaoka, M.; Kurata, Y.; *Chem. Pharm. Bull.*, **1978**, 26, 660.

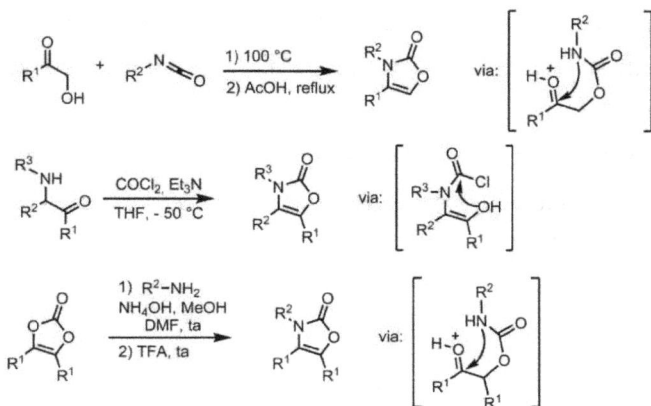

Schème 3.2: Quelques stratégies usuelles pour synthétiser des oxazolones.

3.1.3 La Chimie des Ynamines et Ynamides

Depuis la première préparation d'une ynamine rapportée dans la littérature en 1892 par J. Bode[143] et les développements subséquents qui ont culminé avec la première méthode générale pour la synthèse des ynamines rapportée par Viehe en 1963,[144] la réactivité de tels alcynes a commencé à attirer l'attention de la communauté chimique. Néanmoins, différemment des énamines, leur potentiel synthétique n'a pas été consolidé. La raison pour ce fait c'est que les ynamines sont généralement plus difficiles d'être préparées et manipulées, dû principalement à leur sensitivité vers l'hydrolyse et leur réactivité vers des électrophiles, ce qui rend ces molécules typiquement inaccessibles synthétiquement. Une solution intelligente pour résoudre ce problème est de diminuer la densité

---

[143] Bode, J.; *Liebigs Ann. Chem.*, **1892**, 267, 268.

[144] Viehe, H. G.; *Angew. Chem. Int. Ed.*, **1963**, 2, 477.

électronique sur l´atome d´azote des ynamines, en mettant sur cet atome un groupe attracteur d´électrons, ou à partir de substitutions sur l´alcyne, ainsi en augmentant la stabilité des ynamines.

Ynamides peuvent être classifiées d'une manière générale à l´intérieur de deux catégories: les ynamines déficientes en électrons (composés **3.1-3.6**) et les ynamides (composés **3.7-3.9**) (Figure 3.2).[145]

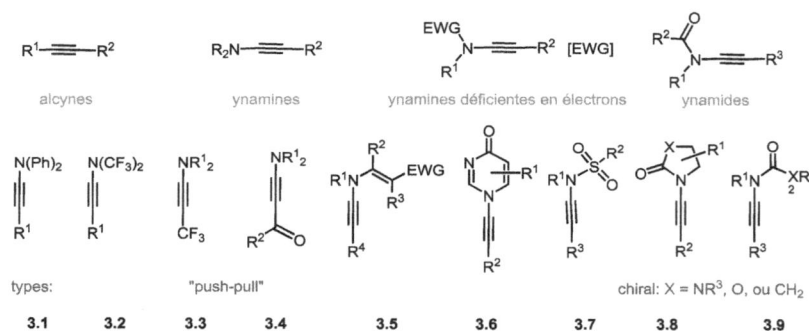

Figure 3.2: Une présentation de différentes classes d´ynamines.[145]

Finalement, les ynamides[146] ont donné origine à la renaissance de la chimie d´ynamines et elles ont été appliquées à une grande variété de processus, allant de cycloadditions,[147]

---

[145] Hsung, R. P.; *Tetrahedron*, **2006**, 62, 3781.

[146] Pour des reviews récentes, voir: (a) DeKorver, K. A.; Li, H.; Lohse, A. G.; Hayashi, R.; Lu, Z.; Zhang, Y.; Hsung, R. P.; *Chem. Rev.*, **2010**, 110, 5064. (b) Evano, G.; Coste, A.; Jouvin, K.; *Angew. Chem. Int. Ed.*, **2010**, 49, 2840.

[147] Pour des exemples d´additions [4+2], voir: (a) Dunetz, J. R.; Danheiser, R. D.; *J. Am. Chem. Soc.*, **2005**, 127, 5776. Pour un exemple d´addition [2+2], voir: (b) Riddell, N.; Villeneuve, K.; Tam, W.; *Org. Lett.*, **2005**, 7, 17, 3681. (c) Kohlnen, A. L.; Mak, X. Y.; Lam, T. Y.; Dunetz, J. R.; Danheiser, R. L.; *Tetrahedron*, **2006**, 62, 3815. Pour en

réactions de méthatèse,[148] la synthèse d'énamides,[149] la synthèse d'α-aminoamidines,[150] la synthèse d'indoles,[151] les (cyclo)isomérisations promues par des radicaux,[152] métaux[153] et acides de Brønsted,[154] jusqu'à leur application à la synthèse de produits naturels.[155,142a] Quelques exemples sont montrés ci-dessous (Schème 3.3).

exemple d'addition [2+2+2], voir: (d) Tanaka, K.; Takeishi, K.; Noguchi, K.; *J. Am. Chem. Soc.*, **2006**, 128, 4586.

[148] (a) Saito, N.; Sato, Y.; Mori, M.; *Org. Lett.*, **2002**, 4, 5, 803. (b) Huang, J.; Xiong, H.; Hsung, R. P.; Rameshkumar, C.; Mulder, J. A.; Grebe, T. P.; *Org. Lett.*, **2002**, 4, 14, 2417.

[149] Gourdet, B.; Lam, H. W.; *J. Am. Chem. Soc.*, **2009**, 131, 3802.

[150] Kim, J. Y.; Kim, S. H.; Chang, S.; *Tetrahedron Lett.*, **2008**, 49, 1745.

[151] (a) Couty, S.; Liégault, B.; Meyer, C.; Cossy, J.; *Org. Lett.*, **2004**, 6, 15, 2511. (b) Dooleweerdt, K.; Ruhland, T.; Skrydstrup, T.; *Org. Lett.*; **2009**, 11, 1, 221.

[152] (a) Marion, F.; Courillon, C.; Malacria, M.; *Org. Lett.*, **2003**, 5, 5095. (b) Marion, F.; Coulomb, J.; Servais, A.; Courillon, C.; Fensterbank, L.; Malacria, M.; *Tetrahedron*, **2006**, 62, 3882.

[153] Pour des méthodes basées sur l'Au, voir: (a) Couty, S.; Meyer, C.; Cossy, J.; *Angew. Chem. Int. Ed.*, **2006**, 45, 6726. (b) Buzas, A. K.; Istrate, F.; Le Goff, X. F.; Odabachian, Y.; Gagosz, F.; *J. Organom. Chem.*, **2009**, 694, 515. Pour une méthode basée sur le Pd, voir: (c) Zhang, Y.; DeKorver, K. A.; Lohse, A. G.; Zhang, Y.-S.; Huang, J.; Hsung, R. P.; *Org. Lett.*, **2009**, 11, 4, 899. Pour l'utilisation de $BF_3.OEt_2$ et $Zn(OTf)_2$, voir: (d) Kurtz, K. C. M.; Hsung, R. P.; Zhang, Y.; *Org. Lett.*; **2006**, 8, 2, 231.

[154] (a) Zhang, Y.; Hsung, R. P.; Zhang, X.; Huang, J.; Slafer, B. W.; Davis, A.; *Org. Lett.*, **2005**, 7, 6, 1047. (b) Gonzalez-Rodriguez, C.; Escalante, L.; Varela, J. A.; Castedo, L.; Saa, C.; *Org. Lett.*, **2009**, 11, 17, 1531.

[155](a) Boger, D. L.; Honda, T.; Dang, Q.; *J. Am. Chem. Soc.*, **1994**, 116, 13, 5619. (b) Couty, S.; Meyer, C.; Cossy, J.; *Tetrahedron Lett.*, **2006**, 47, 5, 767.

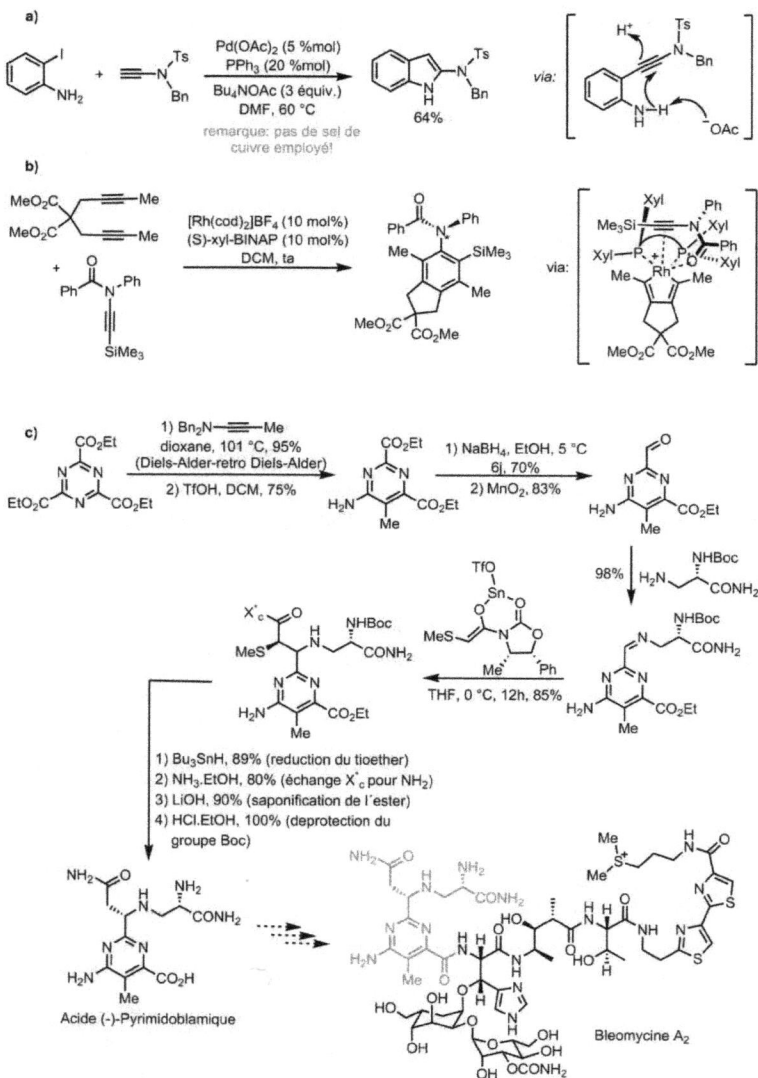

Schème 3.3: Trois exemples de l'utilisation des ynamines en synthèse. **a)** La synthèse de 2-amino-indoles à partir du couplage croisé de Sonogashira, en étant suivi par l'addition spontanée du

groupe amino sur la triple liaison. **b)** La synthèse énantiosélective d´anilides axialement chirales à partir d´une cyclo-addition [2+2+2] promue par le rhodium. **c)** La synthèse de l´acide (-)-Pyridoblamique, le domaine de liaison métallique de la Bleomycine A_2 à partir d´une séquence de Diels-Alder-retro Diels-Alder en employant le 1-(dibenzylamino)propyne.

3.1.3.1 La Synthèse des Ynamides

Dû à l´importance des ynamides, en tant que des synthons d´ynamines synthétiquement stables, des efforts croissants ont été consacrés au développement de nouvelles méthodologies vers la synthèse de telles molécules.

L´isomérisation des composés *N*-propargylés a été reconnue par Hsung *et al.*[156] comme étant une route pratique pour les ynamides. Néanmoins, ce processus a prouvé être très sensible à la nature du groupe attracteur d´électrons sur l´atome d´azote. Par exemple, carbamates ont été rapportés s´arrêter à l´intermédiaire allène, D´un autre coté, les amides sont complètement isomérisées aux ynamides correspondantes[156] (schème 3.4).

---

[156] Wei, L.-L.; Mulder, J. A.; Xiong, H.; Zificsak, C. A.; Douglas, C. J.; Hsung, R. P.; *Tetrahedron*, **2001**, 57, 459.

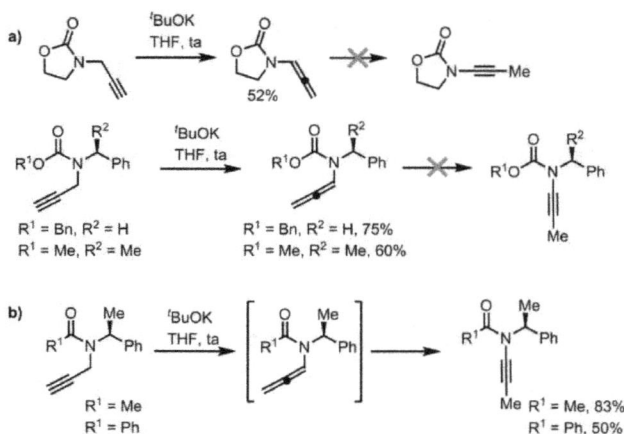

Schème 3.4: Des essais pour l'isomérisation des dérivés *N*-propargylés. **a)** Carbamates *N*-propargylés échouent dans l'isomérisation complète à l'ynamide correspondante et s'arrêtent pour fournir l'allenamide intermédiaire. **b)** En contraste, amides *N*-propargylées sont isomérisées sous les mêmes conditions réactionnelles pour donner les ynamides correspondantes.

Une autre route possible pour les ynamides[145] est la réaction d'élimination à partir de bromoenamides. Même si l'ynamide souhaitée peut être obtenue, ce processus est limité à l'élimination de Z-bromo énamides. Les E-enamides sont généralement récupérées intactes (Schème 3.5).

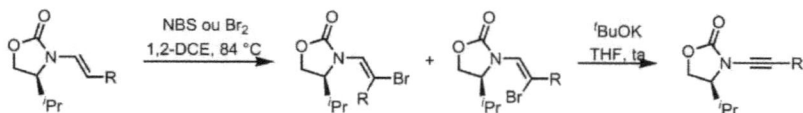

exemples:

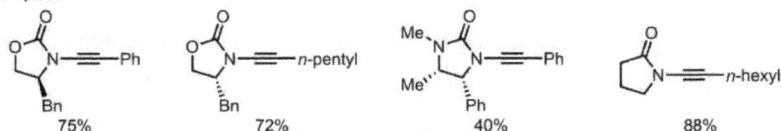

75%	72%	40%	88%

Schème 3.5: La procédure rapportée par Hsung *et al.*, basée sur la bromation d'énamides et élimination, augmente substantiellement la portée de la méthode décrite originalement par Viehe *et al.*,[157] mais présente encore des limitations sévères, comme le fait que l'étape d'élimination est seulement possible pour les Z-bromo énamides.

Les méthodes dérivées de la réaction de Corey-Fuchs en partant de formamides **3.10** sont également une route possible pour construire des ynamides. Ces composés réagissent avec la triphenylphosphine et le tetrachlorométhane pour produire β,β-dichloroenamides **3.11**. Après le traitement avec une base forte, telle comme *n*-BuLi, à baisses températures, ils réarrangent pour donner les acétylures lithiés correspondants, qui peuvent être capturés soit par un proton (**3.12**)[158] ou d'autres électrophiles (**3.13**),[159] ou peuvent être transmétallés avec $ZnBr_2$ pour être directement engagés dans des réactions de couplage croisé de Negishi avec des iodures d'aryle (**3.14**).[160] Inversement, le composé dichloré **3.11** peut être initialement soumis à un couplage croisé de

[157] Celui-ci est considéré le premier rapport sur la synthèse des ynamides: Janousek, Z.; Collard, J.; Viehe, H. J.; *Angew. Chem. Int. Ed.*, **1972**, 11, 917.

[158] (a) Brückner, D.; *Synlett*, **2000**, 1402. (b) Brückner, D.; *Tetrahedron*, **2006**, 62, 3809.

[159] Rodríguez, D.; Martínez-Esperón, M. F.; Castedo, L.; Saá, C.; *Synlett*, **2007**, 1963.

[160] (a) Rodríguez, D.; Castedo, L.; Saá, C.; *Synlett*, **2004**, 783. (b) Martínez-Esperón, M. F.; Rodriguez, D.; Castedo, L.; Saá, C.; *Tetrahedron*, **2006**, 62, 3842.

Suzuki et ensuite subir une élimination de chlorure à partir du traitement avec une base forte pour former la triple liaison. Les ynamides **3.12** peuvent être fonctionnalisées également par la réaction de couplage croisé de Sonogashira[161] (Schème 3.6).

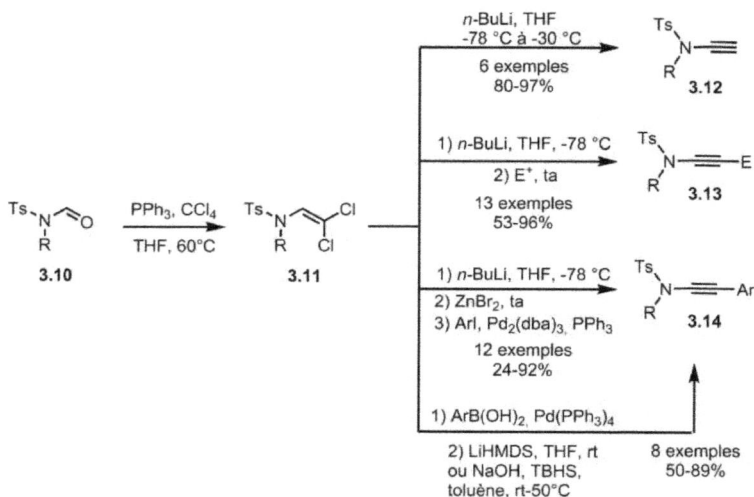

Schème 3.6: La synthèse des ynamides à partir de formamides.[146b]

Finalement, les réactions de couplage croisé sont l'un des moyens les plus efficaces pour préparer les ynamides. Aujourd'hui, six protocoles principaux ont été établis (Figure 3.3).

[161] Tracey, M. R.; Zhang, Y.; Frederick, M. O.; Mulder, J. A.; Hsung, R. P.; *Org. Lett.*, **2004**, 6, 2209.

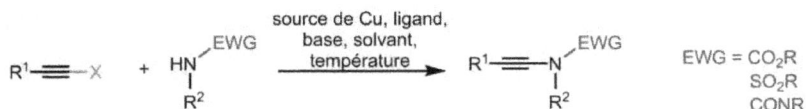

1) Hsung *et al*: CuSO$_4$.5H$_2$O (5-10 mol%), 1,10-phenantroline (10-20 mol%),   ref. [162]
   K$_3$PO$_4$ (2 equiv.) ou K$_2$CO$_3$ (2 equiv.) toluène, 60-65 °C, X = Br

2) Danheiser *et al*: CuI (1 equiv.), pas de ligand   ref. [163]
   KHMDS (1 equiv.), pyridine, ta, X = Br

- -
                          jusqu'ici: les réactions de couplage croisé
                          décrits au moment où ce travail a été dévéloppé

3) Stahl *et al*: CuCl$_2$ (20 mol %), pas de ligand, O$_2$ (1 atm)   ref. [164]
   Na$_2$CO$_3$ (2 equiv.), pyridine (2 equiv.), toluène, 70 °C, X = H

4) Jiao *et al*.: CuCl$_2$. 2H$_2$O (10 mol %), pas de ligand, sous l'air   ref. [165]
   Na$_2$CO$_3$ (2 equiv.), toluène, 100 °C, X = CO$_2$H

5) Evano *et al*.: CuCl$_2$.2H$_2$O (15 mol%), 1,2-dimethylimidazole (40 mol%), O$_2$ (1 atm)   ref. [166]
   4A tamis moléculaire, CH$_2$Cl$_2$, ta, X = BF$_3$K

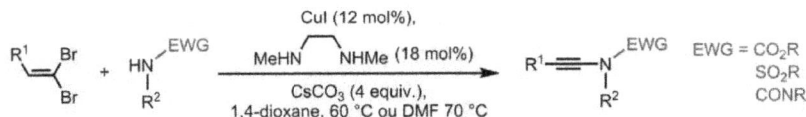

6) Evano *et al.*:   ref. [167]

Figure 3.3: Une liste des couplages croisés les plus représentatifs pour construire des ynamides.

[162] (a) Zhang, Y.; Hsung, R. P.; Tracey, M. R.; Kurtz, K. C. M.; Vera, E. L.; *Org. Lett.*, **2004**, 6, 7, 1151. Pour un rapport préliminaire, voir: (b) Frederick, M. O.; Mulder, J. A.; Tracey, M. R.; Hsung, R. P.; Huang, J.; Kurtz, K. C. M.; Shen, L.; Douglas, C. J.; *J. Am. Chem. Soc.*, **2003**, 125, 2368.

[163] Dunetz, J. R.; Danheiser, R. L.; *Org. Lett.*, **2003**, 5, 21, 4011.

[164] Hamada, T.; Ye, X.; Stahl, S. S.; *J. Am. Chem. Soc.*, **2008**, 130, 833.

[165] Jia, W.; Jiao, N.; *Org. Lett.*, **2010**, 12, 9, 2000.

[166] Jouvin, K.; Couty, F.; Evano, G.; *Org. Lett.*, **2010**, 12, 14, 3272.

[167] Co, A. ; Karthikeyan, G. ; Couty, F.; Evano, G.; *Angew. Chem. Int. Ed.*; **2009**, 48, 4381.

Toutes les méthodes mentionnées fournissent les ynamides souhaitées dans des bons rendements, nonobstant quelques avantages de certains protocoles sur d'autres. Par exemple. Les protocoles de Danheiser (méthode 2) et d'Évano (méthode 5) sont les seuls rapports où la réaction de couplage est décrite à la température ambiante. D'un coté, la méthode de Danheiser utilise 1 équiv. d'amine, 2 équiv. de bromoalcyne et une quantité stœchiométrique du sel de cuivre. D'un autre coté, la méthode 5 d'Évano emploie une quantité catalytique de cuivre, mais 5 équiv. d'amine avec 1 équiv. de l'alcyne (5 équiv. d'amine sont également nécessaires pour le protocole de Stahl, méthode 3).

Parmi les six méthodes antérieures, deux des plus intéressantes sont la méthode 1 de Hsung, qui emploie presque de quantités égales des agents de couplage (1.1 équiv. d'alcyne et 1 équiv. d'amine) et la méthode 6 d'Évano, où l'alcyne est formé au cours de la réaction avec le vinyldibromé, dont la synthèse est facilement faite à partir des aldéhydes correspondants.

Les dérivés d'amines utilisés avec succès dans les méthodes que nous venons de discuter sont montrés ci-dessous (Figure 3.4).

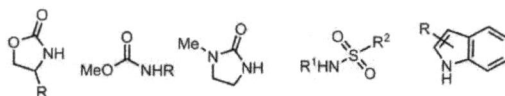

Figure 3.4: Une liste des composés typiquement employés dans le cadre des réactions de couplage croisé vers la formation de liaisons C_{sp}-N.

3.2 LA CYCLIZATION DE GROUPES Boc SUR LES ALCYNES: Littérature et le Travail Antérieur de Notre Laboratoire

Dans les travaux antérieurs de notre groupe et d'autres, la cyclisation *5-exo-dig* de Boc-carbamates[168] et -carbonates[169] propargylés a été rapportée pour fournir alkylidene carbamates et carbonates cycliques, respectivement. Une brève présentation est montrée ci-dessous (Schème 3.7).

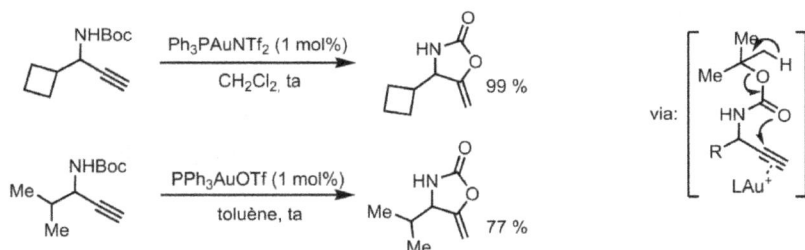

---

[168] Pour la cyclisation de groupes Boc de carbamates propargylés promue par l'Au, voir: (a) Buzas, A.; Gagosz, F.; *Synlett*, **2006**, 2006, 2727. (b) Robles-Machin, R.; Adrio, J.; Carretero, J. C.; *J. Org. Chem.*, **2006**, 71, 5023. (c) Lee, E.-S.; Yeom, H.S.; Hwang, J.-H.; Shin, S.; *Eur. J. Org. Chem.*, **2007**, 3503.

[169] (a) Pour la cyclisation de groups Boc de carbonates propargylés, en utilisant la catalyse à l'or, voir: (a) Buzas, A.; Gagosz, F.; *Org. Lett*, **2006**, 8, 515. (b) Buzas, A. K.; Istrate, F. M.; Gagosz, F.; *Tetrahedron*, **2009**, 65, 1889. (c) Kang, J.-E.; Shin, S.; *Synlett*, **2006**, 717. Pour l'utilisation de mercure, voir: (d) Yamamoto, H.; Nishiyama, M. ; Imagawa, H.; Nishizawa, M.; *Tetrahedron Lett.*, **2006**, 47, 8369.

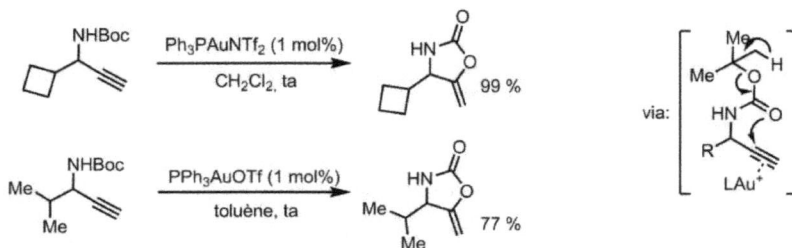

Schème 3.7: La littérature concernant les travaux antérieurs de notre groupe et autres.

3.3 RÉSULTATS ET DISCUSSION

3.3.1 L'Idée Initiale

Même qu'alkylidene carbamates cycliques puissent être isomérisés à 4-oxazol-2-ones sous conditions acides[170] (Schème 3.8), notre groupe était intéressé dans une route plus directe pour accéder ces molécules.

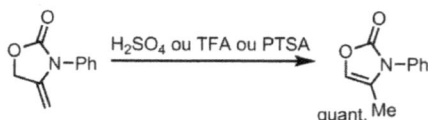

Schème 3.8: L'isomerisation d'alkylidene carbamates sous des conditions acides.

En addition, nous étions également intéressés en savoir si la cyclisation 5-*endo dig*, dont l'occurrence est prédite par les règles

---

[170] Stoffel, P. J.; Dixon, W. D.; *J. Org. Chem.*, **1964**, 29, 978.

de Baldwin de la même manière que le mode *5-exo*,[171] serait-elle accessible à partir du réarrangement des ynamides homologues correspondantes (Schème 3.9a). Également, une conséquence importante que nous voulions tester est la possibilité d'or impliquer l'*umpolung* de la polarité naturelle de l'ynamide (Schème 3.9b). Un deuxième aspect d'intérêt était aussi l'extension de la portée de la réaction de couplage croisé des ynamides, une transformation originalement rapportée par Hsung *et al.*, mais qu'au moment où ce travail a été réalisé, était assez restreinte (Figure 3.3).[172]

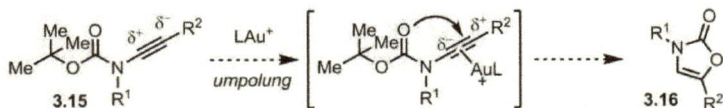

Schème 3.9: L'hypothèse testée dans ce projet sur la cyclisation 5-*endo-dig* d'ynamides

Les précurseurs nécessaires pour la réaction de couplage croisé des ynamides **3.15a-v**, les carbamates *tert*-butyloxy **3.18a-h** ont été synthétisés en employant Boc₂O dans des différents solvants[173] (Table 3.1).

---

[171] (a) Baldwin, J. E.; *J. Chem. Soc., Chem. Commun.*, **1976**, 734. (b) Johnson, C. D.; *Acc. Chem. Res.*, **1993**, 26, 476.

[172] Istrate, F.; Buzas, A. K.; Jurberg, I. D.; Odabachian, Y.; Gagosz, F.; *Org. Lett.*, **2008**, 10, 5, 925.

[173] (a) Schlosser, M.; Ginanneschi, A.; Leroux, F.; *Eur. J. Org. Chem.*, **2006**, 2006, 2956. (b) Vilavain, T. ; *Tetrahedron Lett.*, **2006**, 47, 6739. (c) Simpson, G. L. ; Gordon, A. H. ; Lindsay, D. M.; Promsawan, N.; Crump, M. P.; Mulholland, K.; Hayter, B. R.; Gallagher, T.; *J. Am. Chem. Soc.*, **2006**, 128, 10638. (d) Yuste, F. ; Ortiz, B.; Carrasco,

R–NH$_2$ $\xrightarrow{\text{Boc}_2\text{O}}$ R–NHBoc

conditions: a) toluène, 110 °C
b) EtOH, ta
c) NaHCO$_3$, CH$_3$CN, ta
d) Et$_3$N, MeOH, ta

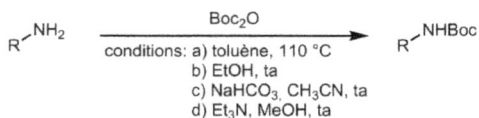

Entrée	Substrat	Produit	Conditions	Temps	Rend.
1	⌬–NH$_2$	⌬–NHBoc **3.18a**	a	2 h	82 %
2	F–⌬–NH$_2$	F–⌬–NHBoc **3.18b**	a	1 h	85 %*
3	Cl–⌬–NH$_2$	Cl–⌬–NHBoc **3.18c**	a	2 h	43 %
4	Br–⌬–NH$_2$	Br–⌬–NHBoc **3.18d**	a	3 h	70 %
5	OMe/MeO–⌬–NH$_2$	OMe/MeO–⌬–NHBoc **3.18e**	a	1 h	95 %*
6	⌬–CH$_2$–NH$_2$	⌬–CH$_2$–NHBoc **3.18f**	b	5 min	83 %*
7	EtO$_2$C–NH$_2$	EtO$_2$C–NHBoc **3.18g**	c	24 h	47 %
8	EtO$_2$C–(S)CH(Me)–NH$_2$	EtO$_2$C–(S)CH(Me)–NHBoc **3.18h**	d	24 h	90 %
9	naphthyl–NH$_2$	naphthyl–NHBoc **3.18i**	a	2 h	83 %

Table 3.1: Les carbamates synthétisés dans ce projet

La synthèse d'ynamides a été inspirée à partir du protocole de Hsung,[162a] dont une petite modification dans les proportions des réactifs a été réalisée (notre protocole: 1 équiv. de bromoalcyne, 2.4

A.; Peralta, M. ; Quintero, L.; Sánchez-Obregón, R.; Walls, F.; Garcia-Ruano, J. L.; *Tetrahedron: Asymmetry*, **2000**, 11, 3079.

équiv de K_3PO_4, 0.2 équiv. de $CuSO_4.5H_2O$ et 0.4 équiv. de 1,10-phenanthroline, toluène, 80°C). La portée de cette méthode a été étudiée en détail, où 22 exemples de Boc-ynamides ont été préparés. Dans la structure de ces molécules, groupes neutres, riches et pauvres en électrons sur le noyau aromatique **3.18a-3.18e**, esters **3.17e**, **3.18g** et **3.18h**, silyl éther **3.17f** et un alcyne volumineux **3.15i** ont été tolérés (Table 3.2).

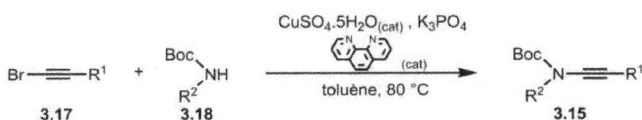

Entrée	Bromoalcyne	Carbamate	Ynamide	Temps	Rend.
1	Br≡—Ph **3.17a**	Boc-NH, Ph **3.18a**	Boc-N≡—Ph, Ph **3.15a**	40 h	80%
2	**3.17a**	**3.18b**	**3.15b**	16 h	65%*
3	**3.17a**	**3.18c**	**3.15c**	18 h	68%
4	**3.17a**	**3.18d**	**3.15d**	16 h	48%
5	**3.17a**	**3.18e**	**3.15e**	48 h	22%*
6	**3.17a**	Boc-NH, Ph⌢ **3.18f**	Boc-N≡—Ph, Bn **3.15f**	48 h	62%*

120

Entrée	Bromoalcyne	Carbamate	Ynamide	Temps	Rend.
7	3.17a	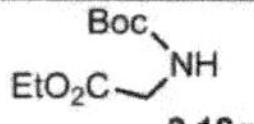 Boc–NH, EtO₂C— **3.18g**	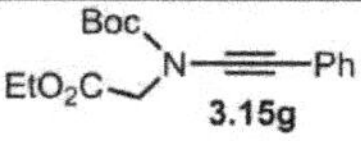 Boc–N—≡—Ph, EtO₂C— **3.15g**	36 h	70%
8	3.17a	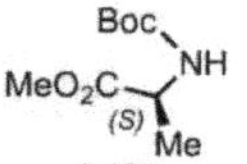 Boc–NH, MeO₂C—(S)Me **3.18h**	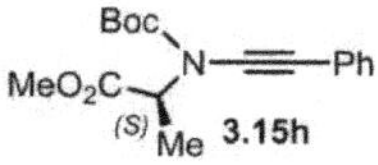 Boc–N—≡—Ph, MeO₂C—(S)Me **3.15h**	48 h	23%
9	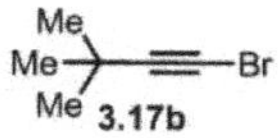 Me₃C—≡—Br **3.17b**	3.18a	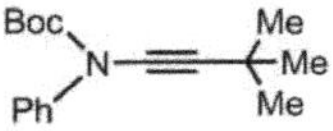 Boc–N—≡—CMe₃, Ph **3.15i**	38 h	24 %
10	 n-C₅H₁₁—≡—Br **3.17c**	3.18a	Boc–N—≡—n-C₅H₁₁, Ph **3.15j**	52 h	75 %*
11	3.17c	3.18f	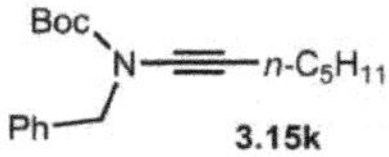 Boc–N—≡—n-C₅H₁₁, Ph-CH₂ **3.15k**	48 h	69 %
12	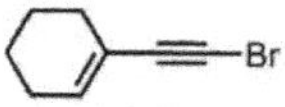 cyclohexenyl—≡—Br **3.17d**	3.18a	 Boc–N—≡—cyclohexenyl, Ph **3.15l**	67 h	72 %
13	3.17d	3.18c	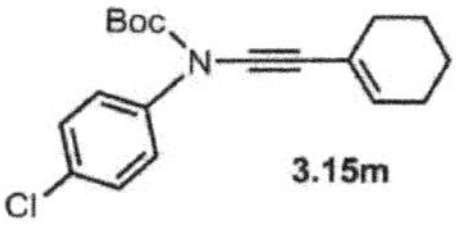 Boc–N—≡—cyclohexenyl, (4-Cl-C₆H₄) **3.15m**	67 h	80 %
14	3.17d	3.18g	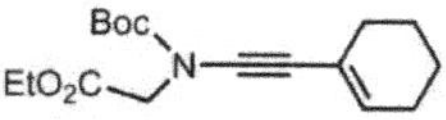 Boc–N—≡—cyclohexenyl, EtO₂C— **3.15n**	67 h	50 %
15	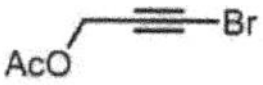 AcO—CH₂—≡—Br **3.17e**	3.18a	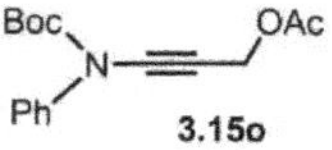 Boc–N—≡—CH₂OAc, Ph **3.15o**	65 h	55 %*
16	3.17e	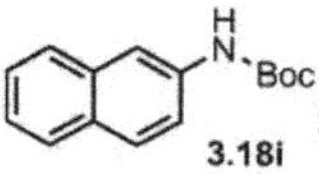 2-Napht–NH–Boc **3.18i**	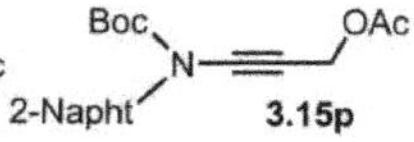 Boc–N—≡—CH₂OAc, 2-Napht **3.15p**	48h	49%
17	3.17e	3.18f	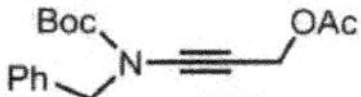 Boc–N—≡—CH₂OAc, Ph-CH₂ **3.15q**	48 h	49 %*
18	3.17e	3.18i	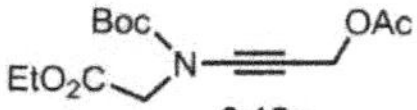 Boc–N—≡—CH₂OAc, EtO₂C— **3.15r**	72 h	49 %*

Entrée	Bromoalcyne	Carbamate	Ynamide	Temps	Rend.
19	≡—Br, OTIPS	3.18a	TIPSO, Boc, N, Ph, 3.15s	45 h	88 %
20	3.17f	3.18f	TIPSO, Boc, N, Ph, 3.15t	62 h	72 %
21	(S) Me···, ≡—Br, Me, 3.17g Me	3.18a	Boc, N, Ph, Me, Me, (S) Me, 3.15u	48 h	74 %
22	3.17g	3.18i	Boc, N, 2-Napht, Me, Me, (S) Me, 3.15v	48 h	65 %

Table 3.2: Les ynamides synthétisées dans ce projet.

Avec une route efficace pour accéder aux ynamides en mains, nous nous sommes concentrés sur la cyclisation de Boc-ynamides.

L'utilisation du complexe d'or PPh_3AuNTf_2, qui a été antérieurement décrit dans le cas étudié par Hashmi et al.,[174] a fournit le produit de cyclisation souhaité seulement dans des faibles rendements. (Entrée 1, Table 3.3). Le complexe d'or plus électrophile $(p\text{-}CF_3Ph)_3PAuNTf_2$ a augmenté la conversion du produit, mais il n'a fourni que des rendements modestes (Entrées 2 et 3, Table 3.3). Inversement, l'emploi d'un contre-ion différent sur le complexe d'or, en utilisant $PPh_3Au(NCCH_3)SbF_6$, a augmenté le rendement de cette réaction, ainsi en produisant des oxazolones souhaitées dans des bons rendements (Entrées 4 et 5, Table 3.3).

[174] Hashmi, A. S. K.; Salathé, R. Frey, W.; Synlett, 2007, 1763.

Nous n'avons obtenu que de la dégradation quand $HNTf_2$ a été employé (Entrée 6, Table 3.3). Remarquablement, la réaction a fonctionné également quand $AgNTf_2$ est utilisé, mais de manière moins efficace (Entrée 7, Table 3.3). Finalement, les conditions optimales ont été trouvées comme étant 1 mol% $Ph_3Au(NCCH_3)SbF_6$ dans le reflux du dichlorométhane (Entrée 5, Table 3.3).

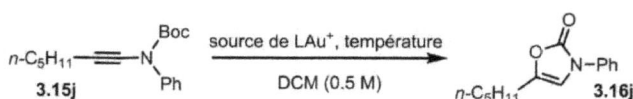

Entrée	Source de LAu$^+$	Température	Temps	Conversion[a]	Rend.
1	PPh_3AuNTf_2	20 °C	7 h	63 %	28 %[b]
2	$(p\text{-}CF_3Ph)_3PAuNTf_2$	20 °C	72 h	85 %	52 %[c]
3	$(p\text{-}CF_3Ph)_3PAuNTf_2$	40 °C	2 h 30 min	100 %	40 %[c]
4	$PPh_3Au(NCCH_3)SbF_6$	20 °C	4 h 30 min	100 %	69 %[c]
5	$PPh_3Au(NCCH_3)SbF_6$	40 °C	30 min	100 %	74 %[b]
6	$HNTf_2$	20 °C	1 h	100 %	degrad.
7	$AgNTf_2$	20 °C	1h 30 min	100 °C	53 %

[a] Estimé par ^{1}H RMN. [b] Rendements isolés. [c] Estimé par ^{1}H RMN du brut réactionnel

Table 3.3: Les essais concernant le choix du catalyseur pour la cyclisation de Boc-ynamides promue par Au(I).

Ainsi, les substrats **3.15a-3.15v** ont été soumis aux conditions optimales de cyclisation. La réaction a démontrée comme étant compatible avec des nombreux groupes fonctionnels: des groupes aryle, benzyle et acétyle sur l'atome d'azote, et esters (**3.15o-3.15r**), éthers silylés (**3.15s-3.15t**), bien comme des groupes aryle

(**3.15a-3.15h**), alkyle (**3.15j-3.15n**, **3.15u-3.15v**) et des groupes encombrants (**3.15i**) sur l'alcyne ont fourni les oxazolones correspondantes dans des bons rendements (38-94%, Table 3.4).

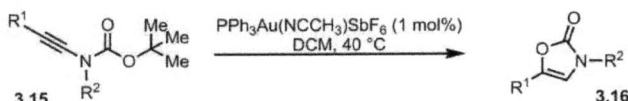

Entrée	Substrat	R^1	R^2	Temps	Produit	Rend.[a]
1	**3.15a**		Ph	25 min	**3.16a**	83%
2	**3.15b**		p-FPh	10 min	**3.16b**	88 %
3	**3.15c**		p-ClPh	10 min	**3.16c**	88 %
4	**3.15d**		p-BrPh	10 min	**3.16d**	83 %
5	**3.15e**	Ph	2,4-(OMe)$_2$Ph	16 h	**3.16e**	85 %*
6	**3.15f**		Bn	16 h	**3.16f**	78 %
7	**3.15g**		CH$_2$CO$_2$Et	12 h	**3.16g**	93 %
8	**3.15h**		EtO$_2$C⟋⟍(S) Me	8 h	**3.16h**	94 %
9	**3.15i**	^{t}Bu	Ph	2h	**3.16i**	58 %
10	**3.15j**	n-C$_5$H$_{11}$	Ph	30 min	**3.16j**	74 %
11	**3.15k**		Bn	40 min	**3.16k**	50 %[b]
12	**3.15l**		Ph	30 min	**3.16l**	78 %
13	**3.15m**		p-ClPh	10 min	**3.16m**	94 %
14	**3.15n**		CH$_2$CO$_2$Et	5 h	**3.16n**	70 %
15	**3.15o**		Ph	40 min	**3.16o**	71 %
16	**3.15p**	AcO	2-Napht	45 min	**3.16p**	88 %
17	**3.15q**		Bn	20 min	**3.16q**	50 %[b]
18	**3.15r**		CH$_2$CO$_2$Et	20 min	**3.16r**	49 %

Entrée	Substrat	R¹	R²	Temps	Produit	Rend.[a]
19	**3.15s**	TIPSO⌒⌒⌒	Ph	1 h	**3.16s**	69 %
20	**3.15t**		Bn	40 min	**3.16t**	38 %[b]
21	**3.15u**	Me Me (S)	Ph	30 min	**3.16u**	71 %
22	**3.15v** Me		2-Napht	3 h	**3.16v**	80 %

[a]Rendements isolés [b]Isolation difficile dû à l'instabilité du produit. Rendement determiné par ^{1}H RMN du brut réactionnel en utilisant le 1,3,5-trimethoxybenzene comme une référence interne.

Table 3.4: Les oxazolones synthétisées dans ce projet

Pour les exemples **3.15a-3.15d**, où le temps de réaction a été court, la cyclisation catalysée par l'Ag(I) a été réalisée. Dans la plupart des cas, les oxazolones souhaitées ont été isolées dans des bons rendements (88-96%, Schème 3.10). Néanmoins, cela n'est pas général. Par exemple, le substrat **3.15o** a produit l'oxazolone **3.16o** dans le faible rendement de 36%.

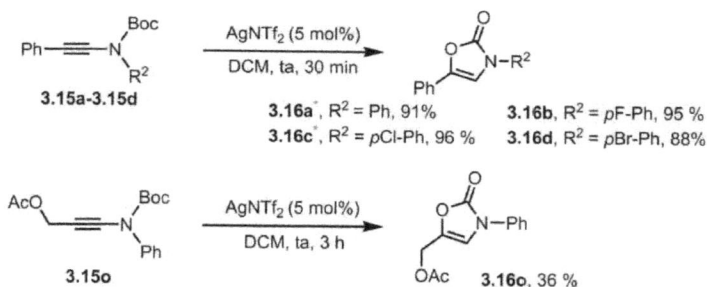

Schème 3.10: La cyclisation de Boc-ynamides catalysée à l'argent(I) a fonctionné bien dans certains cas, mais ce n'est pas un processus autant général que les transformations catalysées à l'or.

Le mécanisme proposé commence avec l'activation de la triple liaison de l'ynamide **3.15** par l'or, pour conduire à la cyclisation du groupe Boc à partir de l'atome d'oxygène, ainsi en générant l'espèce cationique stabilisée **3.19**. Le clivage de la liaison C-O du groupe *tert*-butyloxy produit l'isobutène et l'espèce de vinylor **3.20**, qui est proto-demétallée pour former l'oxazolone **3.16** (Schème 3.11).

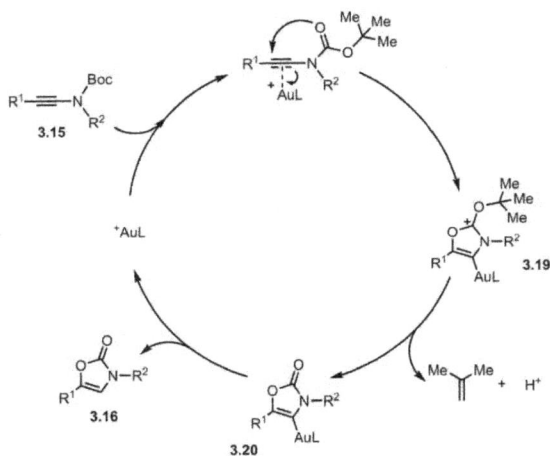

Schème 3.11: Le cycle catalytique proposé pour la cyclisation de Boc-ynamides catalysée par l'or.

Ensuite, nous avons envisagé une séquence domino dans l'espoir que la nouvelle double liaison formée de l'oxazolone serait suffisamment nucléophile pour attaquer une deuxième triple liaison proche. Malgré tous nos efforts, cela s'est montré difficile, et aucun produit de double cyclisation a été obtenu dans nos mains (Schème 3.12).

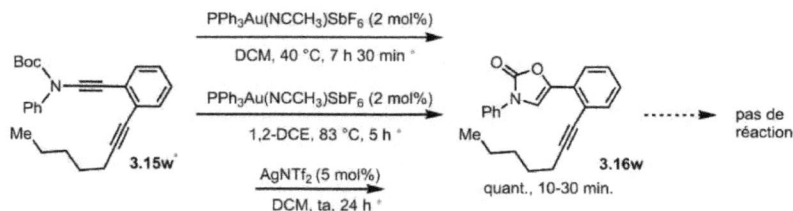

Schème 3.12: Les premiers efforts pour la conversion directe d'ynamides vers une structure tricyclique n'as pas été productive. Le seul produit observé a été la simple oxazolone.

Même en soumettant l'oxazolone isolée (91% à partir de Ph₃Au(NCCH₃)SbF₆, DCM, 40 °C) à des différentes catalyseurs à l'or et autres forts composés électrophiles, telle comme le NIS, nous n'avons pas observé aucun produit cyclisé à partir de l'analyse de la ^{1}H RMN du brut réactionnel. Le produit de départ oxazolone a été récupérée à chaque fois (Schème 3.13).

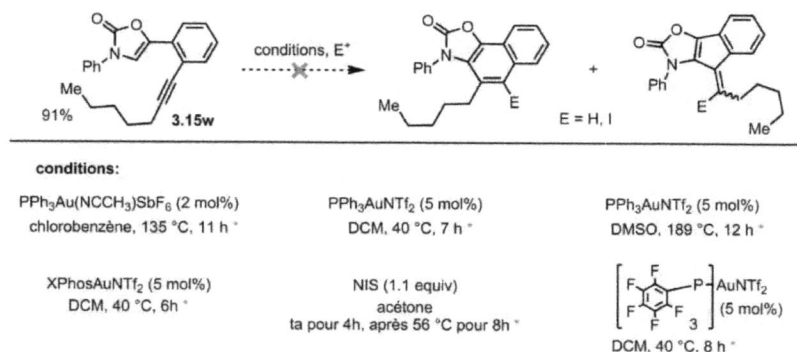

conditions:

PPh₃Au(NCCH₃)SbF₆ (2 mol%)
chlorobenzène, 135 °C, 11 h

PPh₃AuNTf₂ (5 mol%)
DCM, 40 °C, 7 h

PPh₃AuNTf₂ (5 mol%)
DMSO, 189 °C, 12 h

XPhosAuNTf₂ (5 mol%)
DCM, 40 °C, 6h

NIS (1.1 equiv)
acétone
ta pour 4h, après 56 °C pour 8h

$\left[\begin{array}{c} F \\ F \end{array} \middle\langle \begin{array}{c} F \\ F \end{array} \middle\rangle P \right]_3 AuNTf_2$ (5 mol%)

DCM, 40 °C, 8 h

Schème 3.13: Les conditions testées pour la cyclisation de l'oxazolone **3.15w**.

Autres essais de cyclisation en utilisant différentes ynamides ont également échoué. Il parait que la double liaison de 4-oxazol-2-ones n'est pas assez nucléophile pour attaquer l'alcyne (Schème 3.14).

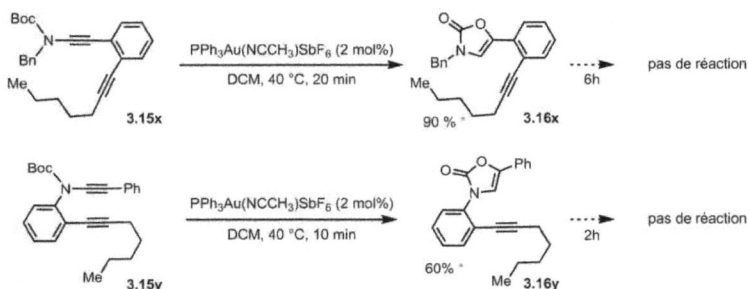

Schème 3.14: Essais de réactions en cascade à partir de 4-oxazol-2-ones.

Une explication possible pour cette inertie est la nature «push-push» exercée par les deux groups riches en électrons, l'oxygène et l'azote, où il y a une compétition entre les différents points de vue mésomériques, de l'«énol» versus l'«énamine» (Figure 3.5).

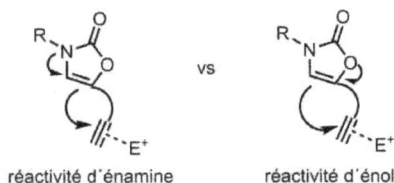

réactivité d'énamine   réactivité d'énol

Figure 3.5: Une raison possible pour l'inertie de 4-oxazol-2-ones vers des électrophiles peut être la baisse nucléophilicité de la double liaison, dû aux réactivités opposées des motifs «énol» versus l´«énamine» (système «push-push»).

3.4 CONCLUSIONS

En conclusion, une séquence efficace de deux-étapes pour accéder aux 4-oxazol-2-ones à partir de bromoalcynes et *tert*-butyloxycarbamates a été développée. Dans un sens, nous avons augmenté la portée de la réaction de couplage pour synthétiser des Boc-ynamides par une méthode basée sur le Cu(II) initialement développée par Hsung. Dans un autre sens, nous avons également augmenté la portée de la cyclisation de *tert*-butyloxycarbamates catalysée à l´or des processus du type *5-exo dig* à des processus du type *5-endo dig*.

Des efforts préliminaires pour accéder à une cascade de cyclisation promue par l´or s´est montré difficile. Ce fait peut être supposé attribuable à la nature «push-push» de 4-oxazol-2-ones, ainsi en étant responsable pour la baisse nucléophilicité de la double liaison présente dans cet hétérocycle.

CHAPITRE 4: LES CYCLOISOMÉRISATIONS DE 1,6-ÉNYNES CATALYSÉES À L'OR(I) - UNE RÉFLEXION SUR L'EFFET DU CONTRE ION ET LE CONTRÔLE DES SUBSTITUANTS PLACÉS LOIN DU SITE DE RÉACTION

Le travail décrit dans ce chapitre a été réalisé individuellement, sous l'orientation du Dr. Fabien Gagosz. Les résultats n'ont pas été publiés.

CHAPITRE 4: LES CYCLOISOMÉRISATIONS DE 1,6-ÉNYNES CATALYSÉES À L'OR(I) - UNE RÉFLEXION SUR L'EFFET DU CONTRE ION ET LE CONTRÔLE DES SUBSTITUANTS PLACÉS LOIN DU SITE DE RÉACTION

4.1 INTRODUCTION: Les Cycloisomérisations de 1,6-Énynes Catalysées à l'Or

L'attraction des procédés de cycloisomérisation d'énynes catalysée par des métaux est épinglé sur l'augmentation rapide de la complexité structurale en à partir d matériaux de départ acycliques considérablement plus simples. Parmi des nombreux métaux compétents, tels comme le Pt,[175] Pd,[176] Ru,[177] In,[178] et Rh,[179]

[175] Pour une sélection de références, voir: (a) Méndez, M.; Muñoz, M. P.; Nevado, C.; Cárdenas, D. J.; Echavarren, A. M.; *J. Am. Chem. Soc.*, **2001**, 123, 10511. (b) Fürstner, A.; Stelzer, F.; Szillat, H.; *J. Am. Chem. Soc.*, **2001**, 123, 11863. (c) Chatani, N.; Furukawa, N.; Sakurai, H.; Murai, S.; *Organometallics*, **1996**, 15, 901.

[176] Pour une sélection de références, voir: (a) Trost, B. M.; Lee. D. C.; Rise, F.; *Tetrahedron Lett.*, **1989**, 30, 651. (b) Ito, Y.; Goeke, A.; Sawamura, M.; Kuwano, R.; *Angew. Chem. Int. Ed.*, **1996**, 35, 662. (c) Mikami, K.; Terada, M.; Hatano, M.; *Angew. Chem. Int. Ed.*, **2001**, 40, 249.

[177] Pour une sélection de références, voir: (a) Trost, B. M.; Toste, D.; *J. Am. Chem. Soc.*, **1999**, 121, 9728. (b) Trost, B. M.; Surivet, J.-P.; Toste, F. D.; *J. Am. Chem. Soc.*, **2004**, 126, 47, 15592. (c) Trost, B. M.; Gutierrez, A. C.; Ferreira, A. M.; *J. Am. Chem. Soc.*, **2010**, 132, 26, 9206.

[178] Pour une sélection de références, voir: (a) Miyanohana, Y.; Chatani, N.; *Org. Lett.*, **2006**, 8, 10, 2155. (b) Hayashi, N.; Shibata, I.; Baba A.; *Org. Lett.*, **2004**, 6, 26, 4981. (c) Miura, K.; Fujisawa, N.; Hosomi, A.; *J. Org. Chem.*, **2004**, 69, 7, 2427.

[179] Pour une sélection de références, voir: (a) Ota, K.; Lee, S. I.; Takachi, M.; Nakai, H.; Morimoto, T.; Sakurai, H.; Kataoka, K.; Chatani, N.; *J. Am. Chem. Soc.*, **2009**, 131, 15203. (b) Kim, H.; Lee, C.; *J. Am. Chem. Soc.*, **2005**, 127, 29, 10180. (c) Denmark, S.

l'Au est particulièrement efficace dû à sa capacité d´accéder à une large portée de produits cycliques en présentant fréquemment une très bonne chemosélectivité sous de conditions réactionnelles douces. Pour cette raison, la cycloisomérisation de 1,n-énynes (n = 3, 4, 5, 6, etc) promue par l´or[180] a été extensivement étudiée au cours des dix dernières années.

Même si aujourd´hui il y a des nombreux aspects établis sur le scenario mécanistique général des cycloisomérisations catalysées à l´or, d'autres doivent être élucidés encore.

Dans les prochaines sections de cette introduction, ces aspects bien établis seront discutés en plus grand détail pour les 1,6-énynes (Schème 4.1). Comme les autres énynes sont dehors de la portée de ce chapitre, le lecteur avide pour d´autres informations est invité à rendre visite aux excellentes révisions disponibles dans la littérature.[180]

E.; Liu, J. H.-C.; *J. Am. Chem. Soc.*, **2007**, 129, 12, 3737. (d) Kim, S. Y.; Chung, Y. K.; *J. Org. Chem.*, **2010**, 75, 4, 1281.

[180] Pour des reviews sur la cycloisomérisation de 1,n-énynes, en employant de l´or, voir: (a) Jiménez-Núñez, E.; Echavarren, A. M.; *Chem. Rev.*, **2008**, 108, 3326. En utilisant de la platine et l´or, voir: (b) Zhang, L.; Sun, J.; Kozmin, S. A.; *Adv. Synth. Cat.*, **2006**, 348, 2271. (c) Soriano, E.; Marco-Contelles, J.; *Acc. Chem. Res.*, **2009**, 42, 8, 1026. En utilisant l´argent ou l´or, voir: (d) Belmont, P.; Parker, E.; *Eur. J. Org. Chem.*, **2009**, 35, 6075. En utilisant des nombreux métaux, voir: (e) Aubert, C.; Buisine, O.; Malacria, M.; *Chem. Rev.*, **2002**, 102, 813.

R¹, R³, R⁴, R², **4.2** (clivage simple) et/ ou R³, R⁴, R¹, R², **4.3** (clivage double)

Y, X, R¹, R², R³, **4.10** (Y = O, H₂)

généralement R¹ = H

R⁴ = H

X, R¹, R², R³, **4.4** R⁴ = CH₂TMS ou CH₂SnBu₃

R³, Nu, R⁴, R², R¹, X, **4.9** — NuH — R¹ = alkyle, aryle

X, R², R³, R¹, R⁴, **4.1** — NuH — généralement R¹ = H

X, R¹, R³, R², R⁴, Nu, **4.5**

R¹ = alkyle, aryle

R¹, R³, R⁴, X, R², **4.8**

R³, R⁴, R¹, X, R², **4.7**

R¹ = Ph, vinyle

X, R², R⁴, R³, **4.6**

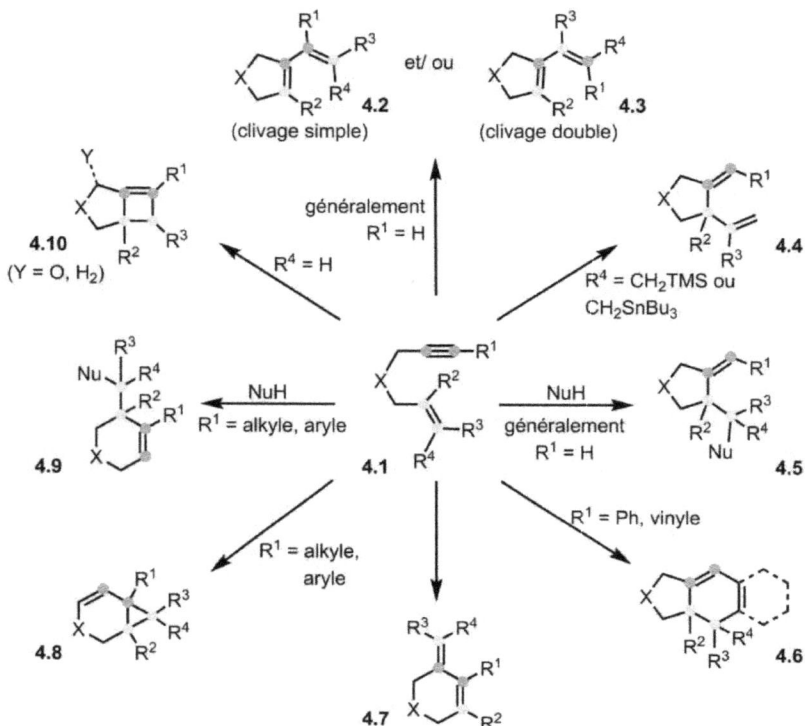

Schème 4.1: La portée de la réaction de cycloisomérisation de 1,6-énynes et l'interception des intermédiaires de réaction par un nucléophile.

4.1.1 La Synthèse de 1-Alcenyl-1-Cyclopentenes (molécules 4.2 and 4.3)

En 2004, Echavarren *et al.* ont rapporté l'utilisation de catalyseurs à l'or pour la cycloisomérisation de 1.6-énynes **4.11**.[181]

[181] Nieto-Oberhuber, C.; Muñoz, M. P.; Buñuel, E.; Nevado, C.; Cárdenas, D. J.; Echavarren, A. M.; *Angew. Chem. Int. Ed.*, **2004**, 43, 2402.

La génération de l'espèce cationique PhPAu⁺ à partir du traitement de Ph₃PAuCl et AgSbF₆ a été employée pour produire les dienes **4.12** à la température ambiante. Antérieurement, il n'y avait que des cycloisomérisations catalysées au $PtCl_2$ décrites et elles nécessitaient le chauffage à 80°C.[175c] Ensuite, notre groupe a rapporté l'utilisation d'un catalyseur stable, très actif Ph₃PAuNTf₂[182] pour la même transformation et des nombreux catalyseurs à l'or sont apparus juste après en tant que des options viables pour cette transformation.[180] La portée de cette réaction est démontrée ci-dessous avec quelques exemples sélectionnés (Schème 4.2).

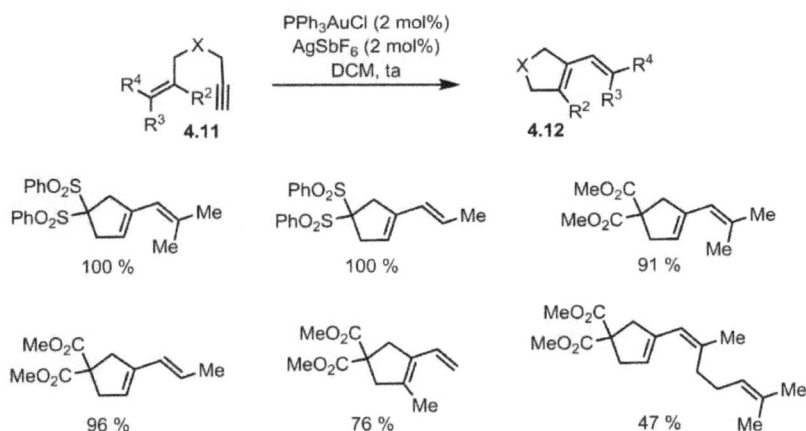

Schème 4.2: Exemples des diènes obtenus à partir de la cycloisomérisation de 1,6-énynes catalysée à l'or.[181]

La réactivité des complexes or-alcyne et or-alcène peut être comprise à partir des formes zwitterioniques **4.14** et **4.17**, qui sont

---

[182] Mézailles, N.; Ricard, L.; Gagosz, F.; *Org. Lett.* **2005**, 7, 4133.

des structures de résonance de **4.13** et **4.16**, respectivement. Une autre structure de résonance importante du complexe Au-alcyne est le carbène d'or **4.15**, qui est impliqué dans les réactions de cyclopropanation discutées ci-dessous. Le complexe **4.17** révèle qu'un transfert [1,2]-d'hydrure produit le carbène d'or correspondant **4.18**. En appliquant le principe de réversibilité microscopique, nous pouvons trouver une étape de terminaison commune dans la catalyse à l'or: le carbène **4.18** sert en tant qu'un précurseur pour un transfert [1,2]-d'hydrure, où après l'élimination du fragment LAu⁺ de l'intermédiaire **4.17**, produit un alcène (une «élimination β d'hydrure» formelle, Schème 4.3).

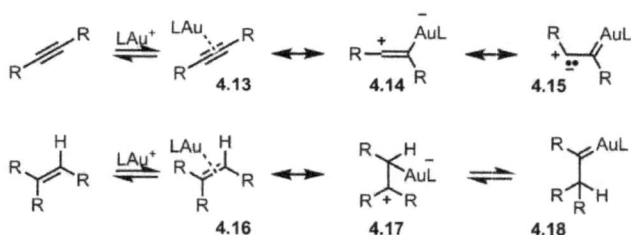

Schème 4.3: Les structures de résonance des complexes or-alcyne et or-alcène.

Le mécanisme de la réaction que culmine dans les produits **4.2/ 4.3** est décrite par la compléxation de l'or à l'alcyne, en étant suivi par une cyclisation du type 5-*exo-dig*. Cette étape correspond à la cyclopropanation de l'alcène proximal pour produire le dérivé de carbène métallique du cyclopropane **4.19**. Cette étape initiale peut être également expliquée en invoquant la contribution de résonance du carbène **4.15**, qui résulte dans la cyclopropanation directe de l'alcyne. Alternativement, la cyclopropanation peut être envisagée comme en se passant par étapes *via* la réaction initial de l'alcène avec le cation d'alcényle **4.14**, en étant suivi par la capture du carbocation résultant par des nucléophiles d'alcénylor formé (schème n'est pas montré). Echavarren *et al.* ont réalisé des calculs DFT[181] qui suggèrent que la cyclopropanation promue par Au(I) pour donner l'intermédiaire **4.19** se produit directement *via* un état de transition unique. Dans l'absence d'un nucléophile externe, des carbènes hautement déficients en électrons **4.19** subissent un transfert [1,2]-d'alkyle pour produire **4.20**.

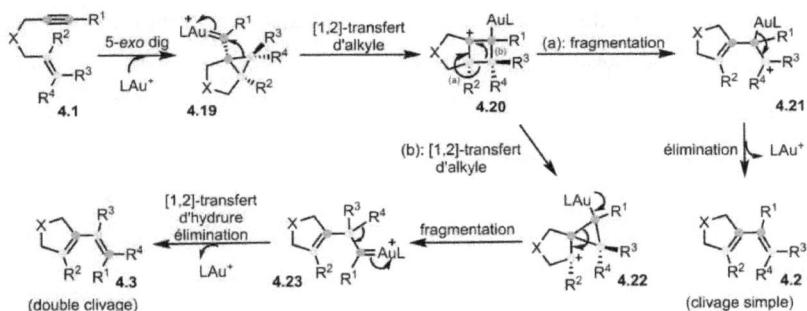

Schème 4.4: Raisonnement mécanistique pour les produits de cycloisomérisation **4.2** et **4.3** à partir du carbène **4.19**.

Selon la nature des substituants R^2 et R^3 de l'alcène, deux chemins réactionnels sont possibles (Schème 4.4). Le cation de cyclobutane **4.20** peut soit se fragmenter pour produire le cyclopentene **4.21** (chemin a) ou subir un autre transfert [1,2]-

d'alkyle (réarrangement dyotropique[183]) pour donner le spirocycle **4.22**, qui va fragmenter pour produire le carbène **4.23** (chemin b). L'élimination du fragment métallique à partir de **4.21** et **4.23** produit le diène **4.2** (qui dérivé du clivage d'une liaison C-C), et le diène **4.3** (qui dérive du clivage de deux liaisons C-C), respectivement.

Même si le mécanisme exhibé au schème 4.4 est décrit comme en se déroulant par étapes, cette description est faite pour donner au lecteur une analyse détaillée des étapes de formation et clivages des liaisons. Des calculs de DFT ont montré que la conversion des produits **4.19** à soit le **4.21** ou à **4.23** est en réalité des procédés directs.[184] Dans ce contexte, **4.19** doit être vu comme un intermédiaire délocalisé extrêmement déformée d'un carbocation cyclopropylméthyle/ cyclobutyle/ homoallyle[185] (fréquemment appelé un carbocation non-classique[186]).

---

[183] Le terme a été établi en 1972 par M. T. Reetz, en faisant référence à une nouvelle classe de réactions d'isomérisation péricycliques, où deux liaisons σ migrent simultanément de manière intramoléculaire. Pour une révision sur le sujet, voir: Fernández, I.; Cossío, F. P.; Sierra, M.; *Chem. Rev.*, **2009**, 109, 6687.

[184] Nieto-Oberhuber, C.; Lopez, S.; Muñoz, M. P.; Cárdenas, D. J.; Buñuel, E.; Nevado, C.; Echavarren, A. M.; *Angew. Chem. Int. Ed.*, **2005**, 44, 6146.

[185] Casanova, J.; Kent, D. R.; Goddard, W. A.; Roberts, J. A.; *Proc. Natl. Acad. Sci. U. S. A.*, **2003**, 100, 15.

[186] Pour des *insights* mécanistiques, voir: Garayalde, D.; Gómez-Bengoa, E.; Huang, X.; Goeke, A.; Nevado, C.; *J. Am. Chem. Soc.*, **2010**, 132, 4720.

4.1.2 La Synthèse d'Alcénylméthylene-Cyclopentanes (molécules 4.4)

Les 1,6-énynes contenant des parties d'allylsylanes et d'allylstannanes peuvent se réarranger par le traitement avec l'or[187] (mais aussi par autres nombreux métaux de transition[188]) pour fournir des dérivés d'alcénylmethylene-cyclopentanes (Schème 4.5).

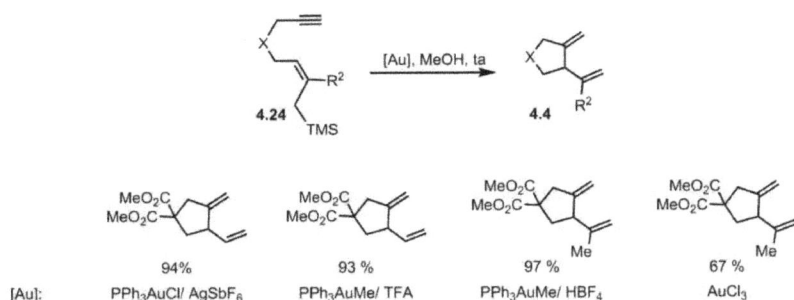

Schème 4.5: Des exemples de la formation d'alcénylmethylene-cyclopentanes à partir de dérivés d'allyltriméthylsilanes.

Le mécanisme de cette réaction peut être vu comme un processus concerté qui commence par l'activation de l'or sur l'alcyne **4.25**, en étant suivi par la formation du cation vinylique

[187] (a) Fernandez-Rivas, C.; Mendez, M.; Nieto-Oberhuber, C.; Echavarren, A. M. ; *J. Org. Chem.*, **2002**, 67, 5197. (b) Porcel, L;. López-Carrillo, V.; García-Yebra, C.; Echavarren, A. M.; *Angew. Chem. Int. Ed.*, **2008**, 47, 1883.

[188] (a) Fernandez-Rivas, C.; Mendez, M.; Echavarren, A. M.; *J. Am. Chem. Soc.*, **2000**, 122, 1221. (b) Mendez, M.; Muñoz, M. P.; Nevado, C.; Cardenas, D. J.; Echavarren, A. M.; *J. Am. Chem. Soc.*, **2001**, 123, 10511. (c) Fernández-Rivas, C.; Méndez, M.; Nieto-Oberhuber, C.; Echavarren, A. M.; *J. Org. Chem.*, **2002**, 67, 5197.

stabilisé par l'or **4.26** et l'addition de la partie alcène pour générer un intermédiaire carbocationique **4.28**. Alternativement, cette cyclisation peut se produire par étapes en impliquant la génération initiale du cyclopropane **4.27**, qui subit une ouverture d'anneau par l'alcène proximal pour fournir le même intermédiaire **4.28**. L'élimination soit d'un cation vinylique (G = TMS) ou d'un cation de tributilétain (G = Bu$_3$Sn) produit le complexe de vinylor **4.29**. La protodemétallation donne le diène observé **4.4** et régénère le catalyseur actif (Schème 4.6)

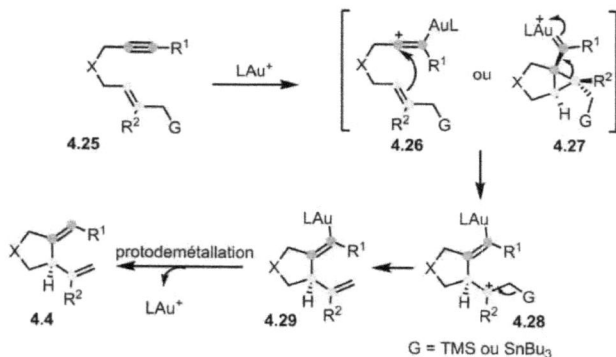

Schème 4.6: Le mécanisme de la cyclisation catalysée à l'or des dérivés d'allylétains et allylsilanes

Même si d'autres métaux, tels comme le Pt et Ru, sont capable de produire les mêmes produits sous des conditions très similaires,[188] ces métaux peuvent réagir également *via* l'intervention de cycles métalliques par la coordination simultanée des partie alcynes et alcènes. L'élimination β d'hydrure (formelle) à partir du substituant alcyne proximal fournit un produit typique d'une réaction d'Alder-ène, qui est différent du diène **4.4** par la géométrie de la double liaison portant le groupe R¹ (le schème correspondant n'est pas montré, le mécanisme qui procède *via* des cycles métalliques a été démontré pas des expériences de deuteration).

4.1.3 L'Addition de Nucléophiles d'Hydroxy-, Alkoxy-, Amine- et (Hetero)Aryl-/ Cycloisomérisation 5-*exo* avec les 1,6-Énynes (molécules 4.5)

1,6-énynes peuvent réagir avec des nucléophiles du type alcoxy, hydroxy,[189] amines[190] ou (hétéro)aromatiques[191] riches en électrons de manière inter- et intramoléculaire dans la présence de catalyseurs d'Au(I).

Tandis que les combinaisons $PPh_3AuC/AgSbF_6$ et PPh_3AuMe/acides protiques fournissent des résultats similaires, les catalyseurs à l'or qui portent des ligands du type biphénylphosphine encombrés ont été des catalyseurs classiquement choisis pour cette transformation. Des exemples représentatifs de la portée de cette réaction sont montrés ci-dessous (Schème 4.7). Deux de ces exemples montrés, en employant un ligand de phosphite sur l'or,

---

[189] Nieto-Oberhuber, C.; Muñoz, M. P.; López, S.; Jiménez-Nuñez, E.; Nevado, C.; Herrero-Gómez, E.; Raducan, M.; Echavarren, A. M.; *Chem. Eur. J.*, **2006**, 12, 1677 (corrigendum: *Chem. Eur. J.*, **2008**, 14, 5096).

[190] Lesseurre, L.; Toullec, P. Y.; Genêt, J.-P. ; Michelet, V.; *Org. Lett.*, **2007**, 9, 20, 4049.

[191] (a) Toullec, P. Y.; Genin, E.; Leseurre, L.; Genêt, J.-P.; Michelet, V.; *Angew. Chem. Int. Ed.*, **2006**, 45, 7427. (b) Amijs, C. H. M.; Ferrer, C. ; Echavarren, A. M.; *Chem. Commun.*, **2007**, 698.

ont été réalisés à -50°C pour éviter leurs réarrangements rapides vers les diènes du type **4.2/ 4.3**.

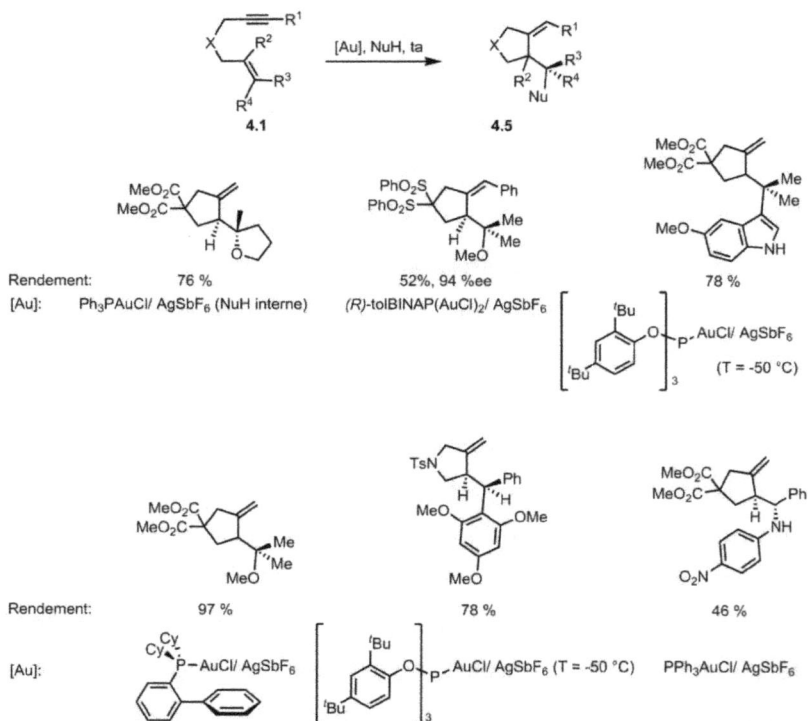

Schème 4.7: Des exemples représentatifs de produits obtenus lors de la séquence d'addition nucléophile/ cyclisation de 1,6-énynes en employant des différents catalyseurs à l'or.

Deux mécanismes possibles pour la séquence d'addition nucléophile/cyclisation peuvent être imaginés. Le premier procède d'une manière très concertée, en impliquant l'attaque du complexe or-alcyne par l'alcène avec l'addition simultanée du nucléophile, comme montré en **4.30** (Schème 4.8). Le deuxième procède par étapes avec la formation du cyclopropane intermédiaire **4.19**, en étant suivi par l'addition du nucléophile. L'étape finale est la protodemétallation du complexe de vinyl-or **4.31** (Schème 4.8).

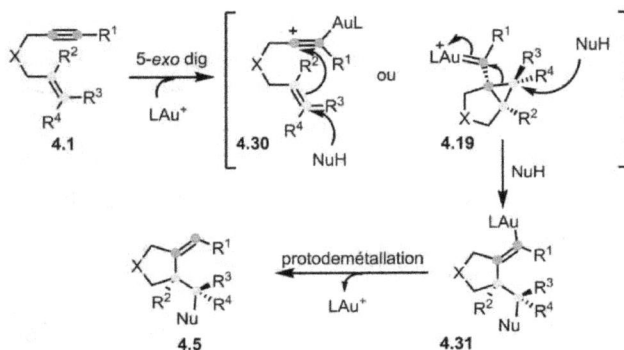

Schème 4.8: Une proposition mécanistique pour les réactions d'alcoxycyclisation catalysées à l'or.

4.1.4 Les Cycloadditions [4+2] Formelles d'Alcénes avec Énynes et Arylalcynes (Molécules 4.6)

Pour les 1,6-énynes **4.1**, où R^1 est un phényle ou un vinyle, une autre réaction est produite au delà de la cycloisomérisation 5-exo (cf. section 4.1.1). Cette nouvelle transformation correspond à la cycloaddition [4+2] formelle d'alcènes avec des énynes ou arylalcynes.[192] Quelques exemples sont exhibés ci-dessous (Schème 4.9).

---

[192] (a) Nieto-Oberhuber, C.; Lorez, S.; Echavarren, A. M.; *J. Am. Chem. Soc.*, **2005**, 127, 6178. (b) Nieto-Oberhuber, C.; Pérez-Galán, P.; Herrero, Gómez, E.; Lauterbach,

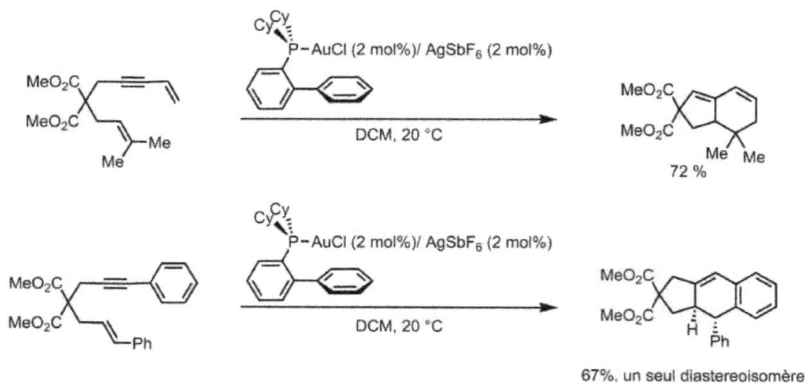

Schème 4.9: Deux exemples de cycloadditions [4+2] de 1,6-énynes catalysées à l'or.

Le mécanisme proposé de la réaction suit une cyclopropanation intramoléculaire de l'oléfine à partir de l'ényne activée **4.1**, ainsi en générant le carbène d'or **4.19**, qui possède un alcène ou un anneau aromatique dans la proximité. Ainsi, un attaque nucléophile subséquent pour ouvrir le cyclopropane voisin est favorisé, dans une transformation qui rappelle la cyclisation de Nazarov (ou d'une manière analogue aux mécanismes précédents, *via* une séquence d'addition concertée de l'oléfine/ alkylation de Friedel-Crafts, comme montré en **4.32**) pour fournir l'intermédiaire **4.33**. La perte d'un proton, en étant suivie par la protodemétallation, donne le tricycle **4.6** et ferme le cycle catalytique (Schème 4.10).

T.; Rodríguez C.; Lóez, S.; Bour, C.; Rosellón, A.; Cárdenas, D. J.; Echavarren, A. M.; *J. Am. Chem. Soc.*, **2008**, 130, 269.

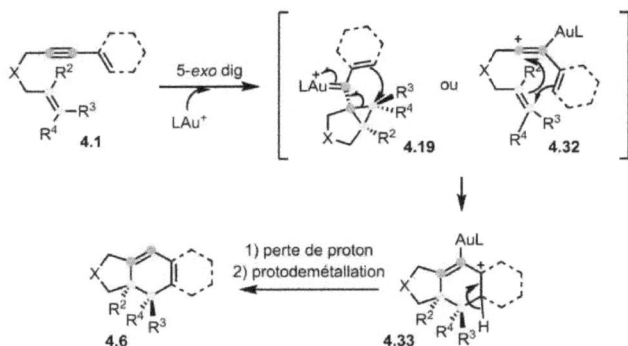

Schème 4.10: Le mécanisme proposé pour la cycloaddition [4+2] formelle de 1,6-énynes catalysée à l'or.

4.1.5 La Synthèse de Méthylènecyclohexenes (Molécules 4.7)

Une investigation plus profonde sur les procédés de cycloisomérisation de 1,6-énynes réalisées par Echavarren *et al.* a révélé que certains composés, tels comme **4.34**, **4.37** et **4.39**, ne fournissent pas des cyclopentenes, mais des méthylènecyclohexenes[193] dans des différentes quantités (Schème 4.11). Cela n'est pas un fait surprenant, comme nous aurions pu prédire *cf.* section 4.1.1.

---

[193] Cabello, N.; Jiménez-Núñez, E.; Buñuel, E.; Cárdenas, D. J.; Echavarren, A. M.; *Eur. J. Org. Chem.*, **2007**, 4217.

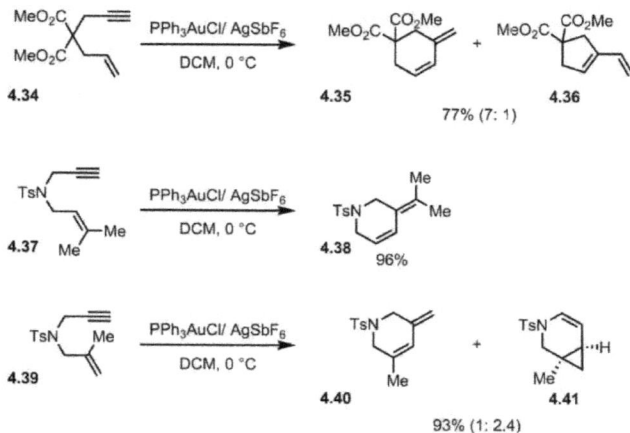

Schème 4.11: Selon la substitution de 1,6-énynes, différents produits de cycloisomérisation peuvent être obtenus. Un de ces résultats possibles implique les dérivés de méthylènecyclohexenes.

Le mécanisme pour la synthèse est présenté dans le schème **4.12**. Des calculs de DFT[193,194] indiquent que le chemin réactionnel de plus petite énergie suit une cyclisation *5-exo* pour donner le carbène d'or **4.19** (Schème 4.4). Ensuite, un transfert [1,2]-d'alkyle est responsable pour l'expansion d'anneau vers le cycle à 6 membres, qui est accompagnée par la formation du cation allylique en donnant accès à l'intermédiaire **4.42**. L'élimination subséquente du fragment LAu⁺ produit le méthylènecyclohexene **4.7** (Schème 4.12).

---

[194] Curieusement, ce ne sont pas tous les auteurs qui ont considéré ces calculs et ils décrivent un mécanisme alternatif de plus haute énergie *via* une cyclisation 6-*endo dig*. Voir: (a) Gorin, D.; Sherry, B. D.; Toste, D.; *Chem. Rev.*, **2008**, 108, 8, 3351 (schème 22, p 3365). (b) ref. 180b (travail antérieur à la réalisation de ces calculs, voir: schème 34, p. 2283).

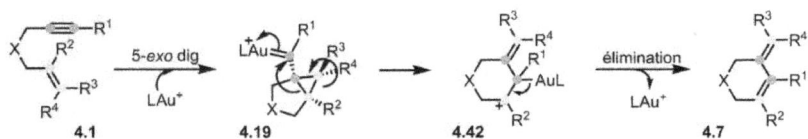

Schème 4.12: Le mécanisme réactionnel basé sur des calculs DFT pour la formation du méthylènecyclohexene **4.7** à partir de la cycloisomérisation catalysée à l'or de la 1,6-ényne **4.1**.

À partir de ce qui nous avons vu jusqu'à ce point, en relation à la section 4.1.1, la substitution de 1,6-énynes possède une grande influence sur le résultat du processus de cycloisomérisation. La température joue aussi un rôle important dans la sélectivité du produit entre les anneaux de 5- et 6-membres. Par exemple, la cyclisation de l'ényne **4.34** à -15°C dans la présence de PPh$_3$Au(NCCH$_3$)SbF$_6$ produit un mélange de 10 :1 de **4.35**:**4.36**, tandis qu'à 0°C, ce ratio change pour 7:1 (Schème 4.11) et à température ambiante (23°C), un mélange 1:1 de **4.35**:**4.36** est observé. Le catalyseur est également un paramètre important. Par exemple, PtCl$_4$, AuCl, JohnPhosAu(NCCH$_3$)SbF$_6$, [2,4]-^{t}Bu$_2$PhO]$_3$PAuCl/AgSbF$_6$ ont produit virtuellement un seul diène **4.36** à la température ambiante.

4.1.6 La Synthèse de Bicyclo[4.1.0]heptenes (Molécules 4.8)

Les deux premiers exemples de la synthèse de bicyclo[4.1.0]heptenes promus par la catalyse à l'or ont été rapportés par Echavarren *et al.* en 2004[181] avec une efficacité remarquable et des conditions douces (DCM, 20°C). Le travail subséquent de Michelet *et al.*[195] a rapporté leur synthèse énantiaseléctive, avec des rendements allant de bas à modérés, mais des énantioséléctivités excellentes (Schème 4.13).

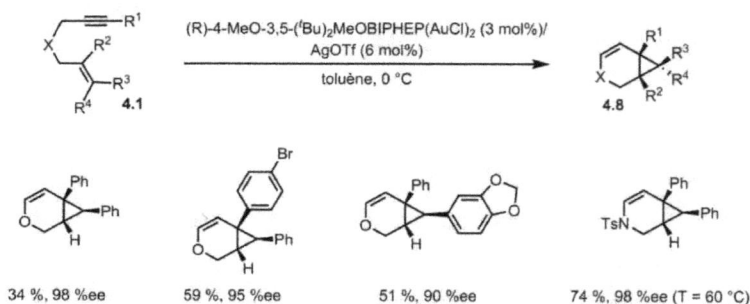

34 %, 98 %ee   59 %, 95 %ee   51 %, 90 %ee   74 %, 98 %ee (T = 60 °C)

Schème 4.13: La portée de la synthèse énantiaseléctive de bicyclo[4.1.0]heptenes catalysée à l'or.

Le mécanisme de la réaction est supposé procéder *via* une cyclisation *6-endo dig*, qui génère un carbène d'or électrophile **4.43**. Un transfert [1,2]-d'hydrure génère l'intermédiaire **4.44**, qui élimine le fragment LAu⁺ et ferme le cycle catalytique avec la formation simultanée du bicyclo[4.1.0]heptene **4.8** (Schème 4.14).

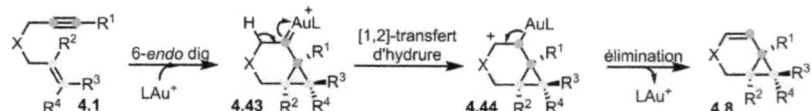

Schème 4.14: Le mécanisme réactionnel de la cycloisomérisation

[195] Chao, C.-M.; Beltrami, D.; Toullec, P. Y.; Michelet, V.; *Chem. Commun.*, **2009**, 6988.

de 1,6-énynes catalysée à l'or vers la formation de bicyclo[4.1.0]heptenes **4.8**.

Pour rationaliser la facilité de 1,6-énynes **4.1** de suivre soit un chemin de cyclisation *5-exo* ou *6-endo*, des calculs de DFT sur la réaction de *(E)*-6-octen-1-yne et le complexe d'or [Au(PH$_3$)]$^+$ ont été réalisés en tant qu' un système modèle. Les calculs montrent la formation d'un complexe (η^1-alcyne)or **4.45**, qui réagit facilement avec l'alcène dans un mode de cyclisation *5-exo* avec une très petite énergie d'activation de 0.1 kcal.mol^{-1}, pour fournir l'intermédiaire **4.46**. La structure de l'intermédiaire peut être vue comme étant la forme canonique **4.47**, correspondante au carbocation homoallylique stabilisé par l'or. L'énergie d'activation pour le procédé *6-endo-dig* pour fournir le carbène d'or **4.48** est significativement plus grande, égal à 6.1 kcal.mol^{-1}, ce qui suggère que la cyclisation *exo* est favorisée avec les catalyseurs de l'or(I) du type R$_3$PAu$^+$, au moins pour les substrats similaires au *(E)*-6-octen-1-yne. Pour l'effet de comparaison, les énergies d'activation pour la transformation analogue avec [Pt(H$_2$O)Cl$_2$] sont 10.3 et 11.2 kcal.mol^{-1} pour les cyclisations *5-exo* et *6-endo*, respectivement (Schème 4.15).[181]

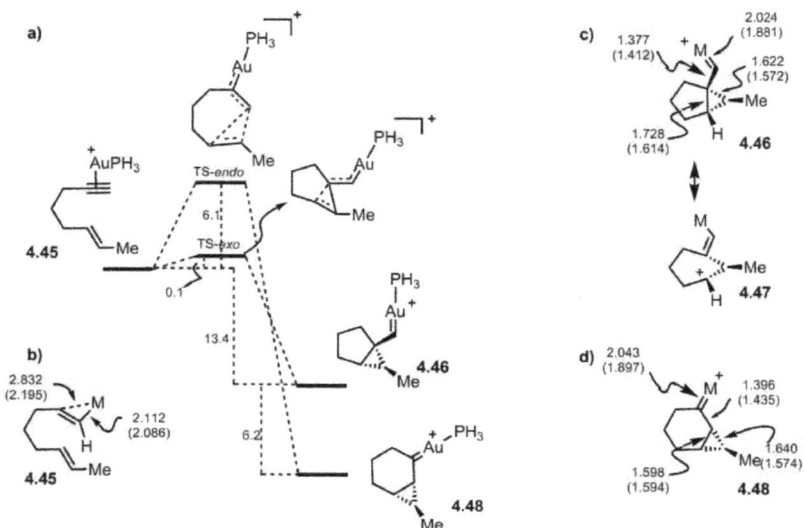

Schème 4.15: **a)** Les calculs DFT montrent la coordonné de réaction pour la cyclisation de *(E)*-6-octen-1-yne avec [AuPH₃]⁺. **b)- d)** Les longueurs de liaison en Å pour les complexes **4.45-4.48**. Les valeurs entre parenthèses sont ceux du complexe *trans*-Pt(H₂O)Cl₂, montrés pour effet de comparaison.[181]

4.1.7 Les Procédés d'Addition Nucléophile/ Cyclisation 6-*endo* avec 1,6-Énynes (molécules 4.9)

En suivant la même tendance d'addition nucléophile sur des cyclopropyl carbènes d'or **4.19**, des nucléophiles peuvent être additionnés sur des cyclopropylcarbènes d'or **4.43** sur le carbone qui porte les groupes R³ et R⁴ pour fournir les dérivés de

149

cyclohexene **4.9**.[196] La portée de la réaction est exhibée ci-dessous (Schème 4.16).

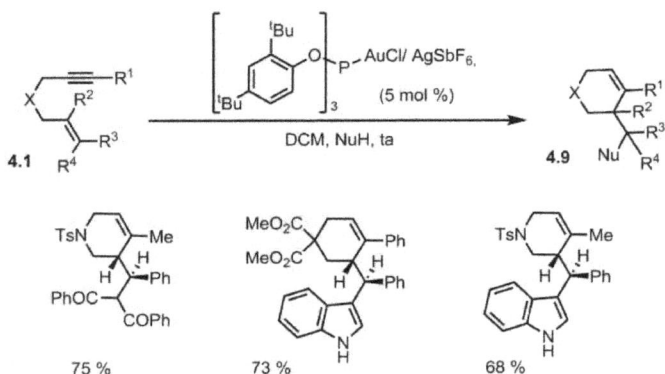

Schème 4.16: Exemples de la réaction d'attaque nucléophile sur des structures cyclisées du type *6-endo*.

Le mécanisme commence par une cyclisation 6-*endo* sur la triple liaison activée par l'or du 1,6-ényne **4.1**, ainsi en générant le cyclopropyl carbène d'or **4.43**. L'addition nucléophile subséquente sur l'intermédiaire **4.43** produit le vinylor **4.50**, qui après protodémétallation forme le dérivé de cyclohexene **4.9** (Schème 4.17). En analogie aux mécanismes précédents, l'addition nucléophile peut aussi être vue comme en procédant d'une manière concertée *via* un cation de vinylor stabilisé **4.49**.

[196] Amijs, C. H. M.; López-Carrillo, V.; Raducan, M.; Pérez-Galán, P.; Ferrer, C.; Echavarren, A. M.; *J. Org. Chem.*, **2008**, 73, 7721.

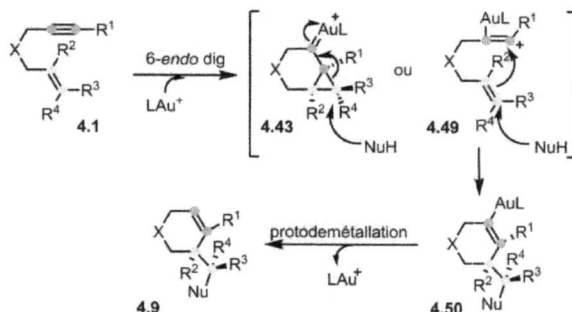

Schème 4.17: Le mécanisme proposé pour l'addition nucléophile sur des structures de cyclisation du type *6-endo*.

La régioseléctivité entre les modes de cyclisation *5-exo* et *6-endo* qui subissent un attaque nucléophile, pour fournir **4.5** ou **4.9**, respectivement, est généralement dictée par la substitution sur la partie alcyne. Les alcynes internes ($R^1 \neq H$) donnent typiquement des produits de cyclisation *6-endo*. Cependant, d'un autre coté, le mode de cyclisation *5-exo* est produit à partir des alcynes internes avec des parties alcènes substituées en C2 ($R^2 \neq H$).

4.1.8 La Synthèse de Bicyclo[3.2.0]heptenes (molécules 4.10)

Même si initialement postulés comme étant des intermédiaires possibles dans la formation de diènes **4.2**, les cyclobutènes ont été immédiatement écartés après avoir examiné les baisses énergies impliquées pour l'ouverture conrotatoire de l'anneau nécessaire pour produire ces diènes. L'énergie calculée (par des méthodes DFT) pour ouvrir un anneau hypothétiquement formé pendant ce processus serait celle correspondante à une transformation très rapide, même à des baisses températures comme -63°C ($\Delta G_{298}^{\neq}$ = 21.7kcal.mol^{-1} pour le mécanisme de clivage simple en utilisant le CyJohnphosAu(NCCH$_3$)SbF$_6$), ainsi en correspondant à une énergie trop faible quand comparée à l'énergie d'activation pour l'ouverture d'anneau de cyclobutenes similaires ($\Delta G_{298}^{\neq}$ = 25.6kcal.mol^{-1} pour l'ouverture conrotatoire de l'anneau du bicyclo[3.2.0]hept-5-ene à 1-vinyl-1-cyclopentene).[184]

En dépit de ce fait, des cyclobutènes sont observés dans la cycloisomérisation de 1,6-énynes catalysée à l'or. En effet, en considérant de petits changements dans la structure du substrat, et du catalyseur employé, nous pouvons moduler la réactivité du système pour avoir l'accès aux cyclobutènes. Des exemples de tel contrôle est l'utilisation des dérivés d'ynamides **4.51**, qui génèrent des cyclobutenes instables **4.52** et qui doivent être hydrolysés immédiatement à des cyclobutanones **4.53**;[197] et à partir de 1,6-énynes portant des groupes amides et esters **4.54**, qui possèdent une extrémité d'alcyne substituée par un anneau aryle (*i.e.* R^1 = Ph ou tolyl)[198] (Schème 4.18).

[197] Couty, S.; Meyer, C.; Cossy, J.; *Angew. Chem. Int. Ed.*, **2006**, 45, 6726.

[198] Lee, Y. T. ; Kang, Y. K. ; Chung, Y. K.; *J. Org. Chem.*, **2009**, 74, 7922.

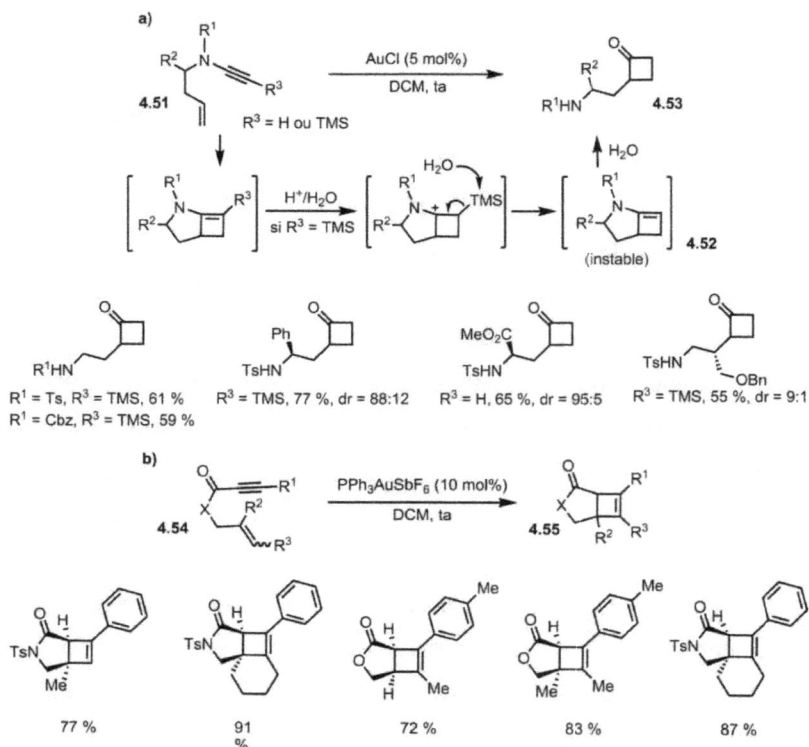

Schème 4.18: Exemples de cyclobutènes accedés par la catalyse à l'or, soit en tant que **a)** des intermédiaires ou **b)** produits.

Le mécanisme proposé et supporté par des calculs DFT[181,196] sur l'ényne **4.54** commence par l'activation de l'or sur l'alcyne, en étant suivie soit d'une cyclisation *6-endo* ou *5- exo-syn*, qui produit l'intermédiaire **4.56** (analogue à **4.43**), ou **4.58** (analogue à **4.19**), respectivement, en dépendant de la substitution sur le 1,6-ényne **4.54**. Chaque intermédiaire **4.56** ou **4.58**, subit un transfert [1,2]-d'alkyle pour générer les carbocations **4.57** ou **4.60**, respectivement, qui après l'élimination du fragment LAu$^+$, produit le cyclobutène **4.55** (Schème 4.19).

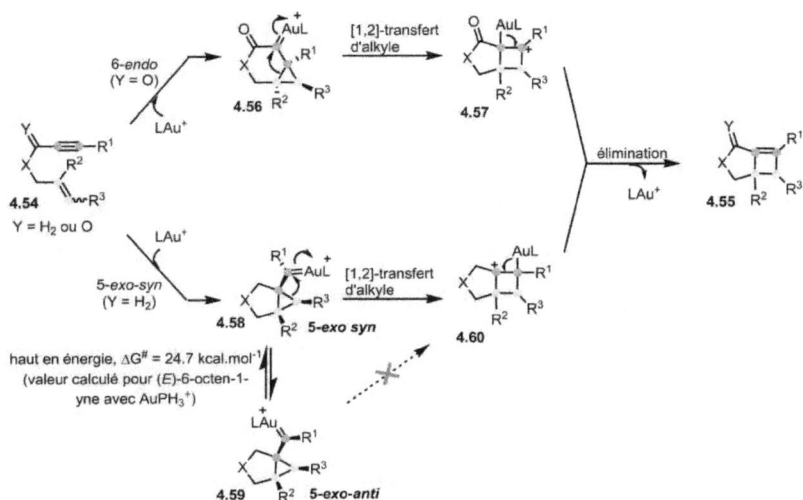

Schème 4.19: Le mécanisme de la synthèse de cyclobutènes à partir de 1,6-énynes catalysée à l'or. Ce chemin réactionnel dépend des substituants sur l'ényne.

Le mécanisme réactionnel est supposé diverger selon les substituants sur le 1,6-ényne. Des calculs DFT[196] en considérant des énynes avec un groupe éster ou amide en tant que connectif et un aryle sur l'alcyne (*i.e.* R^1 = Ph ou tolyl) possèdent un état de transition *6-endo* de plus baisse énergie que les deux autres états de transition possibles pour la formation des produits *5-exo-syn* et *5-exo-anti*[199] par 14.0 et 2.4 kcal.mol^{-1}, respectivement (les valeurs

---

[199] Les produits syn- et anti- tiennent ses noms dérivés de la position relative de la double liaison nucléophile par rapport au fragment de l'or, *cis* ou *trans*, respectivement.

sont calculés pour l'amide comme connectif en 7-phényl-1,6-ényne),[200] ce qui suggère que la cyclisation *6-endo* est le chemin préféré. D'un autre coté, des calculs DFT[181] sur les énynes **4.54**, qui ne possédent pas de carbonyle (Y = H$_2$), montrent que l'état de transition de la cyclisation *6-endo* est 6.0 kcal.mol^{-1} plus élevé en énergie que celui dérivé de la cyclisation *5-exo* (Schème 4.15a), ce qui suggère dans ce cas, que le chemin réactionnel *5-exo* est le préféré. Également remarquable est le fait que les produits *5-exo-syn* **4.58** et *5-exo-anti* **4.59** ont la tendance de ne pas se convertir facilement, avec une grande différence d'énergie libre $\Delta G^{\#}$ = 24.7 kcal.mol^{-1} (calculée pour le *(E)*-6-octen-1-yne avec AuPH$_3$$^{+}$) qui peut être attribuée à la perte de conjugaison entre le carbène d'or et le cyclopropane.[184] En addition, l'orientation relative de la partie phosphineor(I) dans le cyclopropyl carbène d'or produit généralement les diènes **4.2** et/ou **4.3** (*cf.* section 4.1.1) avec un $\Delta G^{\#}$ = 9.1 kcal.mol^{-1} pour aller de **4.19** à **4.21** (clivage simple, la valeur calculée pour *(E)*-6-octen-1-yne et PH$_3$Au^{+}) et $\Delta G^{\#}$ = 14.2 kcal.mol^{-1} pour aller de **4.19** à **4.23** (clivage double, valeur calculée pour le même substrat et catalyseur d'or),[184] tant que le *5-exo-syn* cyclopropyl carbène d'or **4.58** possède une différence d'énergie libre $\Delta G^{\#}$ = 7.8 kcal.mol^{-1} pour aller à **4.60** (encore, valeur calculé pour *(E)*-6-octen-1-yne et PH$_3$Au^{+}). En contraste, la formation du *5-exo-anti* **4.59** (ou **4.19**) et le *5-exo-syn* **4.58** cyclopropyl carbène d'or

---

[200] Un chemin concurrent possible correspondant à la transformation directe de l'ényne avec une jonction d'ester ou amide **4.54** au cyclobutène **4.55** peut être également opérante, car la différence de l'énergie libre $\Delta G^{\#}$ = 15.3 kcal.mol^{-1} est virtuellement identique à celle à partir de l'ényne **4.56**, en étant $\Delta G^{\#}$ = 15.2 kcal.mol^{-1} (valeurs calculées pour un amide comme jonction en 7-phényle-1,6-ényne).

à partir de l'ényne **4.1** possède $\Delta G^{\#}$ de 0.1 et 9.4 kcal.mol^{-1}, respectivement. Ces différences de valeurs dans les énergies libres sont consistantes avec deux observations expérimentales communes: 1) les 1,6-énynes produisent généralement diènes **4.2** et/ou **4.3** et non pas des cyclobutènes **4.10**. 2) des nucléophiles s'additionnent généralement d'une manière *trans* par rapport au complexe d'or-alcyne, ce qui génère un cyclopropyl carbène d'or *5-exo-anti* et non pas d'une manière *cis*, ce qui allait fournir le *5-exo-syn* cyclopropyl carbène d'or, mais qui est éventuellement accessible dans certains cas (l'attaque nucléophile peut être vu comme en se passant sur un cation de vinylor[184]).

Même si la formation du produit *5-exo-cis* est moins favorisée, elle peut rivaliser si la substitution sur l'alcène et/ou l'alcyne défavorise le réarrangement du squelette pour **4.2** et/ou **4.3**. Par exemple, des calculs DFT sur le 1-phényl-6-hexen-1-yne montrent que seulement 8.6 kcal.mol^{-1} sont nécessaires pour l'isomérisation d'*anti* à *syn*.[192b] Finalement, une fois que le carbène *5-exo-syn* d'or **4.58** a été formé, alors le résultat le plus probable est le cyclobutène **4.10**.

Également remarquable, la formation des cyclobutènes isomérisés,[192b] correspondants à l'élimination d'un proton à partir des intermédiaires **4.61** (supposé provenants du même chemin que l'intermédiaire **4.57**) suivi par la protodemétallation a été aussi observée avec des alcynes internes substitués avec un phényle (Schème 4.20).

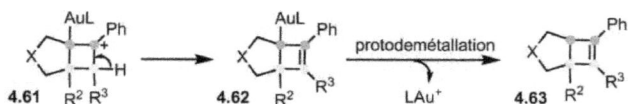

exemples:

57 %   77%

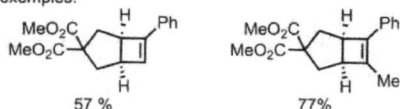

[Au]: Cy-JohnphosAuCl/ AgSbF$_6$

Schème 4.20: Exemples de cyclobutènes contenant doubles liaisons isomerisées **4.63**.

4.2 RÉSULTATS ET DISCUSSION

4.2.1 L'Idée Initiale

Au début de ce projet, nous étions intéressés dans la cascade réactionnelle potentielle exhibée au schème **4.19**, où une 1,6-ényne substituée du type **4.64** pourrait fournir potentiellement le produit bicyclique **4.65** et/ ou **4.66** (Schème 4.21).

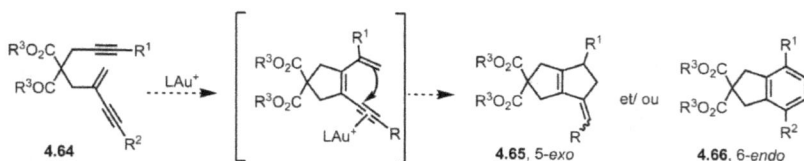

Schème 4.21: La cascade réactionnelle initialement envisagée pour ce projet.

Pour tester notre hypothèse initiale, le substrat **4.64a** a été synthétisé à partir du malonate d'éthyle bromé **4.67** comme décrit ci-dessous (schème 4.22).

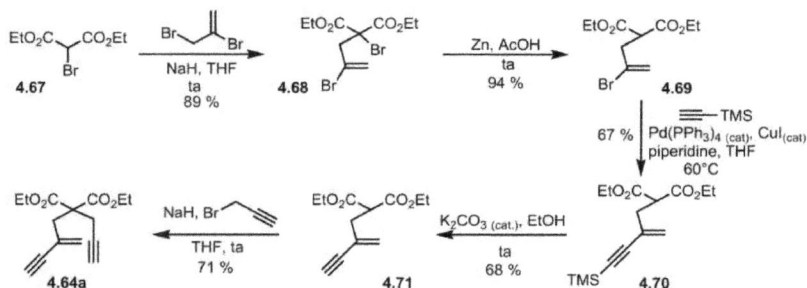

Schème 4.22: La synthèse du substrat **4.64a**.

L'ényne **4.64a** a été mise à réagir sous l'action des catalyseurs métalliques typiquement employés dans les cycloisomérisations d'énynes, PPh$_3$Au(NCCH$_3$)SbF$_6$, PPh$_3$AuNTf$_2$ et PtCl$_2$ (Table 4.1). Les résultats obtenus n'ont pas été encourageants. Le substrat **4.64a** n'a fourni que le dérivé de cyclopentadiene **4.73a**, comme nous pourrions s'attendre à partir de soit un clivage simple ou double (*cf.* section 4.1.1), avec une cinétique très lente.

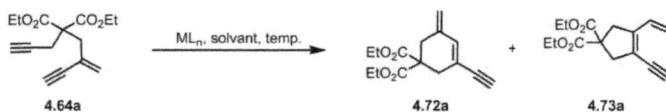

Entrée	ML$_n$	Conditions	Temps	Convertion	Ratio **4.72a:4.73a**[a]	Rend.[b]
1	PPh$_3$Au(NCCH$_3$)SbF$_6$ (4 mol%)	CDCl$_3$, ta	7 j	100%	0 : 1	100 %
2	PPh$_3$AuNTf$_2$ (4 mol%)	CDCl$_3$, ta	12 j	50%	1 : 10	100 %
3	PPh$_3$AuNTf$_2$ (4 mol%)	CDCl$_3$, 60 °C	51 h	81 %	1 : 2	100 %
4	PtCl$_2$ (10 mol%)	toluène, 80 °C	30 h	50%	0 : 1	< 100%[c]

[a] Determiné par ^{1}H RMN du brut réactionnel. [b] Estimé par ^{1}H RMN. [c] Produit non-identifié présent dans le mélange réactionnel

Table 4.1: Les premiers essais pour la double cyclisation de l'ényne **4.64a** catalysée à l'or.

La réaction a nécessité de 7 jours à température ambiante pour se compléter et produire le cycle à 5 membres **4.73a** en tant que le seul produit avec le catalyseur PPh$_3$Au(NCCH$_3$)SbF$_6$ (Entrée 1, Table 4.1).

L'utilisation de PPh$_3$AuNTf$_2$ à la température ambiante a fourni 50% après 12 jours, dans un mélange légèrement différent de 10:1 de **4.72a:4.73a** (Entrée 2, Table 4.1) et un mélange 1:2 sous reflux de CDCl$_3$ (Entrée 3, Table 4.1). L'utilisation du catalyseur PtCl$_2$ en toluène à 80°C n'a également fourni que 50% de conversion pour la formation du composé **4.73a**, avec autres sous-produits non-identifiés (Entrée 4, Table 4.1). Aucune trace de produit double cyclisé du type **4.65** ou **4.66** a été observé.

L'ényne non substitué **4.64a** a démontré une grande difficulté pour réagir dans les conditions réactionnelles. Ainsi, nous avons opté pour étudier les énynes internes **4.64b**, en anticipant que ce substrat serait plus réactif que **4.64a** dû à la densité électronique augmentée imposée par la présence de la chaîne heptynyle.

Le substrat **4.64b** a été synthétisé à partir du malonate d'éthyle bromé **4.69** par une réaction de couplage croisé de Sonogashira, qui a fourni le malonate mono-substitué **4.74**. Cet intermédiaire a été ensuite soumis aux conditions de propargylations typiques, pour donner **4.64b** (Schème 4.23):

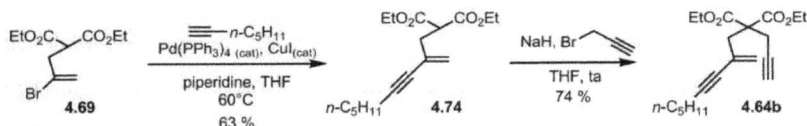

EtO$_2$C   CO$_2$Et

Br   **4.69**

$\equiv$—n-C$_5$H$_{11}$
Pd(PPh$_3$)$_{4\ (cat)}$, CuI$_{(cat)}$
piperidine, THF
60°C
63 %

EtO$_2$C   CO$_2$Et

n-C$_5$H$_{11}$ **4.74**

NaH, Br $\diagup$$\equiv$
THF, ta
74 %

EtO$_2$C   CO$_2$Et

n-C$_5$H$_{11}$ **4.64b**

Schème 4.23: La synthèse du substrat **4.64b**.

Encore, le traitement de l'ényne **4.64b** avec les catalyseurs PPh$_3$AuNTf$_2$ et PPh$_3$Au(NCHCH$_3$)SbF$_6$ ont produit des mélanges de produits cycliques de 5- et 6-membres, dont le ratio entre eux a varié de manière importante (Table 4.2). En plus, la sélectivité vers l'anneau de 6-membres a été remarquable, car dans la littérature, l'anneau à 5-membres est généralement obtenu de manière très favorable (*cf.* sections 4.1.1 – 4.1.3).

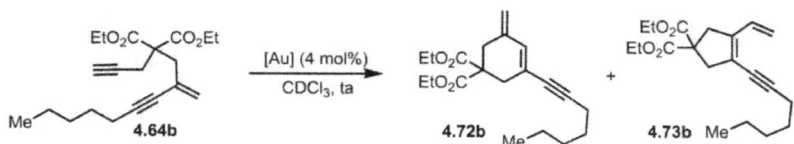

entrée	[Au]	temps	conversion	ratio 4.72b : 4.73b[a]	rend. isolé
1	$PPh_3Au(NCCH_3)SbF_6$	3 h	100%	1.9 : 1	58 %
2	PPh_3AuNTf_2	18 h	100%	14.3 : 1	73 %

[a] ratio déterminé par ^1H RMN du brut réactionnel

Table 4.2: Le deuxième essai de cyclisation en cascade en utilisant 1,6-énynes a fourni des produits avec des ratios très différents. Une notable préférence est remarquée pour le cycle à 6-membres dans le cas de PPh_3AuNTf_2.

À partir de ces études préliminaires, nous avons reconnu la difficulté de réaliser notre idée initiale pour la cascade réactionnelle en employant les 1,6-énynes. Néanmoins, cette observation fortuite a attiré notre attention pour les effets qui contrôlent la sélectivité du processus de cyclisation de 1,6-énynes vers le cycle à 6-membres.

Dans le but d'observer si la même sélectivité remarquée pour **4.64b** était présente pour d'autres substrats, nous avons synthétisé les énynes **4.64c-g** (Schème 4.24) et nous les avons soumis aux deux catalyseurs, $PPh_3Au(NCCH_3)SbF_6$ et PPh_3AuNTf_2.

EtO$_2$C CO$_2$Et ═─Ph Pd(PPh$_3$)$_{4(cat.)}$, CuI$_{(cat.)}$ EtO$_2$C CO$_2$Et NaH, EtO$_2$C CO$_2$Et PhI PdCl$_2$(PPh$_3$)$_2$ $_{(cat.)}$, CuI$_{(cat.)}$ EtO$_2$C CO$_2$Et

piperidine, THF 60°C 99 % **4.69** Br THF, ta 66 % Ph **4.75** Et$_3$N, 50 °C 31% (62% bpdr) Ph **4.64d** Ph **4.64g** Ph

EtO$_2$C CO$_2$Et NaH, Br EtO$_2$C CO$_2$Et

THF, ta 60 % TMS **4.70** TMS **4.64c**

EtO$_2$C CO$_2$Et I─◯─FG EtO$_2$C CO$_2$Et NaH, Br EtO$_2$C CO$_2$Et

PdCl$_2$(PPh$_3$)$_2$, CuI Et$_3$N, 50 °C FG = OMe, 67 % = Cl, 84 % **4.71** **4.76** THF, ta FG = OMe, 82 % = Cl, 71 % FG FG = OMe, **4.64e** = Cl, **4.64f** FG

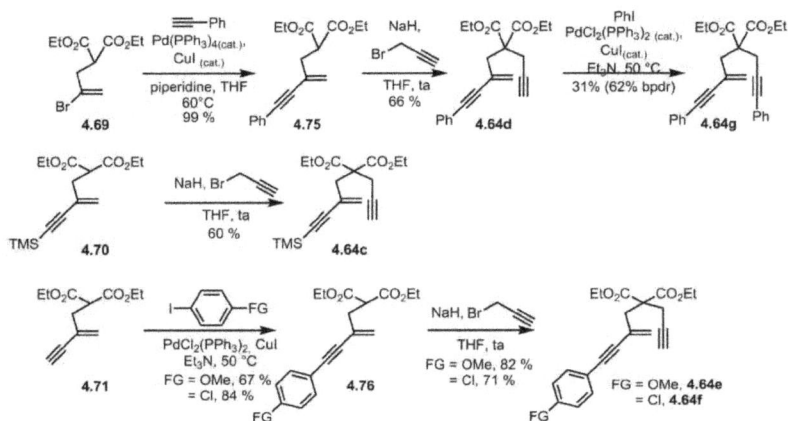

Schème 4.24: La synthèse des énynes **4.64c-g** (bpdr = basé sur le produit de départ récupéré).

Malgré le petit nombre de molécules testées, la même tendance a été observée pour tout l'ensemble (Table 4.3). En effet, l'ényne substituée avec un TMS **4.64c** cyclise pour donner des ratios différents dans un temps de réaction très long pour chaque catalyseur à l'or (Entrées 1 et 2, Table 4.2), avec le contre-ion NTf$_2$ qui favorise la formation du cycle à 6-membres. Une augmentation importante dans la formation des anneaux à 6-membres en employant PPh$_3$AuNTf$_2$ avec le substrat **4.64c**, quand comparé à l'ényne **4.64a**, suggère qu'il y a la perte du TMS, au moins dans ce cas, après l'événement de cyclisation (Entrée 2, Table 4.3).

Le substrat **4.64d** a fourni un mélange 2.55:1 des composés **4.72d**:**4.73d** quand il est traité avec le catalyseur à l'or PPh$_3$Au(NCCH$_3$)SbF$_6$ (Entrée 3, Table 4.3) et **4.72d** en tant que le seul produit quand il est traité avec PPh$_3$AuNTf$_2$ (Entrée 4, Table 4.3). Dans les mêmes conditions réactionnelles (4 mol%, CDCl$_3$, ta), autres catalyseurs ont été également testés pour ce substrat : i) [2,4-(^{t}Bu)$_2$PhO]$_3$PAuCl/ AgSbF$_6$ a produit 90% du cycle à 6 membres **4.72d** dans moins de 30 min (estimé par la ^{1}H RMN du brut réactionnel, aucun signal attribuable au cycle à 5 membres a été identifié) ; ii) XphosAuNTf$_2$ a produit un mélange 2.5:1 de **4.72d**:**4.73d** et iii) AuCl$_3$ n'a pas fourni aucun produit de cyclisation: il n'y a eu que du produit de départ récupéré au bout de 19h de réaction.

Le substrat **4.64e**, qui possède un groupe *para*-methoxy sur le phényle a fourni l'adduit du cycle à 6-membres comme le seul produit à partir des deux catalyseurs (Entrées 5 et 6, Table 4.3) et le substrat **4.64f**, possédant un groupe *para*-chloro sur le phényle a été insensible aux deux catalyseurs (Entrées 7 et 8, Table 4.3). D'un autre coté, quand les deux motifs alcyne ont été substitués par un phényle, la réaction a démontré une cinétique très lente pour les deux catalyseurs. Un mélange 2:1 pour **4.72g**:**4.73g** a été obtenu après 6 jours pour le catalyseur PPh$_3$Au(NCCH$_3$)SbF$_6$ (Entrée 9, Table 4.3) et elle n'a pas été complète, même au reflux du chloroforme par 7 jours pour le catalyseur PPh$_3$AuNTf$_2$ (Entrée 10, Table 4.3).

Même si plus d'exemples sont nécessaires pour consolider la tendance observée ici, ces résultats suggèrent que l'interaction entre le catalyseur PPh$_3$AuNTf$_2$ et un motif de vinylalcyne sur le 1,6-ényne est capable d'augmenter la sélectivité du processus de cyclisation dramatiquement vers la formation du cycle à 6-membres.

Pour corroborer nos suspectes, des résultats similaires ont été récemment trouvés lors de l'étude de 1,6-diynes,[201] où la cyclisation *6-endo* a été énormément favorisée par rapport au processus *5-exo* en utilisant $Et_3PAuNTf_2$, quand comparé à $Et_3PAuSbF_6$ (intéressement, les substrats préparés dans ce travail peuvent être vus comme des 1,7-diynes, et ainsi, sont structurellement proches des 1,6-diynes rapportés dans la littérature[201]).

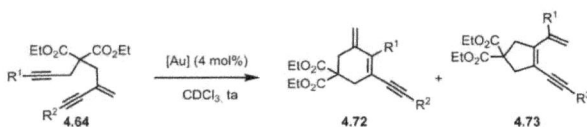

Entrée	R^1, R^2	[Au]	Temps	Conversion	Ratio 4.72 : 4.73[a]	Rend. isolé
1	H, TMS (**4.64c**)	$PPh_3Au(NCCH_3)SbF_6$	12 jours	100 %	1 : 10 (R^2 = H, **4.72a** : **4.73a**)	62 %
2	**4.64c**	PPh_3AuNTf_2	12 jours	68 %	9 : 10 (R^2 = H, **4.72a** : **4.73a**)	_[b]
3	H, Ph (**4.64d**)	$PPh_3Au(NCCH_3)SbF_6$	2 h 20 min	100 %	2.55 : 1 (**4.72d** : **4.73d**)	60 %
4	**4.64d**	PPh_3AuNTf_2	18 h	100 %	1 : 0 (**4.72d** : **4.73d**)	99 %
5	H, 4-(OMe)-Ph (**4.64e**)	$PPh_3Au(NCCH_3)SbF_6$	2 h	100 %	1:0 (**4.72e** : **4.73e**)	99%
6	**4.64e**	PPh_3AuNTf_2	7 h	100 %	1:0 (**4.72e** : **4.73e**)	99%
7	H, 4-(Cl)-Ph (**4.64f**)	$PPh_3Au(NCCH_3)SbF_6$	48 h	0 %	produit de départ	_[b]
8	**4.64f**	PPh_3AuNTf_2	48 h	0 %	produit de départ	_[b]
9	Ph, Ph (**4.64g**)	$PPh_3Au(NCCH_3)SbF_6$	6 jours	100 %	2 : 1 (**4.72g** : **4.73g**)	91 %
10	**4.64g**	PPh_3AuNTf_2	7 jours	30 %[c]	4.3 : 1 (**4.72g** : **4.73g**)	_[b]

[a] Ratio déterminé par ^1H RMN du brut réactionnel. [b] Pas isolé. [c] Sous reflux (60 °C).

Table 4.3: Les résultats des cyclo-isomérisations catalysées à l'or de 1,6-énynes avec une branche vinylalcyne.

[201] Sperger, C. A.; Fiksdahl, A.; *J. Org. Chem.*, **2010**, 75, 4542.

Pour tester cette hypothèse avec des expériences de contrôle, nous avons considéré le composé **4.64h** avec un carbone extra entre la branche de vinylalcyne et le motif alcène. Ce substrat a été synthétisé à partir du 2-(chlorométhyl)-3-chloropropene par une réaction de couplage croisé avec l'heptyne, suivi par l'échange de l'atome de chlore par l'iode sous des conditions typiques de la réaction de Finkelstein et une alkylation subséquente en employant le diméthylmalonate propargylé, pour fournir **4.64h** (Schème 4.25).

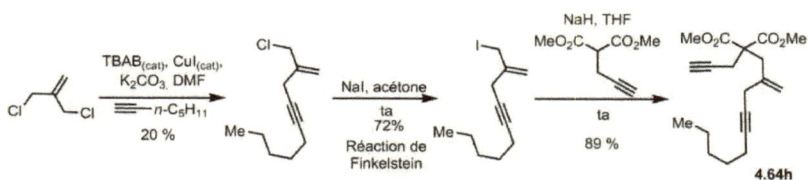

Schème 4.25: La synthèse du substrat **4.64h**.

La grande différence antérieure rencontrée dans la distribution observée pour **4.64b** a disparu pour **4.64h**, dont le traitement avec les catalyseurs PPh$_3$Au(NCCH$_3$)SbF$_6$ et PPh$_3$AuNTf$_2$ a fourni des mélanges 3.3:1 et 2 :1 de **4.72h**:**4.73h**, respectivement (Table 4.4)

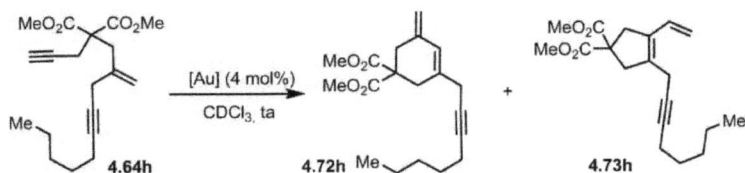

Entrée	[Au]	Temps	Conversion	ratio **4.72h** : **4.73h**[a]	Rend. Isolé
1	PPh$_3$Au(NCCH$_3$)SbF$_6$	5 min	100%	3.3 : 1	99 %
2	PPh$_3$AuNTf$_2$	8 h	100%	2 : 1	99 %

[a] ratio déterminé par ^{1}H RMN du brut réactionnel

Table 4.4: Des expériences de contrôle pour voir l'influence de la présence de la partie vinylalcyne.

Dans d'autres efforts pour nous rassurer de la nécessité de la partie vinylalcyne pour contrôler la régiosélectivité de la cyclo-isomérisation de 1,6-énynes, les substrats **4.81-4.84** (synthétisés selon le schème 4.26) ont été soumis aux catalyseurs PPh$_3$Au(NCCH$_3$)SbF$_6$ et PPh$_3$AuNTf$_2$. Intéressement, non seulement la différence dans la sélectivité pour les produits de 5- et 6-membres n'est pas été marquée mais aussi des grandes quantités d'isomères de position de la double liaison pour les structures cycliques à 6-membres ont été trouvées à température ambiante (23°C), ou même à 0°C, pour les deux catalyseurs (Table 4.5).

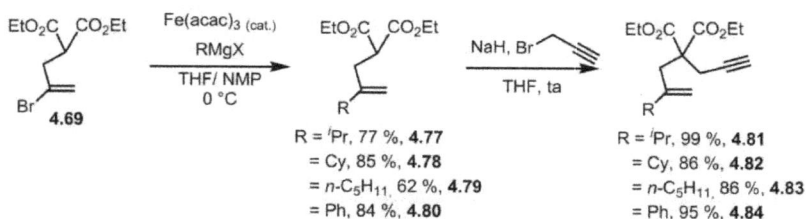

Schème 4.26: La synthèse des substrats **4.81-4.84**.

Cela a confirmé nos hypothèses sur l'utilisation des motifs vinylalcyne comme étant des groupes qui contrôlent la régiosélectivité de la cyclo-isomérisation, mais cela a aussi révélé un effet stabilisant additionnel de ces groupes contre l'isomérisation des doubles liaisons (probablement dû à la conjugaison avec l'alcyne introduit). Par exemple, les substrats **4.64b** et **4.83**/ **4.64d** et **4.84**, sont des paires du même produit, à l'exception de la partie alcyne présente dans **4.64b** et **4.64d**. Les deux produisent la formation sélective de cycles à 6-membres en utilisant le PPh₃AuNTf₂, tandis que les molécules **4.83** et **4.84** fournissent un mélange de cycles de 5- et 6-membres avec une grande quantité d'isomérisation de la double liaison.

Table 4.5 (rotated):

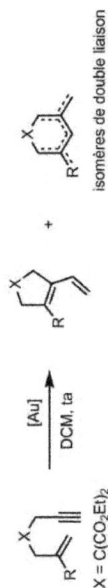

X = C(CO₂Et)₂

Top scheme: Substrate → [Au] / DCM, ta → isomères de double liaison

Substrat	Produits	[Au]	T (°C)	Ratio des produits a : b : c : d	Temps
4.81	4.85a + 4.85b + 4.85c + 4.85d	PPh₃(NCCH₃)AuSbF₆	23	2 : 3.3 : 0 : 1	5 min
			0	1.7 : 3.3 : 1 : 1	1 h 30 min
		PPh₃AuNTf₂	23	2.3 : 1 : 2.5 : 0	30 min
			0	2.7 : 1 : 3.3 : 0	4 h
4.82	4.86a + 4.86b + 4.86c	PPh₃(NCCH₃)AuSbF₆	23	1 : 1.4 : 0	5 min
			0	1 : 0 : 1.2	1 h 30 min
		PPh₃AuNTf₂	23	2 : 0 : 1	20 min
			0	1 : 0 : 1.5	8 h
4.83	4.87a + 4.87b + 4.87c + 4.87d	PPh₃(NCCH₃)AuSbF₆	23	2 : 1 : 1.2 : 0	10 min
			0	5 : 1 : 1 : 4.5	1 h 30 min
		PPh₃AuNTf₂	23	3.3 : 1 : 1 : 2.7	25 min
			0	2 : 1 : 1 : 1.6	6 h
4.84	4.88a + 4.88b + 4.88c + 4.88d	PPh₃(NCCH₃)AuSbF₆	23	2.5 : 1 : 1 : 1	15 min
			0	3.3 : 1 : 1 : 1	4 h
		PPh₃AuNTf₂	23	3.3 : 1 : 1 : 1	1 h
			0	4 : 1 : 1 : 1 : 1	9 h

Table 4.5: La cycloisomérisation catalysée à l'or(I) de 1,6-énynes qui ne contiennent pas le motif stabilisant vinylalcyne sur l'alcène.

Intéressement, un contrôle de la taille du cycle formé dans une séquence de métathèse croisée/ transfert métallotropique [1,3] à partir d'un substituant distant a été aussi rapporté récemment[202] (Schème 4.27).

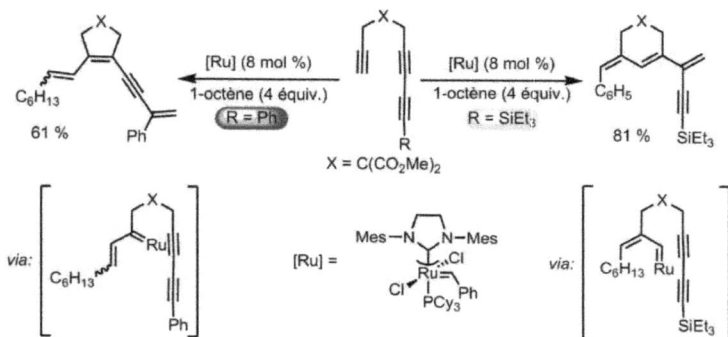

Schème 4.27: Un exemple récent dans la littérature décrit le contrôle de la taille du cycle du produit formé lors d'une séquence de méthathèse croisée/ transfert métallotropique [1,3] promu par des substituants distants de différents énynes.[202]

C'est déjà un fait établi qu'un catalyseur basé sur un métal de transition chargé peut avoir son activité, stabilité et sélectivité significativement influencé par la nature du contre-ion. Dans des efforts subséquents pour comprendre l'effet du contre-ion sur ce processus de cycloisomérisation, l'ényne simple **4.89** a été soumis aux

[202] Yun, S. Y.; Wang, K.-P.; Kim, M.; Lee, D.; *J. Am. Chem. Soc.*, **2010**, 132, 26, 8840.

catalyseurs à l'or $PPh_3Au^+X^-$, avec X = OTf, NTf_2, BF_4 et SbF_6. Intéressement, l'augmentation du cycle de 6-membres a suivi l'ordre inverse du pouvoir coordinant du contre-ion:[203] SbF_6^- (moins coordinant) > BF_4^- > Tf_2N^- > TfO^- (plus coordinant) (Table 4.6), ce qui est contraire aux résultats antérieurs obtenus pour les énynes **4.64b** et **4.64d**. Cela veut dire que le contre-ion seul ne peut pas expliquer les différences de régiosélectivité trouvées pour les énynes **4.64b** et **4.64d**.

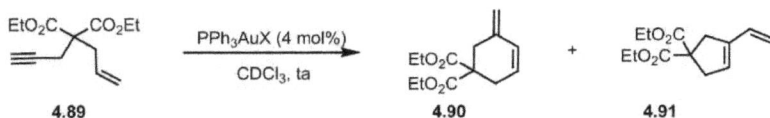

Entrée	Contre-ion X	Temps	Conversion	Ratio **4.90:4.91**[a]	Rend.[a]
1	SbF_6^- [b]	5 min	100%	5.3 : 1	99 %
2	BF_4^- [b]	5 min	100%	4.0 : 1	99 %
3	NTf_2^-	53 h	100 %	3.6 : 1	99 %
4	OTf [b]	10 jours	32 %	1.3 : 1	99 %

[a] Ratio déterminé par ^{1}H RMN du brut réactionnel. [b] Catalyseur généré à partir du mélange PPh_3AuCl/ AgX .

Table 4.6: Une investigation sur l'effet du contre-ion dans la cyclisation de 1,6-énynes.

[203] (a) Strauss, S. H.; *Chem. Rev.*, **1993**, 93, 927. (b) LaPointe, R. E.; Roof, G. R.; Abboud, K. A.; Klosin, J.; *J. Am. Chem. Soc.*, **2000**, 122, 9560. (c) Reed, C. A.; *Acc. Chem. Res.*, **1998**, 31, 133.

C'est également important de mentionner les résultats rapportés par Echavarren *et al.*,[180a] qui a trouvé que la réaction de cyclo-isomérisation du méthylmalonate **4.34** (analogue à l'ényne **4.89**) avec le catalyseur $PPh_3Au(NCCH_3)SbF_6$ (2 mol%) dans le DCM à ta (23°C) a fourni un ratio 2:1 pour les cycles à 6-:5-membres, dans un fort contraste avec l'entrée 1 du tableau 4.6. L'explication pour ce fait a été également donné par Echavarren et collaborateurs:[193] le cycle à 6-membres se dégrade, ainsi en faisant que la quantité relative du cycle à 5 croise. Dans nos études, nous avons observé dans 5 min un ratio 5:3 pour les cycles à 6-:5- membres; dans 15min, le ratio est tombé à 2.8:1 et après 4h, il n'y avait plus de cycle à 6 membres présent dans la solution, mais seulement le cycle à 5 et de la dégradation non-caractérisable.

En même temps que nous étions en train d'investiguer l'effet du contre-ion sur le fragment cationique PPh_3Au^+, nous nous sommes intéressés par la possibilité de trouver un catalyseur compétant pour la formation sélective du produit cyclique à 6-membres à partir de 1,6-énynes, dans une transformation indépendante de la branche sur la partie alcène. Tel catalyseur serait de grand valeur synthétique, car les cycles de 6-membres sont rarement obtenus sélectivement, mais généralement dans des quantités variées avec d'autres produits. [180a, 180c, 193,204]

---

[204] Chen, Z.; Zhang, Y.-X.; Wang, Y.-H.; Zhu, L.-L.; Liu, H.; Li, X.-X.; *Org. Lett.*, **2010**, 12, 15, 3468.

À partir de notre investigation initiale avec les catalyseurs les plus communs, aucun complexe n'a été identifié pour cette tâche (Table 4.7), mais quelques informations empiriques ont pu être interprétées: i) des sels simples d'or(I) et d'or(III) sont sélectifs pour la formation de cycles à 5-membres (Entrées 1-3, Table 4.7, les faibles conversions sont probablement dues à des problèmes d'intégrité du catalyseur) ii) les ligands biphényle de Buchwald produisent des résultats similaires (Entrées 4-8, Table 4.7), ce qui suggère que la sélectivité des produits **4.90/4.91** n'est pas sensible au volume des groupes sur l'atome de phosphore (Entrées 4 et 6, Table 4.7) et elle augmente avec des ligands biphényles moins encombrés. Le meilleur résultat est obtenu pour le «cas extrême» d'un seul phényle (Entrées 4, 5 et 13, Table 4.7). Également, il n'y a pas de différence marquée dans la sélectivité pour des ligands biphényle avec des différents contre-ions (Entrées 6 et 7, Table 4.7). iii) des phosphines avec des groupes attracteurs d'électrons semblent favoriser les cycles à 6-membres.

Trois nouveaux catalyseurs ont été synthétisés dans ce projet (Entrées 14, 15 et 16, Table 4.7). Dans l'entrée 14, nous avons supposé qu'une structure tricyclique rigide serait suffisamment encombrée pour fournir une sélectivité importante, mas elle a été inefficace.[205] Dans les entrées 15 et 16 de la table 4.7, des ligands phosphino N-aryl pyrroles (PAP) initialement rapportés par Beller *et al.*

---

[205] Blug, M.; Guibert, C.; Le Goff, X.-F.; Mezailles, N.; Le Floch, P.; *Chem. Commun.*, **2009**, 201.

pour le couplage croisé promu par le palladium[206] ont été, pour le meilleur de nos connaissances, employés pour la première fois dans la catalyse à l'or. Beller a décrit ces ligands en termes de réactivité comme étant proches des ligands de biphényle phosphine de Buchwald, mais plus faciles à préparer. Intéressement, dans notre cas, nous avons trouvé qu'un catalyseur PAP-or (Entrée 15, Table 4.7) est plus sélectif que tous les ligands de biphényl phosphine essayés, et même plus sélectif que tous les catalyseurs essayés antérieurement (un résultat similaire a été obtenu pour un ligand phosphite, Entrée 9, Table 4.7). Ici, la même tendance des réactions de couplage croisé au palladium a été observée: le catalyseur PAP-or plus encombré a été le catalyseur le plus efficace (Entrées 15 et 16, Table 4.7)

---

[206] (a) Zapf, A.; Jackstell, R.; Rataboul, F.; Riermeier, T.; Monsees, A.; Fuhrmann, C.; Dingerdissen, U.; Beller, M.; *Chem. Comm.*, **2004**, 38. (b) Rataboul, F.; Zapf, A.; Jackstell, R.; Harkal, S.; Rlermeier, T.; Monsees, A.; Dingerdissen, U.; Beller, M.; *Chem Eur. J.*, **2004**, 10, 2983. (c) Harkal, S.; Rataboul, F.; Zapf, A.; Fuhrmann, C.; Riermeier, T.; Monsees, A.; Beller, M.; *Adv. Synth. Catal.*, **2004**, 346, 1742. (d) Schulz, T.; Torborg, C.; Schäffner, B.; Huang, J.; Zapf, A.; Kadyrov, R.; Börner, A.; Beller, M.; *Angew. Chem. Int. Ed.*, **2009**, 48, 918.

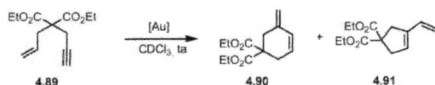

| EtO₂C, CO₂Et ... | 4.89 | 4.90 | 4.91 |

Scheme: 4.89 →[Au], CDCl₃, ta → 4.90 + 4.91

Entrée	[Au]	Ratio 4.90:4.91	Temps	Rend.	Entrée	[Au]	Ratio 4.90:4.91	Temps	Rend.
1	AuCl	0 : 1	7 jours	100 % (30 % conv.)	9	[(tBu)₂(tBuO)PAuCl]/ AgSbF₆	2.3 : 1	1 min	100 %
2	AuCl₃	0 : 1	56 h	100 %	10	[(F₃C-C₆H₄)₃PAuNTf₂]	2.1: 1	11 jours	<100 %[b] (75 % conv.)
3	AuBr₃	0 : 1	5 jours	100 % (25 % conv.)	11	(NHC)Au–NTf₂	1 : 1	16 h	< 100 %[b]
4	tBu₂P–AuNTf₂ (biphenyl, iPr)	1.1 : 1	20 min	100 %	12	(NHC)Au–NTf₂	1.7 : 1	30 h	< 100 %[b]
5	tBu₂P–AuNTf₂ (biphenyl)	1.6 : 1	1 h 45 min	100 %	13	Cy₂PhPAuCl/ AgNTf₂	2 : 1	6 jours	< 100 %[b]
6	Cy₂P–AuNTf₂ (biphenyl, iPr)	1.1 : 1	30 min	100 %	14	Me₃Si...P AuCl/ AgNTf₂	1.5 : 1	19 h	100 %
7	Cy₂P–Au(NCCH₃)SbF₆ (biphenyl, iPr)	1.1 : 1	5 min	100 %	15	(nBu)₂P AuCl/AgNTf₂	2.4 : 1	2h 30	100 %
8	Cy₂P–AuNTf₂ (OiPr, PrO)	1.4 : 1	40 min	100 %	16	(nBu)₂P AuCl/AgNTf₂	1.6 : 1	6 jours	< 100 %[b] (53 % conv.)

[a]Estimé par ¹H RMN du brut réactionnel. [b]Sous-produits présents dans une petite quantité

Table 4.7: Le *screening* des catalyseurs pour la synthèse sélective du produit cyclique à 6-membres **4.90**.

4.3 CONCLUSIONS

Même si encore ouverts, nous avons commencé dans ce travail deux projets très intéressants concernant i) la superposition des effets du contre-ion NTf_2 des catalyseurs de triphénylphosphineor et celui d'une branche alcynyle sur la partie alcène de 1,6-énynes suggère qu'une régiosélectivité élevée vers les cycles à 6-membres peut être obtenue et ii) l'utilisation des ligands du type PAP dans la catalyse à l'or a été introduite en tant que molécules efficaces et potentiellement sélectives vers des cycles de 6-membres.

Le projet i) manque encore d'un plus large nombre d'exemples, mais nous croyons avoir initié un travail pionnier en démontrant que des grandes différences de régiosélectivité pour la cyclisation de 1,6-énynes peut être obtenue à la température ambiante, en favorisant la formation de cycles à 6-membres. Cette observation est intéressante, car les cycles à 6-membres sont rarement formés *via* la cyclo-isomérisation de 1,6-énynes (*cf.* section 4.1.5).

Le projet ii) rapporte pour la première fois l'utilisation de ligands PAP dans la catalyse à l'or en tant que des potentielles sources pour la formation régiosélective de cycles à 6 membres. Le principe maximal de la catalyse est bien approprié ici : «La catalyse est surtout un problème d'ajuste fin». Dans ce contexte, des nouveaux substituants sur ces ligands doivent être investigués, mais ces résultats préliminaires sont encourageants.

CHAPITRE 5: L'HYDROALKYLATION D'ALCYNYL ÉTHERS *VIA* UNE SÉQUENCE DE TRANSFERT 1,5-D'HYDRURE/ CYCLISATION CATALYSÉE À L'OR

Ce travail a été développé avec la contribution du M. Yann Odabachian, sous l'orientation du Dr. Fabien Gagosz. Dans la préoccupation de réaliser une exposition claire et complète du sujet, toutes les expériences réalisées dans ce projet sont présentées ici. Néanmoins, les expériences réalisées par l'auteur de cette thèse sont marqués avec une étoile rouge (*).

Une partie des résultats exhibés dans ce chapitre a été publiée dans le journal de la société américaine de chimie: Jurberg, I. D.; Odabachian, Y.; Gagosz, F.; *J. Am. Chem. Soc.*, **2010**, 132, 10, 3543.

CHAPITRE 5: L'HYDROALKYLATION D'ALCYNYL ÉTHERS *VIA* UNE SÉQUENCE DE TRANSFERT 1,5-D'HYDRURE/ CYCLISATION CATALYSÉE À L'OR

5.1 INTRODUCTION: Les Procédés d'Activation C-H et les Réactions Redox Intramoléculaires

5.1.1 Les Procédés d'Activation C-H

Même si la recherche intensive sur l'activation C-H a contribué à des énormes avances dans ce domaine depuis les années de 1980, le but ultime de fonctionnaliser des liaisons C-H mérite encore d'être nommé le saint Graal de la chimie organique. L'importance de ce processus repose sur l'omniprésence de ces liaisons dans la nature. Par exemple, en considérant l'industrie de l'énergie et des enjeux économiques, l'utilisation du méthane (le principal component du gaz naturel) à partir de locaux éloignés de la plupart des ressources de gaz naturel connus du monde est entravée en raison de la difficulté d'accéder à ces sites. Les deux solutions employées aujourd'hui pour résoudre cette difficulté sont coûteuses: une est le transport du gaz; l'autre est la procédure actuelle pour convertir le gaz d'hydrocarbure dans un liquide plus facilement transportable, qui consiste de deux étapes: la production du gaz de synthèse (CO et H_2) et son conversion aux produits souhaités.[207] Le développement de stratégies efficaces pour la conversion directe du méthane en méthanol ou d'autres

---

[207] Gradasi, M. J.; Green, N. W.; *Fuel Proc. Technol.*, **1995**, 42, 65.

combustibles liquides ou des produits chimiques pourrait améliorer significativement l'utilisation du méthane.[208]

En ce qui concerne la synthèse organique, un processus d'activation C-H pratique, prévisible et efficace représenterait une révolution[209] dans la logique qui sous-entend la façon dont nous construisons des molécules, où la fonctionnalisation d'un certain site est généralement réalisée en s'appuyant sur la proximité des hétéroatomes et des insaturations. La vision de liaisons C-H en tant que des groupes fonctionnels peut notablement économiser des manipulations de groupes fonctionnels et introduire de raccourcis dans les procédures typiquement décrites en plusieurs étapes.[210]

Dans le contexte de la fonctionnalisation C-H, l'étape antérieure d' «activation» C-H est fréquemment comprise selon la définition de Shilov et Shulp'in: «quand on se réfère à l'activation d'une molécule,

---

[208] Trois travaux remarquables pour atteindre cet objectif sont les suivants: (a) Periana, R. A.; Taube, D. J.; Evitt, E. R.; Löffler, D. G.; Wentrcek, P. R.; Voss, g.; Masuda, T.; *Science*, **1993**, 259, 340. (b) Periana, R. A.; Taube, D. J.; Gamble, S.; Taube, H.; Satoh, T.; Fujii, H.; *Science*, **1998**, 280, 560. (c) Periana, R. A.; Mironov, O.; Taube, D.; Bhalla, G.; Jones, C. J.; *Science*, **2003**, 301, 814.

[209] Pour des études très intéressants, voir: (a) White, C.; Chen, M. S.; *Science*, **2007**, 318, 783. (b) Chen, M. S.; White, M. C.; *Science*, **2010**, 327, 566. (c) Chen, K.; Eschenmoser, A.; Baran, P. S.; *Angew. Chem. Int. Ed.*, **2009**, 48, 9705. (c) Phipps, R. J.; Gaunt, M. J.; *Science*, **2009**, 323, 1593.

[210] Pour quelques exemples de tels raccourcis dans la synthèse totale, voir: (a) Stang, E. M.; White, M. C.; *Nature*, **2009**, 1, 547. (b) Chen, B.; Baran, P.; *Nature*, **2009**, 459, 824. (c) Hinman, A.; Du Bois, J. H.; *J. Am. Chem. Soc.*, **2003**, 125, 11510. (c) Fischer, D. F.; Sarpong, R.; *J. Am. Chem. Soc.*, **2010**, 132, 5926. (d) Beck, E. M.; Hatley, R.; Gaunt, M. J.; *Angew. Chem. Int. Ed.*, **2008**, 120, 3046.

nous entendons que la réactivité de cette molécule augmente en raison d'une certaine action(…). Le résultat principal de l'activation d'une liaison C-H est le replacement d'une forte liaison C-H par une liaison plus faible, plus facilement fonctionnalisable».[211a]

Dans ce regard, des complexes métalliques[211] ont été extensivement employés dans la recherche de systèmes catalytiques capables d'activer efficacement des liaisons C-H. Les mécanismes d'activation C-H sont (i) l'addition oxydante, qui implique des métaux de transition tardifs du tableau périodique, tels comme Re, Fe, Ru, Os, Rh, Ir, Pt. Le fragment C-H est additionné au centre métallique pour générer deux nouvelles liaisons métal-carbone et métal-hydrogène. (ii) La métathèse des liaisons σ, qui implique des métaux de transition précoces avec une configuration électronique d^0, est responsable par le changement de groupes alkyles. (iii) L'insertion 1,2 implique l'addition d'un alcane à une liaison double métal-nonmétal. (iv) L'activation métalloradicalaire implique deux centres métalliques, qui cassent et partagent les fragments de la liaison C-H, ainsi en formant deux nouveaux fragments métal-carbone et métal-hydrogène. Finalement, (v) l'activation électrophile consiste du déplacement d'un

---

[211] Pour des reviews en utilisant des nombreux métaux, voir: (a) Shilov, A. E.; Shulp'in, G. B.; *Chem. Rev.*, **1997**, 97, 2879. (b) Díaz-Requejo, M . M.; Pérez, P. J.; *Chem Rev.*, **2008**, 3379. Pour des reviews en utilisant le rhodium, voir: (c) Davies, H. M. L. ; Manning, J. R.; *Nature*, **2008**, 451, 417. (d) Lewis, J. C.; Bergman, R. G. Ellman, J. A.; *Acc. Chem. Res.*, **2008**, 41, 8, 1013. Pour un review en utilisant le palladium, voir: (e) Lyons, T. W.; Sanford, M. S.; *Chem. Rev.*; **2010**, 110, 1147.

atome d'hydrogène d'une liaison C-H par un autre groupe, généralement un halogénure ou une molécule d'eau (Schème 5.1).[212]

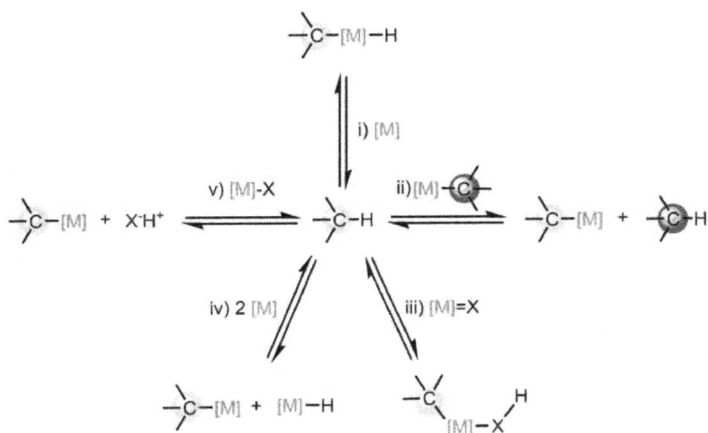

Schème 5.1: Il y a cinq chemins typiques pour l'activation C-H promues par des métaux: i) addition oxydante, ii) métathèse de liaisons σ, iii) insertion-1,2, iv) activation métalloradicalaire et v) activation électrophile.[212]

Ces processus participent à des degrés divers dans quelques systèmes catalytiques décrits aujourd'hui pour l'activation et la fonctionnalisation postérieure de liaisons C-H qui utilisent des hydrocarbures non réactifs. Trois transformations réussies en employant des alcanes sont la borylation rapportée par Hartwig *et*

---

[212] Labinger, J. A.; Bercaw, J. E.; *Nature*, **2002**, 417, 507.

al.[213] et la déshydrogénation d'alcanes,[214] où les deux transformations procèdent par le mécanisme i), et les systèmes de Shilov pour l'activation du méthane,[208] qui généralement se produit *via* le mécanisme d'activation électrophile v) (Schème 5.2).

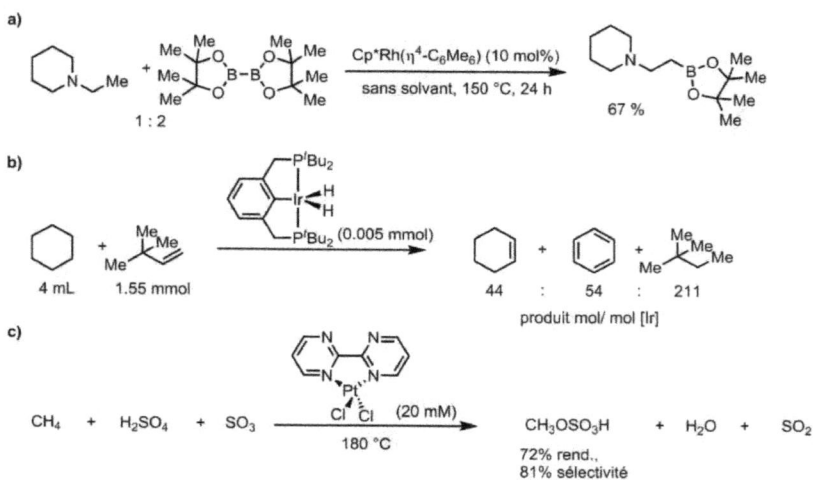

Schème 5.2: Exemples de **a)** la borylation de Hartwig et **b)** la déshydrogénation d'alcanes. Toutes les deux transformations

[213] (a) Mkhalid, I. A. I. ; Barnard, J. H.; Marder, T. B.; Murphy, J. M.; Hartwig, J. F.; *Chem. Rev.*, **2010**, 110, 890. (b) Chen, H.; Schlecht, S.; Semple, T. C.; Hartwig, J. F.; *Science*, **2000**, 287, 1995.

[214] (a) Gupta, M.; Hagen C.; Kaska, W. C.; Flesher, R.; Jensen, C. M.; *Chem. Comm.*, **1996**, 2083. (b) Gupta, M. ; Hagen, C.; Kaska, W. C.; Cramer, R. E.; Jensen, C. M.; *J. Am. Chem. Soc.*, **1997**, 119, 840. (c) Liu, F. C.; Pak, E. B.; Singh, B.; Jensen, C. M.; Goldman, A. S.; *J. Am. Chem. Soc.*, **1999**, 121, 4086. (d) Goldman, A. S.; Roy, A. H.; Huang, Z.; Ahuja, R.; Schinski, W.; Brookhart, M.; *Science*, **2006**, 312, 257.

procèdent via un mécanisme d'addition oxydante, tandis que **c)** l'activation du méthane promue par le Pt(II) pour produire méthane bisulfate est supposée se passer *via* un mécanisme d'activation électrophile.

Un problème important rencontré dans ces procédés d'activation C-H est la sélectivité des transformations. Une des raisons pour cela est que le produit fonctionnalisé souhaité ne doit pas être plus réactif vis-à-vis le centre métallique que le produit de départ. Une deuxième raison est que faire réagir sélectivement une liaison C-H parmi toutes les autres présentes dans la molécule de départ est fréquemment difficile.

Quand nous considérons ces enjeux de sélectivité dans un scénario plus général concernant la fonctionnalisation de molécules organiques, une manière de cibler l'activation spécifique d'une liaison C-H est d'utiliser la proximité d'un hétéroatome, tel comme un azote ou oxygène, ou d'une insaturation, pour activer la liaison C-H voisine.[215] Dans ces cas, les mécanismes d'activation sont complètement différents des processus de métallation C-H présentés dans le schème 5.1.

En effet, des approches typiques pour fonctionnaliser des liaisons α-C-H à un hétéroatome ou une liaison insaturée généralement consiste de procédés redox promus par un catalyseur à base d'un métal de transition d'une manière intra- ou intermoléculaire.

---

[215] Godula, K.; Sames, D.; *Science*, **2006**, 312, 67.

Afin d'activer la liaison α-C-H ciblée à partir d'une abstraction d'hydrogène, des procédés intermoléculaires utilisent agents oxydants externes (*via* processus de «SET, single electron transfer») tels comme le 2,3-dichloro-5,6-dicyanobenzoquinone (DDQ), ^{t}BuOOH (TBHP), ^{t}BuOO^{t}Bu (DTBP), *N*-bromosuccinimide (NBS) ou O_2. Ces processus sont maintenant appelés couplage-déshydrogénant croisé (CDC).[216] D'un autre coté, des processus intramoléculaires profitent d'une région électrophile présente dans le substrat, qui sert en tant qu'un accepteur d'hydrure. Cette région électrophile reçoit un hydrure, ainsi en se réduisant et génère un carbocation stabilisé, un motif oxidé, dû à la présence d'un α-hétéroatome/ double liaison allylique (ou benzylique). L'addition d'hydrure à la région électrophile est généralement accompagnée par la formation simultanée d'un nucléophile interne que cyclise sur le cation formé (Schème 5.3).

---

[216] Pour des reviews, voir: (a) Li, C.-J.; *Acc. Chem. Res.*, **2009**, 42, 2, 335. (b) Scheuermann, C. J.; *Chem. Asian J.*, **2010**, 5, 436. Pour des publications sélectionnées, voir: (c) Li, Z.; Li, C.-J.; *J. Am. Chem. Soc.*, **2005**, 127, 6968. (d) Zhang, Y.; Li, C.-J.; *J. Am. Chem. Soc.*, **2006**, 128, 4242. (e)Yu, B.; Jiang, T.; Li, J.; Su, Y.; Pan, X.; She, X.; *Org. Lett.*, **2009**, 11, 15, 3442. (f) Li, Z.; Li, C.-J.; *J. Am. Chem. Soc.*, **2005**, 127, 3672 g) Y. Zhang, C.-J. Li, *Angew. Chem. Int. Ed.*, **2006**, 45, 1949. h) Rice, G. T.; White, M. C.; *J. Am. Chem. Soc.*, **2009**, 133, 31, 11707. i) Reed, S. A.; Mazzotti, A. R.; White, M. C.; *J. Am. Chem. Soc.*, **2009**, 133, 11701. j) Tu, W.; Liu, L.; Floreacing, P. E.; *Angew. Chem. Int. Ed.*, **2008**, 47, 4184. k) Li, Z.; Yu, R.; Li, H.; *Angew. Chem. Int. Ed.*, **2008**, 47, 7497.

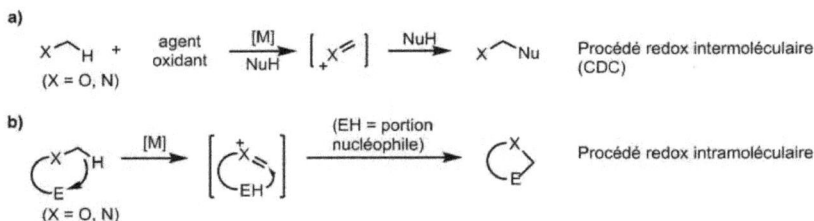

Schème 5.3: Des représentations générales pour des procédés **a)** inter- et **b)** intramoléculaires de redox/cyclisation, où le groupe stabilisant (≈ directeur) est un hétéroatome (fréquemment, X = O ou N).

Puisque le sujet développé dans ce chapitre est essentiellement un processus redox intramoléculaire (comme illustré dans le schéme 5.3b), la présentation de la littérature concernant cette transformation sera plus profondément discutée dans la prochaine section.

5.1.2 Les Réactions Redox Intramoléculaires: Présentation de la Littérature

La littérature concernant les séquences de transfert 1,5-d'hydrure/ cyclisation est largement dominée par l'utilisation de groupes carbonyles/ ions iminium ou d'accepteurs de Michael, via des additions 1,2 ou 1,4, respectivement, en étant suivies par l'étape de cyclisation employant le nucléophile généré à partir de l'événement du transfert 1,5 d'hydrure (Schème 5.4).

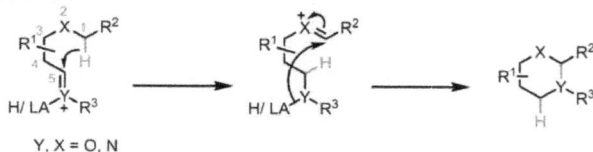

Y, X = O, N

b) Addition d'Hydrure 1,4

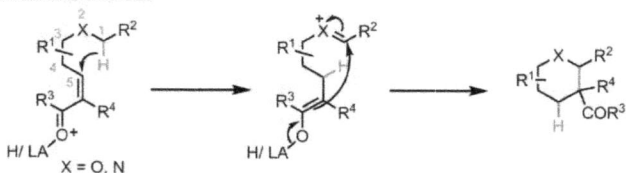

X = O, N

Schème 5.4: Les approches intramoléculaires les plus communs vers la synthèse de produits cyclisés en suivant une séquence de transfert 1,5 d'hydrure/ cyclisation. Ils procèdent soit par un mécanisme d'addition **a)** 1,2 ou **b)** 1,4.

Cette séquence de transfert 1,5 d'hydrure/ cyclisation a été originalement décrite comme en procédant par le chauffage dans des températures de 100-230°C et en utilisant des amines tertiaires en tant que donneurs d'hydrures. Ces processus ont reçu le nome d'effet *tert-amino*.[217] Des développements postérieurs ont étendu la généralité de cette approche pour la clôture d'anneaux en utilisant des éthers en tant que des *connecteurs*. Les réactions sont décrites sous des conditions douces en utilisant des quantités catalytiques d'acides de Brønsted,

---

[217] Pour une review, voir: Mátyus, P.; Éliás, O.; Tapolcsányi, P.; Polonka-Bálint, Á.; Halász-Dajka, B.; *Synthesis*, **2006**, 16, 2625.

tels comme le TfOH[218] et le TFA,[219] et différents acides de Lewis, tels comme Gd(OTf)$_2$,[220] Mg(OTf)$_2$,[221] SnCl$_4$,[222] BF$_3$.OEt$_2$[223] et Sc(OTf)$_3$.[224] En addition, la première approche organocatalytique en utilisant un dérivé de pyrrolidine/TFA a été également documentée.[225] Des exemples sélectionnés sont montrés ci-dessous (Schème 5.5).

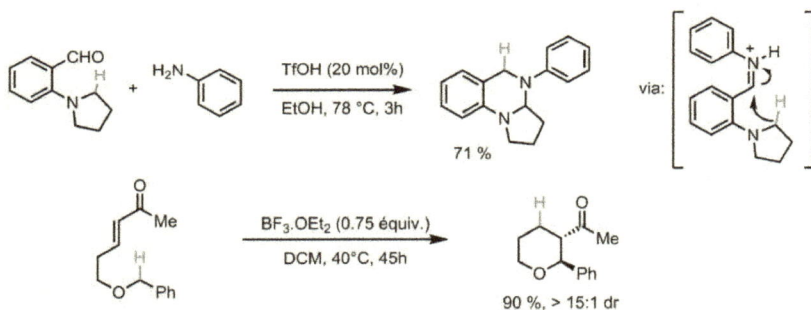

[218] Zhang, C.; Murarka, S.; Seidel, D.; *J. Org. Chem.*, **2009**, 74, 419

[219] Che, X.; Zheng, L.; Dang, Q.; Bai, X.; *Synlett*, **2008**, 2373.

[220] Murarka, S.; Zhang, C.; Konieczynska, M. D.; Seidel, D.; *Org. Lett.*, **2009**, 11, 1, 129.

[221] Murarka, S.; Deb, I.; Zhang, C.; Seidel, D.; *J. Am. Chem. Soc.*, **2009**, 131, 13226.

[222] Mori, K.; Kawasaki, T.; Sueoka, S.; Akiyama, T.; *Org. Lett.*, **2010**, 12, 8, 1732.

[223] (a) Pastine, S. J.; McQuaid, K. M.; Sames, D.; *J. Am. Chem. Soc.*, **2005**, 127, 12180. (b) Pastine, S. J.; Sames, D.; *Org. Lett.*, **2005**, 7, 24, 5429. (c) McQuaid, K. M.; Sames, D.; *J. Am. Chem. Soc.*, **2009**, 131, 402.

[224] McQuaid, K. M.; Long, J. Z.; Sames, D.; *Org. Lett.*, **2009**, 11, 14, 2972.

[225] Kang, Y., K.; Kim, S. M.; Kim, D. Y.; *J. Am. Chem. Soc.*, **2010**, 132, 11847.

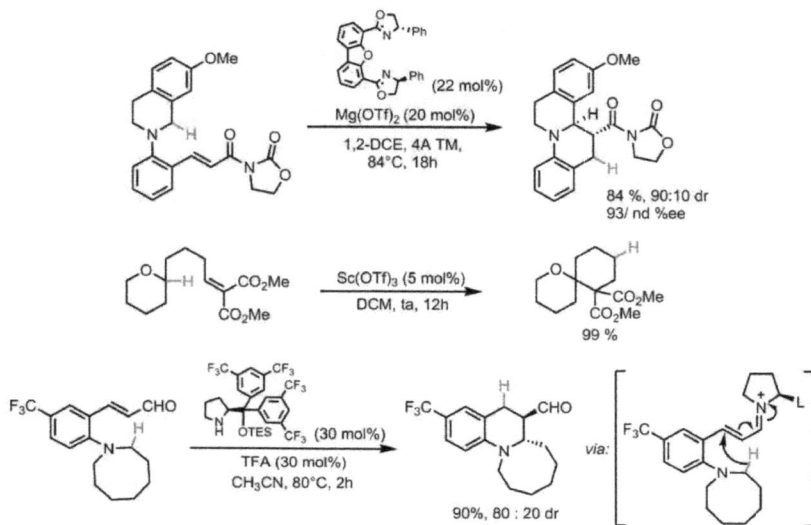

Schème 5.5: Des exemples sélectionnés de la littérature pour la séquence de transfert 1,5-d'hydrure/cyclisation en employant différents acides de Brønsted/ Lewis et des accepteurs d'hydrures 1,2/ 1,4.

Importantes caractéristiques concernant la structure du substrat et la nature de l'agent d'activation (acide de Brønsted, acide de Lewis, température, etc) sont déterminants pour permettre l'événement du transfert 1,5-d'hydrure. Par exemple, dans des procédures promues thermiquement, qui sont généralement décrites avec des doubles accepteurs de Michael, la présence de forts groupes attracteurs d'électrons sur le carbone vinylique terminal, tel comme des groupes cyano, sont considérés une condition préalable pour que le transfert 1,5-d'hydrure se produise efficacement.[217] Inversement, complexes cabonyle-acides de Lewis, qui sont très électrophiles,[226] permettent une large utilisation d'accepteurs de Michael, tels comme α,β-énals, -énones, -dérivés d'amides, -double esters, etc (Schème 5.5). En plus, des substrats plus exigeants, tels comme **5.1**, échouent la cyclisation thermique, mais en utilisant le Sc(OTf)$_3$ produisent le composé souhaité avec un excellent rendement (Schème 5.6).[224]

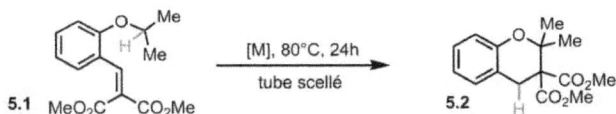

[M]	Rendement 5.2
sans catalyseur	0%
Sc(OTf)$_3$ (10 mol%)	91%

Schème 5.6: Comparaison d'une cyclisation procédant *via* un processus thermique et une transformation catalysée par Sc(OTf)$_3$ en employant le substrat **5.1**.

Surtout, car l'interaction initiale entre le substrat et l'agent d'activation (un acide de Brønsted ou de Lewis) se passe loin de la liaison C-H ciblée, la fonctionnalisation peut être atteinte dans des positions stériquement encombrées.

En outre, la relation 1,5 entre le donneur d'hydrure et l'accepteur paraît être typiquement essentielle, car d'autres substrats possédant des relations 1,4- et 1,6-, tels comme **5.6** et **5.7**, respectivement,

---

[226] Mayr, H.; Kempf, B.; Ofial, A. R.; *Acc. Chem. Res.*, **2003**, 36, 66.

echouent la cyclisation sous les mêmes conditions réactionnelles[224] (Figure 5.1).

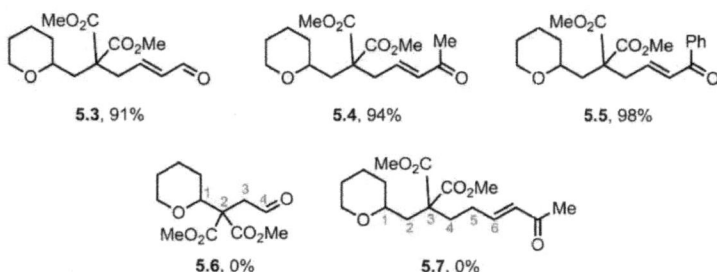

5.3, 91%   **5.4**, 94%   **5.5**, 98%

5.6, 0%   **5.7**, 0%

Figure 5.1: Les substrats **5.3-5.5**, possédant une relation 1,5 entre accepteur-donneur d'hydrure, cyclisent avec des excellents rendements sous le traitement avec $BF_3.OEt_2$ (30 mol%), à la température ambiante, tandis que les substrats **5.6** et **5.7**, qui possèdent une relation 1,4- et 1,6- respectivement, echouent le processus de cyclisation.

En accord avec ces observations et des expériences de deutération,[224] ce processus est supposé subir un transfert d'hydrure à travers l'espace[227] induit par la formation d'un cation, qui doit procéder *via* un état de transition à 6 membres. La facilité du transfert d'hydrure est directement associé à la stabilisation du carbocation formé, dont la

---

[227] Le terme «par l'espace» a été introduit par D. Sames, l'un des principaux chercheurs dans ce domaine, pour distinguer entre ce processus et autres plus communs de transfert sigmatropique 1,5-d'hydrure, qui procèdent à partir des liaisons □ et □. Pour quelques exemples de tels processus, voir: (a) Diaz, D.; Martín, V. S.; *Org. Lett.*, **2000**, 2, 335. (b) Wölfling, J.; Frank, E.; Schneider, G.; Tietze, L. F.; *Angew. Chem. Int. Ed.*, **1998**, 38, 200.

présence d'un hétéroatome voisin, *e.g.* oxygène ou azote, se montre indispensable dans des nombreux cas. La stabilisation cationique explique aussi les enjeux de régiosélectivité liés aux substrats ramifiés, tel comme par exemple, les substrats **5.8** et **5.10**, où tous les deux produisent uniquement un seul régioisomère[221] (Schème 5.7).

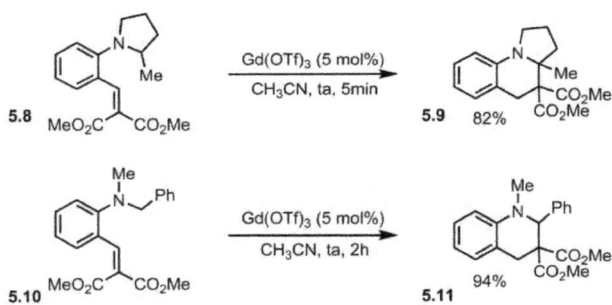

Schème 5.7: La régiosélectivité observée dans les séquences de transfert 1,5-d'hydrure/cyclisation peuvent être expliquées à partir de la stabilisation des cations intermédiaires générés.

Une autre caractéristique importante est l'effet des substituants voisins sur les vitesses de réaction, comme cela a été noté pour les dérivés de pyridazine[217] (Schème 5.8a) et de phénol-éther[222] (Schème 5.8b). En effet, plus le groupe voisin est encombrant, plus rapidement la réaction se produit et moins de catalyseur est nécessaire. L'augmentation de vitesse est attribuée à deux facteurs, un est le comportement conformationnel de la chaine portant la liaison C-H, qui a la tendance de passer plus de temps dans une conformation productive, dû à une répulsion du type *allylique* $A^{1,3}$, et l'autre est l' «effet d'étayage» entre les groupes voisins *ortho* dans le cycle aromatique (Schème 5.8).

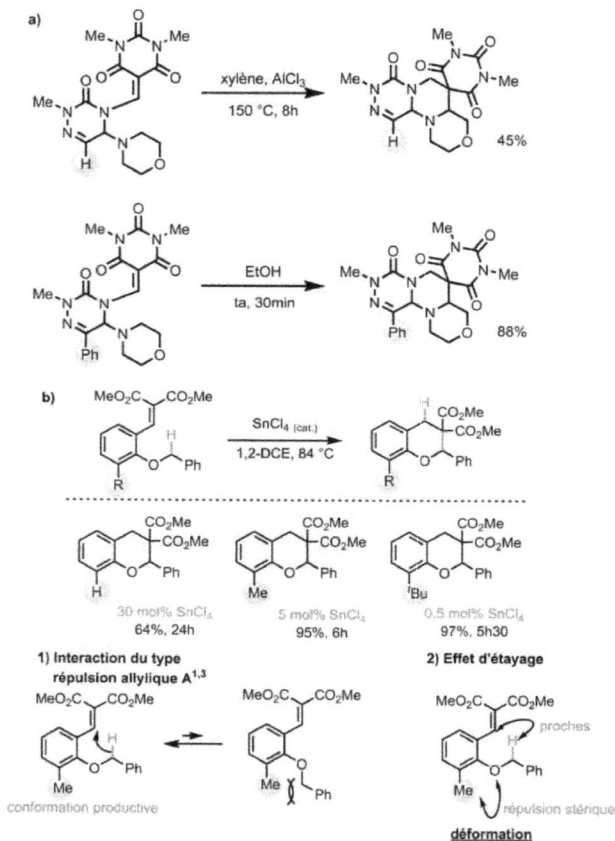

Schème 5.8: Exemples de répulsion du type allylique $A^{1,3}$ et l'effet d'étayage sur les vitesses de réaction pour la séquence de transfert 1,5-d'hydrure/ cyclisation.

La portée de la réaction pour cette séquence de transfert 1,5-d'hydrure/cyclisation peut également être étendue pour inclure des alcynes en tant que des accepteurs d'hydrures. Urabe *et al.*[228] a rapporté sur l'utilisation d'alcynylsulfones en employant Rh(tfa)$_4$ (tfa = trifluoroacétate) comme catalyseur au reflux du toluène. Intéressement, l'utilisation de sulfones a été nécessaire pour activer la partie alcyne, en tant que d'autres substituants, tels comme un hydrogène (alcynes terminaux), alkyle, phényle, triméthylsilyle ou ester, tous ont échoué la formation des produits de cyclisation correspondants (Schème 5.9).

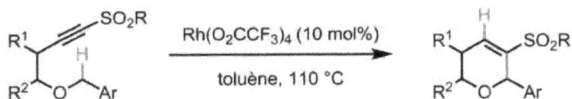

exemples:

| 78 % | 60 %, 91:9 dr | 96 %, >95:5 dr | 66 % |

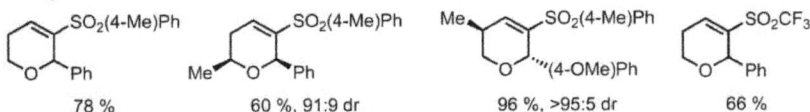

Schème 5.9: Des exemples sélectionnés pour démontrer la portée de la réaction d'alcynyl sulfones dans la séquence de transfert 1,5-d'hydrure/ cyclisation catalysée par le Rh.

Pendant que le travail décrit dans ce chapitre était sous l'évaluation pour être publié dans le «*Journal of the American*

[228] Shikanai, D.; Murase, H.; Hata, T.; Urabe, H.; *J. Am. Chem. Soc.*, **2009**, 131, 3166.

Chemical Society» à la fin de 2009,[229] un rapport très proche traitant de l'utilisation du PtI$_4$ pour l'activation d'alcynes vers la séquence de transfert 1,5-d'hydrure/ cyclisation réalisé par Vadola et Sames[230] est apparu comme un article *ASAP* du même journal. Dans leurs études, les auteurs ont montré qu'alcynes non-activés pouvaient subir un transfert d'hydrure à travers l'espace, en étant suivi d'un événement de cyclisation en employant des éthers cycliques et carbamates comme des sources d'hydrure (Schème 5.10).

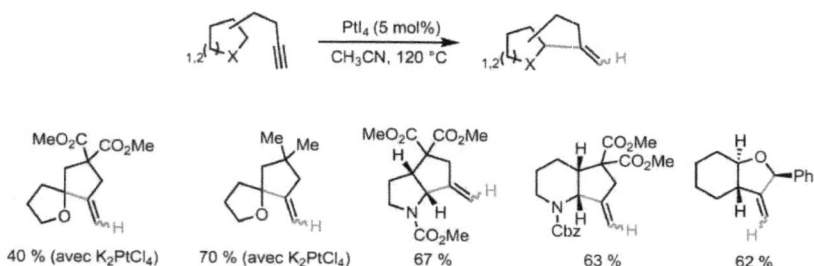

Schème 5.10: Exemples sélectionnés pour démontrer la portée de la réaction sur la séquence réactionnelle de transfert 1,5-d'hydrure/ cyclisation décrite par Vadola et Sames (En rouge, la liaison C-C formée et l'hydrure transféré sont mis en évidence).[230]

Parce que les substrats liés par C(2) possèdent la liaison C-H ciblée en étant un carbone tertiaire, qui va engendrer finalement un carbocation tertiaire stable, on peut s'attendre qu'ils soient plus réactifs

[229] Jurberg, I. D.; Odabachian, Y.; Gagosz, F.; *J. Am. Chem. Soc.* **2010**, 132, 10, 3543.

[230] Vadola, P.; Sames, D.; *J. Am. Chem. Soc.*, **2009**, 131, 16525.

que les substrats substitués en C(3). En effet, ces substrats produisent seulement de la dégradation à partir du traitement avec le complexe très électrophile PtI$_4$. Dans tels cas, le sel moins actif de chlorure de platine, K$_2$PtCl$_4$, a été employé (Schème 5.10).

En reconnaissant la différence de réactivité entre les différents sels de platine dû à la présence de différents atomes d'halogène sur le centre de platine, une étude intéressante employant des sels de platine ordinaires a été réalisée. Les auteurs ont imaginé que par l'augmentation de la longueur de liaison et en suivant la tendance de la série spectrochimique,[231] quand on passe du chlorure à l'iodure, on aurait que les iodures de platine sont plus électrophiles que d'autres halogénures de platine et que le métal platine serait plus accessible à l'alcyne, ainsi en résultant dans un catalyseur plus actif.[232] En effet, cela s'est avéré. Pour confirmer si l'effet de l'halogénure observé était dû à l'activité augmentée du catalyseur et non de sa stabilité, la formation de **5.13a** à partir de **5.12a** a été étudiée en utilisant des différents halogénures de platine. Intéressement, PtI$_2$ s'est montré le

---

[231] Les ligands sont capables de modifier l'écart d'énergie (Δ) entre les orbitaux d du centre métallique. Pour les halogénures, l'ordre du petit Δ pour le grand Δ (série spectroschimique) est la suivante: I < Br < Cl < F. Pour une discussion plus détaillée, voir: (a) Les orbitales moléculaires dans les complexes. Jean, Y.; Editions de l'École Polytechnique, Palaiseau: **2003**. (b) Chimie Moléculaire des Éléments de Transition, Mathey, F.; Sevin, A.; Éditions de l'Ecole Polytechnique, Palaiseau: **2000**.

[232] Pour des exemples dans la littérature où les iodures et bromures de platine ont démontré une meilleur performance que les chlorures de platine, voir: (a) Fürstner, A.; Szillat, H.; Gabor, B.; Mynott, R. J.; *J. Am. Chem. Soc.*, **1998**, 120, 8305. (b) Hardin, A. R.; Sarpong, R.; *Org. Lett.*, **2007**, 9, 4547.

plus actif, mais les réactions catalysées par ce sel ne se sont pas complétées dû à son instabilité dans les conditions réactionnelles. Globalement, le meilleur résultat a été obtenu pour PtI$_4$ (Schème 5.11).[230]

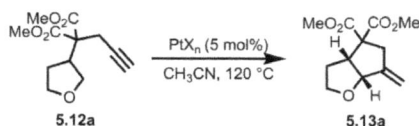

PtX$_n$	5.13a (%)	5.12a (%)
PtI$_2$	68	2
PtI$_4$	86	0
PtBr$_2$	43	6
PtCl$_2$	23	58

Schème 5.11: L'effet de l'halogénure sur l'activité du catalyseur.

5.2 RÉSULTATS ET DISCUSSION

5.2.1 L'Idée Initiale

La littérature disponible que nous avions en mains au moment que ce travail a été développé concernait les séquences de transfert 1,5-d'hydrure/ cyclisation rapportées pour des accepteurs de Michael et groupes aldéhydes/ iminiums et le travail d'Urabe sur les alcynyl sulfones (*cf.* section 5.1.2). En reconnaissant l'aspect limitant du rapport d'Urabe dû à la nécessité d'un substituant sulfone sur l'alcyne et en connaissant la forte π-acidité de complexes d'or (*cf.* chapitre 2), nous nous sommes intéressés pour la possibilité d'employer des alcynes en tant que des accepteurs 1,5-d'hydrures.[233] Nous pensions qu'ils pourraient subir ensuite un processus de cyclisation correspondante à celle de l'effet d'amino tertiaire (Schème 5.12).[229]

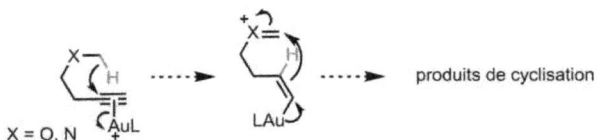

Schème 5.12: L'hypothèse initiale concernant la séquence de transfert 1,5-d'hydrure/cyclisation catalysée à l'or.

Une investigation vers les meilleures conditions réactionnelles a été réalisée dans les conditions expérimentales suivantes: traitement de 0.1 mmol du substrat **5.17a**, avec 4 mol% du catalyseur et chauffage au reflux du solvant (500 µL). Le substrat **5.17a** a été synthétisé par deux étapes d'alkylation simples à partir du diméthylmalonate **5.15** (Schème 5.13).

---

[233] Des additions d'hydrure sur des carbènes d'or et de platine, suivies par des cyclisations sur les carbocations formés ont été déjà décrites. Par exemple, voir: (a) Cui, L.; Peng, Y.; Zhang, L.; *J. Am. Chem. Soc.*, **2009**, 131, 8394. (b) Bhunia, S.; Liu, R.-S.; *J. Am. Chem. Soc.*, **2008**, 130, 16488. (c) Jiménez-Núñez, E.; Raducan, M.; Launterbach, T.; Molawi, K.; Solorio, C. R.; Echavarren, A. M.; *Angew. Chem. Int. Ed.*, **2009**, 48, 6152.

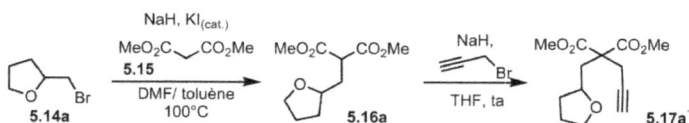

Schème 5.13: La synthèse du substrat **5.17a**.

Le premier essai en employant le PtCl$_2$, qui était déjà documenté comme étant capable de catalyser des transferts d'hydrure,[234] n'ont pas fourni aucun produit de cyclisation (Entrée 1, Table 5.1). Également, l'utilisation d'AuBr$_3$ seul ou avec le sel d'argent AgNTf$_2$ n'a pas donné aucun produit de cyclisation, mais seulement des quantités traces de la cétone **5.21a** provenant de l'hydratation de l'alcyne de départ[235] (Entrées 2 et 3, Table 5.1). Tandis que l'utilisation des ligands **L1-L4** sur les centres métalliques d'or n'a pas fourni aucun catalyseur compétent pour la transformation souhaitée, en ne produisant que des quantités traces du cycle à 6-membres **5.18** et de la dégradation sous les conditions réactionnelles (Entrées 4-7, Table 5.1), **L5-L7** ont démontré une performance significativement meilleure. Les premières expériences au reflux du CDCl$_3$ en employant **L5** et **L6**, avec SbF$_6$ comme contre-ion, a produit 45% et 57%, respectivement,

---

[234] (a) Yang, S.; Li, Z.; Jian, X.; He, C.; *Angew. Chem., Int. Ed.*, **2009**, *48*, 3999. (b) Tobisu, M.; Nakai, H.; Chatani, N. *J. Org. Chem.* **2009**, *74*, 5471. (c) Bajracharya, G. B.; Pahadi, N. K.; Gridnev, I. D.; Yamamoto, Y.; *J. Org. Chem.*, **2006**, *71*, 6204.

[235] Pour des rapports sélectionnés sur l'hydratation d'alcynes catalysée à l'or, voir: (a) Marion, N.; Ramón, R. S.; Nolan, S. P.; *J. Am. Chem. Soc.*, **2009**, *131*, 448. (b) Mizushima, E.; Sato, K.; Hayashi,T.; Tanaka, M.; *Angew. Chem., Int. Ed.*, **2002**, *41*, 4563.

du cycle à 6-membres, **5.18a**. De manière surprenante, la structure tricyclique **5.20a**, supposée provenante d'une double activation C-H, et représentant une cyclo-addition [3+2] formelle, a été formée pendant la réaction dans des faibles quantités (Entrées 8 et 9, Table 5.1). En changeant le contre-ion sur l'or, de SbF$_6$ à NTf$_2$, le rendement de **5.18a** a diminué à la valeur de 41% (Entrée 10, Table 5.1). Le ligand **L7** a donné un résultat légèrement mieux que le ligand **L6** pour la formation de **5.18a** (Entrée 11, Table 5.1). Les produits non-souhaités d'hydratation de l'alcyne ont été toujours formés au cours de la réaction dû aux différentes

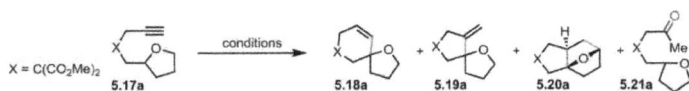

Entrée	Catalyseur	Solvant, Temp.	Temps	5.17a	5.18a	5.19a	5.20a	5.21a
1	PtCl$_2$	toluene, 100°C	7h	100%				
2	AuBr$_3$	1,2-DCE, 84°C	1h			traces d' hydratation		
3	AuBr$_3$(1)/ AgNTf$_2$ (3)	1,2-DCE, 84°C	12h			traces d' hydratation		
4	L1 SbF$_6$	CDCl$_3$, 60 °C	1h			traces	traces d' hydratation	
5	L2 SbF$_6$	CDCl$_3$, 60 °C	7h			traces	traces d' hydratation	
6	L3 SbF$_6$	CDCl$_3$, 60 °C	8h			traces	traces d' hydratation	
7	L4 SbF$_8$	CH$_2$Cl$_2$, 40°C	13h			traces	traces d' hydratation	
8	L5 SbF$_6$	CDCl$_3$, 60 °C	26h	0%	45%	9%	14%	32%
9	L6 SbF$_6$	CDCl$_3$, 60 °C	13h	0%	57%	5%	9%	29%
10	L6 NTf$_2$	CDCl$_3$, 60 °C	72h	0%	41%	5%	6%	48%
11	L7 SbF$_6$	CDCl$_3$, 60 °C	7h	0%	59%	5%	9%	27%

12	L7 SbF₆	toluène, 100 °C	2h	0%	59%	4%	8%	29%
13	L7 SbF₆	dioxane, 100 °C	2h	0%	0%	0%	0%	100%
14	L7 SbF₆	CH₃NO₂, 100 °C	10h	0%	75%	15%	4%	6%
15	L7 SbF₆	CH₃NO₂, 100 °C	2h	54%	36%	2%	8%	0%
16	L8 SbF₆	CH₃NO₂, 100 °C	2h	58%	24%	3%	7%	8%
17	L9 SbF₆	CH₃NO₂, 100 °C	2h	53%	19%	5%	11%	11%
18	L10 SbF₆	CH₃NO₂, 100 °C	2h	dégradation du catalyseur				

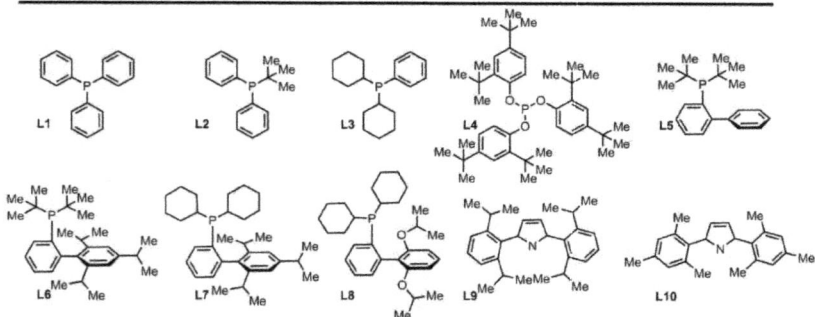

Table 5.1: Optimisation du système catalytique pour la séquence de transfert 1,5-d'hydrure/ cyclisation en employant des alcynes non-activés.

quantités d'eau présentes dans le solvant. Ainsi, nous avons imaginé que en le changeant, nous pourrions augmenter la vitesse de réaction pour la séquence de transfert 1,5-d'hydrure /cyclisation sur le chemin compétitif d'hydratation.[236] L'investigation sur les solvants, en

---

[236] C'est un fait bien établi que des effets du solvant peuvent significativement augmenter la vitesse d'une réaction/ l'organisation des états de transition impliqués, en le rendant plus concerté. Pour quelques exemples de cette influence, voir: (a) Xie, D.; Zhou, Y.; Xu, D.; Guo, H.; *Org. Lett.*, **2005**, 7, 11, 2093. (b) Regan, C. K.; Craig, S. L.; Brauman, J. I.;

employant le toluène (Entrée 12, Table 5.1), le dioxane (Entrée 13, Table 5.1) et le nitrométhane (Entrée 13, Table 5.1) a révélé que ce dernier est le choix optimal pour réduire l'hydratation observée. En plus, en arrêtant les réactions après 2h, nous a permis de comparer les vitesses de réaction des ligands **L7-L10** (Entrées 15-18, Table 5.1), qui ont également pointé à une plus grande activité du ligand **L7** en comparaison avec **L8**, **L9** et **L10**.

Avec les conditions optimisées en mains,[229] nous avons commencé les investigations sur la portée de la réaction et la tolérance des groupes fonctionnels de ce processus. Ainsi, dans un premier temps, d'autres alcynes dérivés de **5.17a** ont été synthétisés à partir de quatre procédures différentes: un couplage croisé de Sonogashira conduisant au substrat **5.17b**, une étape de bromation conduisant au substrat **5.17c**, une séquence de réduction avec LiAlH$_4$/ acétylation conduisant au substrat **5.17d** et le traitement avec LDA/ ClCO$_2$Et conduisant au substrat **5.17e** (Schème 5.14).

Science, **2002**, 295, 5593, 2245. (c) McCabe, J. R.; Grieger, R. A.; Eckert, C. A.; *Ind. Eng. Chem. Fundamen.*, **1970**, 9, 1, 156.

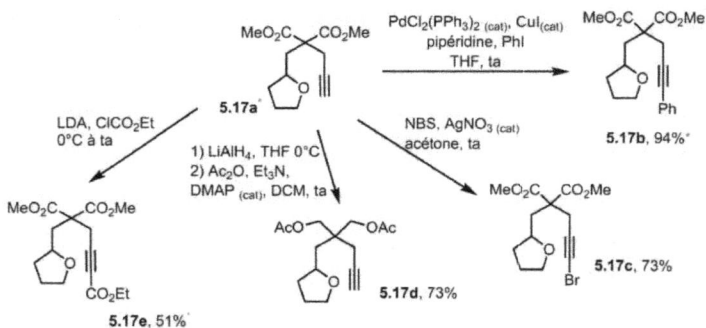

Schème 5.14: Les alcynes synthétisés à partir du malonate de diméthyle propargylé **5.17a**.

D'autres alcynes terminaux **5.17f-t** ont été également synthétisés *via* deux étapes d'alkylation directes. La première alkylation a inséré soit un motif THF ou sulfonamide à partir d'un dérivé bromé (**5.14f-j, 5.14l, 5.14p**) ou tosylé (**5.14k**)/ mesylé (**5.14q-r**), respectivement (Schème 5.15). Les dérivés bromés **5.14f-j, 5.14l, 5.14p** ont été construits par une étape de cyclisation promue par le NBS à partir d'alcools homoallyliques correspondants **5.26f-j, 5.26l, 5.26p** (ester) ou à partir du dérivé chloré ou iodé, **5.29** ou **5.31**, respectivement (Schème 5.15).

La deuxième étape d'alkylation a consisté d'une propargylation du malonate monosubstitué antérieurement préparé. À partir de ces substrats dialkylés, les composés **5.17f, 5.17k-l** ont été traités avec LDA et chloroformate d'éthyle pour donner les esters conjugués **5.17m-o** (Schème 5.15).

D'autres hétérocycles liés en C(2) ont été synthétisés dans le contexte de ce travail par des procédures d'alkylation exhibées ci-dessous (Figure 5.2).

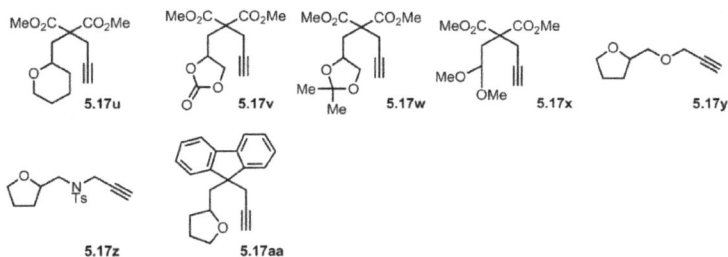

Figure 5.2: Autres substrats préparés dans le contexte de ce travail.

Ces hétérocycles liés en C(2) (**5.17a-5.17aa**) ont été soumis à nos conditions réactionnelles optimisées. Dans ce contexte, seulement les cycles à 5-membres oxygénés avec un malonate ou des groupes de diacetoxyméthyle, portant des alcynes terminaux ou des alcynes liés à des groupes esters ont fourni les produits correspondants à partir de la séquence de transfert 1,5-d'hydrure/ cyclisation.

Par exemple, les alcynes internes **5.17b,c** n'ont donné que du produit de départ après des temps de réaction prolongés (Entrées 1 et 2, Table 5.2). D'un autre coté, l'emploi de deux groupes methylacetate en tant que le point d'attache, *cf.* **5.17d**, a permis la réaction de bien procéder, en fournissant un mélange 3.7:1 des produits cyclisés **5.18d**:**5.20d** (Entrée 3, Table 5.2). Les esters conjugués **5.17e**, **5.17m** et **5.17o** ont été très sélectifs pour les cycles à 6-membres **5.18e**,

Schème 5.15: Les synthèses détaillées des principaux substrats portant des motifs THF/sulfonamides liés en C(2) étudiés dans ce projet.

a: Rendements pour 3 étapes b: Le tosylate **5.14ka** a été préparé comme un agent alkylant à partir de l'alcool homoallylique **5.26k** via 1) m-CPBA, DCM, ta/ 2) p-TSA, DCM, ta/ 3) TsCl, Et3N, DCM

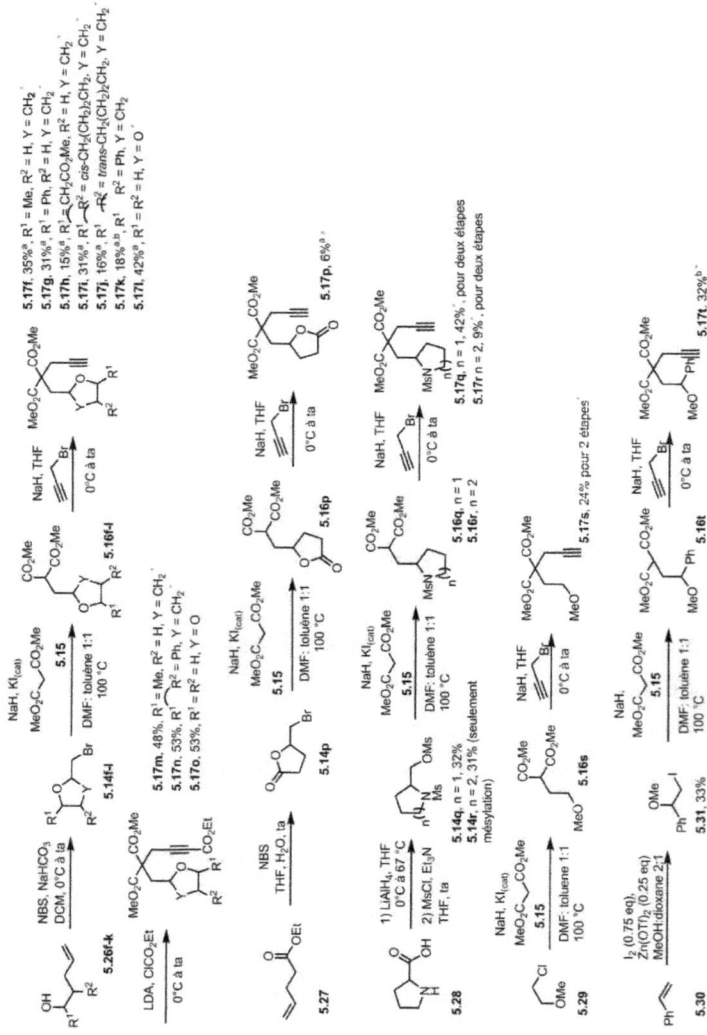

5.17l, 35%^{a}, R^1 = Me, R^2 = H, Y = CH$_2$
5.17g, 31%^{a}, R^1 = Ph, R^2 = H, Y = CH$_2$
5.17h, 15%^{a}, R^1 = CH$_2$CO$_2$Me, R^2 = H, Y = CH$_2$
5.17i, 31%^{a,b}, R^1─R^2 = cis-CH$_2$(CH$_2$)$_2$CH$_2$, Y = CH$_2$
5.17j, 16%^{a,b}, R^1─R^2 = trans-CH$_2$(CH$_2$)$_2$CH$_2$, Y = CH$_2$
5.17k, 18%^{a,b}, R^2 = Ph, Y = CH$_2$
5.17l, 42%^{a}, R^1 = R^2 = H, Y = O

5.26r-k

LDA, ClCO$_2$Et
0°C à ta

NBS, NaHCO$_3$
DCM, 0°C à ta

5.14r-l

NaH, KI$_{(cat)}$
5.15
DMF: toluène 1:1
100 °C

5.16r-l

NaH, THF
0°C à ta

5.17m, 48%, R^1 = Me, R^2 = H, Y = CH$_2$
5.17n, 53%, R^1 R^2 = Ph, Y = CH$_2$
5.17o, 53%, R^1 = R^2 = H, Y = O

5.17p, 6%^{a,b}

5.27

NBS
THF, H$_2$O, ta

5.14p

NaH, KI$_{(cat)}$
5.15
DMF: toluène 1:1
100 °C

5.16p

NaH, THF
0°C à ta

5.28

1) LiAlH$_4$, THF
0°C à 67 °C
2) MsCl, Et$_3$N
THF, ta

5.14q, n = 1, 32%
5.14r, n = 2, 31% (seulement mésylation)

NaH, KI$_{(cat)}$
5.15
DMF: toluène 1:1
100 °C

5.16q, n = 1
5.16r, n = 2

NaH, THF
0°C à ta

5.17q, n = 1, 42%, pour deux étapes
5.17r, n = 2, 9%, pour deux étapes

5.29

NaH, KI$_{(cat)}$
5.15
DMF: toluène 1:1
100 °C

5.16s

NaH, THF
0°C à ta

5.17s, 24%, pour 2 étapes

5.30

I$_2$ (0.75 eq),
Zn(OTf)$_2$ (0.25 eq)
MeOH:dioxane 2:1

5.31, 33%

NaH,
5.15
DMF: toluène 1:1
100 °C

5.16t

NaH, THF
0°C à ta

5.17t, 32%^{b}

$X = C(CO_2Me)_2$

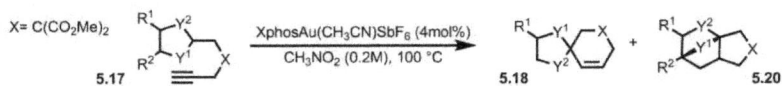

$XphosAu(CH_3CN)SbF_6$ (4 mol%)
CH_3NO_2 (0.2M), 100 °C

5.17 → 5.18 + 5.20

Entrée	Substrat	trans:cis[a]	Produits	Rend. isolé	5.18:5.20[a]
1	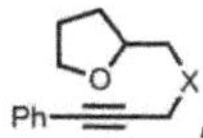 5.17b (Ph)	-	5.17b[b]	-	-
2	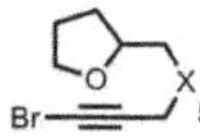 5.17c (Br)	-	(5.17c + hydratation)	-	-
3	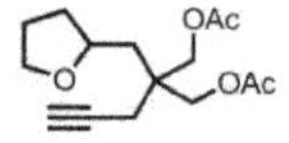 5.17d (OAc, OAc)	-	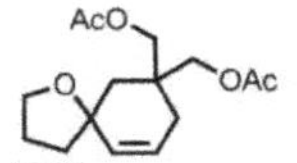 5.18d 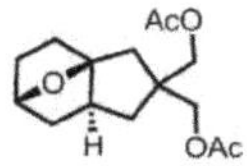 / 5.20d	70%	3.7:1
4	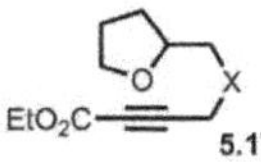 5.17e (EtO_2C)	-	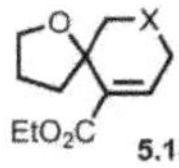 5.18e (EtO_2C)	91%	-
5	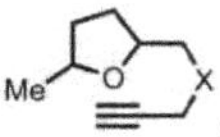 5.17f (Me)	2:1	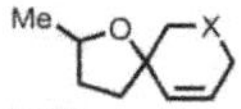 5.18f (1.4:1)[c] 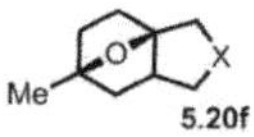 / 5.20f (Me)	82%[d]	5.1:1
6	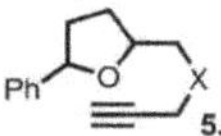 5.17g (Ph)	2:1	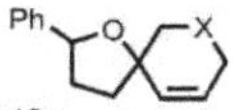 5.18g (1.5:1)[c] 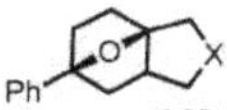 / 5.20g (Ph)	76%[d]	2.3:1
7	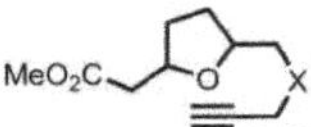 5.17h (MeO_2C)	2.5:1	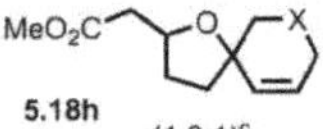 5.18h (1.3:1)[c] 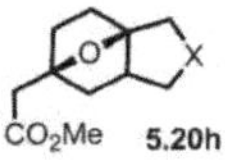 / 5.20h (CO_2Me)	82%[d]	1.5:1
8	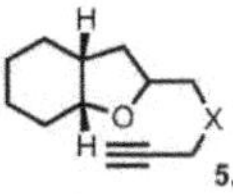 5.17i	1.6:1	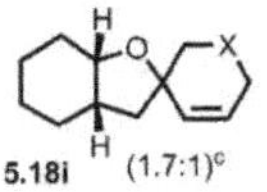 5.18i (1.7:1)[c] 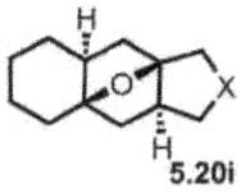 / 5.20i	74%[d]	2.1:1
9	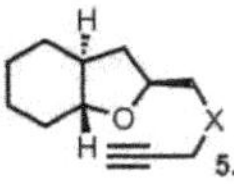 5.17j	1:0	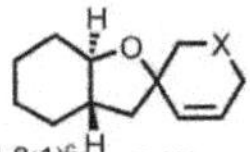 5.18j (1.8:1)[c]	50%	-
10	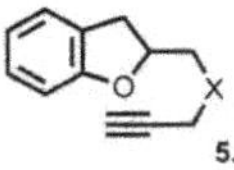 5.17k	-	(5.17k + hydratation)	-	-

204

Entrée	Substrat	trans:cis[a]	Produits	Rend. isolé	5.18:5.20[a]
11[e]	5.17l	-	5.18l	73%[f]	-
12	5.17m	4.5:1	5.18m (4.5:1)[c]	78%	-
13	5.17n	-	5.17n[b]	-[ ]	-
14	5.17o	-	5.18o	65%	-

[a] Determiné par ¹H RMN. [b] Produit de départ totallement récupéré. [c] Dr determiné par ¹H RMN.
[d] Rendement global correspondant à (5.18 + 5.20). [e] Dans le nitroproane à 130 °C. [f] Isolé dans la forme déprotégée.

Table 5.2: Les principaux résultats concernant la séquence catalysée à l'or du transfert 1,5-d'hydrure/cyclisation en employant des hétérocycles substitués en C(2).

5.18m et **5.18o** (Entrées 4, 12 et 14, Table 5.2), à l'exception de **5.17n**, où la présence des aromatiques déstabilisent le carbocation dans la position α de l'oxygène, dû à l'effet inductif attracteur d'électrons (Entrée 12, Table 5.2).

Les substrats qui portent des motifs THF disubstitués en position 2 et 5, **5.17f-h**, et même trisubstitués **5.17i-j**, fournissent des mélanges de diastereoisomères pour les composés spiro **5.18** et les produits de cyclo-addition [3+2]-formelle **5.20** correspondants (Entrées 5-9, Table 5.2) dans des ratios qui sont difficiles d'être rationalisés en utilisant seulement la notion de la stabilité du carbocation généré.

En effet, l'encombrement stérique peut aussi jouer un rôle important. Par exemple, le motif THF portant une branche ester, *cf.* **5.17h**, fournit une mixture plus riche en produit de cyclo-addition [3+2] formelle **5.20h** (1.5:1 de **5.18h**:**5.20h**, Entrée 7, Table 5.2) quand comparé à **5.17g** (2.3:1 de **5.18g**:**5.20g**, Entrée 6, Table 5.2) qui sont obtenus dans un ratio similaire pour le composé **5.17i** (2.1 :1 de **5.18i**:**5.20i**, Entrée 8, Table 5.2).

Intéressement, le composé **5.17j**, qui possède une jonction *trans* d'anneaux, n'a pas fourni aucun produit d'addition [3+2] formelle (Entrée 9, Table 5.2), tandis que **5.17i**, avec une jonction d'anneaux *cis* donne un mélange 2.1:1 de **5.18i**:**5.20i** (Entrée 8, Table 5.2). Cette différence ne peut être rationalisée que sur un point de vue stérique. La formation du produit provenant d'une cyclo-addition [3+2]-formelle à partir de **5.17j** n'est pas observée probablement parce que la conformation nécessaire pour que le deuxième transfert d'hydrure se passe est trop encombrée par la présence d'un cycle à 6-membres avec la jonction d'anneaux *trans* (Schème 5.16, voir aussi la proposition pour le mécanisme de réaction au schème 5.21)

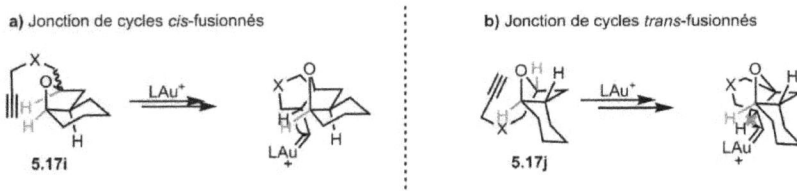

a) Jonction de cycles *cis*-fusionnés   **b)** Jonction de cycles *trans*-fusionnés

Schème 5.16: Les contraintes stériques subies par le composé possédant une jonction de cycles *cis* **5.17i** et celui possédant une jonction de cycles *trans* **5.17j** (en rouge, les hydrogènes qui sont transférés).

C'est également important de remarquer que la synthèse du substrat **5.17j** a produit un seul diasteroisomère. Ce fait est sans importance, car le centre tertiaire dans la position α de l'oxygène du coté du groupe d'attache (malonate) est toujours détruit pendant la transformation (voir la discussion du mécanisme dans le schème 5.21). Par la même raison défendue pour l'alcyne conjugué **5.17n**, l'alcyne terminal **5.17k** ne subit pas de cyclisation, mais en fait, fournit le produit de départ partiellement inchangé et un peu du produit d'hydratation, selon constaté par **5.21k** (Entrée 10, Table 5.2). Finalement, le motif dioxolane **5.18l** peut être obtenu à partir de **5.17l**. Néanmoins, il faut noter qu'une faible conversion est obtenue au reflux du nitropropane (130°C). En plus, même si le motif dioxolane survit les conditions réactionnelles (d'après l'analyse de la ^{1}H RMN du brut réactionnel), il démontre être assez labile, en ne résistant pas aux conditions acides de la colonne chromatographique. Ainsi, ce composé est isolé seulement en tant que la cétone déprotégée (Entrée 11, Table 5.2)

D'autres hétérocycles liés par C(2), *cf.* **5.17p-z** et **5.17aa**, ont été également soumis à nos conditions réactionnelles optimisées, mais nous n'avons récupéré que les produits de départ et les produits d'hydratation correspondants du type **5.21** dans des différentes quantités. En effet, les sulfonamides et les hétérocycles de 6-membres **5.17q**, **5.17r** et **5.17u**, qui étaient attendus comme étant moins réactifs,[230,237] sont restés complètement inchangés. La lactone **5.17p**, le carbonate **5.17v**, et l'acétal **5.17w** ne sont pas capables de stabiliser suffisamment le cation dans la position α de l'oxygène et se sont démontrés non-réactifs. Une liberté plus grande de rotation paraît être un facteur que restreint l'occurrence du transfert 1,5-d'hydrure, car il n'y a pas de cyclisation productive observée pour l'acétal **5.17x** et pour les éthers **5.17s** et **5.17t**. Même d'autres structures d'attache ne sont pas permises, car il n'y a que du produit de départ et d'hydratation (du type **5.21**) que sont obtenus pour les réactions impliquant les substrats **5.17y**, **5.17z** et **5.17aa**.

Après avoir appris sur la réactivité des hétérocycles substitués en C(2), nous nous sommes intéressées à la réactivité des molécules possédant motifs THF substitués en C(3), qui étaient attendus comme étant moins susceptibles de subir le transfert 1,5-d'hydrure, à cause de ses liaisons C-H secondaires. Dans ce regard, les substrats **5.36a-l** ont été synthétisés en employant des routes directes classiques. Des alcools homoallyliques **5.32b-e**, qui sont facilement obtenus par la réaction de Barbier[238] ont été soumis à l'étape de bromation,[239] en conduisant aux intermédiaires dibromés **5.33b-e**. Ensuite, ces molécules sont directement

---

[237] Cette tendance est également observée dans des réactions qui procèdent via insertion C-H: (a) DeBoeuf, B.; Pastine, S. J.; Dames, D.; *J. Am. Chem. Soc.*, **2004**, 126, 6556. (b) Chatani, N.; Asaumi, T.; Yorimitsu, S.; Ikeda, T.; Kakiuchi, F.; Murai, S.; *J. Am. Chem. Soc.*, **2001**, 123, 10935.

[238] Wilson, S. R.; Guazzaroni, M. E.; *J. Org. Chem.*, **1989**, 54, 3087.

[239] Chirskaya, M. V.; Vasil'ev, A. A.; Sergovskaya, N. L.; Shorshnev, S. V.; Sviridov, S. I.; *Tetrahedron Lett.*, **2004**, 45, 8811.

engagées dans des substitutions S_N2 intramoléculaires (sans purification). Ainsi, les dérivés bromés substitués en C(3) par des motifs THF sont soumis aux mêmes réactions de propargylation, estérification, bromation et couplage croisé antérieurement employées pour la préparation des substrats avec des THFs substitués en C(2) (Schème 5.17).

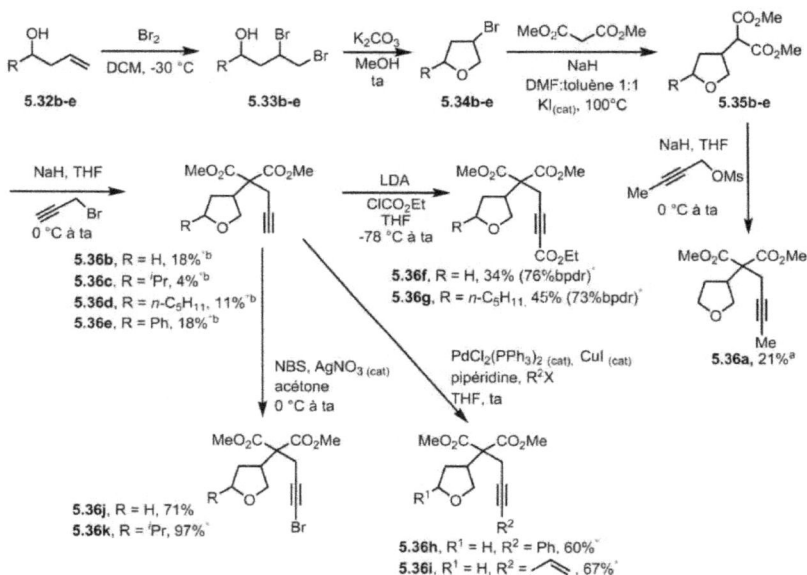

Schème 5.17: La synthèse de malonates portant des motifs THF substitués en C(3) (bpdr = basé sur le produit de départ récuperé).

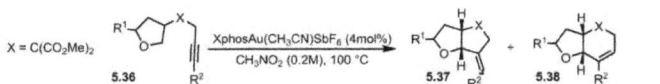

Reaction scheme: X = C(CO₂Me)₂, substrate **5.36** (R¹, X, R²) → XphosAu(CH₃CN)SbF₆ (4mol%), CH₃NO₂ (0.2M), 100 °C → **5.37** + **5.38**

Entrée	Substrat	trans:cis[a]	Produits	Rend. isolé	5.37:5.38[a]
1	**5.36a**	-	**5.36a**[b]	-	-
2	**5.36b**	-	**5.37b** + **5.38b**	95%	6:1
3	**5.36c**	1:3	**5.37c** (1:3)[c]	93%	-
4	**5.36d**	1:3	**5.37d** (1:3)[c]	88%	-
5	**5.36e**	1:3	**5.37e** (1:3)[c]	29%	-
6	**5.36f**	-	**5.37f** + **5.38f**	81%	1:1
7	**5.36g**	1:3	**5.37g** (6.7:1)[c] + **5.38g** (1.6:1)[c]	90%	1.5:1
8	**5.36h**	-	**5.36h**[b]	-	-
9	**5.36i**	-	**5.36i**[b]	-	-
10[d]	**5.36j**	-	**5.37j** (4.3:1)[c]	75%	-
11	**5.36k**	1:3	**5.36k**[b]	-	-
12	**5.36l**	-	(**5.36l** + hydratation)	-	-

[a]: Déterminé par ¹H RMN. [b]: Produit de départ totalement récupéré. [c]: Dr déterminé par ¹H RMN. [d]: La conversion de **5.36j** a été de 85%.

Table 5.3: Résultats de la séquence de transfert 1,5-d'hydrure/ cyclisation catalysée à l'or en utilisant des malonates portant des THFs substitués en C(3).

Les alcynes **5.36a-l** sont soumis à nos conditions réactionnelles optimisées pour fournir des résultats similaires par rapport aux substrats substitués en C(2). Les alcynes internes ne réagissent pas. Seulement du produit de départ est récupéré quand les substrats **5.36a**, **5.36h** et **5.36i** sont soumis à la catalyse à l'or (Entrées 1, 8 et 9, Table 5.3).

D'un autre coté, les alcynes conjugués **5.36f** et **5.36g** fournissent les produits de cyclisation, mais sans régiosélectivité, avec des mélanges 1:1 et 1.5:1 de produits cycliques de 5-:6-membres, respectivement (Entrées 6 et 7, Table 5.3). Une certaine sélectivité est observée en employant des alcynes terminaux **5.36b**, ce qui donne un mélange 6:1 de produits cycliques de 5-:6-membres (Entrée 2, Table 5.3). Intéressement, une régiosélectivité complète a été observée avec des substrats portant THFs disubstitués dans les positions 3 et 5 liés à des alcynes terminaux, *cf.* **5.36c-e**, qui ne produisent que des cycles à 5-membres (Entrées 3-5, Table 5.3). Curieusement, cette fois-ci, l'alcyne bromé **5.36j** fournit le cycle à 5-membres correspondant, de manière régiosélective, dans un bon rendement de 75% (Entrée 10, Table 5.3), mais cette réactivité n'est pas générale, car par exemple, **5.36k** ne fournit pas le produit de cyclisation correspondant (Entrée 11, Table 5.3). En addition, un point d'attachement du type éther a démontré un effet maléfique, car le composé **5.36l** echoue également la cyclisation (Entrée 12, Table 5.3). Ensuite, nous nous sommes tournés pour les substrats où l'atome d'oxygène fait partie du point d'attachement. Les résultats obtenus avec les alcynes terminaux **5.40a-d** sont très décevants, car aucune trace de produits de cyclisation **5.42** ou **5.43** est observée (Schème 5.18).

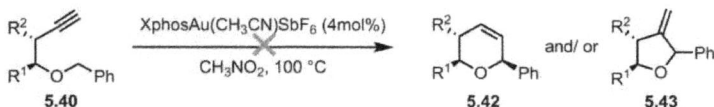

Schème 5.18: Les produits souhaités à partir de la réaction en emplyant des substrats du type **5.40** n'ont pas été observés, mais si un mélange complexe de produits.

Ensuite, nous nous sommes tournés vers l'utilisation des esters conjugués **5.41a-e**. Ces esters ont été synthétisés à partir d'alcools propargyliques **5.39a-d** qui sont alkylés sur l'atome d'oxygène pour fournir les alcynes terminaux **5.40a-d**. Après, ils sont substitués sur le carbone sp, en employant la combinaison *n*-BuLi/ ClCO$_2$Et, pour donner les esters conjugués **5.41a-d**.

L'alcynyl ester **5.41e** est synthétisé à partir de l'époxide **5.42**, qui est ouvert avec un anion acétylure généré par le traitement de triméthyléthyne avec *n*-BuLi, en étant suivi de la méthanolyse du groupe TMS (avec K$_2$CO$_3$/ MeOH) et la benzylation de l'alcool généré pour former le produit **5.43**. Cet alcynyl éther est déprotoné avec *n*-BuLi et traité avec chloroformate d'éthyle pour fournir l'ester d'alcynyle **5.41e** (Schème 5.19).

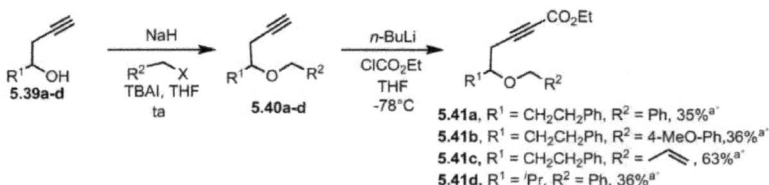

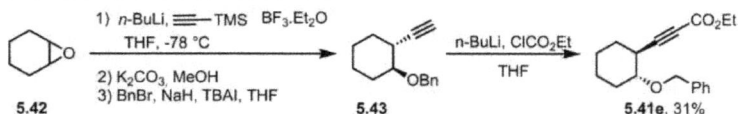

^aRendement global

Schème 5.19: Synthèse des esters conjugués **5.41a-e**.

La soumission des dérivés benzylés **5.41a** et **5.41d-e** à nos conditions optimisées produisent les éthers cycliques **5.44a** et **5.44d-e** avec des excellentes diastereosélectivités (Entrées 1, 4, 5, Table 5.4). Dans les cas où une chaîne allyle ou un groupe PMB sont employés, nous obtenons seulement de la dégradation (Entrées 2 et 3, Table 5.4).

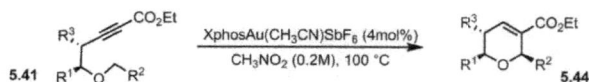

Entrée	Substrat	Produits	Rend. isolé	cis:trans^a
1	**5.41a**	**5.44a**	65%	16:1
2	**5.41b**	dégradation	-	-

Entrée	Substrat	Produits	Rend. isolé	cis:trans[a]
3	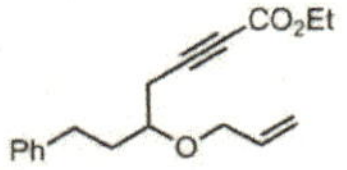 **5.41c**	dégradation	-	-
4	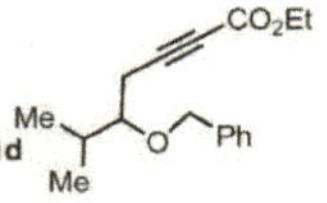 **5.41d**	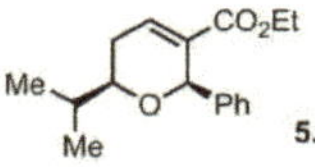 **5.44d**	74%	> 25:1
5	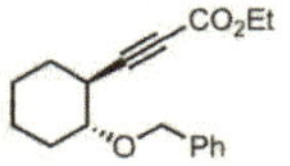 **5.41e**	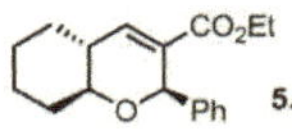 **5.44e**	88%	> 25:1

[a] Déterminé par ^{1}H RMN

Table 5.4: Éthers d'alcynyle préparés à partir d'une séquence de transfert 1,5-d'hydrure/ cyclisation, où l'atome d'oxygène fait partie du cycle formé.

Pour investiguer le mécanisme de la réaction de cette séquence de transfert 1,5-d'hydrure/cyclisation, les composés deutérés **5.49** et **5.50** ont été preparés. La deutération en **5.49** est obtenue à partir de la déprotonation sur la position α de l'ester **5.45** et le quench avec MeOD, qui produit le dérivé 63%D-**5.46**. La réduction subséquente avec LiAlH$_4$ réduit légèrement le niveau de deutération à 50%D. Ensuite, une étape de tosylation et les mêmes deux étapes d'alkylation employées dans la synthèse des substrats antérieurs fournissent le composé **5.49** avec 50%D (Schème 5.20a). La deutération en **5.50** est réalisée d'une manière plus directe. Le substrat **5.17** est déprotoné avec LDA, et ensuite quenché avec D$_2$O (Schème 5.20b).

214

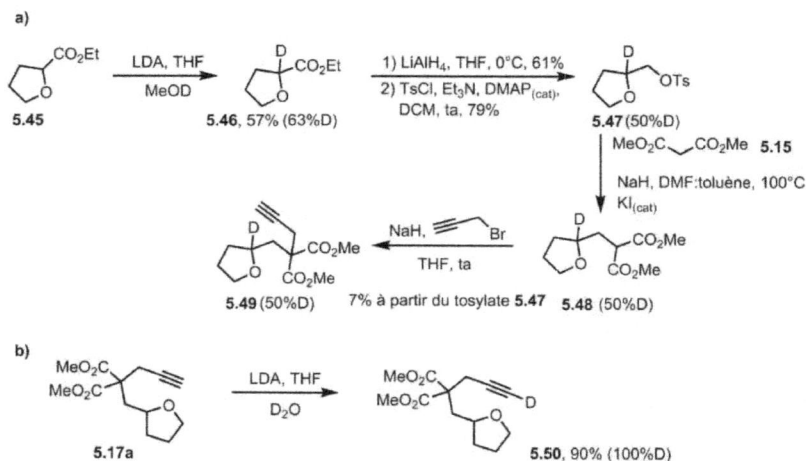

Schème 5.20: a) La synthèse du substrat deutéré **5.49**. b) La synthèse du substrat deutéré **5.50**.

La cyclisation de **5.49** et **5.50** produit **5.51** et **5.52**, respectivement (Schème 5.21a). Le scénario observé par la deutération suggère qu'un transfert 1,5-d'hydrure est en place et il génère un cation stabilisé (*via* une forme d'oxonium), comme celle dessinée en **5.53** (Schème 5.21). Cette forme cationique peut être vue comme étant délocalisée sur la partie vinyl-or, comme montré en **5.54**. À ce point, deux chemins réactionnels sont possibles. Soit ce carbocation délocalisé réarrange pour un cycle à 5-membres **5.55** ou un cycle à 6-membres **5.56**, qui par un transfert 1,2 d'alkyle subit une expansion de cycle pour produire le même cycle à 6-membres **5.56**. Finalement, le cycle de 6-membres **5.56** libère le fragment d'or et fournit le produit majoritaire **5.18a**. La formation des sous-produits **5.19a** et **5.20a** peut être expliquée à partir de l'intermédiaire **5.57** et de la perte subséquente de l'or pour donner

215

le composé **5.19a**, ou il peut suivre un autre transfert 1,5-d'hydrure pour générer l'oxonium **5.58** qui évolue par une clôture d'anneau et donne le tricycle **5.20a** (Schème 5.21b).

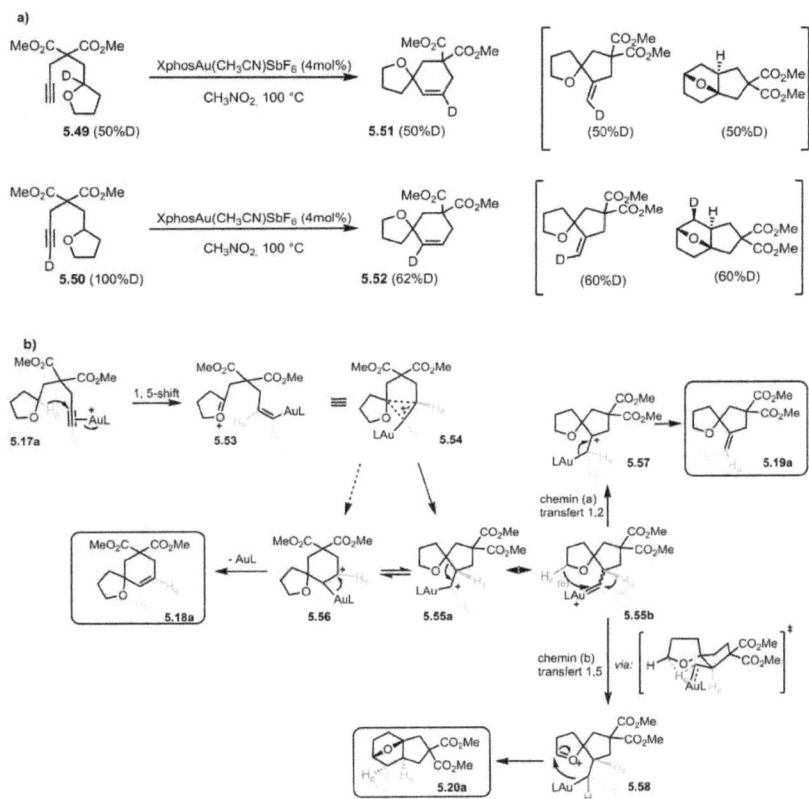

Schème 5.21: **a)** Les résultats obtenus à partir des expériences de deutération en employant **5.49** et **5.50** suggèrent que **b)** le mécanisme pour la formation du produit majoritaire **5.18a** commence par un transfert 1,5-d'hydrure, en étant suivi par une clôture d'anneau pour former un cycle à 5-membres, qu'ensuite subit une expansion de cycle pour l'anneau à 6-membres. La

formation des sous-produits **5.19a** et **5.20a** sont également exhibées.[229]

À ce point, des remarques importantes doivent être faites. Même si dans le mécanisme antérieurement discuté pour la synthèse de **5.18a**, la route directe à partir de **5.54** au cycle de 6-membres **5.56** ne peut pas être exclue, le passage par un cycle de 5-membres **5.55** est supporté par la formation des sous-produits **5.19a** et **5.20a**, et aussi probable dû à la nature nucléophile du carbone β du vinylor **5.53**. En contraste avec le travail antérieur de Vadola & Sames,[230] où les cycles à 5-membres sont les produits majoritaires, nous avons obtenu principalement des cycles à 6-membres. Une explication raisonnable pour cette différence en sélectivité est que l'expansion de cycle de **5.55** à **5.56** doit être sous contrôle thermodynamique en utilisant le catalyseur XphosAu(NCCH$_3$)SbF$_6$, tandis que l'utilisation de l'acide de Lewis plus fort PtI$_4$ doit impliquer un contrôle essentiellement cinétique.

À partir d'une analyse attentive de la ^{1}H RMN du brut réactionnel de chaque expérience, en employant des substrats deutérés, il est intéressant de noter que l'atome de deutérium a été trouvé exclusivement incorporé dans une seule position vinylique du sous-produit **5.19a** (Schème 5.22).[229] Nous croyons que cette stéréoselectivité est dû à l'existence d'un seul conformère productif **5.59**, car la présence du motif THF doit empêcher la formation de l'autre conformère **5.60**.

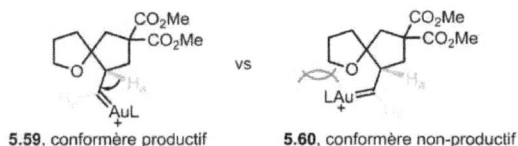

5.59, conformère productif   vs   **5.60**, conformère non-productif

Schème 5.22: Comparaison entre les deux conformères possibles, ce qui se traduit par un transfert stéreoselectif d'hydrure dans les trois produits obtenus **5.18a**, **5.19a** et **5.20a**.

Concernant la séquence de transfert 1,5-d'hydrure/ cyclisation employant des motifs THF liés par C(3), des cycles à 5-membres avec un *exo*-methylène sont produits comme étant les composés majoritaires, à la place du cycle à 6-membres, qui sont observés pour les substrats portant des motifs THF liés par C(2). Même si les deux substrats procèdent essentiellement par le même mécanisme, celui discuté antérieurement au schème 5.21, la différence en sélectivité peut être expliquée à partir de la différence de stabilité entre les intermédiaires **5.62** et **5.63**, qui conduisent aux produits **5.37b** et **5.38b**, respectivement. Pour la cyclisation du substrat **5.17a**, les contraintes stériques dans l'intermédiaire spiro **5.55** doivent favoriser son réarrangement pour donner le cation **5.56** et la formation postérieure du cyclohexene **5.18a** comme étant le produit majoritaire. Dans le cas du bicycle fusionné intermédiaire **5.62**, les contraintes stériques doivent être plus faibles, ainsi en permettant un transfert [1,2]-d'hydrure rapide pour former la molécule **5.37b**, à la place d'un transfert [1,2]-d'alkyle conduisant à **5.38b** (Schème 5.23).

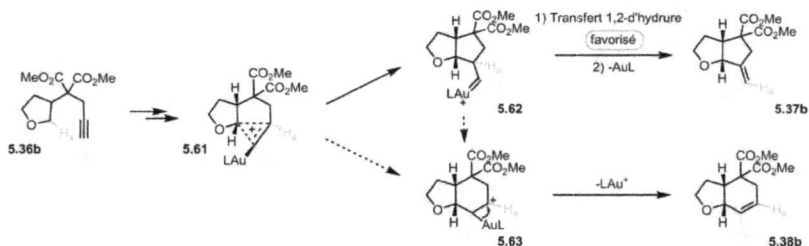

Schème 5.23: Le chemin divergent de la réaction pour les substrats portant des motifs C(3)-THF, qui conduisent aux cycles de 5-membres comme étant les produits majoritaires est en contraste avec le chemin réactionnel observé pour les substrats portant des motifs C(2)-THF, qui conduisent typiquement à cycles de 6-membres. Cette différence peut être expliquée par la différence des encombrements stériques présents dans les intermédiaires **5.62** et **5.63**.

Un mécanisme alternatif de réaction pour les esters d'alcynyle, tels comme **5.41a-e**, peuvent être imaginés par la coordination d'or(I) au carbonyle sur le groupe ester,[240] suivi par une addition conjuguée d'hydrure. Cela peut potentiellement générer une forme énolate qui va ainsi attaquer le cation formé et produire la clôture d'anneau (le schème correspondant n'est pas montré). Cette hypothèse est considérée moins probable, car les complexes d'or(I) sont connus pour activer préférentiellement alcynes par rapport aux carbonyles. En addition, la complexation

---

[240] Les catalyseurs à l'Au(I) ont été reconnus comme étant des acides de Lewis plus carbophiles, en tant qu'Au(III) est plus oxophile. Pour une discussion plus détaillée, voir: (a) Yamamoto, Y.; *J. Org. Chem.*, **2007**, 72, 7817. (b) Sromek, A. W.; Rubina, M.; Gevorgyan, V. M.; *J. Am. Chem. Soc.*, **2005**, 127, 10500.

sur le carbonyle n'expliquerait pas la formation d'isomères **5.38f** et **5.38g** à partir des composés **5.36f** et **5.36g**, respectivement (Entrées 6 et 7, Table 5.3).

La sélectivité élevée observée pour les cycles à 6-membres par rapport à ceux de 5-membres dans la réaction des esters d'alcynyle conjugués **5.41a** et **5.41d-e**, peut être prise en compte par la déstabilisation du carbène d'or **5.65** causée par le groupe ester qui est sur le même carbone qui le fragment d'or. Cette déstabilisation accélère le transfert 1,2 d'alkyle conduisant à l'intermédiaire **5.66**, ainsi en expliquant pourquoi les cycles à 5-membres ne sont pas observés dans ce cas. Les diastéréosélectivités élevées observées doivent être considérées par deux facteurs: i) la séquence d'addition diastéréosélective d'hydrure/ cyclisation, qui procède *via* un état de transition Zimmerman-Traxler, est responsable pour établir la stéréochimie relative entre (R^1, R^3) et R^2; et ii) la migration diastéreosélective 1,2-d'alkyle en **5.65**, où la répulsion stérique entre R^2 et le groupe ester ou le fragment d'or doit forcer la chaîne qui migre de s'approcher par le coté opposé d'où R^2 pointe, ce qui donne la relation *anti* observée entre R^2 et le groupe ester (Schéma 5.24).

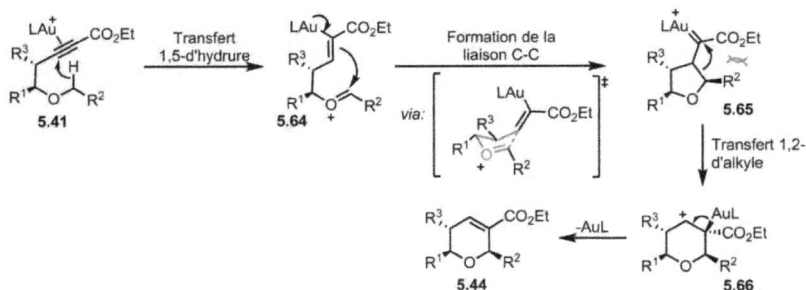

Schème 5.24 Le mécanisme de la réaction pour la séquence de transfert 1,5-d'hydrure/cyclisation en employant des esters d'alcynyle **5.41**.

5.3 CONCLUSIONS

Des nombreux dihydrofuranes et dihydropyranes ont été obtenus *via* une séquence de transfert 1,5-d'hydrure/ cyclisation réalisée sur des éthers d'alcynyle en employant le complexe d'or XphosAu(NCCH$_3$)SbF$_6$ dans le reflux du nitrométhane. Ce processus d'hydroalkylation a exhibé una bonne portée et compatibilité de groupes fonctionnels, en étant applicable à des éthers aliphatiques et cycliques portant des alcynes soit terminaux ou substitués. Cette route, qui formellement transforme une liaison C(sp^3)-H dans une nouvelle liaison C-C, représente non seulement une entrée pratique aux éthers possédant ces cycles à cinq et six membres, mais il est également un des premiers rapports où l'atome d'hydrogène est transféré en tant qu'un hydrure pour un alcyne désactivé.

CHAPITRE 6: LA FORMATION DE DÉRIVÉS DE CINNOLINE À PARTIR D'UNE HYDROARYLATION CATALYSÉE À L'OR(I) DE *N*-PROPARGYL-*N'*-ARYLHYDRAZINES

Le travail décrit dans ce chapitre a été réalisé individuellement, sous l'orientation du Dr. Fabien Gagosz et il a été rapporté dans le journal de la chimie organométallique: Jurberg, I. D.; Gagosz, F.; *J. Organom. Chem.*, **2011**, 696, 37.

CHAPITRE 6: LA FORMATION DE DÉRIVÉS DE CINNOLINE À PARTIR D'UNE HYDROARYLATION CATALYSÉE À L'OR(I) DE N-PROPARGYL-N'-ARYLHYDRAZINES.

6.1 INTRODUCTION: Procédés Intramoléculaires d'Hydroarylation et l'Importance des Dérivés de Cinnoline.

6.1.1 Procédés d'Hydroarylation Intramoléculaires

Parmi une grande quantité de réactifs chimiques manufacturés par l'industrie chimique, les dérivés d'arène, telles comme dérivés du benzène, naphtalène, phénol et aniline possèdent une énorme importance car ils servent en tant que des produits de départ pour une pléthore de transformations chimiques. Dans ce contexte, la conception de procédés catalytiques directs dérivés de ces composés, qui fonctionnalisent des liaisons C-H aromatiques conduisant à la formation de nouvelles liaisons C-C de structures complexes sont très pratiques et représentent un grand intérêt pour la communauté chimique et pharmaceutique.[241]

À ce regard, une procédure d'hydroarylation intramoléculaire, qui procède par une addition formelle d'une liaison C-H sur une liaison multiple[242] représente une approche flexible et

---

[241] Voir par exemple: Rassias, G.; Stevenson, N. G.; Curtis, N. R.; Northall, J. M.; Gray, M.; Prodger, J. C.; Walker, J. W.; *Org. Proc. Res. & Dev.*, **2010**, 14, 92.

[242] Pour des exemples de la version intramoléculaire d'hydroarylation, voir: en utilisant des triflates de métaux (a) Tsuchimoto, T.; Maeda, T.; Shirakawa, E.; Kawakami, Y.;

conceptuellement simple qui permet l'accès rapide à des composés annulés précieux. Autres avantages en utilisant cette approche en relation à d'autres stratégies d'annulation communes, telles comme la réaction de Heck,[243] est que le processus d'hydroarylation non seulement élimine la nécessité d'un halogène ou d'un triflate, mais permet autres possibilités mécanistiques intéressantes, finalement en permettant l'accès à des produits différents (Schème 6.1).

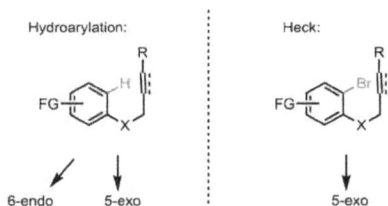

Schème 6.1: Comparaison entre l'hydroarylation *versus* l'approche de Heck pour la clôture d'anneau des aromatiques propargylés/ allylés.

Les trois routes mécanistiques alternatives disponibles à partir de l'approche d'hydroarylation sont i) métallation de l'arène -

Chem. Comm., **2000**, 1573. En utilisant le Pd, voir: (b) Tsukada, N.; Mitsuboshi, T.; Setgushi, H.; Inoue, Y.; *J. Am. Chem. Soc.*, **2003**, 125, 12102. En utilisant le Ru, voir: (c) Murai, S.; Kakiuchi, F.; Sekine, S.; Tanaka, Katamani, A.; Sonoda, M.; Chatani, N.; *Nature*, **1993**, 366, 529. En utilisant le Fe, voir: (d) Li, R.; Wang, S. R.; Lu, W.; *Org. Lett.*, **2007**, 9, 11, 2219.

[243] Pour des exemples de la régiosélectivité 5-*exo*, voir: (a) Firmansjah, L.; Fu, G. C.; *J. Am. Chem. Soc.*, **2007**, 129, 11340. (b) Lapierre, A. J. B.; Geib, S. J.; Curran, D. P.; *J. Am. Chem. Soc.*, **2007**, 129, 494. (c) Ashimori, A.; Bachand, B.; Calter, M. A.; Govek, S. P.; Overman, L. E.; Poon, D. J.; *J. Am. Chem. Soc.*, **1998**, 120, 6488.

addition du type Heck,[244] ii) activation de la liaison multiple - substitution du type Friedel-Crafts[245] et iii) séquences de réarrangement de Claisen promu par un métal - addition d'un hétéroatome[246,247] (Schème 6.2).

[244] (a) Kakiuchi, F.; Yamauchi, M.; Chatani, N.; Murai, S.; *Chem. Lett.*, **1996**, 111. (b) Thalji, R. K.; Ahrendt, K. A.; Bergman, R. G.; Ellman, J. A.; *J. Am. Chem. Soc.*, **2001**, 123, 9692. (c) Boele, M. D. K.; van Strijdonck, G. P. F.; de Vries, A. H. M.; Kramer, P. C. J.; de vies, J. G.; Leeuwen, P. W. N. M.; *J. Am. Chem. Soc.*, **2002**, 124, 1586. (d) Baran, P. S.; Corey, E. J.; *J. Am. Chem. Soc.*, **2002**, 124, 7904.

[245] Pour des exemples employant le Ru(II) et le Pt(II), voir: (a) Chatani, N.; Inoue, H.; Ikeda, T.; Murai, S.; *J. Org. Chem.*, **2000**, 65, 4913. Pour des exemples d'arylation d'alcynes employant des sources de "I$^+$", voir: (b) Yao, T.; Campo, M. A.; Larock, R. C.; *Org. Lett.*, **2004**, 6, 16, 2677. (c) Barluenga, J.; Trincado, M.; Marco-Arias, M.; Ballesteros, A.; Rubio, E.; González, J. M.; *Chem. Comm.*, **2008**, 2005. (d) Barluenga, J.; Rodríguez, M. A.; González, J. M.; Campos, P. J.; *Tetrahedron Lett.*, **1990**, 31, 29, 4207.

[246] Koch-Pomeranz, U.; Hansen, H.-J.; Schmid, H.; *Helv. Chim. Acta*, **1973**, 56, 2981.

[247] Un autre mécanisme possible est l'hydrométallation de la liaison triple carbone-carbone, qui génère une espèce d'alcenylmétal, suivie de la substitution intramoléculaire de l'arène. Pour des exemples employant le palladium, voir: (a) Trost, B. M.; Toste, F. D.; *J. Am. Chem. Soc.*, **1996**, 118, 6305. (b) Larock, R. C.; Dotty, M. J.; Tian, Q.; Zenner, J. M.; *J. Org. Chem.*, **1997**, 62, 7536.

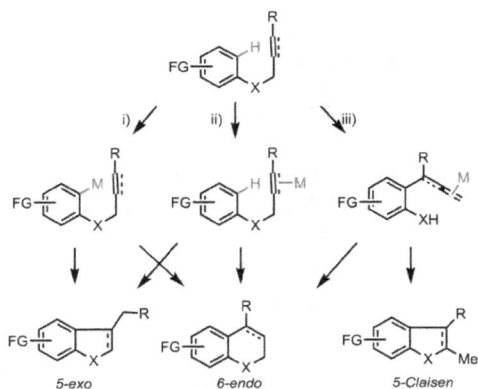

Schème 6.2: L'hydroarylation des alcynes et alcènes peut suivre trois chemins principaux: i) métallation de l'arène – addition du type Heck, ii) activation de la liaison multiple – substitution de Friedel-Crafts et iii) réarrangement de Claisen promu par un métal – addition de l'hétéroatome.

Les métaux normalement employés dans les procédés d'hydroarylation intramoléculaire sur des alcènes et alcynes sont : Pt,[248] Pd,[249] Ru,[250] Ga,[251] Hg,[252] Cu[253] et Au.[254] Par exemple, la

---

[248] (a) Pastine, S. J.; Youn, S. W.; Sames, D.; *Org Lett.*, **2003**, 5, 7, 1055. (b) Pastine, S. J.; Youn, S. W.; Sames, D.; *Tetrahedron*, **2003**, 59, 8859. (c) Fürstner, A.; Mamane, V.; *J. Org. Chem.*, **2002**, 67, 6264.

[249] (a) Jia, C.; Piao, D.; Kitamura, T.; Fujiwara, Y.; *J. Org. Chem.*, **2000**, 65, 7516. (b) Jia, C.; Piao, D.; Oyamada, J.; Lu, W.; Kitamura, T.; Fujiwara; *Science*, **2000**, 287, 1992.

[250] (a) Youn, S. W.; Pastine, S. J.; Sames, D.; *Org. Lett.*, **2004**, 6, 4, 581. (b) Merlic, C. A.; Pauly, M. E.; *J. Am. Chem. Soc.*, **1996**, 118, 11319.

[251] Inoue, H.; Chatani, N.; Murai, S.; *J. Org. Chem.*, **2002**, 67, 1414.

[252] Nishizawa, M.; Takao, H.; Yadav, V. K.; Imagawa, H.; Sugihara, T.; *Org. Lett.*, **2003**, 5, 24, 4563.

synthèse des agents biologiques importants, tells comme les chromenes **6.1**,[255] coumarines **6.2**,[256] dihydroquinolines **6.3**[257] et les quinolinones **6.4**[258] ont été rapportés en utilisant le PtCl$_4$,[248a-b]

[253] (a) Williamson, N. M.; March, D. R.; Ward, D.; *Tetrahedron Lett.*, **1995**, 36, 42, 7721. (b) Williamson, N. M.; Ward, A. D.; *Tetrahedron*, **2005**, 61, 155.

[254] (a) Reetz, M. T.; Sommer, K.; *Eur. J. Org. Chem.*, **2003**, 3485. (b) Shi, Z.; He, C.; *J. Org. Chem.*, **2004**, 69, 3669. (c) Xiao, F.; Chen, Y.; Liu, Y.; Wang, J.; *Tetrahedron*, **2008**, 64, 2755. (d) Menon, R. S.; Findlay, A. D.; Bissember, A. C.; Banwell, M. G.; *J. Org. Chem.*, **2009**, 74, 22, 8901.

[255] Chromenes ont été employés en tant que des drogues pour activer le canal potassique et ils ont été trouvés dans le cadre d'une série de tannins, qui deviennent de plus en plus importants à cause de ses effets bénéfiques pour la santé. Ils sont rencontrés dans les thés, légumes, fruits, jus de fruits, et vins rouges. Pour des références, voir: (a) Ashwood, V. A.; Buckingham, R. E.; Cassidy, F.; Evans, J. M.; Faruk, E. A.; Hamilton, T. C.; Nash, D. J.; Stemp, G.; Willcocks, K. *J. Med. Chem.* **1986**, 29, 2194. (b) Atwal, K. S.; Grover, G. J.; Ferrara, F. N.; Ahmed, S. Z.; Sleph, P. G.; Dzwonczyk, S.; Normandin, D. E. *J. Med. Chem.* **1995**, 38, 1966. (c) Elomri, A.; Mitaku, S.; Michel, S.; Skaltsounis, A.-L.; Tillequin, F.; Koch, M.; Pierré, A.; Guilbaud, N.; Léonce, S.; Kraus-Berthier, L.; Rolland, Y.; Atassi, G. *J. Med. Chem.* **1996**, 39, 4762.

[256] Coumarines sont employées dans l'industrie pharmaceutique en tant que des précurseurs de certaines drogues anticoagulantes, où une remarquable est la warfarine. Pour des references, voir: (a) Lowenthal, J.; Birnbaum, H.; *Science*, **1969**, 164, 181. (b) O'Reilly, R. A.; Ohms, J. I.; Motley, C. H.; *J. Biol. Chem.*, **1969**, 244, 1303.

[257] Dihydroquinolines ont été employées de différentes manières en tant que des antioxydants. Pour des références, voir: (a) Johnson, J. V.; Rauckman, B. S.; Baccanari, D. P.; Roth, B.; *J. Med. Chem.*, **1989**, 32, 1942. (b) Prohaszka, L.; Rozsnya, T.; *Avian Pathology*, **1990**, 19.

[258] Quinolinones ont démontré une activité anti-cancérigène. Voir: (a) Barbeau, O. R.; Cano-Soumillac, C.; Griffin, R. J.; Hardcastle, I. R.; Smith, C. G. M.; Richardson, C.; Clegg, W.; Harrington, R. W.; Golding, B. T.; *Org. & Biom. Chem.*, **2007**, 5, 2670. (b) Nio, Y.; Ohmori, H.; Hirahara, N.; Sasaki, S.; Takamura, M.; Tamura, K.; *Anticancer Drugs*, **1997**, 8, 7, 686.

Pd(OAc)$_2$/ TFA,[249] Hg(OTf)$_2$-(TMU)$_3$ (TMU = tetraméthylurea),[252] CuCl,[253] AuCl$_3$/AgOTf[254b] et JohnPhosAu(NCCH$_3$)SbF$_6$[254d] (Schème 6.3).

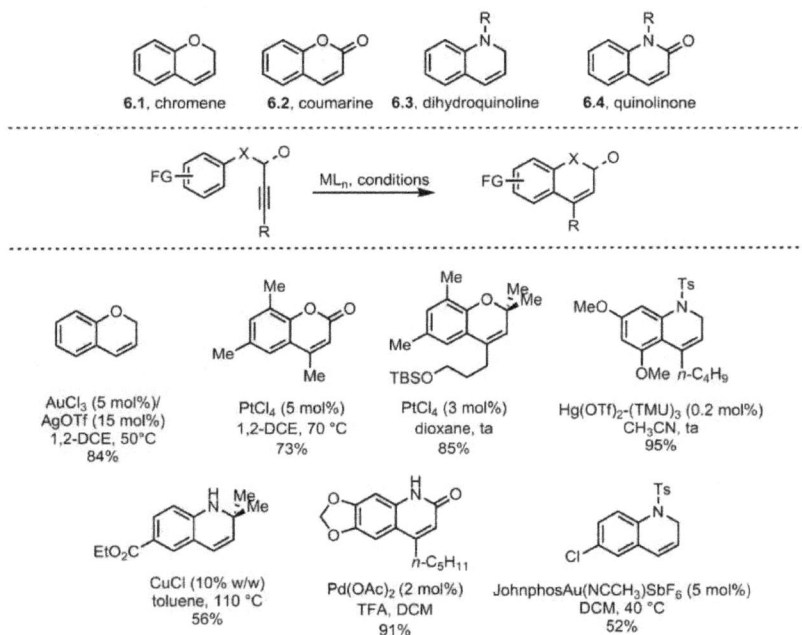

Schème 6.3: Exemples sélectionnés de chromenes, coumarines, dihydroquinolines et quinolines obtenues à partir de différentes réactions catalysées par des métaux de transition.

6.1.2 L'Importance des Cinnolines

Une autre classe importante de composés fusionnés à l'anneau de benzène sont les cinnolines. Parce que les cinnolines exhibent un spectre exceptionnel d'activités pharmaceutiques,[259]

---

[259] Lewgowd, W.; Stanczak, A.; Arch. Pharm. Chem. Sci., 2007, 340, 65.

leur utilisation dans le design de drogues a été investiguée et des nombreuses tetrahydrocinnolines[260] et 1,2-dihydrocinnolines,[261] telle comme le **6.5** ou les drogues commercialement disponibles *Cinnopentazone* **6.6** et *Cinnofuradione* **6.7** ont démontré une importante activité biologique (Figure 6.1).

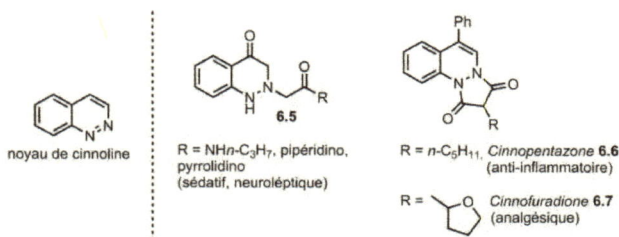

noyau de cinnoline

R = NH*n*-C₃H₇, pipéridino, pyrrolidino (sédatif, neuroleptique)

R = *n*-C₅H₁₁, *Cinnopentazone* **6.6** (anti-inflammatoire)

R = *Cinnofuradione* **6.7** (analgésique)

Figure 6.1: Exemples 1,2-dihydro- et tetrahydrocinnolines bioactifs.

6.2 RÉSULTATS ET DISCUSSION

6.2.1 L'Idée Initiale

Le travail antérieur dans notre groupe de recherche[262] décrit la cyclisation 6-*exo* à partir du traitement de dérivés d'anilines propargylées **6.7** portant un malonate en tant qu'un groupe d'attache avec XphosAu(NCCH₃)SbF₆ (4 mol%) dans le reflux du nitrométhane pour produire des mélanges de tetrahydroquinolines **6.8** et dihydroquinolines **6.9**. Ces mixtures sont isomérisées par l'action du p-TSA pour obtenir la dihydroquinoline **6.9** en tant que le seul produit. L'exposition subséquente de ces dihydroquinolines **6.9**

[260] Stanczak, A.; Kwapiszewski, W.; Szadowska, A.; Pakulska, W.; *Pharmazie*, **1994**, 49, 406.

[261] Siegfried, A. G.; **1965**, Fr Patent 1393596.

[262] Gronnier, C.; Odabachian, Y.; Gagosz, F.; *Chem. Commun.*, **2011**, 47, 218.

à la lumière du soleil promeut un réarrangement 6π-électrocyclique – fermeture d'anneau pour fournir des indoles **6.10** (Schème 6.4).

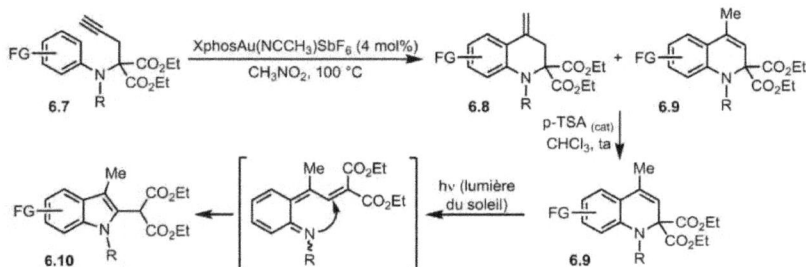

Schème 6.4: Le travail développé dans notre groupe de recherche vers la synthèse de dihydroquinolines **6.9** et les indoles **6.10**.

Basé sur ces résultats, nous avons envisagé une réaction similaire subséquente à partir d'hydrazines *N*-propargylées *N'*-arylées **6.11**, qui fournissent finalement des dérivés de cinnoline **6.13** et des aminoindoles **6.14** (Schème 6.5).

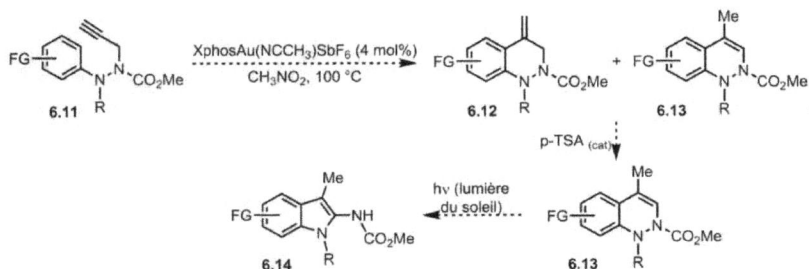

Schème 6.5: Séquence réactionnelle envisagée pour accéder des dérivés de cinnolines **6.13** et aminoindoles **6.14**.

Afin de commencer notre investigation, la *N*-propargyl-*N'*-phenyl hydrazine **6.15** a été synthétisée à partir du diéthyl azodicarboxylate (DEAD) dans une séquence de deux étapes qui consiste de l'addition conjuguée du bromure de phenylmagnesium[263] et une simple propargylation. La catalyse à l'or subséquente en utilisant le protocole antérieurement optimisé pour les *N*-aminophenyl propargyl malonates **6.7** (*i.e.* 1 mol% XphosAu(NCCH$_3$)SbF$_6$ au reflux du CH$_3$NO$_2$) n'a pas fourni aucun nouveau produit, mais seulement du produit de départ. Une quantité plus grande de catalyseur et différents solvants n'ont pas changé ce résultat. Nous spéculons que l'origine de ce manque de réactivité vient de la contrainte stérique entre les deux groupes esters présents en **6.15**.[264] Autres raisons possibles est la répulsion de dipôle entre les deux groupes esters et/ou la faible nucléophilicité du phényle dû à la présence du groupe ester attracteur d'électrons sur l'azote voisin (Schème 6.6).

[263] Demers, J. P.; Klaubert, D. H.; *Tetrahedron Lett.*, **1987**, 28, 42, 4933

[264] En contraste avec des liaisons amides, dont les barrières des énergies de rotation dépendent du solvant employé, les barrières de rotation de carbamates sont rapportées comme étant indépendantes du solvant employé. Voir: Cox, C.; Lectka, T.; *J. Org. Chem.*, **1998**, 63, 2426.

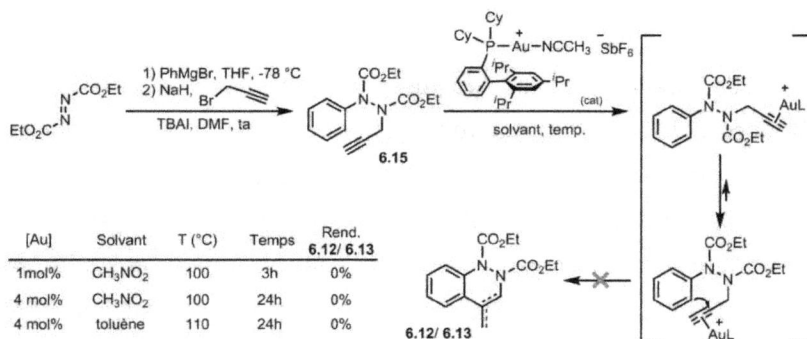

Schème 6.6: Les premiers essais vers la cyclisation de *N*-propargyl-*N'*-aryl hydrazines **6.15**.

Dans un deuxième essai, bien comme dans une expérience de preuve de principe, nous avons imaginé que le dérivé d'hydrazine **6.11a** portant deux phényles sur le même atome d'azote allait exhiber une vitesse de cyclisation considérablement plus rapide, car les deux aromatiques sont disponibles pour attaquer l'alcyne. Le substrat **6.11a** a été préparé à partir de la phenylhydrazine **6.16**, suivi par la protection de l'azote primaire comme un carbamate, oxydation, addition conjuguée du Grignard et propargylation. Seulement une étape de purification par chromatographie en colonne est nécessaire à la fin de cette séquence (schème 6.7).

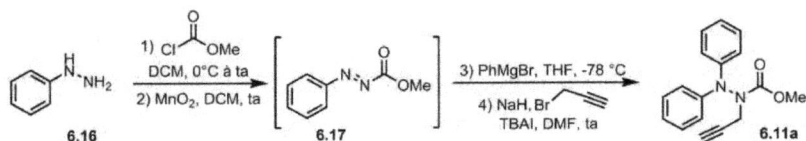

Schème 6.7: La synthèse du substrat **6.11a**.

Le traitement du composé **6.11a** avec 1 mol% de XphosAu(NCCH$_3$)SbF$_6$ au reflux du nitrométhane n'a pas fourni aucun nouveau produit en outre du produit de départ. C'est seulement avec l'augmentation de la quantité du catalyseur à 4 mol% que la cyclisation souhaitée est observée, et avec un excellent rendement de 99% pour **6.12a** en tant que le seul isomère formé dans 1h de réaction.[265] Aucune trace de l'isomère avec la double liaison interne **6.13a** a été observé dans ces conditions réactionnelles. Néanmoins, l'isomère portant une double liaison exocyclique **6.12a** peut être isomerisé pour donner la double liaison interne, *cf.* **6.13a**, à partir du traitement avec une quantité catalytique de *p*TSA au reflux du chloroforme (Schème 6.8).

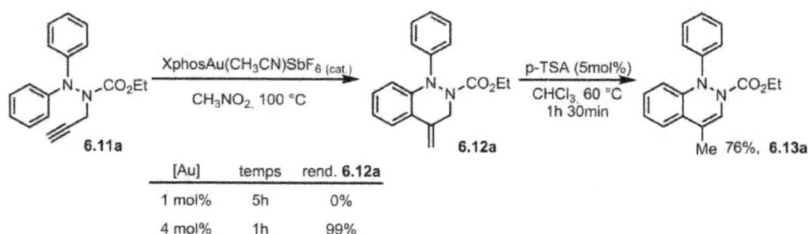

[Au]	temps	rend. **6.12a**
1 mol%	5h	0%
4 mol%	1h	99%

Schème 6.8: Essais d'hydroarylation avec **6.11a**.

Après avoir été revigoré par ce résultat positif, nous avons tourné notre attention vers des susbtrats moins biaisées. Les dérivés d'hydrazines **6.11b-e** avec des substituants différents sur l'azote dans la proximité de l'aromatique préparé.

---

[265] Jurberg, I. D.; Gagosz, F.; *J. Organom. Chem.*, **2011**, 696, 37.

La route synthétique choisie pour les substrats **6.11b-c** a été identique à celle employée pour préparer **6.11a** (Schème 6.9a). Dans le cas où le groupe benzyle est utilisé, une stratégie de double alkylation en employant *n*-BuLi fournit le substrat **6.11d** (Schème 6.9b).[266] Même si notre essai d'additionner le chlorure de *tert*-butylmagnesium sur l'intermédiaire **6.17** a échoué, avec le substrat de départ étant entièrement récupéré, l'addition inverse, *i.e.*, l'addition du bromure de phenylmagnesium sur l'intermédiaire antérieurement préparé **6.20** a fourni l'hydrazine souhaitée avec un bon rendement global de 66% (Schème 6.9c).

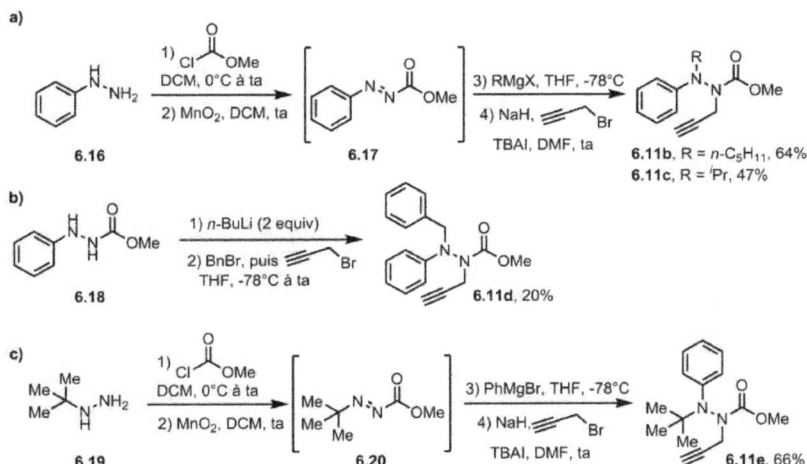

Schème 6.9: La synthèse des substrats **6.11b-e**.

L'application subséquente de notre protocole d'hydroarylation – isomérisation pour les substrats **6.11b-d** fournit les produits cycliques souhaités avec rendements de 75-99%. Même si ce n'est par surprenant, le groupe *tert*-butyl dans le substrat **6.11e** ne résiste

---

[266] Bredihhin, A.; Groth, U. M.; Mäeorg, U.; *Org. Lett.*, **2007**, 9, 6, 1097.

pas aux conditions acides et seulement un faible rendement de 25% a été obtenu pour **6.12e**, avec la formation simultanée d'un mélange complexe (Schème 6.10).

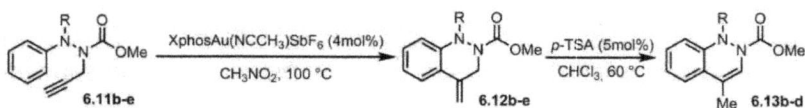

R		Produit	Temps	Rend.		Produit	Temps	Rend.
n-C$_5$H$_{11}$		**6.12b**	2h 30min	99%		**6.13b**	1h	91%
Bn		**6.12c**	1h 30min	87%		**6.13c**	30min	80%
^{i}Pr		**6.12d**	1h	96%		**6.13d**	30min	75%
^{t}Bu		**6.12e**	3h	25%[a]				

[a] Estimé par ^{1}H RMN. Il n'a pas été isolé.

Schème 6.10: La synthèse de dérivés de cinnolines **6.12b-e** et **6.13b-d**.

Ensuite, nous avons tourné notre attention vers les aromatiques possédant autres groupes fonctionnels et la régiosélectivité provenante du procédé d'hydroarylation quand les aromatiques substitués de manière non-symétrique (telles comme ceux *meta*-substitués) sont utilisés. Les substrats **6.11f-p** ont été préparés par la même route synthétique que les substrats **6.11a-c**, où cette fois-ci, MeMgBr a été systématiquement employé. La catalyse à l'or avec les molécules **6.11f-k** et le traitement subséquent avec une quantité catalytique de *p*-TSA fournit les produits correspondants dans des bons rendements isolés de 63-85%. Le substrat **6.11l** portant un fort groupe attracteur NO$_2$ ne réagit pas (Schème 6.11a).

Les aromatiques avec des groupes méthyle et chlorure en tant que des substituants en *méta*, **6.11m** et **6.11n**, respectivement, produisent mélanges 1:1 des deux régioisomères **6.12ma** et **6.12mb**, et **6.12na** et **6.12nb**, respectivement, sans aucune sélectivité (Schème 6.11b). Les aromatiques qui possèdent des groupes méthyle et chlorure en tant que des substituants en *ortho*, **6.11o** et **6.11p**, fournissent des réactions très lentes, en produisant également des produits de cyclisation 7-*endo*, **6.12ob** et **6.12pb**, respectivement (Schème 6.11c). Nous spéculons que la contrainte stérique causée par l'alignement nécessaire du méthyle sur l'atome d'azote et le substituant sur la position *ortho* des aromatiques rend cette étape tellement lente que la formation du cycle à 7-membres devient compétitive.

a)

FG	Produit	Rend.[a]	Produit	Temps	Rend.[b]	Produit	Temps	Rend.[b]
OMe	**6.11f**	60%	**6.12f**	9h	83%	**6.13f**	1h	88%
Cl	**6.11g**	71%	**6.12g**	18h	99%	**6.13g**	1h	95%
F	**6.11h**	99%	**6.12h**	13h	79%	**6.13h**	1h	75%
CO$_2$Et	**6.11i**	71%	**6.12i**	14h	86%	**6.13i**	1h	81%
CN	**6.11j**	87%	**6.12j**	5h	63%	**6.13j**	4h 30min	73%
CF$_3$	**6.11k**	77%	**6.12k**	17h	76%	**6.13k**	1h 30min	67%
NO$_2$	**6.11l**	71%	**6.12l**	24h	0%	-		

[a]: Rendement global à partir de l'hydrazine correspondante. [b]: Rendements isolés

b)

6.11m, R = Me, 73%   3h 30min   (**6.12ma** + **6.12mb**)   96% (ratio **6.12ma**:**6.12mb** 1:1)[c]

6.11n, R = Cl, 70%   14h   (**6.12na** + **6.12nb**)   96% (ratio **6.12na**:**6.12nb** 1:1)

[c]: Rendement estimé par ^{1}H RMN. Même si un mélange 1:1 est observé après 1h par la ^{1}H RMN quand l'expérience est réalisée dans le CDCl$_3$, des réactions prolongées promeuvent de la dégradation du régioisomère **6.12ma**, tandis que le régioisomère **6.12mb** peut être isolé seul en 48% de rendement.

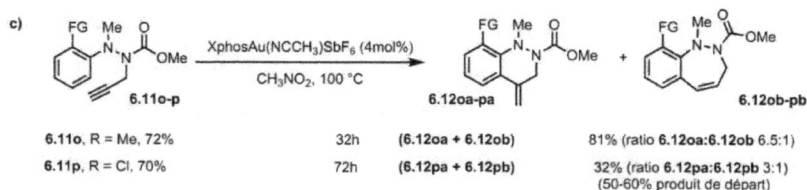

6.11o, R = Me, 72%	32h	(6.12oa + 6.12ob)	81% (ratio 6.12oa:6.12ob 6.5:1)
6.11p, R = Cl, 70%	72h	(6.12pa + 6.12pb)	32% (ratio 6.12pa:6.12pb 3:1)
			(50-60% produit de départ)

Schème 6.11: Les résultats obtenus pour la cyclisation des hydrazines aromatiques portant différents groupes fonctionnels **a)** dans la position *para* **6.11f-l**, et **b)** dans la position *meta*, **6.11m-n** et **c)** dans la position *ortho* **6.11o-p**.

Les alcynes internes **6.11q-s**, qui possèdent un groupe vinyle, phényle et allyle, respectivement et d'autres substrats, telles comme **6.11t** et **6.11u** n'ont fourni aucun produit de cyclisation, mais seulement le produit de départ correspondant (Schème 6.12a). Des essais de réarrangement de dihydrocinnolines **6.13** vers les indoles **6.14** avec les composés **6.13a-b** ou **6.13f-g** par l'action du chauffage, la catalyse acide ou l'irradiation aux micro-ondes donnent seulement le produit de départ correspondant. Même si l'utilisation de l'irradiation dans la longueur d'onde du visible donne un mélange complexe de composés en employant le **6.13b**, le composé plus riche en électrons **6.13f** se réarrange d'une manière considérablement plus propre vers l'indole **6.14f** (Schème 6.12b).[267] Cette transformation représente le premier essai réussi vers l'indole attendu du type **6.14**, mais d'autres expériences additionnelles sont encore nécessaires pour confirmer la structure obtenue et pour

---

[267] Même si nous avons pu observer une formation considérablement plus propre d'un produit majoritaire à partir de la ^{1}H RMN du brut réactionnel, l'analyse par CCM a révélé des nombreux produits minoritaires comme étant également présents.

étudier la portée de la réaction (*cf.* expériences antérieures avec des dérivés de malonates **6.9** et la ^{1}H RMN du brut réactionnel. La petite échelle employée de *ca.* 10 mg a difficulté l'isolation du produit).

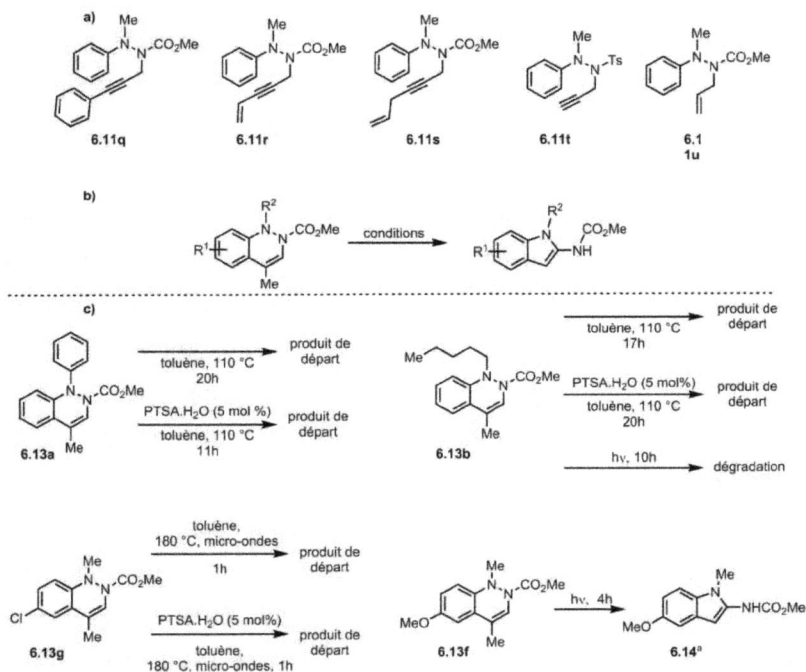

Schème 6.12: Les essais concernant **a)** les alcynes internes **6.11q-s** et autres substrats **6.11t,u** aussi soumis à la catalyse à l'or et **b)** le réarrangement de dihydrocinnolines **6.13a-b** et **6.13f-g** vers les dérivés d'indoles correspondants.

Concernant le mécanisme de la réaction, une étude détaillée n'a pas été réalisée et un mécanisme sans ambigüité ne peut pas être déterminé. Néanmoins, dans des études récentes rapportées dans la littérature, certains catalyseurs à l'or(I) ont été décrits comme agissant *via* l'activation de liaisons C-H[268] et ils ont été proposés réagir via un mode d'activation dual dans l'halogénation de composés aromatiques promues par le NXS à partir de l'activation C-H et la partie electrophilique du substrat.[269] Même si dans notre cas, nous ne pouvons pas exclure la participation d'une métallation par l'or sur la liaison C-H aromatique, il paraît difficile d'expliquer la réactivité observée antérieurement sans évoquer l'activation de l'alcyne par l'or dans un mécanisme du type Friedel-Crafts. La raison principale pour cela est que les aromatiques pauvres en électrons ont fourni des temps de réaction considérablement plus longs. Ce fait est probablement dû à leur faible nucleophilicité.

En addition, il est important de noter que des résultats surprenants sont obtenus quand nous considérons différents groupes alkyles substitués sur l'atome d'azote dans des réactions de compétition réalisées avec les substrats **6.11v-x**. Une petite différence dans la régiosélectivité a été observée pour la cyclisation de **6.11v-x**, qui donne un mélange 1:2 de **6.12va:6.12vb** et un mélange 1:1.5 de **6.12wa:6.12wb**, respectivement. En outre, le produit de cyclisation **6.12vb**, obtenu comme le produit majoritaire

[268] Lu, P. ; Boorman, T. C. ; Slawin, A. M. Z.; Larrosa, I.; *J. Am. Chem. Soc.*, **2010**, 132, 16, 5580.

[269] Mo, F.; Yan, J. M.; Qiu, D.; Li, F.; Zhang, Y.; Wang, J.; *Angew. Chem. Int. Ed.*, **2010**, 49, 11, 2028.

n'a pas été anticipé, car nous pouvions attendre que l'aromatique le plus riche en électrons 4-(OMe)Ph allait cycliser plus rapidement (Schème 6.13).

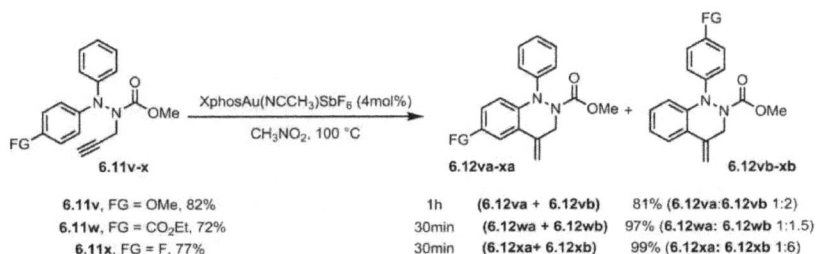

6.11v, FG = OMe, 82%   1h   (**6.12va** + **6.12vb**)   81% (**6.12va**:**6.12vb** 1:2)
6.11w, FG = CO$_2$Et, 72%   30min   (**6.12wa** + **6.12wb**)   97% (**6.12wa**: **6.12wb** 1:1.5)
6.11x, FG = F, 77%   30min   (**6.12xa**+ **6.12xb**)   99% (**6.12xa**: **6.12xb** 1:6)

Schème 6.13: Des expériences de compétition en employant des différents cycles aromatiques.

Sous la lumière de ces résultats, il est difficile de rationaliser la sélectivité observée et des investigations plus poussées sont encore nécessaires pour élucider le mécanisme de cette réaction. Nous spéculons que les résultats observés peuvent être expliqués par deux effets: i) l'activation electrophilique par l'or de l'alcyne vers l'addition nucléophile dans un mécanisme du type Friedel-Crafts et ii) la complexation réversible du complexe d'or sur l'atome d'azote, une base de Lewis, qui porte les deux cycles aromatiques. Cette complexation problament force qu'un des cycles aromatiques ou l'autre soit dans une position productive proche de l'alcyne. Cette activation duale promue par le complexe d'or peut possiblement expliquer la petite discrimination trouvée dans la cyclisation observée avec les groupes méthoxy et ester en **6.11v** et **6.11w**, respectivement, et aussi pourquoi le cycle le plus pauvre en électrons en **6.11v** fournit le produit de cyclisation majoritaire.

6.3 CONCLUSIONS

Pour résumer, nous avons développé dans ce chapitre une route synthétique pratique et efficace pour l'obtention des dérivés de cinnoline à partir d'un procédé d'hydroarylation catalysé à l'or. Les produits de départ **6.11** peuvent être préparés en 4 étapes avec une seule étape de purification à partir d'arylhydrazines commercialement disponibles. Cette procédure est également compatible avec la présence de différents groupes aryles et alkyles sur l'atome d'azote proches des aromatiques fonctionnalisés.

ANNEXES A & B: LES ACRONYMES ET ABRÉVIATIONS & LA PARTIE EXPÉRIMENTALE

ANNEXE A: Acronymes et Abréviations

A.1 Unités

atm	Atmosphère
°C	Degrés Celsius
g	Gramme
h	Heure
Hz	Hertz
kg	Kilogramme
L	Litre
M	Concentration molaire
mg	Milligramme
MHz	Megahertz
min	Minute
mL	Millilitre
mmol	Millimole
mol	Mole
m/z	Unité de masse par charge élémentaire
ppm	parties per million

A.2 Les Groupes Chimiques et Composés

Ac	Acetyle
Ad	Adamantyle

Ar	Aryle

Bn	Benzyle
Boc	*tert*-Butoxycarbonyle
Bu	Butyle
Bz	Benzoyle
Cy	Cyclohexyle
1,2-DCE	1,2-dichloroethane
DCM	Dichloromethane
DMAP	*N,N*-Dimethyl-4-aminopyridine
DFM	Dimethylformamide
DMSO	Dimethylsulfoxide
dppm	1,1-Bis(diphenylphosphino)methane
EP	Éther de Pétrole
Et	Ethyle
IMes	*N,N'*-bis(2,4,6-trimethylphenyl)imidazol-2-ylidene

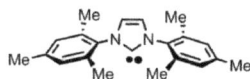

*i*Pr	Isopropyle
IPr	*N,N'*-bis(2,6-diisopropylphenyl)imidazol-2-ylidene

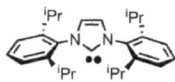

JohnPhos	2-(Di-*tert*-butylphosphino)biphenyle

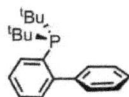

KHMDS	Potassium bis(trimethylsilyl)amide
LDA	Lithiumdiisopropylamide

244

Me	Méthyle
Mes	Mesityle, *i.e.*, 2,4,6-trimethylphenyl
m-CPBA	Acide *meta*-chloroperbenzoïque
Ms	Mésyle, *i.e.*, Methanesulfonyle
2-Napht	2-Naphtyle
n-Bu	*n*-Butyle
NBS	*N*-bromosuccinimide
NHC	Carbène *N*-heterocyclique
NIS	*N*-iodosuccinimide
n-Pr	*n*-Propyle
NXS	*N*-halosuccinimide
Ph	Phényle
phen	1,10-Phenanthroline

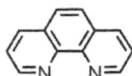

Piv	Pivalyle
PMB	*para*-methoxy benzyle
p-TSA	acide *para*-toluène sulfonique
Py	pyridine
TBAF	Fluorure de tetra n-butylammonium
TBS	*tert*-Butyldimethylsilyle
^tBu	*tert*-Butyle
tert-Butyl Xphos	2-Di-tert-butylphosphino-2',4',6'-triisopropylbiphenyle

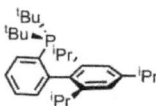

TIPS	Triisopropylsilyle
TFA	Acide Trifluoroacétique
TMS	Trimethylsilyle
THF	Tétrahydrofurane
Tf	Trifluoromethanesulfonyle
Tol	Tolyle, *i.e.*, 4-methyl-phényle
Ts	Tosyle, *i.e.*, *para*-toluene sulfonyle
Xphos	2-Dicyclohexylphosphino-2',4',6'-

triisopropylbiphenyle

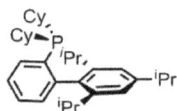

A.3 Autres Acronymes et Abréviations

aq.	Aqueux
ax	Axial
bs	«Broad singlet», Singlet large (RMN)
cat.	Catalytique
CCM	Chromatographie sur couche mince
conc.	Concentré
conv.	Conversion
d	Doublet (RMN)
de	Excès diastereosélectif
degrad.	Dégradation
dr	«Diastereoisomeric ratio», Ratio diastereoisomérique
E	Électrophile

ee	Excès enantiomérique
eq	Équatorial
équiv.	Équivalent
EDG	Groupe donneur d'Électrons
EWG	Groupe attracteur d'électrons
FM	Formule moléculaire
Hept	Heptuplet (RMN)
CLHP	Chromatographie liquide haute pression
SMHR	Spéctroscopie de masse haute résolution
IC^+	Ionisation chimique positive (SM)
IR	Infrarouge
IE^+	Ionisation électronique positive (SM)
J	Constante de couplage
LG	«Leaving group», Groupe partant
m	Multiplet (RMN)
m-	*meta-*
PM	Poids moléculaire
Nu	Nucléophile
o-	*ortho-*
p-	*para-*
q	Quadruplet
quant.	Quantitatif
RMN	Résonance Magnétique Nucléaire
s	Singlet (RMN)
sol.	Solution
SM	Spectrométrie de masse
t	Triplet (RMN)
ta	Température ambiante

temp	Température
TOF	«Turnover frequency», fréquence de turnover
TON	«Turnover number», nombre de turnover
UV	Ultraviolet
v/v	Volume sur volume (solutions)
w/w	Poids sur poids (solutions)
δ	Déplacement Chimique
Δ	Chauffage
ν	Nombre d'onde (IR)

ANNEXE B: Partie Expérimentale

Une partie du travail présenté dans ce manuscript est le résultat de collaboration avec quelques membres de notre groupe de recherche. Dans les sujets où autres étudiants ont participé, une étoile rouge (˙) est employée pour marquer les expériences réalisées par l'auteur de ce manuscript. Seulement les expériences seront décrites dans cette section. La contribution de chaque membre a été reconnue au début de chaque chapitre et elles seront reindiquées ici, ensemble avec la référence du journal où les résultats ont été publiés

Chapitre 1: Travail individuel sous l'orientation des Drs. Fabien Gagosz et Samir Zard: Jurberg, I. D.; Gagosz, F.; Zard, S.; *Org. Lett.*, **2010**, 12, 3, 416.

Chapitre 3: Travail en collaboration avec les Drs. Andrea K. Buzas, Florin Istrate et M. Yann Odabachian, sous l'orientation du Dr. Fabien Gagosz: Istrate, F.; Buzas, A. K.; Jurberg, I. D.; Odabachian, Y.; Gagosz, F.; *Org. Lett.*; **2008**, 10, 5, 925.

Chapitre 4: Travail individuel sous l'orientation du Dr. Fabien Gagosz. *Résultats non publiés*

Chapitre 5: Travail en collaboration avec M. Yann Odabachian, sous l'orientation du Dr. Fabien Gagosz : Jurberg, I. D.; Odabachian, Y.; Gagosz, F.; *J. Am. Chem. Soc.*, **2010**, 132, 10, 3543.

Chapitre 6: Travail individuel sous l'orientation du Dr. Fabien Gagosz: Jurberg, I. D.; Gagosz, F.; *J. Organom. Chem.*, **2011**, 696, 37.

Composés Caractérisés au Chapitre 1:

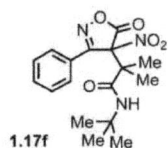

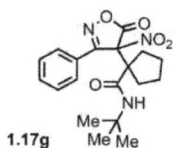

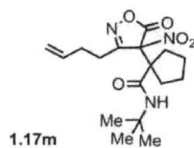

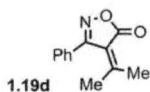

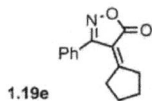

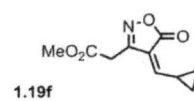

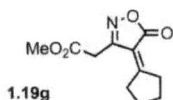

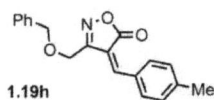

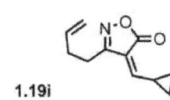

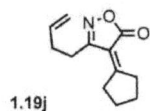

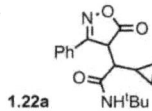

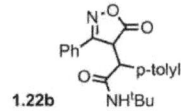

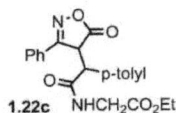

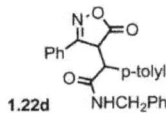

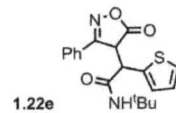

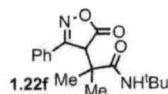

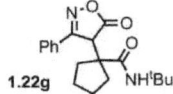

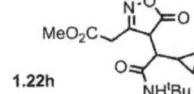

1.17f

1.17g

1.17m

1.19d

1.19e

1.19f

1.19g

1.19h

1.19i

1.19j

1.22a

1.22b

1.22c

1.22d

1.22e

1.22f

1.22g

1.22h

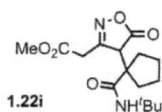

1.22i

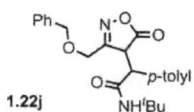

1.22j

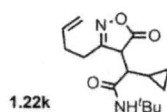

1.22k

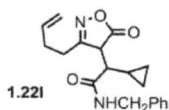

1.22l

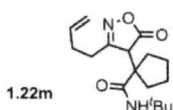

1.22m

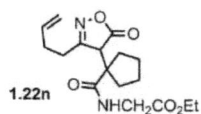

1.22n

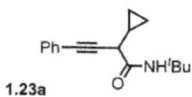

1.23a

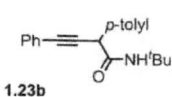

1.23b

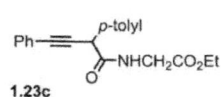

1.23c

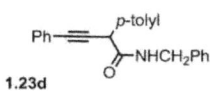

1.23d

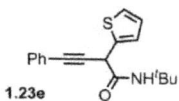

1.23e

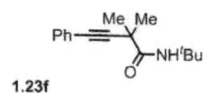

1.23f

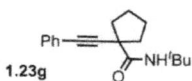

1.23g

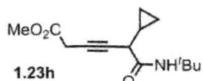

1.23h

1.23i

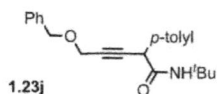

1.23j

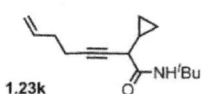

1.23k

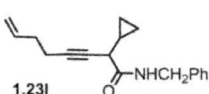

1.23l

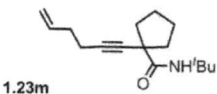

1.23m

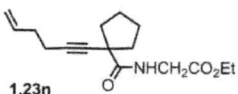

1.23n

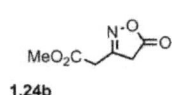

1.24b

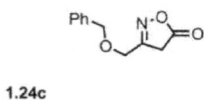

1.24c

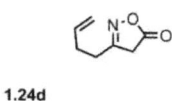

1.24d

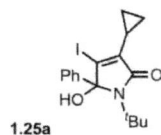

1.25a

251

Structures:

1.25b — cyclopropyl, I, Ph, MeO, N-ᵗBu, =O substituted pyrrolinone

1.25c — allyl-O, cyclopropyl, I, Ph, N-ᵗBu, =O

1.25d — Me-tolyl, I, Ph, HO, N-CH₂Ph, =O

1.25e — cyclopropyl, I, MeO, N-CH₂Ph, =O, butenyl

1.32 — cyclopropyl, =CH₂, O, Ph, N-ᵗBu, =O

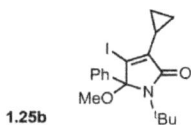

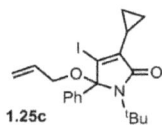

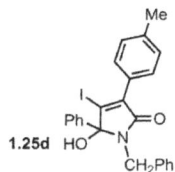

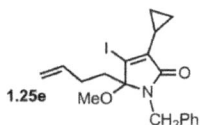

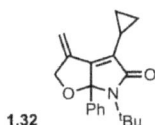

Composés Caractérisés au Chapitre 3:

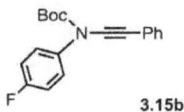

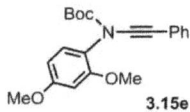

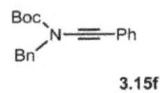

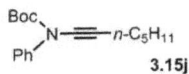

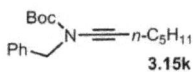

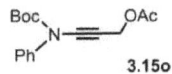

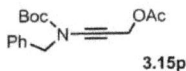

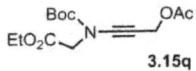

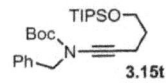

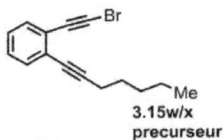

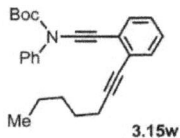

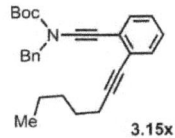

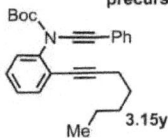

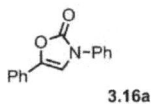

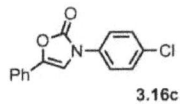

3.15b — Boc–N(–C≡C–Ph)(4-F-C₆H₄)

3.15e — Boc–N(–C≡C–Ph)(2-OMe,4-MeO-C₆H₃)

3.15f — Boc–N(Bn)(–C≡C–Ph)

3.15j — Boc–N(Ph)(–C≡C–n-C₅H₁₁)

3.15k — Boc–N(CH₂Ph)(–C≡C–n-C₅H₁₁)

3.15o — Boc–N(Ph)(–C≡C–OAc)

3.15p — Boc–N(CH₂Ph)(–C≡C–CH₂OAc)

3.15q — Boc–N(CH₂CO₂Et)(–C≡C–CH₂OAc)

3.15t — Boc–N(CH₂Ph)(–C≡C–CH₂CH₂CH₂–OTIPS)

3.15w/x precurseur — 2-(BrC≡C)C₆H₄ with hexynyl–Me chain

3.15w — Boc–N(Ph)(–C≡C–C₆H₄–C≡C–C₄H₈? ...Me)

3.15x — Boc–N(Bn)(–C≡C–C₆H₄– ...Me)

3.15y — Boc–N(–C≡C–Ph) aryl with alkynyl–Me chain

3.16a — oxazolone, O, =O, N–Ph, Ph

3.16c — oxazolone, O, =O, N–(4-Cl-C₆H₄), Ph

252

3.16e

3.16w

3.16x

3.16y

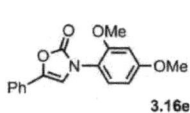

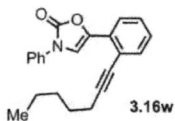

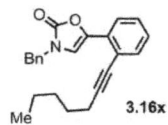

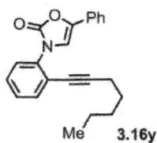

Composés Caractérisés au Chapitre 4:

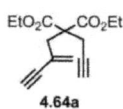

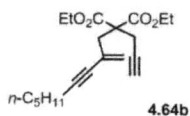

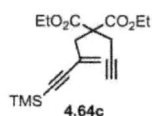

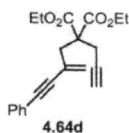

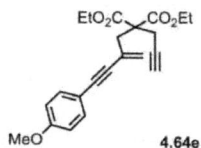

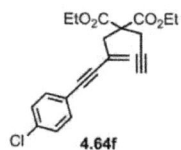

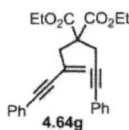

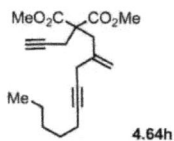

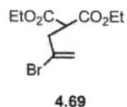

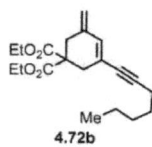

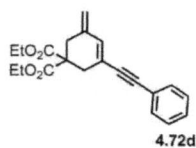

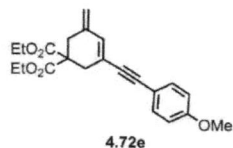

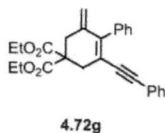

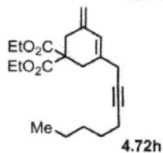

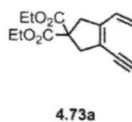

4.64a

4.64b

4.64c

4.64d

4.64e

4.64f

4.64g

4.64h

4.69

4.72b

4.72d

4.72e

4.72g

4.72h

4.73a

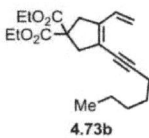

4.73b

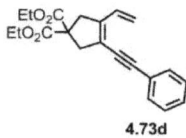

4.73d

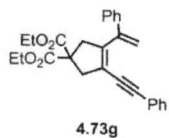

4.73g

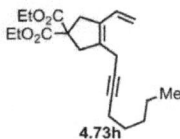

4.73h

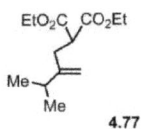

4.77

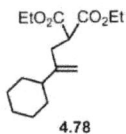

4.78

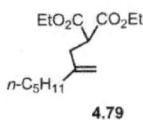

4.79

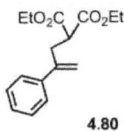

4.80

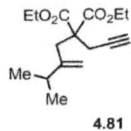

4.81

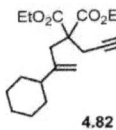

4.82

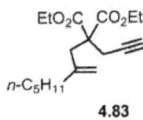

4.83

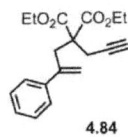

4.84

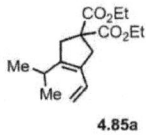

4.85a

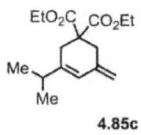

4.85c

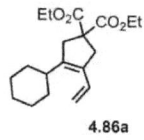

4.86a

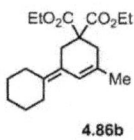

4.86b

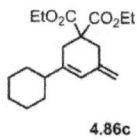

4.86c

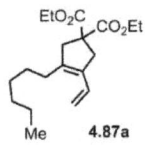

4.87a

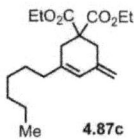

4.87c

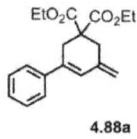

4.88a

Composés Caractérisés au Chapitre 5:

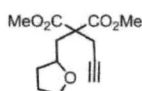

5.17a

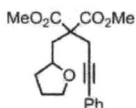

5.17b

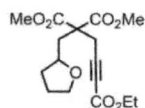

5.17e

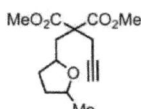

5.17f

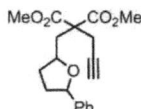

5.17g

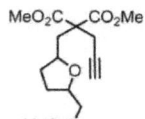

5.17h

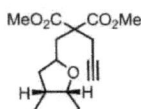

5.17i

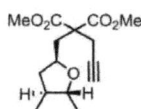

5.17j

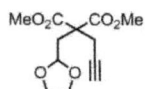

5.17l

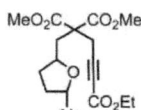

5.17m

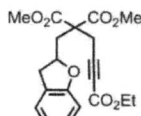

5.17n

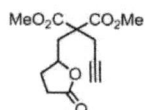

5.17p

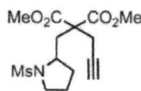

5.17q

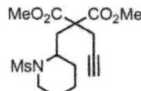

5.17r

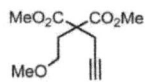

5.17s

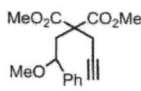

5.17t

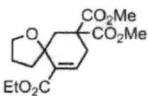

5.18e

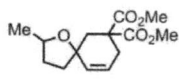

5.18f

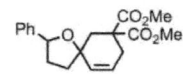

5.18g

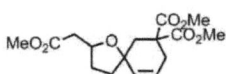

5.18h

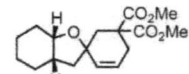

5.18i

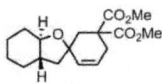

5.18j

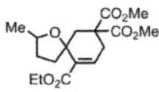

5.18m

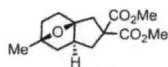

5.20f

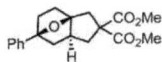

5.20g

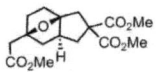

5.20h

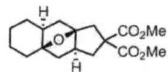

5.20i

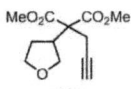

5.36b

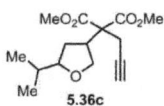

5.36c

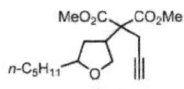

5.36d

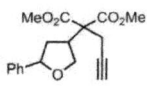

5.36e

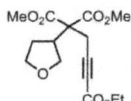

5.36f

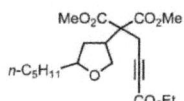

5.36g

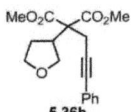

5.36h

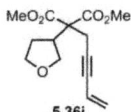

5.36i

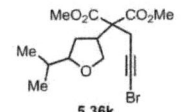

5.36k

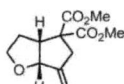

5.37b

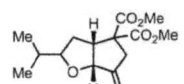

5.37c

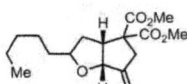

5.37d

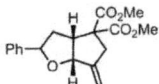

5.37e

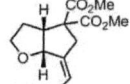

5.37f

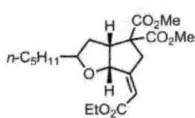

5.37g

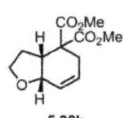

5.38b

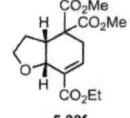

5.38f

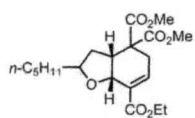

5.38g

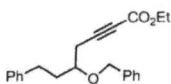

5.41a

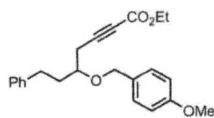

5.41b

256

5.41c

CO_2Et

Ph ... O ... allyl

5.41c

5.41d

Me, Me ... O ... Ph

CO_2Et

5.41d

5.44a

Ph ... O ... Ph

CO_2Et

5.44a

5.44d

Me, Me ... O ... Ph

CO_2Et

5.44d

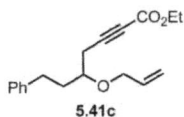

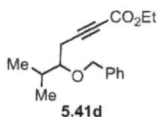

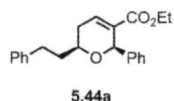

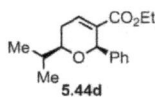

Composés Caractérisés au Chapitre 6:

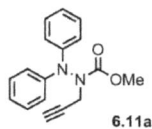

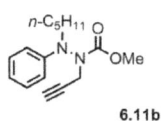

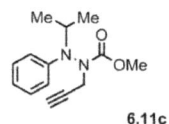

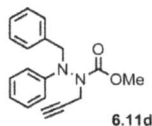

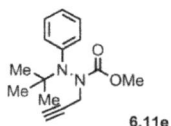

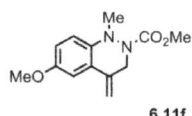

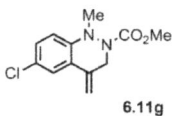

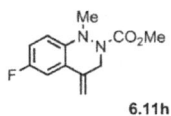

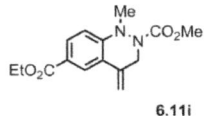

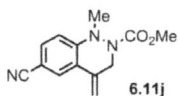

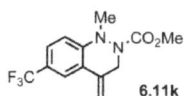

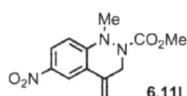

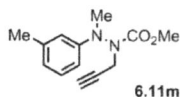

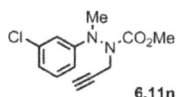

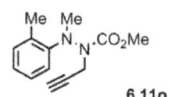

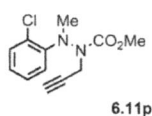

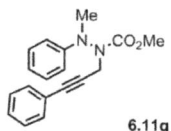

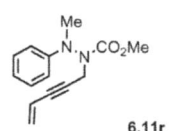

Ph, Ph, N–N, CO_2Me

6.11a

n-C$_5$H$_{11}$, Ph, N–N, OMe

6.11b

Me, Me (iPr), Ph, N–N, OMe

6.11c

Bn, Ph, N–N, OMe

6.11d

Me, Me (tBu), Ph, N–N, OMe

6.11e

MeO, Me, N–N, CO_2Me

6.11f

Cl, Me, N–N, CO_2Me

6.11g

F, Me, N–N, CO_2Me

6.11h

EtO$_2$C, Me, N–N, CO_2Me

6.11i

NC, Me, N–N, CO_2Me

6.11j

F$_3$C, Me, N–N, CO_2Me

6.11k

O$_2$N, Me, N–N, CO_2Me

6.11l

Me, Me, N–N, CO_2Me

6.11m

Cl, Me, N–N, CO_2Me

6.11n

Me, Me, N–N, CO_2Me

6.11o

Cl, Me, N–N, CO_2Me

6.11p

Me, Ph, N–N, CO_2Me

6.11q

Me, Ph, N–N, CO_2Me

6.11r

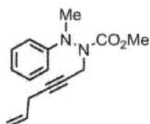

6.11s

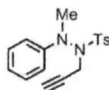

6.11t

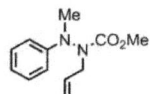

6.11u

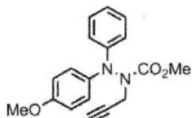

6.11v

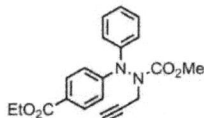

6.11w

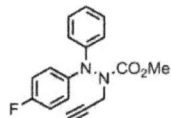

6.11x

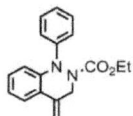

6.12a

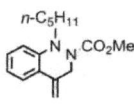

6.12b

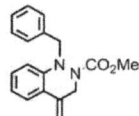

6.12c

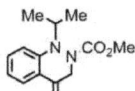

6.12d

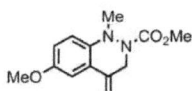

6.12f

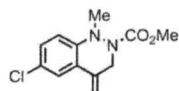

6.12g

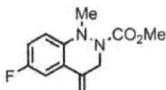

6.12h

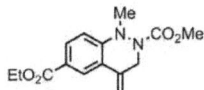

6.12i

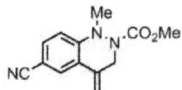

6.12j

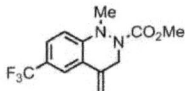

6.12k

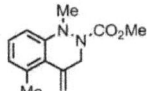

6.12mb

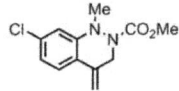

6.12na

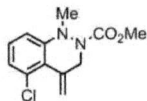

6.12nb

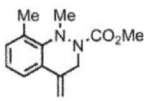

6.12oa

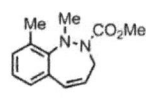

6.12ob

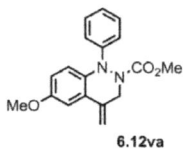

6.12va

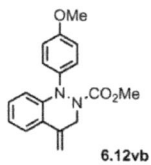

6.12vb

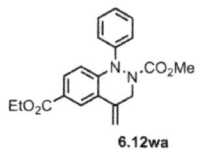

6.12wa

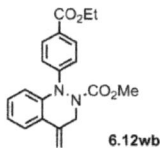

6.12wb

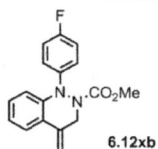

6.12xb

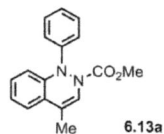

6.13a

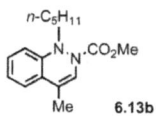

6.13b

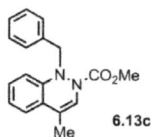

6.13c

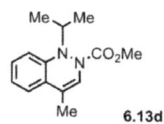

6.13d

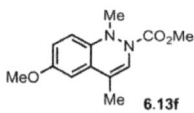

6.13f

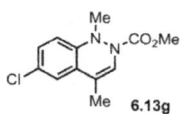

6.13g

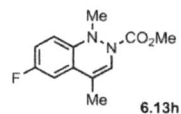

6.13h

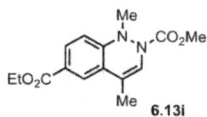

6.13i

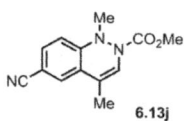

6.13j

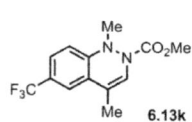

6.13k

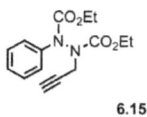

6.15

B.1 LES MÉTHODES GÉNÉRALES

B.1.1 Les Réactifs et Solvants

Les réactifs commercialement disponibles ont été utilisés sans purification.

Tous les **solvants de réaction** sont du type SDS «pure for synthesis», et ils ont été employés tel quels, à l'exception de l'Et_2O et THF secs, qui ont été obtenus par la distillation à partir de Na/benzophenone et les DCM et toluène secs, qui ont été obtenus par la distillation à partir de CaH_2.

Les **Solvants pour les chromatographies en colonne flash** sont du type SDS «pure for synthesis».

B.1.2 Les Procédures Expérimentales

Toutes les reaction non-aqueuses ont été réalisées sous une atmosphère d'Ar ou N_2 en employant des techniques stetard de syringe/cannula/septum, sauf si en cas autrement spécifié.

La concentration sous pression réduite a été réalisée par l'évaporation rotative, réalisée à la température ambiante en employant une pompe à jet d'eau.

Les composés purifiés ont été encore séchés sous une pompe à vide élevé.

B.1.3 La Chromatographie

La chromatographie à couche mince (CCM) a été réalisée sur des plats Merck Silica Gel 60 F_{254} (plats d'aluminium revetus avec silica gel 60). Ils sont visualisés sous la lumière UV à 254 ou

365nm, en étant ensuite revelé avec des solutions de $KMnO_4$ ou d'anisaldéhyde. La **solution de $KMnO_4$** a été prepare à partir de 600 mL d'eau, 6 g de $KMnO_4$, 40 g de K_2CO_3 et 0.5 mL d'acide acétique concentré. La **solution d'anisaldéhyde** a été préparée à partir de 26 mL de p-anisaldéhyde, 950 mL d'éthanol 95%, 35 mL d'acide sulfurique concentré et 10.5 mL d'acide acétique concentré.

La **colonne chromatographique flash** a été réalisée sur silica gel SDS 60 CC 40-63 (taille du pore 60 Å, taille de particule 40-63 μm) en employant l'écoulement de l'éluent forcé par une pression de 0.1-0.5 bar.

B.1.4 Les Méthodes Analytiques

Les spectra de RMN ont été raccordés sur un Bruker Avance 400, en operant à 400 MHz pour les nucleus ^{1}H et 100 MHz pour le nucleus [13]C.

Les déplacements chimiques **^{1}H RMN** (δ) sont exprimés en ppm par rapport au tetraméthylsilane (δ = 0 ppm) ou le signal residuel du chloroforme (δ = 7.26 ppm) en tant qu'une référence interne. Les constantes de couplage J sont données en Hertz (Hz).

Les déplacements chimiques **^{13}C RMN** (δ) sont exprimés en ppm en employant le signal residuel du chloroforme (δ = 77.0 ppm) en tant qu'une référence interne.

Les **spectra d'IR** ont été raccordés avec un spectromètre Perkin Elmer FT-1600. Des échantillons liquides ou solides ont été dissolus en CCl_4 et placés dans une célule de chlorure de sodium. Les valeurs des spectra sont rapportées en tant que des maxima d'absorption et ils sont exprimés en cm^{-1}.

Les **spectra de masse (SM)** ont été raccordés avec une machine Hewlett Packard HP-5890 B en employant méthodes d'ionisation électronique positive (IE^+) ou ionisation chimique positive avec ammonia (IC^+, NH_3). Les signaux des fragments sont donnés dans un rapport masse sur charge (m/z).

Toutes les analyses ont été réalisées au laboratoire DCSO (Laboratoire de Chimie de Synthèse Organique) d l'École Polytechnique.

B.1.5 Les Logiciels

Les spectra FID 1D et 2D RMN ont été procécés et visualisés en employant MestreC 4.7.0.0

Ce manuscript a été écrit en employant le Microsoft Word, versions 2002 et 2007. Les formules chimiques ont été éditées avec le logiciel Cambridge Soft's Chemdraw Standard 6.0 et 8.0.

Les noms des composés synthétisés ont été determinés en anglais, en accord avec la nomenclature CAS en employant Beilstein AutoName 2000, version 4.01.305.

B.2 LA SYNTHÈSE DES CATALYSEURS

B.2.1 La Synthèse des Complexes de Phospine Or(I) Bis(trifluoromethanesulfonyl)imidate

Les complexes de phosphine or(I) bis(trifluoromethanesulfonyl)imidate employés pendant ce travail ont été obtenus en accord avec la méthode developpée dans notre laboratoire à partir du chlorure de phosphine or(I) par le traitement avec AgNTf$_2$ dans le DCM à ta (Schème B.2.1).

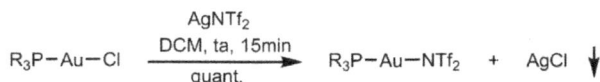

$$R_3P-Au-Cl \xrightarrow[\text{quant.}]{\overset{\text{AgNTf}_2}{\text{DCM, ta, 15min}}} R_3P-Au-NTf_2 \ + \ AgCl \downarrow$$

PR$_3$ = PPh$_3$, (p-CF$_3$C$_6$H$_4$)$_3$P, Ad$_2$(n-Bu)P, Johnphos, Xphos, etc.

Schème B.2.1: Synthèse de catalyseurs de phosphine or(I) bis(trifluoromethanesulfonyl)imidate.

Procédure Générale B.2.1: Le complexe chlorure de phosphine or(I) (1 équiv.) est dissolu dans le DCM (0.04M) à t.a. et l'AgNTf$_2$ (1 équiv.) est additionné, en donnant lieu à la formation instatannée du précipité chlorure d'argent. Le mélange réactionnel est laissé agiter pour encore 15min. et la formation d'un seul produit peut être observée par la RMN ^{31}P à partir du brut réactionnel. Filtration sur celite pour rétirer le sel de chlorure d'argent résulte dans une solution faiblement colorée. Le complexe attendu a été obtenu quantitativement à partir de l'évaporation sous pression réduite et après sous vide elevé.

B.2.2 La Synthèse des Complexes de Chlorure de Phosphine Or(I)

Les complexes de chlorure de phosphine or, tels comme XPhosAuCl, *tert*-butylXphosAuCl et Ad$_2$(n-Bu)PAuCl peuvent être preparés à partir de Me$_2$S.AuCl par le traitement avec la phosphine correspondante à partir d'un simple échange de ligand (Schème B.2.2).

$$\text{Me}_2\text{S.AuCl} \xrightarrow[\text{quant.}]{\text{PR}_3, \text{ DCM, ta, 15 min}} \text{R}_3\text{P}-\text{Au}-\text{Cl}$$

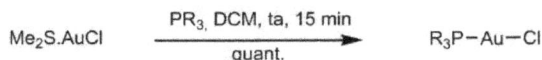

Schème B.2.2: Synthèse de complexes de chlorure de phosphine or(I).

Procédure Générale B.2.2: Me$_2$S.AuCl (1 équiv.) et la phosphine (1 équiv.) ont été péséssous air et placés sous azote.. DCM (0.04 M) a été additionné, ce qui a résulté dans la dissolutiondu produit de depart et la formation d'une solution jaune pâle. Le mélange réactionnel a été agité à ta pour 15min et la formation complète du complexe souhaité de chlorure de phosphine or(I) peut être verifié par la RMN ^{31}P. Le volume de la solution a été réduit à 1 mL et ensuite 5 mL d'hexanes a été additionné, en résultant dans la précipitation du complexe. Le solide a été filtré, lavé avec hexanes et seché sous vide, en résultant dans l'isolation quantitative du composé souhaité.

B.2.3 La Synthèse de PR$_3$Au(NCCH$_3$)SbF$_6$

La synthèse du complexe d'or PR$_3$Au(NCCH$_3$)SbF$_6$ est realize par le traitement du complexe de phosphine or PR$_3$AuCl avec le sel d'argent AgSbF$_6$ dans l'acétonitrile à ta (schème B.2.3).

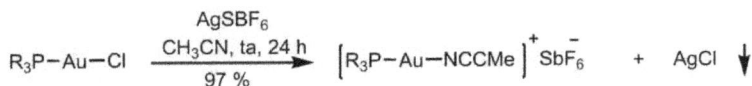

$$\text{R}_3\text{P}-\text{Au}-\text{Cl} \xrightarrow[\text{97 \%}]{\substack{\text{AgSBF}_6 \\ \text{CH}_3\text{CN, ta, 24 h}}} \left[\text{R}_3\text{P}-\text{Au}-\text{NCCMe}\right]^{+}\text{SbF}_6^{-} \quad + \quad \text{AgCl} \downarrow$$

Schème B.2.3: Synthèse du complexe PR$_3$Au(NCCH$_3$)SbF$_6$.

Procédure Générale B.2.3: À un mélange de PR$_3$AuCl (1 équiv.) et AgSbF$_6$ (1 équiv.), acétonitrile (0.125 M) est additionné. Le mélange réactionnel est agité à tapour 24h et ensuite filtré par une couche de celite. Le filtré est évaporé sous pression réduite pour donner le complexe cationique souhaité.

B.3 LES EXPÉRIENCES

B.3.1. Chapitre 1: Un Approche Original vers la Synthèse d'Alcynylamides 3-substitués et 1,5-Dihydropyrrol-2-ones

Toutes les molécules synthétisées pour la publication de ce travail[74] sont décrites ci-dessous. Ce projet a été réalisé individuellement.

B.3.1.1 La Synthèse des Isoxazol-5-ones

Les isoxazol-5-ones ont été preparées comme décrit ci-dessous:

NaH, BnOH
toluène
0 °C à ta

Cl—C(O)—CH₂—C(O)—OEt

NaH, THF
puis n-BuLi

Me—C(O)—CH₂—C(O)—OEt puis ⌒⌒Br
0 °C à ta

R^1—C(O)—CH₂—C(O)—OR

Procédure
1.1.A: NH₂OH.HCl, NaOAc
EtOH, 80-90 °C

1.1.B: NH₂OH.HCl, NaOAc
AcOH, 80 °C

R^1 **1.24a-d**

Procédure 1.2
pipéridine (cat.)
ᶦPrOH, 50 °C ou
82 °C
R^2—C(O)—R^3

Isoxazol-5-ones synthétisées:

1.22a, R^1 = Ph, R^2 = ⊲, R^3 = H, R^4 = ᵗBu
1.22b, R^1 = Ph, R^2 = 4-Me-Ph, R^3 = H, R^4 = ᵗBu
1.22c, R^1 = Ph, R^2 = 4-Me-Ph, R^3 = H, R^4 = CH₂CO₂Et
1.22d, R^1 = Ph, R^2 = 4-Me-Ph, R^3 = H, R^4 = CH₂Ph
1.22e, R^1 = Ph, R^2 = 2-tiophenyl, R^3 = H, R^4 = ᵗBu
1.22f, R^1 = Ph, R^2 = Me, R^3 = Me, R^4 = ᵗBu
1.22g, R^1 = Ph, R^2⌒R^3 = (CH₂)₄, R^4 = ᵗBu
1.22h, R^1 = CH₂CO₂Me, R^2 = ⊲, R^3 = H, R^4 = ᵗBu
1.22i, R^1 = CH₂CO₂Me, R^2⌒R^3 = (CH₂)₄, R^4 = ᵗBu
1.22j, R^1 = CH₂OCH₂Ph, R^2 = 4-Me-Ph, R^3 = H, R^4 = ᵗBu
1.22k, R^1 = ⌒⌒, R^2 = ⊲, R^3 = H, R^4 = ᵗBu
1.22l, R^1 = ⌒⌒, R^2 = ⊲, R^3 = H, R^4 = CH₂Ph
1.22m, R^1 = ⌒⌒≡, R^2⌒R^3 = (CH₂)₄, R^4 = ᵗBu
1.22n, R^1 = ⌒⌒≡, R^2⌒R^3 = (CH₂)₄, R^4 = CH₂CO₂Et

Procédure 1.3
CNR⁴, H₂O
THF, 67 °C

R^1—(isoxazolone)—R^3
R^2

1.19a-j

R^1—(isoxazolone)—R^3, R^2
O=C—NHR⁴
1.22a-n

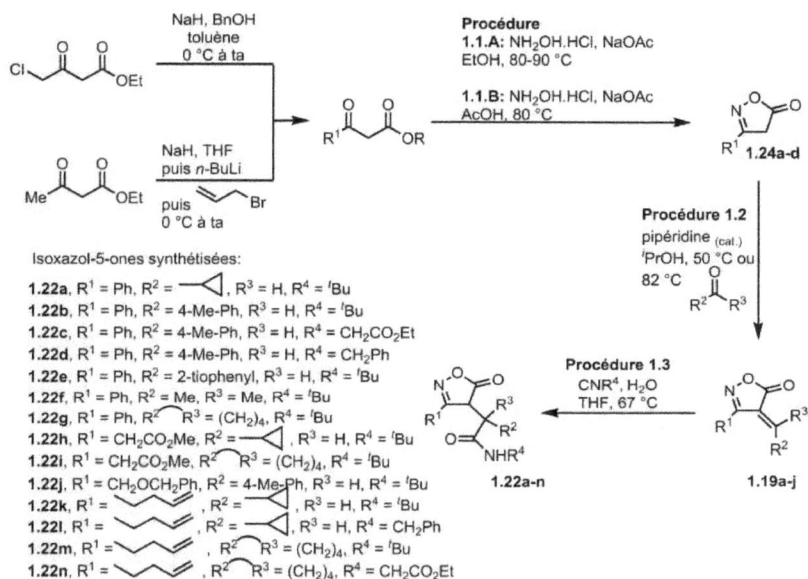

Schème B.3.1.1: Route synthétique employée pour la préparation des substrats **1.22a-n**.

L'ester d'éthyle de l'acide 4-Benzyloxy-3-oxo-butyrique et l'ester de l'éthyle de l'acide 3-oxo-hept-6-enoique ont été préparés comme décrits dans la littérature.[270] Tous les autres β-cétoesters ont été achetés.

Procédure Générale 1.1.A,[271] *La Synthèse de 5-Isoxazolones:* Un mélange NH₂OH.HCl (1 équiv.) et NaOAc (1 équiv.) dans l'acide acétique (0.5 M) est agitée pour 15 min. à ta. Le β-cétoester (1

[270] (a) Beck, G.; Jendralla, H.; Kesseler, K. *Synthesis* **1995**, 1014. (b) Keränen, M. D.; Kot, K.; Hollmann C.; Eilbracht, P.; *Org. Biomol. Chem.* **2004**, 2, 3379.

[271] Thèse de Sylvain Huppé. École Polytechnique, **1996**, p. 146.

équiv.) a été additionné lentement au mélange réactionnel et agité pour 1h à ta jusqu'à la consommation complète du β-cétoester (un mélange de l'oxime correspondante et le produit final est formé). Le mélange a été chauffé à 80-90 °C pour 30min, quet il n'y a plus d'oxime sur la CCM. La solution est filtrée et concentrée sous pression réduite. H_2O et DCM est additionné. Les couches organiques sont séparées et extraites avec DCM (2x). Les phases organiques sont séchées ($MgSO_4$) et concentrées sous pression réduite. Généralement, les produits sont obtenus pures et aucune étape de purification est nécessaire.

Procédure Générale 1.1.B,[272] *La Synthèse de 5-Isoxazolones:* Un mélange de β-cétoester (1 équiv.), EtOH (0.5 M), $NH_2OH.HCl$ (1.5 équiv.) et NaOAc (1.5 équiv.) a été chauffée au reflux (78 °C) jusqu'à la consommation totale du produit de départ (CCM). La température est refroidie jusqu'à ta. À ce point, une quantité catalytique de HCl 37% (*ca.* 20 μL per mmol de β-cétoester) est additionné et la reaction est chauffée au reflux (78°C) jusqu'à la complète disparition de l'oxime (CCM). Le mélange est filtré, extrait avec DCM (3x), séché ($MgSO_4$) et concentré sous pression réduite. Le produit est généralement obtenu pur et aucune étape de purification est nécessaire.

Procédure Générale 1.2, *Condensation de Knoevenagel de 5-Isoxazolones avec aldéhydes/cétones:* À un ballon chargé avec la 5-isoxazolone (1 équiv.) dans l'isopropanol (0.5 M) est additionné

---

[272] Kim, C. K.; Krasavage, B. A.; Maggiulli, C. A. *J. Het. Chem.* **1985**, 22, 127.

l'aldéhyde (1.2 équiv.) ou cétone (2.0 équiv.) et une quantité catalytique de pipéridine (*ca.* 0.1 mL/ mmol 5-isoxazolone). La solution résultante est agitée à 50 °C dans le cas des aldéhydes ou au reflux (82 °C) dans le cas des cétones. Avec la réaction complète (CCM), la plupart du solvant est retirée sous vide. Dans le cas des aldéhydes, les produits généralement précipitent et sont isolés par filtration en étant lavés avec éther de pétrole. Dans les autres cas, la solution est complètement concentrée et purifiée par colonne chromatographique en flash (silica gel, EP:AcOEt).

Isocyanures EtO_2CCH_2NC **1.20b** et $PhCH_2NC$ **1.20c** ont été synthétisés à partir des amines correspondantes selon décrit dans la littérature.[273] *t*BuNC est obtenu commercialement.

Procédure Générale 1.3, *L'Addition 1,4 d'Isocyanures sur des alkylidenes 5-Isoxazolones:*

À un ballon chargé avec l'isocyanure (1 équiv.) et THF (0.33 M) a été additionné l'alkylidène isozaxol-5-one (1 équiv.), suivi par une petite quantité d'eau (50 µL/ mmol isoxazol-5-one). La température a été chauffée au reflux (67°C) et le mélange réactionnel est agité dans cette temperature. En suivant la fin de la réaction (CCD), le solvant est retiré sous baisse pression. Purification par colonne chromatographique flash fournit les produits pures dans les rendements donnés.

---

[273] (a) Panella. L; Aleixetre, A. M.; Kruidhof, G. J.; Robertus, J.; Feringa, B. L.; de Vries, J. G.; Minnaard, A. J.; *J. Org. Chem.*, **2006**, 71, 5, 2026. (b) Park, W. K. C.; Auer, M.; Jaksche, H.; Wong, C-H.; *J. Am. Chem. Soc.*; **1996**, 118, 10150.

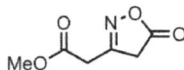

FM: C$_6$H$_7$O$_4$N

PM = 157 g.mol^{-1}

Méthode :   Voir **Procédure Générale 1.1.B** en employant (1 équiv., 20 mmol, 3.48 g) du 3-oxo-pentanedioic acid dimethyl ester.

Purification :   aucune/ **R$_f$** (1:1 EP:AcOEt): 0.36.

Produit :   Solide jaune.

Rendement :   98%.

^{1}H RMN (δ, ppm)   3.78 (s, 3H, OCH$_3$), 3.61 (s, 2H, CH$_2$), 3.57 (s, 2H, CH$_2$).

(CDCl$_3$, 400 MHz)

^{13}C RMN (δ, ppm)   174.7 (Cq, C=O), 167.7 (Cq, C=O), 160.7 (Cq, C=N), 52.8 (OCH$_3$), 35.7 (CH$_2$), 34.4 (CH$_2$).

(CDCl$_3$, 100 MHz)

IR (ν, cm^{-1}) (CCl$_4$)   3003 (w), 2955 (w), 2848 (w), 1813 (s), 1748 (s), 1611 (w), 1509 (w), 1437 (w), 1407 (w), 1374 (w), 1329 (w), 1293 (w), 1205 (m), 1156 (m), 1003 (w).

SMHR (IE+, m/z) :   Calculé: 157.0375   Trouvé: 157.0372.

3-Benzyloxymethyl-4H-isoxazol-5-one   1.24c

FM: C$_{11}$H$_{11}$O$_3$N

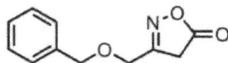

PM = 205 g.mol^{-1}

Méthode :   Voir **procédure générale 1.1.A** en employant (1 équiv., 5 mmol, 1.18 g) de l'ester d'éthyle de l'acide 4-benzyloxy-3-oxo-butyrique.

Purification :	Chromatographie en colonne flash (silica gel, 8:2 EP: AcOEt)/ **R$_f$** (7:3 EP: EtOAc): 0.42.

Produit : Huile orange foncée.

Rendement : 68%.

¹H RMN (δ, ppm)

(CDCl$_3$, 400 MHz)

7.40-7.32 (m, 5H, CH-Ph), 4.58 (s, 2H, OCH$_2$), 4.32 (s, 2H, OCH$_2$), 3.44 (s, 2H, CH$_2$).

¹³C RMN (δ, ppm)

(CDCl$_3$, 100 MHz)

174.7 (Cq, C=O), 164.5 (Cq, C=N), 136.4 (Cq, Ph), 128.6 (CH-Ph), 128.3 (CH-Ph), 128.0 (CH-Ph), 73.4 (OCH$_2$), 64.8 (OCH$_2$), 34.4 (CH$_2$).

IR (ν, cm^{-1}) (CCl$_4$)

3067 (w), 3033 (w), 2927 (m), 2863 (m), 1889 (w), 1810 (s), 1739 (s), 1611 (w), 1498 (w), 1453 (s), 1377 (s), 1337 (s), 1246 (w), 1185 (s), 1154 (s), 1096 (s), 1023 (s), 1003 (w).

SMHR (IE+, m/z) : Calculé: 205.0739   Trouvé: 205.0737.

3-But-3-enyl-4*H*-isoxazol-5-one   **1.24d**

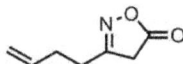

FM: C$_7$H$_9$O$_2$N

PM = C$_7$H$_9$O$_2$N

Méthode : Voir **procédure générale 1.1.A** en employant (1 équiv., 5 mmol, 850 mg) du 4-benzyloxy-3-oxo-butyric acid ethyl ester.

Purification : none/ **R$_f$** (9:1 EP:AcOEt): 0.38.

Produit : Huile orange foncée.

Rendement : 95%.

¹H RMN (δ, ppm)

(CDCl$_3$, 400 MHz)

5.81 (ddt, 1H, J = 6.6Hz, J = 10.2Hz, J = 15.3Hz, 1H, C**H**=CH$_2$), 5.13 (ddt, J = 1.5 Hz, J = 1.6Hz, J = 15.3Hz, 1H, CH=C**H$_2$**), 5.09 (ddt, J = 1.5Hz, J = 1.6Hz, J = 6.6Hz, 1H, CH=C**H$_2$**), 3.38 (s, 2H, CH$_2$CO$_2$), 2.59 (t, J = 7.4 Hz, 2H, CH$_2$- chaîne homoallilique), 2.42-2.37 (m, 2H, CH$_2$- chaîne homoallilique).

¹³C RMN (δ, ppm)

(CDCl₃, 100 MHz)

175.1 (Cq, OC=O), 166.2 (Cq, C=N), 135.6 ($\underline{C}$H=CH₂), 116.9 (CH=$\underline{C}$H₂), 35.9 ($\underline{C}$H₂CO₂), 29.7 (CH₂-chaîne homoallilique), 28.4 (CH₂- chaîne homoallilique).

IR (ν, cm⁻¹) (CCl₄)

3082 (w), 2980 (w), 2924 (w), 1807 (s), 1692 (w), 1641 (w), 1611 (w), 1441 (w), 1380 (w), 1320 (w), 1260 (w), 1160 (m).

SMHR (IE+, m/z) :   Calculé: 139.0633   Trouvé: 139.0629.

{4-[1-Cyclopropyl-methylidene]-5-oxo-4,5-dihydro-isoxazol-3-yl}-acetic acid methyl ester (E et Z)   **1.19f**

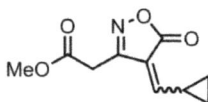

FM: C₁₀H₁₁O₄N

PM = 209 g.mol⁻¹

Méthode :

Voir **procedure générale 1.2** en employant (1 équiv., 10 mmol, 1.57 g) du (5-oxo-4,5-dihydro-isoxazol-3-yl)-acetic acid methyl ester.

Purification :

Colonne chromatographique flash (silica gel, 6:4 EP:AcOEt)/ **R$_f$** (1:1 EP: AcOEt): 0.40.

Produit :

Solide jaune pâle.

Rendement :

48% (mélange non-séparable, ratio des isomères 5:1).

¹H RMN (δ, ppm)

(CDCl₃, 400 MHz)

Isomère majoritaire: 6.49 (d, J = 11.6 Hz, 1H, =CH), 3.59 (s, 3H, OCH₃.), 3.50 (s, 2H, COCH₂), 3.06-2.97 (m, 1H, CH-cyclopropane), 1.36-1.31 (m, 2H, CH₂-cyclopropane), 1.02-0.97 (m, 2H, CH₂-cyclopropane).

Isomère minoritaire: 6.43 (d, J = 12.4Hz, 1H, =CH), 3.72 (s, 2H, COCH₂), 3.63 (s, 3H, OCH₃), 1.91-1.82 (m, 1H, CH-cyclopropane), 1.36-1.31 (m, 2H, CH₂-cyclopropane), 1.02-0.97 (m, 2H, CH₂-cyclopropane).

¹³C RMN (δ, ppm)

(CDCl₃, 100 MHz)

Isomère majoritaire: 169.1 (Cq, C=O), 167.5 (Cq, C=O), 166.1 (=CH), 156.2 (Cq, C=N), 117.7 (Cq, =$\underline{C}$CO₂N), 52.3 (OCH₃), 31.6 ($\underline{C}$H₂CO₂Me), 14.6 (CH-cyclopropane), 13.4 (CH₂-cyclopropane).
Isomère minoritaire: 169.1 (Cq, C=O), 167.5 (Cq, C=O), , 163.5 (=CH), 155.7 (Cq, C=N), 117.7 (Cq, =$\underline{C}$CO₂N), 52.4 (OCH₃), 33.9 ($\underline{C}$H₂CO₂Me), 15.4 (CH-cyclopropane), 13.3 (CH₂-cyclopropane).

IR (ν, cm^{-1}) (CCl$_4$) 3075 (w), 3010 (w), 2955 (w), 2848 (w), 1770 (s), 1750 (s), 1646 (s), 1436 (w), 1330 (w), 1297 (w), 1256 (w), 1203 (w), 1171 (w), 1109 (w), 1057 (w), 1019 (w)

SMHR (IE+, m/z) : Calculé: 209.0688   Trouvé: 209.0689.

(4-Cyclopentylidene-5-oxo-4,5-dihydro-isoxazol-3-yl)-acetic acid methyl ester   **1.19g**

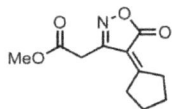

FM: C$_{11}$H$_{23}$O$_4$N

PM = 223 g.mol^{-1}

Méthode : Voir **méthode générale 1.2** en employant (1 équiv., 10 mmol, 1.57 g) du (5-oxo-4,5-dihydro-isoxazol-3-yl)-acetic acid methyl ester.

Purification : Colonne chromatograpique flash (silica gel, 8:2 EP:AcOEt)/ **R$_f$** (7:3 EP: AcOEt): 0.58.

Produit : Huile marron.

Rendement : 74%.

^{1}H RMN (δ, ppm)

(CDCl$_3$, 400 MHz)

3.77 (s, 3H, OCH$_3$), 3.73 (s, 2H, CH$_2$CO$_2$), 3.12 (t, J = 7.4 Hz, 2H, CH$_2$-cyclopentane), 2.75 (t, J = 6.2Hz, 2H, CH$_2$-cyclopentane), 1.90-1.85 (m, 4H, CH$_2$-cyclopentane).

^{13}C RMN (δ, ppm)

(CDCl$_3$, 100 MHz)

182.8 (Cq, C=O), 169.0 (Cq, C=O), 168.3 (Cq, C=N), 155.7 (Cq), 114.2 (Cq, =$\underline{C}$CO$_2$N), 52.8 (OCH$_3$), 35.6 (CH$_2$-cyclopentane), 35.0 (CH$_2$-cyclopentane), 34.4 ($\underline{C}$H$_2$CO$_2$), 25.9 (CH$_2$-cyclopentane), 25.2 (CH$_2$-cyclopentane).

IR (ν, cm^{-1}) (CCl$_4$) 3509 (w), 2965 (s), 2881 (s), 1750 (s), 1649 (s), 1555 (w), 1438 (m), 1409 (s), 1330 (s), 1295 (m), 1260 (s), 1202 (s), 1175 (s), 1134 (s), 1017(s), 993 (m).

SMHR (IE+, m/z) : Calculé: 223.0845   Trouvé: 223.0845.

3-Benzyloxymethyl-4-[1-*p*-tolyl-methylidene]-4*H*-isoxazol-5-one   **1.19h**

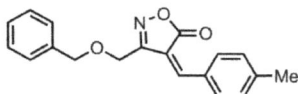

FM: $C_{19}H_{17}O_3N$

PM = 307 g.mol^{-1}

Méthode :   Voir **procédure générale 1.2** en employant (1 équiv., 5 mmol, 1.03 g) de
3-benzyloxymethyl-4*H*-isoxazol-5-one.

Purification :   Colonne chroatographique flash (silica gel, 9:1 EP: AcOEt)/ **R$_f$** (7:3 EP:
AcOEt): 0.61.

Produit :   Solide jaune.

Rendement :   52% (pour deux étapes).

^{1}H RMN (δ, ppm)   8.26 (d, *J* = 8.4 Hz, 2H, CH-tolyl), 7.83 (s, 1H, =CH), 7.38-7.32 (m, 7H,

(CDCl$_3$, 400 MHz)   CH-Ph + CH-tolyl), 4.60 (s, 2H, OCH$_2$), 4.60 (s, 2H, OCH$_2$), 2.46 (s, 3H,
CH$_3$).

^{13}C RMN (δ, ppm)   161.1 (Cq, C=O), 152.1 (=CH), 146.1 (Cq, C=N), 136.7 (Cq, Ar), 134.4
(CH-Ar), 130.2 (Cq, Ar), 129.9 (CH-Ar), 128.7 (CH-Ar), 128.5 (Cq, Ar),

(CDCl$_3$, 100 MHz)   128.3 (CH-Ar), 128.3 (CH-Ar), 116.3 (Cq, =$\underline{C}$CO$_2$N), 72.8 (OCH$_2$), 63.7
(OCH$_2$), 22.1 (CH$_3$).

IR (ν, cm^{-1}) (CCl$_4$)   3067 (w), 3032 (w), 2923 (w), 2865 (w), 1761 (s), 1696 (s), 1622 (s), 1597
(s), 1559 (s), 1499 (w), 1452 (w), 1419 (w), 1372 (w), 1349 (w), 1318 (w),
1287 (w), 1241 (w), 1216 (w), 1188 (w), 1102 (s), 1021 (w)

SMHR (IE+, m/z) :   Calculé: 307.1208   Trouvé: 307.1203.

**3-But-3-enyl-4-[1-cyclopropyl-meth-(Z)-ylidene]-4*H*-isoxazol-5-one (E et
Z)**   **1.19i**

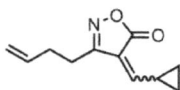

FM: $C_{11}H_{13}O_2N$

PM = 191 g.mol^{-1}

Méthode :   Voir **procedure générale 1.2** employant (1 équiv., 10 mmol, 1.39 g) de 3-
but-3-enyl-4*H*-isoxazol-5-one.

Purification : Colonne chromatographique flash (silica gel, 9:1 EP:AcOEt)/ **R$_f$** (9:1 EP:AcOEt): 0.45.

Produit : Solide vert pâle.

Rendement : 70% (mélange non séparable, ratio des isomères 10: 1).

^{1}H RMN (δ, ppm)

(CDCl$_3$, 400 MHz)

Isomère majoritaire: 6.30 (d, *J* = 11.2 Hz, 1H, =CH), 5.89-5.79 (m, 1H, C<u>H</u>=CH$_2$), 5.12-5.03 (m, 2H, CH=C<u>H$_2$</u>), 3.25-3.16 (m, 1H, CH-cyclopropane), 2.58 (dd, *J* = 6.6 Hz, *J* = 8.6 Hz, 2H, CH$_2$-chaine homoallylique), 2.45-2.39 (m, 2H, CH$_2$- chaine homoallylique), 1.45-1.40 (m, 2H, CH$_2$-cyclopropane), 1.01-0.97 (m, 2H, CH$_2$-cyclopropane).

Isomère minoritaire: 6.26 (d, *J* = 12.0 Hz, 1H, =CH.), 5.89-5.79 (m, 1H, C<u>H</u>=CH$_2$), 5.12-5.03 (m, 2H, CH=C<u>H$_2$</u>), 2.85 (dd, *J* = 6.6Hz, *J* = 8.6Hz, 2H, CH$_2$- chaine homoallylique), 2.54-2.49 (m, 2H, CH$_2$- chaine homoallylique), 2.12-2.03 (m, 1H, CH-cyclopropane), 1.45-1.40 (m, 2H, CH$_2$-cyclopropane), 1.10-1.07 (m, 2H, CH$_2$-cyclopropane).

^{13}C RMN (δ, ppm)

(CDCl$_3$, 100 MHz)

Isomère majoritaire: 169.8 (Cq, C=O), 162.9 (=CH), 161.1 (Cq, C=N), 136.2 (<u>C</u>H=CH$_2$), 119.5 (Cq, <u>C</u>CO$_2$), 116.3 (CH=<u>C</u>H$_2$), 30.0 (CH$_2$- chaine homoallylique), 25.2 (CH$_2$- chaine homoallylique), 14.1 (CH-cyclopropane), 13.2 (CH$_2$-cyclopropane).
Isomère minoritaire: 170.0 (Cq, C=O), 161.7 (=CH), 161.1 (Cq, C=N), 136.1 (<u>C</u>H=CH$_2$), 119.2 (Cq, <u>C</u>CO$_2$), 116.3 (CH=<u>C</u>H$_2$), 29.8 (CH$_2$- chaine homoallylique), 28.3 (CH$_2$- chaine homoallylique), 15.0 (CH-cyclopropane), 13.1 (CH$_2$-cyclopropane).

IR (ν, cm^{-1}) (CCl$_4$) 3512 (w), 3080 (w), 3009 (w), 2985 (w), 2926 (w), 2858 (w), 1767 (s), 1647 (s), 1564 (w), 1446 (w), 1288 (w), 1180 (w), 1120 (w)

SMHR (IE+, m/z) : Calculé: 191.0946   Trouvé: 191.0950.

3-But-3-enyl-4-cyclopentylidene-4*H*-isoxazol-5-one   **1.19j**

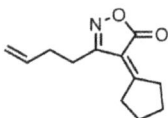

FM: C$_{12}$H$_{15}$O$_2$N

PM = 205 g. mol^{-1}

Méthode : Voir **procedure générale 1.2** en employant (1 équiv., 10 mmol, 1.39 g) de 3-but-3-enyl-4*H*-isoxazol-5-one.

| **Purification :** | Colonne chromatographique flash (silica gel, 9:1 EP:AcOEt)/ **R$_f$** (9:1 EP:AcOEt): 0.30. |

Produit :   Solide orange pâle

Rendement :   61%.

^{1}H RMN (δ, ppm)

(CDCl$_3$, 400 MHz)

5.90 (ddt, *J* = 6.5Hz, *J* = 10.2Hz, *J* = 17.0Hz, 1H, C**H**=CH$_2$), 5.12 (ddd, *J* = 1.5Hz, *J* = 3.2Hz, *J* = 17.0Hz, 1H, CH=C**H**$_2$), 5.07 (ddd, *J* = 1.5Hz, *J* = 2.7Hz, *J* = 10.2Hz, 1H, CH=C**H**$_2$), 3.11 (t, *J* = 6.8 Hz, 2H, CH$_2$-cyclopentane), 2.85 (t, *J* = 6.4 Hz, 2H, CH$_2$-cyclopentane), 2.73 (m, 2H, CH$_2$-cyclopentane), 2.51-2.45 (m, 2H, CH$_2$-cyclopentane), 1.93-1.83 (m, 4H, CH$_2$-chaine homoallylique).

^{13}C RMN (δ, ppm)

(CDCl$_3$, 100 MHz)

181.2 (Cq, C=O), 169.6 (Cq, C=N), 161.0 (Cq), 136.3 (**C**H=CH$_2$), 116.1 (CH=**C**H$_2$), 114.9 (Cq, =**C**CO$_2$N), 25.4 (CH$_2$-cyclopentane), 35.2 (CH$_2$-cyclopentane), 29.7 (CH$_2$-cyclopentane), 28.5 (CH$_2$-cyclopentane), 25.9 (CH$_2$-chaine homoallylique), 25.2 (CH$_2$- chaine homoallylique).

IR (ν, cm^{-1}) (CCl$_4$)

3080 (w), 2969 (m), 2880 (m), 1761 (s), 1648 (s), 1449 (w), 1409 (w), 1316 (w), 1295 (w), 1179 (m), 1138 (m), 1025 (w), 993.3 (w).

SMHR (IE+, m/z) :   Calculé: 205.1103   Trouvé: 205.1100.

N-*tert*-Butyl-2-cyclopropyl-2-(5-oxo-3-phenyl-4,5-dihydro-isoxazol-4-yl)-acetamide et **N-*tert*-Butyl-2-cyclopropyl-2-(5-oxo-3-phenyl-2,5-dihydro-isoxazol-4-yl)-acetamide**   **1.22a**

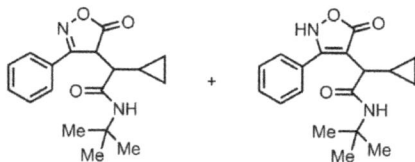

FM: C$_{18}$H$_{22}$O$_3$N$_2$

PM = 314 g.mol^{-1}

Méthode :   Voir **procedure générale 1.3** en employant (1 équiv. 2 mmol, 426 mg) de 4-[1-cyclopropyl-methylidene]-3-phenyl-4H-isoxazol-5-one et (1 équiv, 2 mmol, 166 mg) de *tert*-butyl isocyanure.

Purification :   none/ **R$_f$** (6:4 EP:Et$_2$O): 0.29.

Produit :   Solide rose pâle.

Rendement :   ~100% (Mélange non séparable, ratio dia. maj.: dia. min.: formeNH   1:

0.76 : 0.40).

¹H RMN (δ, ppm)

(CDCl₃, 400 MHz)

Diastereoisomère majoritaire: 7.69-7.67 (m, 2H, CH-Ph), 7.52-7.40 (m, 3H, CH-Ph), 6.10 (br s, 1H, NHCO), 4.85 (d, J = 1.9 Hz, 1H, CHCO₂), 2.15 (dd, J = 1.9 Hz, J = 10.6 Hz, 1H, CHCON), 1.39-1.37 (m, 1H, CH-cyclopropane), 1.39 (s, 9H, CH₃-^{t}Bu), 0.68-0.63 (m, 2H, CH₂-cyclopropane), 0.43-0.39 (m, 1H, CH₂-cyclopropane), 0.34-0.30 (m, 1H, CH₂-cyclopropane).

Diastereoisomère minoritaire: 7.69-7.67 (m, 2H, CH-Ph), 7.52-7.40 (m, 3H, CH-Ph), 6.32 (br s, 1H, NHCO), 4.83 (d, J = 2.4 Hz, 1H, CHCO₂), 2.01 (dd, J = 2.4 Hz, J = 10.8 Hz, 1H, CHCON) 1.28 (s, 9H, CH₃-^{t}Bu), 0.89-0.83 (m, 1H, CH-cyclopropane), 0.74-0.70 (m, 1H, CH₂-cyclopropane), 0.68-0.63 (m, 1H, CH₂-cyclopropane), 0.60-0.54 (m, 1H, CH₂-cyclopropane), -0.07- -0.16 (m, 1H, CH₂-cyclopropane).

Forme NH: 7.61-7.60 (m, 2H, CH-Ph), 7.52-7.40 (m, 3H, CH-Ph), 6.43 (br s, 1H, NHCO), 2.55 (d, J = 10.4 Hz, 1H, CHCON), 1.39-1.37 (m, 1H, CH-cyclopropane), 1.37 (s, 9H, CH₃-^{t}Bu), 0.68-0.63 (m, 1H, CH₂-cyclopropane), 0.28-0.23 (m, 1H, CH₂-cyclopropane), 0.18-0.13 (m, 1H, CH₂-cyclopropane), 0.04- -0.06 (m, 1H CH₂-cyclopropane).

¹³C RMN (δ, ppm)

(CDCl₃, 100 MHz)

Diastereoisomère majoritaire: 179.05 (Cq, C=O), 168.9 (Cq, C=O), 166.3 (Cq, C=N), 131.5 (CH-Ph), 129.1 (CH-Ph), 128.1 (Cq, Ph), 127.5 (CH-Ph), 52.5 (**C**HCON), 51.8 (Cq, ^{t}Bu), 46.5 (**C**HCO₂), 28.5 (CH₃-^{t}Bu), 9.7 (CH-cyclopropane), 5.1 (CH₂-cyclopropane), 4.0 (CH₂-cyclopropane). **Diastereoisomère minoritaire:** 176.6 (Cq, C=O), 168.7 (Cq, C=O), 166.7 (Cq, C=N), 131.8 (CH-Ph), 129.4 (CH-Ph), 128.4 (Cq, Ph), 127.1 (CH-Ph), 51.8 (Cq, ^{t}Bu), 51.6 (**C**HCON), 47.3 (**C**HCO₂), 28.6 (CH₃-^{t}Bu), 8.9 (CH-cyclopropane), 4.4 (CH₂-cyclopropane), 4.3 (CH₂-cyclopropane). **Forme NH:** il n'y a pas de signaux visiobles

IR (ν, cm⁻¹) (CCl₄)

3314 (w), 3047 (w), 3003 (w), 2966 (w), 2927 (w), 2856 (w), 2802 (w), 1716 (s), 1619 (s), 1545 (m), 1453 (m), 1366 (w), 1299 (w), 1255 (w), 1220 (w), 1141 (w), 1039 (w).

SMHR (IE+, m/z) :   Calculé: 314.1631   Trouvé: 314.1630.

N-tert-Butyl-2-(5-oxo-3-phenyl-4,5-dihydro-isoxazol-4-yl)-2-p-tolyl-acetamide et N-tert-Butyl-2-(5-oxo-3-phenyl-2,5-dihydro-isoxazol-4-yl)-2-p-tolyl-acetamide   **1.22b**

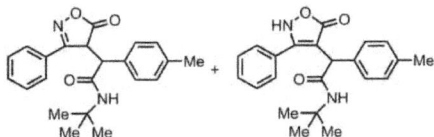

FM: C₂₂H₂₄O₃N₂

PM = 364 g.mol⁻¹

Méthode :	Voir **procedure générale 1.3** employant (1 équiv. 2 mmol, 526 mg) de 3-phenyl-4-[1-p-tolyl-methylidene]-4H-isoxazol-5-one et (1 équiv, 2 mmol, 166 mg) de *ter-* butyl isocyanure.
Purification :	Filtration/ R_f (7:3 EP: AcOEt): 0.76.
Produit :	Solide jaune
Rendement :	58% (Mélange non-séparable, ratio dia. maj. : dia. min.: Forme NH 0.60 : 0.44 : 1).

¹H RMN (δ, ppm)

(CDCl₃, 400 MHz)

Diastereoisomère majoritaire: 7.54-7.37 (m, 3H, CH-Ph), 7.18-7.13 (m, 2H, CH-Ph), 7.10 (d, J = 8.0 Hz, 2H, CH-tol), 6.99 (d, J = 8.0 Hz, 2H, CH-tol), 5.20 (br s, 1H, NHCO), 4.75 (d, J = 2.4 Hz, 1H, CHCO₂), 4.15 (d, J = 2.4 Hz, 1H, NCOCH) 2.33 (s, 3H, CH₃), 1.19 (s, 9H, CH₃-ᵗBu).

Diastereoisomère minoritaire: 7.54-7.37 (m, 3H, CH-Ph), 7.18-7.13 (m, 2H, CH-Ph), 7.04 (d, J = 8.0 Hz , 2H, CH-tol), 6.79 (d, J = 8.0 Hz, 2H, CH-tol), 5.60 (br s, 1H, NHCO), 5.00 (d, J = 3.6 Hz, 1H, CHCO), 4.04 (d, J = 3.6 Hz , 1H, NCOCH), 2.30 (s, 3H, CH₃), 1.32 (s, 9H, CH₃-ᵗBu),

Forme NH: 7.68 (d, J = 7.8 Hz, 2H, CH-tol), 7.54-7.37 (m, 3H, CH-Ph) 7.47 (d, J = 7.8 Hz, 2H, CH-tol), 7.18-7.13 (m, 2H, CH-Ph), 6.21 (br s, 1H, NHCO), , 4.41 (s, 1H, NCOCH), 2.33 (s, 3H, CH₃), 1.30 (s, 9H, CH₃-ᵗBu).

¹³C RMN (δ, ppm)

(CDCl₃, 100 MHz)

Diastereoisomère majoritaire, Diastereoisomère minoritaire et forme NH (trois carbones Cq ne peuvent pas être distingués sans ambiguité): 177.9 (Cq, C=O), 176.3 (Cq, C=O), 172.3 (Cq, C=O), 168.4 (Cq, C=O), 167.8 (Cq, C=O), 166.3 (Cq, C=O), 166.0 (Cq, **C**-N), 164.2 (Cq, **C**-N), 139.0 (Cq), 138.9 (Cq), 137.5 (Cq), 135.2 (Cq), 131.6 (CH-Ar), 131.4 (CH-Ar), 131.2 (CH-Ar), 131.1 (Cq), 130.1 (CH-Ar), 130.0 (CH-Ar), 130.0 (CH-Ar), 129.8 (Cq), 129.4 (CH-Ar), 129.2 (CH-Ar), 129.1(CH-Ar), 129.0 (CH-Ar), 128.8 (CH-Ar), 128.3 (CH-Ar), 128.2 (Cq), 127.8 (CH-Ar), 127.4 (Cq), 127.2 (CH-Ar), 127.1 (CH-Ar), 53.9 (CH), 52.7 (CH), 52.5 (Cq, ᵗBu), 52.1 (Cq, ᵗBu), 51.8 (Cq, ᵗBu), 48.4 (CH), 48.0 (CH), 47.9 (CH), 28.5 (CH₃-ᵗBu), 28.4 (CH₃-ᵗBu), 28.3 (CH₃-ᵗBu), 21.1 (CH₃), 21.1 (CH₃), 21.0 (CH₃).

IR (ν, cm⁻¹) (CCl₄)   3425 (w), 3275 (w), 3064 (w), 3028(w), 2971 (m), 2925 (w), 1796 (s), 1738 (w), 1676 (s), 1644 (s), 1557 (w), 1515 (s), 1475 (s), 1450 (s), 1394 (s), 1366 (s), 1311 (w), 1268 (w), 1219 (m), 1150 (w), 1118 (w), 1029 (w).

SMHR (IE+, m/z) :   Calculé: 364.1787   Trouvé: 364.1791.

[2-(5-Oxo-3-phenyl-4,5-dihydro-isoxazol-4-yl)-2-*p*-tolyl-acetylamino]-acetic acid ethyl ester et [2-(5-Oxo-3-phenyl-2,5-dihydro-isoxazol-4-yl)- 1.22c 2-*p*-tolyl-acetylamino]-acetic acid ethyl ester

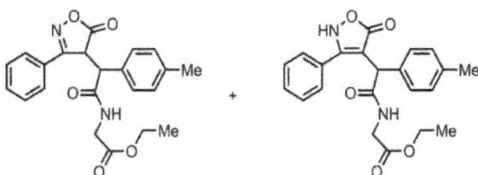

FM: C$_{22}$H$_{22}$O$_5$N$_2$

PM = 394 g.mol^{-1}

Méthode :	Voir **procedure générale 1.3** employant (1 équiv., 2 mmol, 526 mg) de 3-phenyl-4-[1-p-tolyl-methylidene]-4H-isoxazol-5-one et (1 équiv., 2 mmol, 226 mg) de l'ester de méthyle de l'acide methyleneamino-acétique.
Purification :	Colonne chromatographique flash (silica gel, 1:1 EP: AcOEt)/ **R$_f$** (7:3 EP: AcOEt): 0.20.
Produit :	Solide vert pâle.
Rendement :	38% (Mélange non-séparable, ratio dia. 1 : dia. 2 : FormeNH 1: 1: 2).

^{1}H RMN (δ, ppm)

(CDCl$_3$, 400 MHz)

Diasteroisomère 1: 7.64 (d, *J* = 7.2 Hz, 2H, CH-tolyl), .54-7.39 (m, 7H, CH-Ph + CH-tolyl), 15.90 (br t, *J* = 5.2 Hz, 1H, NHCO), 4.66-4.65 (m, 1H, CHCON) 4.18-4.10 (m, 3H, OC**H**$_2$CH$_3$ + CHCO$_2$N), 3.90 (t, *J* = 5.2 Hz, 2H, C**H**$_2$CO$_2$Et), 2.33 (s, 3H, CH$_3$), 1.28-1.19 (m, 3H, OCH$_2$C**H**$_3$).

Diasteroisomère 2: 7.54-7.39 (m, 5H, CH-Ph), 7.05 (d, *J* = 7.8Hz, 2H, CH-tolyl) 6.83 (d, *J* = 7.8Hz, 2H, CH-tolyl), 6.29 (br t, *J* = 4.8Hz, 1H, NHCO), 5.04 (d, *J* = 3.6Hz, 1H, CHCON), 4.27 (d, *J* = 2.0 Hz, 1H, CHCO$_2$N), 4.18-4.10 (m, 2H, OC**H**$_2$CH$_3$ dia. 2) 4.06 (dd, *J* = 3.0 Hz, *J* = 5.0 Hz, 2H, C**H**$_2$CO$_2$Et), 2.30 (s, 3H, CH$_3$), 1.28-1.19 (m, 3H, OCH$_2$C**H**$_3$).

NH form: 7.54-7.39 (m, 3H, CH-Ph), 7.24 (d, *J* = 7.6Hz, 2H, CH-tolyl), 7.15-7.11 (m, 5H, CH-Ph + CH-tolyl + NHCO), , 4.66-4.65 (m, 1H, CHCON), 4.18-4.10 (m, 2H, OC**H**$_2$CH$_3$), 3.96 (dd, *J* = 5.2 Hz, *J* = 7.2 Hz, 2H, C**H**$_2$CO$_2$Et), 2.32 (s, 3H, CH$_3$), 1.28-1.19 (m, 3H, OCH$_2$C**H**$_3$).

^{13}C RMN (δ, ppm)

(CDCl$_3$, 100 MHz)

Diasteroisomère 1, diasteroisomère 2, forme NH (deux carbones Cq et un CH-Ar ne peuvent pas être distingués sans ambiguité): 177.5 (Cq, C=O), 176.1 (Cq, C=O), 172.2 (Cq, C=O), 169.8 (Cq, C=O), 169.3 (Cq, C=O), 169.2 (Cq, C=O), 169.1 (Cq, C=O), 169.1 (Cq, C=O), 169.0 (Cq, C=O), 165.9 (Cq, **C**-N), 165.8 (Cq, **C**-N), 164.3 (Cq, **C**-N), 139.3 (Cq, Ar), 139.1 (Cq, Ar), 137.7 (Cq, Ar), 134.3 (Cq, Ar), 131.7 (CH-Ar), 131.5 (CH-Ar), 130.6 (Cq, Ar), 130.1 (CH-Ar), 130.1 (CH-Ar), 129.8 (CH-Ar), 129.5 (CH-Ar), 129.3 (CH-Ar), 129.2 (CH-Ar), 129.1 (CH-Ar), 129.0 (CH-Ar), 128.2 (CH-Ar), 128.0 (Cq, Ar), 127.6 (CH-Ar), 127.5 (CH-Ar), 127.2 (Cq, Ar), 127.1 (CH-Ar), 95.8 (Cq, C=**C**CO$_2$N, NHform), 61.6 (O**C**H$_2$CH$_3$ x2),

61.6 (O$\underline{C}$H$_2$CH$_3$), 52.8 (CH), 51.6 (CH), 47.9 (CH), 47.8 (CH), 47.3 (CH), 41.9 ($\underline{C}$H$_2$CO$_2$Et), 41.8 ($\underline{C}$H$_2$CO$_2$Et), 41.7 ($\underline{C}$H$_2$CO$_2$Et), 21.1 (CH$_3$-tolyl), 21.1 (CH$_3$-tolyl), 21.0 (CH$_3$-tolyl), 14.1 (OCH$_2$$\underline{C}H_3$), 14.0 (OCH$_2$$\underline{C}H_3$ x2).

IR (ν, cm^{-1}) (CCl$_4$)　3419 (w), 3311(w), 3060 (w), 2984 (w), 2927 (w), 2868 (w), 1797 (m), 1747 (s), 1679 (s), 1620 (m), 1516 (m), 1477 (m), 1444 (m), 1378 (m), 1205 (s), 1115 (w), 1025 (w).

SMHR (IE+, m/z) :　Calculé: 394.1529　Trouvé: 394.1531.

N-Benzyl-2-(5-oxo-3-phenyl-4,5-dihydro-isoxazol-4-yl)-2-p-tolyl-acetamide et N-Benzyl-2-(5-oxo-3-phenyl-2,5-dihydro-isoxazol-4-yl)-2-p-tolyl-acetamide　　1.22d

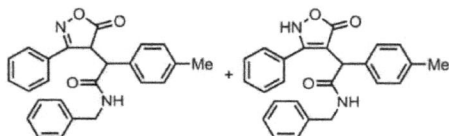

FM: C$_{25}$H$_{22}$O$_3$N$_2$

PM = 398 g.mol^{-1}

Méthode :　Voir **procedure générale 1.3** employant (1 équiv., 2 mmol, 526 mg) de 3-phenyl-4-[1-p-tolyl-methylidene]-4H-isoxazol-5-one et (1 équiv., 2 mmol, 234 mg) d'isocyanure de benzyle.

Purification :　Colonne chromatographique flash (silica gel, 8:2 EP: AcOEt)/ **R$_f$** (7:3 EP: AcOEt): 0.35.

Produit :　Solide marron

Rendement :　57%　(Mélange non-séparable, ratio dia. 1 : dia. 2 : Forme NH　1: 1: 2).

^{1}H RMN (δ, ppm)

(CDCl$_3$, 400 MHz)

Diasteroisomère 1: 7.66 (d, J = 7.6 Hz, 2H, CH-tolyl), 7.55-7.00 (m, 12H, CH-Ph + CH-tolyl), 5.74 (br s, 1H, CONH), 4.70 (d, J = 2.4Hz, 1H, CHCON), 4.53 (dd, J = 5.7 Hz, J = 15.0 Hz, 1H, C$\underline{H}_2$NH), 4.42-4.35 (m, 1H, C$\underline{H}_2$NH), 4.25 (d, J = 2.4 Hz, 1H, CHCO$_2$), 2.30 (s, 3H, CH$_3$).

Diasteroisomère 2: 7.55-7.00 (m, 12H, CH-Ph + CH-tolyl), 6.79 (d, J = 8.0 Hz, 2H, CH-tolyl), 6.07 (br s, 1H, CONH), 5.02 (d, J = 3.2Hz, 1H, CHCON), 4.42-4.35 (m, 2H, C$\underline{H}_2$NH), 4.13 (d, J = 3.2 Hz, 1H, CHCO$_2$), 2.27 (s, 3H, CH$_3$).

Forme NH: 7.55-7.00 (m, 15H, CH-Ph + 2x CH-tolyl + CONH) 4.62 (s, 1H, CHCON), 4.42-4.35 (m, 2H, C$\underline{H}_2$NH), 2.32 (s, 3H, CH$_3$).

^{13}C RMN (δ, ppm)

(CDCl$_3$, 100 MHz)

Diasteroisomère 1, diasteroisomère 2 et forme NH (sept carbones CH-Ar et un carbone Cq ne peuvent pas être distingués sans ambiguïté): 177.7 (Cq, C=O), 176.3 (Cq, C=O), 172.4 (Cq, C=O), 169.5 (Cq, C=O), 168.8 (Cq, C=O), 166.0 (Cq, C=O), 166.0 (Cq, **C**-N), 164.2 (Cq, **C**-N), 139.2 (Cq, Ar), 139.0 (Cq, Ar), 137.6 (Cq, Ar), 137.4 (Cq, Ar), 137.3 (Cq, Ar), 137.1 (Cq, Ar), 134.8 (Cq, Ar), 131.7 (CH-Ar), 131.5 (CH-Ar), 130.7 (Cq, Ar), 130.5 (Cq, Ar), 130.4 (Cq, Ar), 130.1 (Cq, Ar), 129.8 (CH-Ar), 129.4 (CH-Ar), 129.2 (CH-Ar), 129.1 (CH-Ar), 129.0 (CH-Ar), 128.9 (CH-Ar), 128.7 (CH-Ar), 128.6 (CH-Ar), 128.6 (CH-Ar), 128.5 (Cq, Ar), 128.2 (CH-Ar), 128.1 (Cq, Ar), 127.7 (CH-Ar), 127.6 (CH-Ar), 127.5 (CH-Ar) 127.3 (CH-Ar), 127.1 (CH-Ar), 53.1 (CH), 51.9 (CH), 48.0 (CH), 47.9 (CH), 47.6 (CH), 44.2 (CH$_2$), 44.0 (CH$_2$), 43.9 (CH$_2$), 21.0 (CH$_3$), 21.0 (CH$_3$ x2).

IR (ν, cm^{-1}) (CCl$_4$)

3434 (w), 3276 (w), 3064 (w), 3032 (w), 2925 (w), 1797 (s), 1676 (s), 1644 (s), 1566 (m), 1515 (s), 1475 (s), 1449 (s), 1396 (s), 1363 (s), 1310 (w), 1254 (w), 1118 (w), 1074 (w), 1026 (w).

SMHR (IE+, m/z) : Calculé: 398.1631   Trouvé: 398.1621.

N-tert-Butyl-2-(5-oxo-3-phenyl-4,5-dihydro-isoxazol-4-yl)-2-thiophen-2-yl-acetamide et _N-tert_-Butyl-2-(5-oxo-3-phenyl-2,5-dihydro-isoxazol-4-yl)-2-thiophen-2-yl-acetamide   **1.22e**

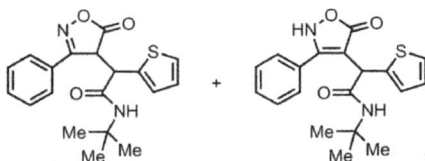

FM: C$_{19}$H$_{20}$O$_3$N$_2$S

PM = 356g.mol^{-1}

Méthode :   Voir **procedure générale 1.3** employant (1 équiv., 2 mmol, 510 mg) de 3-phenyl-4-[1-thiophen-2-yl-methylidene]-4H-isoxazol-5-one et (1 équiv, 2 mmol, 166 mg) de _tert_-butyl isocyanure.

Purification :   Colonne chromatographique flash (silica gel, 7:3 EP: AcOEt)/ **R$_f$** (1:1 EP: EtOAc): 0.42.

Produit :   Solide marron.

Rendement :   24% (mélange non-séparable, ratio dia. 1: dia. 2: Forme NH 0.42 : 0.42 : 1).

^{1}H RMN (δ, ppm)

(CDCl$_3$, 400 MHz)

Diasteroisomère 1: 7.72-7.70 (m, 2H, CH-Ph), 7.53-7.38 (m, 3H, CH-Ph), 7.28 (dd, J = 0.8Hz, J = 5.2 Hz, 1H, CH-tiophene), 6.96-6.93 (m, 1H, CH-tiophene), 6.84 (d, J = 2.8 Hz, 1H, CH-tiophene), 5.50 (br s, 1H, NHCO), 4.88 (d, J = 2.4 Hz, 1H, CHCO$_2$), 4.49 (d, J = 2.4 Hz, 1H,

CHCON), 1.20 (s, 9H, CH$_3$-^{t}Bu).

Diasteroisomère 2: 7.53-7.38 (m, 5H, CH-Ph), 7.24-7.21 (m, 1H, CH-tiophene), 6.96-6.93 (m, 1H, CH-tiophene), 6.78 (d, J = 3.6 Hz, 1H, CH-tiophene), 5.95 (br s, 1H, NHCO), 5.03 (d, J = 3.6 Hz, 1H, CHCO$_2$), 4.33 (d, J = 3.6 Hz, 1H, CHCON), 1.34 (s, 9H,CH$_3$-^{t}Bu).

Forme NH: 7.53-7.38 (m, 5H, CH-Ph), 7.24-7.21 (m, 1H, CH-tiophene), 6.96-6.93 (m, 2H, CH-tiophene), , 6.58 (br s, 1H, NHCO), 4.69 (s, 1H, CHCON), 1.32 (s, 9H, CH$_3$-^{t}Bu).

^{13}C RMN (δ, ppm)

(CDCl$_3$, 100 MHz)

Diasteroisomère 1, diasteroisomère 2 et Forme NH (un carbone Cq ne peut pas être distingué sans ambiguïté)**:** 177.4 (Cq, C=O), 176.1 (Cq, C=O), 172.2 (Cq, C=O), 167.2 (Cq, C=O), 166.6 (Cq, C=O), 166.0 (Cq, C=O), 165.7 (Cq, **C**-N), 163.7 (Cq, **C**-N), 141.2 (Cq), 134.9 (Cq), 134.2 (Cq), 131.8 (CH-Ar), 131.6 (CH-Ar), 130.5 (CH-Ar), 129.3 (CH-Ar), 129.2 (Cq), 129.1 (CH-Ar), 129.1 (CH-Ar), 129.0 (CH-Ar), 128.2 (CH-Ar), 128.0 (CH-Ar), 127.9 (CH-Ar), 127.9 (Cq), 127.8 (CH-Ar), 127.7 (CH-Ar), 127.7 (Cq), 127.4 (CH-Ar), 127.3 (CH-Ar), 127.1 (CH-Ar), 127.0 (Cq), 126.9 (CH-Ar), 125.8 (CH-Ar), 125.3 (CH-Ar), 52.4 (Cq, ^{t}Bu), 52.2 (Cq, ^{t}Bu), 52.0 (Cq, ^{t}Bu), 48.8 (CH), 48.5 (CH), 48.2 (CH), 47.7 (CH), 44.2 (CH), 29.6 (CH$_3$-^{t}Bu), 28.4 (CH$_3$-^{t}Bu), 28.3 (CH$_3$-^{t}Bu).

IR (ν, cm^{-1}) (CCl$_4$)

3417 (w), 3282.9 (w), 3069(w), 2969 (m), 2928 (m), 2870 (w), 1797 (m), 1680 (s), 1647 (s), 1563 (m), 1517 (s), 1475 (s), 1452 (s), 1394 (s), 1366 (s), 1280 (s), 1222 (s), 1072 (w), 1043 (w), 1027 (w).

SMHR (IE+, m/z) : Calculé: 356.1195 Trouvé: 356.1183.

N-*tert*-Butyl-2-(5-oxo-3-phenyl-4,5-dihydro-isoxazol-4-yl)-isobutyramide   **1.22f**

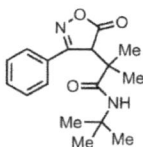

FM: C$_{17}$H$_{22}$O$_3$N$_2$

PM = 302 g.mol^{-1}

Méthode : Voir **procedure générale 1.3** en employant (1 équiv., 2 mmol, 402 mg) de 4-isopropylidene-3-phenyl-4H-isoxazol-5-one et (1 équiv., 2 mmol, 166 mg) de *tert*-butyl isocyanure.

Purification : filtration/ **R$_f$** (7:3 EP: AcOEt): 0.31.

Produit : Solide blanc.

Rendement : 58% (seulement forme CH).

¹H RMN (δ, ppm) (CDCl₃, 400 MHz)	7.59-7.58 (m, 2H, CH-Ph), 7.50-7.41 (m, 3H, CH-Ph), 5.25 (br s, 1H, NH), 4.55 (s, 1H, CHCO₂), 1.59 (s, 3H, CH₃), 1.17 (s, 9H,CH₃- ^{t}Bu), 1.12 (s, 3H, CH₃).
¹³C RMN (δ, ppm) (CDCl₃, 100 MHz)	176.49 (Cq, C=O), 172.4 (Cq, C=O), 167.3 (Cq, C=N), 131.2 (CH-Ph), 128.9 (CH-Ph), 128.7 (Cq, Ph), 128.1 (CH-Ph), 51.4 (Cq), 50.9 (**C**HCO₂), 45.9 (Cq), 28.4 (CH₃-^{t}Bu), 23.7 (CH₃), 22.6 (CH₃).
IR (ν, cm⁻¹) (CCl₄)	3313 (w), 2973 (s), 2863 (s), 1811 (w), 1706 (s), 1626 (m), 1535 (m), 1451 (m), 1384 (w), 1363 (m), 1341 (m), 1303 (w), 1258 (w), 1213 (w), 1156 (w), 1069 (s), 1001 (w).
SMHR (IE+, m/z) :	Calculé: 302.1631 Trouvé: 302.1633.

1-(5-Oxo-3-phenyl-4,5-dihydro-isoxazol-4-yl)-cyclopentanecarboxylic acid *tert*-butylamide et 1-(5-Oxo-3-phenyl-2,5-dihydro-isoxazol-4-yl)- cyclopentanecarboxylic acid *tert*-butylamide   1.22g

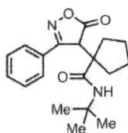

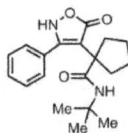

FM: C₁₉H₂₄O₃N₂

PM = 328 g.mol⁻¹

Méthode :	Voir **procédure générale 1.3** en employant (1 équiv., 2 mmol, 454 mg) de 4-cyclopentylidene-3-phenyl-4H-isoxazol-5-one et (1 équiv, 2 mmol, 166 mg) de *tert*-butyl isocyanure.
Purification :	Colonne chromatographique flash (silica gel, 8:2 EP: AcOEt) / **R**f(7:3 EP: AcOEt): 0.30.
Produit :	Solide blanc.
Rendement :	51% (mélange non-séparable, ratio forme CH:forme NH 1:1).

¹H RMN (δ, ppm) (CDCl₃, 400 MHz)	**Forme CH et forme NH:** 7.52-7.41 (m, 10H, CH-Ph), 6.76 (br s, 1H, NH), 5.29 (br s, 1H, NH), 4.16 (s, 1H, CHCO₂ CHform), 2.38-2.35 (m, 2H, CH₂-cyclopentane), 2.00-1.96 (m, 1H, CH₂-cyclopentane), 1.89-1.40 (m, 13H, CH₂-cyclopentane), 1.24 (s, 9H, CH₃-^{t}Bu), 1.20 (s, 9H, CH₃-^{t}Bu).
¹³C RMN (δ, ppm)	**Forme CH et forme NH:**176.8 (Cq, C=O), 174.0 (Cq, C=O), 173.6 (Cq, C=O), 171.5 (Cq, C=O), 167.4 (Cq, **C**-N), 163.2 (Cq, **C**-N), 131.1 (CH-Ph),

(CDCl$_3$, 100 MHz)	131.0 (CH-Ph), 128.9 (CH-Ph), 128.9 (Cq, Ph), 128.7 (CH-Ph), 128.6 (CH-Ph), 128.0 (CH-Ph), 127.9 (Cq, Ph), 104.1 (Cq, C=<u>C</u>CO$_2$N forme NH), 57.0 (<u>C</u>HCO$_2$ forme CH), 52.1 (Cq), 51.5 (Cq), 50.9 (Cq), 50.7 (Cq), 35.5 (CH$_2$-cyclopentane x2), 34.6 (CH$_2$-cyclopentane), 33.7(CH$_2$-cyclopentane), 28.4 (CH$_3$, ^{t}Bu), 28.3 (CH$_3$- ^{t}Bu), 23.7 (CH$_2$-cyclopentane), 23.6 (CH$_2$-cyclopentane), 23.3 (CH$_2$-cyclopentane x2).
IR (ν, cm^{-1}) (CCl$_4$)	3434 (w), 3339 (w), 3061 (m), 2962 (s), 2869 (m), 2788 (w), 1797 (m), 1710 (s), 1675 (s), 1643 (s), 1606 (s), 1535 (s), 1451 (s), 1391 (m), 1362 (s), 1292 (m), 1268 (m), 1216 (m), 1176 (m), 1109 (w), 1020 (m).
SMHR (IE+, m/z) :	Calculé: 328.1787 Trouvé: 328.1777.

[4-(*tert*-Butylcarbamoyl-cyclopropyl-methyl)-5-oxo-4,5-dihydro-isoxazol-3-yl]-acetic acid methyl ester et [4-(*tert*-Butylcarbamoyl-cyclopropyl-methyl)-5-oxo-2,5-dihydro-isoxazol-3-yl]-acetic acid methyl ester   **1.22h**

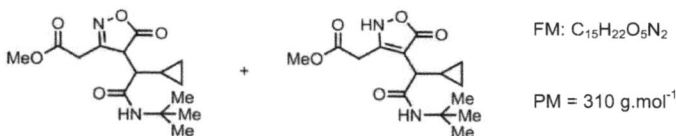

FM: C$_{15}$H$_{22}$O$_5$N$_2$

PM = 310 g.mol^{-1}

Méthode :	Voir **procedure générale 1.3** employant (1 équiv., 2 mmol, 418 mg) du {4-[1-cyclopropyl-methylidene]-5-oxo-4,5-dihydro-isoxazol-3-yl}-acetic acid methyl ester et (1 équiv., 2 mmol, 166 mg) de *tert*-butyl isocyanure.
Purification :	Aucune/ **R$_f$** (1:1 EP:AcOEt): 0.43.
Produit :	Solide orange.
Rendement :	~100% (mélange non-séparable, ratio dia. maj.: dia. : min. dia. : forme NH 2:1:4).

^{1}H RMN (δppm) (CDCl$_3$, 400 MHz)	**Diasteroisomère majoritaire:** 6.14 (br s, 1H, NH), 4.15 (d, J = 2.4 Hz, 1H, CHCO$_2$N), 3.73 (s, 3H, OCH$_3$), 3.61 (s, 2H, C<u>H$_2$</u>CO$_2$Me), 2.08-2.04 (m, 1H, CHCON), 1.32 (s, 9H, CH$_3$-^{t}Bu), 1.20-1.44 (m, 1H, CH-cyclopropane), 0.80-0.72 (m, 1H, CH$_2$-cyclopropane), 0.71-0.63 (m, 1H, CH$_2$.cyclopropane), 0.44-0.32 (m, 2H, CH$_2$-cyclopropane). **Diasteroisomère minoritaire:** 5.87 (br s, 1H, NH), 3.97 (d, J = 1.6 Hz, 1H, CHCO$_2$N) 3.70 (s, 3H, OCH$_3$) 3.57 (s, 2H, C<u>H$_2$</u>CO$_2$Me), 2.08-2.04 (m, 1H, CHCON), 1.30 (s, 9H, ^{t}Bu), 1.20-1.44 (m, 1H, CH-cyclopropane), 0.80-0.72 (m, 1H, CH$_2$-cyclopropane), 0.71-0.63 (m, 1H, CH$_2$-

cyclopropane), 0.44-0.32 (m, 2H, CH$_2$-cyclopropane).

Forme NH: 6.31 (br s, 1H, NH), 3.73-3.65 (m, 5H, OCH$_3$ + C**H**$_2$CO$_2$Me) 2.55 (d, J = 9.2 Hz, CHCON), 1.36-1.30 (m, 1H, CH-cyclopropane), 1.33 (s, 9H, ^{t}Bu), 0.60-0.54 (m, 1H, CH$_2$-cyclopropane), 0.53-0.46 (m, 1H, CH$_2$-cyclopropane), 0.30-0.22 (m, 1H, CH$_2$-cyclopropane), 0.21-0.12 (m, 1H, CH$_2$-cyclopropane).

^{13}**C RMN** (δ, ppm) (CDCl$_3$, 100 MHz)	**Diasteroisomères majoritaire et minoritaire, forme NH:** 177.7 (Cq, C=O), 177.3 (Cq, C=O), 173.7 (Cq, C=O), 172.3 (Cq, C=O), 169.3 (Cq, C=O), 169.2 (Cq, C=O), 168.8 (Cq, C=O), 168.1 (Cq, C=O), 168.0 (Cq, C=O), 163.3 (Cq, **C**-N), 163.3 (Cq, **C**-N), 157.6 (Cq, **C**-N), 92.3 (Cq, C=**C**CO$_2$, NHform), 52.6 (OCH$_3$), 52.6 (OCH$_3$ x2), 52.1 (CH), 52.0 (Cq, ^{t}Bu), 51.8 (Cq, ^{t}Bu), 51.6 (Cq, ^{t}Bu), 51.0 (CH), 48.6 (CH), 48.1 (CH), 46.4 (CH), 34.6 (**C**H$_2$CO$_2$Me), 34.0 (**C**H$_2$CO$_2$Me), 31.6 (**C**H$_2$CO$_2$Me), 28.6 (CH$_3$-^{t}Bu), 28.5 (CH$_3$-^{t}Bu), 28.5 (CH$_3$-^{t}Bu), 13.9 (CH-cyclopropane), 11.7 (CH-cyclopropane), 10.4 (CH-cyclopropane), 6.6 (CH$_2$-cyclopropane), 5.3 (CH$_2$-cyclopropane), 4.5 (CH$_2$-cyclopropane), 4.3 (CH$_2$-cyclopropane), 3.9 (CH$_2$-cyclopropane), 3.8 (CH$_2$-cyclopropane).
IR (ν, cm^{-1}) (CCl$_4$)	3433 (w), 3081 (w), 2967 (m), 1793 (s), 1741 (s), 1678 (s), 1647 (s), 1514 (s), 1457 (m), 1400 (m), 1366 (m), 1331 (m), 1212 (s), 1168 (m), 1016 (w).
SMHR (IE+, m/z) :	Calculé: 310.1529 Trouvé: 310.1524.

[4-(1-*tert*-Butylcarbamoyl-cyclopentyl)-5-oxo-4,5-dihydro-isoxazol-3-yl]-acetic acid methyl ester   **1.22i**

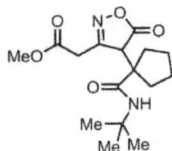

FM: C$_{16}$H$_{24}$O$_5$N$_2$

PM = 324 g.mol^{-1}

Méthode :	Voir **procédure générale 1.3** employant (1 équiv., 2 mmol, 446 mg) du (4-cyclopentylidene-5-oxo-4,5-dihydro-isoxazol-3-yl)-acetic acid methyl ester et (1 équiv., 2 mmol, 166 mg) de *tert*-butyl isocyanure.
Purification :	Colonne chromatographique flash (silica gel, 7:3 EP:AcOEt)/ **R$_f$** (1:1 EP: AcOEt): 0.50.
Produit :	Huile marron.
Rendement :	56% (Seulement forme CH).

¹H RMN (δ, ppm)

(CDCl₃, 400 MHz)

5.49 (br, 1H, NH), 3.81-3.62 (m, 6H, CH₂CO₂ + OCH₃ + CHCO₂N), 2.34-2.28 (m, 1H, CH₂-cyclopentane), 2.21-1.42 (m, 1H, CH₂-cyclopentane), 2.01-1.93 (m, 1H, CH₂.cyclopentane), 1.88-1.77 (m, 2H, CH₂-cyclopentane), 1.75-1.59 (m, 3H, CH₂.cyclopentane), 1.28 (s, 9H, CH₃-^{t}Bu)

¹³C RMN (δ, ppm)

(CDCl₃, 100 MHz)

176.9 (Cq, C=O), 171.6 (Cq, C=O), 168.8 (Cq, C=O), 163.4 (Cq, C=N), 52.3 (Cq), 52.7 ($\underline{C}$HCO₂N), 52.1 (OCH₃), 51.8 (Cq), 34.9 (CH₂-cyclopentane), 34.9 (CH₂-cyclopentane), 33.6 ($\underline{C}$H₂CO₂), 28.5 (CH₃-^{t}Bu), 24.0 (CH₂-cyclopentane), 23.9 (CH₂-cyclopentane)

IR (ν, cm⁻¹) (CCl₄)

3438 (w), 2962 (s), 2877 (m), 1795 (s), 1743 (s), 1673 (s), 1513 (s), 1453 (s), 1406 (m), 1365 (s), 1324 (m), 1208 (s), 1176 (s), 1006 (w)

SMHR (IE+, m/z) :

Calculé: 324.1685   Trouvé: 324.1681.

2-(3-Benzyloxymethyl-5-oxo-2,5-dihydro-isoxazol-4-yl)-N-*tert*-butyl-2-*p*-tolyl-acetamide   **1.22j**

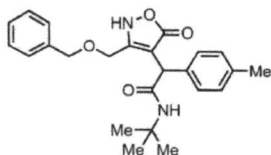

FM: C₂₄H₂₈O₄N₂

PM = 408 g.mol⁻¹

Méthode :

Voir **procedure générale 1.3** employant (1 équiv., 1.5 mmol, 464 mg) de 3-benzyloxymethyl-4-[1-*p*-tolyl-methylidene]-4*H*-isoxazol-5-one   et   (1 équiv., 1.5 mmol, 126 mg) de *tert*-butyl isocyanure.

Purification :

Colonne chromatographique flash (silica gel, 7:3 EP: AcOEt) / **R_f** (7:3 EP: AcOEt): 0.55.

Produit :

Solide marron.

Rendement :

72% (ratio forme CH:forme NH   traces:1).

¹H RMN (δ, ppm)

(CDCl₃, 400 MHz)

Forme NH: 7.35-7.30 (m, 3H, CH-Ph), 7.21-7.19 (m, 2H, CH-Ph), 7.12 (d, J = 8.2 Hz, 2H, CH-tolyl), 7.08 (d, J = 8.2Hz, 2H, CH-tolyl), 6.02 (br s, 1H, NH), 4.58 (s, 1H, CHCON), 4.43 (d, J = 13.1Hz, 1H, CH₂), 4.42 (d, J = 11.5Hz, 1H, CH₂), 4.34 (d, J = 11.5Hz, 1H, CH₂), 4.30 (d, J = 13.1Hz, 1H, CH₂), 2.31 (s, 3H, CH₃), 1.29 (s, 9H, CH₃-^{t}Bu).

285

^{13}C RMN (δ, ppm)

(CDCl$_3$, 100 MHz)

Forme NH: 174.0 (Cq, C=O), 171.8 (Cq, C=O), 161.3 (Cq, =CNH), 137.4 (Cq, Ar), 137.2 (Cq, Ar), 135.6 (Cq, Ar), 129.6 (CH-Ar), 128.4 (CH-Ar), 128.0 (CH-Ar), 128.0 (CH-Ar), 126.9 (CH-Ar), 95.2 (Cq, =$\underline{C}$CO$_2$N), 72.2 (OCH$_2$), 63.5 (OCH$_2$), 52.5 (Cq), 47.2 (CH), 28.3 (CH$_3$-^{t}Bu), 21.0 (CH$_3$).

IR (ν, cm^{-1}) (CCl$_4$)

3430 (w), 3286 (w), 3029 (w), 2970 (w), 2923 (w), 2870 (w), 1707 (m), 1646 (s), 1549 (m), 1502 (m), 1454 (w), 1396 (w), 1364 (w), 1311 (w), 1217 (w), 1089 (w).

SMHR (IE+, m/z) :   Calculé: 408.2049   Trouvé: 408.2038.

2-(3-But-3-enyl-5-oxo-4,5-dihydro-isoxazol-4-yl)-*N*-*tert*-butyl-2-cyclopropyl-acetamide   **1.22k**

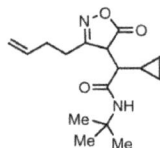

FM: C$_{16}$H$_{24}$O$_3$N$_2$

PM = 292 g.mol^{-1}

Méthode :   Voir **procedure générale 1.3** emplyant (1 équiv., 2 mmol, 382 mg) de 3-but-3-enyl-4-[1-cyclopropyl-methylidene]-4*H*-isoxazol-5-one et (1 équiv., 2 mmol, 166 mg) de *tert*-butyl isocyanure.

Purification :   Colonne chromatographique flash (silica gel, 8:2 EP: AcOEt)/ **R$_f$** (8:2 EP: AcOEt): 0.23.

Produit :   Solide blanc.

Rendement :   89% (ratio dia. maj. : dia. min.: forme NH 2: 1: traces).

^{1}H RMN (δ, ppm)

(CDCl$_3$, 400 MHz)

Diasteroisomère majoritaire: 6.29 (br s, 1H, CONH), 5.89-5.76 (m, 1H, C$\underline{H}$=CH$_2$), 5.13-5.03 (m, 2H, CH=C$\underline{H_2}$) 4.19 (d, *J* = 3.2 Hz, 1H, CHCO$_2$), 2.72-2.34 (m, 4H, CH$_2$-chaine homoallylique), 2.10 (dd, *J* = 2.8 Hz, *J* = 10.8Hz, 1H, CHCON) 1.38 (s, 9H, CH$_3$-^{t}Bu), 0.90-0.66 (m, 5H, CH$_2$-cyclopropane + CH-cyclopropane).

Diasteroisomère minoritaire: 6.04 (br s, 1H, CONH), 5.89-5.76 (m, 1H, C$\underline{H}$=CH$_2$), 5.13-5.03 (m, 2H, CH=C$\underline{H_2}$), 3.79 (d, *J* = 3.2 Hz, 1H, CHCO$_2$), 2.72-2.34 (m, 4H, CH$_2$-chaine homoallylique), 1.99 (dd, *J* = 3.2 Hz, *J* = 10.8 Hz, 1H, CHCON), 1.35 (s, 9H, CH$_3$-^{t}Bu), 1.14-1.05 (m, 1H, CH-cyclopropane), 0.49-0.42 (m, 2H, CH$_2$-cyclopropane), 0.41-0.34 (m, 2H, CH$_2$-cyclopropane).

^{13}C RMN (δ, ppm)	**Diasteroisomère majoritaire:** 178.5 (Cq, C=O), 168.9 (Cq, C=O), 168.1 (Cq, C=N), 136.0 (<u>C</u>H=CH$_2$), 116.3 (CH=<u>C</u>H$_2$), 51.6 (Cq, ^{t}Bu), 50.9 (<u>C</u>HCON), 48.1 (<u>C</u>HCO$_2$), 29.2 (CH$_2$-chaine homoallylique), 28.6 (CH$_3$-^{t}Bu) 28.2 (CH$_2$-chaine homoallylique), 9.8 (CH-cyclo propane), 4.7 (CH$_2$-cyclo propane), 4.3 (CH$_2$-cyclo propane).
(CDCl$_3$, 100 MHz)	**Diasteroisomère minoritaire:** 177.4 (Cq, C=O), 168.7 (Cq, C=O), 168.3 (Cq, C=N), 135.9 (<u>C</u>H=CH$_2$), 116.5 (CH=<u>C</u>H$_2$), 51.8 (<u>C</u>HCON), 51.7 (Cq, ^{t}Bu), 49.1 (<u>C</u>HCO$_2$), 29.4 (CH$_2$-chaine homoallylique), 28.6 (CH$_3$-^{t}Bu) 28.3 (CH$_2$-chaine homoallylique), 11.0 (CH-cyclo propane), 5.9 (CH$_2$-cyclo propane), 4.6 (CH$_2$-cyclo propane).
IR (ν, cm^{-1}) (CCl$_4$)	3434 (w), 3296 (w), 3074 (w), 2969 (w), 2922 (w), 1791 (m), 1681 (s), 1643 (s), 1605 (s), 1515 (s), 1453 (m), 1392 (m), 1364 (m), 1298 (m), 1220 (m), 1104 (m), 1028 (m), 995 (m), 965 (m).
SMHR (IE+, m/z) :	Calculé: 292.1787 Trouvé: 292.1780.

N-Benzyl-2-(3-but-3-enyl-5-oxo-4,5-dihydro-isoxazol-4-yl)-2-cyclopropyl-acetamide et N-Benzyl-2-(3-but-3-enyl-5-oxo-2,5-dihydro-isoxazol-4-yl)-2-cyclopropyl-acetamide   1.22l

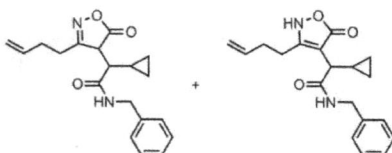

FM: C$_{19}$H$_{22}$O$_3$N$_2$

PM = 326 g.mol^{-1}

Méthode :	Voir **procedure générale 1.3** employant (1 équiv., 2 mmol, 382 mg) of 3-but-3-enyl-4-[1-cyclopropyl-methylidene]-4H-isoxazol-5-one et (1 équiv., 2 mmol, 234 mg) de benzyl isocyanure.
Purification :	Colonne chromatographique flash 7:3 EP:AcOEt/ **R$_f$** (7:3 EP:AcOEt): 0.24.
Produit :	Huile marron.
Rendement :	30% (ratio dia. maj.:dia. min.: forme NH 2:1:2).

^{1}H RMN (δ, ppm)	**Diasteroisomère majoritaire:** 7.36-7.23 (m, 5H, CH-Ph), 6.74 (br s, 1H, CONH), 5.86-5.72 (m, 1H, C<u>H</u>=CH$_2$), 5.13-5.00 (m, 2H, CH=C<u>H</u>$_2$), 4.58-4.41 (m, 2H, C<u>H</u>$_2$NH), 4.12 (d, J = 2.4Hz, 1H, CHCO$_2$), 2.71-2.12 (m, 4H, CH$_2$- chaine homoallylique), 2.20 (dd, J = 2.8Hz, J = 10.8Hz, 1H, CHCON), 1.01-0.93 (m, 1H, CH-cyclo propane), 0.83-0.61 (m, 2H, CH$_2$-cyclo propane), 0.48-0.36 (m, 2H, CH$_2$-cyclo propane).
(CDCl$_3$, 400 MHz)	**Diasteroisomère minoritaire:** 7.36-7.23 (m, 5H, CH-Ph), 6.67 (br s, 1H, CONH), 5.86-5.72 (m, 1H, C<u>H</u>=CH$_2$), 5.13-5.00 (m, 2H, CH=C<u>H</u>$_2$), 4.58-

4.41 (m, 2H, C**H₂**NH) 3.86 (d, J = 2.8Hz, 1H, CHCO₂), 2.71-2.12 (m, 4H, CH₂- chaine homoallylique), 2.13 (dd, J = 2.8Hz, J = 11.2 Hz, 1H, CHCON), 1.14-1.06 (m, 1H, CH-cyclo propane), 0.83-0.61 (m, 2H, CH₂-cyclo propane), 0.48-0.36 (m, 1H, CH₂-cyclo propane), 0.33-0.27 (m, 1H, CH₂-cyclo propane).

Forme NH: 7.36-7.23 (m, 6H, CH-Ph + CONH), 5.86-5.72 (m, 1H, C**H**=CH₂), 5.13-5.00 (m, 2H, CH=C**H₂**), 4.58-4.41 (m, 2H, C**H₂**NH), 2.71-2.12 (m, 5H, CH₂-chaine homoallylique + CHCON), 1.55-1.47 (m, 1H, CH-cyclo propane), 0.58-0.51 (m, 1H, CH₂-cyclo propane), 0.48-0.36 (m, 2H, CH₂-cyclo propane), 0.22-0.15 (m, 1H, CH₂-cyclo propane).

¹³C RMN (δ, ppm)

(CDCl₃, 100 MHz)

Diasteroisomère majoritaire, diasteroisomère minoritaire et forme NH: 178.3 (Cq, C=O), 177.2 (Cq, C=O), 173.4 (Cq, C=O), 172.7 (Cq, C=O), 170.0 (Cq, C=O), 169.7 (Cq, C=O), 168.1 (Cq, **C**-N), 167.9 (Cq, **C**-N), 164.6 (Cq, **C**-N), 137.8 (Cq, Ar), 137.6 (Cq, Ar), 136.1 (**C**H=CH₂), 136.0 (**C**H=CH₂), 135.8 (**C**H=CH₂), 128.9 (CH-Ar), 128.8 (CH-Ar), 128.6 (CH-Ar), 127.7 (CH-Ar), 127.6 (CH-Ar x2), 127.5 (CH-Ar), 127.5 (CH-Ar), 127.4 (CH-Ar), 116.6 (CH=**C**H₂), 116.5 (CH=**C**H₂), 116.4 (CH=**C**H₂), 99.5 (Cq), 50.8 (CH), 50.7 (CH), 50.3 (CH), 49.0 (CH), 48.3 (CH), 44.0 (CH₂N), 43.9 (CH₂N), 43.7 (CH₂N), 31.5 (CH₂-chaine homoallylique), 29.3 (CH₂- chaine homoallylique), 29.1 (CH₂- chaine homoallylique), 28.3 (CH₂- chaine homoallylique), 28.2 (CH₂- chaine homoallylique), 24.9 (CH₂- chaine homoallylique), 13.1 (CH-cyclopropane), 10.6 (CH-cyclopropane), 9.7 (CH-cyclopropane), 5.9 (CH₂-cyclopropane), 5.2 (CH₂-cyclopropane), 5.1 (CH₂-cyclopropane), 4.7 (CH₂-cyclopropane), 4.6 (CH₂-cyclopropane), 4.3 (CH₂-cyclopropane).

IR (ν, cm⁻¹) (CCl₄)

3443 (w), 3079 (w), 3032 (w), 3007 (w), 2926 (w), 2856 (w), 1794 (m), 1712 (s), 1680 (m), 1648 (m), 1550 (m), 1516 (m), 1430 (w), 1356 (w), 1288 (w), 1258 (w), 1175 (w), 1099 (w), 1024 (w).

SMHR (IE+, m/z) : Calculé: 326.1631 Trouvé: 326.1622.

1-(3-But-3-enyl-5-oxo-4,5-dihydro-isoxazol-4-yl)-cyclopentanecarboxylic acid *tert*-butylamide et 1-(3-But-3-enyl-5-oxo-2,5-dihydro-isoxazol-4-yl)-cyclopentanecarboxylic acid *tert*-butylamide   1.22m

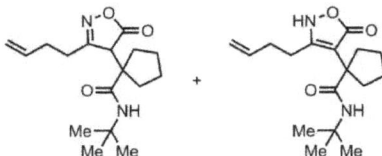

FM: C₁₇H₂₆O₃N₂

PM = 306 g.mol⁻¹

Méthode : Voir **procédure générale 1.3** employant (1 équiv., 2 mmol, 410 mg) de 3-but-3-enyl-4-cyclopentylidene-4*H*-isoxazol-5-one et (1 équiv., 2 mmol, 166 mg) de *tert*-butyl isocyanure.

Purification : Colonne chromatographique flash (silica gel, 8:2 EP:AcOEt)/ R_f (8:2 EP:AcOEt): 0.32.

Produit : Solide Orange.

Rendement : 60% (ratio forme CH : forme NH 1:0.6).

^{1}H RMN (δ, ppm)

(CDCl$_3$, 400 MHz)

Forme CH: .83-5.71 (m, 1H, C**H**=CH$_2$), 5.47 (br s, 1H, CONH), 5.06-4.98 (m, 2H, CH=C**H$_2$**), 3.60 (s, 1H, CHCO$_2$), 2.61-2.53 (m, 2H, CH$_2$-chaine homoallylique), 2.47-2.33 (m, 2H, CH$_2$-chaine homoallylique), 2.22-2.01 (m, 2H, CH$_2$-cyclopentane), 1.83-1.58 (m, 6H, CH$_2$-cyclopentane) 1.29 (s, 9H, CH$_3$-^{t}Bu).

Forme NH: 6.50 (br s, 1H, CONH), 5.83-5.71 (m, 1H, C**H**=CH$_2$), 5.06-4.98 (m, 2H, CH=C**H$_2$**), 2.70 (t, J = 7.7Hz, 2H, CH$_2$-chaine homoallylique), 2.47-2.33 (m, 2H, CH$_2$-chaine homoallylique), 2.22-2.01 (m, 2H, CH$_2$-cyclo pentane), 1.83-1.58 (m, 6H, CH$_2$-cyclo pentane), 1.24 (s, 9H, CH$_3$-^{t}Bu).

^{13}C RMN (δ, ppm)

(CDCl$_3$, 100 MHz)

Forme CH: 177.2 (Cq, C=O),172.1 (Cq, C=O),168.1 (Cq, C=N),136.1 (**C**H=CH$_2$), 116.1 (CH=**C**H$_2$), 55.8 (Cq), 52.2 (Cq), 52.0 (**C**HCO$_2$N), 35.3 (CH$_2$), 35.1 (CH$_2$), 29.2 (CH$_2$), 28.4 (CH$_2$), 28.3 (CH$_2$), 24.6 (CH$_2$), 24.3 (CH$_3$-^{t}Bu).

Forme NH: 174.2 (Cq, C=O), 173.2 (Cq, C=O), 163.8 (Cq, **C**-N), 135.8 (**C**H=CH$_2$), 116.6 (CH=**C**H$_2$), 101.4 (Cq, C=**C**O$_2$N), 51.6 (Cq), 50.9 (Cq), 33.2 (CH$_2$), 31.4 (CH$_2$), 28.8 (CH$_2$), 28.5 (CH$_2$), 28.4 (CH$_2$), 25.8 (CH$_2$), 23.1 (CH$_3$-^{t}Bu).

IR (ν, cm^{-1}) (CCl$_4$) 3438 (w), 3080 (w), 2965 (m), 2876 (w), 1787 (s), 1733 (w), 1675 (s), 1608 (w), 1512 (s), 1453 (m), 1392 (w), 1366 (w), 1327 (w), 1217 (w), 1161 (w), 1094 (w).

SMHR (IE+, m/z) : Calculé: 306.1944   Trouvé: 306.1955.

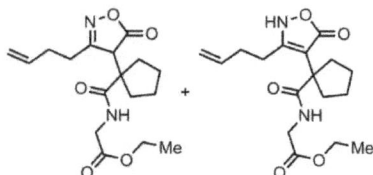

FM: $C_{17}H_{24}O_5N_2$

PM = 336 g.mol^{-1}

Méthode :   Voir **Procédure générale 1.3** employant (1 équiv., 2 mmol, 410 mg) de 3-but-3-enyl-4-cyclopentylidene-4H-isoxazol-5-one et (1 équiv., 2 mmol, 226 mg) de methyleneamino-acetic acid methyl ester.

Purification :   Colonne chromatographique flash (silica gel, 7:3 EP:AcOEt)/ **R$_f$** (7:3 EP:AcOEt): 0.20.

Produit :   Solide marron pâle.

Rendement :   49% (ratio forme CH:forme NH 1: 0.88).

^{1}H RMN (δ, ppm)

(CDCl$_3$, 400 MHz)

Forme CH: 6.35 (br s, 1H, CON**H**), 5.90-5.78 (m, 1H, H$_2$C=C**H**), 5.14-5.04 (m, 2H, **H$_2$**C=CH) 4.24 (q, J = 7.2 Hz, 2H, OC**H$_2$**CH$_3$), 4.03 (dd, J = 5.2 Hz, J = 12.4 Hz, 2H, C**H$_2$**NH), 3.70 (s, 1H, C**H**CO), 2.89-2.18 (m, 7H, CH$_2$ cyclopentane + chaine homoallylique), 1.98-1.69 (m, 5H, CH$_2$-cyclopentane), 1.32 (t, J = 7.2 Hz, 3H, OCH$_2$C**H$_3$**).

Forme NH: 7.10 (t, J = 5.5 Hz, 1H, CON**H**), 5.90-5.78 (m, 1H, H$_2$C=C**H**), 5.14-5.04 (m, 2H, **H$_2$**C=CH), 4.18 (q, J = 7.2 Hz, 2H, OC**H$_2$**CH$_3$), 3.97 (d, J = 5.5 Hz, 2H, C**H$_2$**NH), 2.89-2.18 (m, 7H, CH$_2$ cyclopentane + chaine homoallylique), 1.98-1.69 (m, 5H, CH$_2$-cyclopentane), 1.28 (t, J = 7.2 Hz, 3H, OCH$_2$C**H$_3$**).

^{13}C RMN (δ, ppm)

(CDCl$_3$, 100 MHz)

Forme CH et forme NH: 176.8 (Cq, C=O), 175.5 (Cq, C=O), 174.1 (Cq, C=O), 173.0 (Cq, C=O), 169.8 (Cq, C=O), 169.6 (Cq, C=O), 167.8 (Cq, **C**-N), 164.6 (Cq, **C**-N), 136.2 (**C**H=CH$_2$), 136.0 (**C**H=CH$_2$), 116.7 (CH=**C**H$_2$), 116.1(CH=**C**H$_2$), 102.5 (Cq, NHform), 61.7 (O**C**H$_2$CH$_3$), 61.2 (O**C**H$_2$CH$_3$), 55.4 (Cq), 55.2 (Cq), 51.6 (**C**HCO$_2$, CHform), 41.6 (CH$_2$), 37.8 (CH$_2$), 35.3 (CH$_2$), 35.3 (CH$_2$), 34.6 (CH$_2$), 33.2 (CH$_2$), 31.2 (CH$_2$), 29.1 (CH$_2$), 28.8 (CH$_2$), 25.9 (CH$_2$), 24.9 (CH$_2$), 24.8 (CH$_2$), 23.7 (CH$_2$), 23.2 (CH$_2$), 14.1 (OCH$_2$**C**H$_3$), 14.1 (OCH$_2$**C**H$_3$).

IR (ν, cm^{-1}) (CCl$_4$)   3253 (w), 3081 (w), 2943 (m), 2864 (w), 2750 (w), 1748 (s), 1703 (s), 1630 (s), 1550 (m), 1516 (m), 1447 (w), 1398 (w), 1374 (w), 1349 (w), 1285 (w), 1256 (w), 1204 (s), 1114 (w), 1019 (m).

SMHR (IE+, m/z) :   Calculé: 336.1685   Trouvé: 336.1696.

B.3.1.2 La Synthèse des Alcynes α-Substitués et des Dihydropyrrolones

Alcynes et dihydropyrrolones ont été synthétisés selon décrit ci-dessous:

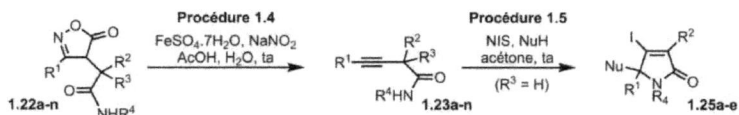

Schème B.3.1.2: La synthése des alcynes **1.23a-n** et les dihydropyrrolones **1.25a-e.**

Procédure Générale 1.4, *Clivage Nitrosant des 5-Isoxazolones:* Toutes les solutions doivent être degasées en avance. À un tricol sous une atmosphère d'argon, chargé avec FeSO$_4$.7H$_2$O (5.5 équiv.) et AcOH (0.25M par rapport à l'isoxazolone), equippé avec deux ampoules à brome, une chargée avec une solution de NaNO$_2$ (10 équiv.) dans l'eau (0.25M par rapport à l'isoxazolone) et l'autre chargée avec l'isoxazolone (1 équiv.) dans l'AcOH (0.25 par rapport à l'isoxazoone) est additionné la moitié de NaNO$_2$ dans l'eau à ta. La solution restante est additionnée lentement en même temps que la solution de l'isoxazolone dans l'acide acétique à ta. La réaction est agitée à ta par 30min. La reaction est ensuite traitée avec azote pour quelques minutes. L'eau est additionnée et la solution est extraite avec DCM (3x). Les phases organiques rassemblées sont traitées avec une solution saturée de $NaHCO_3$ pour 40min. et séchées ($MgSO_4$). La concentration de la solution sous pression réduite et la purification du brut obtenu par colonne chromatographique flash fournit les alcynes correspondants dans les rendements marqués.

Procédure Générale 1.5: À un ballon chargé avec l'alcyne (1 équiv.), acétone non-anhydre (0.2M) et l'alcool correspondant employé comme nucléophile (10 équiv.) a été additionné le N-iodo-succinimide (2.1 équiv.) dissolu en acétone (0.2M). Dans le cas où l'eau est inserée dans la molécule finale, aucun autre nucléophile est employé (l'eau vient de l'acétone). La éaction est agitée à ta. Après la consommation du produit de départ (CCM), une solution de $Na_2S_2O_3$ dans l'eau est additionnée. Le mélange réactionnel est extrait avec Et_2O (3x), seché ($MgSO_4$) et concentré sous pression réduite. Purification par colonne chormatographique flash (silica, EP:AcOEt) donne le prosuit final dans les rendements marqués.

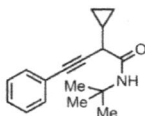

FM: $C_{17}H_{21}ON$

PM = 255 g.mol^{-1}

Méthode :   Voir **procédure générale 1.4** employant (1 équiv., 1.6 mmol, 510 mg) de l'isoxazolone correspondante.

Purification :   Colonne chromatographique flash   (silica gel, 6:4 EP:Et$_2$O)/ **R$_f$** (6:4 EP:Et$_2$O): 0.88.

Produit :   Solide rose pale.

Rendement :   92%.

^{1}H RMN (δ, ppm)   7.42-7.39 (m, 2H, CH-Ph), 7.33-7.30 (m, 3H, CH-Ph), 6.32 (br s, 1H, NH),
                         3.39 (d, *J* = 5.6 Hz, CHCON), 1.41-1.36 (m, 1H, CH-cyclopropane), 1.39
(CDCl$_3$, 400 MHz)   (s, 9H, CH$_3$-^{t}Bu), 0.63-0.54 (m, 2H, CH$_2$-cyclopropane), 0.53-0.43 (m, 2H,
                         CH$_2$-cyclopropane).

^{13}C RMN (δ, ppm)   168.9 (Cq, C=O), 131.6 (CH-Ph), 128.5 (CH-Ph), 128.4 (CH-Ph), 122.4
                         (Cq, Ph), 86.4 (Cq, C≡C), 84.8 (Cq, C≡C), 51.3 (Cq, ^{t}Bu), 43.5
(CDCl$_3$, 100 MHz)   (CHCON), 28.6 (CH$_3$-^{t}Bu), 12.5 (CH-cyclopropane), 3.1 (CH$_2$-
                         cyclopropane), 1.6 (CH$_2$cyclopropane).

IR (ν, cm^{-1}) (CCl$_4$)   3410 (m), 3082 (w), 3001 (w), 2968 (m), 2928 (w), 2873 (w), 1685 (s),
                         1513 (s), 1453 (m), 1391 (w), 1364 (m), 1274 (m), 1222 (m), 1021 (w).

SMHR (IE+, m/z) :   Calculé: 255.1623   Trouvé: 255.1622.

4-Phenyl-2-*p*-tolyl-but-3-ynoic acid *tert*-butylamide   **1.23b**

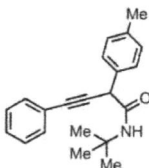

FM: $C_{21}H_{23}ON$

PM = 305 g.mol^{-1}

Méthode :   Voir **procédure générale 1.4** employant (1 équiv., 1.15 mmol, 420 mg) de l'isoxazolone correspondante.

Purification :   Colonne chromatographique flash (silica gel, 1:1 EP: Et_2O) / R_f(1:1 EP: Et_2O): 0.50.

Produit :   Solide jaune pâle.

Rendement :   87%.

^{1}H RMN (δ, ppm)

(CDCl$_3$, 400 MHz)
    7.52-7.49 (m, 2H, CH-Ph), 7.48 (d, J = 8.0 Hz, 2H, CH-tolyl), 7.42-7.40 (m, 3H, CH-Ph), 7.20 (d, J = 8.0 Hz, 2H, CH-tolyl), 6.50 (br s, 1H, NH), 4.61 (s, 1H, CHCON), 2.37 (s, 3H, CH$_3$), 1.39 (s, 9H, CH$_3$-^{t}Bu).

^{13}C RMN (δ, ppm)

(CDCl$_3$, 100 MHz)
    167.7 (Cq, C=O), 137.1(Cq, Ar), 133.6 (Cq, Ar) , 131.4 (CH-Ph), 129.3 (CH-tolyl), 128.4 (CH-Ph), 128.3 (CH-Ph), 127.5 (CH-tolyl), 122.3 (Cq, Ar), 87.0 (Cq, C≡C), 86.3 (Cq, C≡C), 51.3 (Cq, ^{t}Bu), 46.5 (CHCON), 28.4 (CH$_3$-^{t}Bu), 21.0 (CH$_3$)

IR (ν, cm^{-1}) (CCl$_4$)
    3410 (w), 3056 (w), 3028 (w), 2969 (m), 2926 (w), 2871, 1689 (s), 1512 (s), 1452 (w), 1391 (w), 1366 (w), 1271 (w), 1224 (w), 1045 (w), 1026 (w).

SMHR (IE+, m/z) :   Calculé: 305.1780   Trouvé: 305.1777.

(4-Phenyl-2-*p*-tolyl-but-3-ynoylamino)-acetic acid ethyl ester   **1.23c**

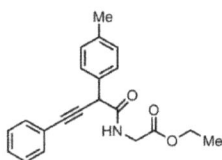

FM: $C_{21}H_{21}O_3N$

PM = 335 g. mol^{-1}

Méthode :   Voir **procedure générale 1.4** employant (1 équiv., 0.20 mmol, 65 mg) de l'isoxazolone correspondante.

Purification :   Colonne chromatographique flash (silica gel, 6:4 Et$_2$O: EP) / R_f (7:3 EP:AcOEt): 0.50.

Produit :   Solide marron.

Rendement :   81%.

¹H RMN (δ, ppm)

(CDCl₃, 400 MHz)

7.54-7.52 (m, 2H, CH-Ph), 7.46 (d, J = 8.2 Hz, 2H, CH-tolyl), 7.35-7.34 (m, 3H, CH-Ph), 7.19 (d, J = 8.2 Hz, 2H, CH-tolyl), 7.01 (br t, J = 5.2 Hz, 1H, NH), 4.73 (s, 1H, CHCON), 4.21 (q, J = 7.1 Hz, 2H, OC**H₂**CH₃), 4.08 (dd, J = 5.2 Hz, J = 18.5 Hz, 1H, C**H₂**NH), 4.00 (dd, J = 5.2, J = 18.5 Hz, 1H, C**H₂**NH), 2.35 (s, 3H, CH₃), 1.26 (t, J = 7.1 Hz, 3H, OCH₂C**H₃**)

¹³C RMN (δ, ppm)

(CDCl₃, 100 MHz)

169.5 (Cq, C=O), 168.8 (Cq, C=O), 137.7 (Cq, Ar), 133.1 (Cq, Ar), 131.8 (CH-Ph), 129.5 (CH-tolyl), 128.6 (CH-Ph), 128.4 (CH-Ph), 127.8 (CH-tolyl), 122.3 (Cq, Ar), 87.5 (Cq, C≡C), 85.3 (Cq, C≡C), 61.6 (O**C**H₂CH₃), 45.7 (**C**HCON), 41.8 (**C**H₂NH), 21.1 (CH₃), 14.1 (OCH₂**C**H₃)

IR (ν, cm⁻¹) (CCl₄)

3406 (w), 3028 (w), 2984 (w), 2926 (w), 2864 (w), 1745 (s), 1690 (s), 1512 (s), 1443 (w), 1376 (w), 1351 (w), 1205 (s), 1023 (w).

SMHR (IE+, m/z) : Calculé: 335.1521   Trouvé: 335.1529.

4-Phenyl-2-*p*-tolyl-but-3-ynoic acid benzylamide **1.23d**

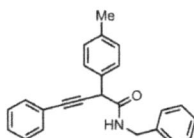

FM: C₂₄H₂₁ON

PM = 339g.mol⁻¹

Méthode : Voir **procédure générale 1.4** employant (1 équiv., 0.25 mmol, 100 mg) de l'isoxazolone correspondante.

Purification : Colonne chromatographique flash (silica gel, 6:4 EP :Et₂O)/ **R_f** (8:2 EP:EtOAc): 0.39.

Produit : Solide jaune.

Rendement : 90%.

¹H RMN (δ, ppm)

(CDCl₃, 400 MHz)

7.52-7.48 (m, 4H, CH-Ar), 7.39-7.24 (m, 10H, CH-Ar), 6.81 (br t, J = 5.8Hz, 1H, NH), 4.83 (s, 1H, CHCON), 4.56 (dd, J = 5.8Hz, J = 15.0 Hz, 1H, C**H₂**NH), 4.48 (dd, J = 5.8Hz, J = 15.0 Hz, 1H, C**H₂**NH), 2.42 (s, 3H, CH₃)

¹³C RMN (δ, ppm)

(CDCl₃, 100 MHz)

168.8 (Cq, C=O), 137.9 (Cq, Ar), 137.6 (Cq, Ar), 133.2 (Cq, Ar), 131.7 (CH-Ar), 129.5 (CH-Ar), 128.7 (CH-Ar), 128.6 (CH-Ar), 128.3 (CH-Ar), 127.7 (CH-Ar), 127.5 (CH-Ar), 127.4 (CH-Ar), 122.3 (Cq, Ar), 87.3 (Cq, C≡C), 85.7 (Cq, C≡C), 46.0 (**C**HCON), 43.8 (CH₂NH), 21.1 (CH₃).

IR (ν, cm^{-1}) (CCl$_4$)   3424 (w), 3062 (w), 3031 (w), 2925 (w), 1690 (s), 1512 (s), 1451 (w), 1253 (w), 1196 (w), 1025 (w).

SMHR (IE+, m/z) :   Calculé: 339.1623   Trouvé: 339.1620.

4-Phenyl-2-thiophen-2-yl-but-3-ynoic acid *tert*-butylamide	1.23e

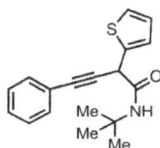

FM: C$_{18}$H$_{19}$ONS

PM = 297 g.mol^{-1}

Méthode :   Voir **procédure générale 1.4** employant (1 équiv., 0.36 mmol, 130 mg) de l'isoxazolone correspondante.

Purification :   Colonne chromatographique flash (silica gel, 6:4 Et$_2$O:EP) / **R$_f$** (6:4 Et$_2$O:EP): 0.66.

Produit :   Solide marron.

Rendement :   92%.

^{1}H RMN (δ, ppm)

(CDCl$_3$, 400 MHz)

7.51-7.48 (m, 2H, CH-Ph), 7.38-7.35 (m, 3H, CH-Ph), 7.25 (dd, *J* = 1.2 Hz, *J* = 4.8 Hz, 1H, CH tiophene), 7.19 (dt, *J* = 1.2 Hz, *J* = 3.6 Hz, 1H, CH-tiophene), 6.98 (dd, *J* = 3.6 Hz, *J* = 4.8 Hz, 1H, CH-tiophene), 6.45 (br s, 1H, NH), 4.85 (s, 1H, CHCON), 1.37 (s, 9H, CH$_3$-^{t}Bu).

^{13}C RMN (δ, ppm)

(CDCl$_3$, 100 MHz)

166.5 (Cq, C=O), 138.9 (Cq, Ar), 131.6 (CH-Ph), 128.8 (CH-Ph), 128.5 (CH-Ph), 126.6 (CH-tiophene), 125.9 (CH-tiophene), 125.4 (CH-tiophene), 122.1 (Cq, Ar), 87.3 (Cq, C≡C), 85.3 (Cq, C≡C), 51.6 (Cq, ^{t}Bu), 42.5 (CHCON), 28.4 (CH$_3$-^{t}Bu).

IR (ν, cm^{-1}) (CCl$_4$)   3410 (w), 2968 (w), 2928 (w), 2870 (w), 1806 (w), 1692(s), 1566 (s), 1513 (w), 1453 (w), 1392 (w), 1366 (w), 1273 (w), 1223 (w).

SMHR (IE+, m/z) :   Calculé: 297.1187   Trouvé: 297.1183.

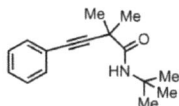

FM: $C_{16}H_{21}ON$

PM = 243 g. mol^{-1}

Méthode :	Voir **procédure générale 1.4** employant (1 équiv., 1.14 mmol, 344 mg) de l'isoxazolone correspondante.
Purification :	Colonne chromatographique flash (silica gel, 9:1 PE: AcOEt)/ **R$_f$** (7:3 PE: AcOEt): 0.92.
Produit :	Solide blanc
Rendement :	76%.

^{1}H RMN (δ, ppm)

(CDCl$_3$, 400 MHz)

7.42-7.40 (m, 2H, CH-Ph), 7.33-7.32 (m, 3H, CH-Ph), 6.67 (br s, 1H, NH), 1.50 (s, 6H, CH$_3$), 1.37 (s, 9H, CH$_3$-^{t}Bu).

^{13}C RMN (δ, ppm)

(CDCl$_3$, 100 MHz)

172.7 (Cq, C=O), 131.4 (CH-Ph), 128.4 (CH-Ph), 128.4 (CH-Ph), 122.6 (Cq, Ph), 92.8 (Cq, C≡C), 84.8 (Cq, C≡C), 51.0 (Cq), 39.8 (Cq), 28.5 (CH$_3$-^{t}Bu), 27.5 (CH$_3$).

IR (ν, cm^{-1}) (CCl$_4$)

3410 (w), 3062 (w), 2973 (w), 2973 (w), 2933 (w), 2871 (w), 1812 (w), 1683 (s), 1511 (s), 1455 (w), 1391 (w), 1365 (w), 1271 (w), 1223 (w), 1178 (w), 1178(w).

SMHR (IE+, m/z) :

Calculé: 243.1623   Trouvé: 243.1617.

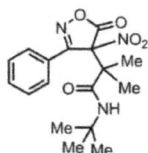

FM: $C_{17}H_{21}O_5N_3$

PM = 347.mol^{-1}

Méthode :	Voir **procédure générale 1.4** employant (1 équiv., 1.14 mmol, 344 mg) de

l'isoxazolone correspondante.

Purification :	Colonne chromatographique flash (silica gel, 9:1 EP: AcOEt) / R_f (9:1 EP: AcOEt): 0.31.
Produit :	Solide blanc.
Rendement :	20%.

^{1}H RMN (δ, ppm)
(CDCl$_3$, 400 MHz)

7.57-7.51 (m, 3H, CH-Ph), 7.47-7.43 (m, 2H, CH-Ph), 5.31 (br s, 1H, NH) 1.71 (s, 3H, CH$_3$), 1.26 (s, 9H, CH$_3$-^{t}Bu), 1.21 (s, 3H, CH$_3$).

^{13}C RMN (δ, ppm)
(CDCl$_3$, 100 MHz)

171.3 (Cq, C=O), 167.3 (Cq, C=O), 161.8 (Cq, C=N), 131.7 (CH-Ph), 129.3 (CH-Ph), 128.9 (CH-Ph), 128.1 (Cq, Ph), 94.3 (Cq), 52.1 (Cq), 51.8 (Cq), 28.3 (CH$_3$-^{t}Bu), 22.1 (CH$_3$), 21.7 (CH$_3$).

IR (ν, cm^{-1}) (CCl$_4$)

3583 (w), 3456 (w), 3064 (w), 2971 (w), 2932 (w), 2873 (w), 1809 (s), 1706 (s), 1676 (s), 1562 (s), 1513 (s), 1454 (m), 1392 (w), 1366 (w), 1340 (m), 1272 (w), 1219 (m), 1179 (w), 1145 (w), 1096 (w).

SMHR (IE+, m/z) : Calculé: 347.1481   Trouvé: 347.1496.

1-Phenylethynyl-cyclopentanecarboxylic acid *tert*-butylamide   **1.23g**

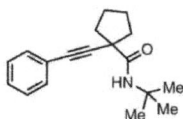

FM: C$_{18}$H$_{23}$ON

PM = 269 g.mol^{-1}

Méthode :	Voir **procédure générale 1.4** employant (1 équiv., 0.40 mmol, 130 mg) de l'isoxazolone correspondante.
Purification :	Colonne chromatographique flash (silica gel, 9:1 EP:AcOEt)/ R_f (7:3 EP:AcOEt): 0.69.
Produit :	Solide blanc.
Rendement :	71%.

^{1}H RMN (δ, ppm)

7.41-7.39 (m, 2H, CH-Ph), 7.33-7.31 (m, 3H, CH-Ph), 6.70 (br s, 1H, NH), 2.28-2.21 (m, 2H, CH$_2$-cyclopentane), 2.03-1.97 (m, 2H, CH$_2$-

| (CDCl₃, 400 MHz) | cyclopentane), 1.87-1.83 (m, 4H, CH$_2$-cyclopentane), 1.38 (s, 9H,CH$_3$-^{t}Bu). |

| **¹³C RMN** (δ, ppm)

(CDCl₃, 100 MHz) | 172.4 (Cq, C=O), 131.4 (CH-Ph), 128.4 (CH-Ph), 128.2 (CH-Ph), 122.9 (Cq, Ph), 93.0 (Cq, C$\equiv$C), 85.0 (Cq, C$\equiv$C), 51.1 (Cq), 50.0 (Cq), 39.8 (CH$_2$-cyclopentane), 28.6 (CH$_3$-^{t}Bu), 25.7 (CH$_2$-cyclopentane). |

| **IR** (ν, cm^{-1}) (CCl₄) | 3409 (w), 3060 (w), 2966 (s), 2871 (w), 1680 (s), 151 (s), 1452 (w), 1391 (w), 1365 (w), 1322 (w), 1267 (w), 1222 (w). |

| **SMHR** (IE+, m/z) : | Calculé: 269.1780   Trouvé: 269.1778. |

1-(4-Nitro-5-oxo-3-phenyl-4,5-dihydro-isoxazol-4-yl)-cyclopentanecarboxylic acid *tert*-butylamide   **1.17g**

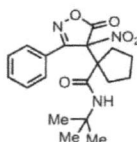

FM: C$_{19}$H$_{23}$O$_5$N$_3$

PM = 373 g.mol^{-1}

| **Méthode :** | Voir **procédure générale 1.4** employant (1 équiv., 0.40 mmol, 130 mg) de l'isoxazolone correspondante. |

| **Purification :** | Colonne chromatographique flash (silica gel, 9:1 EP: AcOEt)/ **R$_f$** (7:3 EP:AcOEt): 0.53. |

| **Produit :** | Solide rouge foncé. |

| **Rendement :** | 18%. |

| **¹H RMN** (δ, ppm)

(CDCl₃, 400 MHz) | 7.57-7.41 (m, 5H, CH-Ph), 5.19 (br s, 1H, NH), 2.98-2.91 (m, 1H, CH$_2$-cyclopentane), 2.15-2.08 (m, 1H, CH$_2$-cyclopentane), 2.04-1.95 (m, 1H, CH$_2$-cyclopentane), 1.87-1.75 (m, 2H, CH$_2$-cyclopentane), 1.71-1.61 (m, 1H, CH$_2$-cyclopentane), 1.53-1.43 (m, 2H, CH$_2$-cyclopentane), 1.25 (s, 9H, CH$_3$-^{t}Bu). |

| **¹³C RMN** (δ, ppm)

(CDCl₃, 100 MHz) | 171.3 (Cq, C=O), 167.6 (Cq, C=O), 162.4 (Cq, C=N) 131.8 (CH-Ph), 129.4 (CH-Ph), 128.7 (CH-Ph), 127.3 (Cq, Ph), 94.4 (Cq), 61.5 (Cq), 52.1 (Cq), 33.1 (CH$_2$-cyclopentane), 32.7 (CH$_2$-cyclopentane), 28.3 (CH$_3$-^{t}Bu), 25.9 (CH$_2$-cyclopentane), 24.7 (CH$_2$-cyclopentane). |

| **IR** (ν, cm^{-1}) (CCl₄) | 3455 (w), 3063 (w), 2966 (s), 2874 (w), 1804 (s), 1720 (s), 1676 (s), 1562 (s), 1513 (s), 1453 (s), 1392 (w), 1365 (m), 1338 (s), 1263 (m), 1219 (m), |

1127 (w), 1072 (w).

SMHR (IE+, m/z) :   Calculé: 373.1648   Trouvé: 373.1638.

Structure de rayons-X de **1.17g**

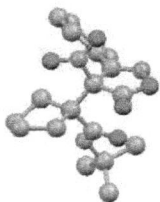

Table 1. Informations pour le crystal **1.17g**

Compound	**1.17g**
Molecular formula	$C_{19}H_{23}N_3O_5$
Molecular weight	373.40
Crystal habit	Colorless Plate
Crystal dimensions(mm)	0.34x0.32x0.04
Crystal system	monoclinic
Space group	$P2_1/c$
a(Å)	7.507(1)
b(Å)	18.276(1)
c(Å)	14.379(1)
$\alpha(°)$	90.00
$\beta(°)$	112.491(1)
$\gamma(°)$	90.00
$V(Å^3)$	1822.7(3)
Z	4
$d(g\text{-}cm^{-3})$	1.361
F(000)	792
$\lambda(cm^{-1})$	0.100

Absorption corrections	multi-scan , 0.9669 min, 0.9960 max
Diffractometer	KappaCCD
X-ray source	MoKα
µ(Å)	0.71069
Monochromator	graphite
T (K)	150.0(1)
Scan mode	phi et omega scans
Maximum θ	27.48
HKL ranges	-9 9 , -21 23 , -14 18
Reflections measured	10476
Unique data	4171
Rint	0.0307
Reflections used	2721
Criterion	I > 2σI)
Refinement type	Fsqd
Hydrogen atoms	mixed
Parameters refined	247
Reflections / parameter	11
wR2	0.1069
R1	0.0412
Weights a, b	0.0506 , 0.0000
GoF	1.021
difference peak / hole (e $Å^{-3}$)	0.230(0.042) / -0.239(0.042)

Table 2. Coordonées Atomiques (A x 10^4) et paramètres de déplacement équivalent isotropique
(A^2 x 10^3) de **1.17g**

atom	x	y	z	U(eq)
O(1)	8614(2)	2939(1)	2543(1)	40(1)
O(6)	10673(1)	3143(1)	4128(1)	39(1)
O(8)	8765(2)	4654(1)	3075(1)	54(1)

O(9)	8072(1)	4790(1)	4394(1)	43(1)
O(22)	7294(1)	2193(1)	3852(1)	32(1)
N(2)	6696(2)	3157(1)	1923(1)	39(1)
N(7)	8127(2)	4434(1)	3691(1)	35(1)
N(23)	4321(2)	2299(1)	3883(1)	24(1)
C(3)	6008(2)	3562(1)	2436(1)	28(1)
C(4)	7355(2)	3647(1)	3523(1)	25(1)
C(5)	9094(2)	3203(1)	3495(1)	31(1)
C(10)	4033(2)	3860(1)	1964(1)	28(1)
C(11)	2541(2)	3418(1)	1344(1)	36(1)
C(12)	695(2)	3697(1)	905(1)	42(1)
C(13)	319(2)	4412(1)	1072(1)	39(1)
C(14)	1800(2)	4857(1)	1671(1)	37(1)
C(15)	3643(2)	4581(1)	2119(1)	32(1)
C(16)	6531(2)	3372(1)	4300(1)	23(1)
C(17)	4831(2)	3830(1)	4349(1)	25(1)
C(18)	4986(2)	3734(1)	5433(1)	32(1)
C(19)	7143(2)	3797(1)	6038(1)	36(1)
C(20)	8060(2)	3374(1)	5411(1)	32(1)
C(21)	6043(2)	2565(1)	3989(1)	23(1)
C(24)	3676(2)	1533(1)	3562(1)	26(1)
C(25)	4955(2)	993(1)	4333(1)	36(1)
C(26)	3712(2)	1398(1)	2525(1)	38(1)
C(27)	1609(2)	1474(1)	3496(2)	47(1)

U(eq) is defined as 1/3 the trace of the Uij tensor.

Table 3. Longueurs de liaison (Å) et angles (deg) de **1.17g**

O(1)-C(5)	1.364(2)	O(1)-N(2)	1.430(2)
O(6)-C(5)	1.192(2)	O(8)-N(7)	1.225(2)
O(9)-N(7)	1.216(2)	O(22)-C(21)	1.235(2)
N(2)-C(3)	1.285(2)	N(7)-C(4)	1.535(2)
N(23)-C(21)	1.334(2)	N(23)-C(24)	1.495(2)
N(23)-H(23N)	0.8741	C(3)-C(10)	1.478(2)

C(3)-C(4)	1.509(2)	C(4)-C(5)	1.551(2)
C(4)-C(16)	1.554(2)	C(10)-C(15)	1.388(2)
C(10)-C(11)	1.391(2)	C(11)-C(12)	1.382(2)
C(11)-H(11)	0.9500	C(12)-C(13)	1.376(2)
C(12)-H(12)	0.9500	C(13)-C(14)	1.382(2)
C(13)-H(13)	0.9500	C(14)-C(15)	1.379(2)
C(14)-H(14)	0.9500	C(15)-H(15)	0.9500
C(16)-C(21)	1.545(2)	C(16)-C(17)	1.550(2)
C(16)-C(20)	1.571(2)	C(17)-C(18)	1.527(2)
C(17)-H(17A)	0.9900	C(17)-H(17B)	0.9900
C(18)-C(19)	1.521(2)	C(18)-H(18A)	0.9900
C(18)-H(18B)	0.9900	C(19)-C(20)	1.535(2)
C(19)-H(19A)	0.9900	C(19)-H(19B)	0.9900
C(20)-H(20A)	0.9900	C(20)-H(20B)	0.9900
C(24)-C(25)	1.520(2)	C(24)-C(26)	1.522(2)
C(24)-C(27)	1.522(2)	C(25)-H(25A)	0.9800
C(25)-H(25B)	0.9800	C(25)-H(25C)	0.9800
C(26)-H(26A)	0.9800	C(26)-H(26B)	0.9800
C(26)-H(26C)	0.9800	C(27)-H(27A)	0.9800
C(27)-H(27B)	0.9800	C(27)-H(27C)	0.9800

C(5)-O(1)-N(2)	110.1(1)	C(3)-N(2)-O(1)	109.5(1)
O(9)-N(7)-O(8)	125.0(1)	O(9)-N(7)-C(4)	120.1(1)
O(8)-N(7)-C(4)	114.9(1)	C(21)-N(23)-C(24)	124.2(1)
C(21)-N(23)-H(23N)	124.2	C(24)-N(23)-H(23N)	111.4
N(2)-C(3)-C(10)	120.0(1)	N(2)-C(3)-C(4)	113.3(1)
C(10)-C(3)-C(4)	126.5(1)	C(3)-C(4)-N(7)	108.8(1)
C(3)-C(4)-C(5)	99.0(1)	N(7)-C(4)-C(5)	102.9(1)
C(3)-C(4)-C(16)	114.7(1)	N(7)-C(4)-C(16)	114.8(1)
C(5)-C(4)-C(16)	114.8(1)	O(6)-C(5)-O(1)	122.5(1)
O(6)-C(5)-C(4)	129.1(2)	O(1)-C(5)-C(4)	108.0(1)
C(15)-C(10)-C(11)	119.1(1)	C(15)-C(10)-C(3)	120.8(1)
C(11)-C(10)-C(3)	120.1(1)	C(12)-C(11)-C(10)	120.0(2)
C(12)-C(11)-H(11)	120.0	C(10)-C(11)-H(11)	120.0
C(13)-C(12)-C(11)	120.5(2)	C(13)-C(12)-H(12)	119.8

C(11)-C(12)-H(12)	119.8	C(12)-C(13)-C(14)	119.9(2)
C(12)-C(13)-H(13)	120.1	C(14)-C(13)-H(13)	120.1
C(15)-C(14)-C(13)	120.0(2)	C(15)-C(14)-H(14)	120.0
C(13)-C(14)-H(14)	120.0	C(14)-C(15)-C(10)	120.6(2)
C(14)-C(15)-H(15)	119.7	C(10)-C(15)-H(15)	119.7
C(21)-C(16)-C(17)	114.9(1)	C(21)-C(16)-C(4)	102.4(1)
C(17)-C(16)-C(4)	114.8(1)	C(21)-C(16)-C(20)	107.3(1)
C(17)-C(16)-C(20)	104.3(1)	C(4)-C(16)-C(20)	113.2(1)
C(18)-C(17)-C(16)	104.0(1)	C(18)-C(17)-H(17A)	111.0
C(16)-C(17)-H(17A)	111.0	C(18)-C(17)-H(17B)	111.0
C(16)-C(17)-H(17B)	111.0	H(17A)-C(17)-H(17B)	109.0
C(19)-C(18)-C(17)	102.9(1)	C(19)-C(18)-H(18A)	111.2
C(17)-C(18)-H(18A)	111.2	C(19)-C(18)-H(18B)	111.2
C(17)-C(18)-H(18B)	111.2	H(18A)-C(18)-H(18B)	109.1
C(18)-C(19)-C(20)	104.2(1)	C(18)-C(19)-H(19A)	110.9
C(20)-C(19)-H(19A)	110.9	C(18)-C(19)-H(19B)	110.9
C(20)-C(19)-H(19B)	110.9	H(19A)-C(19)-H(19B)	108.9
C(19)-C(20)-C(16)	106.3(1)	C(19)-C(20)-H(20A)	110.5
C(16)-C(20)-H(20A)	110.5	C(19)-C(20)-H(20B)	110.5
C(16)-C(20)-H(20B)	110.5	H(20A)-C(20)-H(20B)	108.7
O(22)-C(21)-N(23)	122.9(1)	O(22)-C(21)-C(16)	117.6(1)
N(23)-C(21)-C(16)	119.6(1)	N(23)-C(24)-C(25)	110.1(1)
N(23)-C(24)-C(26)	109.2(1)	C(25)-C(24)-C(26)	111.4(1)
N(23)-C(24)-C(27)	106.7(1)	C(25)-C(24)-C(27)	110.1(1)
C(26)-C(24)-C(27)	109.1(1)	C(24)-C(25)-H(25A)	109.5
C(24)-C(25)-H(25B)	109.5	H(25A)-C(25)-H(25B)	109.5
C(24)-C(25)-H(25C)	109.5	H(25A)-C(25)-H(25C)	109.5
H(25B)-C(25)-H(25C)	109.5	C(24)-C(26)-H(26A)	109.5
C(24)-C(26)-H(26B)	109.5	H(26A)-C(26)-H(26B)	109.5
C(24)-C(26)-H(26C)	109.5	H(26A)-C(26)-H(26C)	109.5
H(26B)-C(26)-H(26C)	109.5	C(24)-C(27)-H(27A)	109.5
C(24)-C(27)-H(27B)	109.5	H(27A)-C(27)-H(27B)	109.5
C(24)-C(27)-H(27C)	109.5	H(27A)-C(27)-H(27C)	109.5
H(27B)-C(27)-H(27C)	109.5		

Table 4. Paramètres de Déplacement Anisotropique (A^2 x 10^3) de **1.17g**

atom	U11	U22	U33	U23	U13	U12
O(1)	40(1)	45(1)	41(1)	5(1)	24(1)	16(1)
O(6)	21(1)	38(1)	59(1)	0(1)	16(1)	2(1)
O(8)	59(1)	38(1)	84(1)	9(1)	48(1)	-7(1)
O(9)	34(1)	33(1)	58(1)	-11(1)	14(1)	-6(1)
O(22)	26(1)	27(1)	45(1)	-1(1)	17(1)	4(1)
N(2)	42(1)	42(1)	34(1)	8(1)	18(1)	14(1)
N(7)	24(1)	27(1)	54(1)	1(1)	16(1)	1(1)
N(23)	20(1)	25(1)	28(1)	-2(1)	11(1)	0(1)
C(3)	32(1)	27(1)	29(1)	4(1)	16(1)	3(1)
C(4)	21(1)	22(1)	33(1)	0(1)	11(1)	-1(1)
C(5)	26(1)	26(1)	45(1)	3(1)	20(1)	0(1)
C(10)	29(1)	30(1)	25(1)	6(1)	13(1)	3(1)
C(11)	41(1)	30(1)	34(1)	2(1)	10(1)	-2(1)
C(12)	34(1)	45(1)	37(1)	2(1)	3(1)	-8(1)
C(13)	28(1)	49(1)	35(1)	5(1)	6(1)	3(1)
C(14)	33(1)	36(1)	38(1)	0(1)	9(1)	8(1)
C(15)	27(1)	32(1)	34(1)	0(1)	7(1)	1(1)
C(16)	20(1)	25(1)	24(1)	0(1)	8(1)	0(1)
C(17)	21(1)	25(1)	28(1)	-1(1)	9(1)	1(1)
C(18)	32(1)	35(1)	30(1)	-3(1)	14(1)	4(1)
C(19)	36(1)	42(1)	25(1)	-6(1)	6(1)	3(1)
C(20)	25(1)	36(1)	27(1)	-3(1)	3(1)	4(1)
C(21)	21(1)	25(1)	21(1)	3(1)	7(1)	3(1)
C(24)	26(1)	23(1)	29(1)	-2(1)	10(1)	-4(1)
C(25)	45(1)	28(1)	33(1)	2(1)	13(1)	-2(1)
C(26)	51(1)	30(1)	30(1)	-4(1)	11(1)	-4(1)
C(27)	34(1)	34(1)	75(1)	-9(1)	23(1)	-10(1)

The anisotropic displacement factor exponent takes the form
2 pi^2 [h^2a*^2U(11) +...+ 2hka*b*U(12)]

Table 5. Coordonées de l'hydrogène (A x 10^4) et paramètres de déplacement isotropique équivalent (A^2 x 10^3) de **1.17g**

atom	x	y	z	U(eq)
H(23N)	3394	2560	3940	29
H(11)	2791	2925	1222	44
H(12)	-322	3394	485	50
H(13)	-957.0001	4598	776	47
H(14)	1549	5353	1775	45
H(15)	4655	4888	2537	39
H(17A)	4962	4352	4199	29
H(17B)	3581	3644	3865	29
H(18A)	4268	4122	5622	38
H(18B)	4491	3250	5531	38
H(19A)	7495	3574	6713	43
H(19B)	7558	4315	6117	43
H(20A)	8370	2867	5665	38
H(20B)	9263	3617	5446	38
H(25A)	6276	1028	4359	54
H(25B)	4470	495	4139	54
H(25C)	4944	1107	4996	54
H(26A)	2967	1779	2060	57
H(26B)	3145	917	2278	57
H(26C)	5048	1409	2570	57
H(27A)	1571	1579	4157	70
H(27B)	1126	978	3287	70
H(27C)	800	1828		

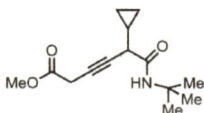

FM: $C_{14}H_{21}O_3N$

PM = 251 g.mol^{-1}

Méthode :   Voir **procédure générale 1.4** employant (1 équiv., 1.64 mmol, 508 mg) de l'isoxazolone corresopndante.

Purification :   Colonne chromatographique flash (silica gel, 7:2:1 tol: DCM: AcOEt)/ **R$_f$** (1:1 EP: AcOEt): 0.67.

Produit :   Huile jaune.

Rendement :   9% (Difficile à isoler).

^{1}H RMN (δ, ppm)

(CDCl$_3$, 400 MHz)

6.66 (br s, 1H, NH), 3.74 (s, 3H, OCH$_3$), 3.30 (d, J = 2.4Hz, CH$_2$CO$_2$), 3.18-3.16 (m, 1H, CHCON), 1.37 (s, 9H, CH$_3$-^{t}Bu), 1.30-1.24 (m, 1H, CH-cyclopropane), 0.54-0.33 (m, 4H, CH$_2$-cyclopropane).

^{13}C RMN (δ, ppm)

(CDCl$_3$, 100 MHz)

169.5 (Cq, OC=O), 168.9 (Cq, NC=O), 79.5 (Cq, C $\equiv$ C), 78.5 (Cq, C $\equiv$ C), 52.6 (OCH$_3$), 51.4 (Cq, ^{t}Bu), 42.8 (**C**HCON), 28.6 (CH$_3$-^{t}Bu), 25.7 (**C**H$_2$CO$_2$), 12.3 (CH-cyclopropane), 3.1 (CH$_2$-cyclopropane), 1.4 (CH$_2$-cyclopropane).

IR (ν, cm^{-1}) (CCl$_4$)

3382 (w), 2968 (m), 1748 (s), 1721 (s), 1680 (s), 1609 (w), 1562 (m), 1519 (s), 1454 (m), 1398 (w), 1365 (m), 1338 (m), 1267 (m), 1209 (s), 1177 (s), 1021 (w).

SMHR (IE+, m/z) :   Calculé: 251.1521   Trouvé: 251.1513.

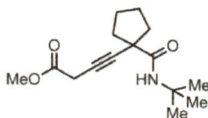

FM: $C_{15}H_{23}O_3N$

PM = 265g.mol^{-1}

Méthode :   Voir **procédure générale 1.4** employant (1 équiv., 1.13 mmol, 366 mg) de l'isoxazolone correspondante.

307

Purification : Colonne chromatographique flash (silica gel, 2x, 95:5 toluene:AcOEt - 9:1 EP:AcOEt)/ **R$_f$** (9:1 EP:AcOEt): 0.38.

Produit : Huile transparent

Rendement : 15%.

^{1}H RMN (δ, ppm)

(CDCl$_3$, 400 MHz)

6.96 (br s, 1H, NH), 3.73 (s, 3H, OCH$_3$), 3.30 (s, 2H, CH$_2$CO$_2$), 2.15-2.10 (m, 2H, CH$_2$.cyclopentane), 1.88-1.83 (m, 2H, CH$_2$-cyclopentane), 1.79-1.73 (m, 4H, CH$_2$-cyclopentane), 1.36 (s, 9H, CH$_3$-^{t}Bu).

^{13}C RMN (δ, ppm)

(CDCl$_3$, 100 MHz)

172.5 (Cq, C=O), 169.0 (Cq, C=O), 87.7 (Cq, C≡C), 76.5 (Cq, C≡C), 52.5 (OCH$_3$), 51.1 (Cq), 49.3 (Cq), 39.6 (CH$_2$), 28.6 (CH$_3$-^{t}Bu), 25.8 (CH$_2$), 25.5. (CH$_2$).

IR (ν, cm^{-1}) (CCl$_4$)

3384 (m), 2963 (s), 2871 (m), 1750 (s), 1677 (s), 1515 (s), 1451 (s), 1396 (w), 1364 (w), 1341 (w), 1319 (w), 1265 (s), 1204 (s), 1173 (s).

SMHR (IE+, m/z) : Calculé: 265.1678 Trouvé: 265.1665.

5-Benzyloxy-2-*p*-tolyl-pent-3-ynoic acid *tert*-butylamide   **1.23j**

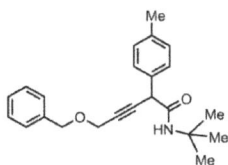

FM: C$_{23}$H$_{27}$O$_2$N

PM = 349 g.mol^{-1}

Méthode : Voir **procedure générale 1.4** employant (1 équiv., 0.25 mmol, 100 mg) de l'isoxazolone correspondante.

Purification : Colonne chromatographique flash (silica gel, 95:5 toluène: AcOEt)/ **R$_f$** (95:5 toluene: AcOEt): 0.29.

Produit : Solide blanc.

Rendement : 47%.

^{1}H RMN (δ, ppm) 7.36-7.32 (m, 7H, CH-Ph + CH-tolyl), 7.16 (d, J = 8.0 Hz, 2H, CH-tolyl), 6.24 (br s, 1H, NH), 4.62 (s, 2H, OC**H$_2$**Ph), 4.42 (t, J = 2.0 Hz, CHCON),

308

(CDCl$_3$, 400 MHz)   4.29 (d, J = 2.0 Hz, 2H, CH$_2$O), 2.34 (s, 3H,CH$_3$), 1.32 (s, 9H, CH$_3$-^{t}Bu)

^{13}C RMN (δ, ppm)   167.5 (Cq, C=O), 137.4 (Cq, Ar), 137.2 (Cq, Ar), 133.6 (Cq, Ar), 129.4 (CH-Ar), 128.5 (CH-Ar), 128.0 (CH-Ar), 128.0 (CH-Ar), 127.6 (CH-Ar),

(CDCl$_3$, 100 MHz)   83.9 (Cq, C≡C), 83.0 (Cq, C≡C), 71.7 (O<u>C</u>H$_2$Ph), 57.5 (OCH$_2$), 51.5 (Cq, ^{t}Bu), 46.3 (<u>C</u>HCON), 28.5 (CH$_3$-^{t}Bu), 21.1 (CH$_3$)

IR (ν, cm^{-1}) (CCl$_4$)   3412 (w), 3031 (w), 2968 (w), 2926 (w), 2862 (w), 1689 (s), 1512 (s), 1454 (w), 1389 (w), 1363 (w), 1270 (w), 1222 (w), 1077 (w), 1023 (w).

SMHR (IE+, m/z) :   Calculé: 349.2042   Trouvé: 349.2049

2-Cyclopropyl-oct-7-en-3-ynoic acid *tert*-butylamide   **1.23k**

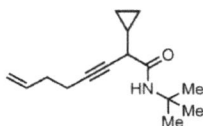

FM: C$_{15}$H$_{23}$ON

PM = 233g.mol^{-1}

Méthode :   Voir **procédure générale 1.4** employant (1 équiv., 0.30 mmol, 100mg) de l'isoxazolone correspondante.

Purification :   Colonne chromatographique flash (silica gel, 8:2 EP: AcOEt)/ **R$_f$** (8:2 EP:AcOEt): 0.68.

Produit :   Huile jaune pâle.

Rendement :   94%.

^{1}H RMN (δ, ppm)   6.31 (br, 1H, NH), 5.87-5.77 (m, 1H, C<u>H</u>=CH$_2$), 5.10-5.02 (m, 2H,

(CDCl$_3$, 400 MHz)   CH=C<u>H$_2$</u>), 3.16-3.14 (m, 1H, CHCON), 2.31-2.21 (m, 4H, CH$_2$-chaine homoallylique), 1.34 (s, 9H, CH$_3$-^{t}Bu), 1.26-1.22 (m, 1H, CH-cyclo propane), 0.52-0.31 (m, 4H, CH$_2$-cyclo propane).

^{13}C RMN (δ, ppm)   169.7 (Cq, C=O), 136.6 (<u>C</u>H=CH$_2$), 115.9 (CH=<u>C</u>H$_2$), 86.1 (Cq, C≡C),

(CDCl$_3$, 100 MHz)   76.0 (Cq, C≡C), 51.1 (Cq, ^{t}Bu), 42.9 (<u>C</u>HCON), 32.8 (CH$_2$-chaine homoallylique), 28.6 (CH$_2$-chaine homoallylique), 18.4 (CH$_3$-^{t}Bu), 12.3 (CH-cyclo propane), 2.8 (CH$_2$-cyclo propane), 1.2 (CH$_2$-cyclo propane).

IR (ν, cm^{-1}) (CCl$_4$)   3406 (w), 3082 (w), 2970 (w), 2926 (m), 2873 (w), 1807 (w), 1683 (s), 1565 (s), 1514 (s), 1454 (w), 1391 (w), 1365 (w), 1332 (w), 1274 (w), 1222 (w).

SMHR (IE+, m/z) :   Calculé: 233.1780   Trouvé: 233.1777.

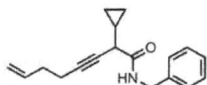

FM: $C_{18}H_{21}ON$

PM = 267g.mol^{-1}

Méthode : Voir **procedure générale 1.4** employant (1 équiv., 0.55 mmol, 190 mg) de l'isoxazolone correspondante.

Purification : Colonne chromatographique flash (silica gel, 95:5 toluene: AcOEt)/ **R$_f$** (7:3 EP: AcOEt): 0.55.

Produit : Solide jaune pâle.

Rendement : 60%.

^{1}H RMN (δ, ppm)

(CDCl$_3$, 400 MHz)

7.36-7.33 (m, 2H, CH-Ph), 7.29-7.27 (m, 3H, CH-Ph), 6.82 (br t, J = 4.8 Hz, 1H, NH), 5.74 (ddt, 1H, J = 6.4Hz, J = 10.2Hz, J = 16.9Hz, 1H, C**H**=CH$_2$), 4.95 (ddt, J = 1.5Hz, J = 1.6 Hz, J = 16.9 Hz, 1H, CH=C**H$_2$**), 4.91 (ddt, J = 1.0Hz, J = 1.6Hz, J = 10.2 Hz, 1H, CH=C**H$_2$**), 4.50 (dd, J = 4.8Hz, J = 14.0Hz, 1H, C**H$_2$**NH), 4.45 (dd, J = 4.8Hz, J = 14.0Hz, 1H, C**H$_2$**NH), 3.37-3.35 (m, 1H, CHCON), 2.30-2.26 (m, 2H, CH$_2$-chaine homoallylique), 2.22-2.17 (m, 2H, CH$_2$-chaine homoallylique), 1.39-1.31 (m, 1H, CH-cyclo propane), 0.55-0.37 (m, 4H, CH$_2$-cyclo propane).

^{13}C RMN (δ, ppm)

(CDCl$_3$, 100 MHz)

170.5 (Cq, C=O), 138.2 (Cq, Ph), 136.8 (**C**H=CH$_2$), 128.6 (CH-Ph), 127.5 (CH-Ph), 127.4 (CH-Ph), 115.9 (CH=**C**H$_2$), 86.4 (Cq, C$\equiv$C), 75.4 (Cq, C$\equiv$C), 43.6 (CH$_2$NH), 42.2 (**C**HCON), 32.8 (CH$_2$-chaine homoallylique), 18.3 (CH$_2$-chaine homoallylique), 12.4 (CH-cyclo propane), 2.8 (CH$_2$-cyclo propane),1.4 (CH$_2$-cyclo propane).

IR (ν, cm^{-1}) (CCl$_4$)

3418 (w), 3081 (w), 3030 (w), 3007 (w), 2925 (w), 2851 (w), 1682 (s), 1514 (s), 1454 (w), 1398 (w), 1356 (w), 1333 (w), 1252 (w), 1022 (w).

SMHR (IE+, m/z) : Calculé: 267.1623 Trouvé: 267.1622.

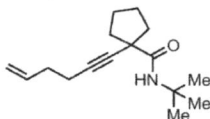

FM: $C_{16}H_{25}CN$

PM = 247g.mol^{-1}

Méthode :	Voir procédure générale **1.4** employant (1 équiv., 0.33 mmol, 100 mg) de l'isoxazolone correspondante.
Purification :	Colonne chromatographique flash (silica gel, 95:5 EP:AcOEt)/ R_f (8:2 EP:AcOEt): 0.72.
Produit :	Huile transparente.
Rendement :	68%.

^{1}H RMN (δ, ppm)

(CDCl$_3$, 400 MHz)

6.69 (br s, 1H, NH), 5.84 (ddt, J = 6.3Hz, J = 10.2Hz, J = 16.9Hz, 1H, C**H**=CH$_2$), 5.10 (ddt, J = 1.4Hz, J = 1.5Hz, J = 16.9Hz, 1H, CH=C**H$_2$**), 5.04 (ddm, J = 1.4, J = 10.2, 1H, CH=C**H$_2$**), 2.34-2.30 (m, 2H, CH$_2$-cyclo pentane), 2.28-2.23 (m, 2H, CH$_2$-chaine homoallylique), 2.15-2.08 (m, 2H, CH$_2$-cyclo pentane) 1.85-1.75 (m, 6H, CH$_2$-cyclo pentane + chaine homoallylique), 1.34 (s, 9H, CH$_3$-^{t}Bu).

^{13}C RMN (δ, ppm)

(CDCl$_3$, 100 MHz)

173.0 (Cq, C=O), 136.8 (**C**H=CH$_2$), 115.9 (CH=**C**H$_2$), 84.6 (Cq, C≡C), 84.4 (Cq, C≡C), 50.9 (Cq), 50.0 (Cq), 39.8 (CH$_2$-chaine homoallylique), 32.8 (CH$_2$-cyclo pentane), 28.6(CH$_3$-^{t}Bu) , 25.4 (CH$_2$-chaine homoallylique), 18.5 (CH$_2$-cyclo pentane).

IR (ν, cm^{-1}) (CCl$_4$)

3405 (w), 3080 (w), 2965 (w), 2871 (w), 1678 (s), 1512 (s), 1452 (w), 1391 (w), 1364 (w), 1334 (w), 1267 (w), 1223 (w).

SMHR (IE+, m/z) :

Calculé: 247.1936   Trouvé: 247.1946.

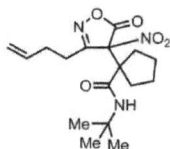

FM: $C_{17}H_{25}O_5N_3$

PM = 351 g.mol^{-1}

Méthode :	Voir **procédure générale 1.4** employant (1 équiv., 0.33 mmol, 100 mg) de l'isoxazolone correspondante.
Purification :	Colonne chromatographique flash (silica gel, 8:2 EP: AcOEt)/ **R$_f$** (8:2 EP:AcOEt): 0.25.
Produit :	Solide blanc.
Rendement :	26%.

¹H RMN (δ, ppm)

(CDCl₃, 400 MHz)

5.86 (ddt, *J* = 6.4Hz, *J* = 10.2Hz, *J* = 17.0Hz, 1H, C**H**=CH₂), 5.48 (br s, 1H, NH), 5.11 (ddt, *J* = 1.4Hz, *J* = 1.6Hz, *J* = 17.0Hz, 1H, CH=C**H₂**), 5.05 (ddt, *J* = 1.3Hz, *J* = 1.4Hz, *J* = 10.2Hz, 1H, CH=C**H₂**), 2.79-2.60 (m, 2H, CH₂-chaine homoallylique), 2.54-2.45 (m, 3H, CH₂-chaine homoallylique+ CH₂-cyclo pentane), 2.33-2.24 (m, 2H, CH₂-cyclo pentane), 2.19-2.13 (m, 1H, CH₂-cyclo pentane), 1.86-1.74 (m, 2H, CH₂-cyclo pentane), 1.73-1.62 (m, 2H, CH₂.cyclo pentane), 1.30 (s, 9H, CH₃-ᵗBu).

¹³C RMN (δ, ppm)

(CDCl₃, 100 MHz)

170.3 (Cq, C=O), 167.4 (Cq, C=O), 163.8 (Cq, C=N), 136.0 (**C**H=CH₂), 116.2 (CH=**C**H₂), 93.6 (Cq), 60.4 (Cq), 52.3 (Cq), 32.6 (CH₂), 32.2 (CH₂), 28.6 (CH₂), 28.3 (CH₃-ᵗBu), 27.6 (CH₂), 25.4 (CH₂), 24.7 (CH₂).

IR (ν, cm^{-1}) (CCl₄)

3580 (w), 3436 (w), 3389 (w), 3079 (w), 2963 (s), 2930 (s), 2874 (s), 1802 (s), 1720 (s), 1679 (s), 1648 (s), 1562 (s), 1513 (s), 1454 (s), 1392 (w), 1365 (s), 1334 (s), 1263 (s), 1221 (s), 1163 (s), 1096 (s), 1020 (s).

SMHR (IE+, m/z) : Calculé: 351.1802   Trouvé: 351.1794.

[(1-Hex-5-en-1-ynyl-cyclopentanecarbonyl)-amino]-acetic acid ethyl ester   **1.23n**

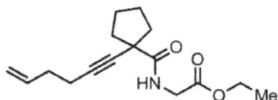

FM: $C_{16}H_{23}O_3N$

PM = 277 g.mol^{-1}

Méthode :   Voir **procédure générale 1.4** employant (1 équiv., 0.30 mmol, 100 mg) de l'isoxazolone correspondante.

Purification :   Colonne chromatographique flash (silica gel, 6:4 Et$_2$O: EP)/ **R$_f$** (7:3 EP:AcOEt): 0.59.

Produit :   Huile transparente.

Rendement :   70%.

^{1}H RMN (δ, ppm)

(CDCl$_3$, 400 MHz)

7.35 (br s, 1H, NH), 5.85 (ddt, J = 6.3Hz, J = 10.3Hz, J = 16.4Hz, 1H, C**H**=CH$_2$), 5.08 (ddt, 1H, J = 1.5 Hz, J = 1.6 Hz, J = 17.2Hz, 1H, CH=C**H$_2$**), 5.03 (ddm, J = 1.0 Hz, J = 10.2Hz, 1H, CH=C**H$_2$**), 4.21 (q, J = 7.2Hz, 1H, OC**H$_2$**CH$_3$), 4.00 (d, J = 5.3Hz, 2H, C**H$_2$**NH), 2.35-2.25 (m, 4H, CH$_2$-chaine homoallylique), 2.17-2.10 (m, 2H, CH$_2$-cyclo pentane), 1.92-1.86 (m, 2H, CH$_2$-cyclo pentane), 1.82-1.76 (m, 4H, CH$_2$-cyclo pentane), 1.28 (t, J = 7.2Hz, 3H, OCH$_2$C**H$_3$**).

^{13}C RMN (δ, ppm)

(CDCl$_3$, 100 MHz)

174.2 (Cq, C=O), 169.8 (Cq, C=O), 137.1 (**C**H=CH$_2$), 115.7 (CH=**C**H$_2$), 84.9 (Cq, C≡C), 83.5 (Cq, C≡C), 61.4 (O**C**H$_2$CH$_3$), 49.0 (Cq-cyclo pentane), 41.8 (CH$_2$NH), 39.9 (CH$_2$-cyclo pentane), 33.0 (CH$_2$-chaine homoallylique), 25.2 (CH$_2$-cyclo pentane), 18.5 (CH$_2$-chaine homoallylique), 14.1 (OCH$_2$**C**H$_3$).

IR (ν, cm^{-1}) (CCl$_4$)

3402 (w), 3079 (w), 2954 (w), 2870 (w), 1747 (s), 1679 (s) 1512 (m), 1444 (w), 1375 (w), 1350 (w), 1206 (s), 1023 (w).

SMHR (IE+, m/z) :

Calculé: 277.1678   Trouvé: 277.1677.

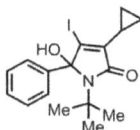

FM: $C_{17}H_{20}O_2NI$

PM = 397 g.mol^{-1}

Méthode :	Voir **procédure générale 1.5** employant (1 équiv., 0.10 mmol, 25 mg) de l'alcyne correspondant. Aucun nucléophile a été additionné.
Purification :	Colonne chromatographique flash (silica gel, 8:2 PE: AcOEt)/ **R$_f$** (8:2 PE:AcOEt): 0.55.
Produit :	Solide blanc.
Rendement :	72%.

^{1}H RMN (δ, ppm) (CDCl$_3$, 400 MHz)	7.77 (br s, 1H, CH-Ph), 7.40 (br s, 1H, CH-Ph), 7.32 (t, J = 5.1Hz, 2H, CH-Ph), 7.02 (br s, 1H, CH-Ph), 2.63 (s, 1H, OH), 1.64-1.59 (m, 1H, CH$_2$-cyclo propane), 1.50-1.45 (m, 1H, CH-cyclo propane), 1.42-1.37 (m, 1H, CH$_2$-cyclo propane), 1.32 (s, 9H, CH$_3$-^{t}Bu), 0.90-0.81 (m, 2H, CH$_2$-cyclo propane).
^{13}C RMN (δ, ppm) (CDCl$_3$, 100 MHz)	167.2 (Cq, C=O), 141.9 (Cq), 139.1 (Cq), 128.2 (CH-Ph), 127.4 (CH-Ph), 125.4 (CH-Ph), 118.9 (Cq), 93.4 (Cq), 57.2 (Cq-^{t}Bu), 28.8 (CH$_3$-^{t}Bu), 12.3 (CH-cyclo propane), 6.7 (CH$_2$-cyclo propane), 6.2 (CH$_2$-cyclo propane).
IR (ν, cm^{-1}) (CCl$_4$)	3.584 (w), 3065 (w), 3009 (w), 2965 (w), 2928 (w), 1695 (s), 1642 (w), 1451 (w), 1346 (m), 1270 (w), 1209 (w), 1170 (w), 1130 (w), 1014 (w).
SMHR (IE+, m/z) :	Calculé: 397.0539 Trouvé: 397.0540.

Structure de rayons-X de **1.25a**

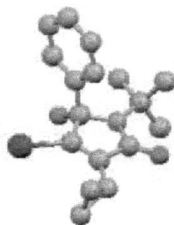

Table 1. Informations sur le crystal de **1.25a**

Compound	**1.25a**
Molecular formula	$C_{17}H_{20}INO_2 + CHCl_3$
Molecular weight	516.61
Crystal habit	Colorless Needle
Crystal dimensions(mm)	0.40x0.06x0.04
Crystal system	monoclinic
Space group	$P2_1/a$
a(Å)	10.4160(10)
b(Å)	20.0190(10)
c(Å)	10.0610(10)
$\alpha(°)$	90.00
$\beta(°)$	97.8860(10)
$\gamma(°)$	90.00
$V(Å^3)$	2078.1(3)
Z	4
$d(g\text{-}cm^{-3})$	1.651
F(000)	1024
$\mu(cm^{-1})$	1.938
Absorption corrections	multi-scan , 0.5111 min, 0.9265 max
Diffractometer	KappaCCD
X-ray source	MoKα
λ(Å)	0.71069
Monochromator	graphite
T (K)	150.0(1)
Scan mode	phi et omega scans
Maximum θ	28.69
HKL ranges	-9 14 , -25 26 , -13 13

Reflections measured   19156
Unique data   5351
Rint   0.0445
Reflections used   3595
Criterion   I > 2σI)
Refinement type   Fsqd
Hydrogen atoms   mixed
Parameters refined   193
Reflections / parameter 18
wR2   0.0932
R1   0.0373
Weights a, b   0.0421 , 0.0000
GoF   0.983
difference peak / hole (e Å^{-3})   0.699(0.093) / -0.664

Table 2.   Coordonées Atomiques (A x 10^4) et Paramètres des Déplacement Isotropiques Équivalents (A^2 x 10^3) de **1.25a**

atom	x	y	z	U(eq)
I(1)	5317(1)	-1040(1)	4559(1)	36(1)
O(1)	2014(2)	-2433(1)	877(2)	30(1)
O(2)	2194(2)	-1345(1)	4853(2)	28(1)
N(1)	1623(2)	-1728(1)	2587(2)	22(1)
C(1)	2395(3)	-2064(2)	1833(3)	24(1)
C(2)	3787(3)	-1928(2)	2346(3)	29(1)
C(3)	3785(3)	-1483(2)	3333(3)	25(1)
C(4)	2433(3)	-1266(2)	3528(3)	23(1)
C(5)	4772(3)	-2278(2)	1707(4)	41(1)
C(6)	6102(4)	-2452(2)	2422(5)	60(1)
C(7)	5989(4)	-1921(3)	1393(4)	59(1)
C(8)	179(3)	-1759(2)	2320(3)	27(1)
C(9)	-235(4)	-2500(2)	2354(4)	42(1)
C(10)	-434(3)	-1384(2)	3424(4)	39(1)
C(11)	2198(3)	-540(2)	3124(3)	23(1)
C(12)	2351(3)	-337(2)	1840(3)	32(1)
C(13)	2151(4)	315(2)	1437(3)	41(1)

C(14)	1805(3)	794(2)	2330(3)	37(1)
C(15)	1665(3)	600(2)	3617(3)	34(1)
C(16)	1852(3)	-58(2)	4013(3)	28(1)
C(30)	-290(3)	-1441(2)	970(3)	37(1)

U(eq) is defined as 1/3 the trace of the Uij tensor.

Table 3. Longueurs des Liaisons (Å) et Angles (deg) de **1.25a**

I(1)-C(3)	2.077(3)	O(1)-C(1)	1.234(3)
O(2)-C(4)	1.398(3)	O(2)-H(2)	0.8400
N(1)-C(1)	1.357(4)	N(1)-C(8)	1.492(4)
N(1)-C(4)	1.499(4)	C(1)-C(2)	1.496(4)
C(2)-C(3)	1.335(4)	C(2)-C(5)	1.461(5)
C(3)-C(4)	1.512(4)	C(4)-C(11)	1.521(4)
C(5)-C(6)	1.512(5)	C(5)-C(7)	1.526(6)
C(5)-H(5)	1.0000	C(6)-C(7)	1.477(7)
C(6)-H(6A)	0.9900	C(6)-H(6B)	0.9900
C(7)-H(7A)	0.9900	C(7)-H(7B)	0.9900
C(8)-C(30)	1.519(4)	C(8)-C(9)	1.546(5)
C(8)-C(10)	1.548(5)	C(9)-H(9A)	0.9800
C(9)-H(9B)	0.9800	C(9)-H(9C)	0.9800
C(10)-H(10A)	0.9800	C(10)-H(10B)	0.9800
C(10)-H(10C)	0.9800	C(11)-C(12)	1.384(4)
C(11)-C(16)	1.396(4)	C(12)-C(13)	1.374(5)
C(12)-H(12)	0.9500	C(13)-C(14)	1.395(5)
C(13)-H(13)	0.9500	C(14)-C(15)	1.378(5)
C(14)-H(14)	0.9500	C(15)-C(16)	1.383(4)
C(15)-H(15)	0.9500	C(16)-H(16)	0.9500
C(30)-H(30A)	0.9800	C(30)-H(30B)	0.9800
C(30)-H(30C)	0.9800		

C(4)-O(2)-H(2)	109.5	C(1)-N(1)-C(8)	122.6(2)
C(1)-N(1)-C(4)	109.5(2)	C(8)-N(1)-C(4)	127.3(2)
O(1)-C(1)-N(1)	125.5(3)	O(1)-C(1)-C(2)	124.8(3)

N(1)-C(1)-C(2)	109.7(2)	C(3)-C(2)-C(5)	136.1(3)
C(3)-C(2)-C(1)	106.1(3)	C(5)-C(2)-C(1)	117.8(3)
C(2)-C(3)-C(4)	112.7(2)	C(2)-C(3)-I(1)	130.3(2)
C(4)-C(3)-I(1)	117.0(2)	O(2)-C(4)-N(1)	112.0(2)
O(2)-C(4)-C(3)	112.5(2)	N(1)-C(4)-C(3)	101.2(2)
O(2)-C(4)-C(11)	108.6(2)	N(1)-C(4)-C(11)	111.4(2)
C(3)-C(4)-C(11)	111.0(3)	C(2)-C(5)-C(6)	123.6(3)
C(2)-C(5)-C(7)	121.4(3)	C(6)-C(5)-C(7)	58.2(3)
C(2)-C(5)-H(5)	114.1	C(6)-C(5)-H(5)	114.1
C(7)-C(5)-H(5)	114.1	C(7)-C(6)-C(5)	61.4(3)
C(7)-C(6)-H(6A)	117.6	C(5)-C(6)-H(6A)	117.6
C(7)-C(6)-H(6B)	117.6	C(5)-C(6)-H(6B)	117.6
H(6A)-C(6)-H(6B)	114.7	C(6)-C(7)-C(5)	60.4(3)
C(6)-C(7)-H(7A)	117.7	C(5)-C(7)-H(7A)	117.7
C(6)-C(7)-H(7B)	117.7	C(5)-C(7)-H(7B)	117.7
H(7A)-C(7)-H(7B)	114.8	N(1)-C(8)-C(30)	109.6(3)
N(1)-C(8)-C(9)	108.2(3)	C(30)-C(8)-C(9)	111.4(3)
N(1)-C(8)-C(10)	110.8(2)	C(30)-C(8)-C(10)	109.0(3)
C(9)-C(8)-C(10)	107.8(3)	C(8)-C(9)-H(9A)	109.5
C(8)-C(9)-H(9B)	109.5	H(9A)-C(9)-H(9B)	109.5
C(8)-C(9)-H(9C)	109.5	H(9A)-C(9)-H(9C)	109.5
H(9B)-C(9)-H(9C)	109.5	C(8)-C(10)-H(10A)	109.5
C(8)-C(10)-H(10B)	109.5	H(10A)-C(10)-H(10B)	109.5
C(8)-C(10)-H(10C)	109.5	H(10A)-C(10)-H(10C)	109.5
H(10B)-C(10)-H(10C)	109.5	C(12)-C(11)-C(16)	117.9(3)
C(12)-C(11)-C(4)	119.7(3)	C(16)-C(11)-C(4)	122.4(3)
C(13)-C(12)-C(11)	121.4(3)	C(13)-C(12)-H(12)	119.3
C(11)-C(12)-H(12)	119.3	C(12)-C(13)-C(14)	120.4(3)
C(12)-C(13)-H(13)	119.8	C(14)-C(13)-H(13)	119.8
C(15)-C(14)-C(13)	118.8(3)	C(15)-C(14)-H(14)	120.6
C(13)-C(14)-H(14)	120.6	C(14)-C(15)-C(16)	120.7(3)
C(14)-C(15)-H(15)	119.7	C(16)-C(15)-H(15)	119.7
C(15)-C(16)-C(11)	120.8(3)	C(15)-C(16)-H(16)	119.6
C(11)-C(16)-H(16)	119.6	C(8)-C(30)-H(30A)	109.5
C(8)-C(30)-H(30B)	109.5	H(30A)-C(30)-H(30B)	109.5
C(8)-C(30)-H(30C)	109.5	H(30A)-C(30)-H(30C)	109.5
H(30B)-C(30)-H(30C)	109.5		

Table 4. Paramètres des Déplacements Anisotropiques (A^2 x 10^3) de **1.25a**

atom	U11	U22	U33	U23	U13	U12
I(1)	31(1)	33(1)	40(1)	-5(1)	-5(1)	-6(1)
O(1)	32(1)	29(1)	30(1)	-10(1)	3(1)	1(1)
O(2)	42(1)	22(1)	19(1)	3(1)	5(1)	0(1)
N(1)	22(1)	17(1)	27(1)	-5(1)	1(1)	0(1)
C(1)	27(2)	20(2)	27(2)	-2(1)	5(1)	0(1)
C(2)	21(2)	28(2)	36(2)	-2(1)	1(1)	2(1)
C(3)	22(2)	22(2)	30(2)	-1(1)	-2(1)	-2(1)
C(4)	28(2)	20(2)	19(1)	-3(1)	3(1)	-2(1)
C(5)	26(2)	46(2)	49(2)	-18(2)	1(2)	6(2)
C(6)	31(2)	71(3)	73(3)	-20(2)	-5(2)	22(2)
C(7)	31(2)	92(4)	57(2)	-16(2)	17(2)	-1(2)
C(8)	23(2)	30(2)	29(2)	-3(1)	4(1)	-2(1)
C(9)	31(2)	33(2)	61(2)	7(2)	7(2)	-5(2)
C(10)	21(2)	45(2)	52(2)	-12(2)	12(2)	3(2)
C(11)	24(2)	19(2)	26(1)	-4(1)	3(1)	-2(1)
C(12)	48(2)	22(2)	27(2)	-2(1)	10(1)	-1(2)
C(13)	60(2)	30(2)	33(2)	3(2)	8(2)	6(2)
C(14)	48(2)	19(2)	42(2)	2(1)	-2(2)	-1(2)
C(15)	47(2)	19(2)	35(2)	-8(1)	0(2)	7(2)
C(16)	36(2)	27(2)	21(1)	-1(1)	4(1)	3(1)
C(30)	26(2)	47(2)	38(2)	4(2)	-1(1)	7(2)

The anisotropic displacement factor exponent takes the form 2 pi^2 [h^2a*^2U(11) +...+ 2hka*b*U(12)]

Table 5. Coordonées d'Hydrogène (A x 10^4) et Paramètres des Déplacements Équivalents Isotropiques (A^2 x 10^3) for **1.25a**

atom	x	y	z	U(eq)
H(2)	2306	-1746	5083	41
H(5)	4413	-2610	1013	49
H(6A)	6314	-2315	3373	71
H(6B)	6484	-2884	2198	71
H(7A)	6297	-2022	527	71
H(7B)	6127	-1454	1703	71
H(9A)	49	-2685	3248	63
H(9B)	165	-2752	1684	63
H(9C)	-1180	-2532	2153	63
H(10A)	-178	-1604	4291	58
H(10B)	-1380	-1392	3207	58
H(10C)	-131	-920	3473	58
H(12)	2600	-656	1224	38
H(13)	2248	440	546	49
H(14)	1668	1245	2056	44
H(15)	1437	922	4238	41
H(16)	1743	-184	4901	34
H(30A)	-44	-969	991	56
H(30B)	-1235	-1480	778	56
H(30C)	108	-1670		

1-*tert*-Butyl-3-cyclopropyl-4-iodo-5-methoxy-5-phenyl-1,5-dihydro-pyrrol-2-one

1.25b

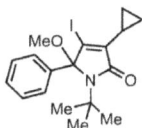

FM: C$_{18}$H$_{22}$O$_2$NI

PM = 411 g.mol^{-1}

Méthode : Voir **procédure originale 1.5** employant (1 équiv., 0.10 mmol, 26 mg) de l'alcyne correspondant et (10 équiv., 1 mmol, 41 µL) de MeOH.

Purification : Colonne chromatographique flash (silica gel, 8:2 EP: AcOEt)/ R_f (8:2 EP:AcOEt): 0.86.

Produit : Solide jaune.

IRendement : 76%.

^{1}H RMN (δ, ppm)

(CDCl$_3$, 400 MHz)

7.78 (d, J = 7.4Hz, 1H, CH-Ph), 7.39 (t, J = 7.2Hz, 1H, CH-Ph), 7.30 (dt, J = 7.4Hz, J = 7.2Hz, 2H, CH-Ph), 6.96 (d, J = 7.2Hz, 1H, CH-Ph), 3.25 (s, 3H, OCH$_3$), 1.67 (tt, J = 5.3Hz, J = 8.7Hz, 1H, CH-cyclo propane), 1.50-1.40 (m, 2H, CH$_2$-cyclo propane), 1.28 (s, 9H, CH$_3$-^{t}Bu), 0.89-0.84 (m, 2H, CH$_2$-cyclo propane).

^{13}C RMN (δ, ppm)

(CDCl$_3$, 100 MHz)

167.8 (Cq, C=O), 143.6 (Cq), 139.0 (Cq), 128.3 (CH-Ph), 128.2 (CH-Ph), 127.8 (CH-Ph), 127.7 (CH-Ph), 125.7 (CH-Ph), 115.8 (Cq), 97.5 (Cq), 56.9 (Cq, ^{t}Bu), 49.8 (OCH$_3$), 28.1 (CH$_3$-^{t}Bu), 12.2 (CH-cyclo propane), 6.7 (CH$_2$-cyclo propane), 6.3(CH$_2$-cyclo propane)

IR (ν, cm^{-1}) (CCl$_4$)

3064 (w), 3004 (w), 2965 (w), 2935 (w), 2833 (w), 1693 (s), 1643 (w), 1488 (w), 1394 (w), 1362 (w), 1337 (m), 1272 (w), 1247 (w), 1210 (w), 1117 (w), 1075 (w).

SMHR (IE+, m/z) : Calculé: 411.0696   Trouvé: 411.0702.

5-Allyloxy-1-*tert*-butyl-3-cyclopropyl-4-iodo-5-phenyl-1,5-dihydro-pyrrol-2-one   **1.25c**

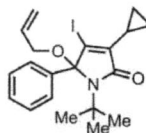

FM: C$_{20}$H$_{24}$O$_2$NI

PM = 437 g.mol^{-1}

Méthode : Voir **procédure générale 1.5** employant (1 équiv., 0.10 mmol, 26 mg) de l'alcyne correspondant et (10 équiv., 1 mmol, 70 µL) de alcool allylique.

Purification : Colonne chromatographique flash (silica gel, 9:1 EP:AcOEt)/ R_f (9:1 EP:AcOEt): 0.74.

Produit : Solide jaune.

Rendement : 72%.

¹H RMN (δ, ppm)	7.86 (d, *J* = 7.8Hz, 1H, CH-Ph), 7.40 (t, *J* = 7.4Hz, 1H, CH-Ph), 7.34-7.28
(CDCl₃, 400 MHz)	(m, 2H, CH-Ph), 6.96 (d, *J* = 7.4Hz, 1H, CH-Ph), 6.04 (ddt, *J* = 5.1Hz, *J* = 10.4Hz, *J* = 17.2Hz, 1H, C<u>H</u>=CH₂), 5.46 (ddt, 1H, *J* = 1.5Hz, *J* = 1.7Hz, *J* = 17.2Hz, 1H, CH=C<u>H</u>₂), 5.26 (ddt, *J* = 1.5Hz, *J* = 1.7Hz, *J* = 10.4Hz, 1H, CH=C<u>H</u>₂), 3.93 (ddt, *J* = 1.7 Hz, *J* = 5.2 Hz, *J* = 12.4 Hz, 1H, OCH₂), 3.88 (ddt, *J* = 1.7 Hz, *J* = 5.2 Hz, *J* = 12.4 Hz, 1H, OCH₂), 1.67 (tt, *J* = 5.3Hz, *J* = 8.6Hz, 1H, CH-cyclo propane), 1.50-1.41 (m, 2H, CH₂-cyclo propane), 1.28 (s, 9H, CH₃-ᵗBu), 0.91-0.82 (m, 2H, CH₂-cyclo propane).

¹³C RMN (δ, ppm)	167.7 (Cq, C=O), 143.4 (Cq), 139.0 (Cq), 133.6 (<u>C</u>H=CH₂), 128.4 (CH-Ph), 128.2 (CH-Ph), 127.8 (CH-Ph), 127.8 (CH-Ph), 125.7 (CH-Ph), 116.8
(CDCl₃, 100 MHz)	(CH=<u>C</u>H₂), 115.9 (Cq), 96.9 (Cq), 63.1 (OCH₂), 57.0 (Cq, ᵗBu), 28.1 (CH₃-ᵗBu), 12.2 (CH-cyclopropane), 6.7 (CH₂-cyclo propane), 6.3 (CH₂-cyclo propane).

IR (ν, cm⁻¹) (CCl₄)	3081 (w), 3008 (w), 2967 (w), 2927 (w), 1693 (s), 1643 (w), 1551 (w), 1451 (w), 1395 (w), 1363 (w), 1337 (m), 1272 (w), 1248 (w), 1212 (w), 1125 (w), 1062 (w), 1023 (w) .

SMHR (IE+, m/z) :	Calculé: 437.0852 Trouvé: 437.0837.

1-Benzyl-5-hydroxy-4-iodo-5-phenyl-3-*p*-tolyl-1,5-dihydro-pyrrol-2-one   1.25d

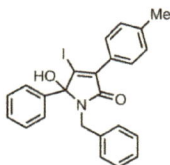

FM: C₂₄H₂₀O₂NI

PM = 481 g.mol⁻¹

Méthode :	Voir **procédure générale 1.5** employant (1 équiv., 0.10 mmol, 36 mg) de l'alcyne correspondant. Aucun nucléophile a été additionné.

Purification :	Colonne chromatographique flash (silica gel, 95:5 PE:AcOEt)/ **R**f (8:2 PE: AcOEt): 0.54.

Produit :	Solide jaune.

Rendement :	68%.

¹H RMN (δ, ppm)	7.68 (d, *J* = 8.2Hz, 2H, CH-tolyl), 7.39-7.37 (m, 5H, CH-Ph), 7.27-7.26 (m,
(CDCl₃, 400 MHz)	5H, CH-Ph), 7.22 (d, *J* = 8.2Hz, 2H, CH-tolyl), 4.82 (d, *J* = 15.0Hz, 1H, C<u>H</u>₂N), 4.01 (d, *J* = 15.0Hz, 1H, C<u>H</u>₂N), 2.42 (s, 1H, OH), 2.39 (s, 3H, CH₃).

¹³C RMN (δ, ppm)

(CDCl₃, 100 MHz)

166.8 (Cq, C=O), 140.6 (Cq), 139.5 (Cq), 137.9 (Cq), 136.4 (Cq), 129.0 (CH-Ar), 128.9 (CH-Ar), 128.9 (CH-Ar), 128.9 (CH-Ar), 128.7 (CH-Ar), 128.4 (CH-Ar), 127.5 (Cq), 127.3 (CH-Ar), 126.6 (CH-Ar), 120.0 (Cq), 93.2 (Cq), 44.6 (CH₂N), 21.5 (CH₃).

IR (ν, cm⁻¹) (CCl₄)

3577 (w), 3065 (w), 3033 (w), 2926 (w), 2859 (w), 1708 (s), 1622 (w), 1551 (w), 1498 (w), 1450 (w), 1385 (w), 1335 (w), 1280 (w), 1166 (w), 1073 (w), 1047 (w).

SMHR (IE+, m/z) :

Calculé: 481.0539   Trouvé: 481.0527.

1-Benzyl-5-but-3-enyl-3-cyclopropyl-4-iodo-5-methoxy-1,5-dihydro-pyrrol-2-one   1.25e

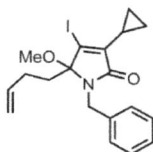

FM: C₁₉H₂₂O₂NI

PM = 423 g.mol⁻¹

Méthode :

Voir **procédure générale 1.5** employant (1 équiv., 0.10 mmol, 27 mg) de l'alcyne correspondant et (10 équiv., 1 mmol, 41µL) de MeOH.

Purification :

Colonne chromatographique flash (silica gel, 95:5 PE:AcOEt)/ **R**f (95:5 PE:AcOEt): 0.54.

Produit :

Huile jaune.

Rendement :

70%.

¹H RMN (δ, ppm)

(CDCl₃, 400 MHz)

7.36-7.30 (m, 4H, CH-Ph), 7.24-7.20 (m, 1H, CH-Ph), 5.77 (ddt, *J* = 6.2Hz, *J* = 10.2Hz, *J* = 16.9Hz, 1H, C**H**=CH₂), 4.99 (ddm, *J* = 1.2Hz, *J* = 16.9Hz, 1H, CH=C**H₂**), 4.94 (ddm, *J* = 1.2Hz, *J* = 10.2 Hz, 1H, CH=C**H₂**), 4.58 (d, *J* = 16.2Hz, 1H, CH₂N), 4.53 (d, *J* = 16.2Hz, 1H, CH₂N), 3.09 (s, 3H, OCH₃), 2.06-1.90 (m, 4H, CH₂-chaine homoallylique), 1.78-1.71 (m, 1H, CH-cyclo propane), 1.60-1.54 (m, 2H, CH₂-cyclo propane), 0.90-0.83 (m, 2H, CH₂-cyclo propane).

¹³C RMN (δ, ppm)

(CDCl₃, 100 MHz)

156.5 (Cq, C=O), 144.4 (Cq), 140.5 (Cq), 137.4 (**C**H=CH₂), 128.2 (CH-Ph), 127.4 (CH-Ph), 126.3 (CH-Ph), 114.9(CH=**C**H₂), 111.2 (Cq), 106.2 (Cq), 50.5 (CH₂N), 49.5 (OCH₃), 36.1 (CH₂-chaine homoallylique), 27.0 (CH₂-chaine homoallylique), 12.3 (CH-cyclo propane), 7.1 (CH₂-cyclo propane), 6.5 (CH₂-cyclo propane).

IR (ν, cm⁻¹) (CCl₄)

3069 (w), 3012 (w), 2958 (w), 2933 (w), 2360 (w), 2337 (w), 1688 (s), 1642 (w), 1618 (w), 1496 (w), 1451 (w), 1354 (w), 1327 (w), 1327 (w), 1299 (w), 1268 (w), 1170 (w), 1130 (w), 1037 (w), 987 (w).

SMHR (IE+, m/z) :

Calculé: 423.696   Trouvé: 423.0677.

6-*tert*-Butyl-4-cyclopropyl-3-methylene-6a-phenyl-2,3,6,6a-tetrahydro-furo[2,3-*b*]pyrrol-5-one   **1.32**

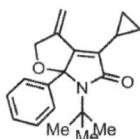

FM: C₂₀H₂₃O₂N

PM = 309 g.mol⁻¹

Méthode :

À un ballon à ta, sous argon, chargé avec 5-allyloxy-1-*tert*-butyl-3-cyclopropyl-4-iodo-5-phenyl-1,5-dihydro-pyrrol-2-one (1 équiv., 0.07 mmol, 31 mg), CH₃CN (850 μL) et THF (280 μL) a été additionné Et₃N (1.5 équiv., 0.11 mmol, 15 μL) et Pd(PPh₃)₄ (0.10 équiv., 0.007 mmol, 8 mg). La reaction est chauffée au reflux (82 °C) et agitée overnight. Après avoir fini (CCM), le mélange réactionnel est concentré. Purification par colonne chromatographique flash fournit le composé souhaité dans le rendement marqué.

Reference:

Morice, C.; Domostoj, M.; Briner, K.; Mann, A.; Suffert, J.; Wermuth, C-G.; *Tetrahedron Letters*, 42, **2001**, 6499.

Purification :

Colonne chromatographique flash (silica gel, 95:5 EP:AcOEt)/ **R_f** (9:1 EP:AcOEt): 0.38.

Produit :

Solide blanc.

Rendement :

51%.

¹H RMN (δ, ppm)

(CDCl₃, 400 MHz)

7.35-7.27 (m, 5H, CH-Ph), 5.36 (t, *J* = 2.2Hz, 1H, C=C**H₂**), 5.10 (t, *J* = 2.2Hz, 1H, C=C**H₂**), 4.92 (dt, *J* = 2.2Hz, *J* = 13.1Hz, 1H, OCH₂), 4.78 (dt, *J* = 2.2Hz, *J* = 13.1Hz, 1H, OCH₂), 1.81-1.74 (m, 1H, CH-cyclo propane), 1.53-1.48 (m, 1H, CH₂-cyclo propane), 1.26-1.22 (m, 1H, CH₂-cyclo propane), 1.24 (s, 9H, CH₃-ᵗBu), 0.93-0.86 (m, 2H, CH₂-cyclo propane).

¹³C RMN (δ, ppm)

171.9 (Cq, C=O), 153.3 (Cq), 137.5 (Cq), 136.1 (Cq), 132.0 (Cq), 128.3 (CH-Ph), 127.9 (CH-Ph), 126.8 (CH-Ph), 109.2 (C=**C**H₂), 100.3 (Cq), 75.8 (OCH₂), 56.0 (Cq, ᵗBu), 28.2 (CH₃-ᵗBu), 8.4 (CH-cyclo propane), 7.6 (CH₂-

(CDCl₃, 100 MHz)   cyclo propane), 5.3 (CH₂-cyclo propane).

IR (ν, cm⁻¹) (CCl₄)   3064 (w), 2964 (w), 2928 (w), 2869 (w), 1694 (s), 1597 (w), 1485 (w), 1451 (w), 1392 (w), 1363 (w), 1333 (w), 1293 (w), 1263 (w), 1215 (w), 1142 (w), 1025 (w).

SMHR (IE+, m/z) :   Calculé: 309.1729   Trouvé: 309.1742.

B.3.2 Chapitre 3: La Synthèse d'Oxazolones Fonctionnalisées à partir d'une Séquence de Transformations Catalysées au Cu(II) et à l'Au(I).

Seulement les expériences réalisées par cet auteur sont presentées dans cette section. Ces expériences ont été marquées dans la partie théorique de ce travail avec une étoile rouge (*).

B.3.2.1 La Synthèse des Ynamides *via* un Couplage Catalysé au Cu(II):

La route synthétique employée dans ce travail[172] pour la synthèse d'ynamides est exhibée ci-dessous (schème B.3.2.1):

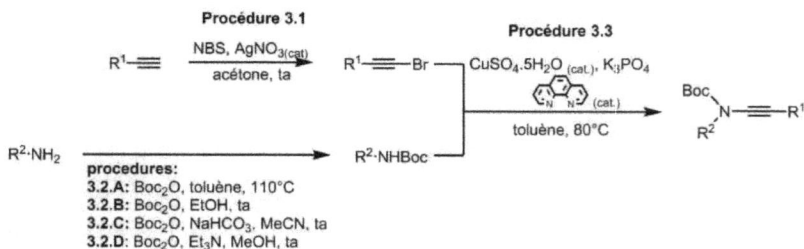

Ynamides synthétisées:
3.15a, R¹= Ph, R² = Ph
3.15b*, R¹ = Ph, R² = 4-F-Ph
3.15c, R¹ = Ph, R² = 4-Cl-Ph
3.15d, R¹ = Ph, R² = 4-Br-Ph
3.15e*, R¹ = Ph, R² = 2-OMe-4-OMe-Ph
3.15f*, R¹ = Ph, R² = Bn
3.15g, R¹ = Ph, R² = CH₂CO₂Et
3.15h, R¹ = Ph, R² = CH-(S)-Me-CO₂Me
3.15i, R¹ = ⁱBu, R² = Ph
3.15j*, R¹ = n-C₅H₁₁, R² = Ph
3.15k*, R¹ = n-C₅H₁₁, R² = Bn

3.15l, R¹ = ⬡ , R² = Ph

3.15m, R¹ = ⬡ , R² = 4-Cl-Ph

3.15n, R¹ = ⬡ , R² = CH₂CO₂Et

3.15o*, R¹ = CH₂OAc, R² = Ph
3.15p, R¹ = CH₂OAc, R² = 2-Napht
3.15q*, R¹ = CH₂OAc, R² = Bn
3.15r*, R¹ = CH₂OAc, R² = CH₂CO₂Et
3.15s, R¹ = CH₂CH₂CH₂OTIPS, R² = Ph
3.15t*, R¹ = CH₂CH₂CH₂OTIPS, R² = Bn
3.15u*, R¹ = ⮡ , R² = Ph

3.15v, R¹ = ⮡ , R² = Bn

3.15w*, R¹ = ⬡ , R² = Ph
n-C₅H₁₁

3.15x*, R¹ = ⬡ , R² = Bn
n-C₅H₁₁

3.15y*, R¹ = Ph, R² = ⬡
n-C₅H₁₁

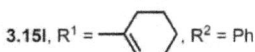

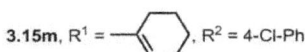

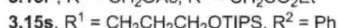

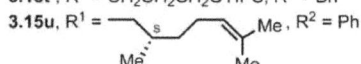

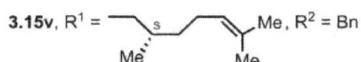

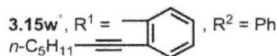

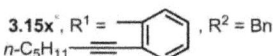

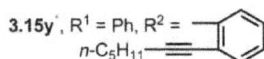

Schème B.3.2.1: Synthèse d'ynamides.

Procédure Générale 3.1., *bromation des alcynes terminaux promue par le NBS:* N-bromo succinimide (1.2 équiv.) et AgNO₃ (0.1 équiv.) sont additionnés à un ballon chargé avec l'alcyne (1 équiv.) et acétone (0.15M) à 0°C. Le mélange réactionnel est agité à température ambiante protégé de la lumière jusqu'à la consommation totale du produit de départ (CCM). La réaction est ainsi quenchée avec H₂O, extraite avec Et₂O (3x), séchée (MgSO₄) et concentrée sour pression réduite. Purification du brut réactionnel par colonne chromatographique flash produit les bromoalcynes correspondants dans le rendements marqués.

Synthèse de ⁱBu-carbamates (Protection Boc de amines):

Procédure Générale 3.2.A:[274] Boc$_2$O (1.5 équiv.) est additionné à un ballon chargé avec aniline (1 équiv.) et toluène (1M) à ta. Le mélange résultant est chauffé au reflux (110°C) et agité dans cette température jusqu'à la consummation totale du produit de départ (CCM). La réaction généralement dure 1-2h. Le mélange est ainsi concentré sous pression réduite et le solide obtenu est typiquement recristalizé à partir d'un mélange de solvants adéquats.

Procédure Générale 3.2.B:[275] Boc$_2$O (1.1 équiv) est additionné à un ballon chargé avec l'amine (1 équiv.) et EtOH (1M) à température ambiante, en étant agitée dans cette température. Une fois que la réaction est finie (CCM), le mélange réactionnel est concentré sous pression réduite et le solide resultant est recrystallizé à partir d'une mixture adequate de solvants. La réaction dure typiqement 10 min.

Procédure Générale 3.2.C:[276] Boc$_2$O (1 équiv.) et NaHCO$_3$ (3 équiv.) sont additionnés à un ballon chargé avec l'amine (1 équiv.) et MeCN (0.2 M) à 0 °C. La reaction est agitée à temperature ambiante jusqu'à la consummation totale du produit de départ (CCM). La réaction est généralement laissée agiter pour 24h. La solution est ainsi concentrée sous pression réduite. Le residu est ensuite dilué dans l'eau, extrait avec DCM (3x), lavé avec une

[274] Schlosser, M.; Ginanneschi, A.; Leroux, F.; *Eur. J. Org. Chem,* **2006**, 2006, 2956.

[275] Vilaivan, T.; *Tetrahedron Lett.,* **2006**, 47, 6739.

[276] Simpson, G. L.; Gordon, A. H.; Lindsay, D. M. Promsawan, N.; Crump, M. P.; Mulholet, K.; Hayter, B. R.; Gallagher, T.; *J. Am. Chem. Soc.,* **2006**, 128, 10638.

solution saturée de NaCl (1x), séchée (MgSO$_4$) et concentrée sous pression réduite. Purification par colonne chromatographique fournit le produit attendu.

Procédure Générale 3.2.D:[277] Boc$_2$O (1.05 équiv.) et Et$_3$N (1.5 équiv.) ont été additionnés à un ballon chargé avec l'amine (1 équiv.) et MeOH (0.75 M). Le mélange réactionnel est agité à ta jusqu'à la consommation totale du produit de départ (CCM). La réaction est généralement laissée agiter pour 24h. Ensuite, la solution est concentrée sous pression réduite. Le résidu est dilué dans l'eau, extrait avec DCM (3x), lavé avec une solution saturée de NaCl (1x), séchée (MgSO$_4$) et concentrée sous pression réduite. Le produit attendu est généralement obtenu pur et employé tel quel dans la prochaine étape.

Procédure Générale 3.3.:[278] *Couplage croisé promu par le Cu entre carbamates et bromoalcynes:* à un ballon, sous une atmosphère d'argon, et fermé avec un septum de caoutchouc, il y a été additionné séquenciellement: bromoalcyne (1 équiv.), toluène anhydre (0.33 M), le carbamate (1.2 équiv.), K$_3$PO$_4$ (2.4 équiv.), CuSO$_4$.5H$_2$O (0.2 équiv.) et 1,10-phenanthroline (0.4 équiv.). L'atmosphère d'argon est enlevée et le ballon est chauffé à 80°C

---

[277] Yuste, F.; Ortiz, B.; Carrasco, A.; Peralta, M.; Quintero, L.; Sánchez-Obregón, R., Walls, F.; Garcia Ruano, J. L.; *Tetrahedron: Asymmetry*, **2000**, 11, 3079.

[278] The protocol for the synthesis of ynamides consists on a slight modification of a procedure previously reported by Hsung *et al:* (a) Zhang, Y.; Hsung, R. P.; Tracey, M. R.; Kurtz, K. C. M.; Vera, E. L. *Org. Lett.* **2004**, 6, 1151. (b) Zhang, X.; Zhang, Y.; Huang, J.; Hsung, R. P.; Kurtz, K. C. M.; Oppenheimer, J.; Peterson, M. E.; Sagamanova, I. K.; Shen, L.; Tracey, M. R.; *J. Org. Chem.* **2006**, 71, 4170.

pour 16-72h, en étant fréquemment accompagnée par CCM. Une fois la réaction finie (CCM), la réaction est laissée revenir à ta, elle est diluée dans l'AcOEt, filtrée par la celite et concentrée sous pression réduite. Puridication par colonne chromatographique flash produit les composés attendus dans les rendements marqués.

(4-Fluoro-phenyl)-phenylethynyl-carbamic acid *tert*-butyl ester　　　　　**3.15b**

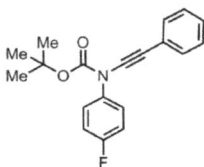

FM: $C_{11}H_{14}O_2NF$

PM = 311 g.mol^{-1}

Méthode :	Voir **procedure générale 3.3** employant (1 équiv., 2 mmol, 362 mg) de bromoethynyl-benzene et (1.2 équiv., 2.4 mmol, 506 mg) de (4-fluoro-phenyl)-carbamic acid *tert*-butyl ester.
Purification :	Colonne chromatographique flash (silica gel, 95:5 EP:Et$_2$O).
Produit :	Solide transparent.
Conversion:	100%.
Rendement:	65%.

^{1}H RMN (δ, ppm)

(CDCl$_3$, 400 MHz)

7.49 (dd, J_{H-H} = 8.9Hz, J_{H-F} = 4.8Hz, 2H, CH-Ar), 7.39 (dd, J_{H-H} = 1.6Hz, J_{H-H} = 8.0Hz, 2H, CH-Ph), 7.32-7.26 (m, 3H, CH-Ph), 7.08 (t, $J_{H-H/H-F}$ = 8.9Hz, 2H, CH-Ar), 1.57 (s, 9H, CH$_3$-^{t}Bu).

^{13}C RMN (δ, ppm)

(CDCl$_3$, 100 MHz)

161.0 (d, J_{C-F} = 244.9Hz, Cq, Ar), 152.9 (Cq, NC=O), 135.6 (d, J_{C-F} = 3.1Hz, Cq, Ar), 130.9 (CH-Ph), 128.3 (CH-Ph), 127.5 (CH-Ph), 126.6 (d, J_{C-F} = 8.4Hz, CH-Ar), 123.2 (Cq, Ph), 115.6 (d, J_{C-F} = 22.8Hz, CH-Ar), 83.7 (Cq, ^{t}Bu), 83.5 (Cq, C≡C), 70.1 (Cq, C≡C), 28.0 (CH$_3$-^{t}Bu).

IR (ν, cm^{-1}) (CCl$_4$)

3058 (w), 2980 (m), 2933 (w), 2252 (s), 1875 (w), 1737 (s), 1599 (m), 1508 (s), 1453 (w), 1391 (w), 1364 (s), 1290 (s), 1238 (s), 1158 (s), 1096 (w), 1068 (w), 1009 (m).

SMHR (IE+, m/z) :   Calculé: 311.1322   Trouvé: 311.1312.

(2,4-Dimethoxy-phenyl)-phenylethynyl-carbamic acid *tert*-butyl ester   **3.15e**

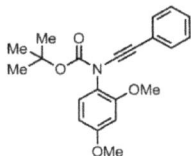

FM: $C_{21}H_{23}O_4N$

PM = 353 g.mol^{-1}

Méthode :	Voir **procédure générale 3.3** employant (1 équiv., 2 mmol, 362 mg) de bromoethynyl-benzene et (1.2 équiv., 2.4 mmol, 607 mg) de (2,4-dimethoxy-phenyl)-carbamic acid *tert*-butyl ester.
Purification :	Colonne chromatographique flash (silica gel, 9:1 EP:AcOEt).
Produit :	Solide marron.
Conversion:	33%.
Rendement :	22%.

^{1}H RMN (δ, ppm)

(CDCl$_3$, 400 MHz)

7.37-7.35 (m, 2H, CH-Ph), 7.29-7.21 (m, 4H, CH-Ph + CH-Ar), 6.52-6.48 (m, 2H, CH-Ar), 3.86 (s, 3H, OCH$_3$), 3.82 (s, 3H, OCH$_3$), 1.51 (s, 9H, CH$_3$-^{t}Bu).

^{13}C RMN (δ, ppm)

(CDCl$_3$, 100 MHz)

160.5 (Cq, NC=O), 155.4 (Cq, Ar), 153.4 (Cq, Ar), 130.7 (CH-Ph), 128.6 (CH-Ar), 128.0 (CH-Ph), 126.9 (CH-Ph), 123.7 (Cq, Ph), 121.8 (Cq, Ar), 104.2 (CH-Ar), 99.5 (CH-Ar), 84.7 (Cq, ^{t}Bu), 82.5 (Cq, C≡C), 67.9 (Cq, C≡C), 55.7 (OCH$_3$), 55.4 (OCH$_3$), 27.8 (CH$_3$-^{t}Bu).

IR (ν, cm^{-1}) (CCl$_4$)

3079 (w), 2977 (s), 2936 (s), 2838 (s), 2251 (s), 1734 (s),1607 (s), 1513 (s), 1462 (s), 1420 (w), 1367 (s), 1321 (s), 1295 (s), 1254 (s), 1213 (s), 1162 (s), 1130 (s), 1041 (s), 1005 (m), 972 (w).

SMHR (IE+, m/z) :   Calculé: 353.1627   Trouvé: 353.1626.

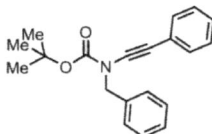

FM: $C_{20}H_{21}O_2N$

PM = 307 g.mol^{-1}

Méthode :	Voir **procedure générale 3.3**, employant (1 équiv., 2 mmol, 362 mg) de bromoethynyl-benzene et (1.2 équiv., 2.4 mmol, 497 mg) de benzyl-carbamic acid *tert*-butyl ester.
Purification :	Colonne chromatographique flash (silica gel, 95:5 EP:Et$_2$O)/ **R$_f$** (95:5 EP: Et$_2$O): 0.56.
Produit :	Solide blanc.
Conversion	< 100% (difficile à estimer).
Rendement :	62%.

^{1}H RMN (δ, ppm)
(CDCl$_3$, 400 MHz)

7.40-7.24 (m, 10H, CH-Ph), 4.67 (s, 2H, CH$_2$N), 1.53 (s, 9H, CH$_3$-^{t}Bu).

^{13}C RMN (δ, ppm)
(CDCl$_3$, 100 MHz)

153.7 (Cq, NC=O), 136.3 (Cq, Ph), 130.5 (CH-Ph), 128.4 (CH-Ph), 128.2 (CH-Ph), 128.0 (CH-Ph), 127.8 (CH-Ph), 127.0 (CH-Ph), 123.5 (Cq, Ph), 84.0 (Cq, C≡C), 82.5 (Cq, ^{t}Bu), 70.9 (Cq, C≡C), 53.0 (CH$_2$N), 27.9 (CH$_3$-^{t}Bu).

IR (ν, cm^{-1}) (CCl$_4$)

3063 (w), 3033 (w), 2979 (w), 2934 (w), 2243 (m), 1722 (s), 1496 (w), 1447 (w), 1393 (m), 1366 (m), 1302 (s), 1244 (m), 1159 (s), 1072 (w), 1026 (w), 995 (w).

SMHR (IE+, m/z) :

Calculé: 307.1572   Trouvé: 307.1579.

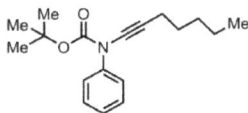

FM: $C_{16}H_{25}O_2N$

PM = 287 g.mol^{-1}

Méthode :	Voir **procédure générale 3.3**, employant (1 équiv., 2 mmol, 350 mg) de 1-bromo-hept-1-yne et (1.2 équiv., 2.4 mmol, 464 mg) de phenyl-carbamic acid *tert*-butyl ester.
Purification :	Colonne chromatographique flash (silica gel, 95:5 EP: Et$_2$O).
Produit :	Huile jaune.
Conversion:	76%.
Rendement :	69%.

^{1}H RMN (δ, ppm)

(CDCl$_3$, 400 MHz)

7.48 (d, *J* = 7.7Hz, 2H, CH-Ph), 7.35 (t, *J* = 7.7Hz, 2H, CH-Ph), 7.20 (t, *J* = 7.7Hz, 1H, CH-Ph), 2.33 (t, *J* = 7.0Hz, 2H, CH$_2$-chaine pentyle), 1.59-1.54 (m, 2H, CH$_2$-chaine pentyle), 1.63 (s, 9H, CH$_3$-^{t}Bu), 1.45-1.28 (m, 4H, CH$_2$-chaine pentyle), 0.91 (t, *J* = 7.2Hz, 3H, CH$_3$-chaine pentyle),

^{13}C RMN (δ, ppm)

(CDCl$_3$, 100 MHz)

153.5 (Cq, NC=O), 140.2 (Cq, Ph), 128.5 (CH-Ph), 126.0 (CH-Ph), 124.4 (CH-Ph), 82.7 (Cq, ^{t}Bu), 74.2 (Cq, C≡C), 69.2 (Cq, C≡C), 30.9 (CH$_2$-chaine pentyle), 28.5 (CH$_2$-chaine pentyle), 27.9 (CH$_3$-^{t}Bu), 22.1 (CH$_2$-chaine pentyle), 18.4 (CH$_2$-chaine pentyle), 13.9 (CH$_3$-chaine pentyle).

IR (ν, cm^{-1}) (CCl$_4$)

3068 (w), 3039 (w), 2959 (s), 2932 (s), 2862 (m), 2267 (m), 1731 (s), 1594 (m), 1495 (m), 1460 (m), 1389 (w), 1366 (m), 1296 (s), 1256 (s), 1215 (m), 1161 (s), 1073 (w), 1049 (w), 1019 (w).

SMHR (IE+, m/z) :   Calculé: 287.1885   Trouvé: 287.1889.

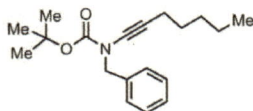

FM: $C_{19}H_{27}O_2N$

PM = 301 g.mol^{-1}

Méthode :	Voir **procédure générale 3.3** employant (1 équiv, 2 mmol, 350 mg) de 1-bromo-hept-1-yne et (1.2 équiv., 2.4 mmol, 497 mg) de benzyl-carbamic acid *tert*-butyl ester.
Purification :	Colonne chromatographique flash (silica gel, PE:Et$_2$O)/ **R$_f$** (95:5 EP:Et$_2$O): 0.63.
Produit :	Huile Transparent .
Conversion	< 100% (difficile à estimer).
Rendement :	69%.

^{1}H RMN (δ, ppm)

(CDCl$_3$, 400 MHz)

7.39-7.31 (m, 5H, CH-Ph), 4.60 (s, 2H, CH$_2$N), 2.29 (t, J = 6.4Hz, 2H, CH$_2$-chaine pentyle), 1.54 (s, 9H, CH$_3$-^{t}Bu), 1.57-1.46 (m, 2H, CH$_2$-chaine pentyle), 1.41-1.32 (m, 4H, CH$_2$-chaine pentyle), 0.94 (t, J = 7.1Hz, 3H, CH$_3$-chaine pentyle).

^{13}C RMN (δ, ppm)

(CDCl$_3$, 100 MHz)

154.5 (Cq, NC=O), 136.8 (Cq, Ph), 128.3 (CH-Ph), 128.0 (CH-Ph), 127.5 (CH-Ph), 81.9 (Cq, ^{t}Bu), 74.5 (Cq, C≡C), 69.6 (Cq, C≡C), 52.9 (CH$_2$N), 30.8 (CH$_2$-chaine pentyle), 28.6 (CH$_2$-chaine pentyle), 28.0 (CH$_3$-^{t}Bu), 22.1 (CH$_2$-chaine pentyle), 18.3 (CH$_2$-chaine pentyle), 13.9 (CH$_3$-chaine pentyle).

IR (ν, cm^{-1}) (CCl$_4$)

3066 (w), 3032 (w), 2958 (s), 2932 (s), 2862 (m), 2260 (m), 1718 (s), 1455 (m), 1389 (s), 1367 (s), 1295 (s), 1256 (s), 1230 (s), 1164 (s), 1077 (w), 1028 (w), 1009 (w), 996 (w).

SMHR (IE+, m/z) :

Calculé: 301.2042   Trouvé: 301.2033.

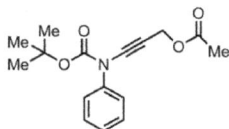

FM: $C_{16}H_{19}O_4N$

PM = 289 g.mol^{-1}

Méthode :	Voir **procédure générale 3.3** employant (1 équiv., 2 mmol, 354 mg) de 4-bromo-but-3-ynoic acid methyl ester et (1.2 équiv., 2.4 mmol, 464 mg) de phenyl-carbamic acid *tert*-butyl ester.

Purification : Colonne chromatographique flash (silica gel, 9:1 PE:Et$_2$O)/ **R$_f$** (9:1 PE:Et$_2$O): 0.34.

Produit : Solide blanc.

Conversion: 91%.

I Rendement : 52%.

^{1}H RMN (δ, ppm)

(CDCl$_3$, 400 MHz)

7.45 (d, *J* = 7.7Hz, 2H, CH-Ph), 7.39 (t, *J* = 7.7Hz, 2H, CH-Ph), 7.26 (t, *J* = 7.7Hz, CH-Ph), 4.88 (s, 2H, OCH$_2$), 2.10 (s, 3H, COCH$_3$), 1.55 (s, 9H, CH$_3$-^{t}Bu).

^{13}C RMN (δ, ppm)

(CDCl$_3$, 100 MHz)

170.1 (Cq, C=O), 152.7 (Cq, C=O), 139.2 (Cq, Ph), 128.6 (CH-Ph), 126.7 (CH-Ph), 124.6 (CH-Ph), 83.5 (Cq, ^{t}Bu), 80.8 (Cq, C≡C), 64.4 (Cq, C≡C), 52.6 (OCH$_2$), 27.7 (CH$_3$-^{t}Bu), 20.6 (**C**H$_3$CO$_2$).

IR (ν, cm^{-1}) (CCl$_4$)

3068 (w), 3039 (w), 2980 (m), 2936 (m), 2262 (m), 1742 (s), 1595 (w), 1496 (m), 1454 (m), 1437 (m), 1369 (m), 1287 (s), 1224 (s), 1158 (s), 1075 (w), 1048 (m), 1020 (s).

SMHR (IE+, m/z) :   Calculé: 289.1314   Trouvé: 289.1322.

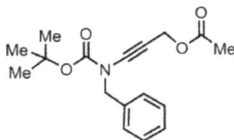

FM: $C_{17}H_{21}O_4N$

PM = 303 g.mol^{-1}

Méthode :	Voir **procedure générale 3.3** employant (1 équiv., 2 mmol, 354 mg) de 4-bromo-but-3-ynoic acid methyl ester et (1.2 équiv., 2.4 mmol, 497 mg) de benzyl-carbamic acid *tert*-butyl ester.
Purification :	Colonne chromatographique flash (silica gel, 95:5 toluène: Et$_2$O)/ **R$_f$** (95:5 toluène: Et$_2$O): 0.40.
Produit :	Huile tranparent.
Conversion:	95%.
Rendement :	14% (difficile à isoler).

^{1}H RMN (δ, ppm)

(CDCl$_3$, 400 MHz)

7.39-7.31 (m, 5H, CH-Ph), 4.83 (s, 2H, CH$_2$O), 4.61 (s, 2H, CH$_2$N), 2.11 (s, 3H, CH$_3$CO), 1.53 (s, 9H, CH$_3$-^{t}Bu).

^{13}C RMN (δ, ppm)

(CDCl$_3$, 100 MHz)

170.3 (Cq, C=O), 153.8 (Cq, C=O), 136.2 (Cq, Ph), 128.4 (CH-Ph), 128.1 (CH-Ph), 127.8 (CH-Ph), 82.9 (Cq, ^{t}Bu), 81.4 (Cq, C≡C), 65.2 (Cq, C≡C), 53.1 (CH$_2$N), 52.8 (OCH$_2$), 27.9 (CH$_3$-^{t}Bu), 20.8 (**C**H$_3$C=O).

IR (ν, cm^{-1}) (CCl$_4$)

3459 (w), 3066 (w), 3033 (m), 2980 (s), 2938 (s), 2259 (s), 1845 (w), 1726 (s), 1608 (w), 1497 (m), 1477 (m), 1436 (s), 1400 (s), 1365 (s), 1294 (s), 1224 (s), 1161 (s), 1076 (w), 1020 (s), 957 (s), 903 (w).

SMHR (IE+, m/z) :   Calculé: 303.1421   Trouvé: 303.1469.

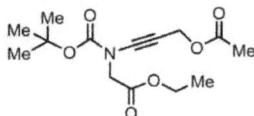

FM: $C_{14}H_{21}O_6N$

PM = 299 g.mol^{-1}

Méthode :	Voir **procedure générale 3.3** employant (1 équiv., 2 mmol, 354 mg) de 4-bromo-but-3-ynoic acid methyl ester et (1.2 équiv., 2.4 mmol, 488 mg) de *tert*-butoxycarbonylamino-acetic acid ethyl ester.
Purification :	Colonne chromatographique flash (silica gel, 9:1 toluène:Et$_2$O)/ **R$_f$** (9:1 toluène:Et$_2$O): 0.30.
Produit :	Solide transparent.
Conversion:	95%.
Rendement :	48%.

^{1}H RMN (δ, ppm)

(CDCl$_3$, 400 MHz)

4.73 (s, 2H, CH$_2$O), 4.16 (q, J = 7.0Hz, 2H, OC**H**$_2$CH$_3$), 4.00 (s, 2H, CH$_2$N), 2.00 (s, 3H, CH$_3$C=O), 1.43 (s, 9H, CH$_3$-^{t}Bu), 1.21 (t, J = 7.0Hz, 3H, OCH$_2$C**H**$_3$).

^{13}C RMN (δ, ppm)

(CDCl$_3$, 100 MHz)

170.1 (Cq, C=O), 167.6 (Cq, C=O), 153.5 (Cq, C=O), 152.9 (Cq, C=O rotamer), 83.2 (Cq, ^{t}Bu), 81.4 (Cq, C≡C rotamer), 80.7 (Cq, C≡C), 64.3 (Cq, C≡C), 63.7 (Cq, C≡C rotamer), 61.3 (O**C**H$_2$CH$_3$), 52.7 (OCH$_2$), 50.6 (CH$_2$N), 27.7 (CH$_3$-^{t}Bu), 20.6 (C=O**C**H$_3$), 14.0 (OCH$_2$**C**H$_3$).

IR (ν, cm^{-1}) (CCl$_4$)

2982 (m), 2939 (m), 2263 (m), 1738 (s), 1473 (w), 1404.8 (m), 1370 (m), 1349 (s), 1318 (s), 1220 (s), 1158 (s), 1099 (w), 1026.8 (s), 960 (m).

SMHR (IE+, m/z) :

Calculé: 299.1369   Trouvé: 299.1374.

Benzyl-(5-triisopropylsilanyloxy-pent-1-ynyl)-carbamic acid *tert*-butyl ester   **3.15t**

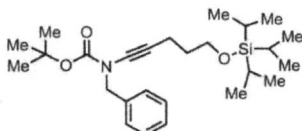

FM: $C_{26}H_{43}O_3NSi$

PM = 445 g.mol^{-1}

Méthode :	Voir **procédure générale 3.3** employant (1 équiv., 1.95mmol, 624 mg) de (5-bromo-pent-4-ynyloxy)-triisopropyl-silane et (1.2 équiv., 2.34 mmol, 485 mg) de benzyl-carbamic acid *tert*-butyl ester.
Purification :	Colonne chromatographique flash (silica gel, 95:5 toluène:Et$_2$O)/ **R**$_f$ (toluène:Et$_2$O): 0.55.
Produit :	Solide jaune pâle.
Conversion:	77%.
Rendement :	72%.

^{1}H RMN (δ, ppm)

(CDCl$_3$, 400 MHz)

7.38-7.31 (m, 5H, CH-Ph), 4.59 (s, 2H, CH$_2$N), 3.77 (t, J = 6.0Hz, 2H, CH$_2$O), 2.42 (t, J = 6.0Hz, 2H, CH$_2$), 1.75 (t, J = 6.0Hz, 2H, CH$_2$), 1.54 (s, 9H, CH$_3$-^{t}Bu), 1.12-1.10 (d, J = 3.7Hz, 3H, CH-^{i}Pr), 1.11 (d, J = 3.7Hz, 18H, CH$_3$-^{i}Pr).

^{13}C RMN (δ, ppm)

(CDCl$_3$, 100 MHz)

154.5 (Cq, NC=O), 136.8 (Cq, Ph), 128.3 (CH-Ph), 127.9 (CH-Ph), 127.5 (CH-Ph), 81.9 (Cq, ^{t}Bu), 74.6 (Cq, C$\equiv$C), 69.2 (Cq, C$\equiv$C), 61.8 (CH$_2$O), 53.0 (CH$_2$N), 32.3 (CH$_2$), 27.9 (CH$_3$-^{t}Bu), 17.9 (CH$_3$-^{i}Pr), 14.8 (CH$_2$), 11.9 (CH-^{i}Pr).

IR (ν, cm^{-1}) (CCl$_4$)

3066 (w), 3032 (w), 2943 (s), 2895 (s), 2866 (s), 2751 (w), 2723 (w), 2262 (m), 1719 (s), 1461 (s), 1388 (s), 1295 (s), 1251 (s), 1164 (s), 1108 (s), 1069 (s), 996 (m), 964 (w), 934 (w), 918 (w), 901 (w).

SMHR (IE+, m/z) :   Calculé: 445.3012   Trouvé: 445.3023.

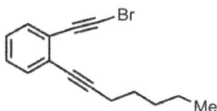

FM: C$_{15}$H$_{15}$Br

PM = 275g.mol^{-1}

Méthode :

À un ballon sous argon, à ta, chargé avec 2-bromo-benzaldéhyde (1 équiv., 5 mmol, 583 µL), 1-heptyne (1.2 equiv, 6.0 mmol, 786 µL) et Et$_3$N (0.25 M, 20 mL), il y a été additionné PdCl$_2$(PPh$_3$)$_2$ (0.02 équiv, 0.1 mmol, 70 mg). Le mélange est agité dans cette température pour 5 min. Ensuite CuI (0.01 équiv., 0.05 équiv., 10 mg) est additionné et le mélange résultant est chauffé à 50°C en étant agité dans cette température pendant la nuit. Une fois que la réaction est finie (CCM), elle est est filtrée par une petite colone de celite et concentrée sous vide. Putification du brut réactionnel par colonne chromatographique flash (silica gel, 95:5 EP:Et$_2$O) a fourni le 2-heptynyl benzaldéhyde (959 mg, 96 %).

Ensuite, la solution de 2-heptynylbenzaldéhyde (1 équiv., 4.4 mmol, 880 mg) dissolue dans le DCM anhydre (3.5 mL) est lentement additionnée dans une solution de PPh$_3$ (4 équiv, 17.6 mmol, 4.61 g) et CBr$_4$ (2 équiv., 8.8 mmol, 2.92 g) dans le DCM anhydre (12.5 mL) à 0°C. La reaction est agitée à 0°C. Une fois la réaction finie (CCM), elle est quenchée avec une solution saturée de NaHCO$_3$, extraite avec DCM (3x), lavée avec une solution saturée de NaCl (1x), séchée (MgSO$_4$) et concentrée sous vide. Au solide blanc obtenu, il y a été additionné de l'éther de pétrole et ce solide a été soigneusement cassé et agité pour quelques minutes pour assurer une meilleure extraction à partir de la triphénylphosphine insoluble. La solution a été filtrée et concentrée sous pression réduite. Purification par colonne chromatographique flash (silica gel, EP) du brut réactionnel a produit le dibromure de vinyle (1.22 g, 78 %) comme étant une huile jaune.

Ensuite, à une solution de 1-(2,2-dibromo-vinyl)-2-hept-1-ynyl-benzène (1 équiv., 3.34 mmol, 1.19 g) dans le THF distillé (0.1M, 35mL) sous une atmosphère d'argon, à -78°C, il y a été additionné LiHMDS (2 équiv., 1M solution dans hexanes, 6.7 mmol, 6.7 mL) goutte à goutte. La réation est agitée à -78°C. Une fois la réaction finie (CCM), la réaction est quenchée avec une solution saturée de NH$_4$Cl à -78°C et rechauffée à ta. La réaction est extraite avec Et$_2$O (3x), lavée avec une solution saturée de NaCl (1x), séchée (MgSO$_4$) et concentrée sous vide. Filtration par une petite colonne de silica gel (EP) fournit le composé souhaité (903 mg,

98%).

Purification : Voir ci-dessus/ **R$_f$** (EP): 0.48.

Produit : Huile jaune.

Rendement : 73 % pour trois étapes.

¹H RMN (δ, ppm)

(CDCl$_3$, 400 MHz)

7.42 (d, J = 6.8 Hz, 1H, CH-Ar), 7.38 (d, J = 7.6 Hz, 1H, CH-Ar), 7.26-7.18 (m, 2H, CH-Ar), 2.47 (t, J = 6.8Hz, 2H, CH$_2$-chaîne pentyle), 1.68-1.61 (m, 2H, CH$_2$- chaîne pentyle), 1.54-1.46 (m, 2H, CH$_2$- chaîne pentyle), 1.43-1.34 (m, 2H, CH$_2$- chaîne pentyle). 0.941 (t, J = 7.2Hz, 3H, CH$_3$- chaîne pentyle).

¹³C RMN (δ, ppm)

(CDCl$_3$, 100 MHz)

132.2 (CH-Ar), 131.7 (CH-Ar), 128.3 (CH-Ar), 127.3 (Cq, Ar), 127.1 (CH-Ar), 125.1 (Cq, Ar), 95.2 (Cq, C≡C), 79.1 (Cq, C≡C), 79.0 (Cq, C≡C), 53.0 (Cq, C≡**C**Br), 31.0 (CH$_2$-chaine pentyle) , 28.4 (CH$_2$-chaine pentyle), 22.3 (CH$_2$-chaine pentyle), 19.6 (CH$_2$- chaine pentyle), 14.0 (CH$_3$-chaine pentyle).

IR (ν, cm^{-1}) (CCl$_4$)

3063 (w), 2955 (s), 2931 (s), 2862 (s), 2232 (m), 2200 (m), 1476 (s), 1444 (s), 1376 (w), 1332 (w), 1298 (w), 1105 (w), 1036 (w).

SMHR (IE+, m/z) : Calculé: 274.0357   Trouvé: 274.0348.

(2-Hept-1-ynyl-phenylethynyl)-phenyl-carbamic acid *tert*-butyl ester   **3.15w**

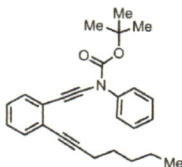

FM: C$_{26}$H$_{29}$O$_2$N

PM = 387 g.mol^{-1}

Méthode : Voir **procédure générale 3.3** employant (1 équiv., 2 mmol, 550 mg) de 1-bromoethynyl-2-hept-1-ynyl-benzène et (1.2 équiv., 2.4 mmol, 464 mg) de phenyl-carbamic acid *tert*-butyl ester.

Purification : Colonne chromatographique flash (silica gel, 98:2 EP:AcOEt)/ **R$_f$** (95:5 EP:AcOEt): 0.31.

Produit : Huile jaune.

Rendement :   78%.

¹H RMN (δ, ppm)   7.63 (d, J = 7.6Hz, 2H, CH-Ar), 7.38 (m, 4H, CH-Ar), 7.26-7.16 (m, 3H,

(CDCl₃, 400 MHz)   CH-Ar), 2.30 (t, J = 7.2Hz, 2H, CH₂-chaine pentyle), 1.58 (s, 9H, CH₃-^{t}Bu), 1.53-1.45 (m, 2H, CH₂-chaine pentyle), 1.38-1.24 (m, 4H, CH₂-chaine pentyle), 0.89 (t, J = 7.2Hz, 3H, CH₃-chaine pentyle).

¹³C RMN (δ, ppm)   152.8 (Cq, NC=O), 139.7 (Cq, Ar), 131.9 (CH-Ar), 130.7 (CH-Ar), 128.6

(CDCl₃, 100 MHz)   (CH-Ar), 127.1 (CH-Ar), 126.9 (CH-Ar), 126.4 (CH-Ar), 125.9 (Cq, Ar), 125.4 (Cq, Ar), 124.4 (CH-Ar), 94.3 (Cq, C≡C), 86.9 (Cq, C≡C), 83.5 (Cq, ^{t}Bu), 79.4 (Cq, C≡C), 69.9 (Cq, C≡C), 31.2 (CH₂-chaine pentyle), 28.4 (CH₂-chaine pentyle), 28.0 (CH₃-^{t}Bu), 22.2 (CH₂-chaine pentyle), 19.6 (CH₂-chaine pentyle), 14.0 (CH₃-chaine pentyle).

IR (ν, cm⁻¹) (CCl₄)   3064 (w), 2959 (m), 2932 (m), 2864 (w), 2251 (m), 1737 (s), 1490 (w), 1458 (w), 1365 (s), 1285 (s), 1254 (m), 1157 (s), 1008 (w).

SMHR (IE+, m/z) :   Calculé: 387.2198   Trouvé: 387.2198.

Benzyl-(2-hept-1-ynyl-phenylethynyl)-carbamic acid *tert*-butyl ester   **3.15x**

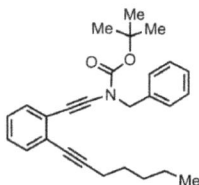

FM: C₂₇H₃₁O₂N

PM = 401g.mol⁻¹

Méthode :   Voir **procédure générale 3.3** employant (1 équiv., 1.2 mmol, 330 mg) de 1-bromoethynyl-2-hept-1-ynyl-benzène et (1.2 équiv., 1.44 mmol, 298 mg) de benzyl-carbamic acid *tert*-butyl ester.

Purification :   Colonne chromatographique flash (silica gel, 98:2 EP:AcOEt)./ **R_f** (95:5 EP:AcOEt): 0.56.

Produit :   Huile orange.

Rendement :   81%.

¹H RMN (δ, ppm)   7.51 (d, J = 7.2Hz, 2H, CH-Ar), 7.41-7.30 (m, 5H, CH-Ar), 7.20-7.13 (m, 2H, CH-Ar), 4.73 (s, 2H, CH₂N), 2.40 (t, J = 7.2Hz, 2H, CH₂-chaine pentyle), 1.64-1.54 (m, 2H, CH₂-chaine pentyle), 1.57 (s, 9H, CH₃-^{t}Bu),

340

(CDCl$_3$, 400 MHz)	1.46-1.38 (m, 2H, CH$_2$- chaine pentyle), 1.39-1.29 (m, 2H, CH$_2$- chaine pentyle), 0.92 (t, J = 7.2Hz, 3H, CH$_3$- chaine pentyle).
^{13}C RMN (δ, ppm) (CDCl$_3$, 100 MHz)	153.5 (Cq, NC=O), 136.6 (Cq, Ar), 131.9 (CH-Ar), 130.6 (CH-Ar), 128.4 (CH-Ar), 128.1 (Cq, Ar), 127.7 (CH-Ar), 127.0 (CH-Ar), 126.5 (CH-Ar), 125.9 (CH-Ar), 125.0 (Cq, Ar), 93.8 (Cq, C≡C), 87.9 (Cq, C≡C), 82.6 (Cq, C≡C), 79.6 (Cq, ^{t}Bu), 70.1 (Cq, C≡C), 53.5 (CH$_2$N), 31.1 (CH$_2$- chaine pentyle), 28.5 (CH$_2$- chaine pentyle), 27.9 (CH$_3$-^{t}Bu), 22.1 (CH$_2$-chaine pentyle), 19.6 (CH$_2$- chaine pentyle), 13.9 (CH$_3$- chaine pentyle).
IR (ν, cm^{-1}) (CCl$_4$)	3064 (w), 2958 (w), 2933 (m), 2863 (w), 2242 (m), 1723 (s), 1452 (w), 1390 (m), 1366 (m), 1303 (m), 1246 (m), 1159 (m).
SMHR (IE+, m/z) :	Calculé: 401.2355 Trouvé: 401.2346.

(2-Hept-1-ynyl-phenyl)-phenylethynyl-carbamic acid *tert*-butyl ester   3.15y

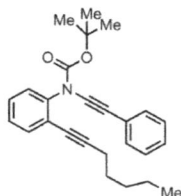

FM: C$_{26}$H$_{29}$O$_2$N

PM = 387 g.mol^{-1}

Méthode :   À un ballon chargé avec 2-iodo aniline (1 équiv., 2.28 mmol, 500 mg) et triéthylamine (9 mL) sous une atmosphere d'argon, il y a été additionné 1-heptyne (1.2 équiv., 2.74 mmol, 360 µL) et PdCl$_2$(PPh$_3$)$_2$ (0.02 équiv., 0.045 mmol, 32 mg). Le mélange réactionnel est agité pour 5 min. à ta. CuI (0.01 équiv., 0.023 mmol, 4.4 mg) est additinné et le mélange réactionnel est chauffé à 30°C et agité dans cette température pendant la nuit. Une foit que la réaction est finie (CCM), elle est refroidie à ta, filtrée par une petite colonne de celite et concentrée sous vide.Purification par colonne chromatograpique flash (silica gel, 95:5 EP:AcOEt) fournit le produit de couplage (414 mg, 97 %) comme une huile rouge/marron.

Ensuite, à un ballon chargé avec l'aniline couplée (1 équiv., 412 mg, 2.20 mmol) et THF anhydre (1M, 2.20 mL) à ta, il y a été additionné Boc$_2$O (1.10 équiv., 2.43 mmol, 545 mg) et le mélange réactionnel a été chauffé au reflux. Une fois que la réaction est finie (CCM), le mélange réactionnel est concentré sous vide. Purification par colonne chromatographique flash (silica gel, 98:2 EP:AcOEt) produit l'aniline proctégée par Boc (500 mg, 79

341

%) comme une huile jaune.

Ensuite, **procédure générale 3.3** employant le carbamate antérieurement préparé (1.2 équiv., 1.67 mmol, 480 mg) et bromoethynyl-benzène (1.0 équiv. 1.39 mmol, 252 mg) fournit après la purification par colonne chromatographique flash (silica gel, 95:5 EP:AcOEt) le composé souhaité (110 mg, 20 %).

Purification :	Voir ci-dessus/ **R$_f$** (95:5 EP:AcOEt): 0.38.
Produit :	Huile marron/ orange.
Rendement :	16% pour trois étapes.

^{1}H RMN (δ, ppm) (CDCl$_3$, 400 MHz)	7.53 (d, *J* = 6.4Hz, 1H, CH-Ar), 7.46-7.27 (m, 8H, CH-Ar), 2.47 (t, *J* = 7.2Hz, 2H, CH$_2$-chaine pentyle), 1.69-1.62 (m, 2H, CH$_2$-chaine pentyle), 1.57 (br s, 9H, CH$_3$-^{t}Bu), 1.53-1.45 (m, 2H, CH$_2$- chaine pentyle), 1.39-1.32 (m, 2H, CH$_2$- chaine pentyle), 0.93 (t, *J* = 7.2Hz, 3H, CH$_3$-chaine pentyle).
^{13}C RMN (δ, ppm) (CDCl$_3$, 100 MHz)	153.0 (Cq, NC=O), 132.9 (CH-Ar), 130.9 (CH-Ar), 128.3 (CH-Ar), 128.0 (CH-Ar), 127.9 (CH-Ar), 127.8 (Cq, Ar), 127.3 (CH-Ar), 127.1 (CH-Ar), 123.7 (Cq, Ar), 122.9 (Cq, Ar), 96.3 (Cq, C≡C), 82.9 (Cq, C≡C), 83.9 (Cq, C≡C), 82.9 (Cq, C≡C), 31.0 (CH$_2$- chaine pentyle), 28.3 (CH$_2$- chaine pentyle), 27.9 (CH$_3$-^{t}Bu), 22.2 (CH$_2$- chaine pentyle), 19.7 (CH$_2$- chaine pentyle), 13.9 (CH$_3$-chaine pentyle).
IR (ν, cm^{-1}) (CCl$_4$)	2959 (w), 2932 (m), 2863 (w), 2253 (m), 1737 (s), 1489 (w), 1452 (w), 1367 (m), 1298 (s), 1251 (s), 1160 (s).
SMHR (IE+, m/z) :	Calculé: 387.2198 Trouvé: 387.2194.

B.3.2.2 La Synthèse de 4-Oxazol-2-ones *via* un Réarrangement de ^{t}*Bu*-Ynamides Catalysé à l'Au/ à l'Ag

N-alcynyl *tert*-butyloxycarbamates réarrangent dans la présence du catalyseur à l'or PPh$_3$Au(NCCH$_3$)SbF$_6$ ou le catalyseur à l'argent AgNTf$_2$ pour fournir 4-oxazol-2-ones (Schème B.3.2.2).

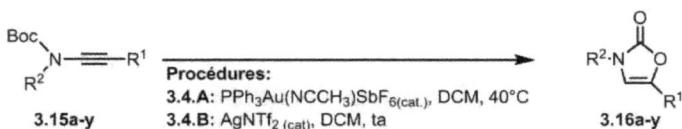

Boc
\
N—≡—R^1
/
R^2

Procédures:
3.4.A: PPh$_3$Au(NCCH$_3$)SbF$_{6(cat.)}$, DCM, 40°C
3.4.B: AgNTf$_{2\ (cat)}$, DCM, ta

3.15a-y

R^2·N
O
$\diagdown$
R^1

3.16a-y

Ynamides synthétisées:
3.16a[*], R^1= Ph, R^2 = Ph
3.16b, R^1 = Ph, R^2 = 4-F-Ph
3.16c[*], R^1 = Ph, R^2 = 4-Cl-Ph
3.16d, R^1 = Ph, R^2 = 4-Br-Ph
3.16e[*], R^1 = Ph, R^2 = 2-OMe-4-OMe-Ph
3.16f, R^1 = Ph, R^2 = Bn
3.16g, R^1 = Ph, R^2 = CH$_2$CO$_2$Et
3.16h, R^1 = Ph, R^2 = CH-(S)-Me-CO$_2$Me
3.16i, R^1 = ^{t}Bu, R^2 = Ph
3.16j, R^1 = n-C$_5$H$_{11}$, R^2 = Ph
3.16k, R^1 = n-C$_5$H$_{11}$, R^2 = Bn

3.16l, R^1 = ⬡ , R^2 = Ph

3.16m, R^1 = ⬡ , R^2 = 4-Cl-Ph

3.16n, R^1 = ⬡ , R^2 = CH$_2$CO$_2$Et

3.16o, R^1 = CH$_2$OAc, R^2 = Ph
3.16p, R^1 = CH$_2$OAc, R^2 = 2-Napht
3.16q, R^1 = CH$_2$OAc, R^2 = Bn
3.16r, R^1 = CH$_2$OAc, R^2 = CH$_2$CO$_2$Et
3.16s, R^1 = CH$_2$CH$_2$CH$_2$OTIPS, R^2 = Ph
3.16t, R^1 = CH$_2$CH$_2$CH$_2$OTIPS, R^2 = Bn
3.16u, R^1 = (structure with S, Me) , R^2 = Ph

3.16v, R^1 = (structure with S, Me) , R^2 = Bn

3.16w[*], R^1 = (structure) , R^2 = Ph
n-C$_5$H$_{11}$—≡

3.16x[*], R^1 = (structure) , R^2 = Bn
n-C$_5$H$_{11}$—≡

3.16y[*], R^1 = Ph, R^2 = (structure)
n-C$_5$H$_{11}$—≡

Schème B.3.2.2: 4-Oxal-2-ones synthétisées dans ce projet.

Procédure Gnérale 3.4.A, *Réarrangement de ^{t}Bu-ynamides à oxazolinones catalysé à l'Au:* À un ballon chargé avec l'ynamide (1 équiv.) et DCM anhydre (0.5 M) à tasous une atmosphère d'argon, il y a été additionné PPh$_3$Au(CH$_3$CN)SbF$_6$ (0.01 équiv). Le mélange réactionnel est chauffé au reflux (40 °C) et agité à cette température. Une fois que la réaction est finie (CCM), la solution est concentrée sous vide et purifiée par colonne chromatographique flash ou par recrystallization à partir d'une misture de solvants adéquats pour fournir le composé souhaité.

Dans les cas où les oxazolones sont remarquées instables, ce qui rend l'isolation impossible, la réaction est réalisée encore une autre fois, en changeant le solvant pour CD$_2$Cl$_2$. Une fois que la réaction est finie (RMN), 1,3,5-trimethoxybenzene (1 équiv.) est additionné en tant qu'une référence interne et le rendement est determiné par l'analyse ^{1}H RMN du brut réactionnel.

Procédure Générale 3.4.B, *Réarrangement de ^{t}Bu-ynamides catalysée à l'Ag:* À un ballon chargé avec l'ynamide (1 équiv.) et DCM anhydre (0.5 M) à ta, sous une atmosphère d'argon, il y a été additionné AgNTf$_2$ (0.05 équiv). Le mélange réactionnel est agité à cette température. Une fois que la réaction est finie (CCM), la solution est concentrée sous vide et le rendement de l'oxazolone est determiné par l'analyse ^{1}H RMN du brut réactionnel en utilisant le 1,3,5-trimethoxybenzene (1 équiv.) en tant qu'une référence interne.

3,5-Diphenyl-3*H*-oxazol-2-one   **3.16a**

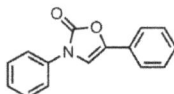

FM: C$_{15}$H$_{11}$NO$_2$

PM = 237 g.mol^{-1}

Méthode :	Voir **procédure générale 3.4.B** employant (1 équiv., 0.25 mmol, 74 mg) de phenyl-phenylethynyl-carbamic acid *tert*-butyl ester.
Purification :	Recrystallization à partir de l'éther de pétrole.

344

Produit :	Solide blanc.
Rendement :	83%.

^{1}H RMN (δ, ppm)

(CDCl$_3$, 400 MHz)

7.63 (d, J = 7.6Hz, 2H, CH-Ph), 7.56 (d, J = 7.3 Hz, 2H, CH-Ph), 7.48 (t, J = 7.6 Hz, 2H, CH-Ph), 7.42 (t, J = 7.3 Hz, 2H, CH-Ph), 7.34 (t, J = 7.3 Hz, 1H, CH-Ph), 7.31 (t, J = 7.6 Hz, 1H, CH-Ph), 7.18 (s, 1H, NCH=).

^{13}C RMN (δ, ppm)

(CDCl$_3$, 100 MHz)

152.5 (Cq, NC=O), 139.8 (Cq, O$\underline{C}$=CHN), 135.4 (Cq, Ph), 129.4 (CH-Ph), 128.8 (CH-Ph), 128.5 (CH-Ph), 126.8 (Cq, Ph), 126.5 (CH-Ph), 123.1 (CH-Ph), 120.9 (CH-Ph), 108.4 (OC=$\underline{C}$HN).

IR (ν, cm^{-1}) (CCl$_4$)

3153 (w), 3055 (w), 2958 (m), 2927 (w), 2860 (w), 1773 (s), 1595 (m), 1503 (s), 1450 (m), 1393 (s), 1212 (w), 1114 (m).

SMHR (IE+, m/z) : Calculé: 237.0790   Trouvé: 237.0793.

3-(4-Chloro-phenyl)-5-phenyl-3H-oxazol-2-one   **3.16c**

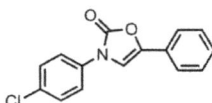

FM: C$_{15}$H$_{10}$NO$_2$Cl

PM = 271 g.mol^{-1}

Méthode :	Voir **procédure générale 3.4.B** empoyant (1 équiv., 0.25 mmol, 82 mg) de (4-chlorophenyl)-phenylethynyl-carbamic acid *tert*-butyl ester.
Purification :	Recrystallization à partir de l'éther de petrole.
Produit :	Solide blanc.
Rendement :	88%.

^{1}H RMN (δ, ppm)

(CDCl$_3$, 400 MHz)

7.62-7.55 (m, 4H, CH-Ar), 7.47-7.41 (m, 4H, CH-Ar), 7.36 (t, J = 7.4Hz, 1H, CH-Ar), 7.16 (s, 1H, NCH=).

^{13}C RMN (δ, ppm)

(CDCl$_3$, 100 MHz)

152.3 (Cq, NC=O), 140.1 (O$\underline{C}$=CHN), 134.0 (Cq, Ar), 132.0 (Cq, Ar), 129.6 (CH-Ar), 128.9 (CH-Ar), 128.7 (CH-Ar), 126.6 (Cq, Ar), 123.2 (CH-Ar), 122.0 (CH-Ar), 107.9 (OC=$\underline{C}$HN).

IR (ν, cm⁻¹) (CCl₄)   3177 (w), 3062 (w), 2975 (m), 2928 (w), 1731 (s), 1654 (s), 1498 (m), 1449 (m), 1393 (s), 1279 (s), 1203 (m), 1095 (m), 1052 (w), 1016 (m).

SMHR (IE+, m/z) :   Calculé: 271.0400   Trouvé: 271.0403.

3-(2,4-Dimethoxy-phenyl)-5-phenyl-3*H*-oxazol-2-one

3.16e

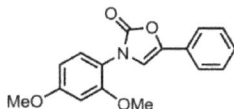

FM: C₁₇H₁₅NO₄

PM = 297 g.mol⁻¹

Méthode :   Voir **procédure générale 3.4.A** employant (1 équiv., 0.10 mmol, 32 mg) de (2,4-dimethoxyphenyl)-phenylethynyl-carbamic acid tert-butyl ester.

Purification :   Recrystallization à partir de l'éther de pétrole.

Produit :   Solide orange.

Rendement :   78%.

¹H RMN (δ, ppm)

(CDCl₃, 400 MHz)

7.53 (d, *J* = 7.2 Hz, 2H, CH-Ar), 7.41-7.36 (m, 3H, CH-Ar), 7.30 (t, *J* = 7.4 Hz, 1H, CH-Ar), 6.96 (s, 1H, NCH=), 6.57 (s, 1H, CH-Ar), 6.56 (dd, *J* = 2.6Hz, *J* = 10.8 Hz, 1H, CH-Ar), 3.84 (s, 3H, OCH₃), 3.83 (s, 3H, OCH₃).

¹³C RMN (δ, ppm)

(CDCl₃, 100 MHz)

160.7 (Cq, Ar), 154.9 (Cq, Ar), 153.9 (Cq, NC=O), 138.5 (O**C**=CHN), 128.7 (CH-Ar), 128.0 (CH-Ar), 127.9 (CH-Ar), 127.4 (Cq, Ar), 122.8 (CH-Ar), 116.6 (Cq, Ar), 112.0 (OC=**C**HN), 104.5 (CH-Ar), 99.6 (CH-Ar), 55.7 (OCH₃), 55.5 (OCH₃).

IR (ν, cm⁻¹) (CCl₄)

3061 (w), 2927 (w), 2854 (m), 2360 (w), 1768 (s), 1611 (s), 1518 (m), 1460 (s), 1287 (s), 1212 (m), 1162 (m), 1109 (s), 1039 (s).

SMHR (IE+, m/z) :   Calculé: 397.1001   Trouvé: 297.0998.

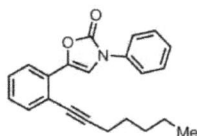

FM: $C_{22}H_{21}O_2N$

PM = 331 g. mol^{-1}

Méthode :   Voir **procedure générale 3.4.A** employant (1 équiv., 0.52 mmol, 200 mg) de (2-hept-1-ynyl-phenylethynyl)-phenyl-carbamic acid *tert*-butyl ester.

Purification :   Colonne chromatographique flash (silica gel, 98:2 EP: AcOEt)/ **R**$_f$ (9:1 EP:AcOEt): 0.42.

Produit :   Solide jaune.

Rendement :   91%.

¹H RMN (δ, ppm)   7.94 (s, 1H, NCH=), 7.73 (d, *J* = 8.0Hz, 1H, CH-Ar), 7.63 (dd , *J* = 0.9Hz,
                       J = 8.0Hz, 2H, CH-Ar), 7.48 (t, *J* = 8.0Hz, 3H, CH-Ar), 7.38-7.30 (m, 2H,
(CDCl₃, 400 MHz)   CH-Ar), 7.26-7.22 (m, 1H, CH-Ar), 2.53 (t, *J* = 7.2Hz, 2H, CH₂-chaine
                       pentyle), 1.71-1.64 (m, 2H, CH₂-chaine pentyle), 1.49-1.41 (m, 2H, CH₂-
                       chaine pentyle), 1.38-1.29 (m, 2H, CH₂-chaine pentyle), 0.88 (t, *J* = 7.4Hz,
                       3H, CH₃-chaine pentyle).

¹³C RMN (δ, ppm)   152.1 (Cq, NC=O), 138.2 (Cq), 135.6 (Cq), 133.8 (CH-Ar), 129.5 (CH-Ar),
                       128.1 (CH-Ar), 127.5 (CH-Ar), 127.4 (CH-Ar), 126.6 (Cq), 124.5 (CH-Ar),
(CDCl₃, 100 MHz)   121.0 (CH-Ar), 118.4 (Cq), 112.6 (NCH=), 97.2 (Cq, C≡C), 80.2 (Cq, C
                       ≡C), 31.3 (CH₂-chaine pentyle), 28.3 (CH₂-chaine pentyle), 22.2 (CH₂-
                       chaine pentyle), 19.8 (CH₂-chaine pentyle), 13.9 (CH₃-chaine pentyle).

IR (ν, cm⁻¹) (CCl₄) 3066 (w), 2958 (s), 2932 (s), 2863 (s), 1772 (s), 1719 (s), 1639 (w), 1596
                       (s), 1503 (s), 1460 (s), 1389 (s), 1308 (s), 1272(m), 1223 (m), 1158 (s),
                       1114 (s), 1027 (s), 978 (s).

SMHR (IE+, m/z) : Calculé: 331.1572   Trouvé: 331.1581.

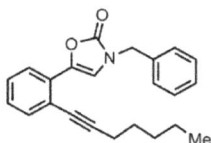

FM: $C_{23}H_{23}O_2N$

PM = 345g.mol^{-1}

Méthode :	Voir **procédure générale 3.4.A** employant (1 équiv. 0.10 mmol, 40 mg) de benzyl-(2-hept-1-ynyl-phenylethynyl)-carbamic acid *tert*-butyl ester.
Purification :	Colonne chromatographique flash (silica gel, 9:1 EP:AcOEt)/ **R$_f$** (9:1 EP:AcOEt): 0.29.
Produit :	Solide blanc.
Rendement :	90%.

^{1}H RMN (δ, ppm) (CDCl$_3$, 400 MHz)	7.65 (d, J = 8.0Hz, 1H, CH-Ar), 7.41-7.29 (m, 8H, NCH= + CH-Ar), 7.17 (dt, J = 1.3Hz, J = 7.6Hz, 1H, CH, CH-Ar), 4.80 (s, 2H, CH$_2$N), 2.28 (t, J = 7.2Hz, CH$_2$-chaine pentyle), 1.49-1.42 (m, 2H, CH$_2$-chaine pentyle), 1.38-1.30 (m, 4H, CH$_2$-chaine pentyle), 0.90 (t, J = 7.2Hz, 3H, CH$_3$-chaine pentyle).
^{13}C RMN (δ, ppm) (CDCl$_3$, 100 MHz)	154.4 (Cq, NC=O), 137.6 (Cq), 135.1 (Cq), 133.5 (CH-Ar), 129.0 (CH-Ar), 128.4 (CH-Ar), 128.0 (CH-Ar), 127.9 (CH-Ar), 127.0 (Cq), 124.2 (CH-Ar), 124.2 (CH-Ar), 118.1 (Cq), 113.0 (NCH=), 96.8 (Cq, C≡C), 80.0 (Cq, C≡C), 47.9 (CH$_2$N), 31.1 (CH$_2$-chaine pentyle), 28.1 (CH$_2$-chaine pentyle), 22.1 (CH$_2$-chaine pentyle), 19.5 (CH$_2$-chaine pentyle), 13.9 (CH$_3$-chaine pentyle).
IR (ν, cm^{-1}) (CCl$_4$)	3066 (w), 3033 (w), 2930 (s), 2862 (s), 1757 (s), 1701 (s), 1630 (s), 1601 (s), 1562 (s), 1490 (s), 1453 (s), 1392 (s), 1364 (s), 1312 (s), 1265 (s), 1173 (s), 1113 (s), 1085 (s), 1022 (s).
SMHR (IE+, m/z) :	Calculé: 345.1729 Trouvé: 345.1727.

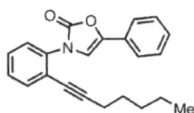

FM: $C_{22}H_{21}O_2N$

PM = 331g. mol^{-1}

Méthode :	Voir **procédure générale 3.4.A** employant (1 équiv. 0.10 mmol, 39 mg) de (2-hept-1-ynyl-phenyl)-phenylethynyl-carbamic acid *tert*-butyl ester.
Purification :	Colonne chromatographique flash (silica gel, 9:1 EP:AcOEt)/ **R**$_f$(9:1 EP:AcOEt): 0.27.
Produit :	Huile jaune.
Rendement :	57%.

¹H RMN (δ, ppm)

(CDCl₃, 400 MHz)

7.57-7.51 (m, 4H, CH-Ar), 7.42-7.37 (m, 3H, CH-Ar), 7.34-7.30 (m, 2H, CH-Ar), 7.24 (s, 1H, NCH=), 2.37 (t, *J* = 7.0Hz, 2H, CH₂-chaine pentyle), 1.54-1.47 (m, 2H, CH₂- chaine pentyle), 1.34-1.26 (m, 2H, CH₂- chaine pentyle), 1.24-1.15 (m, 2H, CH₂- chaine pentyle), 0.79 (t, *J* = 7.3Hz, 3H, CH₃- chaine pentyle).

¹³C RMN (δ, ppm)

(CDCl₃, 100 MHz)

153.3 (Cq, C=O), 138.6 (Cq), 136.0 (Cq), 133.5 (CH-Ar), 128.9 (CH-Ar), 128.6 (CH-Ar), 128.2 (CH-Ar), 128.1 (CH-Ar), 127.4 (Cq), 126.2 (CH-Ar), 122.9 (CH-Ar), 120.5 (Cq), 111.2 (NCH=), 97.7 (Cq, C ≡ C), 76.4 (Cq, C ≡ C), 31.0 (CH₂- chaine pentyle), 28.1 (CH₂- chaine pentyle), 22.1 (CH₂- chaine pentyle), 19.6 (CH₂- chaine pentyle), 13.8 (CH₃- chaine pentyle).

IR (ν, cm⁻¹) (CCl₄)

2957 (w), 2931(w), 2861(w), 1776 (s), 1497 (w), 1453 (w), 1391 (w), 1293 (w), 1214 (w), 1125 (w), 1101 (w), 1051 (w).

SMHR (IE+, m/z) :   Calculé: 331.1572   Trouvé: 331.1581.

B.3.3 Chapitre 4: Les Cycloisomérisations de 1,6-Énynes Catalysées à l'Or(I) – Une Réflexion sur l'Effet du Contre-Ion et le Contrôle des Substituants Placés Loin du Site de Réaction

Toutes les molécules synthétisées dans ce travail sont décrites ici. Ce projet a été développé individuellement.

B.3.3.1 La Synthèse de 1,6-Énynes

Les 1,6-énynes ont été synthétisés selon le schème ci-dessous (schème B.3.3.1):

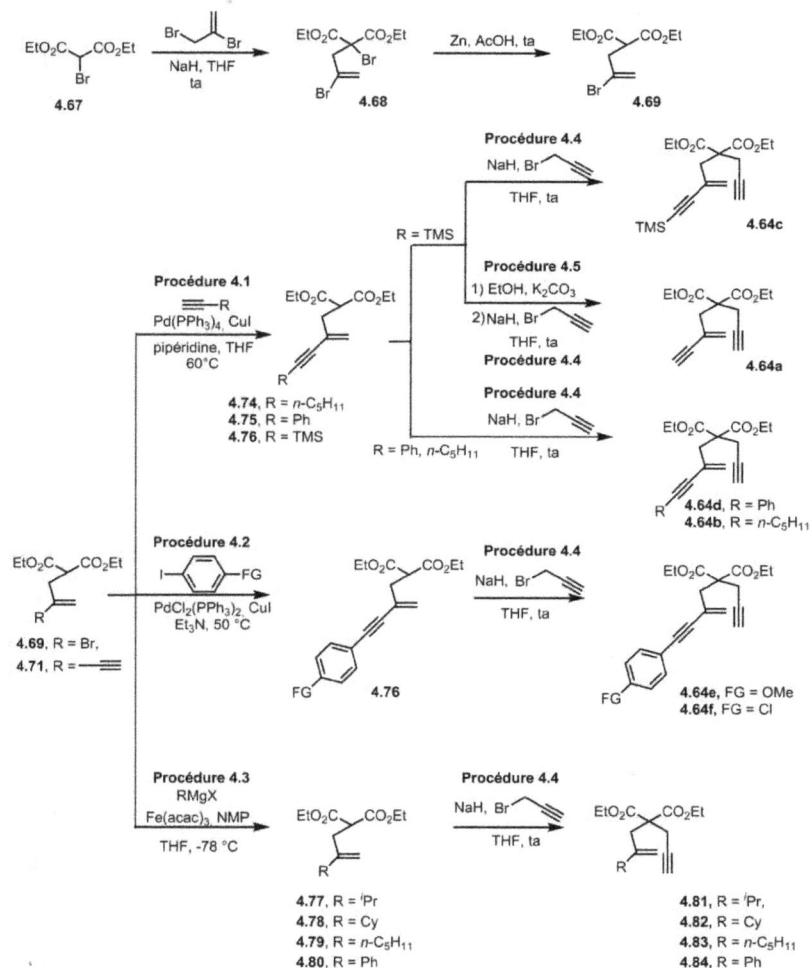

Schème B.3.3.1 Synthèse de 1,6-énynes.

Procédure Générale 4.1:[279] *Couplage de Sonogashira avec des bromures de vinyle*: À un ballon chargé avec bromure de vinyle (1 équiv.) et $Pd(PPh_3)_4$ (0.01 équiv.) sous une atmosphère d'argon, il y a été additionné séquentiellement CuI ()0.01 équiv.), pipéridine (1 équiv.), THF (0.10 M) et l'alcyne (2 équiv.). Le mélange réactionnel est chauffée à 60 °C et agitée à cette temperature jusqu'à la consummation totale du produit de depart (CCM). La réaction est typiquement laissée overnight. La réaction est ensuite quenchée avec une solution saturée de NH_4Cl, extraite avec Et_2O (3x), sechée ($MgSO_4$) et concentrée sous vide. Purification par colonne chromatographique flash fournit les produits correspondants dans les rendements marqués.

Procédure générale 4.2:[280] *Couplage de Sonogashira avec iodures d'aryle:* À un ballon chargé avec l'alcyne (1 équiv.), l'iodure d'aryle (1.1 équiv.) et Et_3N (0.10 M), il y a été additionné $PdCl_2(PPh_3)_4$ (0.02 équiv.) et CuI (0.02 équiv.). Le mélange a été chauffé à 50°C et agité à cette température jusqu'à la consommation totale du produit de départ (CCM). La réaction est usuellement laissée overnight. Ensuite, une solution saturée de NH_4Cl est additionnée, la réaction est extraive avec AcOEt (3x), sechée ($MgSO_4$), et concentrée sous vide. Purification par colonne chromatographique flash fournit les alcynes correspondants dans les rendements marqués.

---

[279] Organ, M. G.; Cooper, J. T.; Rogers, L. R.; Soleymanzadeh, F.; Paul T.; *J. Org. Chem.* **2000**, 65, 23, 7959.

[280] Fürstner A.; Davies P. W.; Gress T.; *J. Am. Chem. Soc.*, **2005**, 127, 23, 8244.

Procédure Générale 4.3:[281] *Couplage croisé promu par le fer:* À un ballon chargé avec le bromure de vinyle (1 équiv.) et Fe(acac)$_3$ (0.02 équiv.) sous une atmosphère d'argon pour 15 min, il y a été additionné THF (0.70 M par rapport au bromure de vinyle) et NMP (0.80 M par rapport au bromure de vinyle). La température est réduite à 0 °C et le réactif de Grignard (3 équiv.) est additionné. La réaction est agitée à 0°C jusqu'à la consommation totale du produit de départ (CCM). Généralement, la réaction ne prend pas plus qu'une heure. La réaction est quenchée avec une solution saturée de NH$_4$Cl, extraite avec Et$_2$O (3x), sechée (MgSO$_4$) et concentrée sous vide. Purification par colonne chromatographique flash fournit les produits correspondants dans les rendements marqués.

Procédure Générale 4.4, *Propargylation de malonates monosubstitués:* À un ballon chargé avec le malonate monosubstitué (1 équiv.) et THF (0.125 M), il y a été additionné sequentiellement NaH (60% dans l'huile minéral, 1.5 équiv.) et le bromure de propargyle (1.5 équiv., solution 80% w/w en toluène). La réaction est agitée à température ambiante jusqu'à la consommation totale du produit de départ (CCM). La réaction a été usuellement laissée overnight. La réaction est quenchée avec une solution saturée de NH$_4$Cl, extraite avec AcOEt (3x), sechée (MgSO$_4$) et concentrée sous vide. Purification par colonne chromatographique flash fournit les composés correspondants dans les rendements marqués.

---

[281] Fürstner, A.; Leitner, A.; Mendez, M.; Krause, H.; *J. Am. Chem. Soc.*, **2002**, 124, 46, 13856.

Procédure Générale 4.5:[282] *Déprotection d'alcynes-TMS:* À un ballon chargé avec l'alcyne procténé par TMS (1 équiv.) et EtOH (0.50 M) à température ambiante, il y a été additionné K₂CO₃ (0.20 équiv.). La réaction est agitée dans cette température jusqu'à la consommation totale du produit de départ (CCM). Le mélange réactionnel est dilué dans l'eau, extraite avec DCM (3x), lavée avec une solution saturée de NaCl (1x), sechée (MgSO₄) et concentrés sous vide. Purification par colonne chromatographique flash produit l'alcyne terminal correspondant.

2-(2-Bromo-allyl)-malonic acid diethyl ester	4.69

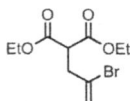

FM: C₁₀H₁₅O₄Br

PM = 279 g.mol⁻¹

Méthode : À un ballon chargé avec 2-bromo-malonic acid diethyl ester (1 équiv., 20 mmol, 3.42 mL), 2,3-dibromo-propene (1.2 équiv., 24 mmol, 3.10 mL) et DFM (1M, 20 mL) à 0 °C, il y a été additionné K₂CO₃ (2 équiv., 40 mmol, 5.52 g). La température est laissée monter à ta et à agiter dans cette température jusqu'à la consommation totale du produit de depart (CCM). La réaction est diluée dans l'eau, extraite avec Et2O (3x), lavée avec une solution saturée de NaCl (1x), sechée (MgSO₄), e concentrée sous vide. Purification par by colonne chromatographique flash produit 2-bromo-2-(2-bromo-allyl)-malonic acid diethyl ester (6.36 g, 89 %).

Ce composé (1 équiv., 16.8 mmol, 6.0 g) est dilué dans l'AcOH (1M, 17 mL). À cette solution, à ta, il y a été additionné Zn (2 équiv. 33.6 mmol, 2.20 g) et la reaction est agitée à temperature ambiante jusqu'à la

[282]Allevi, P.; Ciuffreda P.; Anastasia M.; *Tetrahedron: Asymmetry;* **1997**, 8, 1, 93.

consummation totale du produit de depart (CCM).. La réaction est filtrée par celite, lavée avec une solution saturée de Na2CO3, extraite avec Et2O (3x), lavée avec une solution saturée de NaCl, sechée (MgSO4), et concentrée sous vide. Filtration sur silica gel (8:2 EP:AcOEt) produit le compose du title (4.4 g, 94%).

Purification :   Voir ci-dessus

Produit :   Huile transparent

Rendement :   84% (pour 2 étapes)

^{1}H RMN (δ, ppm)

(CDCl$_3$, 400 MHz)

5.69 (s, 1H, C=C**H$_2$**), 5.47 (s, 1H, C=C**H$_2$**), 4.21 (q, J = 7.1Hz, 4H, OC**H$_2$**CH$_3$), 3.78 (t, J = 7.6Hz, 1H, CH), 3.01 (d, J = 7.6 Hz, 2H, CH$_2$), 1.27 (t, J = 7.1Hz, 6H, OCH$_2$C**H$_3$**).

^{13}C RMN (δ, ppm)

(CDCl$_3$, 100 MHz)

168.1 (Cq x2, C=O), 129.4 (Cq, **C**=CH$_2$), 119.7 (C=**C**H$_2$), 61.7 (O**C**H$_2$CH$_3$ x2), 50.6 (CH), 40.4 (CH$_2$), 14.0 (OCH$_2$**C**H$_3$ x2).

IR (ν, cm^{-1}) (CCl$_4$)

3467(w), 2984 (s), 2939 (s), 2908 (s), 2874 (m), 1737 (s), 1632 (s), 1465 (s), 1445 (s), 1428 (s), 1392 (s), 1369 (s), 1176 (s), 1038 (s).

MS (IC, NH$_3$, m/z) :   M + H$^+$: 280, M + NH$_4$$^+$: 297.

2-(2-Methylene-but-3-ynyl)-2-prop-2-ynyl-malonic acid diethyl ester   **4.64a**

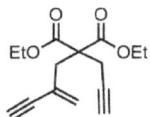

FM: C$_{15}$H$_{18}$O$_4$

PM = 262 g. mol^{-1}

Méthode :   Voir **procédure générale 3.1** avec (1 équiv., 1.0 mmol, 280 mg) de 2-(2-bromo-allyl)-malonic acid diethyl ester et ethynyl-trimethyl-silane (2 équiv., 2.0 mmol, 277 µL), en suivant la **procédure générale 3.5** avec (1 équiv., 0.95 mmol, 282 mg) du composé antérieurement preparé. Ensuite, **procédure générale 3.4** employant (1 équiv., 0.54 mmol, 120 mg) de l'alcyne terminal fournit le composé souhaité.

Purification :   Colonne chromatographique flash (silica gel 9:1 PE AcOEt)/ **R$_f$** (95:5 PE:AcOEt): 0.30.

Produit :	Huile transparent
Rendement :	38 % pour trois étapes.

^{1}H RMN (δ, ppm) (CDCl$_3$, 400 MHz)	5.59 (s, 1H, C=CH$_2$), 5.51 (s, 1H, C=CH$_2$), 4.23-4.13 (m, 4H, OC**H$_2$**CH$_3$), 2.97 (s, 2H, CH$_2$), 2.89 (d, J = 2.8Hz, 2H, CH$_2$-chaine propargyle), 2.86 (s, 1H, $\equiv$CH), 2.02 (t, J = 2.7Hz, 1H, $\equiv$CH), 1.24 (t, J = 7.2 Hz, 6H, OCH$_2$C**H$_3$**).
^{13}C RMN (δ, ppm) (CDCl$_3$, 100 MHz)	169.3 (Cq x2, C=O), 128.5 (C=**C**H$_2$), 124.5 (Cq, **C**=CH$_2$), 83.2 (Cq, C$\equiv$C), 79.0 (Cq, C$\equiv$C), 77.8 ($\equiv$CH), 71.7 ($\equiv$CH), 61.7 (O**C**H$_2$CH$_3$), 56.2 (Cq), 38.2 (CH$_2$), 22.2 (CH$_2$), 13.9 (OCH$_2$**C**H$_3$).
IR (ν, cm^{-1}) (CCl$_4$)	3313 (s), 2954 (w), 2842 (w), 1744 (s), 1610 (w), 1437 (m), 1324 (w), 1296 (m), 1274 (m), 1237 (s), 1209 (s), 1199 (s), 1182 (s), 1075 (w), 1053 (w), 982 (w).
SMHR (IE+, m/z) :	Calculé: 262.1205 Trouvé: 262.1210.

2-(2-Methylene-non-3-ynyl)-2-prop-2-ynyl-malonic acid diethyl ester   4.64b

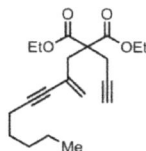

FM: C$_{20}$H$_{28}$O$_4$

PM = 332 g.mol^{-1}

Méthode :	Voir **procedure générale 4.1** en employant (1 équiv., 0.9 mmol, 250 mg) de 2-(2-bromo-allyl)-malonic acid diethyl ester et hept-1-yne (3 équiv., 2.7 mmol, 360 µL). Ensuite, **procédure générale 4.4** employant (1 équiv., 0.41 mmol, 120 mg) du composé antérieurement préparé fournit le malonate disubstitué correspondant.
Purification :	Colonne chromatographique flash (silica gel 95:5 EP: AcOEt)/ **R$_f$** (9:1 EP:AcOEt): 0.38.
Produit :	Huile orange
Rendement :	47% pour deux étapes.

¹H RMN (δ, ppm)

(CDCl₃, 400 MHz)

5.40 (s, 1H, C=CH₂), 5.39 (s, 1H, C=CH₂), 4.27-4.12 (m, 4H, OC**H₂**CH₃), 2.94 (m, 4H, CH₂), 2.24 (t, J = 7.2Hz, 2H, CH₂- chaine pentyle), 2.00 (t, J = 2.6Hz, 1H, C≡CH), 1.53-1.48 (m, 2H, CH₂- chaine pentyle), 1.37-1.30 (m, 4H, CH₂- chaine pentyle), 1.26 (t, J = 7.2Hz, 6H, OCH₂C**H₃**), 0.90 (t, J = 7.0 Hz, 3H, CH₃-chaine pentyle).

¹³C RMN (δ, ppm)

(CDCl₃, 100 MHz)

169.5 (Cq x2, C=O), 126.0 (Cq, **C**=CH₂), 125.2 (C=**C**H₂), 91.3 (Cq, C≡C), 80.3 (Cq, C≡C), 79.3 (Cq, C≡C), 71.5 (C≡**C**H), 61.6 (O**C**H₂CH₃ x2), 56.5 (Cq), 38.7 (CH₂), 31.1 (CH₂), 28.3 (CH₂), 22.3 (CH₂), 22.2 (CH₂), 19.4 (CH₂), 14.0 (CH₃), 13.9 (CH₃).

IR (ν, cm⁻¹) (CCl₄)

3314 (m), 3295 (w), 2982 (m), 2961 (m), 2935 (m), 2910 (m), 2874 (w), 2862 (w), 2838 (w), 2224 (m), 1740 (s), 1606 (w), 1466 (w), 1458 (w), 1446 (w), 1437 (w), 1390 (w), 1367 (w), 1323 (w), 1300 (m), 1280 (m), 1241 (m), 1206 (s), 1184 (s), 1097 (m), 1054 (m), 1018 (m), 1011 (m).

SMHR (IE+, m/z):

Calculé: 332.1988   Trouvé: 332.1979.

2-(2-Methylene-4-trimethylsilanyl-but-3-ynyl)-2-prop-2-ynyl-malonic acid diethyl ester   **4.64c**

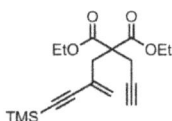

FM: C₁₈H₂₆O₄Si

PM = 334 g.mol⁻¹

Méthode :

Voir **procédure générale 4.1** employant (1 équiv., 3.6 mmol, 1.0 g) de 2-(2-bromo-allyl)-malonic acid diethyl ester, en étant suivi de la **procédure générale 4.4** employant (1 équiv., 0.14 mmol, 40 mg) du malonate monosubstitué antérieurement preparé.

Purification :

Colonne chromatographique flash   (silica gel 95:5 PE:AcOEt)/ **Rf** (95:5 PE:AcOEt): 0.23.

Produit :

Huile jaune pâle.

Rendement :

37% pour deux étapes.

¹H RMN (δ, ppm)

(CDCl₃, 400 MHz)

5.55 (s, 1H, C=CH₂), 5.43 (s, 1H, C=CH₂), 4.27-4.12 (m, 4H, OC**H₂**CH₃), 2.96 (d, J = 2.6Hz, 2H, CH₂-chaine propargyle), 2.95 (s, 2H, CH₂), 2.02 (t, J = 2.6Hz, 1H, ≡CH), 1.26 (t, J = 7.2Hz, 6H, OCH₂C**H₃**), 0.19 (s, 9H, CH₃-TMS).

¹³C RMN (δ, ppm)

(CDCl₃, 100 MHz)

169.3 (Cq x2, C=O), 127.6 (C=$\underline{C}$H₂), 125.8 (Cq, $\underline{C}$=CH₂), 104.9 (Cq, C≡ C), 94.9 (Cq, C≡C), 79.3 (Cq, C≡C), 71.6 (≡CH), 61.6 (O$\underline{C}$H₂CH₃ x2), 56.7 (Cq), 38.2 (CH₂), 22.3 (CH₂), 14.0 (OCH₂$\underline{C}$H₃ x2), -0.20 (CH₃-TMS).

IR (ν, cm⁻¹) (CCl₄)

3314 (m), 2982 (m), 2963 (m), 2938 (w), 2902 (w), 2873 (w), 2145 (w), 1740 (s), 1604 (w), 1464 (w), 1445 (w), 1391 (w), 1367 (w), 1323 (w), 1297 (m), 1275 (m), 1251 (s), 1204 (s), 1184 (s), 1096 (w), 1072 (w), 1053 (w)

SMHR (IE+, m/z) :

Calculé: 334.1600 Trouvé: 334.1589.

2-(2-Methylene-4-phenyl-but-3-ynyl)-2-prop-2-ynyl-malonic acid diethyl ester   **4.64d**

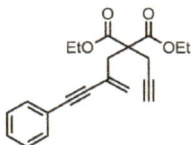

FM: C₂₁H₂₂O₄

PM = 338 g.mol⁻¹

Méthode :

Voir **procédure générale 4.1** employant (1 équiv., 0.9 mmol, 250 mg) de 2-(2-bromo-allyl)-malonic acid diethyl ester et ethynyl-benzène (2 équiv., 1.8 mmol, 197 µL), suivie de la **procédure générale 4.4** employant (1 équiv., 0.9 mmol, 270 mg) du produit couplé antérieurement préparé.

Purification :

Colonne chromatographique flash (silica gel 95:5 EP:AcOEt)/ **R$_f$** (95:5 EP:AcOEt): 0.24.

Produit :

Huile Orange.

Rendement :

66% (pour deux étapes).

¹H RMN (δ, ppm)

(CDCl₃, 400 MHz)

7.44-7.42 (m, 2H, CH-Ph), 7.31-7.29 (m, 3H, CH-Ph), 5.59 (s, 1H, C=C$\underline{H}$₂), 5.49 (s, 1H, C=C$\underline{H}$₂), 4.26-4.10 (m, 4H, OC$\underline{H}$₂CH₃), 3.07 (s, 2H, CH₂), 3.00 (d, J = 2.7Hz, 2H, CH₂-chaine propargyle), 2.06 (t, J = 2.7Hz, 1H, ≡CH), 1.23 (t, J = 7.2Hz, 6H, OCH₂C$\underline{H}$₃).

¹³C RMN (δ, ppm)

(CDCl₃, 100 MHz)

169.4 (Cq x2, C=O), 131.5 (CH-Ph), 128.3 (CH-Ph), 128.3 (CH-Ph), 126.6 (C=$\underline{C}$H₂), 125.5 (Cq), 123.0 (Cq), 89.9 (Cq, C≡C), 89.0 (Cq, C≡C), 79.2 (Cq, C≡C), 71.7 (≡CH), 61.8 (O$\underline{C}$H₂CH₃ x2), 56.6 (Cq), 38.6 (CH₂), 22.3 (CH₂), 14.0 (OCH₂$\underline{C}$H₃ x2).

IR (ν, cm⁻¹) (CCl₄)

3312 (w), 2983 (w), 2939 (w), 2908 (w), 1740 (s), 1687 (w), 1599 (w), 1491 (w), 1465 (w), 1444 (w), 1368 (w), 1285 (w), 1247 (w), 1215 (m), 1193 (m), 1097 (w).

2-[4-(4-Methoxy-phenyl)-2-methylene-but-3-ynyl]-2-prop-2-ynyl-malonic acid diethyl ester   **4.64e**

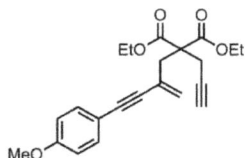

FM: $C_{22}H_{24}O_5$

PM = 368 g.mol^{-1}

Méthode :   Voir **procédure générale 4.1** employant (1 équiv., 3.6 mmol, 1.0 g) de 2-(2-bromo-allyl)-malonic acid diethyl ester et ethynyltrimethyl sylane, en étant suivie par la **procédure générale 4.5** employant (1 équiv., 2.0 mmol, 580 mg) du produit couple antérieurement prepare en EtOH, en étant suivie de la **procédure générale 4.2** employant (1 équiv., 0.63 mmol, 140 mg) de l'alcyne terminal antérieurement préparé et (1.1 équiv., 0.69 mmol, 161 mg) de 1-iodo-4-methoxy-benzène, en étant suivie par la **procédure générale 4.4** employant (1 équiv., 0.42 mmol, 140 mg) du malonate monosubstitué antérieurement préparé.

Purification :   Colonne chromatographique flash (silica gel 95:5 EP: AcOEt)/ **R$_f$** (9:1 EP:AcOEt): 0.33.

Produit :   Solide blanc.

Rendement :   25% pour deux étapes.

^{1}H RMN (δ, ppm)

(CDCl$_3$, 400 MHz)

7.37 (d, J = 8.6Hz, 2H, CH-Ar), 6.83 (d, J = 8.6Hz, 2H, CH-Ar), 5.54 (s, 1H, C=CH$_2$), 5.45 (s, 1H, C=CH$_2$), 4.23-4.12 (m, 4H, OC**H$_2$**CH$_3$), 3.81 (s, 3H, OCH$_3$), 3.06 (s, 2H, CH$_2$), 3.00 (d, J = 2.8Hz, 2H, CH$_2$-chaine propargyle), 2.05 (t, J = 2.8Hz, 1H, $\equiv$CH), 1.23 (t, J = 7.0Hz, 6H, OCH$_2$C**H$_3$**).

^{13}C RMN (δ, ppm)

(CDCl$_3$, 100 MHz)

169.5 (Cq x2, C=O), 159.7 (Cq), 133.0 (CH-Ar), 125.8 (C=**C**H$_2$), 125.8 (Cq), 115.2 (Cq), 114.0 (CH-Ar), 90.0 (Cq, C$\equiv$C), 87.9 (Cq, C$\equiv$C), 79.4 (Cq, C$\equiv$C), 71.6 ($\equiv$CH), 61.7 (O**C**H$_2$CH$_3$ x2), 56.7 (Cq), 55.3 (OCH$_3$), 38.7 (CH$_2$), 22.4 (CH$_2$), 14.0 (OCH$_2$**C**H$_3$ x2).

IR (ν, cm^{-1}) (CCl$_4$)

3314 (m), 2983 (m), 2937 (m), 2908 (w), 2838 (w), 1739 (s), 1601 (m), 1571 (w), 1509 (s), 1465 (w), 1442 (w), 1390 (w), 1367 (w), 1289 (s), 1249 (s), 1215 (s), 1193 (s), 1181 (s), 1170 (s), 1096 (w), 1071 (w).

SMHR (IE+, m/z) :   Calculé: 368.1624 Trouvé: 368.1623.

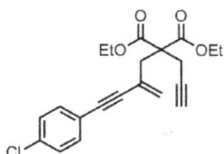

FM: $C_{21}H_{21}O_4Cl$

PM = 372.5 g.mol^{-1}

Méthode :	Voir **procédure générale 4.1** employant (1 équiv., 3.6 mmol, 1.0 g) de 2-(2-bromo-allyl)-malonic acid diethyl ester, en étant suivi par la **procédure générale 4.5** employant (1 équiv., 2.0 mmol, 580 mg) du produit couple antérieurement prepare en EtOH, en étant suivi par la **procédure générale 4.2** employant (1 équiv., 0.63 mmol, 140 mg) de l'alcyne terminal antérieurement préparé et (1.1 équiv., 0.69 mmol, 161mg) de 1-chloro-4-iodo-benzène, en étant suivie par la **procédure générale 4.4** employant (1 équiv., 0.53 mmol, 151 mg) du malonate monosubstitué antérieurement préparé.
Purification :	Colonne chromatographique flash (silica gel 95:5 EP:AcOEt)/ **R$_f$** (9:1 EP:AcOEt): 0.50.
Produit :	Solide blanc.
Rendement :	27% pour deux étapes.

¹H RMN (δ, ppm)

(CDCl₃, 400 MHz)

7.36 (d, J = 8.6Hz, 2H, CH-Ar), 7.28 (d, J = 8.6Hz, 2H, CH-Ar), 5.59 (s, 1H, C=CH₂), 5.50 (s, 1H, C=CH₂), 4.25-4.09 (m, 4H, OC$\underline{H_2}$CH₃), 3.06 (s, 2H, CH₂), 2.98 (d, J = 2.8Hz, 2H, CH₂-chaine propargyle), 2.06 (t, J = 2.8Hz, 1H, ≡CH), 1.23 (t, J = 7.2Hz, 6H, OCH₂C$\underline{H_3}$).

¹³C RMN (δ, ppm)

(CDCl₃, 100 MHz)

169.4 (Cq x2, C=O), 134.4 (Cq), 132.7 (CH-Ar), 128.7 (CH-Ar), 126.9 (C=$\underline{C}$H₂), 125.4 (Cq), 121.5 (Cq), 90.1 (Cq, C≡C), 88.8 (Cq, C≡C), 79.2 (Cq, C≡C), 71.7(≡CH), 61.8 (O$\underline{C}$H₂CH₃ x2), 56.7 (Cq), 38.5 (CH₂), 22.4 (CH₂), 14.0 (OCH₂$\underline{C}$H₃ x2)

IR (ν, cm⁻¹) (CCl₄)

3313 (s), 3100 (w), 2983 (s), 2939 (m), 2907 (w), 2873 (w), 1739 (s), 1606 (w), 1591 (w), 1490 (s), 1465 (m), 1445 (m), 1397 (m), 1367 (m), 1321 (m), 1285 (s), 1247 (s), 1215 (s), 1193 (s), 1093 (s), 1071 (s)

SMHR (IE+, m/z) : Calculé: 372.1128   Trouvé: 372.1121.

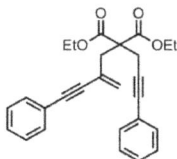

FM: $C_{27}H_{26}O_4$

PM = 414 g.mol^{-1}

Méthode : À un ballon chargé avec 2-(2-methylene-4-phenyl-but-3-ynyl)-2-prop-2-ynyl-malonic acid diethyl ester (1 équiv., 0.30 mmol, 100 mg) et Et$_3$N (0.1 M, 3 mL), sous argon, il y a été additionné sequentiellement PhI (1.20 équiv., 0.36 mmol, 40 µL) et PdCl$_2$(PPh$_3$)$_2$ (0.02 équiv., 0.006 mmol, 4.2 mg). La reaction est agitée à ta pour 5 min., le CuI (0.02 équiv., 0.006 mmol, 1.2 mg) est ensuite additionné et la reaction est agitée à ta pendant la nuit. Une fois que la réaction est finie (CCM), elle est filtrée sur celite, concentrée sous vide et purifiée par colonne chromatographique flash.

Reference: Thoret, S.; Krause N.; *J. Org. Chem.* **1998**, 63, 8551.

Purification : Colonne chromatographique flash (silica gel, toluène)/ **R$_f$** (toluène): 0.34.

Produit : Solide blanc

Rendement : 31% isolé/ 62% (bpdr).

^{1}H RMN (δ, ppm)

(CDCl$_3$, 400 MHz)

7.45- 7.43 (m, 2H, CH-Ph), 7.38-7.36 (m, 3H, CH-Ph), 7.30-7.27 (m, 5H, CH-Ph), 5.61 (s, 1H, C=CH$_2$), 5.52 (s, 1H, C=CH$_2$), 4.28-4.12 (m, 4H, OC**H$_2$**CH$_3$), 3.22 (s, 2H, CH$_2$), 3.13 (s, 2H, CH$_2$), 1.24 (t, *J* = 7.0Hz, 6H, OCH$_2$C**H$_3$**).

^{13}C RMN (δ, ppm)

(CDCl$_3$, 100 MHz)

169.6 (Cq x2, C=O), 131.6 (CH-Ph), 131.5 (CH-Ph), 128.3 (CH-Ph), 128.2 (CH-Ph), 128.2 (CH-Ph), 127.9 (CH-Ph), 126.5 (C=**C**H$_2$), 125.7 (Cq), 123.3 (Cq), 123.0 (Cq), 89.9 (Cq, C≡C), 89.2 (Cq, C≡C), 84.8 (Cq, C≡C), 83.9 (Cq, C≡C), 61.7 (O**C**H$_2$CH$_3$ x2), 57.0 (Cq), 38.9 (CH$_2$), 23.3 (CH$_2$), 14.0 (OCH$_2$**C**H$_3$ x2).

IR (ν, cm^{-1}) (CCl$_4$)

3059 (w), 2983 (m), 2939 (w), 2907 (w), 1739 (s), 1599 (w), 1491 (m), 1477 (w), 1465 (w), 1444 (m), 1426 (w), 1390 (w), 1367 (w), 1286 (w), 1260 (w), 1215 (m), 1193 (m), 1181 (m), 1097 (w), 1070 (w), 1052 (w), 1030 (w).

SMHR (IE+, m/z) : Calculé: 414.1831 Trouvé: 414.1843.

Le composé **4.64h** a été preparé selon le schème ci-dessous (schème B.3.3.2):

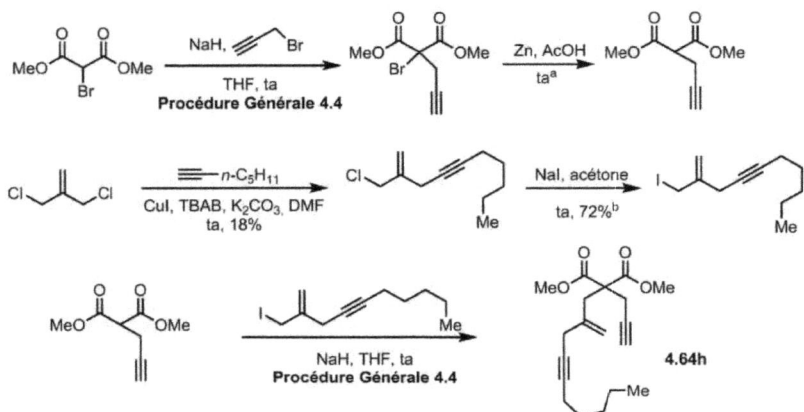

Schème B.3.3.2: Synthèse du substrat **4.64h**. [a] Synthétisé par le Dr. Fabien Gagosz, Rendements ne sont pas connus. [b] Selon la référence[283]

| 2-(2-Methylene-dec-4-ynyl)-2-prop-2-ynyl-malonic acid dimethyl ester | **4.64h** |

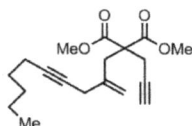

FM: $C_{19}H_{26}O_4$

PM = 318 g.mol^{-1}

Méthode : Voir **procédure générale 4.4** employant (1 équiv., 0.33 mmol, 55 mg) de 2-prop-2-ynyl-malonic acid dimethyl ester et previously prepared 1-iodo-dec-4-yn-2-one (1.2 équiv., 0.39 mmol, 108 mg) antérieurement prepare

---

[283] (a) Buzas, A.; Gagosz, F.; *J. Am. Chem. Soc.*, 128, **2006**, 12614. (b) D'Aniello, F.; Mann, A.; Mattii, D.; Taddei, M.; *J. Org. Chem.* **1994**, 59, 14, 3762.

au lieu du bromure de propargyle.

Purification : Colonne chromatographique flash (silica gel, 9:1 EP:AcOEt) / **R$_f$** (9:1 EP:AcOEt): 0.37.

Produit : Huile jaune.

Rendement : 89%.

^{1}H RMN (δ, ppm)

(CDCl$_3$, 400 MHz)

7.32 (s, 1H, C=CH$_2$), 5.00 (s, 1H, C=CH$_2$), 3.76 (s, 6H, OCH$_3$), 2.93 (s, 2H, CH$_2$), 2.84 (d, J = 2.8Hz, 2H, CH$_2$-chaine propargyle), 2.82 (s, 2H, CH$_2$), 2.20-2.16 (m, 2H, CH$_2$-chaine pentyle), 2.05 (t, J = 2.8 Hz, 1H, $\equiv$ CH), 1.53-1.46 (m, 2H, CH$_2$- chaine pentyle), 1.38-1.28 (m, 4H, CH$_2$-chaine pentyle), 0.90 (t, J = 7.0Hz, 3H, CH$_3$- chaine pentyle n).

^{13}C RMN (δ, ppm)

(CDCl$_3$, 100 MHz)

170.4 (Cq x2, C=O), 139.4 (Cq, **C**=CH$_2$), 116.5 (C=**C**H$_2$), 83.5 (Cq, C$\equiv$C), 79.0 (Cq, C$\equiv$C), 76.3 (Cq, C$\equiv$C), 71.9 (C$\equiv$**C**H), 56.5 (Cq), 52.8 (OCH$_3$ x2), 37.2 (CH$_2$), 31.1 (CH$_2$), 28.7 (CH$_2$), 26.8 (CH$_2$), 22.8 (CH$_2$), 22.2 (CH$_2$), 18.7 (CH$_2$), 14.0 (CH$_3$).

IR (ν, cm^{-1}) (CCl$_4$)

3314 (m), 2955 (m), 2934 (m), 2861 (w), 2843 (w), 1742 (s), 1647 (w), 1436 (m), 1327 (w), 1292 (m), 1235 (m), 1201 (m), 1179 (m), 1072 (m), 1053 (m).

SMHR (IE+, m/z) : Calculé: 318.1831   Trouvé: 318.1844.

2-(3-Methyl-2-methylene-butyl)-malonic acid diethyl ester   **4.77**

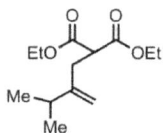

FM: C$_{13}$H$_{22}$O$_4$

PM = 242 g.mol^{-1}

Méthode : Voir **procédure générale 4.3** employant (1 équiv., 0.54 mmol, 150 mg) de 2-(2-bromo-allyl)-malonic acid diethyl ester et (4 équiv., solution 2 M in THF, 1.08 mL) de ^{i}PrMgCl.

Purification : Colonne chromatographique flash (silica gel 9:1 EP:AcOEt)/ **R$_f$** (9:1 EP:AcOEt): 0.52.

Produit : Huile transparente.

Rendement : 77%.

¹H RMN (δ, ppm)

(CDCl₃, 400 MHz)

4.81 (s, 1H, C=CH₂), 4.70 (s, 1H, C=CH₂), 4.19 (q, *J* = 7.2Hz, 4H, OC**H₂**CH₃), 3.60 (t, *J* = 8.0Hz, 1H, CH), 2.64 (d, *J* = 8.0Hz, 2H, CH₂), 2.25 (hept, *J* = 6.8Hz, 1H, CH-ⁱPr), 1.26 (t, *J* = 7.2Hz, 6H, OCH₂C**H₃**), 1.04 (d, *J* = 6.8Hz, 6H, CH₃-ⁱPr).

¹³C RMN (δ, ppm)

(CDCl₃, 100 MHz)

169.2 (Cq x2, C=O), 152.0 (Cq, **C**=CH₂), 108.1 (C=**C**H₂), 61.3 (O**C**H₂CH₃ x2), 50.8 (CH), 33.9 (CH), 33.1 (**C**H₂), 21.7 (CH₃-ⁱPr x2), 14.1 (OCH₂**C**H₃ x2).

IR (ν, cm⁻¹) (CCl₄)

3086 (w), 2965 (s), 2938 (m), 2908 (m), 2873 (m), 1737 (s), 1645 (m), 1465 (m), 1446 (m), 1391 (m), 1369 (m), 1334 (m), 1300 (m), 1247 (m), 1177 (m), 1151 (m), 1097 (m), 1037 (m).

SMHR (IE+, m/z) :

Calculé: 242.1518   Trouvé: 242.1522.

| **2-(2-Cyclohexyl-allyl)-malonic acid diethyl ester** | **4.78** |

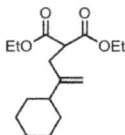

FM: C₁₆H₂₆O₄

PM =282 g.mol⁻¹

Méthode :

Voir **procédure générale 4.3** employant (1 équiv., 0.54 mmol, 150 mg) de 2-(2-bromo-allyl)-malonic acid diethyl ester et (4 équiv., solution 1.3 M en THF/ toluène, 1.66 mL) de CyMgCl.

Purification :

Colonne chromatographique flash (silica gel 95:5 EP:AcOEt)/ **R_f** (9:1 EP:AcOEt): 0.53.

Produit :

Huile Transparente.

Rendement :

85%.

¹H RMN (δ, ppm)

(CDCl₃, 400 MHz)

4.78 (s, 1H, C=CH₂), 4.71 (s, 1H, C=CH₂), 4.18 (q, *J* = 7.1Hz, 4H, OC**H₂**CH₃), 3.58 (t, *J* = 7.7Hz, 1H, CH), 2.63 (d, *J* = 7.7Hz, 2H, CH₂), 1.87-1.66 (m, 6H, CH- + CH₂- Cy), 1.28-1.1 (m, 5H, CH₂-Cy), 1.26 (t, *J* = 7.1Hz, 6H, OCH₂C**H₃**).

¹³C RMN (δ, ppm)

(CDCl₃, 100 MHz)

169.2 (Cq x2, C=O), 151.2 (Cq, **C**=CH₂), 108.7 (C=**C**H₂), 61.3 (O**C**H₂CH₃ x2), 50.9 (CH), 44.2 (CH), 33.7 (CH₂), 32.4 (CH₂), 26.7 (CH₂), 26.3 (CH₂), 14.1 (OCH₂**C**H₃ x2).

IR (ν, cm⁻¹) (CCl₄)

3086 (w), 2983 (m), 2929 (s), 2854 (s), 1753 (s), 1735 (s), 1643 (w), 1477 (w), 1464 (w), 1448 (m), 1391 (w), 1369 (m), 1333 (m), 1299 (m), 1235 (m), 1177 (m), 1151 (s), 1114 (w), 1097 (m), 1037 (m).

SMHR (IE+, m/z) : Calculé: 282.1831 Trouvé: 282.1831.

2-(2-Methylene-heptyl)-malonic acid diethyl ester   **4.79**

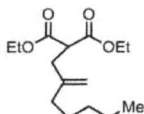

FM: $C_{15}H_{26}O_4$

PM = 270g.mol⁻¹

Méthode : Voir **procédure générale 4.3** employant (1 équiv., 0.54 mmol, 150 mg) de 2-(2-bromo-allyl)-malonic acid diethyl ester et (3 équiv., solution 2M en Et₂O, 810 µL) de n-C₅H₁₁MgBr.

Purification : Colonne chromatographique flash (silica gel 95:5 EP:AcOEt)/ **R_f** (9:1 EP:AcOEt): 0.56.

Produit : Huile transparente.

Rendement : 62%.

¹H RMN (δ, ppm)

(CDCl₃, 400 MHz)

4.78 (s, 1H, C=CH₂), 4.74 (s, 1H, C=CH₂), 4.18 (q, J = 7.2Hz, 4H, OC**H₂**CH₃), 3.57 (t, J = 7.7Hz, 1H, CH), 2.61 (d, J = 7.7Hz, 2H, CH₂), 2.02 (t, J = 7.6Hz, 2H, CH₂-chaine pentyle), 1.47-1.39 (m, 2H, CH₂- chaine pentyle), 1.35-1.28 (m, 4H, CH₂- chaine pentyle), 1.26 (t, J = 7.2Hz, 6H, OCH₂C**H₃**), 0.89 (t, J = 7.0Hz, 3H, CH₃- chaine pentyle).

¹³C RMN (δ, ppm)

(CDCl₃, 100 MHz)

169.2 (Cq x2, C=O), 146.0 (Cq, **C**=CH₂), 110.8 (C=**C**H₂), 61.4 (O**C**H₂CH₃ x2), 50.7 (CH), 36.0 (CH₂), 34.8 (CH₂), 31.5 (CH₂), 27.3 (CH₂), 22.5 (CH₂), 14.1 (CH₃), 14.0 (CH₃).

IR (ν, cm⁻¹) (CCl₄)

3080 (w), 2983 (m), 2960 (m), 2932 (m), 2873 (m), 2860 (m), 1753 (s), 1736 (s), 1647 (w), 1465 (m), 1445 (m), 1391 (m), 1369 (m), 1334 (m), 1234 (m), 1176 (m), 1150 (m), 1097 (m), 1037 (m).

SMHR (IE+, m/z) : Calculé: 270.1831 Trouvé: 270.1827.

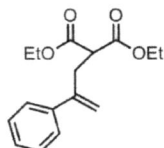

FM: $C_{16}H_{20}O_4$

EtO—...—OEt

PM = 276g.mol^{-1}

Méthode :	Voir **procédure générale 4.3** employant (1 équiv., 0.54 mmol, 150 mg) de 2-(2-bromo-allyl)-malonic acid diethyl ester et (4 équiv., solution 1 M en THF, 2.2 mL) de PhMgBr.
Purification :	Colonne chromatographique flash (silica gel 9:1 EP: AcOEt)/ **R$_f$** (9:1 EP:AcOEt): 0.33.
Produit :	Huile transparente.
Rendement :	84%.

^{1}H RMN (δ, ppm)

(CDCl$_3$, 400 MHz)

7.39-7.28 (m, 5H, CH-Ph), 5.30 (s, 1H, C=CH$_2$), 5.13 (s, 1H, C=CH$_2$), 4.15 (q, J = 7.2Hz, 4H, OC**H$_2$**CH$_3$), 3.50 (t, J = 7.6Hz, 1H, CH), 3.12 (d, J = 7.6Hz, 2H, CH$_2$), 1.24 (t, J = 7.2 Hz, 6H, OCH$_2$C**H$_3$**).

^{13}C RMN (δ, ppm)

(CDCl$_3$, 100 MHz)

168.9 (Cq x2, C=O), 144.9 (Cq), 140.1 (Cq), 128.4 (CH-Ph), 127.7 (CH-Ph), 126.3 (CH-Ph), 114.7 (C=**C**H$_2$), 61.4 (O**C**H$_2$CH$_3$ x2), 51.0 (CH), 34.5 (CH$_2$), 14.0 (OCH$_2$**C**H$_3$ x2).

IR (ν, cm^{-1}) (CCl$_4$)

3467 (w), 3085 (w), 3060 (w), 3025 (w), 2983 (m), 2939 (w), 2907 (w), 2873 (w), 1736 (s), 1631 (w), 1600 (w), 1575 (w), 1495 (m), 1476 (m), 1465 (m), 1446 (m), 1391 (m), 1369 (s), 1331 (s), 1301 (s), 1264 (s), 1230 (s), 1152 (s), 1110 (s), 1097 (s), 1064 (s), 1037 (s).

SMHR (IE+, m/z) :   Calculé: 276.1362   Trouvé: 276.1371.

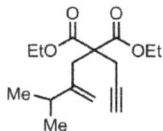

FM: $C_{16}H_{24}O_4$

PM = 280g.mol^{-1}

Méthode :	Voir **procédure générale 4.4** employant (1 équiv., 0.4 mmol, 96 mg) de 2-(3-methyl-2-methylene-butyl)-malonic acid diethyl ester.
Purification :	Colonne chromatographique flas (silica gel 9:1 EP:AcOEt)/ **R$_f$** (9:1 EP:AcOEt): 0.38.
Produit :	Huile transparente.
Rendement :	99%.

^{1}H RMN (δ, ppm)

(CDCl$_3$, 400 MHz)

4.93 (s, 1H, C=CH$_2$), 4.83 (s, 1H, C=CH$_2$), 4.24-4.15 (m, 4H, OC**H$_2$**CH$_3$), 2.88 (s, 2H, CH$_2$), 2.82 (d, J = 2.8Hz, 2H, CH$_2$-chaine propargyle), 2.07-1.98 (m, 2H, CH-^{i}Pr + ≡CH), 1.25 (t, J = 7.2Hz, 6H, OCH$_2$C**H$_3$**), 1.01 (d, J = 6.8Hz, 6H, CH$_3$-^{i}Pr).

^{13}C RMN (δ, ppm)

(CDCl$_3$, 100 MHz)

170.2 (Cq x2, C=O), 150.6 (Cq, **C**=CH$_2$), 111.3 (C=**C**H$_2$), 79.5 (Cq, C≡C), 71.6 (C≡**C**H), 61.6 (O**C**H$_2$CH$_3$ x2), 56.7 (Cq), 36.6 (CH$_2$), 33.6 (CH-^{i}Pr), 22.5 (CH$_2$), 22.0 (CH$_3$-^{i}Pr), 14.0 (OCH$_2$**C**H$_3$ x2).

IR (ν, cm^{-1}) (CCl$_4$)

3314 (s), 2964 (s), 2931 (s), 2872 (m), 1737 (s), 1641 (w), 1465 (m), 1367 (m), 1325 (m), 1288 (s), 1203 (s), 1097 (s), 1049 (s), 1018 (s).

SMHR (IE+, m/z) :

Calculé: 280.1675 Trouvé: 280.1680.

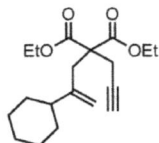

FM: $C_{19}H_{28}O_4$

PM = 320 g.mol^{-1}

Méthode :	Voir **procédure générale 4.4** employant (1 équiv., 0.46 mmol, 129 mg) de 2-(2-cyclohexyl-allyl)-malonic acid diethyl ester.
Purification :	Colonne chromatographique flash (silica gel 95:5 EP:AcOEt)/ **R$_f$** (95:5 EP:AcOEt): 0.34.
Produit :	Huile transparente.
Rendement :	86%.

^{1}H RMN (δ, ppm)

(CDCl$_3$, 400 MHz)

4.89 (s, 1H, C=CH$_2$), 4.85 (s, 1H, C=CH$_2$), 4.26-4.13 (m, 4H, OC**H$_2$**CH$_3$), 2.86 (s, 2H, CH$_2$), 2.82 (d, J = 2.5Hz, 2H, CH$_2$-chaine propargyle), 2.02 (t, J = 2.5Hz, 1H, ≡≡CH), 1.81-1.74 (m, 3H, CH- + CH$_2$-Cy), 1.67-1.56 (m, 3H, CH$_2$-Cy), 1.26 (t, J = 7.0Hz, 6H, OCH$_2$C**H$_3$**), 1.22-1.02 (m, 5H, CH-Cy).

^{13}C RMN (δ, ppm)

(CDCl$_3$, 100 MHz)

170.2 (Cq x2, C=O), 149.7 (Cq, **C**=CH$_2$), 112.1 (C=**C**H$_2$), 79.5 (Cq, C≡≡ C), 71.6 (≡≡CH), 61.6 (O**C**H$_2$CH$_3$ x2), 56.7 (Cq), 43.9 (CH-Cy), 36.9 (CH$_2$), 32.8 (CH$_2$), 26.9 (CH$_2$), 26.4 (CH$_2$), 22.5 (CH$_2$), 14.0 (OCH$_2$**C**H$_3$ x2).

IR (ν, cm^{-1}) (CCl$_4$)

3314 (s), 3086 (w), 2983 (s), 2929 (s), 2853 (s), 1737 (s), 1639 (w), 1477 (w), 1464 (w), 1447 (m), 1389 (w), 1367 (w), 1323 (m), 1287 (s), 1259 (s), 1241 (s), 1222 (s), 1201 (s), 1184 (s), 1133 (m), 1096 (m), 1068 (s), 1053 (s), 1017 (s).

SMHR (IE+, m/z) :   Calculé: 320.1988   Trouvé: 320.1992.

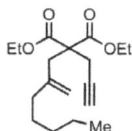

FM: $C_{18}H_{28}O_4$

PM = 308 g.mol^{-1}

Méthode :	Voir **procédure générale 4.4** employant (1 équiv., 0.30 mmol, 80 mg) de 2-(2-methylene-heptyl)-malonic acid diethyl ester.
Purification :	Colonne chromatographique flash (silica gel 95:5 EP:AcOEt)/ **R$_f$** (9:1 EP:AcOEt): 0.61.
Produit :	Huile Transparente.
Rendement :	86%.

^{1}H RMN (δ, ppm)

(CDCl$_3$, 400 MHz)

4.91 (s, 1H, C=CH$_2$), 4.91 (s, 1H, C=CH$_2$), 4.27-4.13 (m, 4H, OC**H$_2$**CH$_3$), 2.83 (s, 2H, CH$_2$), 2.82 (d, J = 2.7Hz, 2H, CH$_2$-chaine propargyl), 2.02 (t, J = 2.7Hz, 1H, ≡≡CH), 1.90 (t, J = 7.6Hz, 2H, CH$_2$-chaine pentyle), 1.45-1.38 (m, 2H, CH$_2$-chaine pentyle), 1.31-1.21 (m, 4H, CH$_2$- chaine pentyle), 1.26 (t, J = 7.2Hz, 6H, OCH$_2$C**H$_3$**), 0.88 (t, J = 7.2 Hz, 3H, CH$_3$-chaine pentyle).

^{13}C RMN (δ, ppm)

(CDCl$_3$, 100 MHz)

170.2 (Cq x2, C=O), 144.3 (Cq, **C**=CH$_2$), 114.7 (C=**C**H$_2$), 79.4 (Cq, C≡≡ C), 71.6 (≡≡CH), 61.6 (O**C**H$_2$CH$_3$ x2), 56.6 (Cq), 37.2 (CH$_2$), 36.6 (CH$_2$), 31.5 (CH$_2$), 27.7 (CH$_2$), 22.6 (CH$_2$), 22.5 (CH$_2$), 14.0 (CH$_3$ x2), 13.9 (CH$_3$).

IR (ν, cm^{-1}) (CCl$_4$)

3314 (m), 3078 (w), 2982 (m), 2960 (m), 2932 (m), 2873 (m), 2860 (m), 1737 (s), 1641 (w), 1465 (w), 1445 (w), 1389 (w), 1367 (w), 1323 (w), 1287 (m), 1260 (m), 1204 (s), 1183 (s), 1097 (m), 1069 (m), 1050 (m), 1017(m).

SMHR (IE+, m/z) : Calculé: 308.1988   Trouvé: 308.1996.

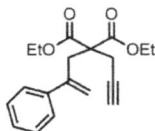

FM: C$_{19}$H$_{22}$O$_4$

PM = 314 g.mol^{-1}

Méthode :	Voir **procedure générale 3.4** employant (1 équiv., 0.41 mmol, 114 mg) de 2-(2-phenyl-allyl)-malonic acid diethyl ester.
Purification :	Colonne chromatographique flash (silica gel 9:1 EP: AcOEt)/ **R$_f$** (9:1 EP:AcOEt): 0.30.
Produit :	Solide blanc.
Rendement :	95%.

^{1}H RMN (δ, ppm)

(CDCl$_3$, 400 MHz)

7.34-7.23 (m, 5H, CH-Ph), 5.30 (s, 1H, C=CH$_2$), 5.29 (s, 1H, C=CH$_2$), 3.98-3.90 (m, 2H, OC**H$_2$**CH$_3$), 3.80-3.72 (m, 2H, OC**H$_2$**CH$_3$), 3.32 (s, 2H, CH$_2$), 2.75 (d, J = 2.6Hz, 2H, CH$_2$-chain propargyle), 2.04 (t, J = 2.6Hz, 1H, ≡CH), 1.13 (t, J = 7.2Hz, 6H, OCH$_2$C**H$_3$**).

^{13}C RMN (δ, ppm)

(CDCl$_3$, 100 MHz)

169.5 (Cq x2, C=O), 144.0 (Cq), 141.2 (Cq), 128.0 (CH-Ph), 127.6 (CH-Ph), 126.9 (CH-Ph), 118.8 (C=**C**H$_2$), 79.4 (Cq, **C**≡C), 71.6 (≡**C**H), 61.4 (O**C**H$_2$CH$_3$ x2), 56.4 (Cq), 36.7 (CH$_2$), 22.3 (CH$_2$), 13.8 (OCH$_2$**C**H$_3$ x2).

IR (ν, cm^{-1}) (CCl$_4$)

3314 (m), 3084 (w), 3059 (w), 2983 (m), 2938 (w), 2907 (w), 2873 (w), 1738 (s), 1627 (w), 1600 (w), 1575 (w), 1493 (w), 1475 (w), 1464 (w), 1445 (w), 1425 (w), 1390 (w), 1367 (w), 1322 (w), 1300 (m), 1287 (m), 1241 (m), 1207 (s), 1187 (s), 1096 (w).

SMHR (IE+, m/z) :   Calculé: 314.1518   Trouvé: 314.1512.

B.3.3.2 La Réaction de Cycloisomérisation de 1,6-Énynes

Les 1,6-énynes antérieurement ont été soumis à la catalyse à l'or en employant le PPh$_3$ comme liget sur l'or et deux contre-ions differents, SbF$_6^-$ et NTf$_2^-$.

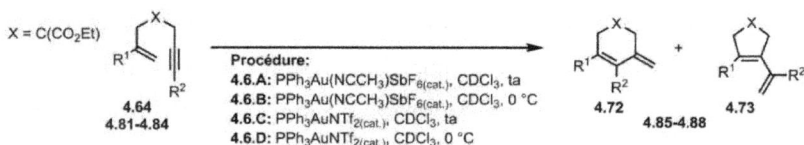

Schème B.3.3.3: Transformations catalysées à l'or impliquant les énynes **4.64** et **4.81-4.84**.

Procédure Générale 4.6.A: À un tube de RMN chargé avec le 1,6-ényne (1 équiv.) et CDCl$_3$ (0.5 mL) a été additionné le catalyseur PPh$_3$Au(NCCH$_3$)SbF$_6$ (0.04 équiv.). Le tube de RMN est laissé à la température ambiante, et il est analysé par ^{1}H RMN regulièrement. Une fois que la réaction est finie, le contenu du tube de RMN est transféré à un ballon, concentré sous vide et purifié par colonne chromatographique flash.

Procédure Générale 4.6.B: À un tube de RMN chargé avec le 1,6-ényne (1 équiv.) et CDCl$_3$ (0.5 mL) à 0°C, il y a été additionné le catalyseur PPh$_3$Au(NCCH$_3$)SbF$_6$ (0.04 équiv.). Le tube de RMN est laissé à 0 °C pour une durée de temps estimée, après laquelle la réaction est quenchée avec Et$_3$N à 0°C avant de rétirer le tube de RMN du bain de glace. Une fois que la réaction est finie, le contenu du tube est transféré à un ballon, concentré sous vide et purifié colonne chromatographique flash.

Procédure Générale 4.6.C: À un tube de RMN chargé avec le 1,6-ényne (1 équiv.) et CDCl$_3$ (0.5 mL), il y a été additionné le catalyseur PPh$_3$AuNTf$_2$ (0.04 équiv.). Le tube de RMN est laissé à la température ambiante, et il est analysé par 1H RMN regulièrement. Une fois que la réaction est finie, le contenu du tube de RMN est transféré à un ballon, concentré sous vide et purifié par colonne chromatographique flash

Procédure Générale 4.6.D: À un tube de RMN chargé avec le 1,6-ényne (1 équiv.) et CDCl$_3$ (0.5 mL) à 0 °C, il y a été additionné le catalyseur PPh$_3$AuNTf$_2$ (0.04 équiv.). Le tube de RMN est laissé à 0 °C pour une durée de temps estimée, après laquelle, la reaction est quenchée avec Et$_3$N à 0°C avant de rétirer le tube RMN du bain de glace. Une fois que la réaction est finie, le contenu du tube RMN est transféré à un ballon, concentré sous vide et purifié par colonne chromatographique flash.

3-Ethynyl-4-vinyl-cyclopent-3-ene-1,1-dicarboxylic acid diethyl ester	4.73a

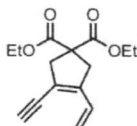

FM: C$_{15}$H$_{18}$O$_4$

PM = 262 g.mol^{-1}

Méthode :	Voir la **procedure générale 4.6.A** employant (1 équiv., 0.02 mmol, 6.6 mg) de 2-(2-methylene-4-trimethylsilanyl-but-3-ynyl)-2-prop-2-ynyl-malonic acid diethyl ester
Purification :	Colonne chromatographique flash (silica gel 9:1 EP: AcOEt)/ **R$_f$** (9:1 EP:AcOEt): 0.35.
Produit :	Huile transparente.
Rendement :	62%.

¹H RMN (δ, ppm)

(CDCl₃, 400 MHz)

6.77 (dd, J = 11.0Hz, J = 17.4Hz, 1H, C**H**=CH₂), 5.29 (d, J = 11.0Hz, 1H, CH=C**H₂**), 5.24 (d, J = 17.4Hz, 1H, CH=C**H₂**), 4.21 (q, J = 7.2Hz, 4H, OC**H₂**CH₃), 3.27 (s, 1H, ≡CH), 3.23 (s, 2H, CH₂), 3.22 (s, 2H, CH₂), 1.26 (t, J = 7.2 Hz, 6H, OCH₂C**H₃**).

¹³C RMN (δ, ppm)

(CDCl₃, 100 MHz)

171.3 (Cq x2, C=O), 145.7 (Cq), 130.8 (**C**H=CH₂), 117.9 (Cq), 117.6 (CH=**C**H₂), 83.7 (Cq, C≡C), 78.7 (≡CH), 61.8 (O**C**H₂CH₃ x2), 57.6 (Cq), 43.8 (CH₂), 39.5 (CH₂), 14.0 (OCH₂**C**H₃ x2).

IR (ν, cm⁻¹) (CCl₄)

3311 (m), 2982 (m), 2962 (m), 2929 (m), 2856 (w), 1736 (s), 1681 (w), 1465 (m), 1446 (w), 1389 (w), 1367 (w), 1259 (s), 1185 (m), 1096 (m), 1072 (m), 1017 (m).

SMHR (IE+, m/z) :

Calculé: 262.1205 Trouvé: 262.1213.

3-Hept-1-ynyl-5-methylene-cyclohex-3-ene-1,1-dicarboxylic acid diethyl ester   **4.72b**

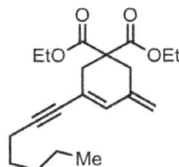

FM: C₂₀H₂₈O₄

PM = 332 g.mol⁻¹

Méthode :

Voir **procédure générale 4.6.C** employant (1 équiv., 0.02 mmol, 6.6 mg) de 2-(2-methylene-non-3-ynyl)-2-prop-2-ynyl-malonic acid diethyl ester.

Purification :

Colonne chromatographique flash (silica gel   9:1 EP: AcOEt) / **R_f** (9:1 EP:AcOEt): 0.29.

Produit :

Huile transparente.

Rendement :

73%.

¹H RMN (δ, ppm)

(CDCl₃, 400 MHz)

6.35 (s, 1H, C=CH), 4.95 (s, 1H, C=CH₂), 4.92 (s, 1H, C=CH₂), 4.17 (q, J = 7.2Hz, 4H, OC**H₂**CH₃), 2.82 (s, 2H, CH₂), 2.74 (s, 2H, CH₂), 2.32 (t, J = 7.2 Hz, 2H, CH₂- chaine pentyle), 1.57-1.50 (m, 2H, CH₂-chaine pentyle), 1.43-1.30 (m, 4H, CH₂- chaine pentyle), 1.23 (t, J = 7.2Hz, 6H, OCH₂C**H₃**), 0.90 (t, J = 7.0Hz, 3H, CH₃- chaine pentyle).

¹³C RMN (δ, ppm)

170.4 (Cq x2, C=O), 138.9 (Cq), 132.7 (=CH), 120.4 (Cq), 114.4 (=CH₂), 92.9 (Cq, C≡C), 81.1 (Cq, C≡C), 61.6 (O**C**H₂CH₃ x2), 53.8 (Cq), 35.0 (CH₂), 35.0 (CH₂), 31.1 (CH₂), 28.4 (CH₂), 22.2 (CH₂), 19.5 (CH₂),

(CDCl$_3$, 100 MHz) 14.1 (CH$_3$ x2), 14.0 (CH$_3$).

IR (ν, cm^{-1}) (CCl$_4$) 2960 (m), 2933 (m), 2874 (m), 2861 (m), 1738 (s), 1701 (w), 1639 (w), 1466 (w), 1458 (w), 1446 (w), 1419 (w), 1368 (w), 1300 (w), 1253 (m), 1193 (m), 1159 (w), 1098 (w), 1053 (w).

SMHR (IE+, m/z) : Calculé: 332.1988 Trouvé: 332.1997.

3-Hept-1-ynyl-5-methylene-cyclohex-3-ene-1,1-dicarboxylic acid diethyl ester et 3-Hept-1-ynyl-4-vinyl-cyclopent-3-ene-1,1-dicarboxylic acid diethyl ester   **4.72b + 4.73b**

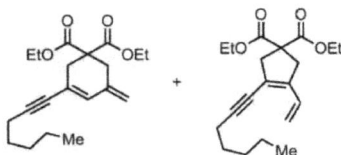

FM: C$_{20}$H$_{28}$O$_4$

PM = 332 g.mol^{-1}

Méthode : Voir **procédure générale 4.6.A** employant (1 équiv., 0.03 mmol, 9 mg) de 2-(2-methylene-non-3-ynyl)-2-prop-2-ynyl-malonic acid diethyl ester.

Purification : Colonne chromatographique flash (silica gel 9:1 EP:AcOEt)/ **R$_f$** (9:1 EP:AcOEt): 0.29.

Produit : Huile transparente.

Rendement : 58% (ratio 1.9:1).

^{1}H RMN (δ, ppm)

(CDCl$_3$, 400 MHz)

Cycle à 5 membres: 6.74 (dd, J = 11.0Hz, J = 17.0Hz, 1H, C**H**=CH$_2$), 5.19 (d, J = 11.0Hz, 1H, CH=C**H$_2$**), 5.18 (d, J = 17.0Hz, 1H, CH=C**H$_2$**), 4.23-415 (m, 4H, OC**H$_2$**CH$_3$), 3.17 (s, 4H, CH$_2$), 2.37 (t, J = 7.0Hz, 2H, CH$_2$-chaine pentyle), 1.57-1.50 (m, 2H, CH$_2$-chaine pentyle), 1.43-1.30 (m, 4H, CH$_2$-chaine pentyle), 1.25 (t, J = 7.2 Hz, 6H, OCH$_2$C**H$_3$**), 0.90 (t, J = 7.0Hz, 3H, CH$_3$-chaine pentyle).

Cycle à 6 membres: 6.35 (s, 1H, C=CH), 4.95 (s, 1H, C=CH$_2$), 4.92 (s, 1H, C=CH$_2$), 4.23-4.15 (m, 4H, OC**H$_2$**CH$_3$), 2.82 (s, 2H, CH$_2$), 2.74 (s, 2H, CH$_2$), 2.32 (t, J = 7.2 Hz, 2H, CH$_2$-chaine pentyle), 1.57-1.50 (m, 2H, CH$_2$-chaine pentyle), 1.43-1.30 (m, 4H, CH$_2$-chaine pentyle), 1.23 (t, J = 7.2Hz, 6H, OCH$_2$C**H$_3$**), 0.90 (t, J = 7.0Hz, 3H, CH$_3$-chaine pentyle).

^{13}C RMN (δ, ppm)

Cycles à 5- et 6-membres: 171.6 (Cq x2, C=O), 170.4 (Cq x2, C=O), 142.1 (Cq), 138.9 (Cq), 132.7 (CH=), 131.2 (CH=), 120.5 (Cq), 119.9 (Cq), 116.1 (=CH$_2$), 114.4 (=CH$_2$), 97.6 (Cq, C$\equiv$C), 92.9 (Cq, C$\equiv$C),

(CDCl₃, 100 MHz)	81.2 (C$\underline{q}$, C≡C), 75.6 (C$\underline{q}$, C≡C), 61.7 (OC̲H₂CH₃ x2), 61.6 (OC̲H₂CH₃ x2), 57.5 (Cq), 53.8 (Cq), 44.3 (CH₂), 39.4 (CH₂), 35.0 (CH₂), 35.0 (CH₂), 31.1 (CH₂ x2), 28.5 (CH₂), 28.4 (CH₂), 22.2 (CH₂ x2), 19.7 (CH₂), 19.5 (CH₂), 14.1 (CH₃ x4), 14.0 (CH₃ x2).
IR (, cm⁻¹) (CCl₄)	2961 (w), 2933 (w), 2874 (w), 2861 (w), 1737 (s), 1625 (w), 1467 (w), 1458 (w), 1445 (w), 1424 (w), 1367 (w), 1299 (w), 1252 (m), 1163 (m), 1097 (m), 1075 (m), 1045 (m), 1017 (m).
SMHR (IE+, m/z) :	Calculé: 332.1988 Trouvé: 332.1976.

5-Methylene-3-phenylethynyl-cyclohex-3-ene-1,1-dicarboxylic acid   4.72d diethyl ester

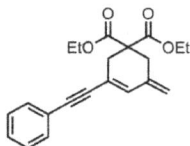

FM: C₂₁H₂₂O₄

PM = 338g.mol⁻¹

Méthode :	Voir **procédure générale 4.6.C** employant (1 équiv., 0.02 mmol, 6.8 mg) de 2-(2-methylene-4-phenyl-but-3-ynyl)-2-prop-2-ynyl-malonic acid diethyl ester.
Purification :	Colonne chromatographique flash (silica gel 9:1 EP:AcOEt)/ **R_f** (95:5 EP:AcOEt): 0.24.
Produit :	Huile transparente.
Rendement :	100%.

| ¹H RMN (δ, ppm)

(CDCl₃, 400 MHz)	7.45-7.43 (m, 2H, CH-Ph), 7.31-7.30 (m, 3H, CH-Ph), 6.53 (s, 1H, C=CH), 5.04 (s, 1H, C=CH₂), 5.02 (s, 1H, C=CH₂), 4.20 (q, *J* = 7.2Hz, 4H, OC$\underline{H_2}$CH₃), 2.87 (s, 4H, CH₂), 1.24 (t, *J* = 7.2Hz, 6H, OCH₂C$\underline{H_3}$).
¹³C RMN (δ, ppm)

(CDCl₃, 100 MHz) | 170.3 (Cq x2, C=O), 138.8 (Cq), 134.1 (CH), 131.6 (CH), 128.3 (CH), 128.2 (CH), 123.2 (Cq), 119.7 (Cq), 115.6 (C=C̲H₂), 91.5 (Cq, C≡C), 90.0 (Cq, C≡C), 61.7 (OC̲H₂CH₃ x2), 53.8 (Cq), 35.0 (CH₂), 34.6 (CH₂), 14.0 (OCH₂C̲H₃ x2). |
| IR (ν, cm⁻¹) (CCl₄) | 3312 (w), 3059 (w), 2981 (m), 2937 (m), 2908 (m), 1737 (s), 1597 (w), 1487 (m), 1443 (m), 1388 (m), 1366 (m), 1300 (m), 1248 (s), 1188 (s), 1097 (s), 1057 (s), 1016 (s). |
| SMHR (IE+, m/z) : | Calculé: 338.1518 Trouvé: 338.1523. |

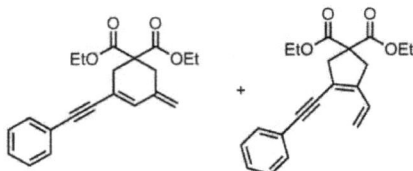

FM: $C_{21}H_{22}O_4$

PM = 338 g.mol^{-1}

Méthode :	Voir **procedure générale 4.6.A** employant (1 équiv., 0.02 mmol, 6.8 mg) de 2-(2-methylene-4-phenyl-but-3-ynyl)-2-prop-2-ynyl-malonic acid diethyl ester.
Purification :	Colonne chromatographique flash (silica gel 9:1 EP:AcOEt)/ **R$_f$** (9:1 EP:AcOEt): 0.32.
Produit :	Huile jaune.
Rendement :	57% (ratio 2.55:1).

^{1}H RMN (δ, ppm)

(CDCl$_3$, 400 MHz)

Cycle à 5-membres: 7.47-7.42 (m, 2H, CH-Ph), 7.33-7.30 (m, 3H, CH-Ph), 6.86 (dd, J = 10.8Hz, J = 17.6Hz, C**H**=CH$_2$), 5.29 (d, J = 10.8Hz, 1H, CH=C**H$_2$**), 5.25 (d, J = 17.6Hz, 1H, CH=C**H$_2$**), 4.25- 4.17 (m, 4H, OC**H$_2$**CH$_3$), 3.31 (s, 2H, CH$_2$), 3.25 (s, 2H, CH$_2$), 1.27-1.23 (m, 6H, OCH$_2$C**H$_3$**).

Cycle à 6-membres: 7.47-7.42 (m, 2H, CH-Ph), 7.33-7.30 (m, 3H, CH-Ph), 6.54 (s, 1H, C=C**H**), 5.05 (s, 1H, C=C**H$_2$**), 5.02 (s, 1H, C=C**H$_2$**), 4.25-4.17 (m, 4H, OC**H$_2$**CH$_3$), 2.87 (s, 4H, CH$_2$), 1.27-1.23 (m, 6H, OCH$_2$CH$_3$).

^{13}C RMN (δ, ppm)

(CDCl$_3$, 100 MHz)

Cycles à 5- et 6-membres: 171.4 (Cq x2, C=O), 170.3 (Cq x2, C=O), 143.9 (Cq), 138.8 (Cq), 134.1 (CH), 131.9 (CH), 131.5 (CH), 131.5 (CH), 131.3 (CH), 131.1 (Cq), 128.3 (CH), 128.3 (CH), 128.2 (CH), 123.2 (Cq), 119.7 (Cq), 119.0 (Cq), 117.1 (=CH$_2$), 115.6 (=CH$_2$), 96.1 (Cq, C≡C), 91.5 (Cq, C≡C), 89.9 (Cq, C≡C), 84.4 (Cq, C≡C), 61.8 (O**C**H$_2$CH$_3$ x2), 61.7 (O**C**H$_2$CH$_3$ x2), 57.6 (Cq), 53.8 (Cq), 44.0 (CH$_2$), 39.6 (CH$_2$), 35.0 (CH$_2$), 34.6 (CH$_2$), 14.0 (OCH$_2$**C**H$_3$ x4).

IR (ν, cm^{-1}) (CCl$_4$)

2983 (w), 2963 (w), 2930 (w), 2909 (w), 2856 (w), 1737 (s), 1685 (w), 1599 (w), 1491 (w), 1465 (w), 1444 (w), 1423 (w), 1389 (w), 1368 (w), 1300 (w), 1249 (s), 1186 (m), 1161 (m), 1097 (m).

SMHR (IE+, m/z) :

Calculé: 338.1518   Trouvé: 338.1524.

3-(4-Methoxy-phenylethynyl)-5-methylene-cyclohex-3-ene-1,1-dicarboxylic acid diethyl ester

4.72e

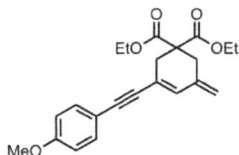

FM: $C_{22}H_{24}O_5$

PM = 368 g.mol^{-1}

Méthode :	Voir **procédure générale 4.6.A ou C** employant (1 équiv., 0.02 mmol, 7.4 mg) de 2-[4-(4-methoxy-phenyl)-2-methylene-but-3-ynyl]-2-prop-2-ynyl-malonic acid diethyl ester.
Purification :	Colonne chromatographique flash (silica gel 8:2 EP:AcOEt)/ **R$_f$** (9:1 EP:AcOEt): 0.21.
Produit :	Solide blanc.
Rendement :	100%.

^{1}H RMN (δ, ppm) (CDCl$_3$, 400 MHz)	7.37 (d, J = 8.8Hz, 2H, CH-Ar), 6.84 (d, J = 8.8Hz, 2H, CH-Ar), 6.50 (s, 1H, C=CH), 5.02 (s, 1H, C=CH$_2$), 4.99 (s, 1H, C=CH$_2$), 4.19 (q, J = 7.2Hz, 4H, OC**H$_2$**CH$_3$), 3.81 (s, 3H, OCH$_3$), 2.86 (s, 4H, CH$_2$), 1.24 (t, J = 7.2Hz, 6H, OCH$_2$C**H$_3$**).
^{13}C RMN (δ, ppm) (CDCl$_3$, 100 MHz)	170.3 (Cq x2, C=O), 159.6 (Cq), 139.0 (Cq), 133.4 (C=**C**H), 133.0 (CH-Ar), 120.0 (Cq), 115.4 (Cq), 115.0 (C=**C**H$_2$), 114.0 (CH-Ar), 91.6 (Cq, C$\equiv$C), 88.8 (Cq, C$\equiv$C), 61.6 (O**C**H$_2$CH$_3$ x2), 55.3 (OCH$_3$), 53.9 (Cq), 35.1 (CH$_2$), 34.8 (CH$_2$), 14.0 (OCH$_2$**C**H$_3$ x2).
IR (ν, cm^{-1}) (CCl$_4$)	3472 (w), 2982 (m), 2960 (m), 2932 (m), 2855 (w), 2839 (w), 2198 (w), 1730 (s), 1682 (m), 1604 (m), 1510 (s), 1465 (m), 1443 (w), 1423 (w), 1390 (w), 1367 (w), 1292 (m), 1250 (s), 1182 (s), 1172 (s), 1097 (m), 1036 (s).
SMHR (IE+, m/z) :	Calculé: 368.1624 Trouvé: 368.1633.

5-Methylene-4-phenyl-3-phenylethynyl-cyclohex-3-ene-1,1-dicarboxylic acid diethyl ester et 3-Phenylethynyl-4-(1-phenyl-vinyl)-cyclopent-3-ene-1,1-dicarboxylic acid diethyl ester

4.72g + 4.73g

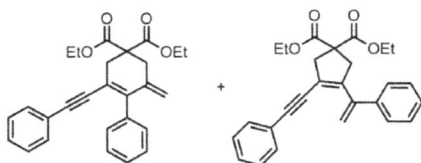

FM: $C_{27}H_{26}O_4$

PM = 414 g.mol^{-1}

Méthode :	Voir **procédure générale 4.6.A** employant (1 équiv., 0.03 mmol, 12.2 mg) de 2-(2-methylene-4-phenyl-but-3-ynyl)-2-(3-phenyl-prop-2-ynyl)-malonic acid diethyl ester.
Purification :	Colonne chromatographique flash (silica gel 9:1 EP:AcOEt)/ **R$_f$** (9:1 EP:AcOEt): 0.29.
Produit :	Huile jaune.
Rendement :	91% (ratio 2:1).

¹H RMN (δ, ppm)

(CDCl₃, 400 MHz)

Cycle à 5-membres: 7.47-7.42 (m, 2H, CH-Ph), 7.38-7.27 (m, 8H, CH-Ph), 6.62 (s, 1H, C=C**H₂**), 6.51 (s, 1H, C=C**H₂**), 4.28-4.13 (m, 4H, OC**H₂**CH₃), 3.18 (s, 4H, CH₂), 1.18 (t, J = 7.2Hz, 6H, OCH₂C**H₃**).

Cycle à 6-membres: 7.47-7.42 (m, 2H, CH-Ph), 7.38-7.27 (m, 8H, CH-Ph), 6.98 (s, 1H, C=C**H₂**), 6.44 (s, 1H, C=C**H₂**), 4.28-4.13 (m, 4H, OC**H₂**CH₃), 2.97 (s, 2H, CH₂), 2.95 (s, 2H, CH₂), 1.25 (t, J = 7.2Hz, 6H, OCH₂C**H₃**),

¹³C RMN (δ, ppm)

(CDCl₃, 100 MHz)

Cycles à 5- et 6-membres: 170.4 (Cq x2, C=O), 170.3 (Cq x2, C=O), 141.4 (Cq), 136.8 (Cq), 136.5 (Cq), 131.7 (CH), 131.5 (Cq), 131.4 (Cq), 131.0 (Cq), 130.3 (Cq), 129.4 (CH), 129.3 (CH), 129.1 (CH), 128.3 (CH x2), 128.2 (CH x2), 128.2 (CH), 128.1 (CH), 127.0 (Cq), 124.4 (Cq), 123.2 (Cq), 121.4 (CH), 121.3 (CH), 120.0 (C=**C**H₂), 119.5 (C=**C**H₂), 96.1 (Cq, C≡C), 92.2 (Cq, C≡C), 91.8 (Cq, C≡C), 90.5 (Cq, C≡C), 61.7 (O**C**H₂CH₃ x4), 54.0 (Cq), 54.0 (Cq), 36.8 (CH₂), 35.5 (CH₂), 34.9 (CH₂), 31.0 (CH₂), 14.1 (OCH₂**C**H₃ x2), 14.0 (OCH₂**C**H₃), 13.9 (OCH₂**C**H₃).

IR (ν, cm⁻¹) **(CCl₄)**

3060 (w), 2982 (w), 2964 (w), 2930 (w), 2910 (w), 2856 (w), 1737 (s), 1598 (w), 1573 (w), 1492 (w), 1478 (w), 1465 (w), 1444 (w), 1424 (w), 1389 (w), 1367 (w), 1301 (w), 1246 (m), 1183 (m), 1097 (w), 1071 (w), 1052 (w).

SMHR (IE+, m/z) **:** Calculé:414.1831   Trouvé: 414.1842.

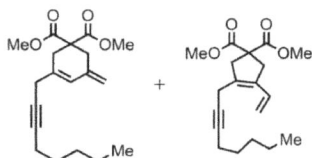

FM: $C_{19}H_{26}O_4$

PM = 318 g.mol^{-1}

Méthode : Voir **procédure générale 4.6.A** employant (1 équiv., 0.02 mmol, 6.4 mg) de 2-(2-methylene-dec-4-ynyl)-2-prop-2-ynyl-malonic acid dimethyl ester.

Purification : Colonne chromatographique flash (silica gel 9:1 EP:AcOEt)/ R_f (9:1 EP:AcOEt): 0.35.

Produit : Huile jaune.

Rendement : 100% (ratio 3.33:1).

^{1}H RMN (δ, ppm)

(CDCl$_3$, 400 MHz)

Cycle à 5-membres: 6.56 (dd, J = 11.0Hz, J = 17.0Hz, 1H, C**H**=CH$_2$), 5.13 (d, J = 11.0 Hz, 1H, CH=C**H$_2$**), 5.09 (d, J = 17.0Hz, 1H, CH=C**H$_2$**), 3.74 (s, 6H, OCH$_3$), 3.23 (s, 2H, CH$_2$), 3.18 (s, 2H, CH$_2$), 3.09 (s, 2H, CH$_2$), 2.15-2.11 (m, 2H, CH$_2$-chaine pentyle), 1.54-1.46 (m, 2H, CH$_2$- chaine pentyle) 1.41-1.25 (m, 4H, CH$_2$- chaine pentyle), 0.89 (t, J = 7.0 Hz, 3H, CH$_3$- chaine pentyle).

Cycle à 6-membres: 6.19 (s, 1H, C=CH), 4.95 (s 1H, C=CH$_2$), 4.93 (s 1H, C=CH$_2$), 3.71 (s, 6H, OCH$_3$), 2.97 (s, 2H, CH$_2$), 2.84 (s, 2H, CH$_2$), 2.64 (s, 2H, CH$_2$), 2.21-2.16 (m, 2H, CH$_2$- chaine pentyle), 1.54-1.46 (m, 2H, CH$_2$- chaine pentyle), 1.41-1.25 (m, 4H, CH$_2$- chaine pentyle), 0.90 (t, J = 6.8Hz, 3H, CH$_3$- chaine pentyle).

^{13}C RMN (δ, ppm)

(CDCl$_3$, 100 MHz)

Seulement le cycle à 6-membres est décrit: 171.2 (Cq x2, C=O), 139.0 (Cq), 134.5 (Cq), 124.5 (C=**C**H), 112.5 (C=**C**H$_2$), 83.3 (Cq, C$\equiv$C), 75.5 (Cq, C$\equiv$C), 54.4 (Cq), 52.7 (OCH$_3$ x2), 35.7 (CH$_2$), 34.1 (CH$_2$), 31.1 (CH$_2$), 28.6 (CH$_2$), 26.8 (CH$_2$), 22.2 (CH$_2$), 18.7 (CH$_2$), 13.9 (CH$_3$).

IR (ν, cm^{-1}) (CCl$_4$) 2956 (m), 2933 (m), 2874 (w), 2861 (w), 1741 (s), 1700 (w), 1436 (m), 1256 (m), 1206 (m), 1179 (m), 1102 (w), 1051 (w).

SMHR (IE+, m/z) : Calculé: 318.1831   Trouvé: 318.1830.

3-Isopropyl-4-vinyl-cyclopent-3-ene-1,1-dicarboxylic acid diethyl ester **4.85a** +
et 3-Isopropyl-5-methylene-cyclohex-3-ene-1,1-dicarboxylic acid
diethyl ester **4.85c**

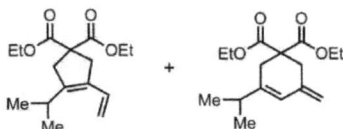

FM: $C_{16}H_{24}O_4$

PM = 280 g.mol^{-1}

Méthode :	Voir **procédure générale 4.6.C** employant (1 équiv., 0.02 mmol, 5.6 mg) de 2-(3-methyl-2-methylene-butyl)-2-prop-2-ynyl-malonic acid diethyl ester.
Purification :	Colonne chromatographique flash (silica gel 95:5 EP:AcOEt)/ R_f (9:1 EP:AcOEt): 0.40.
Produit :	Huile transparente.
Rendement :	100% (ratio 1:0.9 : autres isomères mineurs sont négligés).

^{1}H RMN (δ, ppm) (CDCl$_3$, 400 MHz)	**Cycle à 5-membres:** 6.61 (dd, J = 10.8Hz, J = 17.3Hz, 1H, C**H**=CH$_2$), 5.08 (d, J = 10.8Hz, 1H, CH=C**H$_2$**), 5.04 (d, J = 17.3Hz, 1H, CH=C**H$_2$**), 4.23-4.13 (m, 4H, OC**H$_2$**CH$_3$), 3.13 (s, 2H, CH$_2$), 3.05 (s, 2H, CH$_2$), 2.94-2.88 (m, 1H, CH-^{i}Pr), 1.27-1.21 (m, 6H, OCH$_2$C**H$_3$**), 1.06 (d, J = 6.8Hz, 6H, CH$_3$-^{i}Pr).
	Cycle à 6-membres: 5.93 (s, 1H, C=CH), 4.84 (s, 1H, C=CH$_2$), 4.83 (s, 1H, C=CH$_2$), 4.23-4.13 (m, 4H, OC**H$_2$**CH$_3$), 2.82 (s, 2H, CH$_2$), 2.61 (s, 2H,CH$_2$), 2.35-2.30 (m, 1H, CH-^{i}Pr), 1.27-1.21 (m, 6H, OCH$_2$C**H$_3$**), , 1.02 (d, J = 6.9Hz, 6H, CH$_3$-^{i}Pr).
^{13}C RMN (δ, ppm) (CDCl$_3$, 100 MHz)	**Cycles à 5- et 6-membres:** 171.2 (Cq x2, C=O), 171.0 (Cq x2, C=O), 144.8 (Cq), 144.6 (Cq), 139.9 (Cq), 129.8 (=CH), 129.6 (Cq), 121.8 (=CH), 113.6 (=CH$_2$), 111.3 (=CH$_2$), 61.5 (O**C**H$_2$CH$_3$ x2), 61.4 (O**C**H$_2$CH$_3$ x2), 57.1 (Cq), 54.4 (Cq), 40.4 (CH$_2$), 39.9 (CH$_2$), 36.0 (CH$_2$), 35.0 (CH-^{i}Pr), 32.1 (CH$_2$), 26.6 (CH-^{i}Pr), 21.0 (CH$_3$-^{i}Pr x2), 20.8 (CH$_3$-^{i}Pr x2), 14.1 (CH$_3$ x2), 14.0 (CH$_3$ x2).
IR (ν, cm^{-1}) (CCl$_4$)	2964 (m), 2932 (m), 2872 (w), 1735 (s), 1645 (w), 1465 (w), 1446 (w), 1387 (w), 1366 (w), 1299 (m), 1251 (s), 1186 (m), 1097 (m), 1071 (m), 1052 (m), 1018 (m).
SMHR (IE+, m/z) :	Calculé: 280.1675 Trouvé: 280.1667.

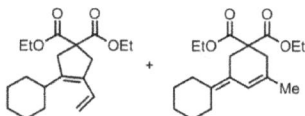

FM: C$_{19}$H$_{28}$O$_4$

PM = 320 g.mol^{-1}

Méthode:	Voir **procédure générale 4.6.A** employant (1 équiv., 0.02 mmol, 6.4 mg) de 2-(2-cyclohexyl-allyl)-2-prop-2-ynyl-malonic acid diethyl ester.
Purification:	Colonne chromatographique flash (silica gel 9:1 EP:AcOEt)/ **R$_f$** (EP:AcOEt): 0.27.
Produit:	Huile transparente.
Rendement:	89% (ratio 1:1.4).

^{1}H RMN (δ, ppm)

(CDCl$_3$, 400 MHz)

Cycles à 5-membres: 6.62 (dd, J = 10.4Hz, J = 17.2Hz, 1H, C**H**=CH$_2$), 5.07 (d, J = 10.4Hz, 1H, CH=C**H$_2$**), 5.03 (d, J = 17.2Hz, 1H, CH=C**H$_2$**), 4.22-4.13 (m, 4H, OC**H$_2$**CH$_3$), 3.13 (s, 2H, CH$_2$), 3.05 (s, 2H, CH$_2$), 1.76-1.50 (m, 11H, CH- + CH$_2$-Cy), 1.27-1.22 (m, 6H, OCH$_2$C**H$_3$**).

Cycles à 6-membres: 6.25 (s, 1H, C=CH), 4.22-4.13 (m, 4H, OC**H$_2$**CH$_3$), 2.82 (s, 2H, CH$_2$), 2.55 (s, 2H, CH$_2$), 2.26 (t, J = 5.2Hz, 4H, CH$_2$-Cy), 1.82 (s, 3H, CH$_3$), 1.76-1.50 (m, 6H, CH$_2$-Cy), 1.27-1.22 (m, 6H, OCH$_2$C**H$_3$**).

^{13}C RMN (δ, ppm)

(CDCl$_3$, 100 MHz)

Cycles à 5- et 6-membres: 172.2 (Cq x2, C=O), 171.4 (Cq x2, C=O), 144.1 (Cq), 135.8 (Cq), 132.1 (Cq), 130.0 (Cq), 129.8 (**C**H=CH$_2$), 121.0 (Cq), 120.8 (C=**C**H), 113.4 (CH=**C**H$_2$), 61.5 (O**C**H$_2$CH$_3$ x2), 61.3 (O**C**H$_2$CH$_3$ x2), 57.3 (Cq), 54.6 (Cq), 41.1 (CH$_2$), 40.4 (CH$_2$), 37.4 (CH), 35.9 (CH$_2$), 33.6 (CH$_2$), 31.3 (CH$_2$), 31.1 (CH$_2$), 30.7 (CH$_2$), 29.9 (CH$_2$), 28.3 (CH$_2$), 28.2 (CH$_2$), 27.0 (CH$_2$), 26.4 (CH$_2$), 26.1 (CH$_2$), 26.0 (CH$_2$), 23.9 (CH$_3$), 14.0 (OCH$_2$**C**H$_3$ x4).

IR (ν, cm^{-1}) (CCl$_4$)

3498 (w), 2930 (s), 2855 (m), 1734 (s), 1464 (w), 1447 (w), 1367 (w), 1259 (s), 1188 (m), 1097 (m), 1071 (m), 1018 (m).

SMHR (IE+, m/z) :

Calculé: 320.1988 Trouvé: 320.1984.

3-Cyclohexyl-4-vinyl-cyclopent-3-ene-1,1-dicarboxylic acid diethyl ester et 5-Methylene-bicyclohexyl-6-ene-3,3-dicarboxylic acid diethyl ester — **4.86a + 4.86c**

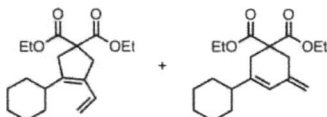

FM: $C_{19}H_{28}O_4$

PM = 320 g.mol^{-1}

Méthode :	Voir **procédure générale 4.6.B** employant (1 équiv., 0.02 mmol, 6.4 mg) de 2-(2-cyclohexyl-allyl)-2-prop-2-ynyl-malonic acid diethyl ester.
Purification :	Colonne chromatographique flash (silica gel, 9:1 EP:AcOEt)/ **R$_f$** (EP:AcOEt): 0.27.
Produit :	Huile transparente
Rendement :	88% (ratio 1:1.2).

^{1}H RMN (δ, ppm)

(CDCl$_3$, 400 MHz)

Cycle à 5-membres: 6.62 (dd, J = 10.8Hz, J = 17.2Hz, 1H, C**H**=CH$_2$), 5.07 (d, J = 10.0Hz, 1H, CH=C**H$_2$**), 5.03 (d, J = 17.2Hz, 1H, CH=C**H$_2$**), 4.22-4.13 (m, 4H, OC**H$_2$**CH$_3$), 3.13 (s, 2H, CH$_2$), 3.05 (s, 2H, CH$_2$), 1.83-1.64 (m, 11H, CH- + CH$_2$-Cy), 1.27-1.22 (m, 6H, OCH$_2$C**H$_3$**).

Cycle à 6-membres: 5.91 (s, 1H, C=CH), 4.83 (s, 1H, C=CH$_2$), 4.81 (s, 1H, C=CH$_2$), 4.22-4.13 (m, 4H, OC**H$_2$**CH$_3$), 2.82 (s, 2H, CH$_2$), 2.61 (s, 2H, CH$_2$), 1.83-1.64 (m, 11H, CH- + CH$_2$-Cy), 1.27-1.22 (m, 6H, OCH$_2$C**H$_3$**).

^{13}C RMN (δ, ppm)

(CDCl$_3$, 100 MHz)

Cycles à 5- et 6-membres: 172.2 (Cq x2, C=O), 171.0 (Cq x2, C=O), 144.2 (Cq), 144.1 (Cq), 140.0 (Cq), 130.0 (=CH), 129.8 (Cq), 122.1 (=CH), 113.4 (=CH$_2$), 111.1 (=CH$_2$), 61.5 (O**C**H$_2$CH$_3$ x2), 61.4 (O**C**H$_2$CH$_3$ x2), 57.3 (Cq), 54.4 (Cq), 45.4 (CH), 41.1(CH$_2$), 40.4 (CH$_2$), 37.4 (CH), 36.0 (CH$_2$), 32.9 (CH$_2$), 31.3 (CH$_2$), 29.7 (CH$_2$), 26.6 (CH$_2$), 26.4 (CH$_2$), 26.3 (CH$_2$), 26.1 (CH$_2$), 14.0 (OCH$_2$**C**H$_3$ x2), 13.9 (OCH$_2$**C**H$_3$ x2).

IR (ν, cm^{-1}) (CCl$_4$)

3498 (w), 2930 (s), 2855 (m), 1734 (s), 1464 (w), 1447 (w), 1367 (w), 1259 (s), 1188 (m), 1097 (m), 1071 (m), 1018 (m).

SMHR (IE+, m/z) :

Calculé: 320.1988 Trouvé: 320.1984.

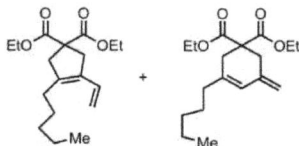

FM: $C_{18}H_{28}O_4$

PM = 308g.mol^{-1}

Méthode :	Voir **procédure générale 4.6.B ou D** employant (1 équiv., 0.02 mmol, 5.4 mg) de 2-(2-methylene-heptyl)-2-prop-2-ynyl-malonic acid diethyl ester.
Purification :	Colonne chromatographique flash (silica gel 9:1 EP:AcOEt)/ R_f (9:1 EP:AcOEt): 0.36.
Produit :	Huile transparente.
Rendement :	93% (ratio 1:0.84: autres isomers sont négligés).

^{1}H RMN (δ, ppm)

(CDCl$_3$, 400 MHz)

Cycle à 5-membres: 6.57 (dd, 1H, J = 11.0Hz, J = 17.0Hz, C**H**=CH$_2$), 5.07 (d, J = 11.0Hz, 1H, CH=C**H**$_2$), 5.04 (d, J = 17.0 Hz, 1H, CH=C**H**$_2$), 4.22-4.15 (m, 4H, OC**H**$_2$CH$_3$), 3.15 (s, 2H, CH$_2$), 3.06 (s, 2H, CH$_2$), 2.18 (t, J = 7.6Hz, 2H, CH$_2$-chaine pentyle) 1.48-1.37 (m, 2H, CH$_2$-chaine pentyle), 1.3361.20 (m, 10H, CH$_2$-chaine pentyle et OCH$_2$C**H**$_3$ x2) 0.91-0.86 (m, 3H, CH$_3$-chaine pentyle).

Cycle à 6-membres: 5.92 (s, 1H, C=CH), 4.82 (s, 1H, C=CH$_2$), 4.80 (s, 1H, C=CH$_2$), 4.22-4.15 (m, 4H, OC**H**$_2$CH$_3$), 2.81 (s, 2H, CH$_2$), 2.58 (s, 2H, CH$_2$), 2.07 (t, J = 7.6Hz, 2H, CH$_2$-chaine pentyle), 1.48-1.37 (m, 2H, CH$_2$-chaine pentyle), 1.33-1.20 (m, 10H, CH$_2$-chaine pentyle et OCH$_2$C**H**$_3$ x2), 0.91-0.86 (m, 3H, CH$_3$-chaine pentyle).

^{13}C RMN (δ, ppm)

(CDCl$_3$, 100 MHz)

Cycles à 5- et 6-membres: 172.2 (Cq x2, C=O), 171.0 (Cq x2, C=O), 139.7 (Cq), 139.7 (Cq), 139.4 (Cq), 131.3 (Cq), 130.1 (**C**H=CH$_2$), 123.8 (=**C**H), 113.6 (CH=**C**H$_2$), 111.0 (=CH$_2$), 61.5 (O**C**H$_2$CH$_3$ x2), 61.4 (O**C**H$_2$CH$_3$ x2), 57.2 (Cq), 54.4 (Cq), 44.2 (CH$_2$), 40.5 (CH$_2$), 37.4 (CH$_2$), 35.8 (CH$_2$), 34.3 (CH$_2$), 31.6 (CH$_2$), 31.6 (CH$_2$), 27.9 (CH$_2$), 27.6 (CH$_2$), 27.0 (CH$_2$), 22.5 (CH$_2$), 22.5 (CH$_2$), 14.0 (CH$_3$ x4), 14.0 (CH$_3$ x2).

IR (ν, cm^{-1}) (CCl$_4$)

3314 (w), 2960 (m), 2931 (s), 2873 (m), 2860 (m), 1735 (s), 1465 (w), 1445 (w), 1367 (w), 1251 (s), 1186 (m), 1097 (m), 1071 (m), 1017 (m).

SMHR (IE+, m/z) : Calculé: 308.1988 Trouvé: 308.1985.

5-Methylene-3-phenyl-cyclohex-3-ene-1,1-dicarboxylic acid diethyl ester, 5-Methyl-3-phenyl-cyclohexa-2,4-diene-1,1-dicarboxylic acid diethyl ester, 3-Methyl-5-phenyl-cyclohexa-2,4-diene-1,1-dicarboxylic acid diethyl ester et 3-Methyl-5-phenyl-cyclohexa-2,5-diene-1,1-dicarboxylic acid diethyl ester

4.88a-d

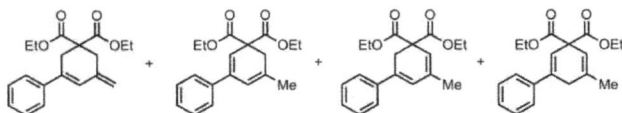

FM: $C_{19}H_{22}O_4$

PM = 314 g.mol^{-1}

Méthode :	Voir **procédure générale 4.6.A ou B ou C ou D** employant (1 équiv., 0.02 mmol, 6.3 mg) de 2-(2-phenyl-allyl)-2-prop-2-ynyl-malonic acid diethyl ester.
Purification :	Colonne chromatographique flash (silica gel 9:1 EP:AcOEt)/ **R$_f$** (9:1 EP:AcOEt): 0.29.
Produit :	Huile transparente.
Rendement :	79% (ratio 1: 0.3: 0.3: 0.3).

^{1}H RMN (δ, ppm)

(CDCl$_3$, 400 MHz)

Mélange de 4 isomères: 7.52-.7.43 (m, 8H, CH-Ph), 7.36-7.33 (m, 8H, CH-Ph), 7.31-7.27 (m, 4H, CH-Ph), 6.50 (s, 1H, C=CH premier isomère), 6.13 (s, 1H, C=CH), 6.13 (s, 1H, C=CH), 6.04 (s, 2H, C=CH), 5.71 (s, 1H, C=CH), 5.71 (s, 1H, C=CH), 5.06 (s, 1H, C=CH$_2$ premier isomère), 5.02 (s, 1H, C=CH$_2$ premier isomère), 4.24-4.16 (m, 16H, OC**H$_2$**CH$_3$ tous les isomères), 3.19 (s, 2H, CH$_2$), 3.18 (s, 2H, CH$_2$), 3.08 (s, 2H, CH$_2$ premier isomère), 2.94 (s, 2H, CH$_2$ premier isomère), 2.80 (s, 2H, CH$_2$), 1.94 (s, 3H, CH$_3$), 1.92 (s, 3H, CH$_3$), 1.92 (s, 3H, CH$_3$), 1.28-1.21 (m, 24H, OCH$_2$C**H$_3$**).

^{13}C RMN (δ, ppm)

(CDCl$_3$, 100 MHz)

Mixture of four isomers (huit CH, quatre Cq, un CH$_3$ et un CH$_2$ ne peuvent pas être distingués sans ambiguité): 170.9 (Cq x2, C=O), 170.8 (Cq x2, C=O), 170.7 (Cq x4, C=O), 140.6 (Cq), 139.9 (Cq), 139.8 (Cq), 138.0 (Cq), 136.7 (Cq), 136.3 (Cq), 135.9 (Cq), 134.9 (Cq), 128.4 (CH), 128.4 (CH), 128.4 (CH), 127.6 (CH), 126.0 (CH), 125.9 (CH), 125.7 (CH), 125.7 (CH), 123.2 (CH), 119.6 (Cq), 117.1(CH), 116.5 (CH), 114.2 (CH$_2$), 61.7 (O**C**H$_2$CH$_3$ x4), 61.6 (O**C**H$_2$CH$_3$ x4), 55.8 (Cq), 55.6 (Cq), 54.5 (Cq), 35.5 (CH$_2$), 34.4 (CH$_2$), 33.4 (CH$_2$), 32.1 (CH$_2$), 23.2 (CH$_3$), 21.5 (CH$_3$), 14.0 (OCH$_2$**C**H$_3$ x8).

IR (ν, cm^{-1}) (CCl$_4$)

3474 (w), 3061 (w), 2982 (m), 2931 (m), 2873 (w), 1735 (s), 1600 (w), 1494 (w), 1464 (w), 1446 (m), 1367 (m), 1243 (s), 1186 (s), 1096 (m), 1071 (m), 1054 (m), 1023 (m).

SMHR (IE+, m/z) : Calculé: 314.1518   Trouvé: 314.1530.

B.3.4. Chapitre 5: L'Hydroalkylation d'Alcynyl Éthers *via* une Séquence de Transfert 1,5-d'Hydrure/Cyclization Catalysée à l'Or(I)

Seulement les expériences réalisées par cet auteur sont présentées dans cette section. Ces expériences sont marquées avec une étoile rouge (*).[229]

B.3.4.1 La Synthèse des Substrats qui Portent des Anneaux C(2)-THF et 1,3-Dioxolanes

Les alcynes les plus représetatifs synthètisés dans ce travail portant des motifs THF et dioxolane en C(2) ont été préparés selon démontré dans le schème 4.1. Des structures similaires correspondantes à des modifications directes de ces subtrats antérieurs ont été préparés de manière analogue, selon décrit au schème B.3.4.1:

Procédure Générale 5.1,[284] *Cyclisation des alcools sécondaires promue par le NBS:* À un ballon chargé avec l'alcool homoallilique (1 équiv.) et DCM (0.2 M) à 0°C, il y a été additionné *N*-bromosuccinimide (1.5 équiv.) et NaHCO$_3$ (1.5 équiv.). Le mélange réactinnel est agité à 0°C, avec la température étant montée lentement à ta. Telles réactions sont normalement laissées agiter pendant la nuit. Une fois que la réaction est finie (CCM), l'eau est additionnée au mélange réactionnel. Ensuite, elle est extraite avec Et$_2$O (3x), lavée avec une solution saturée de NaCl (1x), séchée

---

[284] Based on the work of Lee, A S.-Y; Tsao, K.-W.; Chang, Y-T.; Chu, S. F. *Tetrahedron Lett.* 48, 38, 2007, 6790.

(MgSO$_4$) et concentrée sous vide. Purification par colonne chromatographique flash donne les produits souhaités dans les rendements marqués.

Procédure Générale 5.2,[285] *Monoalkylation du malonate de diméthyle:* À un ballon chargé avec NaH (1.2 équiv.) et toluène (1M par rapport à l'agent alkylant), il y a été additionné lentement le malonate de diméthyle (2 équiv.) à 0°C. La température est remontée à ta. Ensuite, l'agent alkylant (1 équiv.) dissolu dans le DFM (1M par rapport à l'agent alkylant) est additionné, en étant suivi par l'addition de KI (0.5 équiv. Par rapport à l'agent alkylant). La réaction est cauffée à 100°C en étant agitée pendant la nuit. Une fois que le produit de départ est totalement consommé (CCM), la réaction est refroidie à ta, quenchée avec une solution saturée de NH$_4$Cl, extradite avec AcOEt (3x), lavée l'eau (5x), séchée (MgSO$_4$) et concentre sous pression réduite. Purification par colonne chromatographique flash fournit le malonates monoalkylés correspondants dans les rendements marqués.

---

[285] Pastine, S; J.; McQuaid, K. M.; Sames, D. *J. Am. Chem. Soc.*127, 12180.

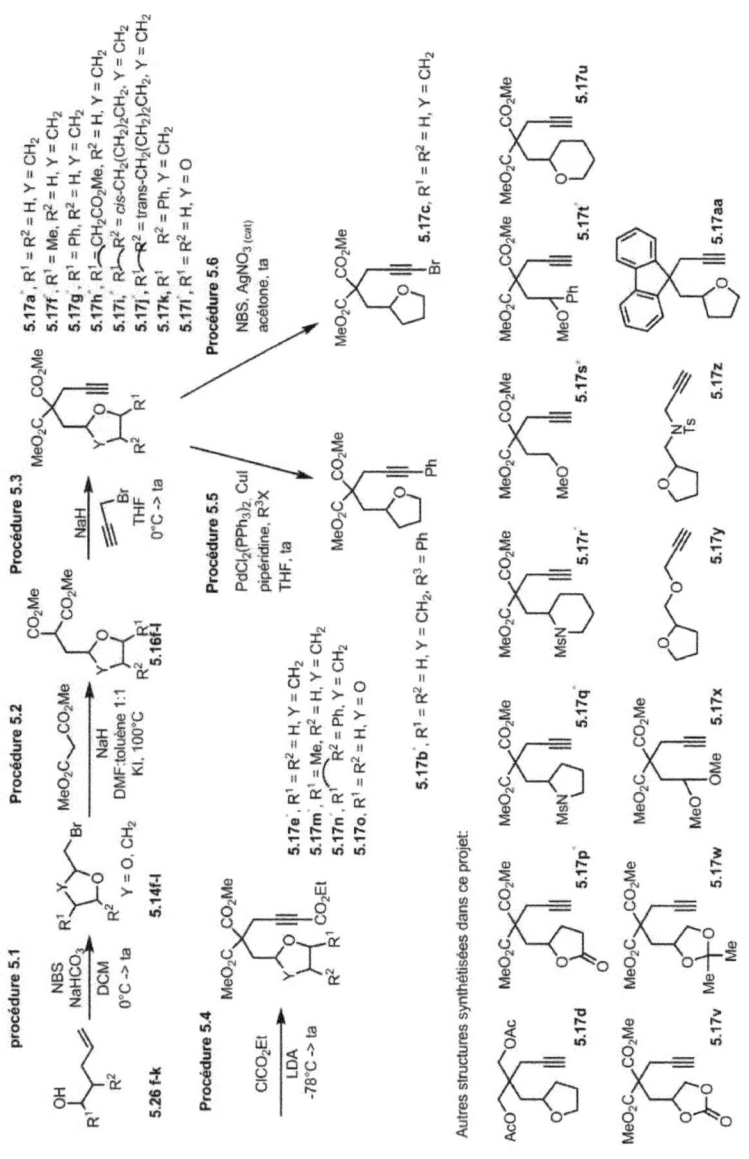

Schème B.3.4.1: Synthèse de molécules **5.17a-aa** portant des motifs THF liés par C(2).

procédure 5.1

NBS
NaHCO₃
DCM
0° -> ta

5.26 f-k

Procédure 5.2

MeO₂C⌒CO₂Me
NaH
DMF:toluène 1:1
KI, 100°C

5.14f-l

Procédure 5.3

NaH
Br⌒≡
THF
0°C -> ta

Procédure 5.4

ClCO₂Et
LDA
-78°C -> ta

Procédure 5.5

PdCl₂(PPh₃)₂, CuI
pipéridine, R³X
THF, ta

Procédure 5.6

NBS, AgNO₃ (cat)
acétone, ta

5.16f-l

5.17a, R¹ = R² = H, Y = CH₂
5.17f, R¹ = Me, R² = H, Y = CH₂
5.17g, R¹ = Ph, R² = H, Y = CH₂
5.17h, R¹ = CH₂CO₂Me, R² = H, Y = CH₂
5.17i, R¹—R² = cis-CH₂(CH₂)₂CH₂, Y = CH₂
5.17j, R¹—R² = trans-CH₂(CH₂)₂CH₂, Y = CH₂
5.17k, R¹   R² = Ph, Y = CH₂
5.17l, R¹ = R² = H, Y = O

5.17e, R¹ = R² = H, Y = CH₂
5.17m, R¹ = Me, R² = H, Y = CH₂
5.17n, R¹ = R² = Ph, Y = CH₂
5.17o, R¹ = R² = H, Y = O

5.17b, R¹ = R² = H, Y = CH₂, R³ = Ph

5.17c, R¹ = R² = H, Y = CH₂

Autres structures synthétisées dans ce projet:

5.17d · **5.17p** · **5.17q** · **5.17r** · **5.17s** · **5.17t** · **5.17u**

5.17v · **5.17w** · **5.17x** · **5.17y** · **5.17z** · **5.17aa**

Procédure Générale 5.3, *Propargylation de malonates monosubstitués:* À un ballon chargé avec NaH (1.5 équiv.) et THF (0.125 M) à 0°C, il y a été additionné le diméthylmalonate monoalkylé (1 équiv.). Le mélange réactionnel est rechauffé à ta. Le bromure de propargyle (1.2 équiv.) est additionné et le mélange réactionnel est agité à ta. Une fois que la réaction est finie (CCM), la reaction est quenchée avec une solution saturée de NH$_4$Cl, extraite avec AcOEt (3x), séchée (MgSO$_4$) et concentrée sous vide. Purification par colonne chromatographique flash fournit les diméthylmalonates dialkylés correspondants.

Procédure Générale 5.4, *Synthèse de Dérivés d'Éthyl butynoates:* À un ballon chargé avec diisopropylamine (2 équiv.) et THF (0.250 M) à 0°C, il y a été additionné *n*-BuLi (1.6M dans hexanes, 2 équiv.) et agité pour 15 min. à 0°C. La température est refroidie à -78 °C et l'alcyne (1 équiv.) dissolu dans le THF (0.250 M) est additionné. Le mélange réactionnel est agité à -78°C pour 1h. L'ânion formé est quenchée avec l'éthyl chloroformate (2 équiv.). Le mélange réactionnel est rechauffé à ta, l'eau est additionné et le mélange réactionnel est extrait avec AcOEt (3x), séché (MgSO$_4$) et concentré sous vide. Purification par colonne chromatographique flash donne les produits souhaités dans les rendements marqués.

Procédure générale 5.5,[286] *Couplage de Sonogashira avec des Malonates Propargylés:* À un ballon sous une atmosphere d'argon, il y a été additionné en sequence: alcyne (1 équiv.), pipéridine (0.7 M par rapport à l'alcyne), PdCl$_2$(PPh$_3$)$_2$ (35 mg, 0.05 équiv.), CuI (19

---

[286] Tenaglia, A.; Gaillard, S.; *Org. Lett.,* **2007,** 9, 18, 3607.

mg, 0.1 équiv.), halogénure (1.2 équiv.) et THF (0.7 M par rapport à l'alcyne). La réaction est agitée à température ambiante pendant la nuit. Une fois que la réaction est finie (CCM), la reaction est diluée avec une solution saturée de NH$_4$Cl, extradite avec Et$_2$O (3x), séchée (MgSO$_4$), concentrée sous vide et purifiée par colonne chromatographique flash pour fournir les produits correspondants dans les rendements marqués.

Procédure Générale 5.6 (identique à la procédure 1.1): *Bromation des Alcynes Terminaux promue par le NBS:* À un ballon chargé avec l'alcyne (1 équiv.) et acétone (1.2 équiv.) à 0 °C, il y a été additionné *N*-bromo succinimide (1.2 équiv) et AgNO$_3$ (0.1 équiv.). Le mélange réactionnel est rechauffé à ta. Le ballon est proctégé de la lumière et agitée à tajuqu'à la consommation totale du produit de départ (CCM). La réaction est quenchée avec l'eau, extraite avec Et$_2$O (3x), séchée (MgSO$_4$) et concentrée sous vide. Purification du mélange réactionnel par colonne chromatographique flash fournit les bromoalcynes dans les rendements marqués.

2-Prop-2-ynyl-2-(tetrahydro-furan-2-ylmethyl)-malonic acid dimethyl ester	5.17a

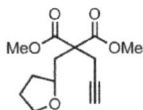

FM: C$_{13}$H$_{18}$O$_5$

PM = 254 g.mol^{-1}

Méthode : Voir **procédure général 5.2** employant (1 équiv., 12 mmol, 1.98 g) de 2-bromomethyl-tetrahydro-furan suivi de la **procédure général 5.3** employant (1 équiv., 4.6 mmol, 1.0 g) du malonate monoalkylé antérieurement préparé.

Purification :   Colonne chromatographique flash   (silica gel, 85: 15 EP: AcOEt)/ **R_f** (7:3 EP:AcOEt): 0.45.

Produit :   Huile transparente.

Rendement :   34% pour deux étapes.

¹H RMN (δ, ppm)

(CDCl₃, 400 MHz)

3.98-3.92 (m, 1H, OCH-Motif THF), 3.74 (s, 3H, OCH₃), 3.72 (s, 3H, OCH₃), 3.70-3.64 (m, 2H, OCH₂-Motif THF), 3.05 (dd, J = 2.7Hz, J = 17.3Hz, 1H, CH₂-chaine propargyle), 2.92 (dd, J = 2.7Hz, J = 17.3Hz, 1H, CH₂-chaine propargyle), 2.31 (dd, J = 3.5Hz, J = 14.6Hz, 1H, C**H₂**CHO), 2.25 (dd, J = 9.6Hz, J = 14.6Hz, 1H, C**H₂**CHO), 2.07-2.02 (m, 1H, CH₂-motif THF), 2.00 (t, J = 2.7Hz, 1H, ≡CH), 1.94-1.76 (m, 2H, CH₂- motif THF), 1.59-1.50 (m, 1H, CH₂- motif THF).

¹³C RMN (δ, ppm)

(CDCl₃, 100 MHz)

170.8 (Cq, C=O), 170.7 (Cq, C=O), 79.3 (Cq, **C**≡CH), 74.8 (OCH-motif THF), 71.3 (≡CH), 67.8 (OCH₂), 55.7 (Cq), 52.8 (OCH₃), 52.7 (OCH₃), 37.9 (CH₂), 32.2 (CH₂), 25.4 (CH₂), 23.0 (CH₂).

IR (ν, cm⁻¹) (CCl₄)

3314 (s), 2974 (m), 2953 (s), 2872 (w), 2843(w), 1743 (s), 1457 (m), 1436 (s), 1360 (w), 1323 (w), 1287 (s), 1220 (s), 1200 (s), 1183 (s), 1121 (w), 1086 (s), 1052 (w), 1015 (w).

SMHR (IE+, m/z) :   Calculé: 254.1154   Trouvé: 254.1163.

2-(3-Phenyl-prop-2-ynyl)-2-(tetrahydro-furan-2-ylmethyl)-malonic   acid   5.17b dimethyl ester

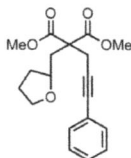

FM: $C_{19}H_{22}O_5$

PM = 330 g.mol⁻¹

Méthode :   Voir **procédure générale 5.5** employant (1 équiv., 0.5 mmol, 125 mg) de 2-prop-2-ynyl-2-(tetrahydro-furan-2-ylmethyl)-malonic acid dimethyl ester et (1.1 équiv., 0.55 mmol, 60 µL) d'iodo-benzène.

Purification :   Colonne chromatographique flash (silica gel, 8:2 EP:AcOEt)/ **R_f** (7:3 EP:AcOEt): 0.44.

389

Produit :	Huile orange.

Rendement :	94%.

^{1}H RMN (δ, ppm) (CDCl$_3$, 400 MHz)	7.37-7.34 (m, 2H, CH-Ph), 7.29-7.26 (m, 3H, CH-Ph), 4.05-3.99 (m, 1H, OCH-motif THF), 3.76 (s, 3H, OCH$_3$), 3.74 (s, 3H, OCH$_3$), 3.76-3.66 (m, 2H, OCH$_2$- motif THF), 3.26 (d, J = 17.4Hz, 1H, CH$_2$-chaine propargyle), 3.13 (d, J = 17.4Hz, 1H, CH$_2$-chaine propargyle), 2.38 (dd, J = 3.3Hz, J = 14.6Hz, 1H, C**H$_2$**CHO), 2.30 (dd, J = 9.8Hz, J = 14.6Hz, 1H, C**H$_2$**CHO), 2.09-2.01 (m, 1H, CH$_2$-motif THF), 1.95-1.77 (m, 2H, CH$_2$- motif THF), 1.60-1.52 (m, 1H, CH$_2$- motif THF).
^{13}C RMN (δ, ppm) (CDCl$_3$, 100 MHz)	171.0 (Cq, C=O), 170.8 (Cq, C=O), 131.6 (CH-Ph), 128.2 (CH-Ph), 127.9 (CH-Ph), 123.3 (Cq-Ph), 84.8 (Cq, C≡C), 83.5 (Cq, C≡C), 74.8 (OCH- motif THF), 67.7 (OCH$_2$-motif THF), 56.1 (Cq), 52.8 (OCH$_3$), 52.6 (OCH$_3$), 38.2 (CH$_2$), 32.3 (CH$_2$), 25.5 (CH$_2$), 23.9 (CH$_2$).
IR (ν, cm^{-1}) (CCl$_4$)	3024 (w), 2974 (w), 2952 (m), 2872 (w), 1757 (m), 1742 (s), 1491 (w), 1436 (m), 1326 (w), 1289 (w), 1260 (w), 1218 (s), 1200 (s), 1182 (s), 1120 (w), 1087 (s), 1051 (w), 1030 (w).
SMHR (IE+, m/z) :	Calculé: 330.1467 Trouvé: 330.1468.

5-Methoxycarbonyl-5-(tetrahydro-furan-2-ylmethyl)-hex-2-ynedioic acid   **5.17e**
1-ethyl ester 6-methyl ester

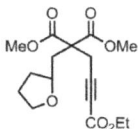

FM: C$_{16}$H$_{22}$O$_7$

PM = 326 g.mol^{-1}

Méthode :	Voir **procédure générale 5.4** employant (1 équiv., 1 mmol, 240 mg) de 2-prop-2-ynyl-2-(tetrahydro-furan-2-ylmethyl)-malonic acid dimethyl ester.

Purification :	Colonne chromatographique flash (silica gel, 8:2 EP:AcOEt)/ **R$_f$** (7:3 EP:AcOEt): 0.29.

Produit :	Huile jaune pâle.

Rendement :	51%.

¹H RMN (δ, ppm)

(CDCl₃, 400 MHz)

4.19 (q, J = 7.1Hz, 2H, OC**H₂**CH₃), 3.96-3.89 (m, 1H, OCH-motif THF), 3.75 (s, 3H, OCH₃), 3.73 (s, 3H, OCH₃), 3.73-3.64 (m, 2H, OCH₂- motif THF), 3.23 (d, J = 17.6Hz, 1H, CH₂-chaine propargyle), 3.07 (d, J = 17.6Hz, 1H, CH₂-chaine propargyle), 2.30-2.22 (m, 2H, C**H₂**CHO), 2.08-2.00 (m, 1H, CH₂- motif THF), 1.94-1.76 (m, 2H, CH₂- motif THF), 1.58-1.51 (m, 1H, CH₂- motif THF), 1.28 (t, J = 7.1Hz, 3H, OCH₂C**H₃**).

¹³C RMN (δ, ppm)

(CDCl₃, 100 MHz)

170.2 (Cq, C=O), 170.1 (Cq, C=O), 153.3 (Cq, C=O), 83.8 (Cq, C≡C), 75.5 (Cq, C≡C), 74.7 (OCH-Motif THF), 67.8 (OCH₂-Motif THF), 61.8 (O**C**H₂CH₃), 55.6 (Cq), 52.9 (OCH₃), 52.8 (OCH₃), 38.1 (CH₂), 32.2 (CH₂), 25.3 (CH₂), 23.2 (CH₂), 13.9 (OCH₂**C**H₃).

IR (ν, cm⁻¹) (CCl₄)

2979 (m), 2954 (m), 2906 (w), 2873 (w), 2240 (m), 1744 (s), 1716 (s), 1458 (w), 1436 (m), 1366 (w), 1322 (w), 1253 (s), 1220 (s), 1201 (s), 1182 (s), 1120 (w), 1086 (s), 1015 (w).

SMHR (IE+, m/z) :

Calculé: 326.1366. Trouvé: 326.1375.

2-(5-Methyl-tetrahydro-furan-2-ylmethyl)-2-prop-2-ynyl-malonic acid dimethyl ester   **5.17f**

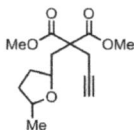

FM: C₁₄H₂₀O₅

PM = 268 g.mol⁻¹

Méthode :

Voir **procédure générale 5.1** employant (1 équiv., 19 mmol, 1.90 g) de hex-5-en-2-ol suivi de la **procédure générale 5.2** employant (1 équiv., 13.5 mmol, 2.42 g) de 2-bromomethyl-5-methyl-tetrahydro-furan, suivi de la **procédure générale 5.3** employant (1 équiv., 4.10 mmol, 944 mg) du malonate monosubstitué antérieurement préparé.

Purification :

Colonne chromatographique flash (silica gel, 9:1 EP:AcOEt)/ **R_f**. (9:1 EP: AcOEt): 0.20.

Produit :

Huile Transparente.

Rendement :

35% pour trois étapes (ratio *cis*: *trans* 1:2)

¹H RMN (δ, ppm)

(CDCl₃, 400 MHz)

Diasteroisomère majoritaire (trans): 4.16-4.10 (m, 1H, OCH-motif THF), 3.98-3.87 (m, 1H, OCH-motif THF), 3.73 (s, 3H, OCH₃), 3.72 (s, 3H, OCH₃), 3.06 (dd, J = 2.7Hz, J = 17.3Hz, 1H, CH₂- chaine propargyle), 2.93 (dd, J = 2.7Hz, J =17.3Hz, 1H, CH₂-chaine propargyle), 2.38-2.20 (m, 2H, C**H₂**CHO), 2.16-2.08 (m, 1H, CH₂- motif THF), 2.05-1.97 (m, 1H, CH₂- motif THF), 1.99 (t, J = 2.7Hz, 1H, ══CH), 1.62-1.53 (m, 1H, CH₂- motif THF), 1.46-1.35 (m, 1H, CH₂- motif THF), 1.13 (d, J = 6.1Hz, 3H, CH₃). **Diasteroisomère minoritaire (cis):** 3.98-3.87 (m, 2H, OCH-motif THF x2), 3.73 (s, 3H, OCH₃), 3.71 (s, 3H, OCH₃) 3.05 (dd, J = 2.7Hz, J = 17.3Hz, 1H, CH₂- chaine propargyle), 2.92 (dd, J = 2.7Hz, J = 17.3Hz,, 1H, CH₂- chaine propargyle) 2.38-2.20 (m, 2H, C**H₂**CHO), 1.99 (t, J = 2.7Hz, 1H, ══CH), 1.95-1.87 (m, 1H, CH₂- motif THF), 1.62-1.53 (m, 2H, CH₂- motif THF), 1.46-1.35 (m, 1H, CH₂- motif THF), 1.15 (d, J = 6.1Hz, 3H, CH₃).

¹³C RMN (δ, ppm)

(CDCl₃, 100 MHz)

Diasteroisomère majoritaire (trans): 170.7 (Cq, C=O), 170.7 (Cq, C=O), 79.4 (Cq, **C**══CH), 74.2 (OCH), 74.2 (OCH), 71.2 (══CH), 55.7 (Cq), 52.8 (OCH₃), 52.6 (OCH₃), 38.3 (CH₂), 33.5 (CH₂), 32.7 (CH₂), 23.0 (CH₂), 21.0 (CH₃). **Diasteroisomère minoritaire (cis):** 170.8 (Cq, C=O), 170.7 (Cq, C=O), 77.2 (Cq, **C**══CH), 75.9 (OCH), 74.8 (OCH), 71.3 (══CH), 55.7 (Cq), 52.8 (OCH₃), 52.6 (OCH₃), 38.9 (CH₂), 32.6 (CH₂), 32.3 (CH₂), 22.9 (CH₂), 21.3 (CH₃).

IR (ν, cm⁻¹) (CCl₄)

3314 (s), 2971 (s), 2953 (s), 2931 (s), 2871 (m), 1758 (s), 1743 (s), 1457 (m), 1437 (s), 1377 (m), 1344 (w), 1323 (m), 1285 (s), 1253 (s), 1222 (s), 1200 (s), 1183 (s), 1151(m), 1120 (m), 1095 (s).

SMHR (IE+, m/z) : Calculé 268.1311 Trouvé: 268.1309.

2-(5-Phenyl-tetrahydro-furan-2-ylmethyl)-2-prop-2-ynyl-malonic acid **dimethyl ester**   **5.17g**

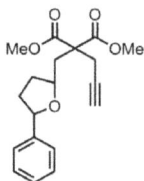

FM: C₁₉H₂₁O₅

PM = 329 g.mol⁻¹

Méthode : Voir **procédure générale 5.1** employant (1 équiv., 8.6 mmol, 1.40 g) de 1-phenyl-pent-4-en-1-ol suivi de la **procédure générale 5.2** employant (1 équiv., 7.5 mmol, 1.80 g) de 2-bromomethyl-5-phenyl-tetrahydro-furan suivi de la **procédure générale 5.3** employant (1 équiv, 2.3 mmol, 680 mg) du malonate monosubstitué antérieurement préparé.

Purification : Colonne chromatographique flash (silica gel, 8:2 EP:AcOEt)/ R_f. (8:2 EP:AcOEt): 0.44.

Produit : Huile transparente.

Rendement : 31% pour trois étapes (ratio *cis* : *trans* 1:2).

^{1}H RMN (δ, ppm)

(CDCl$_3$, 400 MHz)

Diatereoisomère majoritaire (trans): 7.32-7.20 (m, 5H, CH-Ph), 4.91 (dd, J = 6.4Hz, J = 7.6, 1H, OCH-motif THF), 4.34-4.26 (m, 1H, OCH-motif THF), 3.73 (s, 3H, OCH$_3$), 3.64 (s, 3H, OCH$_3$), 3.11 (dd, J = 2.7Hz, J = 17.3Hz, 1H, CH$_2$-chaine propargyle), 2.99 (dd, J = 2.7Hz, J = 17.3Hz, 1H, CH$_2$- chaine propargyle), 2.40-2.37 (m, 2H, C**H$_2$**CHO), 2.36-2.34 (m, 1H, CH$_2$-motif THF), 2.29-2.17 (m, 1H, CH$_2$-motif THF), 2.02 (t, J = 2.7Hz, 1H, ≡CH), 1.84-1.67 (m, 2H, CH$_2$-motif THF). **Diatereoisomère minoritaire (cis):** 7.32-7.20 (m, 5H, CH-Ph), 4.84 (t, J = 7.2Hz, 1H, OCH- motif THF), 4.10-4.03 (m, 1H, OCH- motif THF), 3.74 (s, 3H, OCH$_3$), 3.59 (s, 3H, OCH$_3$), 3.09 (dd, J = 2.7Hz, J = 17.2Hz, 1H, CH$_2$-chaine propargyle), 2.97 (dd, J = 2.7Hz, J = 17.2Hz, 1H, CH$_2$-chaine propargyle), 2.55-2.43 (m, 2H, C**H$_2$**CHO), 2.29-2.17 (m, 1H, CH$_2$-motif THF), 2.15-2.07 (m, 1H, CH$_2$-motif THF), 2.03 (t, J = 2.7Hz, 1H, ≡CH), 1.84-1.67 (m, 2H, CH$_2$-motif THF).

^{13}C RMN (δ, ppm)

(CDCl$_3$, 100 MHz)

Diastereoisomère majoritaire (trans): 170.6 (Cq x2, C=O), 143.4 (Cq, Ph), 128.2 (CH-Ph), 125.3 (CH-Ph), 127.0 (CH-Ph), 79.8 (OCH-motif THF), 79.4 (Cq, **C**≡CH), 75.1 (OCH- motif THF), 71.3 (≡CH), 55.8 (Cq), 52.8 (OCH$_3$), 52.7 (OCH$_3$), 38.4 (CH$_2$), 34.7 (CH$_2$), 32.9 (CH$_2$), 23.1 (CH$_2$). **Diastereoisomère minoritaire (cis):** 170.6 (Cq x2, C=O), 143.1 (Cq, Ph), 128.0 (CH-Ph), 126.9 (CH-Ph), 125.8 (CH-Ph), 81.3 (OCH-motif THF), 79.3 (Cq, **C**≡CH), 75.5 (OCH-motif THF), 71.4 (≡CH), 55.8 (Cq), 52.8 (OCH$_3$), 52.6 (OCH$_3$), 38.3 (CH$_2$), 34.0 (CH$_2$), 32.1 (CH$_2$), 23.0 (CH$_2$).

IR (ν, cm^{-1}) (CCl$_4$)

3433 (w), 3313 (m), 3065 (w), 3031 (w), 2953 (m), 2875 (w), 2843 (w), 1758 (s), 1742 (s), 1692 (w), 1493 (w), 1449 (m), 1437 (m), 1321 (m), 1284 (m), 1251 (m), 1222 (s), 1200 (s), 1183 (s), 1087 (s), 1038 (m), 1027 (m).

SMHR (IE+, m/z) : Calculé: 329.1389   Trouvé: 329.1395.

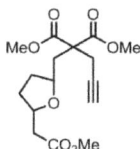

FM: $C_{16}H_{22}O_7$

PM = 326 g.mol^{-1}

Méthode : Voir **procédure générale 5.1** employant (1 équiv., 16.3 mmol, 2.58 g) de 3-hydroxy-hept-6-enoic acid methyl ester suivi de la **procédure générale 5.2** employant (1 équiv., 4.22 mmol, 1.0 g) de (5-bromomethyl-tetrahydro-furan-2-yl)-acetic acid methyl ester, suivi de la **procédure générale 5.3** employant (1 équiv., 0.92 mmol, 265 mg) du malonate monosubstitué antérieurement préparé.

Purification : Colonne chromatographique flash (silica gel, 7:3 EP:AcOEt)/ **R$_f$** (7:3 EP:AcOEt) : 0.34.

Produit : Huile transparente.

Rendement : 15% pour trios étapes (ratio *cis*: *trans*: 1:3)

^{1}H RMN (δ, ppm)

(CDCl$_3$, 400 MHz)

Diastereoisomère majoritaire (trans): 4.30-4.23 (m, 1H, OCH-motif THF), 4.13-4.07 (m, 1H, OCH- motif THF), 3.72 (s, 3H, OCH$_3$), 3.71 (s, 3H, OCH$_3$), 3.67 (s, 3H, OCH$_3$), 3.02 (dd, J = 2.7Hz, J = 17.3Hz, 1H, CH$_2$- chaine propargyle), 2.90 (dd, J = 2.7Hz, J = 17.3Hz, 1H, CH$_2$- chaine propargyle), 2.51 (dd, J = 7.1Hz, J = 14.9Hz, 1H, CH$_2$), 2.38 (dd, J = 6.2Hz, J = 14.9Hz, 1H, CH$_2$), 2.31-2.19 (m, 2H, CH$_2$), 2.16-2.07 (m, 2H, CH$_2$- motif THF), 1.99 (t, J = 2.7Hz, 1H, ≡CH), 1.66-1.49 (m, 2H, CH$_2$- motif THF). **Diastereoisomère minoritaire: (cis):** 4.22-4.15 (m, 1H, OCH- motif THF), 3.95-3.88 (m, 1H, OCH- motif THF), 3.72 (s, 3H, OCH$_3$), 3.70 (s, 3H, OCH$_3$), 3.66 (s, 3H, OCH$_3$), 3.01 (dd, J = 2.7Hz, J = 17.3Hz, 1H, CH$_2$- chaine propargyle), 2.89 (dd, J = 2.7Hz, J = 17.3Hz, 1H, CH$_2$- chaine propargyle), 2.55 (dd, J = 6.8Hz, J = 15.0Hz, 1H, CH$_2$), 2.41 (dd, J = 6.2Hz, J = 15.0Hz, 1H, CH$_2$), 2.31-2.19 (m, 2H, CH$_2$), 2.05-2.02 (m, 2H, CH$_2$- motif THF), 1.99 (t, J = 2.7Hz, 1H, ≡CH), 1.66-1.49 (m, 2H, CH$_2$- motif THF).

^{13}C RMN (δ, ppm)

(CDCl$_3$, 100 MHz)

Diasteroisomère majoritaire (trans): 171.5 (Cq, C=O), 170.5 (Cq x2, C=O), 79.3 (Cq, <u>C</u>≡CH), 74.9 (OCH-motif THF), 74.6 (OCH-motif THF), 71.2 (≡CH), 55.7 (Cq), 52.8 (OCH$_3$), 52.6 (OCH$_3$), 51.5 (OCH$_3$), 40.7 (CH$_2$), 38.0 (CH$_2$), 32.4 (CH$_2$), 31.4 (CH$_2$), 23.0 (CH$_2$). **Diasteroisomère minoritaire (cis):** 171.4 (Cq, C=O), 170.5 (Cq, C=O), 170.4 (Cq, C=O), 79.2 (Cq, <u>C</u>≡CH), 75.8 (OCH-motif THF), 75.2 (OCH-motif THF), 71.3 (≡CH), 55.6 (Cq), 52.8 (OCH$_3$), 52.6 (OCH$_3$), 51.5 (OCH$_3$), 40.6 (CH$_2$),

38.5 (CH$_2$), 31.9 (CH$_2$), 30.7 (CH$_2$), 22.9 (CH$_2$).

IR (ν, cm^{-1}) (CCl$_4$) 3314 (m), 2953 (m), 2879 (w), 2843 (w), 1743 (s), 1458 (m), 1437 (s), 1377 (w), 1351 (w), 1321 (m), 1285 (s), 1253 (s), 1223 (s), 1200 (s), 1182 (s), 1084 (s), 1050 (m).

SMHR (IE+, m/z) : Calculé: 326.1366   Trouvé: 326.1368.

**2-(Octahydro-benzofuran-2-ylmethyl)-2-prop-2-ynyl-malonic   acid   5.17i
dimethyl ester**

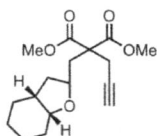

FM: C$_{17}$H$_{24}$O$_5$

PM = 308 g.mol^{-1}

Méthode : Voir **procédure générale 5.1** employant (1 équiv., 7.1 mmol, 1.0 g) de *syn*-2-allyl-cyclohexanol suivi par la **procédure générale 5.2** employant (1 équiv., 5.75 mmol, 1.26 g) de 2-bromomethyl-octahydro-benzofuran, suivi de la **procédure générale 5.3** employant (1 équiv., 3.1 mmol, 823 mg) du malonate monosubstitué antérieurement préparé.

Purification : Colonne chromatographique flash (silica gel, 95:5 toluène: AcOEt)/ **R$_f$**. (8: 2 EP: AcOEt): 0.36.

Produit : Huile jaune pâle.

Rendement : 32% pour trios étapes (ratio *cis* : *trans* 1:1.7)

^{1}H RMN (δ, ppm)

(CDCl$_3$, 400 MHz)

Diastereoisomère majoritaire (trans): 4.24-4.18 (m, 1H, OCH-motif THF), 3.80 (dd, *J* = 3.5Hz, *J* = 8.6Hz, 1H, OCH-motif THF), 3.73 (s, 3H, OCH$_3$), 3.71 (s, 3H, OCH$_3$), 3.06 (dd, *J* = 2.7Hz, *J* = 17.3Hz, 1H, CH$_2$-chaine propargyle), 2.93 (dd, *J* = 2.7Hz, *J* = 17.3Hz, 1H, CH$_2$- chaine propargyle), 2.30 (dd, *J* = 8.5Hz, *J* = 14.5Hz, 1H, C**H$_2$**CHO), 2.24 (dd, *J* = 3.5Hz, *J* = 14.5Hz, 1H, C**H$_2$**CHO), 2.04-1.96 (m, 1H, CH-motif octahydro-benzofuran), 1.99 (t, *J* = 2.7Hz, 1H, ≡CH), 1.84 (ddd, *J* = 1.8Hz, *J* = 7.0Hz, *J* = 12.4Hz, 1H, CH$_2$- motif octahydro-benzofuran), 1.65 (td, *J* = 7.0Hz, *J* = 12.4Hz, 1H, CH$_2$- motif octahydro-benzofuran), 1.56-1.31 (m, 7H, CH$_2$- motif octahydro-benzofuran), 1.22-1.12 (m, 1H, motif octahydro-benzofuran). **Diastereoisomère minoritaire (cis):** 3.96-3.89 (m, 1H, OCH-motif THF), 3.75-3.73 (m, 1H, OCH- motif THF), 3.74 (s, 3H, OCH$_3$), 3.71 (s, 3H, OCH$_3$), 3.08 (dd, *J* = 2.7Hz, *J* = 17.3Hz, 1H, CH$_2$- chaine propargyle) 2.92 (dd, *J* = 2.7Hz, *J* = 17.3Hz, 1H, CH$_2$-chaine propargyle),

2.40 (d, J = 6.7Hz, 2H, C$\underline{H}_2$CHO), 2.17-2.10 (m, 1H, CH- motif octahydro-benzofuran), 1.99 (t, J = 2.6Hz, 1H, $\equiv$CH), 1.79-1.70 (m, 2H, CH$_2$- motif octahydro-benzofuran), 1.56-1.31 (m, 7H, CH$_2$- motif octahydro-benzofuran), 1.22-1.12 (m, 1H, CH$_2$- motif octahydro-benzofuran).

^{13}C RMN (δ, ppm) (CDCl$_3$, 100 MHz)	**Diasteroisomère majoritaire (trans):** 170.8 (Cq, C=O), 170.8 (Cq, C=O), 77.8 ($\equiv$CH), 75.8 (OCH-motif THF), 72.5 (OCH-motif THF), 71.1 (Cq, $\underline{C}$$\equiv$CH), 55.8 (Cq), 52.8 (OCH$_3$), 52.5 (OCH$_3$), 39.7 (CH$_2$), 39.3 (CH$_2$), 38.3 (CH, octahydro-benzofuran ring), 28.1 (CH$_2$), 27.8 (CH$_2$), 24.3 (CH$_2$), 23.0 (CH$_2$), 20.4 (CH$_2$). **Diasteroisomère minoritaire (cis):** 170.8 (Cq, C=O), 170.7 (Cq, C=O), 79.5 ($\equiv$CH), 75.8 (OCH- motif THF), 73.6 (OCH-motif THF), 71.2 (Cq, $\underline{C}$$\equiv$CH), 55.9 (Cq), 52.8 (OCH$_3$), 52.6 (OCH$_3$), 39.8 (CH$_2$), 38.4 (CH$_2$), 37.6 (CH), 28.8 (CH$_2$), 28.7 (CH$_2$), 23.8 (CH$_2$), 22.8 (CH$_2$), 21.3 (CH$_2$).
IR (ν, cm^{-1}) (CCl$_4$)	3314 (s); 3000 (w); 2936 (s); 2856 (m); 1743 (s); 1457 (m); 1436 (s); 1322 (m); 1286 (s); 1252 (s); 1219 (s); 1200 (s); 1183 (s); 1156 (s); 1118 (m); 1091 (s); 1067 (m); 1009 (w).
SMHR (IE+, m/z) :	Calculé. for 308.1624 Trouvé: 308.1634.

2-(Octahydro-benzofuran-2-ylmethyl)-2-prop-2-ynyl-malonic acid dimethyl ester **5.17j**

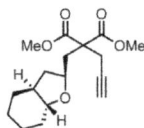

FM: C$_{17}$H$_{24}$O$_5$

PM = 308 g.mol^{-1}

Méthode :	Voir **procédure générale 5.1** employant (1 équiv., 7.14 mmol, 1.0 g) de *anti*-2-allyl-cyclohexanol suivi de la **procédure générale 5.2** employant (1 équiv., 3.9 mmol, 850 mg) de 2-bromomethyl-octahydro-benzofuran, suivi de la **procédure générale 5.3** employant (1 équiv., 1.11 mmol, 300 mg) du malonate monosubstitué antérieurement préparé.
Purification :	Colonne chromatographique flash (silica gel, 95:5 toluène:AcOEt)/ **R$_f$** (95:5 toluène: AcOEt): 0.30.
Produit :	Huile transparente.
Rendement :	16% pour trois étapes (ratio 93:7 en faveur du diastereoisomère dessiné).

¹H RMN (δ, ppm)

(CDCl₃, 400 MHz)

Seulement le diastereoisomère majoritaire est décrit: 4.18-4.11 (m, 1H, OCH-motif THF), 3.73 (s, 3H, OCH₃), 3.70 (s, 3H, OCH₃), 3.06 (dd, *J* = 2.7Hz, *J* = 17.3Hz, 1H, CH₂-chaine propargyle), 3.05-2.95 (m, 1H, CHO-motif THF), 2.93 (dd, *J* = 2.7Hz, *J* = 17.3Hz, 1H, CH₂-chaine propargyle), 2.36 (dd, *J* = 10.2Hz, *J* = 14.7Hz, 1H, C**H₂**CHO), 2.31-2.63 (m, 1H, C**H₂**CHO), 2.20 (td, *J* = 6.6Hz, *J* = 11.6Hz, 1H, CH), 1.99 (t, *J* = 2.7Hz, 1H, ≡CH), 1.94-1.89 (m, 2H, CH₂-motif octahydro-benzofuran), 1.79-1.74 (m, 1H, CH₂-motif octahydro-benzofuran), 1.72-1.67 (m, 1H, CH₂-motif octahydro-benzofuran), 1.39-1.30 (m, 1H, CH₂-motif octahydro-benzofuran), 1.27-1.02 (m, 5H, CH₂-motif octahydro-benzofuran).

¹³C RMN (δ, ppm)

(CDCl₃, 100 MHz)

Seulement le diastereoisomère majoritaire est décrit: 170.8 (Cq, C=O), 170.7 (Cq, C=O), 81.5 (OCH-motif THF), 79.3 (Cq, **C**≡CH), 73.5 (OCH-motif THF), 71.2 (≡CH), 55.8 (Cq), 52.8 (OCH₃), 52.6 (OCH₃), 46.0 (CH), 39.1 (CH₂), 38.7 (CH₂), 31.2 (CH₂), 29.0 (CH₂), 25.7 (CH₂), 24.3 (CH₂), 22.8 (CH₂).

IR (ν, cm⁻¹) (CCl₄)

3314 (m), 2999 (w), 2937 (m), 2858 (m), 1758 (s), 1743 (s), 1456 (m), 1436 (m), 1377 (w), 1353 (w), 1284 (m), 1250 (m), 1221 (s), 1200 (s), 1183 (s), 1143 (m), 1109 (w), 1068 (s), 1049 (w)

SMHR (IE+, m/z) :

Calculé: 308.1624   Trouvé: 308.1613.

| 2-[1,3]Dioxolan-2-ylmethyl-2-prop-2-ynyl-malonic acid dimethyl ester | 5.17l |

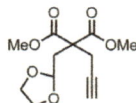

FM: C₁₂H₁₆O₆

PM = 254 g.mol⁻¹

Méthode :

Voir **procédure générale 5.2** employant (1 équiv., 10 mmol, 1.67 g) de 2-bromomethyl-[1,3]dioxolane, suivi de la **procedure générale 5.3** employant (1 équiv., 5 mmol, 1.10 g) du malonate monosubstitué antérieurement préparé.

Purification :

Colonne chromatographique flash (silica gel, 8:2 EP:AcOEt) / R_f (7:3 EP:AcOEt): 0.26.

Produit :

Solide transparent.

Rendement :

42% pour deux étapes.

¹H RMN (δ, ppm)

4.99 (t, *J* = 4.8Hz, 1H, OCHO-motif dioxolane), 3.93-3.90 (m, 2H, OCH₂-motif dioxolane), 3.82-3.79 (m, 2H, OCH₂- motif dioxolane), 3.73 (s, 6H,

(CDCl₃, 400 MHz)   OCH₃), 2.98 (d, *J* = 2.7Hz, 2H, CH₂-chaine propargyle), 2.49 (d, *J* = 4.8Hz, 2H, C**H₂**CHO₂), 2.03 (t, *J* = 2.7Hz, 1H, ≡CH).

¹³C RMN (δ, ppm)

(CDCl₃, 100 MHz)

170.2 (Cq x2, C=O), 101.6 (OCHO- motif dioxolane), 79.0 (Cq, **C** ≡CH), 71.5 (≡CH), 64.8 (OCH₂-motif dioxolane), 54.6 (Cq), 52.8 (OCH₃ x2), 35.6 (CH₂), 23.6 (CH₂).

IR (ν, cm⁻¹) (CCl₄)   3314 (w), 2954 (w), 2336 (w), 1743 (s), 1436 (w), 1200 (w).

SMHR (IE+, m/z) :   Calculé: 256.0947 Trouvé: 256.0940.

5-Methoxycarbonyl-5-(5-methyl-tetrahydro-furan-2-ylmethyl)-hex-2-ynedioic acid 1-ethyl ester 6-methyl ester   **5.17m**

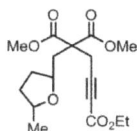

FM: C₁₇H₂₄O₇

PM = 340 g.mol⁻¹

Méthode :   Voir **procédure générale 5.4** employant (1 équiv., 0.82 mmol, 220 mg) de 2-(5-methyl-tetrahydro-furan-2-ylmethyl)-2-prop-2-ynyl-malonic acid dimethyl ester.

Purification :   Colonne chromatographique flash (silica gel, 85:15 EP:AcOEt)/ **R_f.** (8:2 EP:AcOEt): 0.31.

Produit :   Huile jaune pale.

Rendement :   48% (ratio *cis*: *trans* 1:2).

¹H RMN (δ, ppm)

(CDCl₃, 400 MHz)

Diastereoisomère majoritaire (trans): 4.19 (q, *J* = 7.1Hz, 2H, OC**H₂**CH₃), 4.13-4.07 (m, 1H, OCH-motif THF), 3.99-3.85 (m, 1H, OCH-motif THF), 3.75 (s, 3H, OCH₃), 3.73 (s, 3H, OCH₃), 3.24 (d, *J* = 17.6Hz, 1H, CH₂-chaine propargyle), 3.08 (d, *J* = 17.6Hz, 1H, CH₂-chaine propargyle), 2.36-2.18 (m, 2H, C**H₂**CHO), 2.16-2.09 (m, 1H, CH₂-motif THF), 2.07-1.97 (m, 1H, CH₂-chaine), 1.63-1.53 (m, 1H, CH₂-motif THF), 1.44-1.34 (m, 1H, CH₂-motif THF), 1.29 (t, *J* = 7.1Hz, 3H, OCH₂C**H₃**), 1.13 (d, *J* = 6.1Hz, 3H, CH₃). **Diastereoisomère minoritaire (cis)**: 4.19 (q, *J* = 7.1Hz, 2H, OC**H₂**CH₃), 4.13-4.07 (m, 1H, OCH-motif THF), 3.99-3.85 (m, 1H, OCH-motif THF), 3.75 (s, 3H, OCH₃), 3.72 (s, 3H, OCH₃), 3.23 (d, *J* = 17.6Hz, 1H, CH₂-chaine propargyle), 3.07 (d, *J* = 17.6Hz, 1H, CH₂-chaine propargyle), 2.36-2.18 (m, 2H, C**H₂**CHO), 2.07-1.97 (m, 1H, CH₂-motif THF), 1.95-1.87 (m, 1H, CH₂-motif THF), 1.63-1.53 (m, 1H, CH₂-motif THF), 1.44-1.34 (m, 1H, CH₂-motif THF), 1.29 (t, J = 7.1Hz, 3H, OCH₂C**H₃**), 1.15 (d, J = 6.2Hz, 3H, CH₃).

¹³C RMN (δ, ppm) (CDCl₃, 100 MHz)	**Diasteroisomère majoritaire (trans):** 170.2 (Cq x2, C=O), 153.3 (Cq, C=O), 83.9 (Cq, C≡C), 74.4 (OCH-motif THF), 74.1 (OCH-motif THF), 75.6 (Cq, C≡C), 61.8 (OC**H₂**CH₃), 55.6 (Cq), 53.0 (OCH₃), 52.7 (OCH₃), 38.4 (CH₂), 33.4 (CH₂), 32.8 (CH₂), 23.2 (CH₂), 20.9 (CH₃), 13.9 (OCH₂**C**H₃). **Diastereoisomère minoritaire (cis):** 170.3 (Cq x2, C=O), 153.3 (Cq, C=O), 84.0 (Cq, C≡C), 76.0 (OCH-motif THF), 75.5 (Cq, C≡C), 74.7 (OCH-motif THF), 61.8 (OC**H₂**CH₃), 55.6 (Cq), 52.9 (OCH₃), 52.7 (OCH₃), 39.1 (CH₂), 32.5 (CH₂), 32.3 (CH₂), 23.2 (CH₂), 21.2 (CH₃), 13.9 (OCH₂**C**H₃).
IR (ν, cm⁻¹) (CCl₄)	2954 (m), 2906 (w), 2873 (w), 2843 (w), 2240 (m), 1744 (s), 1716 (s), 1457 (m), 1436 (s), 1376 (m), 1367 (m), 1321 (m), 1253 (s), 1223 (s), 1201 (s), 1183 (s), 1152 (s), 1094 (s), 1016 (m).
SMHR (IE+, m/z) :	Calculé.: 340.1522 Trouvé: 340.1520.

5-(2,3-Dihydro-benzofuran-2-ylmethyl)-5-methoxycarbonyl-hex-2-ynedioic acid 1-ethyl ester	**5.17n**

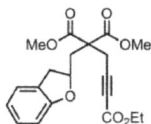

FM: C₂₀H₂₂O₇

PM = 374 g.mol⁻¹

Méthode :	Voir **procédure générale 5.4** employant (1 équiv., 0.71 mmol, 215 mg) de 2-(2,3-dihydro-benzofuran-2-ylmethyl)-2-prop-2-ynyl-malonic acid dimethyl ester.
Purification :	Colonne chromatographique flash (silica gel, 9:1 EP:AcOEt)/ **R_f** (9:1 EP:AcOEt): 0.25
Produit :	Huile transparente.
Rendement :	53%.

¹H RMN (δ, ppm) (CDCl₃, 400 MHz)	7.16 (d, J = 7.5Hz, 1H, CH-Ar), 7.08 (t, J = 7.5Hz, 1H, CH-Ar), 6.83 (t, J = 7.5Hz, 1H, CH-Ar), 6.66 (d, J = 7.5Hz, 1H, CH-Ar), 4.87 (dddd, J = 2.8Hz, J = 6.4Hz, J = 9.1Hz, J = 10.7Hz, 1H, OCH-motif THF), 4.19 (q, J = 7.2Hz, 2H, OC**H₂**CH₃), 3.79 (s, 3H, OCH₃), 3.75 (s, 3H, OCH₃), 3.40 (dd, J = 9.0Hz, J = 15.6Hz, 1H, C**H₂**CHO), 3.27 (d, J = 17.8Hz, 1H, CH₂-chaine

399

propargyle), 3.16 (d, J = 17.8Hz, 1H, CH$_2$-chaine propargyle), 2.90 (dd, J = 6.4Hz, J = 15.6Hz, 1H, C**H**$_2$CHO), 2.57 (dd, J = 10.7Hz, J = 15.0Hz, 1H, CH$_2$-motif THF), 2.45 (dd, J = 2.8Hz, J = 15.0Hz, 1H, CH$_2$-motif THF), 1.29 (t, J = 7.1Hz, 3H, OCH$_2$C**H**$_3$).

^{13}C RMN (δ, ppm) (CDCl$_3$, 100 MHz)	169.9 (Cq, C=O), 169.8 (Cq, C=O), 158.8 (Cq, C=O), 153.2 (Cq, Ar), 128.0 (CH-Ar), 126.0 (Cq, Ar), 124.9 (CH-Ar), 120.6 (CH-Ar), 109.5 (CH-Ar), 83.1 (Cq, C≡C), 78.6 (OCH-motif THF), 75.9 (Cq, C≡C), 62.0 (O**C**H$_2$CH$_3$), 55.2 (Cq), 53.2 (OCH$_3$), 53.0 (OCH$_3$), 38.8 (CH$_2$), 36.4 (CH$_2$), 23.4 (CH$_2$), 14.0 (OCH$_2$**C**H$_3$)
IR (ν, cm^{-1}) (CCl$_4$)	3035 (w), 2984 (w), 2954 (m), 2907 (w), 2843 (w), 2241 (m), 1745 (s), 1717 (s), 1614 (w), 1599 (w), 1480 (m), 1463 (m), 1436 (m), 1389 (w), 1367 (w), 1323 (w), 1286 (w), 1254 (s), 1230 (s), 1201 (m), 1182 (m), 1094 (m), 1075 (m), 1015 (w).
SMHR (IE+, m/z) :	Calculé: 374.1366 Trouvé: 374.1369.

2-(5-Oxo-tetrahydro-furan-2-ylmethyl)-2-prop-2-ynyl-malonic acid dimethyl ester   5.17p

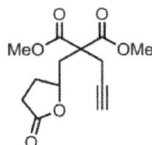

FM: C$_{13}$H$_{16}$O$_6$

PM = 268 g.mol^{-1}

Méthode :	Voir **procédure générale 4.1** employant (1 équiv., 10 mmol, 1.28 g) de pent-4-enoic acid ethyl ester, suivi de la **procédure générale 5.2** employant (1 équiv., 3.5 mmol, 630 mg) de 5-bromomethyl-dihydro-furan-2-one, suivi de la **procédure générale 5.3** employant le malonate monosubstitué antérieurement préparé.
Purification :	Colonne chromatographique flash (silica gel, 1:1 EP: AcOEt)/ **R$_f$** (1:1 EP:AcOEt): 0.38.
Produit :	Solide blanc.
Rendement :	6 % pour trois étapes.

^{1}H RMN (δ, ppm) (CDCl$_3$, 400 MHz)	4.66-4.59 (m, 1H, OCH-motif lactone), 3.77 (s, 6H, OCH$_3$), 3.02 (dd, J = 2.7Hz, J = 17.5Hz, 1H, CH$_2$-chaine propargyle), 2.92 (dd, J = 2.7Hz, J = 17.5Hz, 1H, CH$_2$-chaine propargyle), 2.54-2.48 (m, 3H, CH$_2$-motif lactone + C**H**$_2$CHO), 2.46-2.34 (m, 2H, CH$_2$-motif lactone), 2.04 (t, J = 2.7Hz, 1H,

$\equiv$CH), 1.97-1.88 (m, 1H, CH$_2$-motif lactone).

^{13}C RMN (δ, ppm) (CDCl$_3$, 100 MHz)	176.0 (Cq, C=O), 170.0 (Cq, C=O), 169.9 (Cq, C=O), 78.4 (Cq, **C**$\equiv$CH), 76.4 (OCH-motif lactone), 72.0 ($\equiv$CH), 55.2 (Cq), 53.1 (O**C**H$_3$), 53.1 (O**C**H$_3$), 38.5 (CH$_2$), 28.6 (CH$_2$), 28.2 (CH$_2$), 23.4 (CH$_2$).
IR (ν, cm^{-1}) (CCl$_4$)	3313 (m), 2954 (m), 2844 (w), 1788 (s), 1743 (s), 1458 (m), 1437 (m), 1354 (w), 1322 (w), 1288 (m), 1263 (m), 1251 (m), 1227 (s), 1203 (s), 1181 (s), 1158 (s), 1075 (s), 1020 (w).
SMHR (IE+, m/z) :	Calculé: 268.0947 Trouvé: 268.0948.

2-(1-Methanesulfonyl-pyrrolidin-2-ylmethyl)-2-prop-2-ynyl-malonic acid dimethyl ester　　**5.17q**

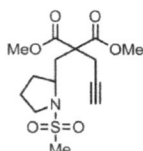

FM: C$_{14}$H$_{21}$O$_6$NS

PM = 331 g.mol^{-1}

Méthode :	Voir **procédure générale 5.2** employant (1 équiv., 6.5 mmol, 1.66 g) de methanesulfonic acid 1-methanesulfonyl-pyrrolidin-2-ylmethyl ester, suivi de la **procédure générale 5.3** employant (1 équiv., 0.6 mmol, 176 mg) du malonate monosubstitué antérieurement préparé.
Purification :	Colonne chromatographique flash (silica gel, 1:1 EP:AcOEt)/ **R$_f$** (1:1 EP:AcOEt): 0.36.
Produit :	Solide blanc.
Rendement :	9% pour deux étapes.

^{1}H RMN (δ, ppm) (CDCl$_3$, 400 MHz)	3.99-3.94 (m, 1H, CHN), 3.75 (s, 6H, OCH$_3$), 3.41-3.34 (m, 1H, CH$_2$N), 3.32-3.26 (m, 1H, CH$_2$N), 3.05 (dd, J = 2.7Hz, J = 17.5Hz, 1H, CH$_2$-chaine propargyle), 2.98 (dd, J = 2.7Hz, J = 17.5Hz, 1H, CH$_2$-chaine propargyle), 2.80 (s, 3H, SO$_2$CH$_3$), 2.47 (dd, J = 6.5Hz, J = 14.8Hz, 1H, C**H$_2$**CHN), 2.26 (dd, J = 7.4Hz, J = 14.8Hz, 1H, C**H$_2$**CHN), 2.04 (t, J = 2.7Hz, 1H, $\equiv$CH), 2.00-1.92 (m, 3H, CH$_2$), 1.79-1.73 (m, 1H, CH$_2$).
^{13}C RMN (δ, ppm)	170.3 (Cq x2, C=O), 78.9 (Cq, C$\equiv$C), 71.9 ($\equiv$CH), 56.4 (SO$_2$CH$_3$), 55.7 (Cq), 52.9 (OCH$_3$), 52.8 (OCH$_3$), 47.4 (CH$_2$N), 37.4 (CH$_2$), 36.6 (CHN), 32.0 (CH$_2$), 24.1 (CH$_2$), 22.7 (CH$_2$).

(CDCl$_3$, 100 MHz)

IR (ν, cm^{-1}) (CCl$_4$)   3313 (m), 2954 (m), 1741 (s), 1438 (w), 1350 (s), 1286 (m), 1202 (s), 1151 (s), 1061 (s).

SMHR (IE+, m/z) :   Calculé: 331.1090 Trouvé: 331.1076.

2-(1-Methanesulfonyl-piperidin-2-ylmethyl)-2-prop-2-ynyl-malonic acid dimethyl ester   **5.17r**

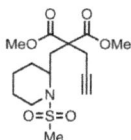

FM: C$_{15}$H$_{23}$O$_6$NS

PM = 345 g.mol^{-1}

Méthode :   Voir **procédure générale 5.2** employant (1 équiv., 6.3 mmol, 1.61 g) de methanesulfonic acid 1-methanesulfonyl-piperidin-2-ylmethyl ester suivi de la **procédure générale 5.3** employant (1 équiv., 0.6 mmol, 184 mg) du malonate monosubstitué prepare antérieurement.

Purification :   Colonne chromatographique flash (silica gel 1:1 EP:AcOEt)/ **R$_f$** (7:3 EP:AcOEt): 0.15.

Produit :   Solide blanc.

Rendement :   42% pour deux étapes.

^{1}H RMN (δ, ppm)   4.18-4.15 (m, 1H, CHN-motif pipéridine), 3.75 (s, 3H, OCH$_3$), 3.74 (s, 3H,

(CDCl$_3$, 400 MHz)   OCH$_3$), 3.57 (dd, J = 3.6Hz, J = 14.6Hz, 1H, CH$_2$N-motif pipéridine), 3.16 (dd, J = 2.6Hz, J = 17.6Hz, 1H, CH$_2$-chaine propargyle), 3.13 (dd, J = 3.6Hz, J =14.6Hz, 1H, CH$_2$N-motif pipéridine), 3.01 (dd, J = 2.6Hz, J = 17.6Hz, 1H, CH$_2$-chaine propargyle), 2.89 (s, 3H, SO$_2$CH$_3$), 2.79 (dd, J = 10.4Hz, J = 15.1Hz, 1H, C**H$_2$**CHN), 2.22 (dd, J = 4.0Hz, J = 15.1Hz, 1H, C**H$_2$**CHN), 2.01 (t, J = 2.6Hz, 1H, $\equiv$CH), 1.77-1.69 (m, 2H, CH$_2$-motif pipéridine), 1.62-1.50 (m, 4H, CH$_2$-motif pipéridine).

^{13}C RMN (δ, ppm)   170.4 (Cq, C=O), 170.0 (Cq, C=O), 79.0 (Cq, C$\equiv$C), 71.6 ($\equiv$CH),

(CDCl$_3$, 100 MHz)   55.5 (Cq), 53.0 (OCH$_3$), 52.9 (OCH$_3$) , 48.6 (SO$_2$CH$_3$), 40.7 (CH$_2$N), 40.6 (CHN), 32.0 (CH$_2$), 29.7 (CH$_2$), 24.2 (CH$_2$), 21.9 (CH$_2$), 18.6 (CH$_2$).

IR (ν, cm^{-1}) (CCl$_4$)   3313 (m), 2953 (m), 1742 (s), 1438 (m), 1340 (s), 1289 (m), 1202 (s), 1148 (s).

SMHR (IE+, m/z) :   Calculé: 345.1246   Trouvé: 345.1234.

| 2-(2-Methoxy-ethyl)-2-prop-2-ynyl-malonic acid dimethyl ester | 5.17s |

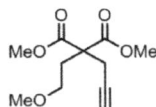

FM: $C_{11}H_{16}O_5$

PM = 228 g.mol^{-1}

Méthode :   Voir **procédure générale 5.2** employant (1 équiv., 10.6 mmol, 970 µL) de 1-chloro-2-methoxy-ethane suivi de la **procédure générale 5.3** employant (1 équiv., 1.6 mmol, 300 mg) du malonate monosubstitué antérieurement préparé..

Purification :   Colonne chromatographique flash (silica gel, 8:2 EP:AcOEt)/ **R$_f$** (8:2 EP:AcOEt): 0.28.

Produit :   Huile transparente.

Rendement :   24% pour deux étapes.

^{1}H RMN (δ, ppm)   3.73 (s, 6H, OCH$_3$), 3.44 (t, J = 6.1Hz, 2H, OCH$_2$), 3.25 (s, 3H, OCH$_3$), 2.89 (d, J = 2.7Hz, 2H, CH$_2$-chaine propargyle), 2.37 (t, J = 6.1Hz, 2H,
(CDCl$_3$, 400 MHz)   CH$_2$), 2.00 (t, J = 2.7Hz, 1H, ≡CH).

^{13}C RMN (δ, ppm)   170.6 (Cq x2, C=O), 78.9 (Cq, **C**≡CH), 71.4 (≡CH), 68.2 (OCH$_2$),
58.7 (OCH$_3$), 55.2 (Cq), 52.7 (OCH$_3$ x2), 32.0 (CH$_2$), 23.2 (CH$_2$).
(CDCl$_3$, 100 MHz)

IR (ν, cm^{-1}) (CCl$_4$)   3314 (s), 3028 (w), 2985 (w), 2953 (m), 2928 (m), 2896 (m), 2876 (m), 2833 (m), 2812 (w), 1741 (s), 1481 (w), 1458 (m), 1436 (s), 1389 (w), 1351 (w), 1323 (m), 1289 (s), 1226 (s), 1198 (s), 1184 (s), 1160 (m), 1123 (s), 1102 (s), 1063 (m), 1035 (s), 1004 (w).

SMHR (IE+, m/z) :   Calculé: 228.0998 Trouvé: 228.1000.

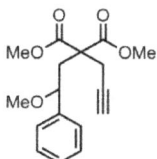

FM: $C_{17}H_{20}O_5$

PM = 304 g.mol^{-1}

Méthode :	Voir **procédure générale 5.2** employant (1 équiv., 3.21 mmol, 840 mg) de (2-iodo-2-methoxy-ethyl)-benzène suivi de la **procédure générale 5.3** emplyant (1 équiv., 1.69 mmol, 450 mg) du malonate monosubstitué préparé antérieurement..
Purification :	Colonne chromatographique flash (silica gel, 9:1 EP:AcOEt)/ R_f (8:2 EP:AcOEt): 0.35.
Produit :	Huile transparente.
Rendement :	32% pour deux étapes.

^{1}H RMN (δ, ppm) (CDCl$_3$, 400 MHz)	7.37-7.28 (m, 5H, CH-Ph), 4.24 (dd, J = 4.9Hz, J = 8.2Hz, 1H, C$\underline{H}$OCH$_3$), 3.76 (s, 3H, OCH$_3$), 3.73 (s, 3H, OCH$_3$), 3.09 (s, 3H, OCH$_3$), 3.03 (dd, J = 2.6Hz, J = 17.3Hz, 1H CH$_2$-chaine propargyle), 2.96 (dd, J = 2.7Hz, J = 17.3Hz, 1H, CH$_2$-chaine propargyle), 2.46-2.43 (m, 2H, CH$_2$), 2.02 (t, J = 2.7Hz, 1H, $\equiv$CH).
^{13}C RMN (δ, ppm) (CDCl$_3$, 100 MHz)	170.5 (Cq x2, C=O), 141.7 (Cq, Ph), 128.5 (CH-Ph), 127.7 (CH-Ph), 126.4 (CH-Ph), 79.9 (OCH), 79.0 (Cq, $\underline{\textbf{C}}\equiv$CH), 71.6 ($\equiv$CH), 56.7 (OCH$_3$), 55.4 (Cq), 52.7 (OCH$_3$), 52.6 (OCH$_3$), 41.2 (CH$_2$), 23.5 (CH$_2$).
IR (ν, cm^{-1}) (CCl$_4$)	3314 (s), 3088 (w), 3066 (w), 3029 (w), 2999 (w), 2952 (m), 2904 (w), 2888 (w), 2842 (w), 2825 (w), 1741 (s), 1494 (w), 1455 (m), 1436 (s), 1355 (w), 1323 (m), 1289 (s), 1231 (s), 1199 (s), 1182 (s), 1105 (s), 1094 (s), 1065 (s), 1038 (s).
SMHR (IE+, m/z) :	Calculé: 304.1311 Trouvé: 304.1319.

B.3.4.2 La Synthèse des Substrats qui Portent des Anneaux C(3)-THF

Les alcynes synthétisés dans ce travail possédant motifs THF substitués en C(3) ont été préparés selon exhibé au schéme ci-dessous:

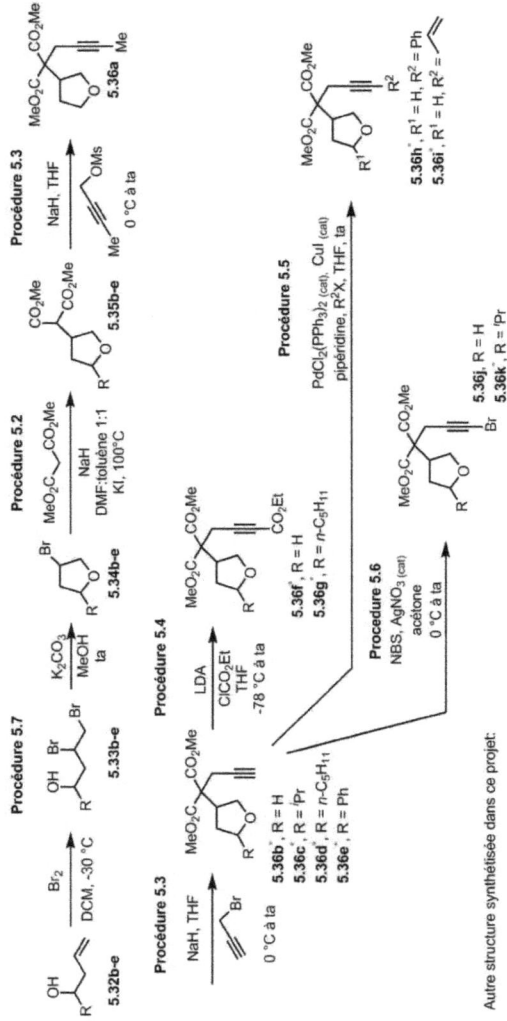

Schéme B.3.4.2: Synthèse des molécules portant le motif THF en C(3).

405

Procédure Générale 5.7,[287] *Cyclisation d'alcools allyliques promue par le Br₂:* À un ballon chargé avec l'alcool allylique (1 équiv.) et DCM (1M) à -30°C, il y a été additionné Br_2 (1.2 équiv.) dissolu dans DCM (4 M). L'ddition de Br_2 est arretée quet la couleur orange persiste, ce qui signale la fin de la reaction (CCM). Le mélange réactionnel est traité avec une solution de $Na_2S_2O_3$ (1M) dans l'eau, extraite avec DCM (3x); séchée ($MgSO_4$), et concentrée sous pression réduite. Le composé dibromé est dilué en MeOH (0.4M), en étant suivi de l'addition de K_2CO_3 (3 équiv.) et la réaction est laissée agiter pendant la nuit. Une fois que la réation est finie (CCM), elle est dissolue dans l'eau, extraite avec DCM (3x), séchée ($MgSO_4$) et concentrée sous vide. Purification par colonne chromatographique flash fournit les composés attendus dans les rendements marqués.

2-Prop-2-ynyl-2-(tetrahydro-furan-3-yl)-malonic acid dimethyl ester	5.36b

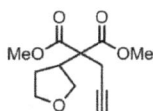

FM: $C_{12}H_{16}O_5$

PM = 240 g.mol⁻¹

Méthode :	Voir **procédure générale 5.2** employant (1 équiv., 6 mmol, 1.45 g) de toluène-4-sulfonic acid tetrahydro-furan-3-yl ester suivi de la **procédure générale 5.3** employant (1 équiv., 1.36 mmol, 275 mg) du malonate monosubstitué préparé antérieurement.
Purification :	Colonne chromatographique flash (silica gel, 8:2 EP:AcOEt)/ **R$_f$** (7:3 EP:AcOEt): 0.43.
Produit :	Solide blanc.

---

[287] Chirskaya, M. V.; Vasil'ev, A. A.; Sergovskaya, N. L.; Shorshnev, S. V.; Sviridov, S. I., *Tetrahedron Lett.*, **2004**, 45, 48, , 8811.

Rendement : 17% pour deux étapes.

^{1}H RMN (δ, ppm)

(CDCl$_3$, 400 MHz)

3.95 (dd, J = 8.1Hz, J = 9.3Hz, 1H, OCH$_2$-motif THF), 3.86-3.78 (m, 2H, OCH$_2$-motif THF), 3.76 (s, 3H, OCH$_3$), 3.75 (s, 3H, OCH$_3$), 3.66 (dd, J = 8.4Hz, J = 15.5Hz, 1H, OCH$_2$-motif THF), 3.17-3.09 (m, 1H, CH-motif THF), 2.85 (d, J = 2.7Hz, 2H, CH$_2$-chaine propargyle), 2.12-2.05 (m, 1H, CH$_2$-motif THF), 2.03 (t, J = 2.7Hz, 1H, $\equiv$CH), 1.86-1.77 (m, 1H, CH$_2$-motif THF).

^{13}C RMN (δ, ppm)

(CDCl$_3$, 100 MHz)

170.2 (Cq, C=O), 169.9 (Cq, C=O), 78.7 (Cq, **C**$\equiv$CH), 71.6 ($\equiv$CH), 69.4 (OCH$_2$-motif THF), 67.9 (OCH$_2$-motif THF), 58.8 (Cq), 52.8 (OCH$_3$), 52.7 (OCH$_3$), 41.9 (CH-motif THF), 27.8 (CH$_2$), 24.4 (CH$_2$).

IR (ν, cm^{-1}) (CCl$_4$)

3313 (m), 2954 (m), 2858 (w), 1758 (m), 1736 (s), 1436 (m), 1355 (w), 1276 (m), 1232 (s), 1201 (s), 1182 (m), 1118 (w), 1075 (m), 1054 (w), 1026 (w).

SMHR (IE+, m/z) : Calculé: 240.0998 Trouvé: 240.0999.

2-(5-Isopropyl-tetrahydro-furan-3-yl)-2-prop-2-ynyl-malonic acid dimethyl ester   **5.36c**

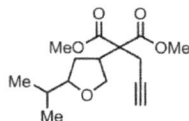

FM: C$_{15}$H$_{22}$O$_5$

PM = 282 g.mol^{-1}

Méthode : Voir **procédure générale 5.7** employant (1 équiv., 26.3 mmol, 3.0 g) de 2-methyl-hex-5-en-3-ol, suivi de la **procédure générale 5.2** employant (1 équiv., 3 mmol, 587 mg) de 4-bromo-2-isopropyl-tetrahydro-furan, suivi de la **procédure générale 5.3** employant (1 équiv., 1.45 mmol, 355 mg) du malonate monosubstitué antérieurement préparé

Purification : Colonne chromatographique flash (silica gel, 95:5 toluène:AcOEt)/ **R$_f$**. (8:2 EP:AcOEt) : 0.48.

Produit : Huile transparente.

Rendement : 4% pour trois étapes (mélange non-séparable, ratio diasteroisomères 1:3)

^{1}H RMN (δ, ppm) **Diasteromère majoritaire (cis):** 3.94 (d, J = 7.2Hz, 2H, OCH- + OCH$_2$-

(CDCl$_3$, 400 MHz)   motif THF), 3.75 (s, 3H, OCH$_3$), 3.74 (s, 3H, OCH$_3$), 3.47-3.40 (m, 1H, OCH$_2$-motif THF), 3.21-3.13 (m, 1H, CH-motif THF), 2.99-2.77 (m, 2H, CH$_2$-chaine propargyle), 2.08-2.04 (m, 1H-CH-^{i}Pr), 2.03 (t, J = 2.7Hz, 1H, $\equiv$CH). 1.71-1.61 (m, 1H, CH$_2$-motif THF), 1.42-1.34 (m, 1H, CH$_2$-motif THF), 0.94 (d, J = 6.7Hz, 3H, CH$_3$-^{i}Pr), 0.85 (d, J = 6.7Hz, 3H, CH$_3$-^{i}Pr). **Diastereoisomère minoritaire (trans):** 4.14 (dd, J = 9.2Hz, J = 7.7Hz, 1H, OCH-motif THF), 3.76 (s, 3H, OCH$_3$), 3.75 (s, 3H, OCH$_3$), 3.65 (dd, J = 9.2Hz, J = 8.4Hz, 1H, OCH$_2$-motif THF), 3.47-3.40 (m, 1H, OCH$_2$-motif THF), 3.11-3.05 (m, 1H, CH-motif THF), 2.99-2.77 (m, 2H, CH$_2$-chaine propargyle), 2.08-2.04 (m, 1H, CH-^{i}Pr), 2.04 (t, J = 2.7Hz, 1H, $\equiv$CH), 1.94-1.86 (m, 1H, CH$_2$-motif THF), 1.85-1.76 (m, 1H, CH$_2$-motif THF), 0.93 (d, J = 6.7Hz, 3H, CH$_3$-^{i}Pr), 0.86 (d, J = 6.7Hz, 3H, CH$_3$-^{i}Pr).

^{13}**C RMN** (δ, ppm)   **Diasteroisomère majoritaire (cis):** 170.2 (Cq, C=O),169.8 (Cq, C=O), 84.9 (OCH-motif THF), 78.7 (Cq, **C**$\equiv$CH), 71.6 ($\equiv$CH), 69.1 (OCH$_2$-motif THF), 58.9 (Cq), 52.8 (OCH$_3$), 52.7 (OCH$_3$), 42.0 (CH), 32.7 (CH),
(CDCl$_3$, 100 MHz)   31.2 (CH$_2$), 24.2 (CH$_2$), 19.3 (CH$_3$), 18.4 (CH$_3$). **Diastereoisomère minoritaire (trans):** 170.0 (Cq, C=O), 170.0 (Cq, C=O), 84.3 (OCH-motif THF), 78.6 (Cq, **C**$\equiv$CH), 71.5 ($\equiv$CH), 69.1 (OCH$_2$-motif THF), 58.5 (Cq), 52.8 (OCH$_3$), 52.7 (OCH$_3$), 41.7 (CH), 32.8 (CH), 30.8 (CH$_2$), 24.4 (CH$_2$), 18.9 (CH$_3$), 18.4 (CH$_3$).

IR (ν, cm^{-1}) (CCl$_4$)   3313 (s); 2955 (s); 2873 (s); 2844 (m); 1758 (s); 1736 (s); 1469 (m); 1458 (m); 1448 (m); 1436 (s); 1389 (w); 1366 (w); 1352 (w); 1312 (m); 1282 (s); 1227 (s); 1201 (s); 1185 (s); 1139 (m); 1118 (m); 1078 (s); 1036 (m).

SMHR (IE+, m/z) :   Calculé: 282.1467.   Trouvé: 282.1459.

2-(5-Pentyl-tetrahydro-furan-3-yl)-2-prop-2-ynyl-malonic acid dimethyl ester   **5.36d**

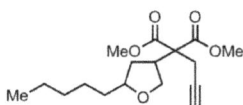

FM: C$_{17}$H$_{26}$O$_5$

PM = 310 g.mol^{-1}

Méthode :   Voir **procedure générale 5.7** employant (1 équiv., 21.1 mmol, 3.0 g) de non-1-en-4-ol suivi de la **procédure générale 5.2** employant (1 équiv., 9.3 mmol, 2.05 g) de 4-bromo-2-pentyl-tetrahydro-furan, suivi de la **procédure générale 5.3** emloyant (1 équiv., 3.5 mmol, 963 mg) du malonate monosubstitué préparé antérieurement.

Purification :   Colonne chromatographique flash (silica gel, 9:1 EP:AcOEt)/ **R$_f$** (8:2 EP:AcOEt): 0.37.

Produit :   Huile transparente

Rendement :	11% pour trois étapes (mélange non-séparable de diasteroisomères, ratio cis:trans 3:1).

^{1}H RMN (δ, ppm)

(CDCl$_3$, 400 MHz)

Diasteroisomère majoritaire (cis): 3.97 (dd, J = 9.7Hz, J = 5.9Hz, 1H, OCH-Motif THF), 3.91 (dd, J = 9.7 Hz, J = 8.2Hz, 1H, OCH$_2$-motif THF), 3.75 (s, 3H, OCH$_3$), 3.74 (s, 3H, OCH$_3$), 3.72-3.65 (m, 1H, OCH$_2$-motif THF), 3.21-3.11 (m, 1H, CH), 2.85 (dd, J = 2.7Hz, J = 17.2Hz, 1H, CH$_2$-chaine propargyle), 2.80 (dd, J = 2.7Hz, J = 17.2Hz, 1H, CH$_2$-chaine propargyle), 2.15-2.09 (m, 1H, CH$_2$-motif THF), 2.02 (t, J = 2.7Hz, 1H, $\equiv$CH), 1.62-1.52 (m, 1H, CH$_2$-motif THF), 1.46-1.28 (m, 8H, CH$_2$-chaine pentyle), 0.88 (t, J = 6.7Hz, 3H, CH$_3$-chaine pentyle). **Diasteroisomère minoritaire (trans):** 4.14 (dd, J = 9.1Hz, J = 7.8Hz, 1H, OCH-motif THF), 3.75 (s, 3H, OCH$_3$), 3.74 (s, 3H, OCH$_3$), 3.72-3.65 (m, 2H, OCH$_2$-motif THF), 3.21-3.11 (m, 1H, CH), 2.88-2.77 (m, 2H, CH$_2$-chaine propargyle), 2.03 (t, J = 2.7Hz, 1H, $\equiv$CH), 1.99-1.94 (m, 1H, CH$_2$-motif THF), 1.75-1.68 (m, 1H, CH$_2$-motif THF), 1.46-1.28 (m, 8H, CH$_2$-chaine pentyle), 0.88 (t, J = 6.7Hz, 3H, CH$_3$-chaine pentyle).

^{13}C RMN (δ, ppm)

(CDCl$_3$, 100 MHz)

Diasteroisomère majoritaire (cis): 170.2 (Cq, C=O),169.8 (Cq, C=O), 79.6 (OCH-motif THF), 78.8 ($\equiv$CH), 71.6 (Cq, **C**$\equiv$CH), 68.9 (OCH$_2$-motif THF), 59.0 (Cq), 52.7 (OCH$_3$), 52.6 (OCH$_3$), 42.1 (CH), 35.0 (CH$_2$), 33.7 (CH$_2$), 31.9 (CH$_2$), 25.9 (CH$_2$), 24.2 (CH$_2$), 22.5 (CH$_2$), 13.9 (CH$_3$-chaine pentyle). **Diasteroisomère minoritaire (trans):** 170.1 (Cq, C=O), 170.0 (Cq, C=O), 79.0 (OCH-motif THF), 78.7 ($\equiv$CH), 71.5 (Cq, **C**$\equiv$CH), 68.8 (OCH$_2$-motif THF), 58.6 (Cq), 52.7 (OCH$_3$), 52.6 (OCH$_3$), 41.6 (CH), 35.5 (CH$_2$), 33.2 (CH$_2$), 31.8 (CH$_2$), 25.7 (CH$_2$), 24.4 (CH$_2$), 22.5 (CH$_2$), 13.9 (CH$_3$-chaine pentyle).

IR (ν, cm^{-1}) (CCl$_4$)

3313 (m), 3001 (w), 2954 (m), 2932 (m), 2860 (m), 1758 (s), 1736 (s), 1456 (m), 1435 (m), 1379 (w), 1355 (w), 1312 (w), 1284 (m), 1230 (s), 1200 (s), 1137 (w), 1117 (w), 1092 (w), 1073 (w), 1051 (w).

SMHR (IE+, m/z) :

Calculé: 310.1780   Trouvé: 310.1765.

2-(5-Phenyl-tetrahydro-furan-3-yl)-2-prop-2-ynyl-malonic acid dimethyl ester	**5.36e**

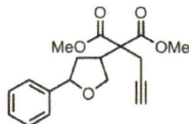

FM: C$_{18}$H$_{20}$O$_5$

PM = 316 g.mol^{-1}

Méthode :   Voir **procédure générale 5.7** employant (1 équiv., 20 mmol, 3.0 g) de 1-phenyl-but-3-en-1-ol, suivi de la **procédure générale 5.2** empoyant (1 équiv., 11.9 mmol, 2.7 g) de 4-bromo-2-phenyl-tetrahydro-furan, suivi de la **procédure générale 5.3** employant (1 équiv., 5.03 mmol, 1.4 g) du malonate monosubstitué antérieurement préparé.

Purification :   Colonne chromatographique flash (silica gel, 8:2 EP:AcOEt)/ R_f (8:2 EP:AcOEt): 0.29.

Produit :   Huile jaune pâle.

Rendement :   18% pour trios étapes. (ratio *cis*: *trans* 3: 1).

^{1}H RMN (δ, ppm)

(CDCl$_3$, 400 MHz)

Diasteroisomère majoritaire (cis): 7.35-7.24 (m, 5H, CH-Ph), 4.79 (dd, J = 5.6Hz, J = 10.2Hz, 1H, OCH-motif THF), 4.19 (dd, J = 6.4Hz, J = 9.4Hz, 1H, OCH$_2$-motif THF), 4.14 (dd, J = 8.5Hz, J = 9.4Hz, 1H, OCH$_2$-motif THF), 3.76 (s, CH$_3$, OCH$_3$), 3.75 (s, CH$_3$, OCH$_3$), 3.40-3.31 (m, 1H, CH), 2.91-2.78 (m, 2H, CH$_2$-chaine propargyle), 2.46 (ddd, J = 5.6Hz, J = 8.2Hz, J = 12.6Hz, 1H, CH$_2$-motif THF), 2.05 (t, J = 2.7Hz, 1H, ≡CH), 1.72 (td, J = 10.0Hz, J = 12.6Hz, 1H, CH$_2$-motif THF).

Diasteroisomère minoritaire (trans): 7.35-7.24 (m, 5H, CH-Ph), 4.86 (dd, J = 6.6Hz, J = 7.7Hz, 1H, OCH-motif THF), 4.34 (dd, J = 7.7Hz, J = 9.2Hz, 1H, OCH$_2$-motif THF), 3.89 (dd, J = 8.0Hz, J = 9.2Hz, 1H, OCH$_2$-motif THF), 3.78 (s, 3H, OCH$_3$), 3.77 (s, 3H, OCH$_3$), 3.24 (dd, J = 7.7Hz, J = 9.2Hz, 1H, CH), 2.91-2.78 (m, 2H, CH$_2$-chaine propargyle), 2.41-2.34 (m, 1H, CH$_2$-motif THF), 2.12 (ddd, J = 6.6Hz, J = 9.7Hz, J = 13.0Hz, 1H, CH$_2$-motif THF), 2.03 (t, J = 2.7Hz, 1H, ≡CH).

^{13}C RMN (δ, ppm)

(CDCl$_3$, 100 MHz)

Diasteroisomère majoritaire (cis): 170.1 (Cq, C=O), 169.7 (Cq, C=O), 141.5 (Cq, Ph), 128.3 (CH-Ph), 127.5 (CH-Ph), 125.8 (CH-Ph), 81.0 (OCH-motif THF), 78.6 (Cq, **C**≡CH), 71.7 (≡CH), 69.6 (OCH$_2$-motif THF), 58.9 (Cq), 52.8 (OCH$_3$), 52.7 (OCH$_3$), 42.5 (CH), 36.7 (CH$_2$), 24.3 (CH$_2$). **Diasteroisomère minoritaire (trans):** 170.0 (Cq, C=O), 169.9 (Cq, C=O), 142.7 (Cq, Ph), 128.3 (CH-Ph), 127.3 (CH-Ph), 125.5 (CH-Ph), 80.0 (OCH-motif THF), 78.5 (Cq, **C**≡CH), 71.8 (≡CH), 69.6 (OCH$_2$-motif THF), 58.5 (Cq), 52.8 (OCH$_3$), 52.7 (OCH$_3$), 41.8 (CH), 35.8 (CH$_2$), 24.5 (CH$_2$).

IR (ν, cm^{-1}) (CCl$_4$)

3313 (m), 3089 (w), 3066 (w), 3032 (w), 3003 (w), 2954 (m), 2869 (w), 2844 (w), 1757 (s), 1736 (s), 1495 (w), 1450 (m), 1436 (s), 1348 (m), 1312 (m), 1280 (s), 1226 (s), 1201 (s), 1115 (s), 1086 (s), 1065 (s), 1029 (s).

SMHR (IE+, m/z) :

Calculé: 316.1311   Trouvé: 316.1309.

5-Methoxycarbonyl-5-(tetrahydro-furan-3-yl)-hex-2-ynedioic acid 1-ethyl ester 6-methyl ester   **5.36f**

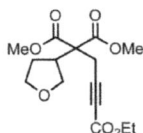

FM: $C_{19}H_{22}O_5$

PM = 330 g.mol^{-1}

Méthode : Voir **procédure générale 5.4** employant (1 équiv., 1 mmol, 240 mmol) de 2-prop-2-ynyl-2-(tetrahydro-furan-2-ylmethyl)-malonic acid dimethyl ester.

Purification : Colonne chromatographique flash (silica gel, 7:3 EP:AcOEt)/ R_f (8:2 EP:AcOEt): 0.33.

Produit : Huile jaune pâle.

Rendement : 34 % (76%, bpdr).

^{1}H RMN (δ, ppm)

(CDCl$_3$, 400 MHz)

4.20 (q, J = 7.1Hz, 2H, OC<u>H$_2$</u>CH$_3$), 3.93 (dd, J = 8.0Hz, J = 9.4Hz, 1H, OCH$_2$-motif THF), 3.86-3.80 (m, 2H, OCH$_2$-motif THF), 3.78 (s, 3H, OCH$_3$), 3.76 (m, 3H, OCH$_3$), 3.66 (dd, J = 8.4Hz, J = 15.6Hz, 1H, OCH$_2$-motif THF), 3.12-3.04 (m, 1H, CH), 3.00 (s, 2H, CH$_2$-chaine propargyle), 2.13-2.05 (m, 1H, CH$_2$-motif THF), 1.86-1.77 (m, 1H, CH$_2$-motif THF), 1.29 (t, J = 7.1Hz, 3H, OCH$_2$C<u>H$_3$</u>).

^{13}C RMN (δ, ppm)

(CDCl$_3$, 100 MHz)

169.6 (Cq, C=O), 169.4 (Cq, C=O), 153.1 (Cq, C=O), 82.8 (Cq, C≡C), 75.8 (Cq, C≡C), 69.3 (OCH$_2$-motif THF), 67.8 (OCH$_2$-motif THF), 61.9 (O<u>C</u>H$_2$CH$_3$), 58.5 (Cq), 53.0 (OCH$_3$), 52.9 (OCH$_3$), 42.2 (CH), 27.7 (CH$_2$), 24.4 (CH$_2$), 14.0 (OCH$_2$<u>C</u>H$_3$).

IR (ν, cm^{-1}) (CCl$_4$)

3024 (w), 2974 (w), 2952 (m), 2872 (w), 1757 (m), 1742 (s), 1491 (w), 1436 (m), 1326 (w), 1289 (w), 1260 (w), 1218 (s), 1200 (s), 1182 (s), 1120 (w), 1087 (s), 1051 (w), 1030 (w).

SMHR (IE+, m/z) : Calculé: 330.1467 Trouvé: 330.1468.

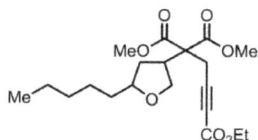

FM: $C_{20}H_{30}O_7$

PM = 382 g.mol^{-1}

Méthode :   Voir **procédure générale 5.4** employant (1 équiv., 1 mmol, 310 mg) de 2-(5-pentyl-tetrahydro-furan-3-yl)-2-prop-2-ynyl-malonic acid dimethyl ester

Purification :   Colonne chromatographique flash (silica gel, 9:1 EP:AcOEt)/ **R$_f$** (8:2 EP:AcOEt): 0.38.

Produit :   Huile transparente/ verte pâle.

Rendement :   45% (73%, bpdr, mélange non-séparable de diastereoisomères, ratio *cis*:*trans* 3:1)

^{1}H RMN (δ, ppm)

(CDCl$_3$, 400 MHz)

Diasteroisomère majoritaire (cis): 4.20 (q, J = 7.0Hz, 2H, OC**H$_2$**CH$_3$), 3.97 (dd, J = 5.5Hz, J = 9.6Hz, 1H, OCH$_2$-motif THF), 3.90 (dd, J = 8.2Hz, J = 9.6Hz, 1H, OCH$_2$-motif THF), 3.77 (s, 3H, OCH$_3$), 3.75 (s, 3H, OCH$_3$), 3.74-3.64 (m, 1H, OCH-motif THF), 3.16-3.07 (m, 1H, CH-motif THF), 3.02-2.92 (m, 2H, CH$_2$-chaine propargyle), 2.12 (ddd, J = 5.5Hz, J = 8.6Hz, J = 12.5Hz, 1H, CH$_2$-motif THF), 1.57-1.52 (m, 1H, CH$_2$-motif THF), 1.47-1.21 (m, 11H, CH$_2$- + CH$_3$-chaine pentyle), 0.88 (t, J = 7.0Hz, 3H, OCH$_2$C**H$_3$**).

Diasteroisomère minoritaire (trans): 4.20 (q, J = 7.0Hz, 2H, OC**H$_2$**CH$_3$), 4.13 (dd, J = 7.7Hz, J = 9.2Hz, 1H, OCH-motif THF), 3.77 (s, 3H, OCH$_3$), 3.76 (s, 3H, OCH$_3$), 3.74-3.64 (m, 2H, OCH$_2$-motif THF), 3.16-3.07 (m, 1H, CH-motif THF), 3.02-2.92 (m, 2H, CH$_2$-chaine propargyle), 2.01-1.94 (m, 1H, CH$_2$-motif THF), 1.76-1.68 (m, 1H, CH$_2$-motif THF), 1.47-1.21 (m, 11H, CH$_2$- + CH$_3$- chaine pentyle), 0.88 (t, J = 7.0Hz, 3H, OCH$_2$C**H$_3$**).

^{13}C RMN (δ, ppm)

(CDCl$_3$, 100 MHz)

Diasteroisomère majoritaire (cis): 169.8 (Cq, C=O), 169.4 (Cq, C=O), 153.2 (Cq, C=O), 83.0 (Cq, C≡C), 79.6 (OCH-motif THF), 75.8 (Cq, C≡C), 69.0 (OCH$_2$-motif THF), 62.0 (O**C**H$_2$CH$_3$), 58.8 (Cq), 53.1 (OCH$_3$), 53.0 (OCH$_3$), 42.5 (CH), 35.0 (CH$_2$), 33.7 (CH$_2$), 31.9 (CH$_2$), 25.9 (CH$_2$), 24.3 (CH$_2$), 22.6 (CH$_2$), 14.0 (CH$_3$ x2, chaine pentyle + OCH$_2$**C**H$_3$).
Diasteroisomère minoritaire (trans): 169.7 (Cq, C=O), 169.6 (Cq, C=O), 153.2 (Cq, C=O), 82.9 (Cq, C≡C), 79.1 (OCH-motif THF), 75.8 (Cq, C≡C), 68.8 (OCH$_2$-motif THF), 62.0 (O**C**H$_2$CH$_3$), 58.4 (Cq), 53.1 (OCH$_3$), 53.0 (OCH$_3$), 42.1 (CH), 35.5 (CH$_2$), 33.4 (CH$_2$), 31.9 (CH$_2$), 25.8 (CH$_2$), 24.6 (CH$_2$), 22.6 (CH$_2$), 14.0 (CH$_3$ x2 chaine pentyle + OCH$_2$**C**H$_3$).

IR (ν, cm^{-1}) (CCl_4) 2955 (m), 2933 (m), 2873 (w), 2861 (w), 2242 (w), 1737 (s), 1717 (s), 1456 (w), 1435 (m), 1367 (w), 1254 (s), 1231 (s), 1115 (m), 1075 (m).

SMHR (IE+, m/z) : Calculé: 382.1992 Trouvé: 382.1998.

2-(3-Phenyl-prop-2-ynyl)-2-(tetrahydro-furan-3-yl)-malonic acid dimethyl ester **5.36h**

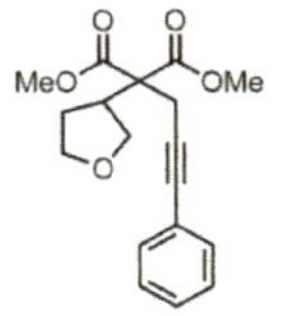

FM: $C_{18}H_{20}O_5$

PM = 316 g.mol^{-1}

Méthode : Voir **procédure générale 5.5** employant (1 équiv., 1 mmol, 240 mg) de 2-prop-2-ynyl-2-(tetrahydro-furan-3-yl)-malonic acid dimethyl ester et (1.1 équiv., 1.10 mmol, 120 µL) d'iodo-benzène.

Purification : Colonne chromatographique flash (silica gel, 8:2 EP:AcOEt)/ $\mathbf{R_f}$ (8:2 EP:AcOEt): 0.41.

Produit : Huile jaune.

Rendement : 60%.

^{1}H RMN (δ, ppm) ($CDCl_3$, 400 MHz) 7.37-7.35 (m, 2H, CH-Ph), 7.29-7.27 (m, 3H, CH-Ph), 3.99 (dd, *J* = 8.0Hz, *J* = 9.2Hz, 1H, OCH_2-motif THF), 3.88 (dd, *J* = 6.6Hz, *J* = 9.2Hz, 1H, OCH_2-motif THF), 3.83 (dt, *J* = 3.9Hz, *J* = 8.4Hz, 1H, OCH_2-motif THF), 3.78 (s, 3H, OCH_3), 3.77 (s, 3H, OCH_3), 3.71-3.65 (m, 1H, OCH_2-motif THF), 3.19 (td, *J* = 8.0Hz, *J* = 15.6Hz, 1H, CH-motif THF), 3.07 (s, 2H, CH_2-chaine propargyle), 2.17-2.08 (m, 1H, CH_2-motif THF), 1.92-1.83 (m, 1H, CH_2-motif THF).

^{13}C RMN (δ, ppm) ($CDCl_3$, 100 MHz) 170.3 (Cq, C=O), 170.1 (Cq, C=O), 131.6 (Cq, Ph), 128.2 (CH-Ph), 128.1 (CH-Ph), 123.0 (CH-Ph), 84.1 (Cq, C≡C), 83.8 (Cq, C≡C), 69.5 (OCH_2-motif THF), 67.9 (OCH_2-motif THF), 59.2 (Cq), 52.8 (OCH_3), 52.7 (OCH_3), 42.1 (CH), 27.8 (CH_2), 25.3 (CH_2).

IR (ν, cm^{-1}) (CCl_4) 3060 (w), 2954 (m), 2860 (w), 1736 (s), 1599 (w), 1573 (w), 1491 (w), 1435 (m), 1354 (w), 1316 (w), 1275 (s), 1231 (s), 1201 (s), 1181 (s), 1116 (s), 1073 (s), 1054 (s), 1027 (m).

SMHR (IE+, m/z) : Calculé: 316.1311 Trouvé: 316.1305.

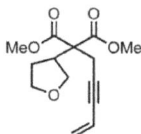

FM: $C_{14}H_{18}O_5$

PM = 266 g.mol^{-1}

Méthode :	Voir **procedure générale 5.5** employant (1 équiv., 1 mmol, 240 mg) de 2-prop-2-ynyl-2-(tetrahydro-furan-3-yl)-malonic acid dimethyl ester et (1.2 équiv., 1.20 mmol, solution 1M en THF, 1.2 mL) d'iodo-benzène.
Purification :	Colonne chromatographique flas (silica gel, 8:2 EP:AcOEt)/ R_f (8:2 EP:AcOEt): 0.31.
Produit :	Huile orange.
Rendement :	67%.

^{1}H RMN (δ, ppm) (CDCl$_3$, 400 MHz)	5.72 (tdd, J = 2.0Hz, J = 11.0Hz, J = 17.5Hz, 1H, C**H**=CH$_2$), 5.56 (dd, 2.2Hz, J = 17.5Hz, 1H, CH=C**H$_2$**), 5.42 (dd, J = 2.2Hz, J = 11.0Hz, 1H, CH=C**H$_2$**), 3.96 (dd, J = 8.2Hz, J = 9.3Hz, 1H, OCH$_2$-motif THF), 3.83 (dd, J = 6.7Hz, J = 9.3Hz, 1H, OCH$_2$-motif THF), 3.80 (dd, J = 4.1Hz, J = 8.2Hz, 1H, OCH$_2$-motif THF), 3.76 (s, 3H, OCH$_3$), 3.75 (s, 3H, OCH$_3$), 3.72-3.64 (m, 1H, OCH$_2$-motif THF), 3.11 (td, J = 8.0Hz, J = 15.7Hz, 1H, CH-motif THF), 2.97 (d, J = 2.0Hz, 2H, CH$_2$-chaine propargyle), 2.12-2.04 (m, 1H, CH$_2$-motif THF), 1.87-1.78 (m, 1H, CH$_2$-motif THF).
^{13}C RMN (δ, ppm) (CDCl$_3$, 100 MHz)	170.3 (Cq, C=O), 170.0 (Cq, C=O), 126.9 (**C**H=CH$_2$), 116.9 (CH=**C**H$_2$), 84.7 (Cq, C≡C), 82.4 (Cq, C≡C), 69.4 (OCH$_2$-motif THF), 67.9 (OCH$_2$-motif THF), 59.0 (Cq), 52.7 (OCH$_3$ x2), 42.0 (CH), 27.8 (CH$_2$), 25.2 (CH$_2$).
IR (ν, cm^{-1}) (CCl$_4$)	2954 (w), 2859 (w), 1737 (s), 1435 (w), 1275 (w), 1232 (m), 1202 (w), 1075 (w)
SMHR (IE+, m/z) :	Calculé: 266.1154 Trouvé: 266.1145.

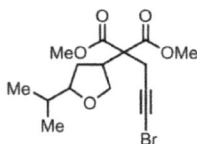

FM: $C_{16}H_{23}O_5Br$

PM = 374 g.mol^{-1}

Méthode :	Voir **procédure générale 5.6** employant (1 équiv., 0.35 mmol, 100 mg) de 2-(5-isopropyl-tetrahydro-furan-3-yl)-2-prop-2-ynyl-malonic acid dimethyl ester.
Purification :	Colonne chromatographique flash (silica gel, 8:2 EP:AcOEt)/ R_f (8:2 EP:AcOEt): 0.58.
Produit :	Huile transparente.
Rendement :	97% (mélange non-séparable, ratio de diasteroisomères *cis:trans* 3:1).

^{1}H RMN (δ, ppm)

(CDCl$_3$, 400 MHz)

Diasteroisomère majoritaire (cis): 3.93 (d, *J* = 7.0Hz, 2H, OCH-+ OCH$_2$-motif THF), 3.76 (s, 3H, OCH$_3$), 3.74 (s, 3H, OCH$_3$), 3.48-3.38 (m, 1H, OCH$_2$-motif THF), 3.16-3.08 (m, 1H, CH-motif THF), 2.90-2.80 (m, 2H, CH$_2$-chaine propargyle), 2.08-2.01 (m, 1H, CH$_2$-motif THF), 1.69-1.61 (m, 1H, CH-^{i}Pr), 1.42-1.34 (m, 1H, CH$_2$-motif THF), 0.94 (d, *J* = 6.6Hz, 3H, CH$_3$-^{i}Pr), 0.85 (d, *J* = 6.6Hz, 3H, CH$_3$-^{i}Pr). **Diasteroisomère minoritaire (trans):** 4.13 (t, *J* = 8.6Hz, 1H, OCH-motif THF), 3.76 (s, 3H, OCH$_3$), 3.74 (s, 3H, OCH$_3$), 3.63 (t, *J* = 8.7Hz, 1H, OCH$_2$-motif THF), 3.48-3.38 (m, 1H, OCH$_2$-motif THF), 3.06-3.00 (m, 1H, CH-motif THF), 2.90-2.80 (m, 2H, CH$_2$-chaine propargyle), 1.93-1.85 (m, 1H, CH$_2$-motif THF), 1.84-1.75 (m, 1H, CH$_2$-motif THF), 1.69-1.61 (m, 1H, CH-^{i}Pr), 0.94 (d, *J* = 6.6Hz, 3H, CH$_3$-^{i}Pr), 0.85 (d, *J* = 6.6Hz, 3H, CH$_3$-^{i}Pr).

^{13}C RMN (δ, ppm)

(CDCl$_3$, 100 MHz)

Diasteroisomère majoritaire (cis): 170.1 (Cq, C=O), 169.7 (Cq, C=O), 85.0 (OCH-motif THF), 74.8 (Cq, <u>C</u>≡CBr), 69.1 (OCH$_2$-motif THF), 58.9 (Cq), 52.8 (OCH$_3$), 52.7 (OCH$_3$), 42.2 (CH), 41.7 (Cq, C≡<u>C</u>Br), 32.7 (CH), 31.2 (CH$_2$), 25.4 (CH$_2$), 19.4 (CH$_3$-^{i}Pr), 18.4 (CH$_3$-^{i}Pr). **Diasteroisomère minoritaire (trans):** 170.0 (Cq, C=O), 169.9 (Cq, C=O), 84.4 (OCH-motif THF), 74.8 (Cq, <u>C</u>≡CBr), 69.1 (OCH$_2$-motif THF), 58.5 (Cq), 52.8 (OCH$_3$), 52.7 (OCH$_3$), 42.0 (CH), 41.9 (Cq,C≡<u>C</u>Br), 32.8 (CH), 31.0 (CH$_2$), 25.6 (CH$_2$), 19.0 (CH$_3$-^{i}Pr), 18.4 (CH$_3$-^{i}Pr).

IR (ν, cm^{-1}) (CCl$_4$)

2956 (s), 2873 (s), 2772 (w), 2737 (w), 2696 (w), 2222 (w), 1744 (s), 1469 (s), 1436 (s), 1389 (s), 1366 (s), 1352 (s), 1313 (s), 1279 (s), 1222 (s), 1138 (s), 1118 (s), 1078 (s).

SMHR (IE+, m/z) :

Calculé: 374.0729   Trouvé: 374.0716.

3-Prop-2-ynyloxy-tetrahydro-furan **5.36l**

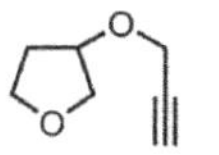

FM: $C_7H_{10}O_2$

PM = 126 g.mol^{-1}

Méthode : Voir **procédure générale 5.3** employant (1 équiv., 5.6 mmol, 500 mg) de tetrahydro-furan-3-ol. En outré de ce qui a été décrit dans la procedure générale, il y a été additionné (0.2 équiv., 1.13 mmol, 420 mg) d'iodure de tetrabutyl ammonium.

Purification : Colonne chromatographique flash (silica gel, 8:2 EP:AcOEt)/ $\mathbf{R_f}$ (8:2 EP:AcOEt): 0.39.

Produit : Huile orange.

Rendement : 78%.

^{1}**H RMN** (δ, ppm) (CDCl$_3$, 400 MHz): 4.37-4.33 (m, 1H, OCH-motif THF), 4.15 (d, *J* = 2.4Hz, 2H, CH_2-chaine propargyle), 3.98-3.72 (m, 4H, OCH_2-motif THF), 2.42 (t, *J* = 2.4Hz, 1H, ≡CH), 2.03-2.00 (m, 2H, CH_2-motif THF).

^{13}**C RMN** (δ, ppm) (CDCl$_3$, 100 MHz): 79.7 (Cq, C≡C), 78.7 (OCH), 74.3 (≡CH), 72.6 (OCH_2), 67.0 (OCH_2), 56.3 (OCH_2), 32.4 (CH_2-motif THF).

IR (ν, cm^{-1}) (CCl_4): 3312 (s), 2977 (m), 2950 (m), 2858 (m), 1441 (w), 1348 (w), 1269 (w), 1120 (s), 1074 (s), 1010 (w).

MS (IC, NH_3, m/z): [M+H$^+$]: 127; [M+NH$_4^+$]: 144.

B.3.4.3 La Synthèse de Dérivés de Benzyl Butynyl Éthers

Les dérivés d'éthers de benzyl butynyl ont été synthétisé selon décrit ci-dessous (schème B.3.4.3):

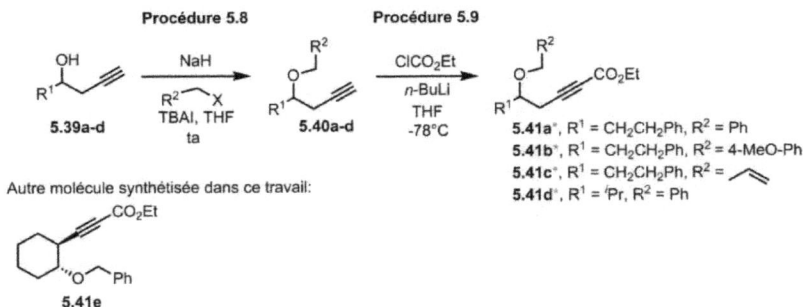

Procédure 5.8   Procédure 5.9

5.39a-d

5.40a-d

5.41a*, R¹ = CH₂CH₂Ph, R² = Ph
5.41b*, R¹ = CH₂CH₂Ph, R² = 4-MeO-Ph
5.41c*, R¹ = CH₂CH₂Ph, R² =
5.41d*, R¹ = ᶦPr, R² = Ph

Autre molécule synthétisée dans ce travail:

5.41e

Schème B.3.4.3: Synthèse d'éthers d'alcynyle avec l'atome d'oxygène faisant partie de la chaine 1,5.

Procédure Générale 5.8, *Benzylation d'alcools d'alcynyle:* À un ballon chargé avec l'alcool d'alcynyle (1 équiv.) et THF (0.125 M) à 0 °C, il y a été additionné NaH (1.5 équiv.). Le mélange réactionnel est rechauffé à ta. Le bromure de benzyle (1.2 équiv.) est additionné, en étant suivi de l'addition de l'iodure de tetrabutyl ammonium (0.1 équiv.). Le mélange réactionnel est agité à température ambiante pendant la nuit. Une fois que la réaction est finie, elle est quenchéé avec une solution saturée de NH₄Cl, extraite avec AcOEt (3x), séchée (MgSO₄) et concentrée sous vide. Purification par colonne chromatographique flash fournit les produits souhaités dans les rendements marqués.

Procédure Générale 5.9, *Synthèse de Pentynoates d'Éthyle:* À un ballon chargé avec l'éther d'alcynyle (1 équiv.) et THF (0.125M) à -78°C, il y a été additionné *n*-BuLi (solution 1.6M en hexanes, 1.5 équiv.) et la réaction est agitée pour 1h à -78°C. Ensuite, l'anion formé est quenché avec chloroformate d'éthyle (1.5 équiv.). Le mélange réactionnel est rechauffée à ta, l'eau est additionnée, et la réaction est extraite avec AcOEt (3x), séchée (MgSO₄) et concentrée sous pression réduite. Purification par colonne chromatographique flash fournit les composés souhaités dans les rendements marqués.

5-Benzyloxy-7-phenyl-hept-2-ynoic acid ethyl ester   **5.41a**

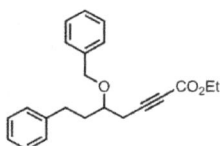

FM: $C_{22}H_{24}O_3$

PM = 336 g.mol^{-1}

Méthode :	Voir **procédure générale 5.8** employant (1 équiv., 3 mmol, 522 mg) de 1-phenyl-hex-5-yn-3-ol et (1.2 équiv., 3.6 mmol, 430 µL) de bromure de benzyle, suivi de la **procédure générale 5.9** employant (1ééquiv. 1 mmol, 264 mg) de 4-benzyloxy-6-phenyl-hex-1-yne.
Purification :	Colonne chromatographique flash (silica gel, 95:5 EP:AcOEt)/ **R$_f$** (8:2 EP:AcOEt): 0.55.
Produit :	Huile jaune pâle.
Rendement :	35% pour deux étapes.

¹H RMN (δ, ppm)

(CDCl₃, 400 MHz)

7.39-7.28 (m, 7H, CH-Ph), 7.21-7.16 (m, 3H, CH-Ph), 4.66 (d, J = 11.6Hz, 1H, OCH₂), 4.51 (d, J = 11.6Hz, 1H, OCH₂), 4.22 (q, J = 7.1Hz, 2H, OC**H₂**CH₃), 3.66-3.60 (m, 1H, OCH), 2.84-2.77 (m, 1H, CH₂), 2.70-2.62 (m, 2H, CH₂), 2.58 (dd, J = 6.4Hz, J = 17.2Hz, 1H, CH₂), 2.05-1.92 (m, 2H, CH₂), 1.31 (t, J = 7.1Hz, 3H, OCH₂C**H₃**).

¹³C RMN (δ, ppm)

(CDCl₃, 100 MHz)

153.5 (Cq, C=O), 141.5 (Cq, Ph), 138.0 (Cq, Ph), 128.5 (CH-Ph), 128.4 (CH-Ph x2), 127.8 (CH-Ph), 127.7 (CH-Ph), 125.9 (CH-Ph), 85.7 (Cq, C≡C), 75.8 (OCH), 74.7 (Cq, C≡C), 71.6 (O**C**H₂Ph), 61.8 (O**C**H₂CH₃), 35.9 (CH₂), 31.4 (CH₂), 24.2 (CH₂), 14.0 (OCH₂**C**H₃).

IR (ν, cm^{-1}) (CCl₄)

3088 (w), 3066 (w), 3030 (w), 2984 (w), 2939 (w), 2865 (w), 2238 (m), 1715 (s), 1604 (w), 1496 (w), 1455 (w), 1366 (w), 1350 (w), 1300 (w), 1251 (s), 1072 (s), 1028 (m).

5-(4-Methoxy-benzyloxy)-7-phenyl-hept-2-ynoic acid ethyl ester   **5.41b**

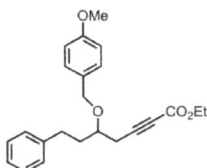

FM: $C_{23}H_{26}O_4$

PM = 366 g.mol^{-1}

Méthode :	Voir **procédure générale 5.8** employant (1 équiv., 5 mmol, 870 mg) de 1-phenyl-hex-5-yn-3-ol et (1.2 équiv., 6 mmol, 820 µL) de chlorure de *p*-methoxybenzyle, suivi de la **procédure générale 5.9** employant (1 équiv., 1 mmol, 294 mg) de 1-methoxy-4-(1-phenethyl-but-3-ynyloxymethyl)-benzène.
Purification :	Colonne chromatographique flas (silica gel, 9:1 EP:AcOEt)/ **R$_f$** (8:2 EP:AcOEt): 0.50.
Produit :	Huile transparente.
Rendement :	36% pour deux étapes.

^{1}H RMN (δ, ppm) (CDCl$_3$, 400 MHz)	7.30-7.26 (m, 4H, CH-Ph + CH-Ar), 7.21-7.15 (m, 3H, CH-Ph), 6.89 (d, *J* = 8.7Hz, 2H, CH-Ar), 4.58 (d, *J* = 11.2Hz, 1H, OC**H$_2$**Ph), 4.44 (d, *J* = 11.2Hz, 1H, OC**H$_2$**Ph), 4.22 (q, *J* = 7.1Hz, 2H, OC**H$_2$**CH$_3$), 3.81 (s, 3H, OCH$_3$), 3.64-3.58 (m, 1H, OCH), 2.83-2.76 (m, 1H, CH$_2$), 2.67-2.60 (m, 2H, CH$_2$), 2.55 (dd, *J* = 6.4Hz, *J* = 17.2Hz, 1H, CH$_2$), 1.99-1.93 (m, 2H, CH$_2$), 1.31 (t, *J* = 7.1Hz, 3H, OCH$_2$C**H$_3$**).
^{13}C RMN (δ, ppm) (CDCl$_3$, 100 MHz)	159.4 (Cq, C=O), 153.6 (Cq, Ar), 141.6 (Cq, Ar), 130.2 (Cq, Ar), 129.5 (CH-Ar), 128.4 (CH-Ar x2), 125.9 (CH-Ar), 113.9 (CH-Ar), 85.8 (Cq, C≡C), 75.4 (OCH), 74.7 (Cq, C≡C), 71.3 (O**C**H$_2$Ph), 61.8 (O**C**H$_2$CH$_3$), 55.3 (OCH$_3$), 36.0 (CH$_2$), 31.4 (CH$_2$), 24.3 (CH$_2$), 14.0 (OCH$_2$**C**H$_3$).
IR (ν, cm^{-1}) (CCl$_4$)	3066 (w), 3029 (w), 2984 (w), 2936 (m), 2864 (w), 2837 (w), 2238 (w), 1715 (s), 1613 (w), 1587 (w), 1514 (m), 1497 (w), 1464 (w), 1455 (w), 1366 (w), 1349 (w), 1302 (w), 1250 (s), 1172 (w), 1072 (m), 1040 (w).
SMHR (IE+, m/z) :	Calculé: 366.1831 Trouvé: 366.1831.

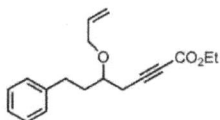

FM: $C_{18}H_{22}O_3$

PM = 286 g.mol^{-1}

Méthode :   Voir **procédure générale 5.8** employant (1 équiv., 2.6 mmol, 455 mg) de 1-phenyl-hex-5-yn-3-ol et (1.2 équiv., 3 mmol, 260 μL) de bromure d'allyle, suivi de la **procédure générale 5.9** employant (1 équiv., 1mmol, 214 mg) de (3-allyloxy-hex-5-ynyl)-benzène.

Purification :   Colonne chromatographique flash (silica gel, 95:5 EP:AcOEt)/ **R$_f$** (8:2 EP:AcOEt): 0.66.

Produit :   Huile transparente.

Rendement :   63% pour deux étapes.

^{1}H RMN (δ, ppm)

(CDCl$_3$, 400 MHz)

7.31-7.26 (m, 2H, CH-Ph), 7.21-7.17 (m, 3H, CH-Ph), 5.93 (tdd, J = 5.7Hz, J = 10.4Hz, J = 17.2Hz, 1H, C**H**=CH$_2$), 5.30 (ddd, J = 1.4Hz, J = 3.0Hz, J = 17.2Hz, 1H, CH=C**H$_2$**), 5.19 (ddd, J = 1.4Hz, J = 3.0Hz, J = 10.4Hz, 1H, CH=C**H$_2$**), 4.22 (q, J = 7.2Hz, 2H, OC**H$_2$**CH$_3$), 4.12 (tdd, J = 1.4Hz, J = 5.7Hz, J = 12.6Hz, 1H, OCH$_2$), 3.98 (tdd, J = 1.4Hz, J = 5.7Hz, J = 12.6Hz, 1H, OCH$_2$), 3.55 (quin, J = 6.2Hz, 1H, OCH), 2.83-2.76 (m, 1H, CH$_2$), 2.71-2.62 (m, 1H, CH$_2$), 2.61 (dd, J = 6.2Hz, J = 17.2Hz, 1H, CH$_2$), 2.53 (dd, J = 6.2Hz, J = 17.2Hz, 1H, CH$_2$), 1.95 (dt, J = 6.2Hz, J = 8.0Hz, 2H, CH$_2$), 1.30 (t, J = 7.2Hz, 3H, OCH$_2$C**H$_3$**).

^{13}C RMN (δ, ppm)

(CDCl$_3$, 100 MHz)

153.6 (Cq, C=O), 141.6 (Cq, Ph), 134.7 (CH), 128.4 (CH x2), 125.9 (CH), 117.2 (CH=**C**H$_2$), 85.7 (Cq, C≡C), 75.9 (OCH), 74.7 (Cq, C≡C), 70.7 (O**C**H$_2$Ph), 61.8 (O**C**H$_2$CH$_3$), 36.0 (CH$_2$), 31.4 (CH$_2$), 24.3 (CH$_2$), 14.0 (OCH$_2$**C**H$_3$).

IR (ν, cm^{-1}) (CCl$_4$)

3086 (w), 3066 (w), 3029 (w), 2985 (w), 2938 (w), 2862 (w), 2239 (m), 1715 (s), 1604 (w), 1496 (w), 1455 (w), 1424 (w), 1367 (w), 1342 (w), 1251 (s), 1172 (w), 1135 (w), 1073 (s), 1030 (w).

SMHR (IE+, m/z) :

Calculé: 286.1569 Trouvé: 286.1575.

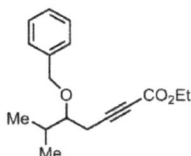

FM: $C_{17}H_{22}O_3$

PM = 274 g.mol^{-1}

Méthode : Voir **procédure générale 5.8** employant (1 équiv., 3.6 mmol, 400 mg) de 2-methyl-hex-5-yn-3-ol et (1.2 équiv., 4.30 mmol, 510 µL) de bromure de benzyle, suivi de la **procédure générale 5.9** employant (1 équiv, 1 mmol, 202 mg) de (1-isopropyl-but-3-ynyloxymethyl)-benzène.

Purification : Colonne chromatographique flash (silica gel, 95:5 EP:AcOEt)/ **R$_f$** (8:2 EP: AcOEt): 0.66.

Produit : Huile transparente.

Isolated Rendement : 36 % pour deux étapes.

^{1}H RMN (δ, ppm)

(CDCl$_3$, 400 MHz)

7.39-7.27 (m, 5H, CH-Ph), 4.69 (d, J = 11.5Hz, 1H, OC**H$_2$**Ph), 4.53 (d, J = 11.5Hz, 1H, OC**H$_2$**Ph), 4.22 (q, J = 7.1Hz, 2H, OC**H$_2$**CH$_3$), 3.40 (q, J = 5.8Hz, 1H, OCH), 2.57 (d, J = 6.0Hz, 2H, C**H$_2$**CHO), 1.98 (hept, J = 6.2Hz, 1H, CH-^{i}Pr), 1.31 (t, J = 7.1Hz, 3H, OCH$_2$C**H$_3$**), 0.96 (d, J = 6.2Hz, 3H, CH$_3$-^{i}Pr), 0.95 (d, J = 6.2Hz, 3H, CH$_3$-^{i}Pr).

^{13}C RMN (δ, ppm)

(CDCl$_3$, 100 MHz)

153.7 (Cq, C=O), 138.3 (Cq, Ar), 128.3 (CH-Ph), 127.8 (CH-Ph), 127.6 (CH-Ph), 86.8 (Cq, C≡C), 81.7 (OCH), 74.3 (Cq, C≡C), 72.5 (O**C**H$_2$Ph), 61.8 (O**C**H$_2$CH$_3$), 31.7 (CH-^{i}Pr), 21.7 (CH$_2$), 18.6 (CH$_3$-^{i}Pr), 17.5 (CH$_3$-^{i}Pr), 14.0 (OCH$_2$**C**H$_3$).

IR (ν, cm^{-1}) (CCl$_4$)

3091 (w), 3067 (w), 3033 (w), 2964 (m), 2938 (m), 2908 (m), 2875 (m), 2236 (m), 1747 (m), 1713 (s), 1497 (w), 1466 (m), 1455 (m), 1423 (w), 1387 (m), 1366 (m), 1300 (m), 1250 (s), 1205 (w), 1175 (w), 1073 (s), 1028 (m), 1013 (m).

SMHR (IE+, m/z) : Calculé: 274.1569   Trouvé: 274.1579.

B.3.4.4 Les Transformations Catalysées à l'Au(I)

Les composés antérieurement préparés ont été soumis à la catalyse à l'or, selon exhibé au schème suivant (schème B.3.4.4):

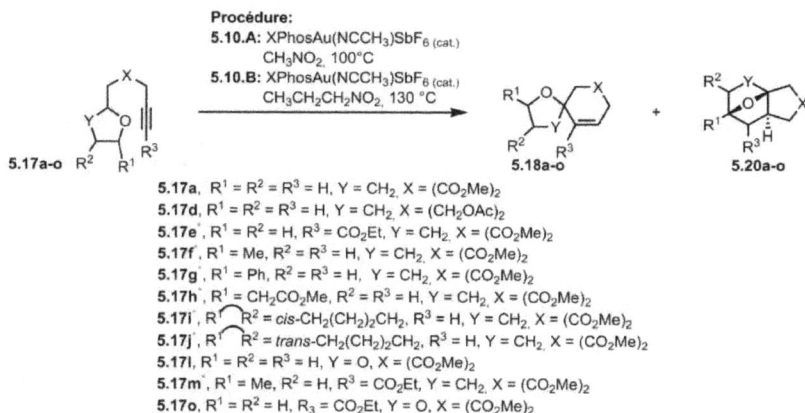

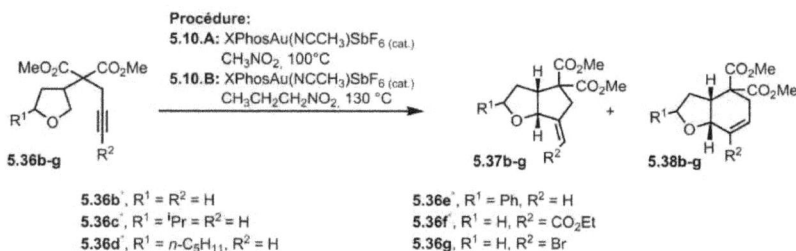

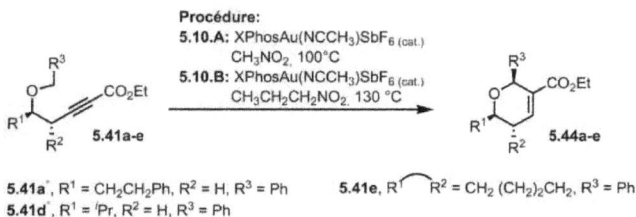

Procédure:
5.10.A: XPhosAu(NCCH$_3$)SbF$_6$ (cat.)
CH$_3$NO$_2$, 100°C
5.10.B: XPhosAu(NCCH$_3$)SbF$_6$ (cat.)
CH$_3$CH$_2$CH$_2$NO$_2$, 130 °C

5.17a-o → **5.18a-o** + **5.20a-o**

5.17a, R^1 = R^2 = R^3 = H, Y = CH$_2$, X = (CO$_2$Me)$_2$
5.17d, R^1 = R^2 = R^3 = H, Y = CH$_2$, X = (CH$_2$OAc)$_2$
5.17e, R^1 = R^2 = H, R^3 = CO$_2$Et, Y = CH$_2$, X = (CO$_2$Me)$_2$
5.17f, R^1 = Me, R^2 = R^3 = H, Y = CH$_2$, X = (CO$_2$Me)$_2$
5.17g, R^1 = Ph, R^2 = R^3 = H, Y = CH$_2$, X = (CO$_2$Me)$_2$
5.17h, R^1 = CH$_2$CO$_2$Me, R^2 = R^3 = H, Y = CH$_2$, X = (CO$_2$Me)$_2$
5.17i, R^1 R^2 = cis-CH$_2$(CH$_2$)$_2$CH$_2$, R^3 = H, Y = CH$_2$, X = (CO$_2$Me)$_2$
5.17j, R^1 R^2 = trans-CH$_2$(CH$_2$)$_2$CH$_2$, R^3 = H, Y = CH$_2$, X = (CO$_2$Me)$_2$
5.17l, R^1 = R^2 = R^3 = H, Y = O, X = (CO$_2$Me)$_2$
5.17m, R^1 = Me, R^2 = H, R^3 = CO$_2$Et, Y = CH$_2$, X = (CO$_2$Me)$_2$
5.17o, R^1 = R^2 = H, R$_3$ = CO$_2$Et, Y = O, X = (CO$_2$Me)$_2$

Procédure:
5.10.A: XPhosAu(NCCH$_3$)SbF$_6$ (cat.)
CH$_3$NO$_2$, 100°C
5.10.B: XPhosAu(NCCH$_3$)SbF$_6$ (cat.)
CH$_3$CH$_2$CH$_2$NO$_2$, 130 °C

5.36b-g → **5.37b-g** + **5.38b-g**

5.36b, R^1 = R^2 = H
5.36c, R^1 = ^{i}Pr = R^2 = H
5.36d, R^1 = n-C$_5$H$_{11}$, R^2 = H

5.36e, R^1 = Ph, R^2 = H
5.36f, R^1 = H, R^2 = CO$_2$Et
5.36g, R^1 = H, R^2 = Br

Procédure:
5.10.A: XPhosAu(NCCH$_3$)SbF$_6$ (cat.)
CH$_3$NO$_2$, 100°C
5.10.B: XPhosAu(NCCH$_3$)SbF$_6$ (cat.)
CH$_3$CH$_2$CH$_2$NO$_2$, 130 °C

5.41a-e → **5.44a-e**

5.41a, R^1 = CH$_2$CH$_2$Ph, R^2 = H, R^3 = Ph
5.41d, R^1 = ^{i}Pr, R^2 = H, R^3 = Ph
5.41e, R^1 R^2 = CH$_2$ (CH$_2$)$_2$CH$_2$, R^3 = Ph

Schème B.3.4.4: Catalyse à l'or(I) employant les alcynes **5.17a-o**, **5.36b-g** et **5.41a-e**.

Procédure 5.10.A: À une solution de l'alcyne (0.1 mmol, 1 équiv.) en nitromethane anhydre (500 µL), il y a été additionné XphosAu(NCCH₃)SbF₆ (3.8 mg, 0.04 équiv.). La réaction est chauffée au reflux (100 °C), en étant frequémment accompagnée par CCM. Une fois que la réaction est finie, le mélange est concentré sous vide et purifié par colonne chromatographique flash.

Procédure 5.10.B: À une solution de l'alcyne (0.1 mmol, 1 équiv.) en nitropropane anhydre (250 µL), il y a été additionné XphosAu(NCCH₃)SbF₆ (3.8 mg, 0.04 équiv.). La réaction est chauffée au reflux (130 °C) en étant fréquemment accompagnée par CCM. Une fois que la réaction est finie, le mélange est concentré sous vide et purifié par colonne chromatographique flash.

1-Oxa-spiro[4.5]dec-6-ene-6,9,9-tricarboxylic acid 6-ethyl ester 9,9-dimethyl ester	5.18e

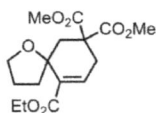

FM: $C_{16}H_{22}O_7$

PM = 326 g.mol⁻¹

Méthode : Voir **procédure générale 5.10.A** employant (1 équiv., 0.1 mmol, 33 mg) de 5-methoxycarbonyl-5-(tetrahydro-furan-2-ylmethyl)-hex-2-ynedioic acid 1-ethyl ester 6-methyl ester.

Purification : Colonne chromatographique flash (silica gel, 8:2 EP:AcOEt) / **R_f** (7:3 EP AcOEt): 0.43.

Produit : Huile transparente.

Rendement : 91%.

¹H RMN (δ, ppm)	7.09 (dd, J = 2.9Hz, J = 5.1Hz, 1H, CH=); 4.20-4.10 (m, 2H, OC$\underline{H}_2$CH₃);
	3.98 (dt, J = 5.4Hz, J = 7.7Hz, 1H, OCH₂-motif THF); 3.74-3.67 (m, 1H,
(CDCl₃, 400 MHz)	OCH₂-motif THF); 3.73 (s, 3H, OCH₃); 3.69 (s, 3H, OCH₃); 3.03 (ddd, J =
	1.3Hz, J = 5.1Hz, J = 19.1Hz, 1H, C$\underline{H}_2$CH=); 2.61 (dd, J = 1.3Hz, J =
	14.2Hz, 1H, CH₂); 2.47 (ddd, J = 6.2Hz, J = 9.5Hz, J = 12.4Hz, 1H, CH₂-
	motif THF); 2.35 (dd, J = 2.9Hz, J = 19.1Hz, 1H, C$\underline{H}_2$CH=); 2.23-2.12 (m,
	1H, CH₂-motif THF); 2.02 (d, J = 14.2Hz, 1H, CH₂); 2.01-1.93 (m, 1H,
	CH₂-Motif THF); 1.64 (ddd, J = 6.2Hz, J = 8.5Hz, J = 12.4Hz, 1H, CH₂-
	motif THF); 1.28 (t, J = 7.2Hz, 3H, OCH₂C$\underline{H}_3$).

¹³C RMN (δ, ppm)	171.7 (Cq, C=O); 170.6 (Cq, C=O); 165.3 (Cq, C=O); 139.6 (C=$\underline{C}$H);
	132.6 (Cq, $\underline{C}$=CH); 78.4 (Cq, $\underline{C}$-O-motif THF); 67.8 (OCH₂-motif THF);
(CDCl₃, 100 MHz)	60.2 (O$\underline{C}$H₂CH₃); 52.7 (OCH₃); 52.3 (OCH₃); 51.2 (Cq); 40.6 (CH₂); 35.9
	(CH₂); 31.2 (CH₂); 26.8 (CH₂); 14.1 (OCH₂$\underline{C}$H₃).

IR (ν, cm⁻¹) (CCl₄)	2981 (s), 2953 (s), 2905 (m), 2885 (m), 2843 (m), 1740 (s), 1645 (w),
	1478 (w), 1457 (m), 1437 (s), 1414 (m), 1378 (m), 1357 (m), 1324 (m),
	1296 (s), 1254 (s), 1205 (s), 1184 (s), 1171 (s), 1114 (s), 1097 (s), 1074
	(s), 1053 (s).

SMHR (IE+, m/z) :	Calculé: 326.1366 Trouvé: 326.1368.

2-Methyl-1-oxa-spiro[4.5]dec-9-ene-7,7-dicarboxylic acid dimethyl ester   **5.18f**   +

et   7-Methyl-10-oxa-tricyclo[5.2.1.0¹,⁵]decane-3,3-dicarboxylic   acid   5.20f
dimethyl ester

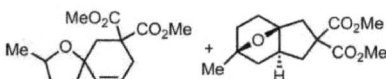

FM: $C_{14}H_{20}O_5$

PM = 268 g.mol⁻¹

Méthode :	Voir **procédure générale 5.10 A** employant (1 équiv., 0.1 mmol, 27 mg) de 2-(5-methyl-tetrahydro-furan-2-ylmethyl)-2-prop-2-ynyl-malonic acid dimethyl ester.

Purification :	Colonne chromatographique flash (silica gel, 9:1 EP:AcOEt)/ R_f (7:3 EP:AcOEt): 0.51.

Produit :	Huile transparente.

Rendement :	82% (mélange non-séparable, ratio de diastereoisomères 5.1: 1).

¹H RMN (δ, ppm)	**Diasteroisomère majoritaire:** 5.81 (ddd, J = 2.7Hz, J = 4.7Hz, J = 9.9Hz, 1H, CH=), 5.58 (tdd, J = 1.5Hz, J = 2.7Hz, J = 9.9Hz, 1H, CH=), 4.00-3.92

(CDCl$_3$, 400 MHz)	(m, 1H, OCH-Motif THF), 3.71 (s, 3H, OCH$_3$), 3.69 (s, 3H, OCH$_3$), 2.86 (tdd, J = 1.5Hz, J = 4.7Hz, J = 17.8Hz, 1H, C**H$_2$**CH=), 2.61 (d, J = 13.9Hz, 1H, CH$_2$), 2.16 (td, J = 2.7Hz, J = 17.8Hz, 1H, C**H$_2$**CH=), 2.10-2.03 (m, 1H, CH$_2$), 1.99 (d, J = 13.9Hz, 1H, CH$_2$), 1.88-1.75 (m, 2H, CH$_2$), 1.56-1.47 (m, 1H, CH$_2$), 1.18 (d, J = 6.1Hz, 3H, CH$_3$).

Diasteroisomère minoritaire: 5.81 (ddd, J = 2.8Hz, J = 4.6Hz, J = 9.9 Hz, 1H, CH=), 5.62 (tdd, J = 1.0Hz, J =1.8Hz, J = 9.9, 1H, CH=), 4.16-4.08 (m, 1H, OCH-Motif THF), 3.72 (s, 3H, OCH$_3$), 3.69 (s, 3H, OCH$_3$), 2.80 (tdd, J = 1.5Hz, J = 4.6Hz, J = 17.8Hz, 1H, C**H$_2$**CH=), 2.52 (td, J = 1.0Hz, J = 13.8Hz, 1H, CH$_2$), 2.18 (td, J = 2.8Hz, J = 17.8Hz, 1H, C**H$_2$**CH=), 2.16 (d, J = 13.8Hz, 1H, CH$_2$), 2.08-2.01 (m, 1H, CH$_2$), 1.89-1.79 (m, 2H, CH$_2$), 1.67-1.60 (m, 1H, CH$_2$), 1.18 (d, J = 6.1Hz, 3H, CH$_3$).

Produit [3+2] (formellement): 3.71 (s, 6H, OCH$_3$ x2), 2.66 (d, J = 15.0Hz, 1H, CH$_2$), 2.53 (d, J = 15.0Hz, 1H, CH$_2$), 2.35 (dd, J = 12.4Hz, J = 7.7Hz, 1H, CH$_2$), 2.21-2.13 (m, 1H, CH$_2$), 2.10-2.01 (m, 3H, CH+CH$_2$), 1.90 -1.75 (m, 3H, CH$_2$), 1.57-1.46 (m, 1H, CH$_2$), 1.17 (d, J = 6.1Hz, 3H, CH$_3$).

^{13}C RMN (δ, ppm) (CDCl$_3$, 100 MHz)	**Diasteroisomère majoritaire:** 172.4 (Cq, C=O), 171.2 (Cq, C=O), 131.3 (CH=), 126.1 (CH=), 78.0 (Cq, **C**-O Motif THF), 73.9 (CHO-Motif THF), 52.6 (OCH$_3$), 52.3 (OCH$_3$), 51.8 (Cq), 38.5 (CH$_2$), 38.4 (CH$_2$), 33.5 (CH$_2$), 30.4 (CH$_2$), 21.4 (CH$_3$). **Diasteroisomère minoritaire:** 172.3 (Cq, C=O), 171.3 (Cq, C=O), 131.1 (CH=), 125.7 (CH=), 78.1 (Cq, **C**-O Motif THF), 75.6 (CHO-Motif THF), 52.6 (OCH$_3$), 52.4 (OCH$_3$), 51.8 (Cq), 40.9 (CH$_2$), 38.9 (CH$_2$), 33.5 (CH$_2$), 30.5 (CH$_2$), 21.9 (CH$_3$). **Produit [3+2] (formellement):** 173.0 (Cq, C=O), 171.7 (Cq, C=O), 94.3 (Cq, C-O), 85.4 (Cq, C-O), 62.4 (Cq), 52.7 (OCH$_3$), 52.6 (OCH$_3$), 48.3 (CH), 45.9 (CH$_2$), 41.0 (CH$_2$), 37.6 (CH$_2$), 36.4 (CH$_2$), 32.9 (CH$_2$), 21.2 (CH$_3$).
IR (ν, cm^{-1}) (CCl$_4$)	3031 (m), 2970 (s), 2952 (s), 2870 (m), 2842 (w), 1740 (s), 1436 (s), 1395 (w), 1381 (w), 1353 (w), 1301 (m), 1250 (s), 1211 (s), 1198 (s), 1174 (s), 1148 (m), 1097 (s), 1048 (m), 1008 (w).
SMHR (IE+, m/z) :	Calculé: 268.1311 Trouvé: 268.1298.

2-Phenyl-1-oxa-spiro[4.5]dec-9-ene-7,7-dicarboxylic acid dimethyl ester 5.18g +
et 7-Phenyl-10-oxa-tricyclo[5.2.1.0^{1,5}]decane-3,3-dicarboxylic acid 5.20g
dimethyl ester

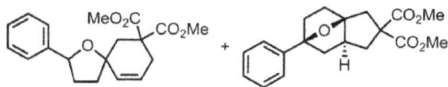

FM: C$_{19}$H$_{22}$O$_5$

PM = 330 g.mol^{-1}

Méthode :	Voir **procédure générale 5.10.A** employant (1 équiv., 0.1 mmol, 33 mg) de 2-(5-phenyl-tetrahydro-furan-2-ylmethyl)-2-prop-2-ynyl-malonic acid dimethyl ester.
Purification :	Colonne chromatographique flash (silica gel, 8:2 EP:AcOEt)/ **R$_f$** (8:2 EP: AcOEt): 0.29.
Produit :	Huile transparente
Rendement :	76% (mélange non-séparable, ratio de diasteroisomères 2.3:1).

^{1}H RMN (δ, ppm)

(CDCl$_3$, 400 MHz)

Diasteroisomère majoritaire: 7.37-7.19 (m, 5H, CH-Ph), 5.86 (ddd, J = 2.6Hz, J = 4.8Hz, J = 10.0Hz, 1H, CH=), 5.70 (d, J = 10.0Hz, 1H, CH=), 4.90 (dd, J = 6.8Hz, J = 7.6Hz, 1H, OCH-motif THF), 3.73 (s, 3H, OCH$_3$), 3.55 (s, 3H, OCH$_3$), 2.91 (dd, J = 4.8Hz, J = 17.9Hz, 1H, C**H$_2$**CH=), 2.74 (d, J = 14.0Hz, 1H, CH$_2$), 2.44-2.35 (m, 1H, CH$_2$-motif THF), 2.21 (td, J = 2.6Hz, J = 17.9Hz, 1H, C**H$_2$**CH=), 2.13 (d, J = 14.0Hz, 1H, CH$_2$), 1.97-1.92 (m, 2H, CH$_2$-motif THF), 1.90-1.81 (m, 1H, CH$_2$-motif THF).

Diasteroisomère minoritaire: 7.35-7.19 (m, 5H, CH-Ph), 5.86 (ddd, J = 2.8Hz, J = 4.6Hz, J = 10.0Hz, 1H, CH=), 5.76 (d, J = 10.0Hz, 1H, CH=), 5.02 (t, J = 6.8Hz, 1H, OCH-motif THF), 3.73 (s, 3H, OCH$_3$), 3.49 (s, 3H, OCH$_3$), 2.81 (dd, J = 4.6Hz, J = 17.7Hz, 1H, C**H$_2$**CH=), 2.76 (d, J = 14.0Hz, 1H, CH$_2$), 2.40-2.33 (m, 1H, CH$_2$-motif THF), 2.34 (d, J = 14.0Hz, 1H, CH$_2$), 2.26 (td, J = 2.8Hz, J = 17.7Hz, 1H, C**H$_2$**CH=), 2.04-1.92 (m, 3H, CH$_2$-motif THF).

Produit [3+2] (formellement): 7.37-7.19 (m, 5H, CH-Ph), 3.76 (s, 3H, OCH$_3$), 3.74 (s, 3H, OCH$_3$), 2.83 (d, J = 14.9Hz, 1H, CH$_2$), 2.62 (d, J = 14.9Hz, 1H, CH$_2$), 2.44-2.35 (m, 2H, CH+CH$_2$), 2.32-2.25 (m, 2H, CH$_2$), 1.97-1.92 (m, 2H, CH$_2$), 1.90-1.81 (m, 2H, CH$_2$), 1.71 (m, 1H, CH$_2$).

^{13}C RMN (δ, ppm)

(CDCl$_3$, 100 MHz)

Diasteroisomère majoritaire: 172.3 (Cq, C=O), 171.0 (Cq, C=O), 143.0 (Cq, Ph), 130.7 (CH), 128.1 (CH), 127.0 (CH), 126.2 (CH), 125.6 (CH), 79.5 (OCH-motif THF), 78.5 (Cq, **C**-O-motif THF), 52.6 (OCH$_3$), 52.4 (OCH$_3$), 52.0 (Cq), 38.8 (CH$_2$), 38.5 (CH$_2$), 34.9 (CH$_2$), 30.5 (CH).
Diasteroisomère minoritaire: 172.2 (Cq, C=O), 171.1 (Cq, C=O), 142.9 (Cq, Ph), 130.6 (CH-Ph), 128.0 (CH=), 127.2 (CH-Ph), 126.1 (CH=), 125.7

(CH-Ph), 81.2 (OCH-motif THF) , 78.9 (Cq, <u>C</u>-O-motif THF), 52.6 (OCH$_3$), 52.5 (OCH$_3$), 52.0 (Cq), 40.3 (CH$_2$), 38.4(CH$_2$), 34.6 (CH$_2$), 30.5 (CH$_2$).
Produit [3+2] (formellement): 172.9 (Cq, C=O), 171.7 (Cq, C=O), 142.5 (Cq, Ph), 128.1 (CH-Ph), 126.9 (CH-Ph), 125.0 (CH-Ph), 94.5 (Cq), 88.7 (Cq), 62.5 (Cq), 52.8 (OCH$_3$), 52.6 (OCH$_3$), 48.1 (CH), 47.6 (CH$_2$), 41.0 (CH$_2$), 37.8 (CH$_2$), 36.8 (CH$_2$), 32.4 (CH$_2$).

IR (ν, cm^{-1}) (CCl$_4$)   3066 (w), 3031 (w), 2952 (m), 2871 (w), 1740 (s), 1494 (w), 1448 (m), 1435 (w), 1299 (w), 1252 (m), 1217 (w), 1198 (w), 1180 (w), 1095 (w), 1050 (w), 1027 (w).

SMHR (IE+, m/z) :   Calculé: 330.1467   Trouvé: 330.1463.

2-Methoxycarbonylmethyl-1-oxa-spiro[4.5]dec-9-ene-7,7-dicarboxylic acid dimethyl ester et 7-Methoxycarbonylmethyl-10-oxa-tricyclo[5.2.1.0^{1,5}]decane-3,3-dicarboxylic acid dimethyl ester	5.18h + 5.20h

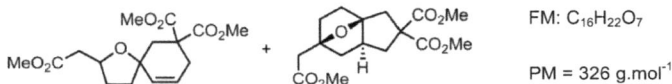

FM: C$_{16}$H$_{22}$O$_7$

PM = 326 g.mol^{-1}

Méthode :   Voir **procédure générale 5.10.A** employant (1 équiv., 0.1 mmol, 33 mg) de 2-(5-methoxycarbonylmethyl-tetrahydro-furan-2-ylmethyl)-2-prop-2-ynyl-malonic acid dimethyl ester

Purification :   Colonne chromatographique flash (silica gel, 7:3 EP:AcOEt)/ **R$_f$** (7:3 EP:AcOEt): 0.30.

Produit :   Huile transparente.

Rendement :   82% (mélange non-séparable, ratio de diastereoisomères1.5: 1).

^{1}H RMN (δ, ppm)

(CDCl$_3$, 400 MHz)

Diasteroisomère majoritaire: 5.82 (ddd, J = 2.5Hz, J = 4.7Hz, J = 9.9Hz, 1H, CH=), 5.54 (d, J = 9.9Hz, 1H, CH=), 4.30-4.23 (m, 1H, OCH-motif THF), 3.71 (s, 3H, OCH$_3$), 3.69 (s, 3H, OCH$_3$), 3.66 (s, 3H, OCH$_3$), 2.85 (dd, J = 4.7Hz, J = 17.9Hz, 1H, C<u>H$_2$</u>CH=), 2.60 (d, J = 14.5Hz, 1H, CH$_2$), 2.58 (d, J = 15.4Hz, 1H, CH$_2$), 2.41 (dd, J = 7.2Hz, J = 15.4Hz, 1H, CH$_2$), 2.23-2.13 (m, 1H, CH$_2$-motif THF), 2.16 (dt, J = 2.5Hz, J = 17.9Hz, 1H, C<u>H$_2$</u>CH=), 2.03 (d, J = 14.5Hz, 1H, CH$_2$), 1.83 (t, J = 7.2Hz, 2H, CH$_2$-motif THF), 1.71-1.62 (m, 1H, CH$_2$-motif THF).

Diasteroisomère minoritaire: 5.81 (ddd, J = 3.0Hz, J = 4.4Hz, J = 10.0Hz, 1H, CH=), 5.62 (d, J = 10.0Hz, 1H, CH=), 4.41-4.34 (m, 1H, OCH-motif THF), 3.72 (s, 3H, OCH$_3$), 3.68 (s, 3H, OCH$_3$), 3.66 (s, 3H, OCH$_3$), 2.76 (dd, J = 4.4Hz, J = 17.8Hz, 1H, C<u>H$_2$</u>CH=), 2.62 (dd, J = 6.1Hz, J = 15.3Hz, 1H, CH$_2$), 2.49 (d, J = 14.1Hz, 1H, CH$_2$), 2.41 (dd, J = 7.4Hz, J = 15.3Hz, 1H, CH$_2$), 2.24-2.17 (m, 3H, CH$_2$-motif THF +

CH$_2$+C**H**$_2$CH=), 1.88-1.82 (m, 2H, CH$_2$-motif THF), 1.80-1.69 (m, 1H, CH$_2$-motif THF).

Produit [3+2] (formellement): 3.70 (s, 3H, OCH$_3$), 3.67 (s, 3H, OCH$_3$), 3.65 (s, 3H, OCH$_3$), 2.63-2.55 (m, 1H, CH$_2$), 2.43-2.32 (m, 1H, CH$_2$), 2.23-2.12 (m, 5H, CH+CH$_2$), 1.86-1.63 (m, 6H, CH$_2$).

^{13}C RMN (δ, ppm) (CDCl$_3$, 100 MHz)	**Diasteroisomère majoritaire:** 172.3 (Cq, C=O), 171.5 (Cq, C=O), 171.1 (Cq, C=O), 130.7 (CH=), 126.5 (CH=), 78.5 (Cq, C-O motif THF), 74.2 (OCH-motif THF), 52.7 (OCH$_3$), 52.4 (OCH$_3$), 51.7 (Cq), 51.5 (OCH$_3$), 40.9 (CH$_2$), 38.5 (CH$_2$), 38.1 (CH$_2$), 31.5 (CH$_2$), 30.4 (CH$_2$). **Diasteroisomère minoritaire:** 172.2 (Cq, C=O), 171.4 (Cq, C=O), 171.2 (Cq, C=O), 130.4 (CH=), 125.9 (CH=), 78.7 (Cq, C-O motif THF), 75.4 (OCH-motif THF), 52.6 (OCH$_3$), 52.5 (OCH$_3$), 51.9 (Cq), 51.5 (OCH$_3$), 41.2 (CH$_2$), 40.5 (CH$_2$), 38.1(CH$_2$), 31.4 (CH$_2$), 30.4 (CH$_2$). **Produit [3+2] (formellement):** 172.8 (Cq, C=O), 171.4 (Cq, C=O), 170.7 (Cq, C=O), 94.3 (Cq), 84.6 (Cq), 62.3 (Cq), 52.3 (OCH$_3$), 51.5 (OCH$_3$), 51.5 (OCH$_3$), 47.7 (CH), 44.1 (CH$_2$), 40.7 (CH$_2$), 37.4 (CH$_2$), 35.1 (CH$_2$), 32.3 (CH$_2$), 29.6 (CH$_2$).
IR (ν, cm^{-1}) (CCl$_4$)	3031 (w), 2953 (m), 2843 (w), 1741 (s, C=O), 1436 (m), 1382 (w), 1328 (w), 1302 (w), 1251 (s), 1200 (s), 1175 (s), 1146 (w), 1097 (m), 1052 (m).
SMHR (IE+, m/z) :	Calculé: 326.1366 Trouvé: 326.1357.

Le nom n'a pas été trouvé (Beilstein)	**5.18i** **+** **5.20i**

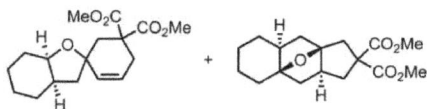

FM: C$_{17}$H$_{24}$O$_5$

PM = 308 g.mol^{-1}

Méthode :	Voir **procédure générale 5.10.A** employant (1 équiv., 0.1 mmol, 31 mg) de 2-(octahydro-benzofuran-2-ylmethyl)-2-prop-2-ynyl-malonic acid dimethyl ester.
Purification :	Colonne chromatographique flash (silica gel, 9:1 EP:AcOEt)/ **R$_f$** (8:2 EP:AcOEt): 0.40.
Produit :	Huile transparente.
Rendement :	74% (mélange non-séparable, ratio de diastereoisomères 2.1: 1).

Diasteroisomère majoritaire : 5.79 (ddd, J = 2.6Hz, J = 4.6Hz, J = 9.9Hz, 1H, CH=), 5.70 (d, J = 10.0Hz, 1H, CH=), 3.84 (q, J = 3.7Hz, 1H, OCH-motif THF), 3.70 (s, 3H, OCH₃), 3.68 (s, 3H, OCH₃), 2.86 (dd, J = 4.6Hz, J = 17.9Hz, 1H, C**H₂**CH=), 2.63 (d, J = 14.0Hz, 1H, CH₂), 2.14 (td, J = 2.5Hz, J = 17.9Hz, 1H, C**H₂**CH=), 2.09-2.02 (m, 1H, CH-motif octahydro-benzofuran), 1.97 (d, J = 14.0Hz, 1H, CH₂), 1.92-1.85 (m, 2H, CH₂-motif octahydro-benzofuran), 1.77-1.41 (m, 8H, CH₂-motif octahydro-benzofuran).

Diasteroisomère minoritaire: 5.73 (ddd, J = 2.0Hz, J = 4.0Hz, J = 10.0Hz, 1H, CH=), 5.68 (d, J = 10.0Hz, 1H, CH=), 3.95 (dd, , J = 5.2Hz, J = 10.6Hz, 1H, OCH-motif THF), 3.72 (s, 3H, OCH₃), 3.70 (s, 3H, OCH₃), 2.78 (td, J = 4.0Hz, J = 17.7Hz, 1H, C**H₂**CH=), 2.65 (d, J = 13.8Hz, 1H, CH₂), 2.29 (d, J = 13.8Hz, 1H, CH₂), 2.24-2.17 (m, 1H, CH-motif octahydro-benzofuran), 2.17 (td, J = 2.0Hz, J = 17.7Hz, 1H, C**H₂**CH=), 1.88 (dd, J = 7.2Hz, J = 12.8Hz, 1H, CH₂-motif octahydro-benzofuran), 1.76 (dd, J = 6.3Hz, J = 12.8Hz, 1H, CH₂-motif octahydro-benzofuran), 1.66-1.44 (m, 8H, CH₂-motif octahydro-benzofuran).

Produit [3+2] (formellement): 3.71 (s, 3H, OCH₃), 3.70 (s, 3H, OCH₃), 2.64 (d, J = 15.3Hz, 1H, CH₂), 2.55 (d, J = 15.3Hz, 1H, CH₂), 2.32 (q, J = 4.1Hz, 1H, CH), 2.09-2.02 (m, 2H, CH+CH₂), 1.77-1.41 (m, 4H, CH₂), 1.38-1.28 (m, 5H, CH₂), 1.20-1.03 (m, 4H, CH₂).

¹³C RMN (δ, ppm)

(CDCl₃, 100 MHz)

Diasteroisomère majoritaire: 172.4 (Cq, C=O), 171.3 (Cq, C=O), 132.3 (CH=), 125.6 (CH=), 76.5 (Cq, C-O-motif THF), 75.4 (OCH-motif THF), 52.5 (OCH₃), 52.3 (OCH₃), 51.9 (Cq), 45.2 (CH₂), 39.3 (CH₂), 38.9 (CH), 30.1 (CH₂), 28.5 (CH₂), 28.2 (CH₂), 24.2 (CH₂), 20.5 (CH₂).
Diasteroisomère minoritaire: 172.3 (Cq, C=O), 171.4 (Cq, C=O), 131.7 (CH=), 124.0 (CH=), 77.2 (Cq, C-O-motif THF), 76.9 (OCH-motif THF), 52.6 (OCH₃), 52.3 (OCH₃), 52.1 (Cq), 43.5 (CH₂), 41.8 (CH₂), 37.9 (CH), 30.2 (CH₂), 29.2 (CH₂), 27.8 (CH₂), 23.1 (CH₂), 21.7 (CH₂).
Produit [3+2] (formellement): 173.2 (Cq, C=O), 171.8 (Cq, C=O), 94.6 (Cq, C-O), 85.7 (Cq, C-O), 62.4 (Cq), 52.8 (OCH₃), 52.6 (OCH₃), 48.2 (CH), 45.4 (CH₂), 41.8 (CH), 41.4 (CH₂), 41.0 (CH₂), 37.6 (CH₂), 33.5 (CH₂), 31.3 (CH₂), 24.9 (CH₂), 23.0 (CH₂).

IR (ν, cm⁻¹) (CCl₄)   3031 (w), 2935 (m), 2855 (m), 1740 (s), 1435 (m), 1395 (w), 1380 (w), 1364 (w), 1322 (w), 1300 (w), 1249 (s), 1201 (m), 1178 (m), 1156 (w), 1144 (w), 1097 (w), 1081 (w), 1047 (w), 1017 (w).

SMHR (IE+, m/z) :   Calculé: 308.1624   Trouvé: 308.1620.

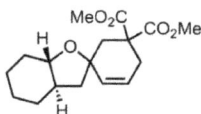

FM: $C_{17}H_{24}O_5$

PM = 308 g.mol^{-1}

Méthode :　　　　Voir **procédure générale 5.10.A** employant (1 équiv. 0.1 mmol, 31 mg) de 2-(octahydro-benzofuran-2-ylmethyl)-2-prop-2-ynyl-malonic acid dimethyl ester.

Purification :　　　Colonne chromatographique flash (silica gel, 9:1 EP:AcOEt)/ **R$_f$** (8:2 EP: AcOEt): 0.34.

Produit :　　　　Huile transparente.

Rendement :　　　50% (Seulement deux diasteroisomères, ratio 2:1).

^{1}H RMN (δ, ppm)

(CDCl$_3$, 400 MHz)

Diasteroisomère majoritaire: 5.76 (ddd, J = 2.5Hz, J = 4.8Hz, J = 10.0Hz, 1H, CH=), 5.59 (d, J = 10.0Hz, 1H, CH=), 3.78-3.07 (m, 1H, OCH-motif THF), 3.71 (s, 3H, OCH$_3$), 3.68 (s, 3H, OCH$_3$), 3.04 (td, J = 3.4Hz, J = 10.0Hz, 1H, CH), 2.88 (dd, J = 4.8Hz, J = 17.8Hz, 1H, C**H$_2$**CH=), 2.60 (d, J = 14.0Hz, 1H, CH$_2$), 2.17 (dt, J = 2.5Hz, J = 17.8Hz, C**H$_2$**CH=), 2.14 (d, J = 14.0Hz, 1H, CH$_2$) 1.93-1.02 (m, 10H, CH$_2$-motif octahydro-benzofuran).

Diasteroisomère minoritaire: 5.82 (ddd, J = 3.2Hz, J = 4.0Hz, J = 9.8Hz, 1H, CH=), 5.66 (d, J = 9.8Hz, 1H, CH=), 3.78-3.07 (m, 1H, CHO-motif THF), 3.71 (s, 3H, OCH$_3$), 3.67 (s, 3H, OCH$_3$), 3.18 (td, J = 3.8Hz, J = 10.0Hz, 1H, CH), 2.77 (dd, J = 4.4Hz, J = 17.8Hz, 1H, C**H$_2$**CH=), 2.53 (d, J = 13.8Hz, 1H, CH$_2$), 2.24 (dt, J = 2.6Hz, J = 17.8Hz, C**H$_2$**CH=), 2.15 (d, J = 13.8Hz, 1H, CH$_2$), 1.93-1.02 (m, 10H, CH$_2$-motif octahydro-benzofuran).

^{13}C RMN (δ, ppm)

(CDCl$_3$, 100 MHz)

Diasteroisomère majoritaire: 172.4 (Cq, C=O), 171.3 (Cq, C=O), 131.2 (CH=), 124.9 (CH=), 81.8 (OCH-motif THF), 76.6 (Cq, **C**-O-motif THF), 52.6 (OCH$_3$), 52.3 (OCH$_3$), 52.0 (Cq), 45.5 (CH), 44.4 (CH$_2$), 40.0 (CH$_2$), 31.3 (CH$_2$), 30.3 (CH$_2$), 29.1 (CH$_2$), 25.7 (CH$_2$), 24.3 (CH$_2$).
Diasteroisomère minoritaire: 172.2 (Cq, C=O), 171.3 (Cq, C=O), 131.9 (CH=), 125.8 (CH=), 83.3 (OCH-motif THF), 72.2 (Cq, **C**-O-motif THF), 52.5 (OCH$_3$), 52.3 (OCH$_3$), 51.9 (Cq), 45.3 (CH), 44.5 (CH$_2$), 41.2 (CH$_2$), 31.9 (CH$_2$), 30.4 (CH$_2$), 29.0 (CH$_2$), 25.8 (CH$_2$), 24.3 (CH$_2$).

IR (ν, cm^{-1}) (CCl$_4$)　　3030 (w), 2935 (m), 2858 (w), 1741 (s), 1436 (m), 1384 (w), 1351 (w), 1325 (w), 1299 (w), 1247 (m), 1202 (w), 1181 (w), 1141 (w), 1110 (w), 1081 (w), 1060 (w).

SMHR (IE+, m/z) :   Calculé: 308.1624   Trouvé: 308.1629.

2-Methyl-1-oxa-spiro[4.5]dec-6-ene-6,9,9-tricarboxylic acid 6-ethyl ester   **5.18m**
9,9-dimethyl ester

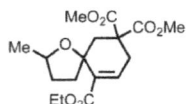

FM: $C_{17}H_{24}O_7$

PM = 340 g.mol^{-1}

Méthode :   Voir **procédure générale 5.10.A** employant (1 équiv., 0.1 mmol, 34 mg)
de   5-methoxycarbonyl-5-(5-methyl-tetrahydro-furan-2-ylmethyl)-hex-2-
ynedioic acid 1-ethyl ester 6-methyl ester.

Purification :   Colonne   chromatographique   flash   (silica   gel,   8:2   EP:AcOEt)/   **R$_f$**
(7:3EP:AcOEt): 0.39.

Produit :   Huile transparente.

Isolated   78%.
Rendement :

^{1}H RMN (δ, ppm)   **Diasteroisomère majoritaire:** 7.10 (dd, J = 3.2Hz, J = 4.9Hz, 1H, CH=),
4.47-4.39 (m, 1H, OCH-motif THF), 4.27-4.14 (m, 2H, OC**H$_2$**CH$_3$), 3.77 (s,
(CDCl$_3$, 400 MHz) 3H, OCH$_3$), 3.74 (s, 3H, OCH$_3$), 2.99 (ddd, J = 1.3Hz, J = 4.9Hz, J =
19.0Hz, 1H, C**H$_2$**CH=), 2.78-2.66 (m, 1H, CH$_2$-motif THF), 2.61 (dd, J =
1.3Hz, J = 14.0Hz, 1H, CH$_2$), 2.43 (dd, J = 3.1Hz, J = 19.0Hz, 1H,
C**H$_2$**CH=), 2.21 (d, J = 14.0Hz, 1H, CH$_2$), 2.20-2.14 (m, 1H, CH$_2$-motif
THF), 1.77-1.65 (m, 2H, CH$_2$-motif THF), 1.33 (t, J = 7.1Hz, 3H,
OCH$_2$C**H$_3$**), 1.24 (d, J = 6.1Hz, 3H, CH$_3$).

Diasteroisomère minoritaire: 7.13-7.09 (m, 1H, CH=), 4.27-4.14 (m, 2H,
OC**H$_2$**CH$_3$), 4.02-3.95 (m, 1H, OCH-motif THF), 3.77 (s, 3H, OCH$_3$), 3.74
(s, 3H, OCH$_3$), 3.16 (ddd, J = 1.7Hz, J = 5.3Hz, J = 19.1Hz, 1H,
C**H$_2$**CH=), 2.76 (d, J = 14.1Hz, 1H, CH$_2$), 2.33 (dd, J = 2.7Hz, J = 19.2Hz,
1H, C**H$_2$**CH=), 2.06-2.02 (m, 1H, CH$_2$-motif THF), 2.01 (d, J = 14.1Hz, 1H,
CH$_2$), 1.93-1.85 (m, 1H, CH$_2$-motif THF), 1.77-1.65 (m, 2H, CH$_2$-motif
THF), 1.33 (t, J = 7.1Hz, 3H, OCH$_2$C**H$_3$**), 1.27 (d, J = 6.0Hz, 3H, CH$_3$).

^{13}C RMN (δ, ppm)   **Diasteroisomère majoritaire:** 171.8 (Cq, C=O), 170.7 (Cq, C=O), 165.5
(Cq, C=O), 139.0 (C=**C**H), 133.3 (Cq, **C**=CH), 78.8 (Cq, C-O-motif THF),
(CDCl$_3$, 100 MHz) 77.1 (OCH-motif THF), 60.2 (O**C**H$_2$CH$_3$), 52.6 (OCH$_3$), 52.5 (OCH$_3$), 51.1
(Cq), 43.1 (CH$_2$), 36.5 (CH$_2$), 34.4 (CH$_2$), 31.3 (CH$_2$), 21.8 (CH$_3$), 14.1

(OCH$_2$**C**H$_3$).

Diasteroisomère minoritaire: 171.9 (Cq, C=O), 170.5 (Cq, C=O), 165.3 (Cq, C=O), 139.6 (C=**C**H), 132.8 (Cq, **C**=CH), 78.2 (Cq, C-O-motif THF), 74.4 (OCH-motif THF), 67.6 (O**C**H$_2$CH$_3$), 52.7 (OCH$_3$), 52.3 (OCH$_3$), 51.1 (Cq), 45.9 (CH$_2$), 40.5 (CH$_2$), 37.4(CH$_2$), 34.6 (CH$_2$), 20.3 (CH$_3$), 14.1 (OCH$_2$**C**H$_3$).

IR (ν, cm^{-1}) (CCl$_4$)   2971 (s), 2954 (s), 2931 (s), 2905 (m), 2870 (m), 2842 (w), 1740 (s), 1644 (w), 1477 (w), 1458 (s), 1436 (s), 1414 (m), 1375 (m), 1357 (m), 1324 (m), 1299 (s), 1258 (s), 1211 (s), 1174 (s), 1140 (m), 1096 (s), 1070 (s), 1038 (s), 1009 (m).

SMHR (IE+, m/z) :   Calculé: 340.1522   Trouvé: 340.1515.

**4-Methylene-hexahydro-cyclopenta[*b*]furan-6,6-dicarboxylic   acid   5.37b   +
dimethyl ester et 2,3,3a,7a-Tetrahydro-6*H*-benzofuran-7,7-dicarboxylic
acid dimethyl ester**   **5.38b**

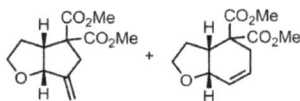

FM: C$_{12}$H$_{16}$O$_5$

PM = 240 g.mol^{-1}

Méthode :   Voir **procédure générale 5.10.A** employant (1 équiv., 0.1 mmol, 24 mg) de 2-prop-2-ynyl-2-(tetrahydro-furan-3-yl)-malonic acid dimethyl ester

Purification :   Colonne chromatographique flash (silica gel, 8:2 EP: AcOEt)/ R$_f$ (7:3 EP:AcOEt): 0.39.

Produit :   Huile transparente.

Rendement :   95 % (ratio 6:1).

^{1}H RMN (δ, ppm)   **Produit 5-*exo*:** 5.19 (d, *J* = 2.6Hz, 1H, C=CH$_2$), 5.11 (s, 1H, C=CH$_2$), 4.71 (d, *J* = 7.2Hz, 1H, OCH-motif THF), 3.91 (td, *J* = 8.0Hz, *J* = 3.3Hz, 1H, (CDCl$_3$, 400 MHz)   OCH$_2$-motif THF), 3.74 (s, 3H, OCH$_3$), 3.71 (s, 3H, OCH$_3$), 3.65 (td, *J* = 8.0Hz, *J* = 5.8Hz, 1H, OCH$_2$-motif THF), 3.45 (dd, *J* = 16.5Hz, *J* = 8.5Hz, 1H, CH), 3.20 (dq, *J* = 16.2Hz, *J* = 1.0Hz, 1H, CH$_2$), 2.64 (d, *J* = 16.2Hz, 1H, CH$_2$), 2.03-1.95 (m, 1H, CH$_2$-Motif THF), 1.57-1.48 (m, 1H, CH$_2$ -motif THF).

Produit 6-*endo*: 5.69 (ddd, *J* = 10.3Hz, *J* = 5.3Hz, *J* = 2.3Hz, 1H, =CH), 5.58 (dt, *J* = 10.3Hz, *J* = 3.2Hz, 1H, =CH), 4.78-4.76 (m, 1H, OCH-motif THF), 3.90-3.72 (m, 2H, OCH$_2$-motif THF), 3.74 (s, 3H, OCH$_3$), 3.72 (s, 3H, OCH$_3$), 3.12 (dd, *J* = 17.5Hz, *J* = 8.8Hz, 1H, CH), 2.696-2.59 (m, 2H,

CH$_2$), 1.89-1.87 (m, 1H, CH$_2$), 1.80-1.68 (m, 1H, CH$_2$).

^{13}C RMN (δ, ppm) (CDCl$_3$, 100 MHz)	**Produit 5-exo:** 171.8 (Cq, C=O), 170.0 (Cq, C=O), 147.0 (Cq, **C**=CH$_2$), 113.1 (C=**C**H$_2$), 84.6 (OCH-motif THF), 68.5 (OCH$_2$-motif THF), 61.9 (Cq), 52.9 (OCH$_3$), 52.8 (OCH$_3$), 48.0 (CH), 38.0 (CH$_2$), 29.8 (CH$_2$). **Produit 6-endo:** 171.3 (Cq, C=O), 170.8 (Cq, C=O), 127.9 (CH=), 125.9 (CH=), 74.4 (OCH-motif THF), 65.8 (OCH$_2$-motif THF), 56.2 (Cq), 52.6 (OCH$_3$), 52.3 (OCH$_3$), 40.4 (CH), 26.8 (CH$_2$), 25.9 (CH$_2$).
IR (ν, cm^{-1}) (CCl$_4$)	2981 (w), 2953 (m), 2855 (w), 1736 (s), 1435 (s), 1242 (m), 1160 (s), 1063 (s).
SMHR (IE+, m/z) :	Calculé: 240.0998 Trouvé: 240.0994.

2-Isopropyl-6-methylene-hexahydro-cyclopenta[b]furan-4,4-dicarboxylic acid dimethyl ester   5.37c

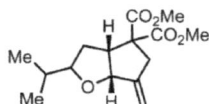

FM: C$_{15}$H$_{22}$O$_5$

PM = 282 g.mol^{-1}

Méthode :	Voir **procédure générale 5.10.A** employant (1 équiv., 0.1 mmol, 28 mg) de 2-(5-isopropyl-tetrahydro-furan-3-yl)-2-prop-2-ynyl-malonic acid dimethyl ester.
Purification :	Colonne chromatographique flash (silica gel, 8:2 EP:AcOEt)/ **R$_f$**. (8:2 EP: AcOEt): 0.58.
Produit :	Huile transparente
Rendement :	93% (mélange non-séparable, ratio de diasteroisomères 1:5).

^{1}H RMN (δ, ppm) (CDCl$_3$, 400 MHz)	**Diasteroisomère majoritaire** 5.17 (s, 1H, C=CH$_2$), 5.07 (s, 1H, C=CH$_2$), 4.65 (d, J = 7.3Hz, 1H, OCH-motif THF), 3.73 (s, 3H, OCH$_3$), 3.69 (s, 3H, OCH$_3$), 3.50-3.44 (m, 2H, OCH-motif THF + CH), 3.20 (d, J = 15.8Hz, 1H, CH$_2$), 2.58 (d, J = 15.8Hz, 1H, CH$_2$), 1.95-1.89 (m, 1H, CH$_2$-motif THF), 1.73-1.66 (m, 1H, CH-^{i}Pr), 1.15 (q, J = 11.2Hz, 1H, CH$_2$-motif THF), 0.95 (d, J = 6.7Hz, 3H, CH$_3$-^{i}Pr), 0.84 (d, J = 6.7Hz, 3H, CH$_3$-^{i}Pr). **Diasteroisomère minoritaire:** 5.17 (s, 1H, C=CH$_2$), 5.09 (s, 1H, C=CH$_2$), 4.83 (d, J = 6.9Hz, 1H, OCH-motif THF), 3.73 (s, 3H, OCH$_3$), 3.69 (s, 3H, OCH$_3$), 3.50-3.44 (m, 2H, OCH-motif THF+ CH), 3.18 (d, J = 16.0Hz, 1H, CH$_2$), 2.66 (d, J = 16.0Hz, 1H, CH$_2$), 1.81-1.75 (m, 1H, CH$_2$-motif THF), 1.73-1.66 (m, 1H, CH-^{i}Pr), 1.54-1.48 (m, 1H, CH$_2$-motif THF), 0.92 (d, J =

6.7Hz, 3H, CH$_3$-^{i}Pr), 0.82 (d, J = 6.7Hz, 3H, CH$_3$-^{i}Pr).

^{13}C RMN (δ, ppm)

(CDCl$_3$, 100 MHz)

Diastereoisomère majoritaire: 171.7 (Cq, C=O), 170.0 (Cq, C=O), 146.8 (Cq, **C**=CH$_2$), 113.0 (C=**C**H$_2$), 86.0 (OCH-motif THF), 84.0 (OCH-motif THF), 61.7 (Cq), 52.8 (O**C**H$_3$), 52.5 (O**C**H$_3$), 48.1 (CH), 37.3 (CH$_2$), 33.0 (CH$_2$), 32.4 (CH-^{i}Pr), 19.6 (CH$_3$-^{i}Pr), 18.4 (CH$_3$-^{i}Pr). **Diastereoisomère minoritaire:** 171.8 (Cq, C=O), 170.2 (Cq, C=O), 147.8 (Cq, **C**=CH$_2$), 112.5 (C=**C**H$_2$), 84.7 (OCH-motif THF), 84.3 (OCH-motif THF), 62.1 (Cq), 52.7 (O**C**H$_3$), 52.5 (O**C**H$_3$), 47.5 (CH), 38.7 (CH$_2$), 32.3 (CH-^{i}Pr), 31.7 (CH$_2$), 19.1 (CH$_3$-^{i}Pr), 18.2 (CH$_3$-^{i}Pr).

IR (ν, cm^{-1}) (CCl$_4$)

3082 (w), 3030 (w), 2956 (s), 2909 (s), 2873 (s), 2843 (s), 1744 (s), 1673 (w), 1469 (s), 1435 (s), 1450 (s), 1406 (w), 1389 (m), 1366 (m), 1331 (w), 1271 (s), 1238 (s), 1193 (s), 1161(s), 1113 (s), 1079 (s), 1032 (s).

SMHR (IE+, m/z) :

Calculé: 282.1467   Trouvé: 282.1462.

6-Methylene-2-pentyl-hexahydro-cyclopenta[*b*]furan-4,4-dicarboxylic acid dimethyl ester   5.37d

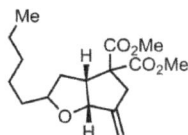

FM: C$_{17}$H$_{26}$O$_5$

PM = 310 g.mol^{-1}

Méthode :

Voir **procédure générale 5.10.A** employant (1 équiv., 0.1 mmol, 31 mg) de 2-(5-pentyl-tetrahydro-furan-3-yl)-2-prop-2-ynyl-malonic acid dimethyl ester.

Purification :

Colonne chromatographique flas (silica gel, 9:1 EP:AcOEt)/ **R$_f$** (8:2 EP:AcOEt): 0.53.

Produit :

Huile transparente.

Rendement :

88% (mélange non-séparable, ratio de diastereoisomères 1:5).

^{1}H RMN (δ, ppm)

(CDCl$_3$, 400 MHz)

Diastereoisomère majoritaire: 5.17 (s, 1H, C=CH$_2$), 5.07 (s, 1H, C=CH$_2$), 4.63 (d, J = 7.3Hz, 1H, OCH-motif THF), 3.76-3.66 (m, 1H, OCH-motif THF), 3.73 (s, 3H, OCH$_3$), 3.69 (s, 3H, OCH$_3$), 3.51-3.45 (m, 1H, CH-motif THF), 3.21 (d, J = 15.7Hz, 1H, CH$_2$), 2.58 (d, J = 15.7Hz, 1H, CH$_2$), 2.01-1.95 (m, 1H, CH$_2$-motif THF), 1.71-1.20 (m, 8H, CH$_2$-chaine pentyle), 1.09 (q, J = 11.2, 1H, CH$_2$-motif THF), 0.86 (t, J = 6.8Hz, 3H, CH$_3$-chaine pentyle). **Diastereoisomère minoritaire:** 5.17 (s, 1H, C=CH$_2$), 5.09 (s, 1H, C=CH$_2$), 4.82 (d, J = 6.8Hz, 1H, OCH-motif THF), 3.76-3.66 (m, 1H, OCH-motif THF), 3.73 (s, 3H, OCH$_3$), 3.70 (s, 3H, OCH$_3$), 3.51-3.45 (m, 1H, CH), 3.17 (d, J = 16.0Hz, 1H, CH$_2$), 2.65 (d, J = 16.0Hz, 1H, CH$_2$), 1.71-

1.20 (m, 8H, CH$_2$-chaine pentyle), 1.68-1.57 (m, 1H, CH$_2$-motif THF), 1.14-1.05 (q, J = 11.2, 1H, CH$_2$-motif THF). 0.88 (m, 3H, CH$_3$-chaine pentyle).

^{13}C RMN (δ, ppm) (CDCl$_3$, 100 MHz)	**Diasteroisomère majoritaire:** 171.7 (Cq, C=O), 170.0 (Cq, C=O), 146.7 (Cq, **C**=CH$_2$), 113.1 (C=**C**H$_2$), 84.1 (OCH-motif THF), 80.7 (OCH-motif THF), 61.8 (Cq), 52.8 (OCH$_3$), 52.5 (OCH$_3$), 48.3 (CH), 37.4 (CH$_2$), 35.7 (CH$_2$), 34.6 (CH$_2$), 31.9 (CH$_2$), 25.9 (CH$_2$), 22.5 (CH$_2$), 13.9 (CH$_3$). **Diasteroisomère minoritaire:** 171.8 (Cq, C=O), 170.1 (Cq, C=O), 147.7 (Cq, **C**=CH$_2$), 112.6 (C=**C**H$_2$), 84.1 (OCH-motif THF), 79.5 (OCH-motif THF), 62.1 (Cq), 52.8 (OCH$_3$), 52.4 (OCH$_3$), 47.4 (CH), 38.7 (CH$_2$), 34.9 (CH$_2$), 34.4 (CH$_2$), 31.8 (CH$_2$), 25.7 (CH$_2$), 22.5 (CH$_2$), 13.9 (CH$_3$).
IR (ν, cm^{-1}) (CCl$_4$)	3082 (w), 3029 (w), 2955 (s), 2932 (s), 2860 (s), 1736 (s), 1673 (w), 1455 (s), 1435 (s), 1379 (w), 1339 (w), 1273 (s), 1238 (s), 1194 (s), 1160 (s), 1092 (s), 1078 (s), 1031 (s).
SMHR (IE+, m/z) :	Calculé: 310.1780 Trouvé: 310.1767.

6-Methylene-2-phenyl-hexahydro-cyclopenta[*b*]furan-4,4-dicarboxylic acid dimethyl ester   **5.37e**

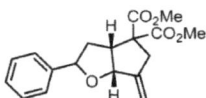

FM: C$_{18}$H$_{20}$O$_5$

PM = 316 g.mol^{-1}

Méthode :	Voir **procédure générale 5.10.A** employant (1 équiv., 0.1 mmol, 32 mg) de 2-(5-phenyl-tetrahydro-furan-3-yl)-2-prop-2-ynyl-malonic acid dimethyl ester.
Purification :	Colonne chromatographique flash (silica gel, 85:15 EP:AcOEt)/ **R$_f$** (8:2 EP:AcOEt): 0.56.
Produit :	Huile transparente.
Rendement :	29% (mélange non-séparable, ratio de diasteroisomères 1:3).
^{1}H RMN (δ, ppm) (CDCl$_3$, 400 MHz)	**Seulement le diastereoisomère majoritaire est décrit:** 7.34-7.28 (m, 5H, CH-Ph), 5.27 (s, 1H, C=CH$_2$), 5.16 (s, 1H, C=CH$_2$), 4.85 (d, J = 7.5Hz, 1H, OCH-motif THF), 4.82 (dd, J = 4.6Hz, J = 11.1Hz, 1H, OCH-motif THF), 3.73 (s, 3H, OCH$_3$), 3.70 (s, 3H, OCH$_3$), 3.69-3.63 (m, 1H, CH), 3.35 (d, J = 16.0Hz, 1H, CH$_2$), 2.69 (d, J = 16.0Hz, 1H, CH$_2$), 2.30 (ddd, J = 4.5Hz, J = 8.5Hz, J = 11.9Hz, 1H, CH$_2$-motif THF), 1.49 (q, J = 11.9Hz, 1H, CH$_2$-motif THF).

^{13}C RMN δ, ppm) (CDCl$_3$, 100 MHz)	**Seulement le diastereoisomère majoritaire est décrit:** 171.7 (Cq, C=O), 169.9 (Cq, C=O), 146.5 (Cq), 140.3 (Cq), 128.4 (CH-Ph), 127.8 (CH-Ph), 126.0 (CH-Ph), 113.6 (C=**C**H$_2$), 84.6 (OCH-motif THF), 82.2 (OCH-motif THF), 61.8 (Cq), 52.9 (OCH$_3$), 52.6 (OCH$_3$), 48.8 (CH), 38.8 (CH$_2$), 37.4 (CH$_2$).
IR (ν, cm^{-1}) (CCl$_4$)	3067 (w), 3032 (w), 2954 (w), 2929 (w), 2855 (w), 1789 (w), 1739 (s), 1459 (w), 1450 (w), 1435 (m), 1367 (s), 1273 (s), 1237 (s), 1218 (m), 1193 (w), 1159 (m), 1092 (w), 1057 (w), 1029 (w).
SMHR (IE+, m/z) :	Calculé: 316.1311 Trouvé: 316.1308.

4-[1-Ethoxycarbonyl-meth-(Z)-ylidene]-hexahydro-cyclopenta[*b*]furan-6,6-dicarboxylic acid dimethyl ester et 2,3,3a,7a-Tetrahydro-6*H*-benzofuran-4,7,7-tricarboxylic acid 4-ethyl ester 7,7-dimethyl ester **5.37f + 5.38f**

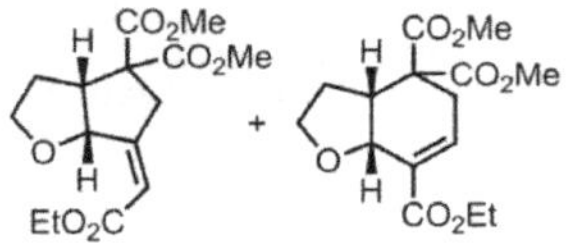

FM: $C_{15}H_{20}O_7$

PM = 312 g.mol^{-1}

Méthode :	Voir **procédure générale 5.10.A** employant (1 équiv., 0.11 mmol, 34 mg) de 5-methoxycarbonyl-5-(tetrahydro-furan-3-yl)-hex-2-ynedioic acid 1-ethyl ester 6-methyl ester.
Purification :	Colonne chromatographique flas (silica gel, 6:4 EP:AcOEt)/ **R$_f$** (7:3 EP:AcOEt): 0.21.
Produit :	Huile transparente.
Rendement :	81% (mélange non-séparable, ratio 1:1).

^{1}H RMN (δ, ppm) (CDCl$_3$, 400 MHz)	**Produit 5-*exo*:** 5.84 (s, 1H, CH=), 5.50 (d, *J* = 7.5Hz, 1H, OCH-motif THF), 4.25-4.13 (m, 2H, OC**H$_2$**CH$_3$), 3.95-3.90 (m, 1H, OCH$_2$-motif THF), 3.75 (s, 3H, OCH$_3$), 3.70 (s, 3H, OCH$_3$), 3.70-3.66 (m, 1H, OCH$_2$-motif THF), 3.49 (q, *J* = 8.4Hz, 1H, CH-motif THF), 3.34 (d, *J* = 17.0Hz, 1H, CH$_2$), 2.72 (d, *J* = 17.0Hz, 1H, CH$_2$), 2.07-1.99 (m, 1H, CH$_2$-motif THF), 1.58-1.49 (m, 1H, CH$_2$-motif THF), 1.30-1.24 (m, 3H, OCH$_2$C**H$_3$**).
	Produit 6-*endo*: 6.85 (dd, *J* = 4.9Hz, *J* = 3.8Hz, 1H, CH=), 5.11 (d, *J* = 7.8Hz, 1H, OCH-motif THF), 4.25-4.13 (m, 2H, OC**H$_2$**CH$_3$), 3.83-3.77 (m, 2H, OCH$_2$-motif THF), 3.74 (s, 3H, OCH$_3$), 3.70 (s, 3H, OCH$_3$), 3.26 (q, *J* = 9.0Hz, 1H, CH-motif THF), 2.82-2.81 (m, 2H, CH$_2$), 1.90-1.83 (m, 1H, CH$_2$-motif THF), 1.74-1.64 (m, 1H, CH$_2$-motif THF), 1.30-1.24 (m, 3H,

OCH$_2$C**H$_3$**).

<table>
<tr><td>**^{13}C RMN** (δ, ppm)

(CDCl$_3$, 100 MHz)</td><td>**Produits 5-*exo* et 6-*endo***: 171.3 (Cq, C=O), 170.6 (Cq, C=O), 170.2 (Cq, C=O), 169.6 (Cq, C=O), 165.8 (Cq, C=O), 164.9 (Cq, C=O), 157.4 (Cq, **C**=CH), 135.6 (C=**C**H), 131.5 (Cq, **C**=CH), 117.7 (C=**C**H), 80.7 (OCH-motif THF), 73.2 (OCH-motif THF), 69.0 (OCH$_2$-motif THF), 66.1 (OCH$_2$-motif THF), 60.7 (O**C**H$_2$CH$_3$), 60.6 (Cq), 60.2 (O**C**H$_2$CH$_3$), 56.2 (Cq), 53.0 (OCH$_3$), 52.9 (OCH$_3$), 52.8 (OCH$_3$), 52.7 (OCH$_3$), 48.1 (CH-motif THF), 40.8 (CH-motif THF), 39.4 (CH$_2$), 30.2 (CH$_2$), 27.4 (CH$_2$), 26.7 (CH$_2$), 14.2 (OCH$_2$**C**H$_3$), 14.1 (OCH$_2$**C**H$_3$).</td></tr>
<tr><td>**IR** (ν, cm^{-1}) (CCl$_4$)</td><td>2981 (s), 2954 (s), 2905 (m), 2858 (m), 1740 (s), 1676 (m), 1661 (m), 1477 (w), 1436 (s), 1372 (m), 1350 (w), 1254 (s), 1213 (s), 1182 (s), 1161 (s), 1132 (s), 1079 (s), 1065 (s), 1040 (s).</td></tr>
<tr><td>**SMHR** (IE+, m/z) :</td><td>Calculé: 312.1209   Trouvé: 312.1221.</td></tr>
</table>

2-Pentyl-3,3a,5,7a-tetrahydro-2*H*-benzofuran-4,4,7-tricarboxylic acid 7-ethyl ester 4,4-dimethyl ester et 6-[1-Ethoxycarbonyl-methylidene]-2-pentyl-hexahydro-cyclopenta[*b*]furan-4,4-dicarboxylic acid dimethyl ester	**5.37g** **5.38g**	**+**

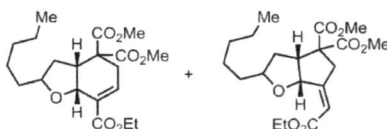

FM: C$_{20}$H$_{30}$O$_7$

PM = 382 g.mol^{-1}

Méthode :	Voir **procédure générale 5.10.A** employant (1 équiv., 0.1 mmol, 38 mg) de 5-methoxycarbonyl-5-(5-pentyl-tetrahydro-furan-3-yl)-hex-2-ynedioic acid 1-ethyl ester 6-methyl ester
Purification :	Colonne chromatographique flash (silica gel, 8:2 EP:AcOEt)/ **R$_f$** (8:2 EP:AcOEt): 0.36.
Produit :	Huile transparente
Isolated Rendement :	90 % (mélange non-séparable, ratio des isomères 6-*endo majoritaire* : 6-*endo minoritaire* : 5-*exo majoritaire* : 5-*exo minoritaire* 0.5: 0.3:1: 0.15).
^{1}H RMN (δ, ppm) (CDCl$_3$, 400 MHz)	**6-*endo majoritaire*:** 6.75 (dd, *J* = 1.8Hz, *J* = 5.0Hz, 1H, C=CH), 5.05 (d, *J* = 8.0Hz, 1H, OCH-motif THF), 4.24-4.13 (m, 2H, OC**H$_2$**CH$_3$), 3.83-3.77 (m, 1H, OCH-motif THF), 3.75 (s, 3H, OCH$_3$), 3.70 (s, 3H, OCH$_3$), 3.36-3.27 (m, 1H, CH-motif THF), 2.81 (d, *J* = 1.8Hz, 2H, CH$_2$), 1.84 (ddd, *J* = 5.0Hz, *J* = 7.0Hz, *J* = 11.9Hz, 1H, CH$_2$-motif THF), 1.62-1.53 (m, 1H, CH$_2$-motif THF), 1.46-1.20 (m, 11H, CH$_2$-chaine pentyle + OCH$_2$C**H$_3$**), 0.87-

0.83 (m, 3H, CH$_3$-chaine pentyle).

6-*endo* minoritaire: 6.87 (dd, J = 3.7Hz, J = 4.8Hz, 1H, C=CH), 5.17 (d, J = 7.4Hz, 1H, OCH-motif THF), 4.24-4.13 (m, 2H, OC**H$_2$**CH$_3$), 3.83-3.77 (m, 1H, OCH-motif THF), 3.75 (s, 3H, OCH$_3$), 3.70 (s, 3H, OCH$_3$), 3.36-3.27 (m, 1H, CH-motif THF), 2.81 (d, J = 1.8Hz, 2H, CH$_2$), 1.76-1.53 (m, 2H, CH$_2$-THF), 1.46-1.20 (m, 11H, CH$_2$-chaine pentyle + OCH$_2$C**H$_3$**), 0.87-0.83 (m, 3H, CH$_3$-chaine pentyle).

5-*exo* majoritaire: 5.81 (s, 1H, C=CH), 5.44 (d, J = 7.8Hz, 1H, OCH-motif THF), 4.24-4.13 (m, 2H, OC**H$_2$**CH$_3$), 3.99-3.89 (m, 1H, OCH-motif THF), 3.75 (s, 3H, OCH$_3$), 3.70 (s, 3H, OCH$_3$), 3.50 (dd, J = 7.8Hz, J = 18.1Hz, 1H, CH-motif THF), 3.36 (d, J = 16.7Hz, 1H, CH$_2$), 2.67 (d, J = 16.7Hz, 1H, CH$_2$), 2.04 (ddd, J = 4.0Hz, J = 8.6Hz, J = 12.3Hz, 1H, CH$_2$-motif THF), 1.46-1.20 (m, 11H, CH$_2$-chaine pentyle + OCH$_2$C**H$_3$**), 1.09 (dd, J = 10.8Hz, J = 18.1Hz, 1H, CH$_2$-motif THF), 0.87-0.83 (m, 3H, CH$_3$-chaine pentyle).

5-*exo* minoritaire: négligé, plusieurs signaux ne sont pas distinguables dans le mélange.

^{13}C RMN (δ, ppm) (CDCl$_3$, 100 MHz)	**Diastereoisomères 6-*endo* majoritaire/ minoritaire et 5-*exo* majoritaire:** 171.3 (Cq, C=O), 170.6 (Cq, C=O) 170.5 (Cq, C=O), 170.3 (Cq, C=O), 170.2 (Cq, C=O), 169.7 (Cq, C=O), 166.0 (Cq, C=O), 164.9 (Cq, C=O), 157.9 (Cq), 157.1 (Cq, C=O), 136.2 (CH), 133.9 (CH), 132.7 (Cq), 131.7 (Cq), 117.7 (CH), 80.8 (OCH), 80.0 (OCH), 78.5 (OCH), 76.7 (OCH), 73.5 (OCH), 72.7 (OCH), 60.5 (O**C**H$_2$CH$_3$), 60.4 (O**C**H$_2$CH$_3$), 60.1 (O**C**H$_2$CH$_3$), 56.4 (Cq), 56.3 (Cq), 56.1 (Cq), 53.0 (OCH$_3$ x2), 52.9 (OCH$_3$ x2), 52.7 (OCH$_3$ x2), 48.4 (CH), 41.4 (CH), 40.2 (CH$_2$), 40.0 (CH), 38.8 (CH$_2$), 36.0 (CH$_2$), 35.5 (CH$_2$), 34.7 (CH$_2$), 34.4 (CH$_2$), 33.4 (CH$_2$), 32.3 (CH$_2$), 31.9 (CH$_2$), 31.8 (CH$_2$), 31.7 (CH$_2$), 26.7 (CH$_2$), 26.4 (CH$_2$), 25.7 (CH$_2$), 25.6 (CH$_2$), 25.5 (CH$_2$), 22.6 (CH$_2$), 22.5 (CH$_2$), 14.1 (CH$_3$ x2), 14.0 (CH$_3$ x2), 13.9 (CH$_3$ x2).
IR (ν, cm^{-1}) (CCl$_4$)	2955 (s), 2932 (s), 2861 (s), 1736 (s), 1677 (m), 1661 (m), 1456 (s), 1436 (s), 1372 (s), 1355 (m), 1330 (m), 1254 (s), 1213 (s), 1160 (s), 1133 (s), 1079 (s), 1039 (s).
SMHR (IE+, m/z) :	Calculé: 382.1992 Trouvé: 382.1996.

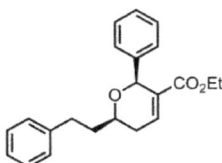

FM: $C_{22}H_{24}O_3$

PM = 336 g.mol^{-1}

Méthode :	Voir **procédure générale 5.10.A** employant (1 équiv., 0.1 mmol, 34 mg) de 5-benzyloxy-7-phenyl-hept-2-ynoic acid ethyl ester.
Purification :	Colonne chromatographique flash (silica gel, 95:5 EP:AcOEt)/ **R$_f$** (9:1 EP:AcOEt): 0.39.
Produit :	Huile transparente.
Rendement :	65% (ratio de diasteroisomères 16:1 en faveur de la molécule dessinée).

^{1}H RMN (δ, ppm) (CDCl$_3$, 400 MHz)	7.37-7.18 (m, 10H, CH-Ph), 7.12 (d, J = 6.1Hz, 1H, CH=), 5.39 (s, 1H, OCH), 4.05-3.96 (m, 1H, OC**H$_2$**CH$_3$), 3.95-3.87 (m, 1H, OC**H$_2$**CH$_3$), 3.60-3.54 (m, 1H, OCH), 2.83-2.69 (m, 2H, CH$_2$), 2.36-2.20 (m, 2H, CH$_2$), 2.02-1.93 (m, 1H, CH$_2$), 1.86-1.78 (m, 1H, CH$_2$), 1.00 (t, J = 7.1Hz, 3H, OCH$_2$C**H$_3$**).
^{13}C RMN (δ, ppm) (CDCl$_3$, 100 MHz)	165.6 (Cq, C=O), 141.7 (Cq), 140.6 (Cq), 137.2 (CH=), 133.8 (Cq), 128.4 (CH-Ph), 128.3 (CH-Ph), 128.2 (CH-Ph), 128.2 (CH-Ph), 127.9 (CH-Ph), 125.7 (CH-Ph), 78.0 (OCH), 72.3 (OCH), 60.0 (O**C**H$_2$CH$_3$), 36.8 (CH$_2$), 31.5 (CH$_2$), 31.4 (CH$_2$), 13.8 (OCH$_2$**C**H$_3$).
IR (ν, cm^{-1}) (CCl$_4$)	3088 (m), 3066 (m), 3031 (s), 2982 (s), 2930 (s), 2859 (s), 1721 (s), 1653 (m), 1617 (m), 1604 (m), 1496 (m), 1477 (w), 1455 (s), 1432 (w), 1420 (w), 1370 (s), 1353 (s), 1337 (s), 1322 (m), 1290 (s), 1254 (s), 1172 (m), 1161 (m), 1137 (m), 1103 (s), 1066 (s), 1045 (s).
SMHR (IE+, m/z) :	Calculé: 336.1726 Trouvé: 336.1734.

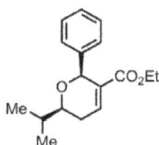

FM: $C_{17}H_{22}O_3$

PM = 274 g.mol^{-1}

Méthode :   Voir **procédure générale 5.10.A** employant (1 équiv., 0.1 mmol, 27 mg) de 5-benzyloxy-6-methyl-hept-2-ynoic acid ethyl ester.

Purification :   Colonne chromatographique flash (silica gel, 9:1 EP:AcOEt)/ R_f (8:2 EP:AcOEt): 0.54.

Produit :   Huile transparente.

Rendement :   74 % (ratio de diasteroisomères > 25:1 en faveur de la molecule dessinée)

^{1}H RMN (δ, ppm)

(CDCl$_3$, 400 MHz)

7.39-7.30 (m, 5H, CH-Ph), 7.19-7.17 (m, 1H, C=CH), 5.44 (dd, *J* = 3.7Hz, *J* = 4.7Hz, 1H, OCH), 4.05 (qd, *J* = 7.1Hz, *J* = 10.8Hz, 1H, OC**H₂**CH₃), 3.96 (qd, *J* = 7.1Hz, *J* = 10.8Hz, 1H, OC**H₂**CH₃), 3.36 (ddd, *J* = 4.0Hz, *J* = 6.9Hz, *J* = 9.3Hz, 1H, OCH), 2.40-2.26 (m, 2H, CH₂), 1.89-1.77 (m, 1H, CH-^{i}Pr), 1.06 (t, *J* = 7.1Hz, 3H, OCH₂C**H₃**), 1.02 (d, *J* = 6.7Hz, 3H, CH₃-^{i}Pr), 0.97 (d, *J* = 6.8Hz, 3H, CH₃-^{i}Pr).

^{13}C RMN (δ, ppm)

(CDCl$_3$, 100 MHz)

165.7 (Cq, C=O), 140.9 (Cq), 137.5 (C=CH), 133.9 (Cq), 128.2 (CH-Ph), 128.1 (CH-Ph), 127.8 (CH-Ph), 78.4 (OCH), 78.2 (OCH), 60.1 (O**C**H₂CH₃), 32.5 (CH-^{i}Pr), 28.4 (CH₂), 18.8 (CH₃-^{i}Pr), 17.9 (CH₃-^{i}Pr), 13.8(OCH₂**C**H₃).

IR (ν, cm^{-1}) (CCl₄)

3090 (w), 3067 (w), 3035 (w), 2962 (s), 2932 (s), 2907 (s), 2874 (s), 2847 (s), 1746 (s), 1721 (s), 1655 (s), 1616 (w), 1496 (m), 1470 (s), 1455 (s), 1421 (m), 1388 (s), 1369 (s), 1353 (s), 1322 (s), 1292 (s), 1246 (s), 1206 (m), 1173 (m), 1145 (m), 1129 (s), 1101 (s), 1055 (s), 1030 (s).

SMHR (IE+, m/z) :   Calculé: 274.1569   Trouvé: 274.1573.

B.3.5 Chapitre 6: La Formation de Dérivés de Cinnoline à partir d'une Hydroarylation Catalysée à l'Au(I) de *N*-Propargyl-*N'*-Arylhydrazines

Toutes les molécules synthétisées pour ce travail sont décrites ci-dessous. Ce projet a été développé individuellement.[265]

B.3.5.1 La Synthèse de Dérivés d'Hydrazines

Les derivés d'hydrazine ont été synthétisés comme c'est exhibé ci-dessous (schème B.3.5.1):

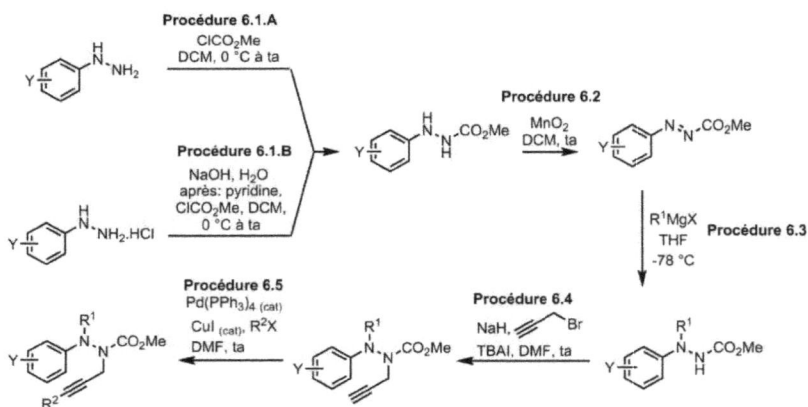

6.11q, R^1 = Me, R^2 = Ph, Y = H
6.11r, R^1 = Me, R^2 = ⟨⟩, Y = H

6.11a, R^1 = Ph, Y = H
6.11b, R^1 = n-C$_5$H$_{11}$, Y = H
6.11c, R^1 = ^{i}Pr, Y = H
6.11d, R^1 = CH$_2$Ph, Y = H
6.11e, R^1 = ^{t}Bu, Y = H
6.11f, R^1 = Me, Y = p-OMe
6.11g, R^1 = Me, Y = p-Cl
6.11h, R^1 = Me, Y = p-F
6.11i, R^1 = Me, Y = p-CO$_2$Et
6.11j, R^1 = Me, Y = p-CN
6.11k, R^1 = Me, Y = p-CF$_3$

6.11l, R^1 = Me, Y = p-NO$_2$
6.11m, R^1 = Me, Y = m-Me
6.11n, R^1 = Me, Y = m-Cl
6.11o, R^1 = Me, Y = o-Me
6.11p, R^1 = Me, Y = o-Cl
6.11v, R^1 = Ph, Y = p-OMe
6.11w, R^1 = Ph, Y = p-F
6.11x, R^1 = Ph, Y = p-CO$_2$Et

Autres structures synthétisées dans ce projet:

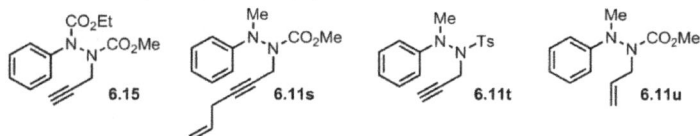

Schème B.3.5.1: Synthèse de dérivés d'hydrazine **6.11a-u**.

Procédure générale 6.1.A,[288] *Protectection d'hydrazines dans la forme libre:* À une solution de l'hydrazine libre (1 équiv.) et pyridine (1 équiv.) en DCM (0.6 M) à 0 °C, il y a été additionné lentement methyl chloroformate (1 équiv.). La réaction est agitée à ta juqu'à la consummation totale de l'hydrazine de départ (CCM, la reaction dure normalement 30min.). La solution est concentrée sous vide (laissé assez longtemps pour évaporer la pyridine), et le produit obtenu est employé tel quel pour la prochaine étape

Procédure générale 6.1.B,[289] *Protection d'hydrazines.HCl:* À une solution du sel d'hydrazine.HCl (1 équiv.) dans H_2O (0.6 M) à ta, il y a été additionné NaOH (1 équiv.). Au mélange résultant, il y a été additionné pyridine (4 équiv.) et la température est refroidie à 0 °C, en étant suivi de l'addition lente de methyl chloroformate (1 équiv.). La température de reaction est rechauffée à ta et la réaction est agitée dans cette température jusqu'à la consomation totale de l'hydrazine (CCM, réaction dure normallement 30 min.). La réaction est extraite avec AcOEt (3x), séchée ($MgSO_4$) et concentrés sous

[288] Bausch, M. J.; David, B.; Dobrowolski, P. ; Guadalupe-Fasano C.; Gostowski, R.; Selmarten, D.; Prasad, V.; Vaughn, A.; Wang L. H.; *J. Org. Chem.*, **1991**, 19, 5643.

[289] Chaco, M. C.; Rabjohn, N.; *J. Org. Chem.*, **1962**, 27, 2765.

vide (laissé assez longtemps pour évaporer la pyridine). L'hydrazine proctégée est employée dans la prochaine étape sans purification.

Procédure générale 6.2,[290] *Oxidation des hydrazines proctégées:* À une solution de l'hydrazine proctégée (1 équiv.) dans le DCM (0.85 M) à ta, il y a été additionné MnO_2 (5 équiv.). La solution est agitée à tajusqu'à la consummation de l'hydrazine de départ (CCM, réaction dure généralement 30 min.). La solution est filtrée par une petite colonne de célite et concentrée sous vide. Les produits d'oxydation sont employés dans la prochaine étape sans purification.

Procédure générale 6.3,[291] *Addition 1,4 des réactifs de Grignard:* À une solution de l'hydrazine-carbamate (1 équiv.) dans le THF (0.25 M) sous une atmosphere d'argon à -78 °C, il y a été additionné le réactif de Grignard (1.5 équiv.) et la réaction est agitée à -78 °C jusqu'à la consommation totale de l'hydrazine de départ (CCM, réaction dure généralement 30 min.). La réaction est quenchée avec une solution saturée de NH_4Cl à -78 °C. La solution est extraite avec AcOEt (3x), séchée ($MgSO_4$) et concentrée sous pression réduite.L'hydrazine alkylée est employée dans la prochaine étape sans purification.

Procédure générale 6.4, *N-Alkylation avec le bromure de propargyle.* À une solution de l'hydrazine alkylée (1 équiv.) dans le

---

[290] Kisseljova, K.; Tšubrik, O.; Sillard, R.; Mäeorg, S.; Mäeorg, U.; *Org Lett.*, **2006**, 8, 1, 43.

[291] Demers, J. P.; Klaubert, D. H.; *Tetrahedron. Lett.* **1987**, 28, 42, 4933.

DMF (0.125 M) à ta, il y a été additionné NaH (1.5 équiv.), suivi du bromure de propargyle (1.5 équiv., 80 % w/w solution en toluène) et iodure de tetrabutyl ammonium (0.1 équiv.). La réaction est agitée à température ambiante jusqu'à la consommation totale de l'hydrazine de départ (CCM, réaction généralement laissée pendant la nuit). La réaction es quenchée avec une solution saturée de NH$_4$Cl, extraite avec AcOEt (3x), mavée avec H$_2$O (5x), séchée (MgSO$_4$) et concentrée sous vide. Purification du brut réactionnel fournit les hydrazines totallement substituées dans les rendements marqués.

Procédure générale 6.5, *Couplage de Sonogashira avec les Hydrazines Propargylées:*[292] À une solution de l'hydrazine propargylée (1 équiv.) et l'halogénure (1.5 équiv.) dans le DMF (0.10 M) sous une atmosphère d'argon, à ta, il y a été additionné pipéridine (10 équiv.), CuI (0.1 équiv.) et Pd(PPh$_3$)$_4$ (0.05 équiv.). La réaction est agitée à ta pendant la nuit. Une fois que la réaction est finie (CCM), elle est quenchée avec une solution saturée de NH$_4$Cl, extraite avec AcOEt (3x), lavée avec H$_2$O (5x), séchée (MgSO$_4$), et concentrée sous vide. Purification par colonne chromatographique flash fournit les composés souhaités dans les rendements marqués.

---

[292] Bonger, K., M.; van den Berg, R. J. B. H. N.; Knijnenburg, A. D.; Heitman, L. H.; Ijzerman, Ad P.; Oosterom, J.; Timmers, C. M.; Overkleeft, H. S.; van der Marel, G. A.; *Bioorg. Med. Chem.*, **2008**, 16, 3744.

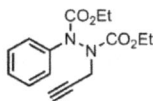

FM: $C_{15}H_{18}O_4N_2$

PM = 290 g.mol^{-1}

Méthode : Voir **procédure générale 6.3** employant (1 équiv., 3 mmol, 470 µL) du diethyl azodicarboxylate et (1 équiv., 3 mmol, 1.0 M solution THF, 3.0 mL) de PhMgBr, suivi de la **procédure générale 6.4** (1 équiv., 3 mmol, 750 mg) du composé antérieurement préparé.

Purification : Colonne chromatographique flash (silica gel, 9:1 EP: AcOEt).

Produit : Huile jaune pâle.

Rendement : 80% pour deux étapes.

^{1}H RMN (δ, ppm)

(CDCl$_3$, 400 MHz)

7.50 (d, J = 7.9Hz, 1H, CH-Ph), 7.45 (d, J = 7.9Hz, 1H, CH-Ph), 7.33 (t, J = 7.9Hz, 2H, CH-Ph), 7.19 (t, J = 7.9Hz, 1H, CH-Ph), 4.46-4.16 (m, 6H, CH$_2$-chaine propargyle + OC**H$_2$**CH$_3$), 2.22 (t, J = 2.4Hz, 0.3H, $\equiv$CH rotamère), 2.19 (t, J = 2.4Hz, 0.7H, $\equiv$CH), 1.34-1.22 (m, 6H, OCH$_2$C**H$_3$**).

^{13}C RMN (δ, ppm)

(CDCl$_3$, 100 MHz)

155.6 (Cq, C=O), 155.2 (Cq, C=O rotamère), 154.3 (Cq, C=O rotamère), 153.9 (Cq, C=O), 140.8 (Cq, Ph rotamère), 140.5 (Cq, Ph), 128.5 (CH-Ph), 126.4 (CH-Ph), 126.0 (CH-Ph rotamère), 123.4 (CH-Ph), 73.5 (C$\equiv$**C**H), 73.3 (Cq, **C**$\equiv$CH), 63.1 (O**C**H$_2$CH$_3$ rotamère), 62.9 (O**C**H$_2$CH$_3$), 62.8 (O**C**H$_2$CH$_3$), 40.2 (CH$_2$-chaine propargyle rotamère), 39.3 (CH$_2$-chaine propargyle), 14.4 (OCH$_2$**C**H$_3$), 14.3 (OCH$_2$**C**H$_3$).

IR (ν, cm^{-1}) (CCl$_4$)

3314 (m), 3068 (w), 3046 (w), 2983 (m), 2935 (w), 2913 (w), 2872 (w), 1725 (s), 1598 (m), 1492 (m), 1482 (m), 1465 (m), 1444 (m), 1403 (s), 1373 (s), 1305 (s), 1275 (s), 1238 (s), 1200 (s), 1174 (s), 1133 (s), 1096 (s), 1061 (s), 1030 (s).

SMHR (IE+, m/z) : Calculé: 290.1267 Trouvé 290.1270.

N',N'-Diphenyl-N-prop-2-ynyl-hydrazinecarboxylic acid methyl ester   6.11a

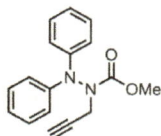

FM: $C_{17}H_{16}N_2O_2$

PM = 280 g.mol^{-1}

Méthode :   Voir **procédure générale 6.2** employant (1 équiv., 3 mmol, 500 mg) de
N'-phenyl-hydrazinecarboxylic acid methyl ester, suivi de la **procédure
générale 6.3** employant (1 équiv., 3 mmol, 492 mg) du composé
antérieurement préparé et (1.5 équiv., 4.5 mmol, 1M solution en THF, 4.5
mL) de PhMgBr, suivi de la procédure générale **procédure générale 6.4**
employant (1 équiv., 3 mmol, 721 mg) de N',N'-diphenyl-
hydrazinecarboxylic acid methyl ester.

Purification :   Colonne chromatographique flash (silica gel, 9:1 EP:AcOEt).

Produit :   Huile jaune

Rendement :   67% pour trios étapes.

^{1}H RMN (δ, ppm)   7.31-7.27 (m, 4H, CH-Ph), 7.16-7.14 (m, 4H, CH-Ph), 7.03 (t, J = 7.3Hz,
2H, CH-Ph), 4.40 (br s, 2H, CH$_2$-chaine propargyle), 3.82 (br s, 0.8H,

(CDCl$_3$, 400 MHz)   OCH$_{3\,rotamère}$), 3.69 (br s, 2.2H, OCH$_3$), 2.26 (br s, 1H, $\equiv$CH).

^{13}C RMN (δ, ppm)   156.9 (Cq, C=O), 144.2 (Cq, Ph), 129.1 (CH-Ph), 122.9 (CH-Ph), 119.8
(CH-Ph$_{rotamère}$), 119.4 (CH-Ph), 78.2 (Cq, **C**$\equiv$CH), 73.3 (C$\equiv$**C**H), 53.6

(CDCl$_3$, 100 MHz)   (OCH$_3$), 38.9 (CH$_2$).

IR (ν, cm^{-1}) (CCl$_4$)   3313 (m), 3070 (w), 3042 (w), 2956 (w), 1718 (s), 1592 (s), 1497 (s), 1446
(s), 1377 (m), 1330 (m), 1314 (m), 1275 (m), 1239 (m), 1196 (w), 1178
(w), 1127 (w), 1079 (w), 1031 (w).

SMHR (IE+, m/z) :   Calculé: 280.1212   Trouvé: 280.1225.

N'-Pentyl-N'-phenyl-N-prop-2-ynyl-hydrazinecarboxylic acid methyl ester   **6.11b**

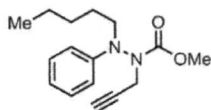

FM: $C_{16}H_{22}N_2O_2$

PM = 274 g. mol^{-1}

Méthode :	Voir **procédure générale 6.2** employant (1 équiv., 3.4 mmol, 570 mg) de N'-phenyl-hydrazinecarboxylic acid methyl ester suivi de la **procédure générale 6.3** employant (1 équiv., 1.7 mmol, 280 mg) du compose antérieurement prepare et (1.5 équiv., 4.5 mmol, 1M solution en THF, 2.6 mL) de n-C_5H_{11}MgBr, suivi de la **procédure générale 6.4** employant (1 équiv., 1.31 mmol, 310 mg) de N'-pentyl-N'-phenyl-hydrazinecarboxylic acid methyl ester.
Purification :	Colonne chromatographique flash (silica gel, 9:1 EP:AcOEt).
Produit :	Huile jaune pâle.
Rendement :	64% pour trois étapes.

^{1}H RMN (δ, ppm) (CDCl$_3$, 400 MHz)	7.27-7.23 (m, 2H, CH-Ph), 6.84 (t, J = 7.3Hz, 1H, CH-Ph), 6.74-6.68 (m, 2H, CH-Ph), 4.55 (br d, J = 17.5Hz, 0.7H, NCH$_2$-chaine propargyle), 4.45 (br d, J = 17.5Hz, 0.3H, NCH$_2$-chaine propargyle$_{rotamère}$), 4.01 (br d, J = 17.5Hz, 1H, NCH$_2$-chaine propargyle), 3.81 (br s, 0.8H, OCH$_{3rotamère}$), 3.70 (br s, 2.2H, OCH$_3$), 3.60-3.53 (m, 1H, NCH$_2$-chaine pentyle), 3.44-3.37 (m, 1H, NCH$_2$-chaine pentyle), 2.29 (br s, 1H, ≡CH), 1.77 (br s, 2H, CH$_2$-chaine pentyle), 1.39-1.36 (m, 4H, CH$_2$-chaine pentyle), 0.93 (t, J = 6.7Hz, 3H, CH$_3$-chaine pentyle).
^{13}C RMN (δ, ppm) (CDCl$_3$, 100 MHz)	157.1 (Cq, C=O), 147.2 (Cq, Ph), 129.2 (CH-Ph), 119.2 (CH-Ph), 112.4 (CH-Ph), 78.9 (Cq, **C**≡CH), 72.5 (C≡**C**H), 53.4 (OCH$_3$), 52.8 (NCH$_2$), 40.4 (NCH$_{2rotamère}$), 39.0 (NCH$_2$), 29.3 (CH$_2$-chaine pentyle), 27.2 (CH$_2$-chaine pentyle), 22.5 (CH$_2$-chaine pentyle), 14.1 (CH$_3$-chaine pentyle)
IR (ν, cm^{-1}) (CCl$_4$)	3313 (m), 3095 (w), 3068 (w), 3030 (w), 2957 (m), 2932 (m), 2873 (w), 1716 (s), 1599 (s), 1499 (s), 1446 (s), 1415 (w), 1378 (s), 1337 (m), 1273 (s), 1238 (s), 1194 (m), 1130 (m), 1091 (w), 1070 (w), 1034 (w).
SMHR (IE+, m/z) :	Calculé: 274.1681 Trouvé: 274.1694.

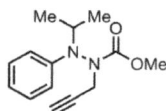

FM: $C_{14}H_{18}O_2N_2$

PM = 246 g.mol^{-1}

Méthode :	Voir **procédure générale 6.2** employant (1 équiv., 2 mmol, 332 mg) de N'-phenyl-hydrazinecarboxylic acid methyl ester suivi de la **procédure générale 6.3** employant (1 équiv., 2 mmol, 328 mg) du compose antérieurement préparé et (1.5 équiv., 3 mmol, solution 2M en THF, 1.5 mL) de ^iPrCl, suivi de la **procédure générale 6.3** employant (1 équiv., 2 mmol, 450 mg) de N'-isopropyl-N'-phenyl-hydrazinecarboxylic acid methyl ester.
Purification :	Colonne chromatographique flash (silica gel, 9:1 EP:AcOEt).
Produit :	Huile jaune.
Rendement :	47% pour trois étapes.

^{1}H RMN (δ, ppm) (CDCl$_3$, 400 MHz)	7.26 (dd, J = 7.3Hz, J = 8.5Hz, 2H, CH-Ph), 6.82 (t, J = 7.3Hz, 1H, CH-Ph), 6.70 (d, J = 8.5Hz, 0.5H, CH-Ph$_{rotamère}$), 6.65 (d, J = 8.5Hz, 1.5H, CH-Ph), 4.61 (dd, J = 2.4Hz, J = 17.4Hz, 0.7H, NCH$_2$), 4.50 (br d, J = 17.4Hz, 0.3H, NCH$_2$ $_{rotamère}$), 4.23-4.11 (m, 1H, CH-^iPr), 3.90 (br d, J = 17.4Hz, 0.3H, NCH$_2$ $_{rotamère}$), 3.83 (dd, J = 2.4Hz, J = 17.4Hz, 0.7H, NCH$_2$), 3.84 (s, 0.7H, OCH$_3$ $_{rotamère}$), 3.71(s, 2.3H, OCH$_3$), 2.38 (t, J = 2.4Hz, 1H, $\equiv$CH), 1.36 (d, J = 6.6Hz, 3H, CH$_3$-^iPr), 1.34 (d, J = 6.6Hz, 3H, CH$_3$-^iPr).
^{13}C RMN (δ, ppm) (CDCl$_3$, 100 MHz)	157.8 (Cq, C=O), 156.5 (Cq, C=O $_{rotamère}$), 145.5 (Cq, Ph), 129.3 (CH-Ph), 129.2 (CH-Ph $_{rotamère}$), 118.7 (CH-Ph $_{rotamère}$), 118.6 (CH-Ph), 112.7 (CH-Ph $_{rotamère}$), 112.2 (CH-Ph), 79.0 (Cq, **C**$\equiv$CH$_{rotamère}$), 78.7 (Cq, **C**$\equiv$CH), 73.2 (C$\equiv$**C**H), 73.1 (C$\equiv$**C**H$_{rotamère}$), 53.4 (OCH$_3$ $_{rotamère}$), 53.3 (OCH$_3$), 50.4 (CH-^iPr $_{rotamère}$), 50.1 (CH-^iPr), 42.1 (NCH$_2$ $_{rotamère}$), 41.2 (NCH$_2$), 20.2 (CH$_3$-^iPr $_{rotamère}$), 19.8 (CH$_3$-^iPr), 19.0 (CH$_3$-^iPr $_{rotamère}$), 18.8 (CH$_3$-^iPr).
IR (ν, cm^{-1}) (CCl$_4$)	3313 (m), 3096 (w), 3068 (w), 3028 (w), 2978 (w), 2955 (w), 2876 (w), 1737 (s), 1716 (s), 1596 (s), 1498 (s), 1447 (s), 1413 (w), 1381 (s), 1369 (s), 1333 (m), 1295 (s), 1274 (s), 1238 (s), 1194 (m), 1171 (w), 1141 (m), 1116 (s), 1039 (w).
SMHR (IE+, m/z) :	Calculé: 246.1368 Trouvé: 246.1359.

N'-Benzyl-N'-phenyl-N-prop-2-ynyl-hydrazinecarboxylic acid methyl ester   **6.11d**

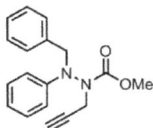

FM: $C_{18}H_{18}O_2N_2$

PM = 294 g.mol^{-1}

Méthode :	À un ballon sous une atmosphère d'argon, à -78°C, chargé avec N'-phenyl-hydrazinecarboxylic acid methyl ester (1 équiv., 3 mmol, 498 mg) et THF (0.2 M, 15 mL), il y a été additionné n-BuLi (2.5 équiv., 7.5 mmol, 2.5 M en hexanes, 3 mL) et la réaction est agitée à -78 °C pour 20 min. Ensuite, bromure de benzyle (1 équiv., 3 mmol, 360 μL) est additionné. La température est réchauffée à ta, et la réaction est agitée dans cette température pour 2h. Le bromure de propargyle (1.1 équiv., 3.3 mmol, solution 80% w/w en toluène, 360 μL) est additionné. La réaction est agitée à ta pendant la nuit. Une fois que la reaction est finie (CCM), elle est quenchée avec H_2O, extraite avec AcOEt (3x), séchée ($MgSO_4$) et concentrée sous vide. Purification par colonne chromatographique flash fournit le produit souhaité.

Reference:	Bredihhin, A.; Groth, U. M.; Mäeorg, U.; *Org. Lett.*, **2007**, 9, 6, 1097.

Purification :	Colonne chromatographique flash (silica gel, 9:1 EP:AcOEt).
Produit :	Solide orange.
Rendement :	20%.

^{1}H RMN (δ, ppm) (CDCl$_3$, 400 MHz)	7.43 (br d, J = 5.9Hz, 2H, CH-Ph), 7.34 (t, J = 7.4Hz, 2H, CH-Ph), 7.27 (t, J = 7.4Hz, 2H, CH-Ph), 7.21 (dd, J = 7.4Hz, J = 8.8Hz, 2H, CH-Ph), 6.85 (t, J = 7.3Hz, 1H, CH-Ph), 6.80-6.73 (m, 1H, CH-Ph), 4.86 (br d, J = 15.5Hz, 1H, NCH$_2$), 4.64 (br d, J = 15.5Hz, 1H, NCH$_2$), 4.37 (br d, J = 16.7Hz, 1H, NCH$_2$), 4.19 (d, J = 16.7Hz, 1H, NCH$_2$), 3.81 (br s, 0.8H, OCH$_3$ rotamère), 3.70 (br s, 2.2H, OCH$_3$), 2.20 (br s, 1H, ≡CH).
^{13}C RMN (δ, ppm) (CDCl$_3$, 100 MHz)	156.7 (Cq, C=O), 155.2 (Cq, C=O rotamère), 147.6 (Cq, Ph), 137.5 (Cq, Ph), 129.0 (CH-Ph), 128.5 (CH-Ph), 127.4 (CH-Ph), 127.2 (CH-Ph), 119.7 (CH-Ph), 112.9 (CH-Ph), 78.6 (Cq, **C**≡CH), 72.8 (C≡**C**H), 58.1 (NCH$_2$), 53.4 (OCH$_3$), 40.9 (NCH$_2$ rotamère), 39.4 (NCH$_2$).
IR (ν, cm^{-1}) (CCl$_4$)	3313 (m), 3091 (w), 3067 (w), 3031 (w), 2956 (w), 2855 (w), 1718 (s), 1600 (s), 1499 (s), 1446 (s), 1376 (s), 1335 (m), 1268 (m), 1237 (s), 1194 (m), 1137 (m), 1110 (w), 1089 (w), 1062 (w), 1030 (w).

SMHR (IE+, m/z) :   Calculé: 294.1368   Trouvé: 294.1372.

**N'-phenyl-N'-*tert*-butyl-N-prop-2-ynyl-hydrazinecarboxylic acid methyl   6.11e
ester**

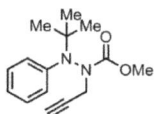

FM: $C_{15}H_{20}O_2N_2$

PM = 260 g.mol^{-1}

Méthode :   Voir **procédure générale 6.2** employant (1 équiv., 1,71 mmol, 250 mg) de
N'-*tert*-butyl-hydrazinecarboxylic acid methyl ester suivi de la **procédure
générale 6.3** employant (1 équiv., 1.7 mmol, 246 mg) du compose
antérieurement préparé et (1.5 équiv., 2.56 mmol, solution 1.0 M en THF,
2.6 mL) de PhMgBr suivi de la **procédure générale 6.4** employant (1
équiv., 1.1 mmol, 244 mg) de N'-phenyl-N'-*tert*-butyl-hydrazinecarboxylic
acid methyl ester.

Purification :   Colonne chromatographique flash   (silica gel, 9:1 EP:AcOEt).

Produit :   Huile jaune pâle.

Rendement :   66% pour trois étapes.

^{1}H RMN (δ, ppm)   7.24-7.20 (m, 2H, CH-Ar), 6.90-6.84 (br s, 3H, CH-Ar), 4.52 (br d, J =
17.4Hz, 1H, NCH$_2$), 3.87 (br d, J = 17.4Hz, 1H, NCH$_2$), 3.75 (br s, 3H,
(CDCl$_3$, 400 MHz)   OCH$_3$), 2.33 (br s, 1H, ═══CH), 1.53 (s, 9H, CH$_3$-^{t}Bu).

**N'-(4-Methoxy-phenyl)-N'-methyl-N-prop-2-ynyl-hydrazinecarboxylic   6.11f
acid methyl ester**

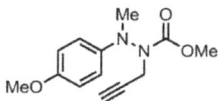

FM: $C_{13}H_{16}O_2N_2$

PM = 248 g.mol^{-1}

Méthode :   Voir **procédure générale 6.2** employant (1 équiv., 1.5 mmol, 300 mg) de

450

N'-(4-methoxy-phenyl)-hydrazinecarboxylic acid methyl ester, suivi de la **procédure générale 6.3** employant (1 équiv., 1.5 mmol, 297 mg) du compose antérieurement préparé et (1.5 équiv., 2.25 mmol, solution 1.4 M en 3:1 toluène:THF, 1.6 mL) de MeMgBr, suivi de la **procédure générale 6.4** employant (1 équiv., 1.36 mmol, 285 mg) de *N*'-(4-methoxy-phenyl)-*N*'-methyl-hydrazinecarboxylic acid methyl ester.

Purification :	Colonne chromatographique flash (silica gel, 8:2 EP:AcOEt).
Produit :	Huile orange
Rendement :	60% pour trois étapes.

^{1}H RMN (δ, ppm)

(CDCl$_3$, 400 MHz)

6.83 (br d, *J* = 9.1Hz, 2H, CH-Ar), 6.68 (br s, 2H, CH-Ar), 4.54 (br d, *J* = 17.0Hz, 1H, NCH$_2$), 4.03 (br d, *J* = 17.0Hz, 1H, NCH$_2$), 3.76 (br s, 3H, OCH$_3$), 3.72 (br s, 3H, OCH$_3$), 3.21 (br s, 3H, NCH$_3$), 2.28 (br s, 1H, ≡ CH).

^{13}C RMN (δ, ppm)

(CDCl$_3$, 100 MHz)

157.0 (Cq, C=O), 153.4 (Cq, Ar), 142.1 (Cq, Ar), 114.7 (CH-Ar), 113.5 (CH-Ar), 79.2 (Cq, **C**≡CH), 72.3 (C≡**C**H), 55.6 (OCH$_3$), 53.4 (OCH$_3$), 39.6 (NCH$_3$), 37.9 (NCH$_2$).

IR (ν, cm^{-1}) (CCl$_4$)

3313 (m), 2999 (w), 2955 (m), 2906 (w), 2833 (w), 1716 (s), 1510 (w), 1464 (m), 1446 (s), 1374 (s), 1273 (m), 1246 (s), 1194 (m), 1181 (m), 1156 (m), 1119 (m), 1071 (m), 1042 (m).

SMHR (IE+, m/z) : Calculé: 248.1161 Trouvé: 248.1157.

N'-(4-Chloro-phenyl)-N'-methyl-N-prop-2-ynyl-hydrazinecarboxylic acid methyl ester **6.11g**

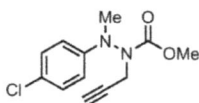

FM: C$_{12}$H$_{13}$O$_2$N$_2$Cl

PM = 252.5 g.mol^{-1}

Méthode : Voir **procédure générale 6.2** employant (1 équiv., 1.5 mmol, 300 mg) de *N*'-(4-chloro-phenyl)-hydrazinecarboxylic acid methyl ester, suivi de la **procédure générale 6.3** employant (1 équiv., 1.5 mmol, 298 mg) du compose prepare antérieurement et (1.5 équiv., 2.25 mmol, solution 1.4 M en 3:1 toluène:THF, 1.6 mL) de MeMgBr, suivi de la **procédure générale 6.4** employant (1 équiv., 1.5 mmol, 330 mg) de *N*'-(4-chloro-phenyl)-*N*'-methyl-hydrazinecarboxylic acid methyl ester.

Purification :	Colonne chromatographique flash (silica gel, 8:2 EP:AcOEt).
Produit :	Huile orange.
Rendement :	71% pour trois étapes.

¹H RMN (δ, ppm)

(CDCl₃, 400 MHz)

7.19 (br d, J = 8.7Hz, 2H, CH-Ar), 6.64 (br s, 2H, CH-Ar), 4.54 (br d, J = 15.6Hz, 1H, NCH₂), 4.09 (br d, J = 15.6Hz, 1H, NCH₂), 3.70 (br s, 3H, OCH₃), 3.22 (br s, 3H, NCH₃), 2.29 (br s, 1H, ≡CH).

¹³C RMN (δ, ppm)

(CDCl₃, 100 MHz)

156.4 (Cq, C=O), 146.8 (Cq, Ar), 129.1 (CH-Ar), 124.2 (Cq, Ar), 113.2 (CH-Ar), 78.6 (Cq, **C**≡CH), 72.8 (C≡**C**H), 53.5 (OCH₃), 39.3 (NCH₃), 38.2 (NCH₂).

IR (ν, cm⁻¹) (CCl₄)

3312 (m), 3095 (w), 3003 (w), 2957 (m), 2903 (w), 2818 (w), 1721 (s), 1599 (s), 1495 (s), 1446 (s), 1419 (m), 1375 (s), 1347 (m), 1324 (s), 1270 (s), 1237 (s), 1194 (s), 1184 (s), 1156 (s), 1119 (s), 1099 (m), 1069 (m).

SMHR (IE+, m/z) : Calculé: 252.0666   Trouvé: 252.0657.

N'-(4-Fluoro-phenyl)-N'-methyl-N-prop-2-ynyl-hydrazinecarboxylic acid methyl ester   **6.11h**

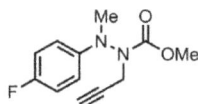

FM: C₁₂H₁₃O₂N₂F

PM = 236 g.mol⁻¹

Méthode :	Voir **procédure générale 6.2** employant (1 équiv., 2 mmol, 368 mg) de N'-(4-fluoro-phenyl)-hydrazinecarboxylic acid methyl ester, suivi de la **procédure générale 6.3** employant (1 équiv., 2 mmol, 364 mg) du compose antérieurement préparé et (1.5 équiv., 3 mmol, solution 1.4 M en 3:1 toluène:THF, 2.14 mL) de MeMgBr, suivi de la **procédure générale 6.4** employant (1 équiv., 2 mmol, 396 mg) de N'-(4-fluoro-phenyl)-N'-methyl-hydrazinecarboxylic acid methyl ester
Purification :	Colonne chromatographique flash (silica gel, 8:2 EP:AcOEt).
Produit :	Huile orange.
Rendement :	99% pour trois étapes.

¹H RMN (δ, ppm)

(CDCl₃, 400 MHz)

6.98 (t, *J* = 8.7Hz, 2H, CH-Ar), 6.70 (br s, 2H, CH-Ar), 4.57 (br d, *J* = 16.8Hz, 1H, NCH₂), 4.12 (br d, *J* = 16.8Hz, 1H, NCH₂), 3.73 (br s, 3H, OCH₃), 3.25 (s, 3H, NCH₃), 2.34 (br s, 1H, $\equiv$CH).

¹³C RMN (δ, ppm)

(CDCl₃, 100 MHz)

156.7 (d, *J*$_{C-F}$ = 237.5Hz, Cq, Ar), 156.5 (Cq, C=O), 144.4 (Cq, Ar), 115.50 (d, *J*$_{C-F}$ = 22.5Hz, CH-Ar), 113.0 (br s, CH-Ar), 78.7 (Cq, **C**$\equiv$CH), 72.6 (C$\equiv$**C**H), 53.3 (OCH₃), 39.4 (NCH₃), 38.0 (NCH₂).

IR (ν, cm⁻¹) (CCl₄)

3312 (m), 3058 (w), 3003 (w), 2957 (w), 2901 (w), 2816 (w), 1720 (s), 1614 (w), 1509 (s), 1446 (s), 1418 (w), 1375 (s), 1322 (m), 1272 (m), 1231 (s), 1195 (m), 1158 (m), 1118 (s), 1069 (m).

SMHR (IE+, m/z) :   Calculé: 236.0961   Trouvé: 236.0969.

4-(*N'*-Methoxycarbonyl-*N*-methyl-*N'*-prop-2-ynyl-hydrazino)-benzoic acid ethyl ester   6.11i

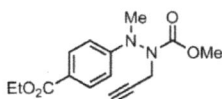

FM: C₁₅H₁₈O₄N₂

PM = 290 g.mol⁻¹

Méthode :

Voir **procédure générale 6.2** employant (1 équiv., 1.26 mmol, 300 mg) de 4-(*N'*-methoxycarbonyl-hydrazino)-benzoic acid ethyl ester, suivi de la **procédure générale 6.3** employant (1 équiv., 1.26 mmol, 297 mg) du compose antérieurement préparé et (1.2 équiv., 1.89 mmol, solution 1.4M en 3:1 toluène:THF, 1.10 mL) de MeMgBr, suivi de la **procédure générale 6.4** employant (1 équiv., 1.26 mmol, 318 mg) de 4-(*N'*-methoxycarbonyl-*N*-methyl-hydrazino)-benzoic acid ethyl ester.

Purification :

Colonne chromatographique flash   (silica gel, 7:3 EP: AcOEt).

Produit :

Huile orange/jaune.

Rendement :

71% pour trois étapes.

¹H RMN (δ, ppm)

(CDCl₃, 400 MHz)

7.94 (d, *J* = 8.4Hz, 2H, CH-Ar), 6.68 (br d, *J* = 8.4Hz, 2H, CH-Ar), 4.61 (br d, *J* = 17.1Hz, 1H, NCH₂), 4.33 (q, *J* = 7.1Hz, 2H, OC**H₂**CH₃), 4.11 (d, *J* = 17.1Hz, 1H, NCH₂), 3.70 (br s, 3H, OCH₃), 3.31 (s, 3H, NCH₃), 2.29 (br s, 1H, $\equiv$CH), 1.36 (t, *J* = 7.1Hz, 3H, OCH₂C**H₃**).

¹³C RMN (δ, ppm)

166.5 (Cq, C=O), 156.3 (Cq, C=O), 151.5 (Cq, Ar), 131.4 (CH-Ar), , 120.9 (Cq, Ar), 110.9 (CH-Ar), 78.3 (Cq, **C**$\equiv$CH), 73.0 (C$\equiv$**C**H), 60.4 (O**C**H₂CH₃), 53.7 (OCH₃), 39.3 (NCH₃), 38.1 (NCH₂), 14.4 (OCH₂**C**H₃).

(CDCl$_3$, 100 MHz)

IR (ν, cm^{-1}) (CCl$_4$)   3312 (m), 2982 (m), 2957 (m), 2906 (w), 1713 (s), 1608 (s), 1558 (w), 1555 (w), 1550 (m), 1547 (m), 1543 (m), 1535 (w), 1464 (m), 1446 (s), 1428 (w), 1368 (s), 1333 (s), 1313 (s), 1276 (s), 1236 (s), 1182 (s), 1156 (m), 1108 (s), 1071 (m), 1021 (m).

SMHR (IE+, m/z) :   Calculé: 290.1267   Trouvé: 290.1259.

N'-(4-Cyano-phenyl)-N'-methyl-N-prop-2-ynyl-hydrazinecarboxylic   acid   6.11j methyl ester

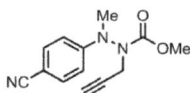

FM: C$_{13}$H$_{13}$O$_2$N$_3$

PM = 243 g.mol^{-1}

Méthode :   Voir **procédure générale 6.2** employant (1 équiv., 1.6 mmol, 300 mg) de N'-(4-cyano-phenyl)-hydrazinecarboxylic acid methyl ester, suivi de la **procédure générale 6.3** employant (1 équiv., 1.6 mmol, 328 mg) du compose antérieurement préparé et (1.5 équiv., 2.4 mmol, solution 1.4 M en 3:1 toluène:THF, 1.7 mL) de MeMgBr, suivi de la **procédure générale 6.4** employant (1 équiv., 1.6 mmol, 325 mg) de N'-(4-cyano-phenyl)-N'-methyl-hydrazinecarboxylic acid methyl ester.

Purification :   Colonne chromatographique flash (silica gel, 7:3 EP:AcOEt).

Produit :   Huile orange

Rendement :   87% pour trois étapes.

¹H RMN (δ, ppm)   7.52 (d, J = 8.5Hz, 2H, CH-Ar), 6.72 (br d, J = 8.5Hz, 2H, CH-Ar), 4.56 (br d, J = 17.2Hz, 1H, NCH$_2$), 4.14 (d, J = 17.2Hz, 1H, NCH$_2$), 3.72 (br s, 3H,
(CDCl$_3$, 400 MHz)   OCH$_3$), 3.30 (s, 3H, NCH$_3$), 2.30 (br s, 1H, ≡CH).

¹³C RMN (δ, ppm)   155.9 (Cq, C=O), 151.2 (Cq, Ar), 133.6 (CH-Ar), 119.8 (Cq, Ar), 111.7 (CH-Ar), 101.4 (Cq, CN), 77.9 (Cq, **C**≡CH), 73.3 (C≡**C**H), 53.8
(CDCl$_3$, 100 MHz)   (OCH$_3$), 39.0 (NCH$_3$), 38.1 (NCH$_2$).

IR (ν, cm^{-1}) (CCl$_4$)   3311 (m), 3005 (w), 2957 (w), 2908 (w), 2825 (w), 2225 (m), 1727 (s), 1609 (s), 1514 (s), 1446 (s), 1376 (s), 1345 (s), 1300 (m), 1275 (m), 1238 (s), 1195 (w), 1179 (w), 1159 (w), 1119 (w), 1070 (w).

SMHR (IE+, m/z) :   Calculé: 243.1008   Trouvé: 243.1008.

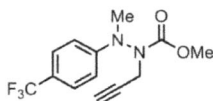

FM: $C_{13}H_{13}O_2N_2F_3$

PM = 286 g.mol^{-1}

Méthode : Voir **procédure générale 6.2** employant (1 équiv., 1.28 mmol, 300 mg) de N'-(4-trifluoromethyl-phenyl)-hydrazinecarboxylic acid methyl ester, suivi de la **procédure générale 6.3** employant (1 équiv., 1.28 mmol, 297 mg) du compose antérieurement préparé et (1.5 équiv., 1.92, solution 1.4M en 3:1 toluène:THF, 1.3 mL) de MeMgBr, suivi de la **procédure générale 6.4** employant (1 équiv., 1.28 mmol, 317 mg) de N'-methyl-N'-(4-trifluoromethyl-phenyl)-hydrazinecarboxylic acid methyl ester.

Purification : Colonne chromatographique flash (silica gel, 8:2 EP:AcOEt).

Produit : Huile orange

Rendement : 77% pour trois étapes.

^{1}H RMN (δ, ppm)

(CDCl$_3$, 400 MHz)

7.45 (d, J = 8.8Hz, 2H, CH-Ar), 6.75 (br s, 2H, CH-Ar), 4.46 (br d, J = 17.8Hz, 1H, NCH$_2$), 4.13 (d, J = 17.8Hz, 1H, NCH$_2$), 3.71 (br s, 3H, OCH$_3$), 3.29 (s, 3H, NCH$_3$), 2.30 (br s, 1H, $\equiv$CH).

^{13}C RMN (δ, ppm)

(CDCl$_3$, 100 MHz)

156.2 (Cq, C=O), 150.4 (q, J_{C-F} = 21.0Hz, Cq, Ar), 126.7 (q, J_{C-F} = 270.6 Hz, Cq, CF$_3$), 126.0 (q, J = 3.8Hz, CH-Ar), 121.1 (Cq, Ar), 111.2 (CH-Ar), 78.3 (Cq, **C**$\equiv$CH), 73.0 (C$\equiv$**C**H), 53.7 (OCH$_3$), 39.2 (NCH$_3$), 38.2 (NCH$_2$).

IR (ν, cm^{-1}) (CCl$_4$)

3312 (s), 3004 (w), 2957 (m), 2907 (w), 2823 (w), 1724 (s), 1619 (s), 1585 (w), 1523 (s), 1446 (s), 1377 (s), 1327 (s), 1276 (s), 1237 (s), 1194 (s), 1166 (s), 1123 (s), 1076 (s), 1065 (s), 1005 (s).

SMHR (IE+, m/z) : Calculé: 286.0929 Trouvé: 286.0925.

FM: $C_{12}H_{13}N_3O_4$

PM = 263 g.mol^{-1}

Méthode : Voir **procédure générale 6.2** employant (1 équiv., 1.18 mmol, 250 mg) de N'-(4-nitro-phenyl)-hydrazinecarboxylic acid methyl ester, suivi de la **procédure générale 6.3** employant (1 équiv., 1.18 mmol, 246 mg) du compose antérieurement préparé et (1.5 équiv., 1.77 mmol, solution 1.4 M en 3:1 toluène:THF, 1.3 mL) de MeMgBr, suivi de la **procédure générale 6.4** employant (1 équiv., 1.0 mmol, 230 mg) de N'-methyl-N'-(4-nitro-phenyl)-hydrazinecarboxylic acid methyl ester.

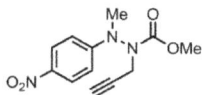

Purification : Colonne chromatographique flash (silica gel, 8:2 EP:AcOEt).

Produit : Huile orange.

Rendement : 71% pour trois étapes.

¹H RMN (δ, ppm)

(CDCl₃, 400 MHz)

8.12 (d, J = 9.0Hz, 2H, CH-Ar), 6.70 (d, J = 9.0Hz, 2H, CH-Ar), 4.54 (br d, J = 17.3Hz, 1H, NCH₂), 4.18 (d, J = 17.3Hz, 1H, NCH₂), 3.72 (br s, 3H, OCH₃), 3.33 (s, 3H, NCH₃), 2.31 (br s, 1H, ≡CH).

¹³C RMN (δ, ppm)

(CDCl₃, 100 MHz)

155.5 (Cq, C=O), 153.0 (Cq, Ar), 139.8 (Cq, Ar), 125.8 (CH-Ar), 110.8 (CH-Ar), 77.7 (Cq, **C**≡CH), 73.5 (C≡**C**H), 53.8 (OCH₃), 39.1 (NCH₃), 38.2 (NCH₂).

IR (ν, cm⁻¹) (CCl₄)

3313 (m), 3090 (w), 3004 (w), 2958 (m), 2934 (w), 2910(w), 2855 (w), 2827 (w), 2662 (w), 1725 (s), 1599 (s), 1511 (s), 1446 (s), 1421 (m), 1376 (s), 1335 (s), 1276 (s), 1238 (s), 1193 (s), 1158 (m), 1110 (s), 1070 (m).

SMHR (IE+, m/z) : Calculé: 263.0906   Trouvé: 263.0912.

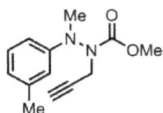

FM: $C_{13}H_{16}N_2O_2$

PM = 232 g.mol^{-1}

Méthode :	Voir **procédure générale 6.2** employant (1 équiv., 1.56 mmol, 280 mg) de N'-m-tolyl-hydrazinecarboxylic acid methyl ester, suivi de la **procédure générale 6.3** employant (1 équiv., 1.56 mmol, 278 mg) du compose antérieurement préparé avec (1.5 équiv., 2.34 mmol, solution 1.4 M en 3:1 toluène:THF, 1.7 mL) de MeMgBr, suivi de la **procédure générale 6.4** employant (1 équiv., 1.53 mmol, 296 mg) de N'-methyl-N'-m-tolyl-hydrazinecarboxylic acid methyl ester.
Purification :	Colonne chromatographique flash (silica gel, 9:1 EP:AcOEt).
Produit :	Huile jaune.
Rendement :	73% pour trois étapes.

^{1}H RMN (δ, ppm) (CDCl$_3$, 400 MHz)	7.14 (t, J = 7.9Hz, 1H, CH-Ar), 6.67 (d, J = 7.9Hz, 1H, CH-Ar), 6.50 (br s, 2H, CH-Ar), 4.62 (br d, J = 16.8Hz, 1H, NCH$_2$), 4.02 (br d, J = 16.8Hz, 1H, NCH$_2$), 3.71 (br s, 3H, OCH$_3$), 3.25 (s, 3H, NCH$_3$), 2.32 (s, 3H, Ph-C**H$_3$**), 2.28 (br s, 1H, $\equiv$CH).
^{13}C RMN (δ, ppm) (CDCl$_3$, 100 MHz)	156.8 (Cq, C=O), 147.8 (Cq, Ar), 139.1 (Cq, Ar), 129.1 (CH-Ar), 120.1 (CH-Ar), 112.5 (CH-Ar), 109.1 (CH-Ar), 79.0 (Cq, **C**$\equiv$CH), 72.4 (C$\equiv$ **C**H), 53.5 (OCH$_3$), 39.4 (NCH$_3$), 38.0 (NCH$_2$), 21.8 (Ph-**C**H$_3$).
IR (ν, cm^{-1}) (CCl$_4$)	3313 (m), 3043 (w), 3001 (w), 2956 (m), 2922 (w), 2826 (w), 1717 (s), 1605 (s), 1587 (s), 1493 (s), 1447 (s), 1376 (s), 1321 (m), 1275 (m), 1237 (s), 1194 (m), 1173 (w), 1154 (w), 1120 (m), 1097 (w), 1083 (w), 1068 (w).
SMHR (IE+, m/z) :	Calculé: 232.1212 Trouvé: 232.1213.

FM: $C_{12}H_{13}O_2N_2Cl$

PM = 252.5 g.mol^{-1}

Méthode : Voir **procédure générale 6.2** employant (1 équiv., 5.6 mmol, 1 g) de N'-(3-chloro-phenyl)-hydrazinecarboxylic acid methyl ester, suivi de la **procédure générale 6.3** employant (1 équiv., 2 mmol, 397 mg) du compose antérieurement préparé et (1.5 équiv., 3 mmol, solution 1.4 M en 3:1 toluène:THF, 2.14mL) de MeMgBr, suivi de la **procédure générale 6.4** employant (1 équiv., 2 mmol, 450 mg) de N'-(3-chloro-phenyl)-N'-methyl-hydrazinecarboxylic acid methyl ester.

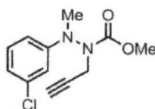

Purification : Colonne chromatographique flash (silica gel, 8:2 EP:AcOEt).

Produit : Huile orange.

Rendement : 70% pour trois étapes.

^{1}H RMN (δ, ppm) 7.16 (t, J = 8.1Hz, 1H, CH-Ar), (dd, J = 1.0Hz, J = 7.8Hz, 1H, CH-Ar), 6.69 (br s, 1H, CH-Ar), 6.58 (br s, 1H, CH-Ar), 4.59 (d, J = 16.6Hz, 1H, NCH$_2$),
(CDCl$_3$, 400 MHz) 4.08 (d, J = 16.6Hz, 1H, NCH$_2$), 3.71 (br s, 3H, OCH$_3$), 3.24 (s, 3H, NCH$_3$), 2.30 (br s, 1H, ≡CH).

^{13}C RMN (δ, ppm) 156.4 (Cq, C=O), 149.2 (Cq, Ar), 135.2 (Cq, Ar), 130.2 (CH-Ar), 119.1 (CH-Ar), 112.0 (CH-Ar), 110.1 (CH-Ar), 78.5 (Cq, **C**≡CH), 72.8 (C≡
(CDCl$_3$, 100 MHz) **C**H), 53.6 (OCH$_3$), 39.3 (NCH$_3$), 38.2 (NCH$_2$).

IR (ν, cm^{-1}) (CCl$_4$) 3312 (m), 3077 (w), 3004 (w), 2957 (m), 2908 (w), 2818 (w), 1721 (s), 1596 (s), 1573 (m), 1487 (s), 1446 (s), 1419 (m), 1375 (s), 1347 (m), 1296 (m), 1266 (s), 1237 (s), 1195 (m), 1157 (m), 1123 (s), 1106 (s), 1083 (s).

SMHR (IE+, m/z) : Calculé: 252.0666 Trouvé: 252.0656.

FM: $C_{13}H_{16}N_2O_2$

PM = 232 g.mol^{-1}

Méthode : Voir **procédure générale 6.2** employant (1 équiv., 1.56 mmol, 280 mg) de N'-o-tolyl-hydrazinecarboxylic acid methyl ester, suivi de la **procédure générale 6.3** employant (1 équiv., 1.56 mmol, 278 mg) du compose antérieurement préparé et (1.5 équiv., 2.34 mmol, solution 1.4 M en 3:1 toluène:THF, 1.7 mL) de MeMgBr, suivi de la **procédure générale 6.4** employant (1 équiv., 1.56 mmol, 304 mg) de N'-methyl-N'-o-tolyl-hydrazinecarboxylic acid methyl ester.

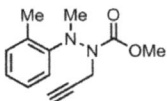

Purification : Colonne chromatographique flash (silica gel, 9:1 EP:AcOEt).

Produit : Huile jaune.

Rendement : 72% pour trois étapes.

^{1}H RMN (δ, ppm)

(CDCl$_3$, 400 MHz)

7.19-7.12 (m, 2H, CH-Ar), 7.06 (br s, 1H, CH-Ar), 6.99 (t, J = 7.4Hz, 1H, CH-Ar), 4.00 (br s, 2H, NCH$_2$), 3.84 (s, 3H, OCH$_3$), 3.22 (s, 3H, NCH$_3$), 2.21 (br s, 1H, ≡CH), 2.19 (s, 3H, Ph-C**H$_3$**).

^{13}C RMN (δ, ppm)

(CDCl$_3$, 100 MHz)

155.7 (Cq, C=O), 145.8 (Cq, Ar), 131.8 (CH-Ar), 131.3 (Cq, Ar), 126.3 (CH-Ar), 123.7 (CH-Ar), 118.4 (CH-Ar), 79.8 (Cq, **C**≡CH), 71.8 (C≡**C**H), 53.3 (OCH$_3$), 40.3 (NCH$_3$), 35.0 (NCH$_2$), 18.9 (Ph-**C**H$_3$).

IR (ν, cm^{-1}) (CCl$_4$)

3313 (m), 3072 (w), 3025 (w), 2996 (w), 2956 (m), 2897 (w), 2806 (w), 1713 (s), 1600, 1495 (w), 1449 (s), 1417 (m), 1384 (s), 1337 (m), 1304 (m), 1270 (s), 1238 (s), 1193 (m), 1146 (m), 1130 (m), 1111 (s), 1071 (w), 1056 (w), 1036 (w).

SMHR (IE+, m/z) : Calculé: 232.1212 Trouvé: 232.1215.

N'-(2-Chloro-phenyl)-N'-methyl-N-prop-2-ynyl-hydrazinecarboxylic acid methyl ester **6.11p**

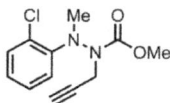

FM: $C_{12}H_{13}O_2N_2Cl$

PM = 252.5 g.mol^{-1}

Méthode : Voir **procédure générale 6.2** employant (1 équiv., 2 mmol, 400 mg) de N'-(2-chloro-phenyl)-hydrazinecarboxylic acid methyl ester, suivi de la **procédure générale 6.3** employant (1 équiv., 2 mmol, 397 mg) du composé antérieurement préparé et (1.5 équiv., 3 mmol, solution 1.4 M en 3:1 toluène:THF, 2.15 mL) de MeMgBr, suivi de la **procédure générale 6.4** employant (1 équiv., 0.84 mmol, 180 mg) de N'-(2-chloro-phenyl)-N'-methyl-hydrazinecarboxylic acid methyl ester.

Purification : Colonne chromatographique flash (silica gel, 9:1 EP, AcOEt).

Produit : Huile orange.

Rendement : 72% pour trois étapes.

^{1}H RMN (δ, ppm)

(CDCl$_3$, 400 MHz)

7.30 (d, J = 7.7Hz, 1H, CH-Ph), 7.20 (t, J = 7.7Hz, 1H, CH-Ph), 7.07 (br s, 1H, CH-Ph), 6.95 (t, J = 7.7Hz, 1H, CH-Ph), 4.50 (br s, 1H, NCH$_2$), 4.31 (br s, 1H, NCH$_2$), 3.75 (s, 3H, OCH$_3$), 3.29 (br s, 3H, NCH$_3$), 2.26 (br s, 1H, $\equiv$CH).

^{13}C RMN (δ, ppm)

(CDCl$_3$, 100 MHz)

156.4 (Cq, C=O), 155.0 (Cq, C=O$_{rotamère}$), 145.5 (Cq, Ar), 144.2 (Cq, Ar$_{rotamère}$), 131.2 (CH-Ar), 130.8 (CH-Ar$_{rotamère}$), 127.0 (CH-Ar), 126.2 (Cq, Ar), 125.8 (Cq, Ar $_{rotamère}$), 123.8 (CH-Ar), 120.5 (CH-Ar), 119.6 (CH-Ar$_{rotamère}$), 79.8 (Cq, **C**$\equiv$CH), 79.5 (Cq, **C**$\equiv$CH$_{rotamère}$), 72.1 (C$\equiv$**C**H), 53.1 (OCH$_3$), 40.7 (NCH$_3$), 40.1 (NCH$_2$), 39.5 (NCH$_{3\ rotamère}$), 37.3 (NCH$_{2\ rotamère}$).

IR (ν, cm^{-1}) (CCl$_4$)

3312 (m), 3068 (w), 3000 (w), 2956 (w), 2899 (w), 2809 (w), 1721 (s), 2590 (w), 1482 (s), 1445 (s), 1417 (w), 1368 (s), 1336 (w), 1302 (w), 1239 (s), 1194 (w), 1155 (w), 1119 (s), 1071 (s), 1043 (m).

SMHR (IE+, m/z) : Calculé: 252.0666   Trouvé: 252.0669.

FM: $C_{18}H_{18}O_2N_2$

PM = 294 g.mol^{-1}

Méthode :   Voir **procédure générale 6.2** employant (1 équiv., 10 mmol, 1.66 g) de N'-phenyl-hydrazinecarboxylic acid methyl ester, suivi de la **procédure générale 6.3** employant (1 équiv., 10 mmol, 1.64 mmol) du compose antérieurement préparé et (1.5 équiv., 15 mmol, solution 1.4 M en 3:1 toluène:THF, 10.7 mL) de MeMgBr, suivi de la **procédure générale 6.4** employant (1 équiv., 10 mmol, 1.8 g) de N'-methyl-N'-phenyl-hydrazinecarboxylic acid methyl ester, suivi de la **procédure générale 6.5** employant (1 équiv., 1 mmol, 218 mg) de N'-methyl-N'-phenyl-N-prop-2-ynyl-hydrazinecarboxylic acid methyl ester et (1.5 équiv., 1.5 mmol, 170 µL) d'iodo benzène.

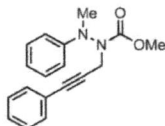

Purification :   Colonne chromatographique flash (silica gel, 9:1 EP:AcOEt).

Produit :   Huile orange.

Rendement :   65% pour quatre étapes.

^{1}H RMN (δ, ppm)

(CDCl$_3$, 400 MHz)

7.38-7.36 (m, 2H, CH-Ph), 7.31-7.28 (m, 5H, CH-Ph), 6.86 (t, J = 7.3Hz, 1H, CH-Ph), 6.76 (br s, 2H, CH-Ph), 4.83 (d, J = 17.3Hz, 1H, NCH$_2$), 4.33 (d, J = 17.3Hz, 1H, NCH$_2$), 3.81 (br s, 0.7H, OCH$_3$ rotamère), 3.72 (br s, 2.3H, OCH$_3$), 3.31 (s, 3H, NCH$_3$).

^{13}C RMN (δ, ppm)

(CDCl$_3$, 100 MHz)

156.9 (Cq, C=O), 147.9 (Cq, Ph), 131.6 (CH-Ph), 129.2 (CH-Ph), 128.3 (CH-Ph), 128.2 (CH-Ph), 122.6 (Cq, Ph), 119.0 (CH-Ph), 111.8 (CH-Ph), 84.2 (Cq, C≡C), 77.2 (Cq, C≡C), 53.5 (OCH$_3$), 39.4 (NCH$_3$), 38.6 (NCH$_2$).

IR (ν, cm^{-1}) (CCl$_4$)

3066 (w), 3033 (w), 3002 (w), 2956 (m), 2899 (w), 2817 (w), 1716 (s), 1600 (s), 1500 (s), 1491 (s), 1446 (s), 1416 (w), 1376 (s), 1349 (m), 1323 (m), 1269 (s), 1235 (s), 1194 (m), 1157 (m), 1119 (s), 1089 (m), 1066 (m), 1030 (m), 1005 (m).

SMHR (IE+, m/z) :   Calculé: 294.1368   Trouvé: 294.1370.

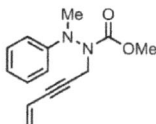

FM: $C_{14}H_{16}O_2N_2$

PM = 244 g.mol^{-1}

Méthode : Voir **procédure générale 6.2** employant (1 équiv, 10 mmol, 1.66 g) de N'-phenyl-hydrazinecarboxylic acid methyl ester, suivi de la **procédure générale 6.3** employant (1 équiv., 10 mmol, 1.64 mmol) du compose antérieurement préparé et (1.5 équiv., 15 mmol, solution 1.4 M en 3:1 toluène:THF, 10.7 mL) de MeMgBr, suivi de la **procédure générale 6.4** employant (1 équiv., 10 mmol, 1.8 g) de N'-methyl-N'-phenyl-hydrazinecarboxylic acid methyl ester, suivi de la **procédure générale 6.5** employant (1 équiv., 1 mmol, 218 mg) de N'-methyl-N'-phenyl-N-prop-2-ynyl-hydrazinecarboxylic acid methyl ester et (2 équiv., 2 mmol, solution 1M en THF, 2 mL) du bromure de vinyle.

Purification : Colonne chromatographique flash (silica gel, 9:1 EP:AcOEt).

Produit : Huile orange.

Rendement : 61% pour quatre étapes.

^{1}H RMN (δ, ppm)

(CDCl$_3$, 400 MHz)

7.26 (t, J = 8.0Hz, 2H, CH-Ph), 6.84 (t, J = 7.3Hz, 1H, CH-Ph), 6.71 (br s, 2H, CH-Ph), 5.77 (dd, J = 11.0Hz, J = 17.3Hz, 1H, C**H**=CH$_2$), 5.59 (d, J = 17.3Hz, 1H, CH=C**H$_2$**), 5.47 (d, J = 11.0Hz, 1H, CH=C**H$_2$**), 4.72 (br d, J = 17.6Hz, 1H, NCH$_2$), 4.19 (d, J = 17.6Hz, 1H, NCH$_2$), 3.70 (br s, 3H, OCH$_3$), 3.26 (s, 3H, NCH$_3$).

^{13}C RMN (δ, ppm)

(CDCl$_3$, 100 MHz)

156.8 (Cq, C=O), 147.8 (Cq, Ph), 129.2 (CH), 127.4 (CH=C**H$_2$**), 119.0 (CH), 116.6 (CH), 111.8 (CH), 84.9 (Cq, C≡C), 82.9 (Cq, C≡C), 53.5 (OCH$_3$), 39.3 (NCH$_3$), 38.5 (NCH$_2$).

IR (ν, cm^{-1}) (CCl$_4$)

3097 (w), 3031 (w), 2956 (w), 2817 (w), 1716 (s), 1600 (s), 1500 (s), 1446 (s), 1414 (w), 1376 (s), 1348 (m), 1323 (m), 1272 (m), 1236 (m), 1194 (w), 1148 (w), 1118 (m), 1089 (w), 1065 (w), 1031 (w).

SMHR (IE+, m/z) : Calculé: 244.1212 Trouvé: 244.1212.

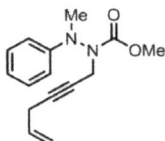

FM: $C_{15}H_{18}O_2N_2$

PM = 258 g.mol^{-1}

Méthode :	Voir **procédure générale 6.2** employant (1 équiv., 10 mmol, 1.66 g) de N'-phenyl-hydrazinecarboxylic acid methyl ester, suivi de la **procédure générale 6.3** employant (1 équiv., 10 mmol, 1.64 mmol) du composé antérieurement préparé et (1.5 équiv, 15 mmol, solution 1.4 M en 3:1 toluène:THF, 10.7 mL) de MeMgBr, suivi de la **procédure générale 6.4** employant (1 équiv., 10 mmol, 1.8 g) de N'-methyl-N'-phenyl-hydrazinecarboxylic acid methyl ester.
	Ensuite, à une solution de l'hydrazine propargylée (1 équiv., 1 mmol, 218 mg) dans le DMF (1 M, 1 mL) sous une atmosphère d'argon, à ta, il y a été additionné K_2CO_3 (2.8 équiv., 2.8 mmol, 386 mg), bromure de tetrabutylammonium (0.15 équiv., 0.15 mmol, 48 mg) et CuI (0.1 équiv., 0.1 mmol, 19 mg). La réaction est agitée à ta pour 30 min. Bromure d'allyle (5 équiv., 5 mmol, 430 µL) et NaI (0.8 équiv., 0.8 mmol, 120 mg) ont été addtionnés et la reaction est agitée à tapour 60 h. La reaction est dilué avec une solution saturée de NH_4Cl, extraite avec AcOEt (3x), lavée avec H_2O (5x), séchée ($MgSO_4$) et purifiée par colonne chromatographique flash.
Purification :	Colonne chromatographique flash (silica gel, 9:1 EP: AcOEt).
Produit :	Huile jaune.
Rendement :	33% pour quatre étapes.

^{1}H RMN (δ, ppm)

(CDCl$_3$, 400 MHz)

7.27-7.23 (m, 2H, CH-Ph), 6.83 (t, J = 7.3Hz, 1H, CH-Ph), 6.71 (br s, 2H, CH-Ph), 5.77 (ddd, J = 5.2Hz, J = 10.2Hz, J = 16.3Hz, 1H, C**H**=CH$_2$), 5.27 (dd, J = 1.0Hz, J = 16.3Hz, 1H, CH=C**H$_2$**), 5.09 (dd, J = 1.0Hz, J = 10.2Hz, 1H, CH=C**H$_2$**), 4.61 (br d, J = 17.4Hz, 1H, NCH$_2$), 4.09 (d, J = 17.4Hz, 1H, NCH$_2$), 3.69 (br s, 3H, OCH$_3$), 3.25 (s, 3H, NCH$_3$), 3.00 (br d, J = 5.2Hz, 2H, CH$_2$-chaine allyle).

^{13}C RMN (δ, ppm)

(CDCl$_3$, 100 MHz)

156.9 (Cq, C=O), 148.0 (Cq, Ph), 132.2 (CH), 129.2 (CH), 118.9 (CH), 116.2 (CH=**C**H$_2$), 111.8 (CH), 81.2 (Cq, C≡C), 77.2 (Cq, C≡C), 53.4 (OCH$_3$), 39.3 (NCH$_3$), 38.3 (NCH$_2$), 23.0 (CH$_2$- chaine allyle).

IR (ν, cm^{-1}) (CCl$_4$)   3093 (w), 3068 (w), 3031 (w), 2986 (w), 2956 (w), 2897 (w), 2816 (w), 1717 (s), 1643 (w), 1600 (s), 1500 (s), 1446 (s), 1419 (m), 1377 (s), 1349 (s), 1324 (s), 1274 (s), 1237 (s), 1194 (s), 1158 (m), 1117 (s), 1089 (m), 1065 (m), 1031 (m).

SMHR (IE+, m/z) :   Calculé: 258.1368   Trouvé: 258.1369.

N' methyl-*N'*-phenyl-*N*-prop-2-ynyl-[(4-methylphenyl)sulfonyl]hydrazine   6.11t

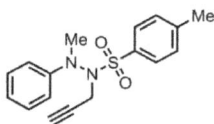

FM: C$_{17}$H$_{18}$O$_2$N$_2$S

PM = 314 g.mol^{-1}

Méthode :   Voir **procédure générale 6.2** employant (1 équiv., 1 mmol, 262 mg) de *N*-phenyl-*N'*-tosyl hydrazine, suivi de la **procédure générale 6.3** employant (1 équiv., 1 mmol, 260 mg) du compose antérieurement préparé et (1.5 équiv., 1.5 mmol, solution 1.4 M en 3:1 toluène:THF, 1.10 mL) de MeMgBr, suivi de la **procédure générale 6.4** employant (1 équiv., 1 mmol, 276 mg) du composé antérieurement méthylé.

Purification :   Colonne chromatographique flash (silica gel, 9:1 EP:AcOEt).

Produit :   Huile orange.

Isolated Rendement :   32% pour trois étapes (Le dernier composé n'est pas stable sur la SiO$_2$. Il décompose et perd le groupe Ts).

^{1}H RMN (δ, ppm)

(CDCl$_3$, 400 MHz)   7.85 (d, J = 8.2Hz, 2H, CH-Ts), 7.29 (d, J = 8.2Hz, 2H, CH-Ts), 7.19 (dd, J = 7.4Hz, J = 8.7Hz, 2H, CH-Ph), 6.87-6.82 (m, 3H, CH-Ph), 4.51 (br d, J = 17.5Hz, 1H, NCH$_2$), 4.08 (br d, J = 17.5Hz, NCH$_2$), 3.00 (s, 3H, NCH$_3$), 2.42 (s, 3H, Ph-C**H$_3$**), 2.23 (t, J = 2.5Hz, 1H, $\equiv$CH).

^{13}C RMN (δ, ppm)

(CDCl$_3$, 100 MHz)   147.9 (Cq, Ar), 144.2 (Cq, Ar), 135.6 (Cq, Ar), 129.5 (CH-Ar), 128.9 (CH-Ar), 128.4 (CH-Ar), 120.3 (CH-Ar), 113.6 (CH-Ar), 78.2 (Cq, **C**$\equiv$CH), 73.9 (C$\equiv$**C**H), 37.8 (NCH$_3$), 36.0 (NCH$_2$), 21.6 (Ph-**C**H$_3$).

IR (ν, cm^{-1}) (CCl$_4$)   3312 (m), 3068 (w), 3032 (w), 2925 (w), 2816 (w), 1600 (s), 1498 (s), 1470 (w), 1455 (w), 1417 (w), 1362 (s), 1305 (w), 1292 (w), 1264 (w), 1185 (m), 1168 (s), 1118 (m), 1096 (s), 1034 (w) 1019 (w)

SMHR (IE+, m/z) :   Calculé: 314.1089   Trouvé: 314.1080.

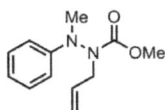

FM: $C_{12}H_{16}O_2N_2$

PM = 220 g.mol^{-1}

Méthode : Voir **procédure générale 6.2** employant (1 équiv., 1.9 mmol, 315 mg) de *N'*-phenyl-hydrazinecarboxylic acid methyl ester, suivi de la **procédure générale 6.3** employant (1 équiv., 1.9 mmol, 312 mg) du compose antérieurement préparé et (1.5 équiv., 2.85 mmol, solution 1.4 M en 3:1 toluène:THF, 2.0 mL) de MeMgBr, suivi de la **procédure générale 6.4** employant (1 équiv., 1.9 mmol, 350 mg) de *N'*-methyl-*N'*-phenyl-hydrazinecarboxylic acid methyl ester et bromure d'allyle (1.5 équiv., 2.85 mmol, 250 µL) à la place du bromure de propargyle.

Purification : Colonne chromatographique flash (silica gel, 9:1 EP:AcOEt).

Produit : Huile orange.

Rendement : 70% pour trois étapes.

^{1}H RMN (δ, ppm)

(CDCl$_3$, 400 MHz)

7.27-7.23 (m, 2H, CH-Ph), 6.82 (t, *J* = 7.3Hz, 1H, CH-Ph), 6.66 (br d, *J* = 7.3Hz, 2H, CH-Ph), 6.03-5.93 (m, 1H, C**H**=CH$_2$), 5.24 (dd, *J* = 1.2Hz, *J* = 17.1Hz, 1H, CH=C**H$_2$**), 5.17 (dd, *J* = 1.2Hz, *J* = 10.1Hz, 1H, CH=C**H$_2$**), 4.39 (br s, 1H, NCH$_2$), 3.88 (dd, *J* = 7.4Hz, *J* = 14.9Hz, 1H, NCH$_2$), 3.68 (br s, 3H, OCH$_3$), 3.15 (s, 3H, NCH$_3$).

^{13}C RMN (δ, ppm)

(CDCl$_3$, 100 MHz)

162.7 (Cq, C=O), 157.2 (Cq, Ph), 148.1 (CH), 133.3 (CH), 129.2 (CH), 118.8 (CH=**C**H$_2$), 111.7 (CH), 53.2 (OCH$_3$), 51.8 (NCH$_2$), 39.7 (NCH$_3$).

IR (ν, cm^{-1}) (CCl$_4$)

3070 (w), 3031 (w), 2997 (w), 2955 (m), 2899 (w), 2816 (w), 1713 (s), 1644 (w), 1600 (s), 1500 (s), 1447 (s), 1418 (w), 1378 (s), 1323 (s), 1277 (s), 1240 (s), 1194 (s), 1157 (s), 1113 (s), 1084 (m), 1056 (m), 1031 (m).

SMHR (IE+, m/z) : Calculé: 220.1212   Trouvé: 220.1210.

N'-(4-Methoxy-phenyl)-N'-phenyl-N-prop-2-ynyl-hydrazinecarboxylic acid methyl ester

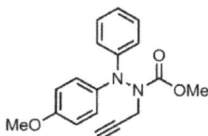

FM: $C_{18}H_{18}O_3N_2$

PM = 310 g.mol^{-1}

Méthode :	Voir **procédure générale 6.2** employant (1 équiv., 1.5 mmol, 300 mg) de N'-(4-methoxy-phenyl)-hydrazinecarboxylic acid methyl ester, suivi de la **procédure générale 6.3** employant (1 équiv., 1.5 mmol, 291 mg) du compose antérieurement préparé et (1.5 équiv., 2.25 mmol, solution 1M en THF, 2.25 mL) de PhMgBr, suivi de la **procédure générale 6.4** employant (1 équiv., 1.5 mmol, 416 mg) de N'-(4-methoxy-phenyl)-N'-phenyl-hydrazinecarboxylic acid methyl ester.
Purification :	Colonne chromatographique flash (silica gel, 85:15 EP: AcOEt).
Produit :	Huile orange.
Rendement :	82% pour trois étapes.

^{1}H RMN (δ, ppm) (CDCl$_3$, 400 MHz)	7.36-7.29 (br s, 2H, CH-Ar), 7.22 (t, J = 7.9Hz, 2H, CH-Ar), 6.90-6.85 (m, 5H, CH-Ar), 4.38 (br s, 2H, NCH$_2$), 3.82 (br s, 3H, OCH$_3$), 3.72 (br s, 3H, OCH$_3$), 2.25 (br s, ≡CH).
^{13}C RMN (δ, ppm) (CDCl$_3$, 100 MHz)	157.2 (Cq, C=O), 156.9 (Cq, C=O$_{rotamère}$), 145.7 (Cq, Ar), 136.3 (Cq, Ar), 133.30 (Cq, Ar), 128.9 (CH-Ar), 126.4 (CH-Ar$_{rotamère}$), 125.6 (CH-Ar), 120.4 (CH-Ar), 115.1 (CH-Ar), 114.5 (CH-Ar), 78.4 (Cq, **C**≡CH), 73.1 (≡CH), 55.5 (OCH$_3$), 53.6 (OCH$_3$), 39.8 (NCH$_{2\ rotamère}$), 38.7 (NCH$_2$).
IR (ν, cm^{-1}) (CCl$_4$)	3313 (m), 3092 (w), 3066 (w), 3042 (w), 3003 (m), 2955 (m), 2934 (m), 2909 (w), 2836 (w), 1725 (s), 1599 (w), 1494 (s), 1445 (s), 1416 (m), 1378 (s), 1275 (s), 1196 (s), 1181 (s), 1126 (s), 1082 (m), 1040 (s).
SMHR (IE+, m/z) :	Calculé: 310.1318 Trouvé: 310.1317.

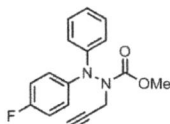

FM: $C_{17}H_{15}O_2N_2F$

PM = 298 g.mol^{-1}

Méthode :	Voir **procédure générale 6.2** employant (1équiv., 1.6 mmol, 300 mg) de N'-(4-fluoro-phenyl)-hydrazinecarboxylic acid methyl ester, suivi de la **procédure générale 6.3** employant (1 équiv., 1.6 mmol, 297 mg) et (1.5 équiv., 2.45 mmol, solution 1M en THF, 2.5 mL) de PhMgBr, suivi de la **procédure générale 6.4** employant (1 équiv., 1.6 mmol, 423 mg) de N'-(4-fluoro-phenyl)-N'-phenyl-hydrazinecarboxylic acid methyl ester.
Purification :	Colonne chromatographique flash (silica gel, 9:1 EP: AcOEt).
Produit :	Huile jaune.
Rendement :	77% pour trois étapes.

^{1}H RMN (δ, ppm)

(CDCl$_3$, 400 MHz)

7.32-7.25 (m, 4H, CH-Ar), 7.07-7.00 (m, 5H, CH-Ar), 4.49 (br d, J = 17.5Hz, 1H, NCH$_2$), 4.36 (br d, J = 17.5Hz, 1H, NCH$_2$), 3.85 (br s, 0.9H, CH$_3$ $_{rotamère}$), 3.74 (br s, 2.1 H, OCH$_3$), 2.30 (br s, 1H, $\equiv$CH).

^{13}C RMN (δ, ppm)

(CDCl$_3$, 100 MHz)

160.6 (Cq, C=O), 157.49 (d, J_{C-F} = 141.0Hz, Cq, CF-Ar), 144.5 (Cq, Ar), 140.1 (Cq, Ar), 129.1 (CH-Ar), 124.1 (CH-Ar), 123.3 (CH-Ar $_{rotamère}$), 122.0 (CH-Ar), 117.2 (CH-Ar), 115.9 (d, J_{C-F} = 22.6Hz, CH-Ar), 78.2 (Cq, **C**$\equiv$ CH), 73.4 (C$\equiv$**C**H), 53.7 (OCH$_3$), 39.8 (NCH$_2$ $_{rotamère}$), 38.7 (NCH$_2$).

IR (ν, cm^{-1}) (CCl$_4$)

3312 (m), 3043 (w), 2956 (w), 1720 (s), 1597 (m), 1506 (s), 1496 (s), 1446 (s), 1376 (m), 1317 (m), 1272 (m), 1232 (s), 1197 (m), 1174 (m), 1156 (m), 1126 (m), 1032 (w).

SMHR (IE+, m/z) :   Calculé: 298.1118   Trouvé: 298.1118.

FM: $C_{20}H_{20}O_4N_2$

PM = 352 g.mol^{-1}

Méthode :   Voir **procédure générale 6.2** emplyant (1 équiv., 1.26 mmol, 300 mg) de 4-(*N'*-methoxycarbonyl-hydrazino)-benzoïc acid ethyl ester, suivi de la **procédure générale 6.3** emplyant (1 équiv., 1.26 mmol, 297 mg) du compose antérieurement préparé et (1.5 équiv., 1.89 mmol, solution 1M en THF, 1.9 mL) de PhMgBr, suivi de la **procédure générale 6.4** employant (1 équiv., 1.26 mmol, 406 mg) de 4-(*N'*-methoxycarbonyl-*N*-phenyl-hydrazino)-benzoïc acid ethyl ester.

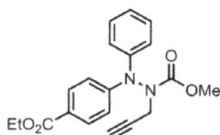

Purification :   Colonne chromatographique flash (silica gel, 8:2 EP:AcOEt).

Produit :   Huile orange.

Rendement :   72% pour trois étapes.

^{1}H RMN (δ, ppm)

(CDCl$_3$, 400 MHz)

7.91 (d, J = 8.8Hz, 2H, CH-Ar), 7.40-7.30 (m, 4H, CH-Ph), 7.22 (t, J = 7.3Hz, 1H, CH-Ph), 6.97 (d, J = 8.8Hz, 2H, CH-Ar), 4.54 (br d, J = 17.8Hz, 0.7H, NCH$_2$), 4.45 (br d, J = 17.8Hz, 0.3H$_{rotamère}$, NCH$_2$), 4.33 (q, J = 7.2Hz, 2H, OC**H$_2$**CH$_3$), 4.28 (d, J = 17.8Hz, 1H, NCH$_2$), 3.83 (br s, 1H, OCH$_3$ $_{rotamère}$), 3.71 (br s, 2H, OCH$_3$), 2.25 (br s, 1H, ≡CH), 1.36 (t, J = 7.2Hz, 3H, OCH$_2$C**H$_3$**).

^{13}C RMN (δ, ppm)

(CDCl$_3$, 100 MHz)

166.3 (Cq, C=O), 156.4 (Cq, C=O), 149.2 (Cq, Ar), 142.0 (Cq, Ar), 130.9 (CH-Ar), 129.5 (CH-Ar), 125.9 (CH-Ar), 124.4 (CH-Ar $_{rotamère}$), 123.6 (CH-Ar), 122.7 (Cq, Ar), 114.6 (CH-Ar), 77.7 (Cq, **C**≡CH), 73.7 (C≡**C**H), 60.5 (O**C**H$_2$CH$_3$), 53.8 (OCH$_3$), 39.6 (NCH$_2$ $_{rotamère}$), 38.5 (NCH$_2$), 14.4 (OCH$_2$**C**H$_3$).

IR (ν, cm^{-1}) (CCl$_4$)

3312 (m), 2982 (w), 2957 (w), 2907 (w), 1716 (s), 1608 (s), 1594 (m), 1509 (m), 1492 (m), 1446 (m), 1425 (w), 1367 (m), 1313 (m), 1273 (s), 1238 (m), 1177 (s), 1107 (s), 1026 (s).

SMHR (IE+, m/z) :   Calculé: 352.1423   Trouvé: 352.1423.

B.3.5.2 La Réaction de Friedel-Crafts Catalysée à l'Au(I)

Les substrats antérieurement synthétisés ont été soumis à la catalyse à l'or selon le schème ci-dessous (schème B.3.5.2).

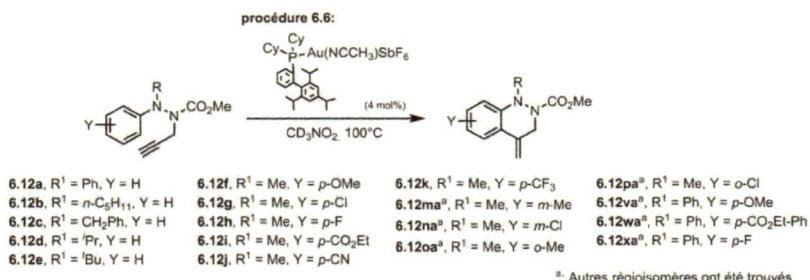

procédure 6.6:

6.12a, R^1 = Ph, Y = H
6.12b, R^1 = n-C₅H₁₁, Y = H
6.12c, R^1 = CH₂Ph, Y = H
6.12d, R^1 = ^{i}Pr, Y = H
6.12e, R^1 = ^{t}Bu, Y = H

6.12f, R^1 = Me, Y = p-OMe
6.12g, R^1 = Me, Y = p-Cl
6.12h, R^1 = Me, Y = p-F
6.12i, R^1 = Me, Y = p-CO₂Et
6.12j, R^1 = Me, Y = p-CN

6.12k, R^1 = Me, Y = p-CF₃
6.12ma^a, R^1 = Me, Y = m-Me
6.12na^a, R^1 = Me, Y = m-Cl
6.12oa^a, R^1 = Me, Y = o-Me

6.12pa^a, R^1 = Me, Y = o-Cl
6.12va^a, R^1 = Ph, Y = p-OMe
6.12wa^a, R^1 = Ph, Y = p-CO₂Et-Ph
6.12xa^a, R^1 = Ph, Y = p-F

^{a}: Autres régioisomères ont été trouvés

Schème B.3.5.2: Transformation catalysée à l'or pour la préparation de tetrahydrocinnolines **6.12a-x**.

Procédure générale 6.6, *Réaction de Friedel-Crafts Catalyséee à l'Or:* À une solution de l'hydrazine (1 équiv.) dans CD₃NO₂ (0.2 M), dans un tube de RMN, il y a été additionné le catalyseur à l'or XphosAu(NCCH₃)SbF₆ (0.04 équiv.). La réaction est chauffée au reflux (100 °C). Une fois que la réaction est finie, elle est transférée à un ballon et concentrée sous vide. Purification par colonne chromatographique flash fournit le compose hydroarylés dans les rendements marqués.

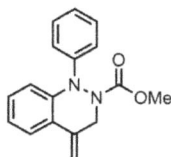

FM: $C_{17}H_{16}O_2N_2$

PM = 280 g.mol^{-1}

Méthode :	Voir **procédure générale 6.6** employant (1 équiv., 0.1 mmol, 28 mg) de N',N'-diphenyl-N-prop-2-ynyl-hydrazinecarboxylic acid methyl ester.
Purification :	Colonne chromatographique flash (silica gel, 8:2 EP:AcOEt).
Produit :	Solide blanc
Rendement :	100%.

¹H RMN (δ, ppm)

(CDCl₃, 400 MHz)

7.80 (d, J = 7.9Hz, 1H, CH-Ar), 7.33-7.28 (m, 4H, CH-Ar), 7.20-7.14 (m, 3H, CH-Ar), 7.07 (t, J = 7.3Hz, 1H, CH-Ar), 5.74 (s, 1H, C=CH₂), 5.11 (s, 1H, C=CH₂), 4.84 (br s, 1H, NCH₂), 4.07 (br s, 1H, NCH₂), 3.83 (s, 3H, OCH₃).

¹³C RMN (δ, ppm)

(CDCl₃, 100 MHz)

158.0 (Cq, C=O), 146.6 (Cq), 140.2 (Cq), 134.8 (Cq), 129.0 (CH-Ar), 128.3 (CH-Ar), 125.3 (Cq), 124.8 (CH-Ar), 124.0 (CH-Ar), 123.1 (CH-Ar), 122.9 (CH-Ar), 118.1 (CH-Ar), 108.3 (C=**C**H₂), 53.6 (OCH₃), 47.3 (NCH₂).

IR (ν, cm^{-1}) (CCl₄)

3069 (w), 3025 (w), 2945 (w), 2848 (w), 1740 (s), 1644(w), 1590 (w), 1572 (w), 1490 (s), 1400 (s), 1440 (s), 1384 (m), 1363 (s), 1350 (s), 1245 (s), 1200 (m), 1130 (m), 1100 (w).

SMHR (IE+, m/z) : Calculé: 280.1212　　Trouvé: 280.1215.

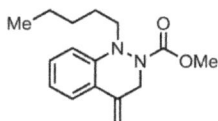

FM: $C_{16}H_{22}O_2N_2$

PM = 274 g.mol^{-1}

Méthode : Voir **procédure générale 6.6** employant (1 équiv., 0.1 mmol, 27 mg) de *N'*-pentyl-*N'*-phenyl-*N*-prop-2-ynyl-hydrazinecarboxylic acid methyl ester.

Purification : Colonne chromatographique flash (silica gel, 8:2 EP:AcOEt).

Produit : Huile jaune

Rendement : 100%.

¹H RMN (δ, ppm)

(CDCl₃, 400 MHz)

7.58 (dd, J = 1.1Hz, J = 7.9Hz, 1H, CH-Ar), 7.23-7.18 (m, 1H, CH-Ar), 6.92-6.82 (m, 2H, CH-Ar), 5.56 (s, 1H, C=CH₂), 4.98 (s, 1H, C=CH₂), 4.69 (br s, 1H, NCH₂), 3.80 (br s, 1H, NCH₂), 3.70 (s, 3H, OCH₃), 3.44 (br s, 1H, NCH₂), 3.32 (br s, 1H, NCH₂), 1.68-1.58 (m, 2H, CH₂-chaine pentyle), 1.38-1.36 (m, 4H, CH₂-chaine pentyle), 0.94-0.91 (m, 3H, CH₃-chaine pentyle).

¹³C RMN (δ, ppm)

(CDCl₃, 100 MHz)

158.0 (Cq, C=O), 145.1 (Cq), 135.3 (Cq), 129.0 (CH-Ar), 124.5 (CH-Ar), 121.9 (Cq), 120.6 (CH-Ar), 117.5 (CH-Ar), 107.1 (C=C̲H₂), 55.6 (NCH₂), 53.2 (OCH₃), 45.3 (NCH₂), 29.3 (CH₂-chaine pentyle), 27.3 (CH₂-chaine pentyle), 22.6 (CH₂-chaine pentyle), 14.1 (CH₃-chaine pentyle).

IR (ν, cm⁻¹) (CCl₄)

3072 (w), 2957 (m), 2931 (m), 2873 (w), 2860 (w), 1730 (s), 1636 (w), 1601 (w), 1570 (w), 1499 (w), 1483 (m), 1448 (s), 1378 (m), 1331 (m), 1302 (m), 1268 (m), 1245 (m), 1213 (m), 1136 (w), 1122 (w), 1096 (w), 998 (w).

SMHR (IE+, m/z) : Calculé: 274.1681   Trouvé: 274.1690.

1-Benzyl-4-methylene-3,4-dihydro-1*H*-cinnoline-2-carboxylic acid methyl ester   **6.12c**

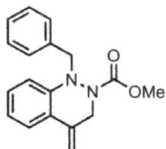

FM: C₁₈H₁₈N₂O₂

PM = 294 g.mol⁻¹

Méthode : Voir **procédure générale 6.6** employant (1 équiv., 0.1 mmol, 29 mg) de *N'*-benzyl-*N'*-phenyl-*N*-prop-2-ynyl-hydrazinecarboxylic acid methyl ester.

Purification : Colonne chromatographique flash (silica gel, 9:1 EP:AcOEt).

Produit :	Huile jaune.
Rendement :	87%.

¹H RMN (δ, ppm)
(CDCl₃, 400 MHz)

7.59 (d, J = 7.7Hz, 1H, CH-Ph), 7.37-7.21 (m, 6H, CH-Ph), 7.02 (d, J = 7.7Hz, 1H, CH-Ph), 6.91 (t, J = 7.7Hz, 1H, CH-Ph), 5.54 (s, 1H, C=CH₂), 4.92 (s, 1H, C=CH₂), 4.74 (br s, 1H, NCH₂), 4.56 (br s, 2H, NCH₂), 3.64 (s, 3H, OCH₃), 3.51 (br s, 1H, NCH₂).

¹³C RMN (δ, ppm)
(CDCl₃, 100 MHz)

157.6 (Cq, C=O), 144.2 (Cq, Ar), 136.9 (Cq, Ar), 135.2 (Cq, Ar), 129.0 (CH-Ph), 128.7 (CH-Ph), 128.3 (CH-Ph), 127.6 (CH-Ph), 124.7 (CH-Ph), 122.0 (Cq, $\underline{C}$=CH₂), 120.7 (CH-Ph), 117.0 (CH-Ph), 107.2 (C=$\underline{C}$H₂), 59.2 (NCH₂), 53.1 (OCH₃), 46.4 (NCH₂).

IR (ν, cm⁻¹) (CCl₄)

3067 (w), 3033 (w), 2955 (w), 2929 (w), 2855 (w), 1716 (s), 1637 (w), 1603 (w), 1569 (w), 1542 (w), 1484 (m), 1454 (s), 1377 (m), 1356 (m), 1329 (m), 1314 (m), 1246 (s), 1206 (s), 1164 (w), 1140 (w), 1119 (w), 1098 (w), 1080 (w), 1063 (w), 1044 (w), 1029 (w).

SMHR (IE+, m/z) : Calculé: 294.1368   Trouvé: 294.1379.

1-Isopropyl-4-methylene-3,4-dihydro-1*H*-cinnoline-2-carboxylic acid methyl ester 6.12d

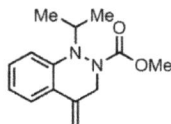

FM: C₁₄H₁₈N₂O₂

PM = 246 g.mol⁻¹

Méthode : Voir **procédure générale 6.6** (1 équiv., 0.1 mmol, 25 mg) de *N*-isopropyl-*N*-phenyl-*N*-prop-2-ynyl-hydrazinecarboxylic acid methyl ester.

Purification : Colonne chromatographique flash (silica gel, 8:2 EP:AcOEt).

Produit : Huile jaune pâle.

Rendement : 96%.

¹H RMN (δ, ppm)
(CDCl₃, 400 MHz)

7.58 (dd, J = 8.0 Hz, 1H, CH-Ph), 7.20 (ddd, J = 8.0Hz, 1H, CH-Ph), 6.99 (d, J = 8.0Hz, 1H, CH-Ph), 6.87 (t, J = 8.0Hz, 1H, CH-Ph), 5.54 (s, 1H, C=CH₂), 4.95 (s, 1H, C=CH₂), 4.80 (br d, J = 15.0Hz, 1H, NCH₂), 4.09 (hept, J = 6.6Hz, 1H, CH-ᶦPr), 3.75 (d, J = 15.0Hz, 1H, NCH₂), 3.69 (s, 3H,

OCH$_3$), 1.32 (d, J = 6.6Hz, 3H, CH$_3$-^{i}Pr), 1.15 (d, J = 6.6Hz, 3H, CH$_3$-^{i}Pr).

^{13}C RMN (δ, ppm)

(CDCl$_3$, 100 MHz)

159.0 (Cq, C=O), 143.9 (Cq), 135.4 (Cq), 128.9 (CH-Ph), 124.6 (CH-Ph), 122.4 (Cq), 120.4 (CH-Ph), 118.0 (CH-Ph), 107.1 (C=$\underline{\text{C}}$H$_2$), 56.0 (CH-^{i}Pr), 53.2 (OCH$_3$), 48.3 (NCH$_2$), 20.7 (CH$_3$-^{i}Pr), 19.8 (CH$_3$-^{i}Pr).

IR (ν, cm^{-1}) (CCl$_4$)

3072 (w), 2976 (m), 2955 (m), 1712 (s), 1636 (w), 1604 (w), 1568 (w), 1481 (m), 1456 (m), 1446 (s), 1384 (m), 1362 (m), 1313 (w), 1300 (w), 1280 (w), 1238 (m), 1204 (m), 1172 (w), 1132 (m), 1091 (w), 1043 (w).

SMHR (IE+, m/z) :   Calculé: 246.1368   Trouvé: 246.1374.

6-Methoxy-1-methyl-4-methylene-3,4-dihydro-1H-cinnoline-2-carboxylic acid methyl ester   **6.12f**

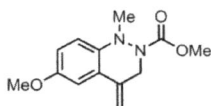

FM: C$_{13}$H$_{16}$N$_2$O$_3$

PM = 248 g.mol^{-1}

Méthode :   Voir **procédure générale 6.6** employant (1 équiv., 0.11 mmol, 27 mg) de *N*-(4-methoxy-phenyl)-*N'*-methyl-*N*-prop-2-ynyl-hydrazinecarboxylic   acid methyl ester.

Purification :   Colonne chromatographique flash   (silica gel, 8:2 PE:AcOEt).

Produit :   Solide jaune.

Rendement :   83 %.

^{1}H RMN (δ, ppm)

(CDCl$_3$, 400 MHz)

7.08 (d, J = 2.8Hz, 1H, CH-Ar), 6.91 (d, J = 8.9Hz, 1H, CH-Ar), 6.83 (dd, J = 2.8Hz, J = 8.9Hz, 1H, CH-Ar), 5.55 (s, 1H, C=CH$_2$), 5.03 (s, 1H, C=CH$_2$), 4.61 (br s, 1H, NCH$_2$), 3.98 (br s, 1H, NCH$_2$), 3.78 (s, 3H, OCH$_3$), 3.72 (s, 3H, OCH$_3$), 3.10 (s, 3H, NCH$_3$).

^{13}C RMN (δ, ppm)

(CDCl$_3$, 100 MHz)

156.7 (Cq, C=O), 154.4 (Cq, Ar), 139.8 (Cq, Ar), 135.2 (Cq, Ar), 123.3 (Cq, Ar), 120.0 (CH-Ar), 116.1 (CH-Ar), 108.3 (CH-Ar), 107.8 (C=$\underline{\text{C}}$H$_2$), 55.6 (OCH$_3$), 55.5 (NCH$_2$), 53.2 (OCH$_3$), 43.4 (NCH$_3$).

IR (ν, cm^{-1}) (CCl$_4$)

3001 (w), 2955 (w), 1711 (s), 1613 (w), 1571 (w), 1558 (w), 1542 (w), 1493 (s), 1454 (s), 1388 (w), 1295 (w), 1234 (s), 1118 (m), 1048 (w).

SMHR (IE+, m/z) :   Calculé: 248.1161   Trouvé: 248.1162 .

6-Chloro-1-methyl-4-methylene-3,4-dihydro-1*H*-cinnoline-2-carboxylic acid methyl ester

6.12g

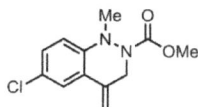

FM: $C_{12}H_{13}N_2O_2Cl$

PM = 252 g.mol^{-1}

Méthode : Voir **procédure générale 6.6** employant (1 équiv., 0.08 mmol, 20 mg) de *N*'-(4-chloro-phenyl)-*N*'-methyl-*N*-prop-2-ynyl-hydrazinecarboxylic acid methyl ester.

Purification : Colonne chromatographique flash (silica gel, 7:3 EP:AcOEt).

Produit : Solide blanc.

Rendement : 100%.

¹H RMN (δ, ppm)

(CDCl₃, 400 MHz)

7.52 (d, *J* = 2.1Hz, 1H, CH-Ar), 7.16 (dd, *J* = 2.1Hz, *J* = 8.8Hz, 1H, CH-Ar), 6.81 (d, *J* = 8.8Hz, 1H, CH-Ar), 5.55 (s, 1H, C=CH₂), 5.03 (s, 1H, C=CH₂), 4.63 (br s, 1H, NCH₂), 3.78 (br s, 1H, NCH₂), 3.72 (s, 3H, OCH₃), 3.18 (NCH₃).

¹³C RMN (δ, ppm)

(CDCl₃, 100 MHz)

157.0 (Cq, C=O), 143.5 (Cq), 134.3 (Cq), 128.9 (CH-Ar), 125.8 (Cq), 124.3 (CH-Ar), 123.0 (Cq), 117.9 (CH-Ar), 108.4 (C=CH₂), 53.4 (OCH₃), 45.5 (NCH₂), 42.2 (NCH₃).

IR (ν, cm^{-1}) (CCl₄)

2956 (w), 1720 (s), 1484 (s), 1448 (s), 1375 (s), 1308 (w), 1244 (m), 1212 (s), 1150 (w), 1119 (w).

SMHR (IE+, m/z) : Calculé: 252.0666 Trouvé: 252.0667.

6-Fluoro-1-methyl-4-methylene-3,4-dihydro-1*H*-cinnoline-2-carboxylic acid methyl ester

6.12h

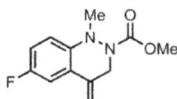

FM: $C_{12}H_{13}O_2N_2F$

PM = 236 g.mol^{-1}

Méthode : Voir **procédure générale 6.6** employant (1 équiv., 0.1 mmol, 24 mg) de *N*'-(4-fluoro-phenyl)-*N*'-methyl-*N*-prop-2-ynyl-hydrazinecarboxylic acid methyl ester.

Purification :	Colonne chromatographique flash (silica gel, 8:2 EP:AcOEt).
Produit :	Solide jaune pâle
Rendement :	79%.

^{1}H RMN (δ, ppm) **(CDCl$_3$, 400 MHz)**	7.25 (dd, J_{H-H} = 2.6Hz, J_{H-F} = 9.0Hz, 1H, CH-Ar), 6.94 (ddd, J_{H-H} = 2.6Hz, J_{H-F}= 7.8Hz, J_{H-H} = 9.0Hz, 1H, CH-Ar), 6.88 (dd, J_{H-F} = 5.0Hz, J_{H-H} = 9.0Hz, 1H, CH-Ar), 5.54 (s, 1H, C=CH$_2$), 5.06 (s, 1H, C=CH$_2$), 4.64 (br s, 1H, NCH$_2$), 3.88 (br s, 1H, NCH$_2$), 3.73 (s, 3H, OCH$_3$), 3.14 (s, 3H, NCH$_3$).
^{13}C RMN (δ, ppm) **(CDCl$_3$, 100 MHz)**	157.6 (d, J_{C-F} = 239.7Hz, Cq, C-F), 156.8 (Cq, C=O), 141.71 (d, J = 1.7Hz, Cq, Ar), 134.6 (Cq), 123.5 (Cq), 119.32 (d, J_{C-F} = 8.0Hz, CH-Ar), 116.20 (d, J_{C-F} = 23.2Hz, CH-Ar), 110.36 (d, J_{C-F} = 23.2Hz, CH-Ar), 108.6 (C=$\underline{C}$H$_2$), 53.3 (OCH$_3$), 47.7 (NCH$_2$), 43.0 (NCH$_3$).
IR (ν, cm^{-1}) (CCl$_4$)	2956 (w), 1724 (w), 1635 (w), 1581 (w), 1509 (w), 1491 (s), 1452 (s), 1383 (w), 1292 (w), 1243 (m), 1212 (s), 1133 (w), 1114 (w), 1080 (w).
SMHR (IE+, m/z) :	Calculé: 236.0961 Trouvé: 236.0962.

1-Methyl-4-methylene-3,4-dihydro-1*H*-cinnoline-2,6-dicarboxylic acid 6-ethyl ester 2-methyl ester **6.12i**

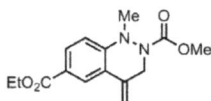

FM:C$_{15}$H$_{18}$N$_2$O$_4$

PM = 290 g.mol^{-1}

Méthode :	Voir **procédure générale 6.6** employant (1 équiv., 0.1 mmol, 29 mg) de 4-(*N*'-methoxycarbonyl-*N*-methyl-*N*'-prop-2-ynyl-hydrazino)-benzoic acid ethyl ester
Purification :	Colonne chromatographique flash (silica gel, 7:3 EP:AcOEt).
Produit :	Huile jaune.
Rendement :	86% (avec ~17% d'une impureté non-séparable, basée sur ^{1}H RMN).

^{1}H RMN (δ, ppm)	8.24 (d, J = 1.8Hz, 1H, CH-Ar), 7.87 (dd, J = 1.8Hz, J = 8.7Hz, 1H, CH-Ar), 6.76 (d, J = 8.7Hz, 1H, CH-Ar), 5.66 (s, 1H, C=CH$_2$), 5.00 (s, 1H,

| (CDCl₃, 400 MHz) | C=CH₂), 4.69 (br s, 1H, NCH₂), 4.34 (q, J = 7.1Hz, 2H, OC<u>H₂</u>CH₃), 3.80 (br s, 1H, NCH₂), 3.72 (s, 3H, OCH₃), 3.30 (s, 3H, NCH₃), 1.37 (t, J =7.1Hz, 3H, OCH₂C<u>H₃</u>). |

(CDCl₃, 400 MHz) — C=CH₂), 4.69 (br s, 1H, NCH₂), 4.34 (q, J = 7.1Hz, 2H, OC<u>H</u>₂CH₃), 3.80 (br s, 1H, NCH₂), 3.72 (s, 3H, OCH₃), 3.30 (s, 3H, NCH₃), 1.37 (t, J =7.1Hz, 3H, OCH₂C<u>H</u>₃).

¹³C RMN (δ, ppm)

(CDCl₃, 100 MHz) — 166.5 (Cq, C=O), 157.5 (Cq, C=O), 147.4 (Cq), 130.4 (CH-Ar), 126.7 (CH-Ar), 121.0 (Cq), 119.9 (Cq), 113.4 (CH-Ph), 110.8 (Cq), 108.1 (C=<u>C</u>H₂), 60.6 (O<u>C</u>H₂CH₃), 53.5 (OCH₃), 41.0 (NCH₂), 38.1 (NCH₃), 14.4 (OCH₂<u>C</u>H₃).

IR (ν, cm⁻¹) (CCl₄) — 2982 (w), 2957 (w), 1715 (s), 1608 (m), 1559 (w), 1499 (w), 1446 (m), 1367 (w), 1308 (m), 1276 (m), 1258 (s), 1216 (s), 1175 (w), 1154 (m), 1110 (m), 1025 (w).

SMHR (IE+, m/z) : Calculé: 290.1267 Trouvé: 290.1265.

6-Cyano-1-methyl-4-methylene-3,4-dihydro-1H-cinnoline-2-carboxylic acid methyl ester　　　　**6.12j**

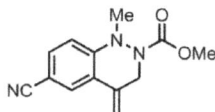

FM: C₁₃H₁₃N₃O₂

PM = 243 g.mol⁻¹

Méthode : Voir **procédure générale 6.6** employant (1 équiv., 0.1 mmol, 24 mg) de N'-(4-cyano-phenyl)-N'-methyl-N-prop-2-ynyl-hydrazinecarboxylic acid methyl ester.

Purification : Colonne chromatographique flash (silica gel, 7:3 EP:AcOEt).

Produit : Solide jaune.

Rendement : 63%.

¹H RMN (δ, ppm)

(CDCl₃, 400 MHz) — 7.79 (d, J = 1.8Hz, 1H, CH-Ar), 7.44 (dd, J = 1.8Hz, J = 8.6Hz, 1H, CH-Ar), 6.75 (d, J = 8.6Hz, 1H, CH-Ar), 5.57 (s, 1H, C=CH₂), 5.03 (s, 1H, C=CH₂), 4.65 (br s, 1H, NCH₂), 3.79 (br s, 1H, NCH₂), 3.73 (s, 3H, OCH₃), 3.31 (s, 3H, NCH₃).

¹³C RMN (δ, ppm)

(CDCl₃, 100 MHz) — 157.5 (Cq, C=O), 146.6 (Cq), 132.4 (CH-Ar), 129.1 (CH-Ar), 120.5 (Cq), 119.6 (Cq), 113.5 (CH-Ar), 111.6 (Cq), 109.0 (C=<u>C</u>H₂), 101.5 (Cq, CN), 53.6 (OCH₃), 47.7 (NCH₂), 40.6 (NCH₃).

IR (ν, cm⁻¹) (CCl₄) — 2957 (w), 2929 (w), 2226 (m, CN), 1732 (s, C=O), 1635 (w), 1608 (m), 1497 (m), 1446 (m), 1371 (w), 1325 (m), 1279 (w), 1243 (m), 1217 (m), 1194 (w), 1159 (w), 1117 (w), 1085 (w), 1064 (w).

1-Methyl-4-methylene-6-trifluoromethyl-3,4-dihydro-1*H*-cinnoline-2-carboxylic acid methyl ester	6.12k

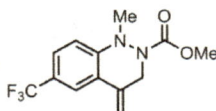

FM: $C_{13}H_{13}O_2N_2F_3$

PM = 286 g.mol^{-1}

Méthode : Voir **procédure générale 6.6** employant (1 équiv., 0.1 mmol, 29 mg) de *N'*-methyl-*N*-prop-2-ynyl-*N'*-(4-trifluoromethyl-phenyl)-hydrazinecarboxylic acid methyl ester

Purification : Colonne chromatographique flash (silica gel, 8:2 EP:AcOEt).

Produit : Solide blanc

Rendement : 76%.

^{1}H RMN (δ, ppm)

(CDCl$_3$, 400 MHz)

7.78 (d, J_{H-H} = 1.6Hz, 1H, CH-Ar), 7.43 (dd, J_{H-H} = 1.6Hz, J_{H-H} = 8.6Hz, 1H, CH-Ar), 6.84 (d, J_{H-H} = 8.6Hz, 1H, CH-Ar), 5.61 (s, 1H, C=CH$_2$), 5.04 (s, 1H, C=CH$_2$), 4.66 (br s, 1H, NCH$_2$), 3.80 (br s, 1H, NCH$_2$), 3.73 (s, 3H, OCH$_3$), 3.28 (s, 3H, NCH$_3$).

^{13}C RMN (δ, ppm)

(CDCl$_3$, 100 MHz)

157.5 (Cq, C=O), 152.0 (q, J_{C-F} = 21.0Hz, Cq, Ar), 146.5 (Cq), 134.4 (Cq), 125.8 (q, J_{C-F} = 2.8Hz, CH-Ar,), 122.0 (q, J_{C-F} = 3.7Hz, CH-Ar), 120.5 (Cq), 114.2 (q, J_{C-F} = 256.0 Hz, Cq, CF$_3$), 114.5 (CH-Ar), 108.5 (C=$\underline{C}$H$_2$), 53.5 (OCH$_3$), 46.7 (NCH$_2$), 41.3 (NCH$_3$).

IR (ν, cm^{-1}) (CCl$_4$)

3003 (w), 2957 (m), 2930 (m), 2856 (w), 1728 (s), 1622 (s), 1576 (w), 1542 (s), 1509 (m), 1445 (s), 1334 (s), 1284 (s), 1213 (s), 1171 (s), 1150 (s), 1126 (s), 1085 (s), 1008 (m).

SMHR (IE+, m/z) : Calculé: 286.0934 Trouvé: 286.0934.

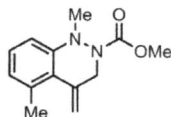

FM: C$_{13}$H$_{16}$N$_2$O$_2$

PM = 232 g.mol^{-1}

Méthode :	Voir **procédure générale 6.6** employant (1 équiv., 0.1 mmol, 23 mg) de *N'*-methyl-*N*-prop-2-ynyl-*N'*-*m*-tolyl-hydrazinecarboxylic acid methyl ester.
Purification :	Colonne chromatographique flash (silica gel, 9:1 EP:AcOEt).
Produit :	Huile transparente
Rendement :	48%.

^{1}H RMN (δ, ppm) (CDCl$_3$, 400 MHz)	7.11 (t, *J* = 8.0Hz, 1H, CH-Ar), 6.78 (d, *J* = 8.0Hz, 2H, CH-Ar), 5.41 (s, 1H, C=CH$_2$), 5.31 (br s, 1H, C=CH$_2$), 4.52 (br s, 1H, NCH$_2$), 3.83 (br s, 1H, NCH$_2$), 3.74 (s, 3H, OCH$_3$), 3.19 (s, 3H, NCH$_3$), 2.47 (s, 3H, CH$_3$).
^{13}C RMN (δ, ppm) (CDCl$_3$, 100 MHz)	157.0 (Cq, C=O), 146.1 (Cq), 136.8 (Cq), 135.0 (Cq), 127.7 (CH-Ar), 124.0 (CH-Ar), 121.8 (Cq), 114.9 (C=<u>C</u>H$_2$), 114.5 (CH-Ar), 53.2 (OCH$_3$), 46.7 (NCH$_2$), 43.5 (NCH$_3$), 23.2 (CH$_3$).
IR (ν, cm^{-1}) (CCl$_4$)	3068 (w), 2956 (s), 2857 (s), 2810 (w), 1716 (s), 1633 (m), 1593 (m), 1574 (m), 1468 (s), 1445 (s), 1378 (s), 1330 (s), 1310 (s), 1260 (s), 1234 (s), 1210 (s), 1132 (s), 1083 (s), 1032 (w).
SMHR (IE+, m/z) :	Calculé: 232.1212 Trouvé: 232.1208.

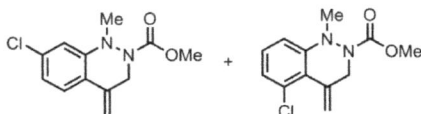

FM: $C_{12}H_{13}O_2N_2Cl$

PM = 252 g.mol^{-1}

Méthode :	Voir **procédure générale 6.6** employant (1 équiv., 0.1 mmol, 25 mg) de *N'*-(3-chloro-phenyl)-*N'*-methyl-*N*-prop-2-ynyl-hydrazinecarboxylic acid methyl ester.
Purification :	Colonne chromatographique flash (silica gel, 8:2 EP:AcOEt).
Produit :	Huile jaune
Rendement :	96% (mélange non-séparable de regioisomères 1:1).

^{1}H RMN (δ, ppm)

(CDCl$_3$, 400 MHz)

Mélange de régiosiomères: 7.47 (d, J = 8.9Hz, 1H, CH-Ar), 7.09 (t, J = 8.1Hz, 1H, CH-Ar), 6.94 (d, J = 7.8Hz, 1H, CH-Ar), 6.83-6.81 (m, 2H, CH-Ar), 6.77 (d, J = 8.3Hz, 1H, CH-Ar), 6.18 (s, 1H, C=CH$_2$), 5.52 (s, 1H, C=CH$_2$), 5.39 (br s, 1H, C=CH$_2$), 4.98 (br s, 1H, C=CH$_2$), 4.55 (br s, 2H, NCH$_2$), 3.74 (s, 3H, OCH$_3$), 3.72 (s, 3H, OCH$_3$), 3.66 (br s, 2H, NCH$_2$), 3.22 (s, 3H, NCH$_3$), 3.20 (s, 3H, NCH$_3$).

^{13}C RMN (δ, ppm)

(CDCl$_3$, 100 MHz)

Mélange de régiosiomères: 157.3 (Cq, C=O), 157.0 (Cq, C=O), 146.6 (Cq), 145.5 (Cq), 134.6 (Cq), 134.5 (Cq), 132.7 (Cq), 132.2 (Cq), 128.3 (CH-Ar), 125.8 (CH-Ar x2), 122.7 (CH-Ar), 120.2 (CH-Ar), 119.7 (CH-Ar), 117.2 (C=<u>C</u>H$_2$), 115.6 (Cq), 114.2 (Cq), 107.5 (C=<u>C</u>H$_2$), 53.4 (OCH$_3$), 53.3 (OCH$_3$), 43.2 (NCH$_2$), 41.7 (NCH$_2$), 39.2 (NCH$_3$), 38.5 (NCH$_3$).

IR (ν, cm^{-1}) (CCl$_4$)

3001 (w), 2956 (m), 2928 (w), 2813 (w), 1721 (s), 1634 (w), 1595 (s), 1561 (m), 1486 (s), 1447 (s), 1374 (s), 1312 (s), 1214 (s), 1156 (s), 1118 (s), 1103 (s), 1076 (s), 1062 (s).

SMHR (IE+, m/z) :

Calculé: 252.0666   Trouvé: 252.0653.

1,8-Dimethyl-4-methylene-3,4-dihydro-1H-cinnoline-2-carboxylic **acid** **6.12oa +**
methyl ester et 1,9-Dimethyl-1,3-dihydro-benzo[c][1,2]diazepine-2- **6.12ob**
carboxylic acid methyl ester

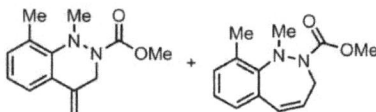

FM: $C_{13}H_{16}N_2O_2$

PM = 232 g.mol^{-1}

Méthode :	Voir **procédure générale 6.6** employant (1 équiv., 0.11 mmol, 25 mg) de N'-methyl-N-prop-2-ynyl-N'-o-tolyl-hydrazinecarboxylic acid methyl ester.
Purification :	Colonne chromatographique flash (silica gel, 8:2 EP:AcOEt).
Produit :	Huile jaune.
Rendement :	81% (mélange non-séparable de regioisomères, ratio 6.5:1).

^{1}H RMN (δ, ppm)

(CDCl$_3$, 400 MHz)

6-exo Produit: 7.51 (d, , J = 7.6Hz, 1H, CH-Ar), 7.10 (d, J = 7.6Hz, 1H, CH-Ar), 7.03-6.97 (m, 1H, CH-Ar), 5.62 (s, 1H, C=CH$_2$), 5.07 (s, 1H, C=CH$_2$), 4.78 (br d, J = 14.8Hz, 1H, NCH$_2$), 4.33 (br d, J =14.8Hz, 1H, NCH$_2$), 3.71 (s, 3H, OCH$_3$), 2.93 (s, 3H, NCH$_3$), 2.37 (s, 3H, CH$_3$).

7-endo-Produit: 7.08-7.07 (m, 1H, CH-Ar), 7.03-6.96 (m, 2H, CH-Ar), 6.39 (d, J = 12.4Hz, 1H, CH=), 5.85 (ddd, J = 2.1Hz, J = 4.8Hz, J = 12.4Hz, 1H, CH=), 5.00 (br d, J = 14.8Hz, 1H, NCH$_2$), 4.26 (br d, J = 14.8Hz, 1H, NCH$_2$), 3.65 (s, 3H, OCH$_3$), 2.93 (s, 3H, NCH$_3$), 2.49 (CH$_3$).

^{13}C RMN (δ, ppm)

(CDCl$_3$, 100 MHz)

Produit 6-exo: 156.3 (Cq, C=O), 145.4 (Cq), 135.4 (Cq), 131.0 (CH-Ar), 130.5 (Cq), 125.4 (Cq), 123.9 (CH-Ar), 121.8 (CH-Ar), 108.1 (C=$\underline{C}$H$_2$), 53.1 (OCH$_3$), 42.2 (NCH$_2$), 41.7 (NCH$_3$), 17.9 (CH$_3$).

Produit 7-endo: 157.0 (Cq, C=O), 147.0 (Cq, Ar), 133.9 (Cq, Ar), 130.5 (Cq, Ar), 130.4 (CH), 130.4 (CH), 128.9 (CH), 127.7 (CH), 125.0 (CH), 53.0 (OCH$_3$), 45.1 (NCH$_2$), 38.7 (NCH$_3$), 18.4 (CH$_3$).

IR (ν, cm^{-1}) (CCl$_4$)

2956 (w), 2924 (w), 2857 (w), 1707 (s), 1630 (w), 1593 (w), 1558 (m), 1542 (m), 1452 (s), 1390 (m), 1313 (w), 1279 (w), 1263 (w), 1250 (m), 1228 (w), 1197 (w), 1139 (w), 1110 (w), 1089 (w), 1035 (w).

SMHR (IE+, m/z) : Calculé: 232.1208   Trouvé: 232.1208.

6-Methoxy-4-methylene-1-phenyl-3,4-dihydro-1*H*-cinnoline-2-carboxylic acid methyl ester et 1-(4-Methoxy-phenyl)-4-methylene-3,4-dihydro-1*H*-cinnoline-2-carboxylic acid methyl ester

6.12va +
6.12vb

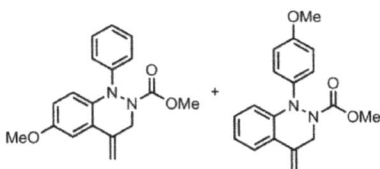

FM: $C_{18}H_{18}O_3N_2$

PM = 310 g.mol^{-1}

Méthode :	Voir **procédure générale 6.6** employant (1 équiv., 0.1 mmol, 31 mg) of *N'*-(4-methoxy-phenyl)-*N'*-phenyl-*N*-prop-2-ynyl-hydrazinecarboxylic acid methyl ester.
Purification :	Colonne chromatographique flash (silica gel, 85:15 EP:AcOEt).
Produit :	Huile verte foncée
Rendement :	84% (mélange non-séparable de régioisomères, ratio: 1: 2).

¹H RMN (δ, ppm)

(CDCl₃, 400 MHz)

Régioisomère majoritaire: 7.72 (d, *J* = 7.7Hz, 1H, CH-Ar), 7.24-6.96 (m, 5H, CH-Ar), 6.82 (d, *J* = 9.0Hz, 2H, CH-Ar), 5.67 (s, 1H, C=CH₂), 5.05 (s, 1H, C=CH₂), 4.69 (br s, 2H, NCH₂), 3.78 (s, 6H, OCH₃).

Régioisomère minoritaire: 7.24-6.96 (m, 8H, CH-Ar), 5.65 (s, 1H, C=CH₂), 5.10 (s, 1H, C=CH₂), 4.69 (br s, 2H, NCH₂), 3.84 (s, 3H, OCH₃), 3.77 (s, 3H, OCH₃).

¹³C RMN (δ, ppm)

(CDCl₃, 100 MHz)

Régioisomères majoritaire et minoritaire: 157.9 (Cq), 157.8 (Cq), 156.4 (Cq), 156.3 (Cq), 147.0 (Cq), 141.2 (Cq), 140.6 (Cq), 137.7 (Cq), 134.8 (Cq), 134.7 (Cq), 133.7 (Cq), 132.8 (Cq), 129.0 (CH-Ar), 128.4 (CH-Ar), 125.0 (CH-Ar), 124.6 (CH-Ar), 123.1 (CH-Ar), 122.3 (CH-Ar), 122.2 (CH-Ar), 121.9 (CH-Ar), 117.2 (CH-Ar), 115.1 (CH-Ar), 114.2 (CH-Ar), 109.2 (C=**C**H₂), 108.7 (CH-Ar), 108.1 (C=**C**H₂), 55.5 (OCH₃), 55.4 (OCH₃), 53.6 (OCH₃), 53.5 (OCH₃), 46.6 (NCH₂), 46.3 (NCH₂).

IR (ν, cm⁻¹) (CCl₄)

3072 (w), 3001 (m), 2955 (m), 2934 (m), 2910 (m), 2855 (w), 2836 (m), 1717 (s), 1632 (w), 1598 (m), 1571 (w), 1558 (s), 1555 (s), 1551 (s), 1547 (s), 1543 (s), 1508 (s), 1492 (s), 1450 (s), 1378 (s), 1297 (s), 1246 (s), 1181 (s), 1131 (s), 1041 (s).

SMHR (IE+, m/z) : Calculé: 310.1318 Trouvé: 310.1309.

4-Methylene-1-phenyl-3,4-dihydro-1*H*-cinnoline-2,6-dicarboxylic acid 6-ethyl ester 2-methyl ester et **1-(4-Ethoxycarbonyl-phenyl)-4-methylene-3,4-dihydro-1*H*-cinnoline-2-carboxylic acid methyl ester**

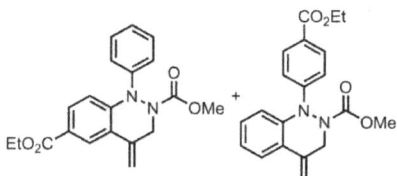

FM: $C_{20}H_{20}N_2O_4$

PM = 352 g.mol^{-1}

Méthode :	Voir **procédure générale 6.6** employant (1 équiv., 0.1 mmol, 35 mg) de 4-(*N*'-methoxycarbonyl-*N*-phenyl-*N*'-prop-2-ynyl-hydrazino)-benzoic acid ethyl ester.
Purification :	Colonne chromatographique flash (silica gel, 8:2 EP:AcOEt).
Produit :	Huile jaune pâle
Rendement :	97% (mélange non-séparable de regioisomères, ratio 1:1.5).

^{1}H RMN (δ, ppm)

(CDCl$_3$, 400 MHz)

Produit minoritaire: 8.43 (d, *J* = 1.8Hz, 1H, CH-Ar), 7.85 (dd, *J* = 1.8Hz, *J* = 8.6Hz, 1H, CH-Ar), 7.32-7.08 (m, 6H, CH-Ar), 5.81 (s, 1H, C=CH$_2$), 5.13 (s, 1H, C=CH$_2$), 4.87 (br s, 1H, NCH$_2$), 4.38 (q, *J* = 7.2Hz, 2H, OC**H$_2$**CH$_3$), 4.37 (br s, 1H, NCH$_2$), 3.76 (s, 3H, OCH$_3$), 1.39 (t, *J* = 7.2Hz, 3H, OCH$_2$C**H$_3$**).

Produit majoritaire: 7.93 (d, *J* = 9.0Hz, 2H, CH-Ar), 7.76 (d, *J* = 7.9Hz, 1H, CH-Ar), 7.32-7.08 (m, 5H, CH-Ar), 5.70 (s, 1H, C=CH$_2$), 5.08 (s, 1H, C=CH$_2$), 4.34 (q, *J* = 7.2Hz, 2H, OC**H$_2$**CH$_3$), 4.06 (br d, *J* = 14.9Hz, 1H, NCH$_2$), 3.76 (s, 3H, OCH$_3$), 3.73 (br s, 1H, NCH$_2$), 1.37 (t, *J* = 7.1Hz, 3H, OCH$_2$C**H$_3$**)

^{13}C RMN (δ, ppm)

(CDCl$_3$, 100 MHz)

Produits majoritaire et minoritaire: 166.2 (Cq, C=O), 166.0 (Cq, C=O), 158.1 (Cq, C=O), 157.8 (Cq, C=O), 149.6 (Cq), 145.5 (Cq), 143.9 (Cq), 138.9 (Cq), 134.3 (Cq), 133.9 (Cq), 130.9 (CH-Ar), 129.2 (CH-Ar), 129.1 (CH-Ar), 128.4 (CH-Ar), 126.8 (CH-Ar), 126.2 (Cq), 126.0 (Cq), 125.0 (CH-Ar), 124.1 (CH-Ar), 123.9 (CH-Ar), 123.2 (CH-Ar), 121.1 (CH-Ar), 119.8 (CH-Ar), 115.5 (CH-Ar), 113.2 (Cq), 112.7 (Cq), 109.4 (C=**C**H$_2$), 109.0 (C=**C**H$_2$), 60.9 (O**C**H$_2$CH$_3$), 60.6 (O**C**H$_2$CH$_3$), 53.8 (OCH$_3$), 53.7 (OCH$_3$), 48.5 (NCH$_2$), 47.9 (NCH$_2$), 14.4 (OCH$_2$**C**H$_3$), 14.3 (OCH$_2$**C**H$_3$).

IR (ν, cm^{-1}) (CCl$_4$)

3070 (w), 3031 (w), 2982 (m), 2957 (m), 2932 (m), 2873 (w), 2855 (w), 1717 (s), 1631 (m), 1599 (s), 1509 (s), 1494 (s), 1482 (s), 1448 (s), 1367 (s), 1311 (s), 1271 (s), 1215 (s), 1175 (s), 1109 (s), 1024 (s).

SMHR (IE+, m/z) : Calculé: 352.1423 Trouvé: 352.1438.

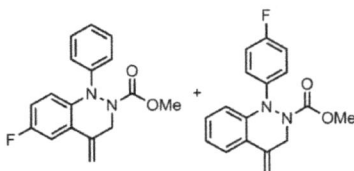

FM: $C_{17}H_{15}O_2N_2F$

PM = 298 g.mol^{-1}

Méthode : Voir **procédure générale 6.6** employant (1 équiv., 0.1 mmol, 30 mg) de *N'*-(4-fluoro-phenyl)-*N'*-phenyl-*N*-prop-2-ynyl-hydrazinecarboxylic acid methyl ester.

Purification : Colonne chromatographique flash (silica gel, 9:1 EP:AcOEt).

Produit : Solide blanc.

Rendement : 100% (mélange non-séparable de régioisomères, ratio 1: 6.5).

^{1}H RMN (δ, ppm)

(CDCl$_3$, 400 MHz)

Seulement le régioisomère majoritaire est décrit: 7.79 (d, J_{H-H} = 7.9Hz, 1H, CH-Ar), 7.27 (t, J_{H-H} = 8.4Hz, 1H, CH-Ar), 7.19-7.11 (m, 4H, CH-Ar), 7.00 (dd, J_{H-H} = 8.3Hz, J_{H-F} = 9.0Hz, 1H, CH-Ar), 5.74 (s, 1H, C=CH$_2$), 5.11 (s, 1H, C=CH$_2$), 4.78 (br s, 1H, NCH$_2$), 4.05 (br s, 1H, NCH$_2$), 3.83 (s, 3H, OCH$_3$).

^{13}C RMN (δ, ppm)

(CDCl$_3$, 100 MHz)

Seulement le régioisomère majoritaire est décrit: 159.1 (d, J_{C-F} = 242.4Hz, Cq, **C**-F), 157.9 (Cq, C=O), 143.1 (Cq), 143.0 (Cq), 140.3 (Cq), 134.5 (Cq), 129.1 (CH-Ar), 128.5 (CH-Ar), 124.8 (CH-Ar), 123.9 (CH-Ar), 122.5 (CH-Ar), 115.6 (d, J_{C-F} = 22.6Hz, CH-Ar), 108.5 (C=**C**H$_2$), 53.6 (OCH$_3$), 46.7 (NCH$_2$).

IR (ν, cm^{-1}) (CCl$_4$) 3074 (w), 3033 (w), 3000 (w), 2957 (m), 2930 (m), 2856 (w), 1721 (s, C=O), 1633 (m), 1599 (m), 1572 (m), 1505 (s), 1484 (s), 1449 (s), 1376 (s), 1328 (s), 1308 (s), 1265 (s), 1231 (s), 1158 (s), 1130 (s), 1106 (m), 1036 (w).

SMHR (IE+, m/z) : Calculé: 298.1118 Trouvé: 298.1108.

B.3.5.3 La Synthèse de Dérivés de Cinnolines *via* la Catalyse à l'Au(I)

Les doubles liaisons externes des produits hydroarylés peuvent être isomérisées vers la position interne pour produire les dérivés de dihydrocinnolines correspondants (schème B.3.5.3).

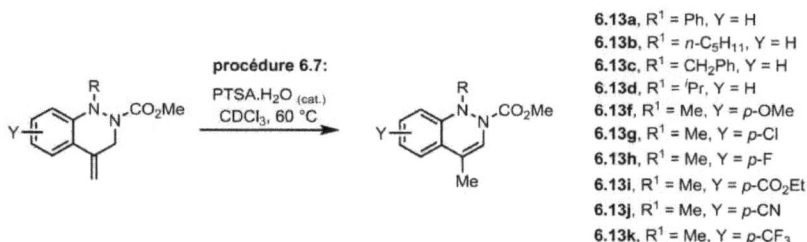

6.13a, R^1 = Ph, Y = H
6.13b, R^1 = n-C_5H_{11}, Y = H
6.13c, R^1 = CH_2Ph, Y = H
6.13d, R^1 = ^iPr, Y = H
6.13f, R^1 = Me, Y = p-OMe
6.13g, R^1 = Me, Y = p-Cl
6.13h, R^1 = Me, Y = p-F
6.13i, R^1 = Me, Y = p-CO_2Et
6.13j, R^1 = Me, Y = p-CN
6.13k, R^1 = Me, Y = p-CF_3

Schème B.3.5.3: Isomérisation vers les dihydrocinnolines **6.13a-k**.

Procédure générale 6.7, *Isomérisation de la double liaison:* Dans un tube de RMN, une solution du dérivé hydroarylé (1 équiv.), PTSA.H_2O (0.05 équiv.) et CDCl$_3$ (0.2 M) est chauffée au reflux (60 °C). Une fois que la reaction est finie (RMN), elle est diluée en DCM, tansférrée à une ampoule à décanter, lavée avec une solution saturée de NaHCO$_3$, extraite avec DCM (3x), séchée (MgSO$_4$), et concentrée sous vide. Purification par colonne chromatographique flash fournit les produits isomerisés dans les rendements marqués.

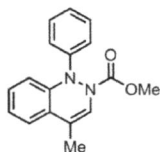

FM: $C_{17}H_{16}O_2N_2$

PM = 280 g.mol^{-1}

Méthode :	Voir **procédure générale 6.7** employant (1 équiv., 0.1 mmol, 28 mg) de 4-methylene-1-phenyl-3,4-dihydro-1H-cinnoline-2-carboxylic acid methyl ester.
Purification :	Colonne chromatographique flash (silica gel, 95:5 EP:AcOEt).
Produit :	Solide blanc
Rendement :	76%.

^{1}H RMN (δ, ppm) (CDCl$_3$, 400 MHz)	7.40-7.30 (m, 4H, Ar), 7.19 (dd, J = 7.4Hz, J = 8.4Hz, 2H, CH-Ar), 6.98 (t, J = 7.4Hz, 1H, CH-Ar), 6.89 (d, J = 8.4Hz, 2H, CH-Ar), 6.77 (br s, 1H, =CHN), 3.88 (s, 3H, OCH$_3$), 2.04 (d, J = 1.4Hz, 1H, CH$_3$).
^{13}C RMN (δ, ppm) (CDCl$_3$, 100 MHz)	155.0 (Cq, C=O), 148.8 (Cq), 138.9 (Cq), 128.6 (CH), 127.7 (CH), 126.4 (CH), 125.2 (CH), 124.0 (Cq), 123.3 (CH), 122.6 (CH), 120.1 (Cq), 116.2 (CH), 114.2 (CH), 53.6 (OCH$_3$), 14.7 (CH$_3$).
IR (ν, cm^{-1}) (CCl$_4$)	3072 (w), 3030 (w), 2955 (w), 2923 (w), 2859 (w), 1747 (m), 1718 (s), 1646 (w), 1594 (w), 1568 (w), 1492 (s), 1450 (s), 1443 (s), 1386 (m), 1361 (s), 1351 (s), 1242 (s), 1197 (m), 1177 (w), 1159 (w), 1138 (m), 1110 (w), 1073 (w), 1032 (w).
SMHR (IE+, m/z) :	Calculé: 280.1212　　Trouvé: 280.1216.

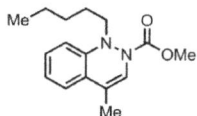

FM: $C_{16}H_{22}O_2N_2$

PM = 274 g.mol^{-1}

Méthode :   Voir **procédure générale 6.7** employant (1 équiv., 0.1 mmol, 27 mg) de 4-methylene-1-pentyl-3,4-dihydro-1*H*-cinnoline-2-carboxylic acid methyl ester.

Purification :   Colonne chromatographique flash (silica gel, 7:3 EP:AcOEt).

Produit :   Solide jaune.

Rendement :   91%.

^{1}H RMN (δ, ppm)   7.25-7.21 (m, 2H, CH-Ar), 7.19-7.09 (m, 2H, CH-Ar), 6.62 (br s, 1H, NCH=), 3.80 (s, 3H, OCH$_3$), 3.09 (br s, 1H, NCH$_2$), 2.82 (br s, 1H, NCH$_2$),

(CDCl$_3$, 400 MHz)   2.07 (d, J = 1.2Hz, 3H, CH$_3$), 1.38-1.26 (m, 6H, CH$_2$-chaine pentyle), 0.88 (t, J = 6.9Hz, 3H, CH$_3$-chaine pentyle).

^{13}C RMN (δ, ppm)   154.7 (Cq, C=O), 144.2 (Cq), 128.0 (CH), 127.2 (Cq), 125.3 (CH), 122.7 (CH), 122.4 (CH), 121.2 (CH), 118.2 (Cq), 58.2 (NCH$_2$-chaine pentyle),

(CDCl$_3$, 100 MHz)   53.1 (OCH$_3$), 29.2 (CH$_2$-chaine pentyle), 26.8 (CH$_2$-chaine pentyle), 22.5 (CH$_2$-chaine pentyle), 14.8 (CH$_3$), 14.0 (CH$_3$).

IR (ν, cm^{-1}) (CCl$_4$)   3032 (w), 2957 (m), 2929 (m), 2858 (w), 1744 (s), 1711 (s), 1649 (w), 1600 (w), 1499 (w), 1484 (w), 1455 (s), 1443 (s), 1387 (w), 1363 (s), 1334 (m), 1263 (s), 1245 (m), 1194 (w), 1135 (w), 1109 (w), 1016 (w).

SMHR (IE+, m/z) :   Calculé: 274.1681   Trouvé: 274.1684.

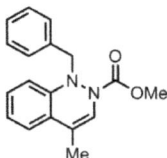

FM: $C_{18}H_{18}N_2O_2$

PM = 294 g.mol^{-1}

Méthode :	Voir **procédure générale 6.7** employant (1 équiv., 0.08 mmol, 23 mg) de 1-benzyl-4-methylene-3,4-dihydro-1*H*-cinnoline-2-carboxylic acid methyl ester.
Purification :	Colonne chromatographique flash (silica gel, 9:1 EP:AcOEt).
Produit :	Huile transparente.
Rendement :	81%.

^{1}H RMN (δ, ppm) (CDCl$_3$, 400 MHz)	7.27-7.22 (m, 6H, CH-Ph), 7.16-7.14 (m, 2H, CH-Ph), 6.96-6.94 (m, 1H, CH-Ph), 6.66 (br s, 1H, NCH=), 4.14 (br s, 1H, NCH$_2$), 3.99 (br s, 1H, NCH$_2$), 3.59 (br s, 3H, OCH$_3$), 2.01 (s, 3H, CH$_3$).
^{13}C RMN (δ, ppm) (CDCl$_3$, 100 MHz)	154.4 (Cq, C=O), 143.9 (Cq), 135.9 (Cq), 130.2 (CH-Ar), 128.4 (Cq), 127.9 (CH-Ar), 127.8 (CH-Ar), 127.7 (CH-Ar), 125.7 (CH -Ar), 123.0 (CH - Ar), 122.4 (CH-Ar), 121.6 (NCH=), 117.8 (Cq), 62.3 (NCH$_2$), 53.0 (OCH$_3$), 14.8 (CH$_3$).
IR (ν, cm^{-1}) (CCl$_4$)	3068 (w), 3033 (w), 2954 (w), 2923 (w), 2856 (w), 1712 (s), 1650 (w), 1603 (w), 1496 (w), 1484 (w), 1455 (s), 1442 (s), 1387 (s), 1365 (s), 1351 (s), 1258 (m), 1246 (m), 1195 (m), 1158 (w), 1137 (m), 1114 (w), 1080 (w), 1019 (w).
SMHR (IE+, m/z) :	Calculé: 294.1368 Trouvé: 294.1378.

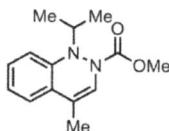

FM: $C_{14}H_{18}N_2O_2$

PM = 246 g.mol^{-1}

Méthode :	Voir **procédure générale 6.7** employant (1 équiv., 0.1 mmol, 25 mg) de 1-isopropyl-4-methylene-3,4-dihydro-1H-cinnoline-2-carboxylic acid methyl ester.
Purification :	Colonne chromatographique flash (silica gel, 9:1 EP:AcOEt).
Produit :	Huile jaune pâle.
Rendement :	75%.

^{1}H RMN (δ, ppm) (CDCl$_3$, 400 MHz)	7.24-7.11 (m, 4H, CH-Ph), 6.68 (br s, 1H, NCH=), 3.78 (s, 3H, OCH$_3$), 3.31 (hept, J = 6.4Hz, 1H, CH-^{i}Pr), 2.06 (s, 3H, CH$_3$), 1.07 (d, J = 6.4Hz, 3H, CH$_3$-^{i}Pr), 1.04 (d, J = 6.4Hz, 3H, CH$_3$-^{i}Pr).
^{13}C RMN (δ, ppm) (CDCl$_3$, 100 MHz)	155.5 (Cq, C=O), 142.6 (Cq), 128.7 (Cq), 127.4 (CH), 125.3 (CH), 124.3 (CH), 122.8 (CH), 122.2 (CH), 118.9 (Cq), 57.0 (CH-^{i}Pr), 53.1 (OCH$_3$), 20.6 (CH$_3$-^{i}Pr), 19.8 (CH$_3$-^{i}Pr), 14.8 (CH$_3$).
IR (ν, cm^{-1}) (CCl$_4$)	3070 (w), 3032 (w), 2974 (s), 2954 (s), 2925 (s), 2859 (m), 1746 (s), 1708 (s), 1650 (m), 1601 (w), 1482 (m), 1455 (s), 1442 (s), 1386 (s), 1350 (s), 1327 (s), 1257 (s), 1244 (s), 1234 (s), 1193 (m), 1173 (m), 1159 (m), 1133 (s), 1104 (m), 1072 (w), 1034 (w), 1016 (s).
SMHR (IE+, m/z) :	Calculé: 246.1368　Trouvé: 246.1373.

6-Methoxy-1,4-dimethyl-1H-cinnoline-2-carboxylic acid methyl ester　　6.13f

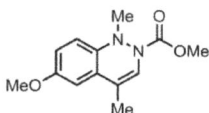

FM: $C_{13}H_{16}N_2O_3$

PM = 248 g.mol^{-1}

Méthode :	Voir **procédure générale 6.7** employant (1 équiv., 0.08 mmol, 21 mg) de 6-methoxy-1-methyl-4-methylene-3,4-dihydro-1*H*-cinnoline-2-carboxylic acid methyl ester.

Purification :	Colonne chromatographique flash (silica gel, 1:1 EP: AcOEt).

Produit :	Solide blanc

Rendement :	88%.

¹H RMN (δ, ppm)	7.05 (br s, 1H, CH-Ar), 6.74-6.72 (m, 2H, CH-Ar), 6.67 (br s, 1H, NCH=), 3.83 (br s, 3H, OCH₃), 3.79 (s, 3H, OCH₃), 2.76 (s, 3H, NCH₃), 2.06 (s, 3H, CH₃).
(CDCl₃, 400 MHz)	

¹³C RMN (δ, ppm)	157.4 (Cq, Ar), 153.8 (Cq, C=O), 138.5 (Cq, Ar), 128.7 (Cq, Ar), 123.2 (CH), 120.9 (CH), 116.8 (Cq), 112.8 (CH), 108.2 (CH), 55.5 (OCH₃), 53.4 (OCH₃), 45.5 (NCH₃), 14.9 (CH₃).
(CDCl₃, 100 MHz)	

IR (ν, cm⁻¹) (CCl₄)	3076 (w), 2998 (w), 2955 (m), 2922 (w), 2861 (w), 2835 (w), 2783 (w), 1737 (s), 1712 (s), 1649 (m), 1607 (m), 1573 (m), 1487 (s), 1444 (s), 1404 (m), 1388 (s), 1361 (s), 1311 (m), 1265 (s), 1246 (s), 1209 (m), 1193 (m), 1179 (m), 1146 (m), 1125 (s), 1113 (s), 1064 (m), 1048 (s), 1012 (m).

SMHR (IE+, m/z) :	Calculé: 248.1161 Trouvé: 248.1156.

6-Chloro-1,4-dimethyl-1*H*-cinnoline-2-carboxylic acid methyl ester   6.13g

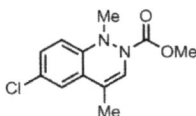

FM: C₁₂H₁₃O₂N₂Cl

PM = 252 g.mol⁻¹

Méthode :	Voir **procédure générale 6.7** employant (1 équiv., 0.07 mmol, 19 mg) de 6-chloro-1-methyl-4-methylene-3,4-dihydro-1*H*-cinnoline-2-carboxylic acid methyl ester.

Purification :	Colonne chromatographique flash (silica gel, 7:3 EP: AcOEt).

Produit :	Solide blanc

| Rendement : | 95%. |

| **^{1}H RMN** (δ, ppm)
(CDCl$_3$, 400 MHz) | 7.16-7.14 (m, 2H, CH-Ar), 7.03 (br s, 1H, CH-Ar), 6.68 (br s, 1H, NCH=), 3.84 (s, 3H, OCH$_3$), 2.79 (s, 3H, NCH$_3$), 2.04 (s, 3H, CH$_3$). |

| **^{13}C RMN** (δ, ppm)
(CDCl$_3$, 100 MHz) | 153.5 (Cq, C=O), 143.7 (Cq), 131.0 (Cq), 129.2 (Cq), 127.9 (CH), 123.6 (CH), 122.4 (CH), 121.7 (CH), 116.0 (Cq), 53.4 (OCH$_3$), 45.5 (NCH$_3$), 14.8 (CH$_3$). |

| **IR** (ν, cm^{-1}) (CCl$_4$) | 2956 (w), 1741 (m), 1716 (s), 1558 (w), 1477 (m), 1444 (s), 1416 (w), 1403 (w), 1388 (w), 1358 (s), 1262 (m), 1243 (m), 1194 (w), 1123 (m), 1092 (m). |

| **SMHR** (IE+, m/z) : | Calculé: 252.0666 Trouvé: 252.0663. |

6-Fluoro-1,4-dimethyl-1H-cinnoline-2-carboxylic acid methyl ester　　　　**6.13h**

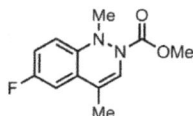

FM: C$_{12}$H$_{13}$O$_2$N$_2$F

PM = 236 g.mol^{-1}

| **Méthode :** | Voir **procédure générale 6.7** employant (1 équiv., 0.07 mmol, 16 mg) de 6-fluoro-1-methyl-4-methylene-3,4-dihydro-1H-cinnoline-2-carboxylic acid methyl ester. |

| **Purification :** | Colonne chromatographique flash (silica gel, 6:4 EP:AcOEt). |

| **Produit :** | Solide blanc |

| **Rendement :** | 75%. |

| **^{1}H RMN** (δ, ppm)
(CDCl$_3$, 400 MHz) | 7.07 (br s; 1H, CH-Ar), 6.90-6.85 (m, 2H, CH-Ar), 6.70 (br s, 1H, NCH=), 3.84 (s, 3H, OCH$_3$), 2.78 (s, 3H, NCH$_3$), 2.05 (s, 3H, CH$_3$). |

| **^{13}C RMN** (δ, ppm)
(CDCl$_3$, 100 MHz) | 160.49 (d, J_{C-F} = 242.9Hz, Cq, C-F), 153.0 (Cq, C=O), 141.0 (Cq), 129.5 (Cq), 123.8 (CH), 121.5 (CH), 115.8 (Cq), 114.5 (d, J_{C-F} = 24.0Hz, CH-Ar), 109.1 (d, J_{C-F} = 24.0Hz, CH-Ar), 53.5 (OCH$_3$), 45.5 (NCH$_3$), 14.8 (CH$_3$). |

IR (ν, cm^{-1}) (CCl$_4$)   3073 (w), 2997 (w), 2956 (w), 2923 (w), 2861 (w), 1744 (s), 1714 (s), 1650 (w), 1610 (w), 1581 (w), 1509 (w), 1496 (m), 1483 (s), 1445 (s), 1405 (w), 1388 (m), 1359 (s), 1337 (s), 1265 (s), 1244 (s), 1194 (m), 1183 (m), 1143 (w), 1122 (s), 1111 (s), 1143 (w), 1030 (w), 1013 (w).

SMHR (IE+, m/z) :   Calculé: 236.0961   Trouvé: 236.0959.

1,4-Dimethyl-1H-cinnoline-2,6-dicarboxylic acid 6-ethyl ester 2-methyl ester   **6.13i**

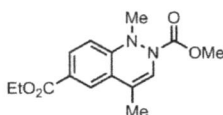

FM: C$_{15}$H$_{18}$N$_2$O$_4$

PM = 290 g.mol^{-1}

Méthode :   Voir **procédure générale 6.7** employant (1 équiv., 0.07 mmol, 16 mg) de 1-methyl-4-methylene-3,4-dihydro-1H-cinnoline-2,6-dicarboxylic acid 6-ethyl ester 2-methyl ester.

Purification :   Colonne chromatographique flash (silica gel, 8:2 EP:AcOEt).

Produit :   Solide blanc.

Rendement :   81%.

^{1}H RMN (δ, ppm)   7.89-7.85 (m, 2H, CH-Ar), 7.10 (d, J = 8.0Hz, 1H, CH-Ar), 6.65 (br s, 1H, NCH=), 4.37 (q, J = 7.1Hz, 2H, OC**H$_2$**CH$_3$), 3.84 (s, 3H, OCH$_3$), 2.89 (s,

(CDCl$_3$, 400 MHz)   3H, NCH$_3$), 2.10 (s, 3H, CH$_3$), 1.39 (t, J = 7.1Hz, 3H, OCH$_2$C**H$_3$**).

^{13}C RMN (δ, ppm)   166.1 (Cq, C=O), 149.6 (Cq, C=O), 131.3 (CH), 129.7 (CH), 129.1 (Cq), 127.3 (Cq), 123.8 (CH), 121.6 (CH), 116.9 (Cq), 110.8 (Cq), 61.0

(CDCl$_3$, 100 MHz)   (OC**H$_2$**CH$_3$), 53.4 (OCH$_3$), 45.4 (NCH$_3$), 15.0 (OCH$_2$**C**H$_3$), 14.3 (CH$_3$).

IR (ν, cm^{-1}) (CCl$_4$)   3073 (w), 2980 (m), 2956 (m), 2926 (m), 2859 (m), 1717 (s), 1654 (w), 1607 (m), 1572 (w), 1488 (m), 1444 (s), 1389 (s), 1358 (s), 1279 (s), 1249 (s), 1226 (s), 1194 (m), 1181 (m), 1149 (m), 1106 (s), 1068 (m), 1028 (m).

SMHR (IE+, m/z) :   Caculated: 290.1267   Trouvé: 290.1261.

491

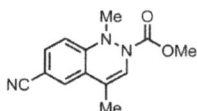

FM: $C_{13}H_{13}N_3O_2$

PM = 243 g.mol^{-1}

Méthode :	Voir **procédure générale 6.7** employant (1 équiv., 0.06 mmol, 15 mg) de 6-cyano-1-methyl-4-methylene-3,4-dihydro-1*H*-cinnoline-2-carboxylic acid methyl ester.
Purification :	Colonne chromatographique flash (silica gel, 7:3 EP:AcOEt).
Produit :	Solide blanc.
Rendement :	73%.

^{1}H RMN (δ, ppm)

(CDCl$_3$, 400 MHz)

7.48-7.42 (m, 2H, CH-Ar), 7.10 (d, *J* = 8.2Hz, 1H, CH-Ar), 6.68 (br s, 1H, NCH=), 3.84 (s, 3H, OCH$_3$), 2.91 (s, 3H, NCH$_3$), 2.05 (s, 3H, CH$_3$).

^{13}C RMN (δ, ppm)

(CDCl$_3$, 100 MHz)

153.5 (Cq, C=O), 149.4 (Cq), 132.0 (CH), 128.3 (Cq), 126.2 (CH), 123.0 (CH), 122.3 (CH), 118.8 (Cq), 115.7 (Cq), 108.6 (Cq, CN), 53.6 (OCH$_3$), 45.5 (NCH$_3$), 14.7 (CH$_3$).

IR (ν, cm^{-1}) (CCl$_4$)

3000 (w), 2956 (m), 2925 (m), 2230 (m), 1742 (s), 1718 (s), 1648 (m), 1608 (m), 1488 (s), 1444 (s), 1419 (m), 1406 (m), 1389 (m), 1359 (s), 1286 (s), 1263 (s), 1248 (s), 1195 (s), 1120 (s), 1070 (m), 1032 (m), 1013 (m).

SMHR (IE+, m/z) :   Calculé: 243.1008   Trouvé: 243.1013.

1,4-Dimethyl-6-trifluoromethyl-1*H*-cinnoline-2-carboxylic acid methyl ester   **6.13k**

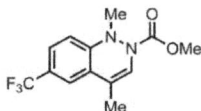

FM: $C_{13}H_{13}O_2N_2F_3$

PM = 286 g.mol^{-1}

Méthode :	Voir **procédure générale 6.7** employant (1 équiv., 0.05 mmol, 15 mg) de 1-methyl-4-methylene-6-trifluoromethyl-3,4-dihydro-1*H*-cinnoline-2-carboxylic acid methyl ester.
Purification :	Colonne chromatographique flash (silica gel, 8:2 EP:AcOEt).
Produit :	Solide blanc.
Rendement :	67%.

^{1}H RMN (δ, ppm) (CDCl$_3$, 400 MHz)	7.46-7.40 (m, 2H, CH-Ar), 7.17 (d, *J* = 7.7Hz, 1H, CH-Ar), 6.70 (br s, 1H, NCH=), 3.84 (s, 3H, OCH$_3$), 2.87 (s, 3H, NCH$_3$), 2.09 (s, 3H, CH$_3$).
^{13}C RMN (δ, ppm) (CDCl$_3$, 100 MHz)	155.3 (q, *J* = 21.4Hz, Cq, <u>C</u>-CF$_3$)153.3 (Cq, C=O), 148.3 (Cq), 125.1 (q, J_{C-F} = 3.5Hz, CH-Ar), 124.0 (q, J_{C-F} = 272.0Hz, Cq, CF$_3$), 122.4 (CH-Ar), 122.2 (NCH=), 119.4 (CH-Ar, q, J_{C-F} = 3.3Hz), 116.1 (Cq), 111.2 (Cq), 53.5 (OCH$_3$), 45.5 (NCH$_3$), 14.8 (CH$_3$).
IR (ν, cm^{-1}) (CCl$_4$)	3421 (w), 2957 (m), 2926 (m), 2856 (m), 2716 (s), 1648 (w), 1620 (s), 1579 (w), 1494 (w), 1444 (s), 1389 (s), 1357 (s), 1318 (s), 1284 (s), 1235 (s), 1194 (s), 1169 (s), 1130 (s), 1077 (s).
SMHR (IE+, m/z) :	Calculé: 286.0929 Trouvé: 286.0928.

www.ingramcontent.com/pod-product-compliance
Lightning Source LLC
Chambersburg PA
CBHW021024210326
41598CB00016B/901